Jetzt helfe ich mir selbst

Motor
buch
Verlag

Umschlagentwurf und Buchgestaltung: Anita Ament.
Umschlagfoto: Thomas Nauck.

ISBN 3-613-017335-0

Auflage Nr. 102 9907

Fotos: Axmann, Bosch, Lautenschlager, Nauck, Riesen.
Zeichnungen: autopress, Beru, Bosch, Brunner, Haeberle, Holert, Pirelli, Volkswagen.
Schaltpläne: Volkswagen.
Bildgrafik: Thomas Nauck.
Repros: SKS Repro GmbH, 72124 Pliezhausen.
Satz: Vaihinger Satz + Druck, 71665 Vaihingen.
Druck: Rung-Druck, 73033 Göppingen.
Bindung: Wilhelm Nething, 73235 Weilheim.
Printed in Germany.

Thomas Haeberle
Thomas Nauck

VW Passat

Benziner Vierzylinder (ohne 16V), TDI Diesel November '93 bis November '96

Motorbuch Verlag
Stuttgart

Inhaltsverzeichnis

Seite

Seite

Warten Sie mal

Zuverlässigkeit und Fahrsicherheit erfordern Pflege und Wartung. Andernfalls darf man sich über Ausfälle nicht wundern. Wo und wann nach dem Rechten gesehen werden soll, hat Volkswagen in detaillierten Wartungsanweisungen zusammengestellt.

Das Wartungssystem

Für unseren Passat gelten die folgenden Wartungsanweisungen:
- **Inspektions-Service** einmal im Jahr
- **Inspektions-Service mit Zusatzarbeiten** alle 30 000 km
- **Ölwechsel-Service**, wenn im Jahr mehr als 15 000 km zurückgelegt werden
- **Abgas-Untersuchung** drei Jahre nach der Erstzulassung und dann im Zweijahres-Rhythmus
- Zum **Bremsflüssigkeitswechsel** wird der Passat-Fahrer **alle zwei Jahre** in die Werkstatt gebeten

Für Vielfahrer (über 15 000 km im Jahr), welche die Wartung in der Werkstatt durchführen lassen, ergeben sich möglicherweise ungünstige Überschneidungen. Bei 20 000 Jahreskilometern muß der Ölwechsel schon vor der Inspektion durchgeführt werden. Das ist aber kein Problem, wenn Sie mit der Werkstatt einen Express-Service-Termin vereinbaren und den Wagen gleich wieder mitnehmen können. Wer 25 000 km fährt, sollte nach Jahresfrist die 30 000er-Inspektion vorziehen.
Anderes gilt für den Selbsthelfer, der flexibel entscheiden kann, was er wann ausführen will.

Wartungsplan für den Selbsthelfer

Auf den Empfehlungen von VW basiert auch der Wartungsplan dieses Buches, wobei wir die Reihenfolge speziell für den Heimwerker zusammengestellt haben. Ganz zu Anfang finden Sie »Ständige Kontrollen«, die sich in kein Kilometerintervall pressen lassen.
Damit Sie zu unserem Wartungsplan während der Arbeit nicht ständig zurückblättern müssen, haben wir ihn hinten auf der inneren Umschlagseite abgedruckt. So haben Sie ihn ständig vor Augen und können die Arbeiten Punkt für Punkt erledigen.

Wer soll was machen?

Fast alle Wartungsarbeiten am Passat können Sie selbst ausführen. Die »Selbsthelfer-Ampel« weist Ihnen dabei den richtigen Weg:
Grün: Freie Fahrt für den Selbsthelfer. Diese Arbeit können Sie mit den Kenntnissen aus diesem Buch fachgerecht durchführen und Geld sparen.
Gelb: Die Arbeit ist zwar nicht schwierig, doch es fehlen meist die nötigen Einrichtungen. In diesem Fall sind Sie an der Tankstelle am besten aufgehoben.

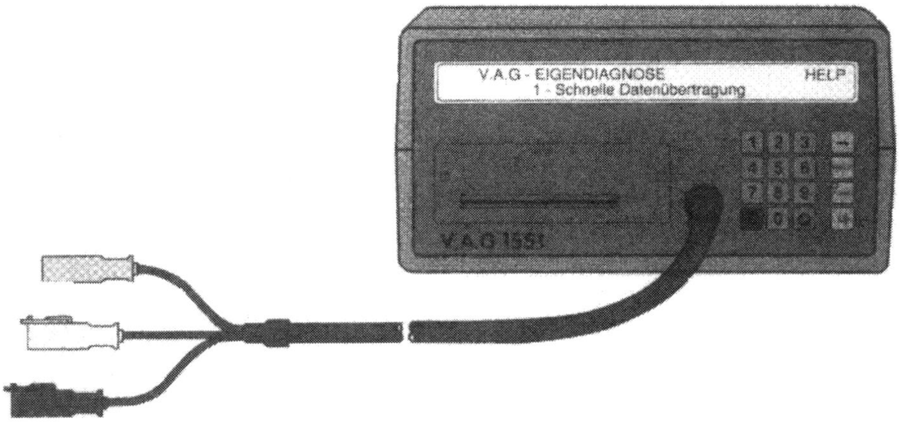

Der Fehlerspeicher der verschiedenen Steuergeräte wird mit diesem Fehlerauslesegerät abgefragt. Mit geringem Prüf- und Meßgeräteaufwand ist eine schnelle Beurteilung und Diagnose des entsprechenden Steuergerätes und seiner Informationsgeber möglich. Außerdem werden die Fehlerspeicher mit diesem Gerät gelöscht.

Rot: Halt, hier lassen Sie am besten die Werkstatt ran. Spezielle Werkzeuge oder Meßgeräte sind erforderlich. Der Aufwand an Eigenarbeit lohnt sich nicht, weil die Werkstatt wesentlich schneller arbeitet oder weitergehende Kenntnisse erforderlich sind.

Garantiebedingungen beachten

Solange Ihr Passat jünger als ein Jahr ist oder wenn ein Austauschmotor eingebaut wurde, verlangt das VW-Werk, daß die Wartungsarbeiten termingerecht in einer VW-Werkstatt erledigt werden. Andernfalls können auch berechtigte Garantieansprüche abgelehnt werden. Und wer die »Mobilitätsgarantie« beanspruchen will, muß mindestens einmal im Jahr zum Service in die Werkstatt.

Eigendiagnose

Oft ist die Fehlersuche der teuerste Posten der Werkstattarbeit – speziell dann, wenn es sich um Effekte handelt, die nur hin und wieder auftreten. Was läge da näher, als die Nervenstränge eines Automobils anzuzapfen, um auf diesem Weg sofort über die Probleme in seinem Innersten Kenntnis zu erhalten?
Zahlreiche Steuergeräte im Passat sind diagnosefähig. Das Steuergerät von Einspritzung und Zündung, ABS, Airbag oder des automatischen Getriebes seien hier genannt. Diagnosefähig ist ein solches Steuergerät, wenn es über einen Fehlerspeicher verfügt, in dem Fehlfunktionen im Fahrbetrieb festgehalten werden. »Angezapft« werden die Fehlerspeicher am Steckkontakt rechts neben der Lenksäule (nach Abnahme der Abdeckung). Dort wird das Fehlerauslesegerät der VW-Werkstatt angeschlossen. Eine Möglichkeit für Heimwerker zum Abfragen der Fehlerspeicher ist nicht vorgesehen.

Die Handhabung

Richtig angewandt funktioniert die Sache dann so: Der Autofahrer kommt mit seinem Passat in die Werkstatt, und noch vor Beginn jeglicher Arbeiten am Wagen wird dieser an das Fehlerauslesegerät angeschlossen. Dieses druckt als erste Maßnahme ein komplettes Fehlerprotokoll aus, auf dem alle diagnosefähigen Steuergeräte den Inhalt ihrer Fehlerspeicher zeigen. Der Tester führt dabei den Monteur mittels entsprechender Bildschirm-Anzeige durch sein Programm. Zum Schluß liegt zweifelsfrei fest, wo repariert werden muß.

Stellglied-Diagnose

Entscheidend für eine zügige Reparatur ist auch eine Funktion des Fehlerauslesegeräts, die VW Stellglied-Diagnose nennt. Gemeint ist damit folgendes: Elektrische Funktionen – wie etwa das Betätigen des Kraftstoffpumpenrelais, des Magnetventils der Aktivkohlebehälter-Anlage oder des Leerlauf-Regelventils lassen sich mit dem Fehlerauslesegerät in Betrieb setzen.
So kann grundsätzlich geklärt werden, ob die Zuleitung defekt ist und ob das Gerät funktioniert (die Funktion ist ohne Motorgeräusch meist hörbar). Das stellt eine ganz wesentliche Erleichterung bei der Fehlersuche dar.

Fehlerspeicher abfragen

Wartungsarbeit

Im Inspektions-Service und in den Arbeitsumfängen der Inspektionen ist das Auslesen der Fehlerspeicher enthalten. Die Werkstatt hat damit sogar ohne Kundengespräch einen Überblick über etwaige Fehler an den Elektronikbauteilen des Fahrzeugs.
Wer die Wartung komplett selbst in die Hand nimmt, kann auf diesen Arbeitspunkt verzichten, zumal er ja den Wagen im Alltagsbetrieb ständig beobachtet – Fehlfunktionen wären also aufgefallen.

1,8-Liter 55/66 kW

Im Motorraum des Passat mit Mono-Motronic-Einspritzung sind folgende Teile bezeichnet: 1 – Federbein rechts; 2 – Öleinfüllstutzen; 3 – Gaszug; 4 – ABS-Einheit; 5 – Zündtrafo; 6 – Bremskraftverstärker; 7 – Bremsflüssigkeitsbehälter; 8 – Ausgleichbehälter der Kühlflüssigkeit; 9 – Scheibenwaschwasserbehälter; 10 – Batterie; 11 – Vorratsbehälter für Servolenkung; 12 – Umlenkhebel der Schaltseilbetätigung; 13 – Anlasser; 14 – Zündverteiler; 15 – Ölfilter; 16 – Ölmeßstab; 17 – Lichtmaschine; 18 – Luftfilter.

1,6-Liter 74 kW

Im Motorraum des Passat mit Simos-Einspritzung sind folgende Teile bezeichnet: 1 – Federbein rechts; 2 – Kurbelgehäuse-Entlüftung; 3 – Drosselklappengehäuse; 4 – Drosselklappenstutzen-Beheizung; 5 – Gaszug; 6 – Sammelsaugrohr-Oberteil; 7 – Öleinfüllstutzen; 8 – Zündtrafo; 9 – Bremskraftverstärker 10 – Ausgleichbehälter der Kühlflüssigkeit; 11 – Scheibenwaschwasserbehälter; 12 – Batterie; 13 – Vorratsbehälter für Servolenkung; 14 – Umlenkhebel der Schaltseilbetätigung; 15 – Zündverteiler; 16 – Ölfilter; 17 – Ölmeßstab; 18 – Lichtmaschine; 19 – Luftmassenmesser; 20 – Luftfilter.

2,0-Liter 85 kW

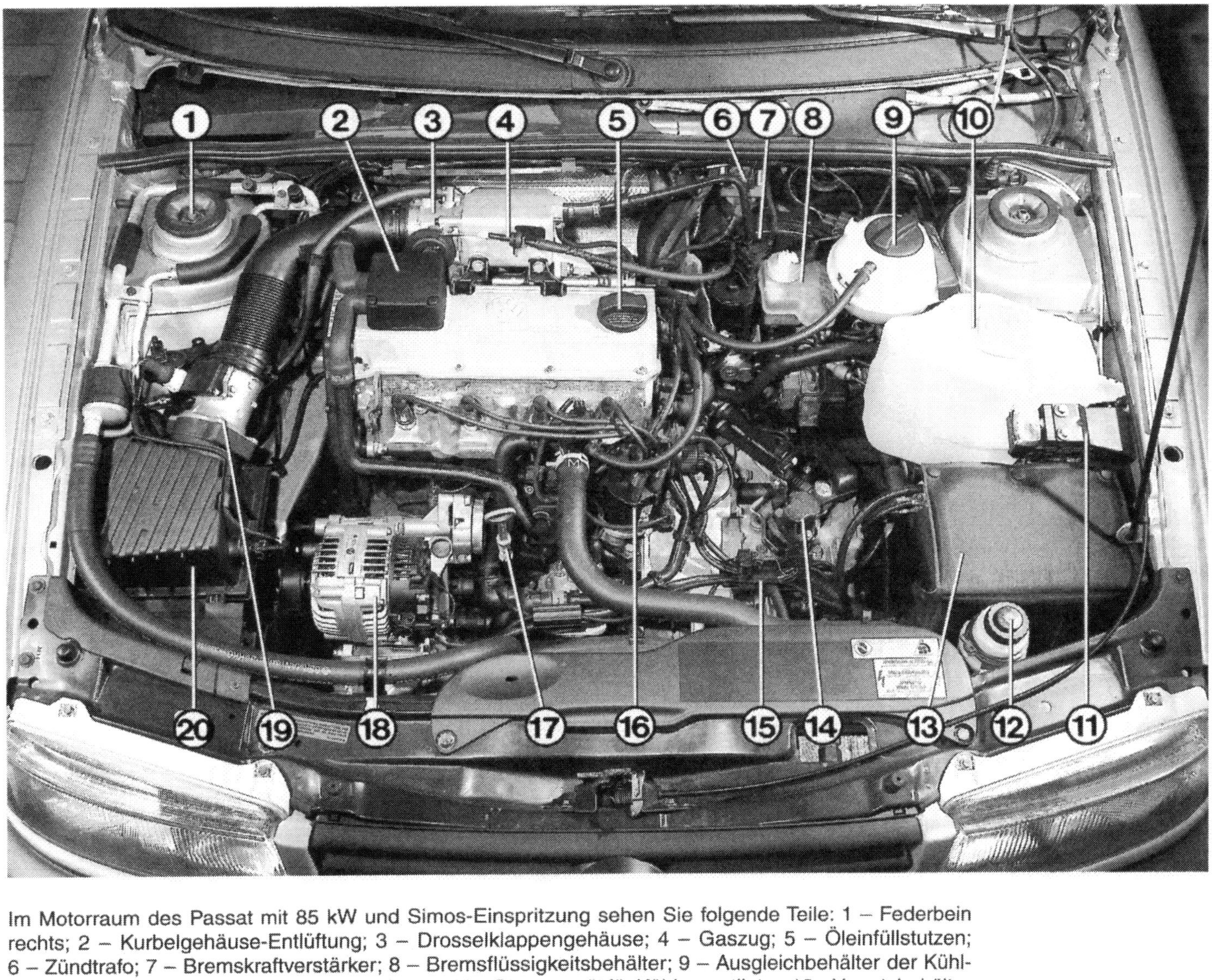

Im Motorraum des Passat mit 85 kW und Simos-Einspritzung sehen Sie folgende Teile: 1 – Federbein rechts; 2 – Kurbelgehäuse-Entlüftung; 3 – Drosselklappengehäuse; 4 – Gaszug; 5 – Öleinfüllstutzen; 6 – Zündtrafo; 7 – Bremskraftverstärker; 8 – Bremsflüssigkeitsbehälter; 9 – Ausgleichbehälter der Kühlflüssigkeit; 10 – Scheibenwaschwasserbehälter; 11 – Steuergerät für Kühlerventilator; 12 – Vorratsbehälter für Servolenkung; 13 – Batterie mit Wärmeschutzabdeckung; 14 – Umlenkhebel der Schaltseilbetätigung; 15 – Anlasser; 16 – Zündverteiler; 17 – Ölmeßstab; 18 – Lichtmaschine; 19 – Luftmassenmesser; 20 – Luftfilter.

1,9-Liter 66/81 kW

Im Motorraum des Passat mit 66 bzw. 81 kW sehen Sie folgende Teile: 1 – Federbein rechts; 2 – Kraftstoffilter; 3 – Verbindungsrohr zum Turbolader; 4 – Öleinfüllstutzen; 5 – Bremsflüssigkeitsbehälter; 6 – Bremskraftverstärker; 7 – Magnetventil für Ladedruckbegrenzung; 8 – Ausgleichbehälter der Kühlflüssigkeit; 9 – Scheibenwaschwasserbehälter; 10 – Batterie; 11 – Vorratsbehälter für Servolenkung; 12 – Verbindungsrohr Turbolader/Ladeluftkühler; 13 – Verbindungsrohr Ladeluftkühler/Sammelsaugrohr; 14 – Ölfilter; 15 – Ölmeßstab; 16 – Lichtmaschine; 17 – Luftmassenmesser; 18 – Luftfilter.

Behandlungsraum

Nicht jeder Platz ist dafür geeignet, um dort Krankheiten des Wagens zu beseitigen oder um regelmäßige Wartungsarbeiten durchzuführen. Auf einem Rasenplatz versickern beispielsweise Öltropfen, Kraftstoff oder Frostschutz unaufhaltsam böse im Erdreich. Ist der Untergrund zudem noch weich, wird das Aufbocken nicht nur schwieriger, sondern auch wesentlich gefährlicher. Wo also arbeiten?

Der Pflegeplatz

Am günstigsten ist eine breite, lange Garage oder ein ähnlicher Raum mit solchen Ausmaßen. Der Pflegeplatz sollte gut ausgeleuchtet werden können, wofür sich Leuchtstoffröhren und eine Handlampe oder Stehlampe gut eignen. Einige Steckdosen dürfen nicht fehlen. Haben Sie einen Arbeitsplatz mit Montagegrube, können die Arbeiten an der Unterseite Ihres Fahrzeugs einfach und bequem durchgeführt werden. Hinweis: Vor dem nachträglichen Einbau einer Grube mit dem zuständigen Bauamt sprechen. Wenn Ihr Arbeitsraum noch ausreichend hoch ist, könnten Sie an der Decke einen stabilen Haken befestigen, um ggf. einen Flaschenzug einhängen zu können. Ein mit einem Kunststoff-Anstrich versehener Boden läßt sich leicht und gründlich reinigen. Stabile Regale, eine Arbeitsfläche oder eine Werkbank runden einen weitestgehend perfekten Pflegeplatz ab.
Doch auch wenn Sie sich keine solchen Möglichkeiten schaffen können, braucht die Selbstpflege Ihres Passat nicht zu unterbleiben. Viele Reparaturen und fast alle Wartungsarbeiten können bei warmem, trockenem Wetter genauso gut auf einer Fläche mit festem Boden im Freien durchgeführt werden. Sorgen Sie für genügend Ablageflächen, bevor Sie mit dem Arbeiten beginnen.
Vorsicht mit Kraftstoff und Öl auf Asphalt. Beachten Sie auch, daß warmer Asphalt weich wird. Wagenheber oder Unterstellböcke könnten umkippen!

Fingerzeig: Nicht selten bleiben nach der Arbeit Ölspuren auf dem Boden zurück, die man abbinden sollte, bevor sie weiter versickern. Hier kann fürs erste ein scharfer Haushaltsreiniger oder Geschirrspülmittel helfen. Auch saugende Materialien, wie z. B. Sägemehl, Sand oder Zement, schaffen Besserung. Im Zubehörhandel und in Baumärkten werden auch spezielle Ölfleck-Entferner angeboten.

Wagenheber

Es gibt verschiedene Wagenhebertypen mit unterschiedlicher Belastbarkeit.
Bordwagenheber: Wenn der Scherenwagenheber bei einem alten Fahrzeug angesetzt wird, dessen Türschweller bereits durch Rost geschwächt sind, ist Vorsicht geboten. Außerdem darf er immer nur auf festen Untergrund gestellt werden.
Hydraulischer Stempelwagenheber: Es gibt preiswerte Ausführungen. Sein Vorteil ist es, daß der Wagen sehr schnell angehoben werden kann. Vor dem Kauf die Hubhöhe kontrollieren: Bei zu kurzem Hub werden die Räder nicht genügend vom Boden abgehoben. Ein zu großer Heber läßt sich gar nicht ansetzen.

Eine Einkerbung im Schwellerbereich (Pfeil) kennzeichnet den Ansetzpunkt für den Wagenheber bzw. die Hebebühnenaufnahme.

Das Abstützen des Passat ist hier mit einem Dreibock gezeigt. Das eingelegte Kantholz (Pfeil) verhindert Beschädigungen am Schwellerbereich.

Rangierwagenheber: Als noch praktischer erweist sich ein solcher Heber, wenn er ein zusätzliches Pedal zum Hochpumpen hat. Für den Heimwerker gut geeignet ist ein kurzer, kleiner Rangierwagenheber, der sich leicht verstauen läßt. Aber es ist zu beachten, daß sich ein Heber mit zu kleinen Rädern unter Last kaum noch rangieren läßt und daß die Befestigung der Deichsel den Rangiervorgängen standhält.

Wagen immer abstützen!

Wagenheber sind - wie ihr Name schon sagt - nur dazu da, das Fahrzeug anzuheben. Das gilt für Bordwagenheber, hydraulischen Stempelwagenheber und Rangierwagenheber. Sie sind keinesfalls eine ausreichende Abstützung für Arbeiten an der Wagenunterseite. Lassen Sie es auch in der größten Eile nie an der fachgerechten Abstützung des aufgebockten Fahrzeugs fehlen! Sonst kann die eigenhändige Reparatur das Leben kosten. Zum richtigen Abstützen gehört natürlich auch das Unterlegen der Räder mit Steinen oder Holzkeilen, damit der Wagen beim Anheben nicht wegrollen kann.

Womit abstützen?

Hohlblocksteine haben sich als preisgünstige Abstützmöglichkeit erwiesen. Sie dürfen allerdings nicht feucht oder rissig sein, sonst könnten sie unter Belastung in sich zusammenbrechen. Zwischen Stein und Karosserie muß ein Brett gelegt werden, damit sich die Last gleichmäßig über den ganzen Stein verteilen kann. Der Hohlblockstein selbst muß senkrecht auf ebenem und tragfähigem Grund (Beton oder Asphalt) stehen. Ungeeignet ist weicher Boden oder Rasen.
Unterstellböcke stellen eine ideale Ergänzung zum Rangierwagenheber dar. Bei allen anderen Hebern - aber auch bei seitlich angesetztem Rangierheber - besteht allerdings die Gefahr, daß der auf der gegenüberliegenden Seite angesetzte Dreibeinbock einfach zur Seite weggedrückt wird. Am günstigsten steht der Bock, wenn eines seiner Beine nach außen und zwei zur Wagenmitte hin zeigen. Beachten Sie beim Kauf, daß die Böcke keine zu kleine Standfläche haben sollten.
Kontrollieren Sie beim Ansetzen eines Unterstellbocks, ob das Blech nirgendwo eingedrückt werden kann. Von Vorteil ist ein zusätzlich eingelegtes Kantholz, wie oben gezeigt.
Auffahrrampen sind die schnellste Aufbockmöglichkeit. Auch steht der Wagen dann absolut sicher. Wichtig ist, daß die Rampen einerseits eine genügend hohe seitliche Absicherung und nach vorn einen Überfahrschutz haben, andererseits aber auch von einem Fahrzeug mit Frontspoiler befahren werden können. Als zusätzliche Sicherung des Wagens sollte in der Standfläche eine Mulde für die Räder vorhanden sein.

Mietwerkstatt

Ohne einen geeigneten Platz zum Autobasteln werden alle guten Vorsätze blockiert, und zur Winterzeit schraubt ohnehin niemand ohne Not im Freien. Sie können sich dann aber in einer Mietwerkstatt einquartieren. Dort gibt es Hebebühnen, Gruben sowie teilweise auch Spezialwerkzeug, und die Arbeitsräume sind winters beheizt. Mit freien Plätzen in der Mietwerkstatt ist unter der Woche eher zu rechnen als am Wochenende, wenn alle Autobastler zum Werkzeug greifen.
Die Rechnung muß aber in der Mietwerkstatt stimmen; Sie müssen Ihre Zeit scharf kalkulieren. Nur wenn die Arbeit flott von der Hand geht und evtl. ein Helfer mitarbeitet, lohnt sich die Eigenarbeit. Wenn Sie eine umfangreiche Reparatur erstmals selbst ausführen, kann das Experiment durch die Summe der angesammelten Stunden teurer werden als der Arbeitspreis in der Fachwerkstatt.

Immer zur Verfügung

Die wichtigste Aufgabe des Öls ist natürlich die Schmierung von Gleitflächen und Lagern, aber das Schmiermittel dient auch zur Feinabdichtung der Kolbenringe. Weiterhin muß es die beim Motorlauf entstehende Reibungs- und Verbrennungswärme abführen. Nicht zu vergessen Abrieb und Schmutz, die vom Öl gebunden werden, damit sie sich nicht im Motorinnern ablagern.

Motorölstand prüfen

Ständige Kontrolle

Wenn Sie Ihren Passat erst übernommen haben, sollten Sie sicherheitshalber bei jedem Tanken zum Ölpeilstab greifen. Wenn Sie erkennen, daß der Motor nur sehr wenig Öl verbraucht, können Sie das Kontrollintervall auf jede zweite bis vierte Tankung verlängern. Der Peilstab sitzt in Fahrtrichtung gesehen vorne rechts am Motor neben der Lichtmaschine.

- Wagen auf waagrechtem Untergrund abstellen.
- Nach dem Abstellen des vorher warmgefahrenen Motors mindestens fünf Minuten warten, damit alles Öl in die Ölwanne abtropfen kann. Besser ist die Kontrolle vor dem ersten Start bei noch kaltem Motor.
- Vorsicht bei heißgefahrenem Motor, daß Sie sich nirgends die Hand an umliegenden Teilen verbrennen.
- Peilstab ziehen, mit sauberem, fusselfreiem Lappen oder Papiertuch abwischen, bis zum Anschlag wieder hineinschieben, kurz warten und erneut herausziehen.
- An der Peilstabspitze können Sie nun den Ölstand ablesen.
- Steht die Schmiermittelmenge unten an der geriffelten Fläche, muß Motoröl nachgefüllt werden.

Ölverdünnung

Haben Sie den Eindruck, daß Ihr Motor gar kein Öl verbraucht? Das kann z. B. im winterlichen Kurzstreckenbetrieb vorkommen. Der Ölstand zwischen den Messungen nimmt überhaupt nicht ab oder steigt gar an. Dann haben Sie nicht etwa eine Ölquelle entdeckt, sondern das Motoröl ist durch Kraftstoff und Kondenswasser verdünnt. Damit ist die einwandfreie Schmierung nicht mehr gewährleistet. Abhilfe: Durch eine regelmäßige, längere Fahrt das Motoröl »aufkochen«, damit die Kondensate verdunsten. Sofort anschließend den Ölstand kontrollieren, da der Pegel durch die verdunsteten Benzin/Wasser-Anteile erheblich absinkt! Oder (vor allem bei extremem Stadtbetrieb) das Öl vor den üblichen Intervallen wechseln; evtl. schon nach 3000 km oder vier Monaten.
Im Winter rechnet man mit einem Kraftstoffanteil im Öl von 2-3%, wobei die Einspritzmotoren durch die besser dosierte Kaltstartanreicherung weniger Benzin im Motoröl haben als früher die Vergasermotoren.

Die richtige Ölspezifikation

Da bei den relativ langen Ölwechselintervallen die Gefahr von Ölschlammbildung besteht, gibt es von VW strenge Ölvorschriften.

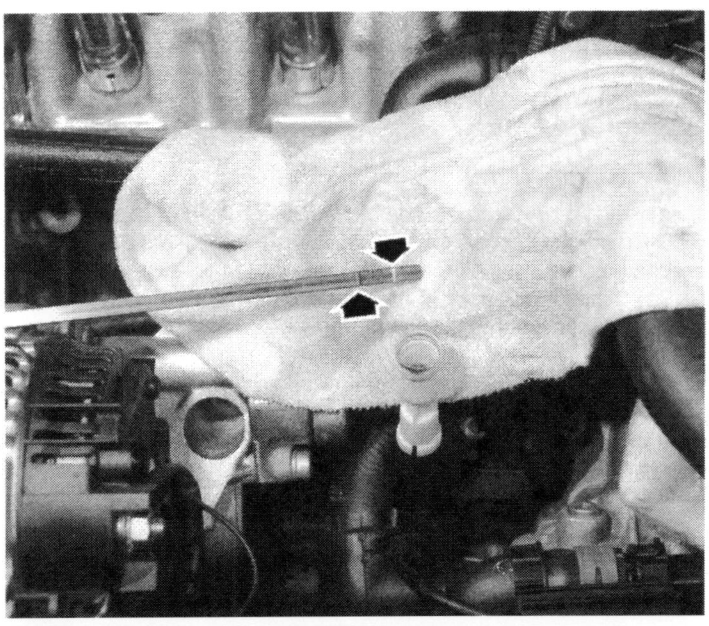

Die Pfeile zeigen auf die obere und untere Markierung des Ölpeilstabes. Innerhalb der geriffelten Markierung muß sich der Ölstand abzeichnen. Ist der Ölstand an der unteren Markierung angelangt, soll nicht mehr als 0,75 Liter Öl nachgefüllt werden.

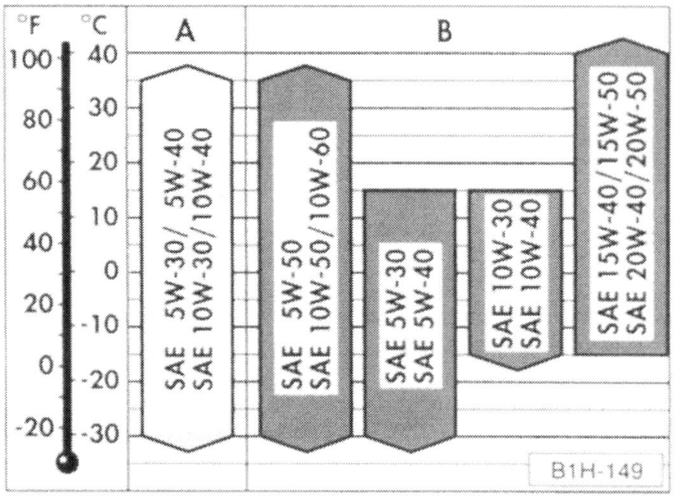

Die Grafik zeigt die Ölviskositäts-Empfehlungen von Volkswagen:
A – Mehrbereichs-Leichtlauföle nach VW-Norm 500 00;
B – Mehrbereichsöle nach VW-Norm 501 01.
Die genannten Werte verstehen sich als Dauertemperaturen. Kurzzeitige Schwankungen spielen keine Rolle.

○ Herkömmliches Motoröl auf Mineralölbasis muß der von VW übernommenen VW-Norm 50101 entsprechen. Dann besitzt es die notwendigen Reinigungseigenschaften zur Verhinderung von Ölschlamm.
○ Leichtlauföle verringern die innere Reibung im Motor. Sie müssen der VW-eigenen Norm VW 500 00 entsprechen.
○ Nur wenn kein Öl der genannten Spezifikationen verfügbar ist, darf Mehrbereichs- oder Einbereichsöl der Kategorie API SF oder SG zum Nachfüllen verwendet werden.

Zähflüssigkeit des Öls

Das Fließverhalten des Öls – also die Dick- bzw. Dünnflüssigkeit – muß auf die Verwendung im Fahrzeugmotor abgestimmt sein. Zwei Kriterien gilt es zu erfüllen:
○ Es darf nicht zu dickflüssig sein, denn der Anlasser muß den kalten Motor durchdrehen können, und die Schmierstellen des Motors müssen nach dem Kaltstart sofort versorgt werden.
○ Es darf nicht zu dünnflüssig sein, denn bei hohen Temperaturen und Drehzahlen kann sonst der Schmierfilm »abreißen«.

SAE-Klassen

Die amerikanische Society of Automotive Engineers hat die Öle entsprechend ihrer Zähflüssigkeit in Klassen eingeteilt. Die reichen bei Motorölen vom dünnflüssigen Winteröl SAE 5 W, 10 W, 15 W über die Zwischenstufe SAE 20 W/20 zu den dickflüssigen Sommerölen SAE 30, 40 und 50.
Einbereichsöl: Das billigste Motoröl war früher Einbereichsöl. Für einwandfreie Motorschmierung muß entsprechend der Jahreszeit dick- oder dünnflüssiges Einbereichsöl im Motor sein. Einbereichsöl ist heute kaum noch an der Tankstelle oder im Supermarkt erhältlich, findet aber in Fuhrparks noch häufig Verwendung. Für den Einsatz im Passat wird es von VW bestenfalls als Notlösung geduldet.
Mehrbereichsöl: Aufwendiger in der Herstellung und deshalb auch teurer als Einbereichsöl ist das heute gebräuchliche Mehrbereichsöl. Es besitzt als Viskositätsindex-(VI-)Verbesserer lange Molekülketten, die beim Erhitzen quellen und beim Abkühlen wieder schrumpfen. Das Öl kann sich damit den Temperaturen elastisch anpassen und mehrere Viskositätsklassen überspannen. Ein Öl SAE 15 W-50 entspricht bei einer Temperatur von -15°C der Zähflüssigkeitsklasse 15 W und bei 100°C der Klasse 50.
Problematisch ist bei Mehrbereichsölen auf Mineralölbasis, daß die Molekülketten ihrer Viskositäts-Verbesserer mit der Zeit abgeschert werden können. Dann ist die obere Zähflüssigkeitsklasse nicht mehr voll erhalten, das Öl also nicht mehr so temperaturbeständig. Aus diesem Grund sind Mehrbereichsöle der Klassen SAE 10 W-30 und 10 W-40 in der warmen Jahreszeit für die VW-Motoren nicht freigegeben.

Das richtige Motoröl für den VW

Zwei Kriterien entscheiden beim Kauf des richtigen Motoröls. Das Öl muß haben:
○ Die richtige Ölspezifikation. Etikettenschwindel auf der Packung ist da äußerst selten, denn die Ölfirmen überwachen sich gegenseitig.
○ Die richtige Ölviskosität (Zähflüssigkeit). Sie hängt von der überwiegenden Außentemperatur ab und kann der Grafik oben entnommen werden.

Zusätze zum Motoröl

Das Verwenden von Zusatzmitteln – gleich welcher Art – in Schmierölen verstößt gegen unsere Betriebsanleitung. Schäden, die durch solche Mittel entstehen, sind von der Gewährleistung ausgeschlossen.« Das ist die Meinung von VW zu Ölzusatzmitteln. Ob die Mehrkosten für Ölzusätze eine entsprechende Lebensverlängerung des Motors bewirken, bleibt fraglich – vor allem bei Verwendung von Hochleistungsölen.

Alles über den Ölwechsel

Wo Öl wechseln?

○ In den Werkstätten kostet der Ölwechsel nach unseren Erfahrungen das meiste Geld, weil nur sehr teure Ölsorten vorrätig sind. Außerdem ist der Motor oft schon wieder kalt, bis das alte Öl abgelassen wird, so daß nicht aller Schmutz herausgeschwemmt wird. Manche Werkstätten berechnen die Arbeit für den Ölfilterwechsel zusätzlich zum Ölpreis.
○ An Tankstellen kommt der Wagen meist sofort dran. Sie können auch ein billigeres Öl aus dem Tankstellenkaufsprogramm auswählen, und im Ölpreis ist die Arbeit des Tankwarts inbegriffen.
○ Gegen den SB-Ölwechsel mit Absauggerät an der Tankstelle bestehen keine Bedenken, vorausgesetzt der Ölfilter wird ebenfalls ausgetauscht.
○ Ölwechsel zu Hause lohnt sich nur dann, wenn Sie das Öl preisgünstig einkaufen können.

Wie oft Öl wechseln?

○ Die Werksvorschrift fordert einmal jährlich einen Ölwechsel, sofern die Jahres-Fahrleistung unter 15 000 km liegt.
○ Bei höherer Fahrleistung gilt das Kilometer-Intervall alle 15 000 km unabhängig vom jeweiligen Inspektionstermin.

<u>Fingerzeig:</u> Läuft der Passat ausschließlich im Kurzstreckenbetrieb, empfiehlt sich ein halbjährliches Ölwechsel-Intervall. Termin ist dann Frühjahr und Herbst, denn das winters verstärkt auftretende Kraftstoffkondensat sollte vor der warmen Jahreszeit mit dem Öl abgelassen werden. Ungeachtet dessen sind noch kürzere Intervalle empfehlenswert, wenn der Ölstand winters durch Kraftstoffkondensat steigt.

Was wird gebraucht?

○ Motoröl nach den entsprechenden Spezifikationen (preisgünstig im 3-, 4- oder 5-Liter-Kanister).
○ Ein Ölfilter, als VW-Original-Teil oder unter verschiedenen Herstellerbezeichnungen im Zubehörhandel.
○ Ein neuer Dichtring für die Ölablaßschraube.
○ Auffanggefäß für das Altöl, z. B. ein alter Ölkanister mit herausgeschnittener Seitenwand.
○ Ein Altölkanister dient zum Wegschaffen des Altöls.
○ Mit einer Ölkanne erleichtert man sich das Einfüllen des frischen Motoröls.
○ Ein Spannbandschlüssel ermöglicht das Lösen des Filters.

Wohin mit dem Altöl?

Die ordnungsgemäße Beseitigung des beim Ölwechsel abgelassenen Altöls ist dank der Abfall-Gesetzgebung ganz einfach: Man kann es kostenlos dort abgeben, wo man Motoröl gekauft hat. Der Handel ist zur Rücknahme verpflichtet, als Kaufbeweis müssen Sie nur die entsprechende Quittung vorlegen.
Noch einfacher haben Sie es, wenn Sie die Ölabsaugstation an der Tankstelle benutzen, dann brauchen Sie mit dem Altöl gar nicht herumzuhantieren, es gelangt sicher in den Altöltank.

<u>Fingerzeig:</u> Altöl darf das verbrauchte Öl nicht mit anderen Flüssigkeiten vermischt sein. Generell müssen die unterschiedlichen verbrauchten Betriebsflüssigkeiten des Fahrzeugs in getrennten Behältern aufbewahrt und entsorgt werden.

Motoröl und Ölfilter wechseln

Wartungsarbeit

● Öl nur bei betriebswarmem Motor wechseln! Deshalb den Wagen evtl. warmfahren.
● Den Passat möglichst waagrecht aufbocken (abstützen!) oder über eine Rampe fahren.
● Geeignetes Gefäß unter die Ölwanne stellen.
● Ablaßschraube mit Ringschlüssel öffnen; sie sitzt in Fahrtrichtung gesehen hinten. Öl auslaufen lassen – Vorsicht, es ist heiß und kommt im Bogen herausgeflossen!
● Auffanggefäß unter den Ölfilter (in Fahrtrichtung vorn am Motor) stellen.
● Ölfilter mit dem Bandschlüssel lösen. Bei sehr fest sitzendem Filter einen scharfen Schraubendreher durch das Blechgehäuse des Filters treiben (Vorsicht, heißes Öl läuft aus) und Filter mit dem Schraubendreher losdrehen.
● Dichtring am neuen Ölfilter mit etwas Fett einreiben. Kein Öl nehmen, da es bei der Sichtkontrolle zum Schluß oft fälschlicherweise für austretendes Öl gehalten wird.
● Filter ohne irgendwelches Werkzeug von Hand festdrehen.
● Ölablaßschraube sauberreiben und mit neuem Dichtring eindrehen; nicht anknallen, sonst wird das Führungsgewinde in der Ölwanne beschädigt.
● Öl einfüllen, siehe Tabelle.
● Motor kurz laufen lassen. Bis die Ölpumpe den Filter gefüllt hat, leuchtet die Öldruckkontrolle, und bei einem älteren Motor kann kurzes Lagerklappern hörbar werden.
● Motor abstellen, Öldichtheit kontrollieren.

Links: Zum Lösen der Ölablaßschraube (Pfeil) ist der Ringschlüssel das am besten geeignete Werkzeug. Mit einem Maulschlüssel ist die Abrutschgefahr an der Ölablaßschraube größer, und dadurch wird der Sechskant rund.
Rechts: Zum Lösen des Ölfilters wird dieser in Pfeilrichtung gedreht.

Motor	55-85 kW-Benziner	66-81 kW-Diesel
mit Filterwechsel	3,8 l	4,3 l
ohne Filterwechsel*	3,3 l	3,8 l

* nur bei einem zusätzlichen Ölwechsel zwischen den Intervalle

Ölstand der Servolenkung kontrollieren

Ständige Kontrolle

Der Vorratsbehälter für das Hydrauliköl der Servolenkung sitzt direkt vor der Batterie im Motorraum. Zu Ihrer eigenen Sicherheit sollten Sie regelmäßig bei jeder Kontrolle des Motorölstands den Ölstand in diesem Behälter prüfen. Zur Steuerung des Hydraulikdrucks im Lenkgetriebe und als Schmiermittel dient Hydrauliköl, das im VW-Programm unter der Teile-Nr. G 002 000 geführt wird.

- Der Motor muß mit Leerlaufdrehzahl laufen, die Räder müssen in Geradeaus-Stellung stehen.
- Das Öl muß Betriebstemperatur haben (mind. 50°C).
- Der Ölstand muß zwischen den Markierungen »MIN« und »MAX« am Behälter stehen.
- Ist der Behälter dunkel verfärbt, muß der Meßstab innen am Deckel benutzt werden.
- Deckel abschrauben (Vorsicht, Dichtung).
- Meßstab mit sauberem, fusselfreiem Tuch abwischen, Deckel wieder vollständig auf die Einfüllöffnung aufschrauben.
- Deckel nochmals abnehmen und Pegel am Peilstab ablesen. Das Niveau muß zwischen den Marken »MIN« und »MAX« liegen.
- Vorsicht, daß kein Schmutz in den geöffneten Behälter gelangt.
- Beim Nachfüllen wird bis zur Markierung »MAX« aufgefüllt.

Fingerzeig: Grundsätzlich deutet Flüssigkeitsverlust auf eine Leckstelle im Hydrauliksystem. Also in diesem Fall nicht einfach Hydrauliköl nachkippen, sondern erst die Leckstelle ermitteln!

Ölstand im Schaltgetriebe kontrollieren

Wartungsarbeit

Im Getriebe wird das Schmiermittel nicht wie im Motor verbraucht, sondern kann allenfalls durch undichte Stellen ins Freie gelangen. Ein Getriebegehäuse, das außen eine öldurchtränkte Schmutzkruste aufweist, macht eine Ölstandskontrolle unumgänglich. Aber zu wenig Schmieröl im Getriebe (vielleicht durch einen nachlässigen Ölwechsel) bleibt dem Betrachter verborgen. Wir raten daher in jedem Fall dazu, den Ölstand zu prüfen. Die Kontroll- und Einfüllschraube sitzt in Fahrtrichtung gesehen rechts oberhalb der Antriebswelle.

- Fahrzeug waagrecht aufbocken.
- Lenkrad nach lins bis zum Anschlag einschlagen.
- Innensechskantschraube 17 mm herausdrehen.
- Läuft nun bereits etwas Getriebeöl heraus, stimmt der Ölstand.
- Andernfalls Finger in das Schraubengewinde stecken und fühlen, ob die Schmierflüssigkeit bis an die Öffnung heranreicht: Ausreichender Ölstand.
- Bei größerem Ölmangel die vorgeschriebene Getriebeölsorte an der Tankstelle oder in der Werkstatt einfüllen lassen.

Links: Den Stand des Hydrauliköls für die Servolenkung können Sie an den Markierungen (Pfeile) des Meßstabs am Verschlußdeckel bzw. außen am Behälter (Pfeile) ablesen. Zuvor saubergewischten Meßstab in den Behälter ein- und ausschrauben.
Rechts: Die Kontrollschraube (Pfeil) für den Getriebeölstand sitzt in Fahrtrichtung vorne am Getriebegehäuse. Als Werkzeug brauchen Sie einen kurzen Steckschlüssel für Innensechskant 17 mm.

Die richtige Getriebeölsorte

An einen Getriebeölwechsel brauchen Sie nicht mehr zu denken. Das Getriebe ist mit einer Dauerfüllung versehen, aus der eventueller Abrieb durch Magnete herausgefischt wird. VW gibt nur Synthetiköl SAE 75 W-90 mit der Spezifikation G 50 (Teile-Nr. G 005 000) für das Schaltgetriebe frei.

ATF-Stand im automatischen Getriebe kontrollieren

Wartungsarbeit

Die Getriebeautomatik ist mit einer synthetischen Flüssigkeit namens **A**utomatic **T**ransmission **F**luid befüllt. Sie dient als Schmiermittel und zur Steuerung des Getriebes. Damit sie den Anforderungen gerecht wird, muß die ATF bestimmte Anforderungen erfüllen. VW läßt nur die ATF mit der Teile-Nr. G 052 162 zu.
Der Passat besitzt keinen ATF-Peilstab. Die Füllstandskontrolle ist heute zu einer umständlichen Werkstatt-Prozedur geworden, die sich nur mit dem Fehlerauslesegerät V.A.G 1551 durchführen läßt, weil nur dieses die exakte Getriebeöltemperatur auslesen kann. Genau diese ist aber für den richtigen Füllstand entscheidend, da sich die ATF unter Temperatureinfluß stark ausdehnt.
Andererseits braucht der Flüssigkeitsstand auch nur alle 30 000 km geprüft zu werden. Ausnahme: Ein stark ölverschmiertes Getriebe mahnt zu früherer Kontrolle!

Ölstand im Achsantrieb kontrollieren

Für den Achsantrieb der Getriebeautomatik ist ebenfalls die gelbliche ATF mit der VW-Teile-Nr. G 052 162 vorgeschrieben. Eine Überprüfung wird notwendig, wenn das Achsantriebsgehäuse außen feucht ist. Zur Ölstandskontrolle:

- Geschwindigkeitsgeber (in Fahrtrichtung hinten rechts) am Getriebe abschrauben und herausziehen.
- Antriebswelle des Gebers unten abwischen und wieder in die Öffnung eindrehen.
- Geber wieder ausbauen und Ölstand am unteren Wellenende ablesen.
- Reicht das Öl nicht mehr ans Wellenende, muß 0,1 Liter nachgefüllt werden.
- Als »MAX«-Markierung dient die Verdickung knapp über dem Wellenende.

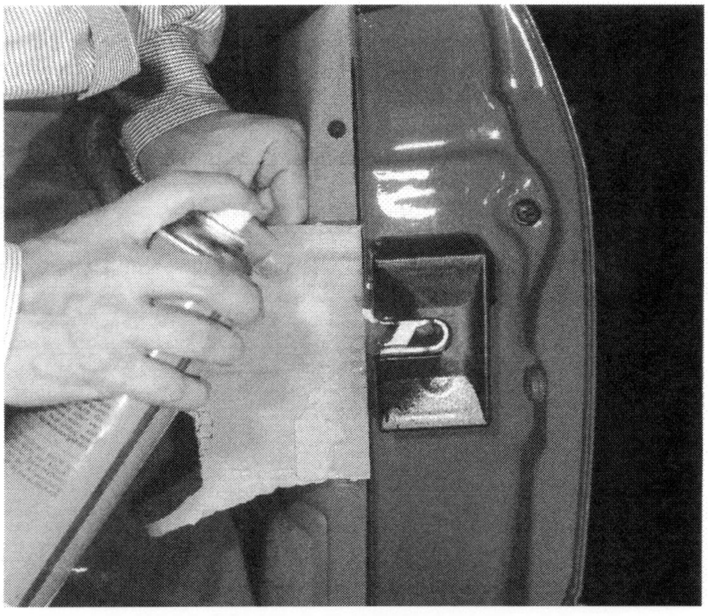

Wenn Sie die Schloßfalle am Türschloß mit einem Schmierspray behandeln, sollten Sie die Türverkleidung vor dem schmierigen Sprühnebel schützen.

Hier wird das Motorhaubenschloß mit einem wasserbeständigen Fett eingestrichen.

Schmierstellen versorgen

Wartungsarbeit

Der Serviceplan von VW sieht nur eine Schmierstelle am Passat vor. Aus unserer langjährigen Praxis wissen wir aber, daß eine zusätzliche Schmierration manches auf Dauer leichtgängig hält, was sonst quietscht, klemmt, reißt oder rostet. Dabei gilt folgende Faustregel: An Scharnieren und Gelenken mit engen Durchgängen, in die kein Fett eindringen kann, ist Öl oder Schmierspray günstiger. Gegeneinander reibende Flächen werden besser gefettet oder mit einer Schmierpaste behandelt, da diese Gleitstoffe besser haften.

Türen und Klappe hinten

- Die Türscharniere sind eigentlich wartungsfrei. Dennoch kann es nicht schaden, hin und wieder etwas Öl anzusprühen. Abtropfendes Schmiermittel abwischen.
- Für die Schloßfalle der Türen und der hinteren Klappe verwenden Sie am besten Silikonpaste oder ein Schmierspray.
- Die Türfeststeller oder Türhaltebänder, die zu weites Aufschlagen der Türen verhindern, werden mit etwas Mehrzweckfett oder ebenfalls mit Silikonpaste bestrichen.
- Die Heckklappenscharniere können Sie mit etwas Öl besprühen. Vorsicht, daß der Dachhimmel nichts abbekommt.

Schließzylinder

Besonders gefährdet in der Winterzeit ist der Schließzylinder der Heckklappe. Er kann durch Schmutz und Salzkristalle blockiert werden. Dann muß meist ein neuer Schließzylinder her. Besser ist vorbeugende Pflege.

- Sprühen Sie spätestens zu Beginn der kalten Jahreszeit etwas Rostlöser-Isolierspray in den Schlüsselschlitz. Es schmiert, verdrängt Feuchtigkeit und schützt so auch vor Rost sowie Einfrieren im Winter.
- Am Heckklappen-Schließzylinder winters gelegentlich nachsprühen.
- Zur Schmierung der Schließzylinder eignet sich auch Waffenöl. Mit einer alten Injektionsspritze jeweils 0,5 cm^3 einspritzen.

Motorhaube

- Entriegelungszug der Motorhaube von einem Helfer im Wageninnern ziehen lassen. An der Stelle, wo der Seilzug aus der Umhüllung kommt, etwas Fett anstreichen und durch mehrmalige Hebelbewegung in die Zugumhüllung ziehen.
- Das Motorhaubenschloß mit etwas Fett bestreichen oder Schmierspray auftragen.
- Die Achsen der Motorhaubenscharniere erhalten etwas Öl oder Schmierspray.

Gasbetätigung

- Von einem Helfer bei ausgeschaltetem Motor das Gaspedal durchtreten lassen.
- An allen sich hierbei bewegenden Stellen die eventuell anhaftende Schmutzkruste abreiben und anschließend etwas Öl ansprühen, während ein Helfer ein paar Mal das Gaspedal bewegt.

Schiebedach

Im Passat ist ein wartungsfreies Schiebedach eingebaut. Die Gleitschienen erfordern nach Werksmeinung keine Pflege.

Leistung nach Wunsch

Bei der Motorisierung des Passat wurde nur eine Grundkonstruktion mit vier Zylindern verwendet. Unterschiede gibt es jedoch im Hubraum und im Ansaugsystem der Einspritzanlage. Alles Wissenwerte finden Sie in diesem Kapitel.

Blick unter die Motorhaube

Einheitlich für alle Motoren ist die Quer-Einbaulage – um ca. 20° nach hinten geneigt.
○ Zur Kennzeichnung der Motoren dienen Buchstaben vor der Seriennummer. Die finden Sie zum einen im Inspektions-Heft bzw. im Fahrzeug auf dem Modellschild in Fahrtrichtung rechts am Stehblech. Am Motor ist sie vorn an der Trennstelle zwischen Motorblock und Zylinderkopf unter dem Zündkerzen-Einschraubgewinde des 3. Zylinders zu finden.
Die folgenden Motoren sind in diesem Band beschrieben:

Kurzbezeichnung		**1,8**	**1,8**	**1,6**	**1,6**	**2,0**	**2,0**
Hubraum	**cm³**	**1781**	**1781**	**1595**	**1595**	**1984**	**1984**
Leistung	**kW**	**55**	**66**	**74**	**74**	**85**	**85**
Kennbuchstaben		**AAM**	**ABS, ADZ**	**AEK**	**AFT**	**2E**	**ADY, AGG**
Gemischaufbereitung/ Zündsteuerung		**Mono-Motronic**	**Mono-Motronic**	**Motronic**	**Simos**	**Digifant**	**Simos**

Die Einzelteile

Wer sich für die Funktion des Motors interessiert, findet nachstehend die wichtigsten Teile herausgegriffen und beschrieben.

Kolben und Zylinder

Die aus Leichtmetall gegossenen Kolben besitzen eine Stahleinlage, welche die Wärmedehnung verringert. Im oberen Drittel jedes Kolbens sind drei Kolbenringe elastisch in entsprechende Nuten im Kolben eingebettet. Sie drücken federnd gegen die Zylinderwand. Die beiden oberen Kolbenringe verwehren dem Gasgemisch den Weg aus dem Verbrennungsraum nach unten ins Kurbelgehäuse, während der untere Ölabstreifring verhindert, daß allzuviel Schmiersaft aus dem Kurbelgehäuse in den Brennraum gelangt. Der Kolbenboden ist muldenförmig ausgebildet; Näheres dazu finden Sie unter »Die Brennraumform«.
Die Zylinder, in denen die Kolben auf und ab laufen, sind in das Graugußmaterial des Motorblocks eingearbeitet. Die Zylinderbohrungen sind im sogenannten Kreuzschliff gehont (geschliffen). Die Wandungen dürfen nicht

Den Motorkennbuchstaben finden Sie auf der erhabenen Fläche unter dem Einschraubgewinde für die Zündkerze des 3. Zylinders (1). Im Vordergrund ist das Führungsrohr (2) des Ölpeilstabs zu sehen.

Der 1,8-Liter-Motor im Schnitt: 1 – Nockenwelle; 2 – Hydrostößel; 3 – Spannrolle; 4 – Kolben; 5 – Zahnriemen; 6 – Zwischenwelle; 7 – Riemenscheibe auf der Kurbelwelle; 8 – Wasserpumpe; 9 – Zylinderkopfdeckel; 10 – Zündkerze des 4. Zylinders; 11 – Zündverteiler; 12 – Pleuel; 13 – Ölpumpe.

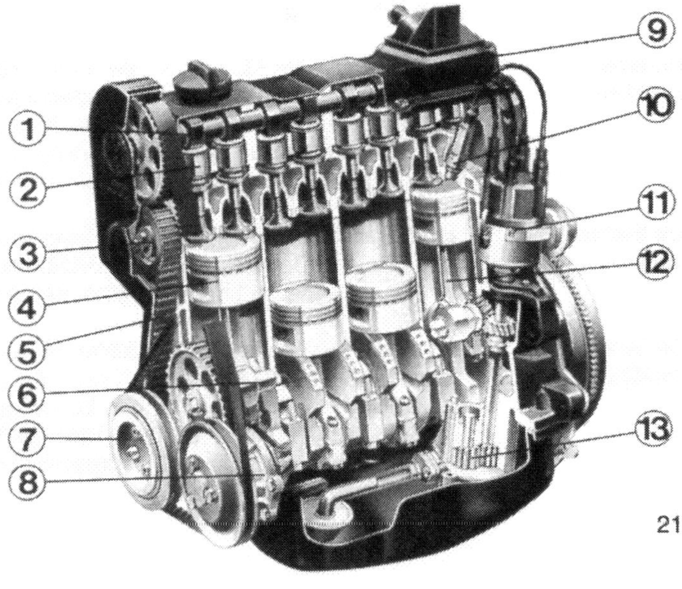

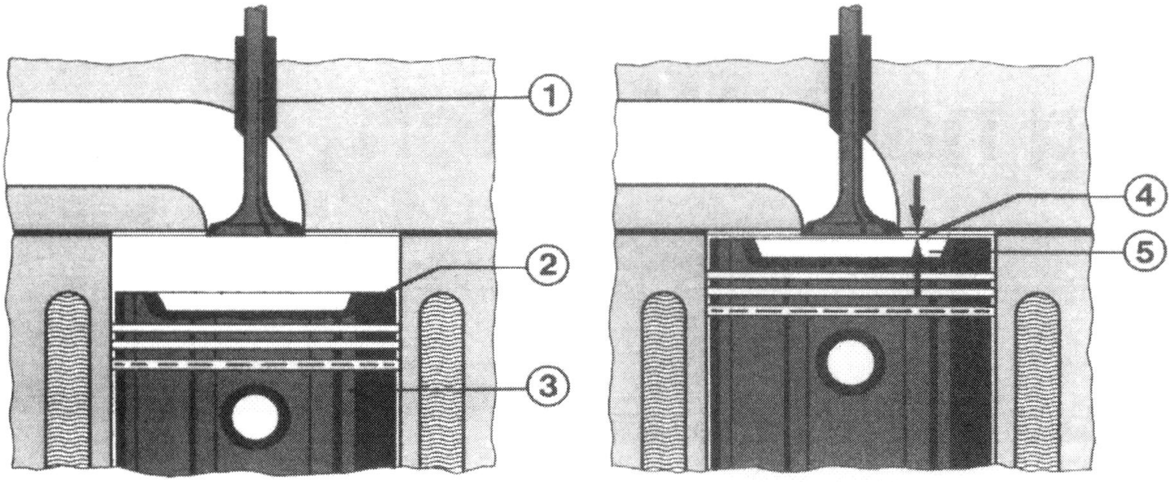

Die beiden Zeichnungen zeigen das HCS-Prinzip. Das einströmende Gemisch ist rot dargestellt und gelangt am geöffneten Ventil (1) vorbei in den Brennraum (5), der sich im Kolbenboden befindet. Die Quetschkante (2) des Kolbens (3) sorgt für gute Gemischverwirbelung. Bei höchster Kolbenstellung verbleibt ein Quetschspalt (4).

völlig glatt sein, weil sonst das zur Schmierung notwendige Öl nicht daran haften kann. Die Bohrungen der Zylinder sind um 0,03 mm weiter als die zugehörigen Kolben.

Kurbelwelle und Pleuel

Aufgabe der Kurbelwelle ist es, die geradlinige Bewegung der in den Zylindern auf und ab laufenden Kolben in eine Drehbewegung umzusetzen. Die zu den Kolben führenden Verbindungsstangen – die Pleuel – wirken deshalb, wie bei einer Andrehkurbel, versetzt zur Mittelachse der Kurbelwelle. Die einzelnen Kurbeln sind um 180° zueinander versetzt, stehen sich also entgegengesetzt gegenüber. Für vibrationsarmen Lauf sitzen an der gegenüberliegenden Seite der Kurbelzapfen acht Gegengewichte. Um ein Durchbiegen der Kurbelwelle im Betrieb zu vermeiden, ist sie an fünf Stellen im Motorblock gelagert. Jede »Kurbel«, auf der eine Pleuelstange sitzt, ist also rechts und links durch ein Motorlager gestützt.
In Fahrtrichtung links sitzt auf der Kurbelwelle die Schwungscheibe mit dem Zahnkranz für das Ritzel des Anlassers. Hier wird die Kupplung und damit die Verbindung zum Getriebe montiert. Bei Automatikgetriebe sitzt an dieser Stelle die Mitnehmerscheibe zum Anschrauben des Drehmomentwandlers. Am anderen Ende der Kurbelwelle ist das Antriebsrad für den Zahnriemen sowie die Scheibe für den Keilriemen bzw. Keilrippenriemen angeschraubt.
Die vier Pleuel sind mit auswechselbaren Lagerschalen auf den Kurbelwellenzapfen montiert. In ihrem anderen Ende tragen sie Bronzebuchsen für die Kolbenbolzen, die »schwimmend« gelagert sind. Darunter ist zu verstehen, daß sich Kolben und Kolbenbolzen auf dem Pleuel etwas zur Seite bewegen können.

Der Zylinderkopf

Aus Gewichtsgründen und wegen der besseren Wärmeleitfähigkeit ist der Zylinderkopf aus Leichtmetall gegossen. Die Ventilsitze werden bei erhitztem Zylinderkopf eingesetzt, dadurch sind sie nach dem Abkühlen fest »eingeschrumpft«. Die Zündkerzen sind jeweils direkt in eingeschnittene Gewinde im Zylinderkopf eingeschraubt.
○ Bei den 1,8- und 2,0-Liter Motoren sitzen die Ein- und Auslaßventile spiegelbildlich zueinander, wobei die heißer werdenden Auslaßventile zu den Stirnseiten des Motors hin angeordnet sind.
○ Beim 1,6-Liter Motor liegen sich die Ein- und Auslaßventile im Brennraum einander gegenüber, das verbrennungsfähige Gemisch gelangt auf der einen Seite hinein und verläßt den Brennraum nach dem Arbeitstakt auf der gegenüberliegenden Seite. Das nennt man »Querstrom-Prinzip«, die Gase durchqueren den Zylinderkopf ohne Umlenkung.

Die Brennraumform

Kennzeichen aller Motoren ist der in den Kolben gelegte Brennraum, der Zylinderkopf ist dagegen über dem Kolben völlig plan. Der Fachmann spricht hier von einem Heron-Brennraum. Zwischen dem in seiner höchsten Stellung stehenden Kolben und dem Zylinderkopf verbleibt ein ganz kleiner Quetschspalt, der für eine besonders gleichmäßige Gemischverwirbelung und dadurch klopffreie Verbrennung sorgt. Der Kolbenboden ist je nach Motor und Verdichtung mit einer mehr oder weniger tiefen Mulde ausgeformt.

Die Nockenwelle

Ganz oben im Zylinderkopf sitzt die Nockenwelle. Mit ihren eiförmigen Nocken veranlaßt sie die Ventile zum Öffnen und Schließen bei bestimmten Kolbenstellungen. Sie bestimmt damit die sogenannten Ventilsteuerzeiten. Die Nockenwelle läuft in fünf Lagern; den Antrieb besorgt die Kurbelwelle über einen Zahnriemen.

Die Ventilbetätigung

Die Ventile werden von der Nockenwelle auf kürzestem Übertragungsweg gesteuert. Sogenannte hydraulische Tassenstößel sind – wie eine auf den Kopf gestellte Tasse – über den Ventilschaft und die beiden Ventilfedern gestülpt. Durch den hydraulischen Spielausgleich muß kein Ventilspiel mehr eingestellt werden.
Hydraulisch bedeutet hier, daß die Tassenstößel mit unter Druck gesetztem Motoröl arbeiten. Zum hydraulischen Tassenstößel gehören in der Hauptsache zwei bewegliche Teile – der Kolben und der Zylinder. Eine Feder drückt

Die Funktion des Hydrostößel bei der Ventilbetätigung: Das unter Hochdruck gesetzte Öl ist dunkelgrau dargestellt. Hellgrau abgesetzt ist die zur Ventilbetätigung nicht benötigte Ölmenge. Die Zahlen bezeichnen folgende Teile:
1 – Nocken der Nockenwelle;
2 – Ölvorratsraum;
3 – Rückschlagventil;
4 – Ölzulauf;
5 – Hochdruckraum;
6 – Ventilschaft;
7 – Druckfeder;
8 – Zylinder;
9 – Kolben;
10 – Hydrostößel.

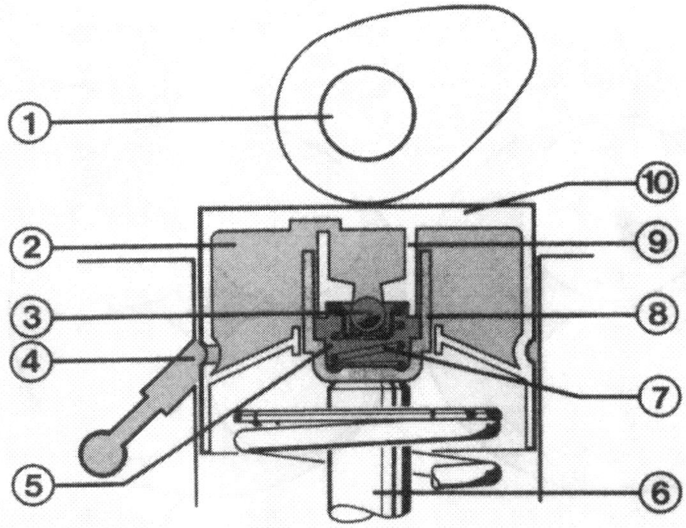

beide Teile so weit auseinander, daß zwischen dem betreffenden Nocken der Nockenwelle und dem Ventilschaft unter dem Hydrostößel kein Spiel mehr herrscht.
Bei geschlossenem Ventil fließt Öl aus dem Schmierkreislauf des Motors durch eine seitlich umlaufende Ölnut in den Ölvorratsraum des Hydrostößels. Vom Vorratsraum kann das Öl weiter durch ein offenes Rückschlagventil in den Hochdruckraum im Stößel gelangen. Wenn nun bei laufendem Motor der Nocken der Nockenwelle auf den Tassenstößel zu drücken beginnt, schließt das Rückschlagventil. Aus dem Hochdruckraum kann kein Öl mehr entweichen, Druck baut sich auf. Das eingeschlossene Öl läßt sich nicht zusammenpressen, es stellt jetzt eine starre Verbindung zwischen Nocken und Ventilschaft her, das Ventil wird geöffnet.
Durch ein konstruktionsseitig genau bemessenes Einbauspiel zwischen Kolben und Zylinder des Hydrostößels sowie durch den ansteigenden Druck auf den Stößel entweicht eine bestimmte Menge »Lecköl« aus dem Hochdruckraum.
Nachdem das Ventil wieder geschlossen hat, entsteht durch den Leckölverlust ein geringfügiges Ventilspiel, da der Druck im Hochdruckraum vollständig abgebaut ist. Durch das entlastete Rückschlagventil kann aus dem Vorratsraum sofort wieder Öl in den Hochdruckraum einströmen, während die Feder zwischen Kolben und Zylinder das Spiel im System beseitigt, bevor die nächste Ventilbetätigung erfolgt.
Bemerkenswert ist eine minimale Wölbung der Stößelböden, eine dem Auge nicht erkennbare Schräge der Nockenlauffläche und ein Versatz von 2 mm zwischen Nocken und Stößel. Dadurch erhalten die Stößel bei laufendem Motor einen Drehimpuls, der sich auf die Ventile überträgt. Hierdurch wird Verschleiß an Stößel und Ventilsitzen vermieden und eine optimale Dichtheit zwischen Ventil und Sitz erreicht.

Der Zahnriemen

Als geräuscharmes Antriebselement für die obenliegende Nockenwelle dient der von der Kurbelwelle in Bewegung gesetzte Zahnriemen. Der gezähnte Gummiriemen mit Stahldrahteinlage arbeitet verschleißfrei, zumal die Gummimischung des Zahnriemens überdies für eine »Trockenschmierung« der Riemenscheiben sorgt.
Der Riemen wird durch eine spezielle Spannrolle gespannt und treibt zusätzlich eine Zwischenwelle an, die ihrerseits die Ölpumpe sowie den Zündverteiler in Bewegung versetzt.

Die Zylinderkopfdichtung

Die Dichtung zwischen Motorblock und Zylinderkopf hat dafür zu sorgen, daß die Verbrennungsräume und die Kanäle für Kühlmittel und Öl voneinander getrennt bleiben. Dabei muß sie enormen Temperatur- und Druckschwankungen widerstehen.

Das Schmiersystem

Die Ölpumpe saugt den Schmiersaft durch ein Sieb an und drückt ihn in den Hauptstromfilter. Ist das Filterpapier von Schmutz zugesetzt, weil der Filter nicht rechtzeitig gewechselt wurde, tritt ein Sicherheitsventil in Aktion. Es öffnet, der Filter wird umgangen, die Ölversorgung ist sichergestellt. Ungefiltertes Motoröl bewirkt aber höheren Verschleiß an den Lagerstellen. Vom Filter aus gelangt das Öl über Bohrungen im Zylinderblock zu den Schmierstellen der Kurbelwelle, der Zwischenwelle und des Zylinderkopfes mit der Nockenwelle.
Das Öl fließt durch Bohrungen zurück in die Ölwanne und kann für einen erneuten Durchlauf von der Ölpumpe angesaugt werden.
Beim 85 kW-Motor sitzen im Kurbelgehäuse unterhalb der Kolben Ölspritzdüsen, die vom Hauptölkanal gespeist werden. Ab ca. 2 bar Öldruck öffnen die Ventile in den Düsen. Die Ölstrahlen sind auf die hoch belasteten Kolbenböden gerichtet, gleichzeitig wird die Schmierung der Zylinderlaufbahnen noch verbessert.

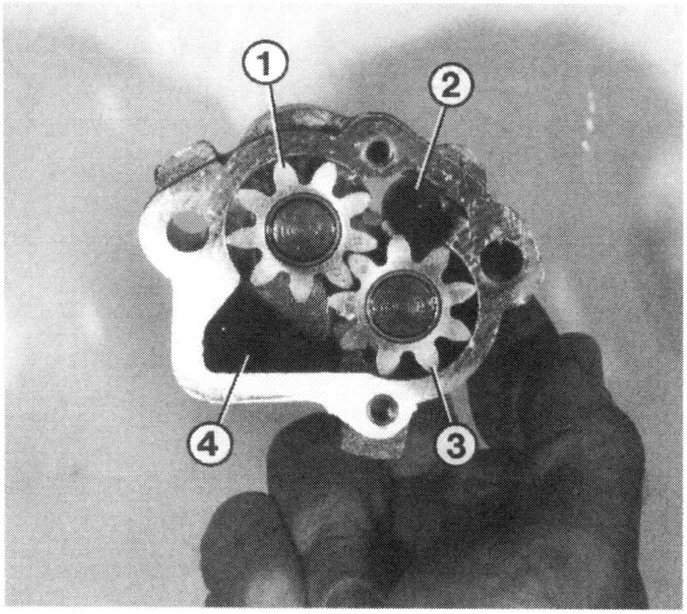

Die ausgebaute Ölpumpe besteht aus zwei miteinander »kämmenden« Zahnrädern (1 und 3). Angesaugt wird durch die Kammer »4«; das unter Druck gesetzte Öl gelangt über die Druckkammer (2) an die Schmierstellen im Motor.

Bei den Motoren mit Zentral-Einspritzung gehört zur Kurbelgehäuse-Entlüftung die hier gezeigten Teile: 1 – Verbindungsschlauch zum Ansaugstutzen; 2 – Zylinderkopfdeckel; 3 – Ölrücklaufrohr; 4 – Entlüftergehäuse.

Die Ölpumpe

Der Antrieb der Ölpumpe erfolgt durch die bereits erwähnte Zwischenwelle. Rund 30 Liter Öl werden bei Vollgas in der Minute durch den Achtventiler-Motor gepumpt .
Wir haben im Passat eine herkömmliche Zahnradpumpe. Zwei ineinandergreifende Zahnräder schaufeln das Öl einfach von der Saug- zur Druckseite. Dabei ist sie völlig wartungsfrei, denn sie schmiert sich gewissermaßen selbst.

Öltemperaturen

Für das Wohlbefinden des Motors ist die Öltemperatur ausschlaggebend. Mit der ggf. eingebauten Multifunktionsanzeige in Stellung »Öltemperatur« können Sie ablesen, wie es um den Wärmehaushalt des Motors bestellt ist. Gemessen wird am Ölfilterflansch; dort ist der Schmiersaft am kühlsten. Dagegen können an den Kolbenringen Temperaturen bis 300° C auftreten. Volkswagen nennt 145° C in der Ölwanne als höchstzulässige Temperatur. Voraussetzung ist dabei allerdings ein wirklich hochwertiges Motoröl.
Gefährlicher als hohe Temperaturen sind zu niedrige Werte. Bei weniger als 60° C sind die Öl-Additive nicht voll wirkungsfähig, was erheblich höheren Verschleiß zur Folge hat. Deshalb sollten Sie nach Möglichkeit den Motor nach dem Kaltstart nicht über 3500/min drehen lassen, bis das Öl etwa 70° C erreicht hat. Ohne Öltemperaturanzeige gilt als Anhaltspunkt, daß das Motoröl im Winter nach frühestens 10 Minuten 70° C erreicht hat; in der wärmeren Jahreszeit dauert es rund sechs Minuten.

Der Ölkühler

Die Motoren mit 85 kW besitzen einen »wasserdurchflossenen« Kühler zwischen Ölfilter und Ölfilterhalter. Darin wird das Öl ständig vom durchgepumpten Kühlmittel abgekühlt.

Der Öldruck

Bei einer Öltemperatur von 80° C soll der Öldruck bei 2000/min des Motors mindestens 2,0 bar erreichen. Als serienmäßige Kontrollmöglichkeit gibt es einen Öldruckschalter, der ab einem Druck von ca. 0,3 bar die Warnleuchte im Armaturenbrett verlöschen läßt. Bei dynamischer Öldruckkontrolle ist ein zweiter Schalter vorhanden, der bei höheren Motordrehzahlen vor zu niedrigem Druck warnt. Sackt der Öldruck bei mehr als 2150/min unter 1,8 bar, blinkt die Kontrolleuchte, und ein Warnsummer ertönt. Näheres zur Öldruckkontrolle finden Sie im Kapitel »Instrumente und Geräte«.
Wenn andererseits der Druck durch kaltes und sehr zähflüssiges Öl über 6,2 w 0,5 bar ansteigt, öffnet ein Überdruckventil in der Ölpumpe den Weg zur Saugseite hin.

Die Motor-Entlüftung

Auch ein gesunder Motor bläst Verbrennungsgase an den Kolbenringen vorbei ins Kurbelgehäuse. Dieser Druck kann über die Kurbelgehäuse-Entlüftung aus dem Motor entweichen, damit die Dichtungen nicht zu stark beansprucht werden. Die giftigen Gase aus dem Motorinnern werden zur Verbrennung nochmals vom Motor angesaugt.
○ Entlüftung ist oben am Zylinderkopfdeckel angeschlossen. Zusätzlich sitzt vorn am Motor in Höhe des 3. Zylinders ein spezielles Entlüftungsgehäuse mit Ölabweisblech. Es soll verhindern, daß die durchblasenden Gase Öl mit in den Luftfilter reißen. Auf dem Zylinderkopfdeckel sitzt noch ein Druckregelventil, das bei einem Unterdruck von mehr als 0,7 bar im Ansaugrohr die Kurbelgehäuse-Entlüftung schließt. So wird zusätzlich »Ölreißen« vermieden.

Die Motoren mit Mehrpunkt-Einspritzung haben zusätzlich zur Kurbelgehäuse-Entlüftung ein Druckregelventil (1). Es schließt bei einem Unterdruck von mehr als 0,7 bar und verhindert so, daß zu viel Öl in die Brennräume des Motors gelangen kann. Weiter sind bezeichnet Verbindungsschlauch zum Ansaugstutzen (2), Ölrücklaufrohr (3) und das Entlüftergehäuse (4).

Sichtprüfung des Motors

- Betrachten Sie den Motor von oben und unten.
- Geringfügig ölfeuchte Stellen sind nicht bedenklich, alle Motoren »schwitzen« gelegentlich etwas Schmiermittel aus.
- Ölflecken unter dem geparkten Wagen und ölnassen Stellen sollten Sie aber auf den Grund gehen.
- Motor über einen Ölabscheider säubern.
- Nach einer Probefahrt von wenigen Kilometern wird kontrolliert.

Wartungsarbeit

Mögliche Leckstellen

Auf die nachstehend genannten Stellen am Motor sollten Sie Ihr Augenmerk richten:

○ Abdichtung von Kurbelwelle, Nockenwelle und Zwischenwelle (vom Zahnriemenschutz verdeckt)
○ Dichtung für Zündverteilerfuß
○ Öldruckschalter
○ Ölkühler, Ölfilterhalter und Filtergehäuse
○ Ölwanne
○ Zylinderkopfdeckeldichtung
○ Zylinderkopfdichtung

Einfahren des neuen Motors

Während der **ersten 1000 km** sollen die gleitenden Teile des Motors (Kolben und Zylinder; Gleitlager und Wellen) Gelegenheit haben, sich an das jeweilige Gegenstück anzupassen. Das muß bei niedriger Belastung bzw. bei niedrigen Drehzahlen geschehen. Die spätere Motorleistung, der Ölverbrauch und die Lebensdauer hängen davon ab. Deshalb:

○ Während der ersten 1000 km Gaspedal höchstens zu drei Viertel durchtreten.
○ In der Laufzeit von **1000 – 1500 km** den Motor allmählich bis zur Höchstgeschwindigkeit bzw. zur höchstzulässigen Drehzahl steigern.

Auf Landstraßen fühlt sich der Motor während der Einfahrzeit am wohlsten. Da muß fleißig geschaltet werden, man fährt mit wechselnden Drehzahlen und Geschwindigkeiten und wird selbst bei strikter Beachtung der anfänglichen Höchstgeschwindigkeit nicht zum Verkehrshindernis. Im Lauf der folgenden 500 km können Sie die Drehzahlen langsam steigern. Ab 1500 km darf der Motor ruhig auch einmal hochgedreht werden. Routinierte Einfahrer benutzen dazu vor allem Autobahngefälle: Bergab mit relativ hohen Motordrehzahlen, ohne den Motor gleichzeitig stark zu belasten. Das Triebwerk muß dazu allerdings restlos durchgewärmt sein, also mindestens 25 km Fahrstrecke nach dem Kaltstart hinter sich haben.
Etwa 3000 km muß der Motor schon gelaufen sein, ehe er richtig eingefahren ist. Bei überwiegendem Stadtverkehr dauert es noch viel länger.

Die Motor-Lebensdauer

Die Angabe von Kilometerleistungen ist schwierig. Wer grundsätzlich gleich nach dem Kaltstart mit hohen Drehzahlen davonbraust, darf sich nicht wundern, wenn der Motor vielleicht schon nach 80 000 km das Zeitliche segnet. Dagegen kommen andere Fahrer trotz forscher Fahrweise mit dem ersten Triebwerk auf Kilometerleistungen von über 200 000. Die in diesem Band behandelten Motoren erreichen je nach Fahrweise und Pflege 120 000 bis 200 000 km.
Von entscheidender Bedeutung für die Motorlebensdauer ist die Öltemperatur. Während die Kühlmittelanzeige schon relativ früh Betriebstemperatur anzeigt, ist das Motoröl frühestens nach 10 Minuten Fahrt bzw. erst, wenn 80° C am Ölfilterflansch gemessen werden, völlig einwandfrei schmierfähig.

Zum Messen des Kompressionsdrucks muß das Prüfgerät absolut dicht mit dem Zündkerzenloch abschließen.

Bei wochenlangem Kurzstreckenverkehr bilden sich während der langen Leerlaufminuten in den Brennräumen und an den Ventilen Ablagerungen, die bei voller Betriebstemperatur und zügiger, aber nicht scharfer Fahrt langsam abgebrannt werden sollen. Das entspricht 3500 – 4500/min.

Nenn- und Höchstdrehzahl

○ Ein Verbrennungsmotor gibt seine höchste Leistung bei einer bestimmten Drehzahl ab – der sogenannten Nenndrehzahl. Höher als diese hinauszudrehen bringt keine Mehrleistung. Hohes Ausdrehen kann lediglich beim Überholen von Nutzen sein.

○ Für eher geruhsames Fahren hält man den Motor möglichst im Drehzahlbereich des größten Drehmoments. Dort ist die beste Durchzugskraft vorhanden.

○ Unsere Motoren sind durchaus drehzahlfest. Die Ventile werden über die Hydrostößel direkt von der obenliegenden Nockenwelle betätigt. Dabei werden nur geringe Massen in Bewegung gesetzt, was hohe Drehzahlen ohne Gefahr für den Ventiltrieb gestattet.

Drehzahl-Begrenzung

Bei zu hohen Drehzahlen geraten die Ventilfedern so stark ins Schwingen, daß ein einwandfreies Öffnen und Schließen der Ventile nicht mehr gewährleistet ist. Die Ventilfedern können brechen, wodurch das betreffende Ventil auf dem Kolben aufschlägt und gewaltige Zerstörungen anrichtet. Ein Überdrehen verhindert das Steuergerät der Zünd/Einspritz-Steuerung, indem es keinen Öffnungsbefehl mehr an das/die Einspritzventil(e) weitergibt, sobald die Höchstdrehzahl erreicht ist.

Kompressionsdruck messen

Die Messung des Kompressionsdrucks in den Motorzylindern gibt Aufschluß darüber, ob Ventile und Kolbenringe noch gut abdichten. Leistung, Kaltstartverhalten sowie Öl- und Kraftstoffverbrauch unseres Motors hängen davon ab.

● Motor warmfahren. Die Kolbenringe dichten bei warmem Öl besser ab.

● Handbremse anziehen, Schalthebel in Leerlauf drücken bzw. Automatik-Wählhebel in Stellung »P« schieben.

● Zündung »lahmlegen«, siehe Kapitel »Die Zündanlage«.

● Alle Zündkerzen herausschrauben.

● Gummikonus des Druckprüfers auf das Kerzenloch des 1. Zylinders (in Fahrtrichtung der ganz rechte) pressen oder Anschlußleitung ins Zündkerzengewinde schrauben.

● Von Helfer Gaspedal voll durchtreten lassen. So erhalten die Zylinder ihre größte Füllung.

● Mit dem Anlasser den Motor so lange durchdrehen lassen, bis der Druckwert nicht mehr ansteigt (mindestens 5 Sekunden).

● Meßwert ablesen und notieren. Bei einem Druckschreiber mit Meßkärtchen weiterschalten für den nächsten Zylinder.

Druckwerte

Folgendes sagen die Kompressionsdruckwerte aus (in bar Überdruck):

Motor	Kennbuchstaben	Guter Motorzustand	Motor überholungsbedürftig	Maximaler Druckunterschied zwischen den Zylindern
1,8-Liter	AAM	9,0 – 12,0	7,0	3,0
1,6-Liter	AEK, AFT	10,0 – 13,0	7,5	3,0

Motor	Kennbuchstaben	Guter Motorzustand	Motor überholungsbedürftig	Maximaler Druckunterschied zwischen den Zylindern
1,8-Liter	ABS, ADZ	10,0 – 13,0	7,5	3,0
2,0-Liter	2E, ADY, AGG	10,0 – 13,0	7,5	3,0

Störungsbeistand

Zu niedrige Druckwerte

Gleichmäßig niedriger Kompressionsdruck ist nicht unbedingt ein Alarmzeichen; Ursache können Meßtoleranzen zwischen verschiedenen Prüfgeräten sein. Bedenklich ist es dagegen, wenn zwischen den vier Meßwerten für die Zylinder Unterschiede von mehr als 3 bar bestehen. Das kann bedeuten:

- ○ Kolben- und Kolbenringverschleiß
- ○ Festsitzende Kolbenringe durch Rückstandsbildung
- ○ Unrunde Zylinder als Folgeerscheinung von Kolbenklemmern
- ○ Ablagerungen an den Ventilschäften oder -sitzen durch Verbrennungs- bzw. Schmierölrückstände
- ○ Eingeschlagene Ventile

Fehlersuche

Zum Lokalisieren des Fehlers bei zu niedrigem Kompressionsdruck mit einer Spritzkanne etwas zähflüssiges Öl ins Zündkerzenloch träufeln und Kompressionsdruck nochmals messen.

- ○ Bleiben die Werte weiterhin schlecht, sind die Ventile schuld.
- ○ Erhalten Sie höhere Druckwerte, liegt es an den Kolbenringen und vielleicht auch an den Zylindern. Ein typisches Zeichen für diesen Fehler ist langsames Ansteigen des Druckwertes beim Durchdrehen des Motors. Das eingefüllte Öl hat kurzfristig zwischen Kolben und Zylinderwänden besser abgedichtet, so daß das komprimierte Gas kaum noch entweichen konnte.
- ○ Falls der Kompressionsdruck am Nachbarzylinder ebenfalls zu niedrig ist, kann die Zylinderkopfdichtung defekt oder der Zylinderkopf verzogen sein.

Druckverlusttest

Zur genaueren Schadenseingrenzung dient der Druckverlusttest in der Werkstatt. Das Testgerät besteht aus zwei Kammern, wobei in einer ein gleichbleibender Druck herrscht. Die zweite Kammer ist über einen Schlauch zur Zündkerzenbohrung mit dem Verbrennungsraum, durch eine Düse mit der ersten Kammer und außerdem mit einer Anzeigeskala verbunden.

Verliert der geprüfte Brennraum Druck, wird dies auf der Skala angezeigt. Eine größere Leckstelle läßt sich durch Abhorchen erkennen.

- ○ Blasgeräusche am Auspuff lassen auf ein undichtes Auslaßventil schließen.
- ○ Strömt Druckluft aus der Einspritzeinheit bzw. dem Drosselklappenteil, ist ein Einlaßventil defekt.
- ○ Bei einer defekten Zylinderkopfdichtung oder einem Riß im Zylinderkopf gelangt Druckluft durch das benachbarte Zündkerzenloch oder aus dem geöffneten Kühlmittel-Ausgleichsbehälter ins Freie.
- ○ Verschlissene Zylinderwände, Kolbenlaufbahnen oder Kolbenringe lassen Druck ins Kurbelgehäuse strömen und am geöffneten Öleinfüllstutzen oder am Rohr für den Ölpeilstab austreten.

Die Stellung der Kurbelwelle zum Auflegen des Zahnriemens bei montierter oberer Zahnriemen-Abdeckung: Die Kerbe »2« auf der Riemenscheibe muß der Pfeilmarkierung (1) gegenüberstehen.

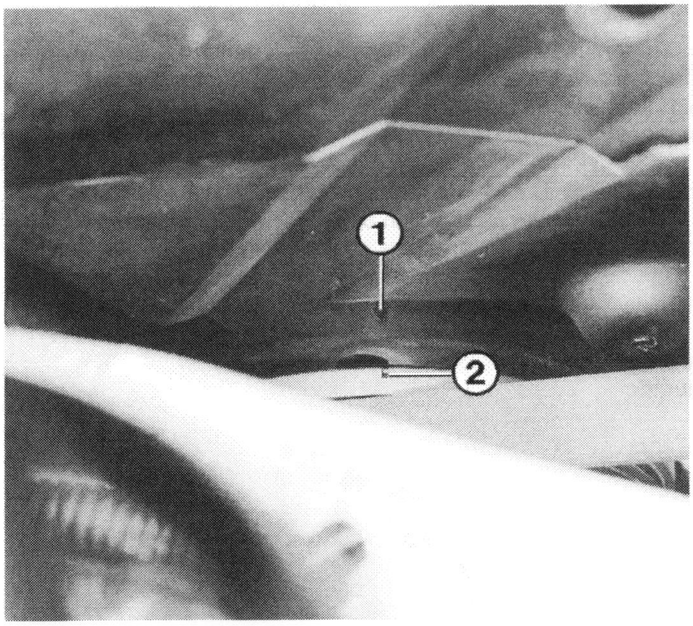

So steht der 1. Zylinder in OT-Stellung: Die mit »O« bezeichnete Kerbe (2) muß mit der Gußnase im Getriebe-Gehäuse (1) fluchten.

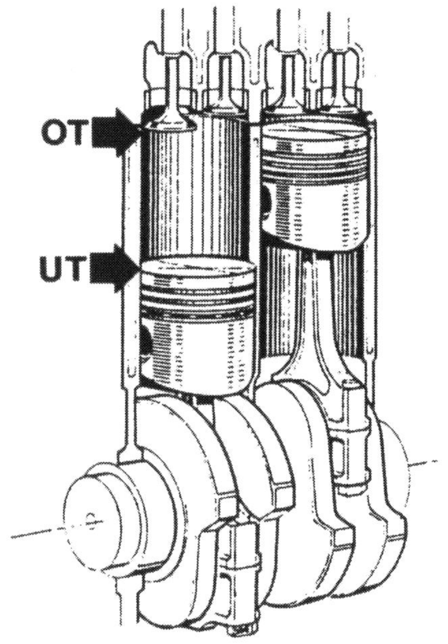

Die Zeichnung verdeutlicht die Begriffe »Oberer« und »Unterer Totpunkt«. Der Raum dazwischen ist der »Hubraum«.

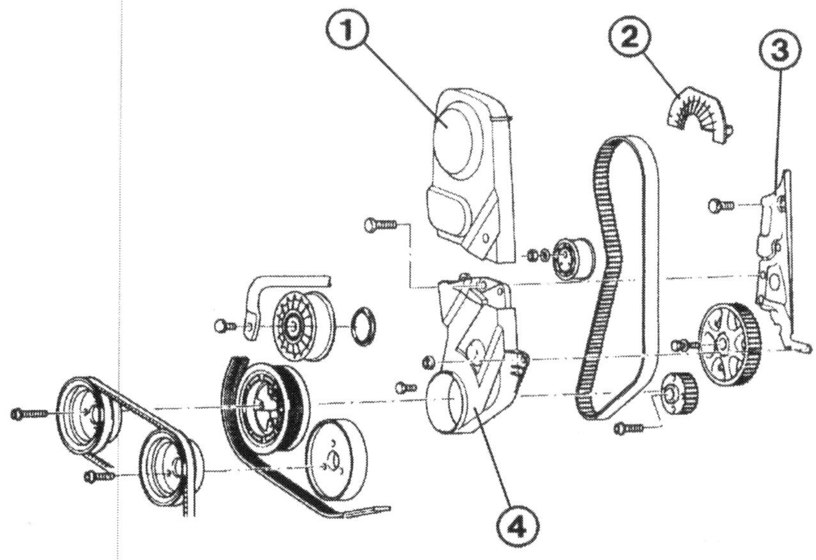

Die Zahnriemenabdeckung der Passat-Benzin-Motoren: 1 – Zahnriemenschutz oben; 2 – Zahnriemenschutz hinten; 3 – Abdeckblech hinten; 4 – Zahnriemenschutz unten.

Motor durchdrehen

Zu manchen Arbeiten muß man den Motor entweder in eine bestimmte Stellung bringen oder durchdrehen.

- Den Passat wie zu einem Radwechsel einseitig vorn aufbocken, fünften Gang einlegen und das freihängende Vorderrad durchdrehen, wodurch der Motor bewegt wird.
- Oder, falls genügend ebene Fläche zur Verfügung steht, bei eingelegtem fünftem Gang den Wagen jeweils weiter vorschieben.
- Oder (grundsätzlich bei Getriebeautomatik) Zündkerzen herausschrauben und mit einem am Riemenscheibenrad angesetzten Schraubenschlüssel (19er-Zwölfkant) drehen.

Zylinder 1 auf Zündzeitpunkt stellen

Beim Viertaktmotor kommt der Kolben während der vier Arbeitstakte zweimal in den Oberen Totpunkt (OT): Einmal beim Zünden des angesaugten Gemisches und zum zweiten Mal nach dem Ausstoßen der Altgase mit anschließend beginnendem Wiederansaugen von Kraftstoff/Luft-Gemisch. Üblicherweise wird bei verschiedenen Einstellarbeiten die OT-Stellung gebraucht, bei der normalerweise der Zündfunke überspringt.

- Verteilerdeckel abnehmen.
- Motor so weit drehen, bis der Verteilerfinger auf die Kerbe im Verteilergehäuserand zeigt (siehe Abbildungen im Kapitel »Die Zündanlage«).
- Motor ggf. noch ein wenig drehen.
- Im Schauloch der Getriebeglocke muß die Markierung »O« auf der Schwungscheibe der Gußnase am Gehäuse gegenüberstehen.

Arbeiten am Zahnriemen

Ein gerissener Zahnriemen bedeutet das »Aus«. Zwischen dem in höchster Stellung stehenden Kolben und den geöffneten Ventilen bleibt kein Raum frei, der hochgehende Kolben schlägt die Ventile krumm und wird durch den Aufschlag selbst beschädigt. Solcher »Ventil/Kolben-Salat« bewirkt Totalschaden am Motor. Dieser Tatsache sollten Sie sich bei allen Arbeiten am Zahnriemen bewußt sein.

Zahnriemen-Abdeckung abnehmen

- Keilriemen abnehmen (Kapitel »Radaufhängung und Lenkung«).
- Keilrippenriemen abnehmen (Kapitel »Die Lichtmaschine«).
- Zwei Federklammern der Abdeckung ausrasten.
- Obere Zahnriemen-Abdeckung abnehmen.
- Riemenscheibe/Schwingungsdämpfer an der Kurbelwelle und Riemenscheibe an der Wasserpumpe abschrauben.
- Halteschrauben und Muttern der unteren Zahnriemenabdeckung lösen und diese abziehen.
- Die Riemenscheibe läßt sich nur in einer festgelegten Stellung an die Kurbelwelle montieren.
- Die Schrauben der Riemenscheiben werden mit 20 Nm, die Muttern und Schrauben der Zahnriemenabdeckung mit 10 Nm angezogen.

Zur Kontrolle der Zahnriemenspannung den Riemen mit zwei Fingern fassen und versuchen, ihn um 90° zu verdrehen (Pfeil).

Nach Lösen der Klemmutter (3) kann die Spannrolle (2) verdreht werden. Die Werkstatt hat dafür den Mutterndreher V 159 von Matra, der in die beiden Löcher (1) der Spannrolle eingesetzt wird.

Zahnriemenzustand prüfen

- Obere Zahnriemenabdeckung abnehmen.
- Damit Sie den Riemen auf seiner gesamten Länge begutachten können, den Motor durchdrehen.
- Öl oder Fett auf den Zahnriemen gelangt?
- Risse im Riemen oder Schleifspuren an Zahnriemenrücken bzw. -seiten?
- Flanken der Verzahnung an den Kanten abgenutzt oder teilweise abgerissen?
- Bei Öl- bzw. Fettspuren oder Schäden muß der Zahnriemen unbedingt ersetzt werden. Nicht mit Lösungsmittel säubern!

Zahnriemenspannung kontrollieren

- Zahnriemenabdeckung abnehmen.
- Die Spannung wird zwischen Nockenwellen- und Zwischenwellenrad geprüft.
- Der kalte Zahnriemen muß sich bei richtiger Spannung nur mit Daumen und Zeigefinger um 90° (= rechter Winkel) in sich verdrehen lassen.

Zahnriemen spannen

Die Werkstatt verwendet zum Drehen des Einstellexzenters den Mutterndreher Matra V 159. Nachfolgend beschreiben wir, wie sich die Einstellung ohne Mutterndreher vornehmen läßt.

- Zahnriemenabdeckung abnehmen.
- Klemmutter an der Spannrolle ein klein wenig lösen. Die Rolle darf sich noch nicht von Hand auf dem Exzenter hin- und herbewegen lassen.
- Einen Schraubendreher in eines der Löcher im Nockenwellen-Zahnriemenrad stecken.
- Auf diese Weise das Nockenwellenrad geringfügig nach links drehen, damit der Zahnriemen auf der Spannrollenseite entlastet ist.
- Jetzt mit einem kleinen Gummihammer vorsichtig von links auf die Spannrolle schlagen, damit diese auf ihrem Exzenter etwas nach rechts rutscht und so den Riemen spannt. Das Nockenwellen-Zahnriemenrad muß natürlich währenddessen weiter festgehalten werden.
- Klemmutter an der Spannrolle wieder festziehen (45 Nm).
- Riemenspannung nachmessen.

Beim Auflegen des Zahnriemens muß die Markierung am Nockenwellenrad mit dem Zylinderkopf in gleicher Höhe stehen. Gleichzeitig müssen Kurbelwellen-Keilriemenscheibe und Zwischenwelle so gedreht werden, daß die Kerbe auf der Riemenscheibe der Körnermarkierung auf dem Zwischenwellenrad gegenübersteht.

Bei den Motoren mit Zentral-Einspritzung muß das Zahnriemenrad der Nockenwelle so stehen, daß die Körnermarkierung (2) auf dem Riemenrad mit der Pfeilmarke (1) an der hinteren Zahnriemen-Abdeckung fluchtet.

Die Stellung des Nockenwellen-Zahnriemenrades der Motoren mit Mehrpunkt-Einspritzung zum Auflegen des Zahnriemens: Die Markierung (2) vorn am Riemenrad muß mit der Pfeilmarke (1) am Zylinderkopfdeckel fluchten.

Zahnriemen ausbauen

Ausbau: Soll der Zahnriemen wieder verwendet werden, muß seine Laufrichtung markiert werden, damit er in gleicher Lage wieder montiert wird.

Einbau: Kurbel- und Nockenwelle müssen so zueinander eingestellt sein, daß die nach oben gehenden Kolben nicht etwa gegen noch oder schon wieder geöffnete Ventile stoßen können. Wichtig: Wenn beim Einstellen die Nockenwelle gedreht wird, darf kein Kolben im OT stehen, sonst können Ventile und Kolben zusammenstoßen und beschädigt werden.

Aus- und Einbau

- Zylinder 1 auf OT Zündzeitpunkt stellen.
- Zahnriemenabdeckung ausbauen.
- Riemen entspannen. Dazu nach Lösen der Klemmutter die Spannrolle im Gegenuhrzeigersinn drehen.
- Zahnriemen abnehmen.
- Vor Auflegen des Zahnriemens Steuerzeiten kontrollieren bzw. einstellen.

Steuerzeiten einstellen

- Zahnriemenrad der Nockenwelle so drehen, daß die Markierung an der Vorderseite des Rades unter der Pfeilmarkierung am Zylinderkopfdeckel steht.
- **1,6-Liter:** Zwischenwellenrad mit dem Zahnriemen solange verdrehen, bis Verteilerfinger-Markierung mit Markierung am Gehäuserand des Verteilers übereinstimmt.
- Der Zahnriemen rutscht nun auf das Kurbelwellenzahnrad.
- Zahnriemen auf Spannrolle und Nockenwellenrad auflegen.
- **1,8 - bzw. 2,0-Liter:**
- Zahnriemen auf Kurbel- und Zwischenwellenrad auflegen.
- Kurbelwellen-Riemenscheibe mit allen vier Schrauben befestigen, dabei richtige Stellung beachten.
- Kurbelwelle so drehen, daß die Kerbe in der Riemenscheibe mit der Körnermarkierung auf dem Zwischenwellenrad in einer Flucht steht.
- Zahnriemen auflegen, dabei darauf achten, daß sich die Stellung der verschiedenen Räder nicht verändert.
- **Alle:** Zahnriemen spannen durch Drehen der Spannrolle im Uhrzeigersinn.
- Motor zweimal voll durchdrehen und die Einstellung erneut überprüfen.
- Vor dem Einbau der unteren Zahnriemenabdeckung Kurbelwellen-Riemenscheibe nochmals abnehmen.
- Zündeinstellung kontrollieren.
- Wurde der Zahnriemen nur vom Nockenwellenrad abgenommen, wird nach dem Zusammenbau folgendes kontrolliert beim 1,8- und 2,0-Liter-Motor:
- Verteilerdeckel abnehmen und prüfen, ob der Verteilerfinger auf die Kerbe im Verteilergehäuserand zeigt.
- Wenn nicht, Verteilerhalteschraube lösen.
- Verteiler so drehen, bis Verteilerfinger und Kerbe übereinstimmen, evtl. Zündverteiler herausnehmen und neu einsetzen.
- Halteschraube wieder festziehen.
- Motor zweimal durchdrehen und Einstellung nochmals überprüfen.
- Zuletzt Zündzeitpunkt prüfen.

Störungsbeistand

Zylinderkopfdichtung

Ein Schaden an der Zylinderkopfdichtung tritt meist als Folge von Überhitzung auf.

Erkennungsmerkmal	Ursache/Besonderheiten
A Kühlflüssigkeitsstand nimmt stetig langsam ab	Kühlmittel gelangt in sehr geringer Menge in die Brennräume. Diese Erscheinung kann sich ohne weitere Merkmale über längere Zeit hinziehen. Andere Möglichkeit: Kühlanlage undicht
B Der Wagen zieht bei Betriebstemperatur einen weißen Abgasschleier hinter sich her, großer Wasserverlust	Kühlmittel dringt in großer Menge in einen Verbrennungsraum, verdampft dort und entweicht als weiße Fahne durch den Auspuff
C Aus dem geöffneten Ausgleichsbehälter steigen bei laufendem Motor Luftblasen auf bzw. beim Öffnen des Verschlußdeckels sprudelt eine größere Menge Kühlmittel heraus	Verbrennungsgase werden ins Kühlsystem gedrückt. Aus der Öffnung des Ausgleichsbehälters riecht es nach Abgasen
D In Regenbogenfarben schillernde oder schwarze Verfärbung an der Oberfläche des Kühlmittels	Öl aus dem Schmierkreislauf gelangt ins Kühlsystem
E Grau oder braun aussehende Emulsion am herausgezogenen Ölpeilstab oder Öl von Wasserbläschen durchsetzt	Kühlflüssigkeit ist in den Schmierkreislauf geraten. Achtung: Wasser im Motoröl kann einen Lagerschaden verursachen. Zylinderkopfdichtung sofort wechseln (lassen). Motor nicht mehr starten; Wagen zur Reparatur abschleppen
F Schlechte Starteigenschaften, ungleichmäßiger Leerlauf, mangelhafte Leistung	Zylinderkopfdichtung ist zwischen zwei Brennräumen durchgebrannt

Arbeiten am Zylinderkopf

Allgemeines

Zu den nachfolgenden Montagearbeiten ist ein Drehmomentschlüssel unerläßlich. Für den Abbau des Zylinderkopfes benötigen Sie einen langen Innenvielzahnschlüssel T 55.

○ Beim Losschrauben des Zylinderkopfes muß der Motor abgekühlt sein, denn ein warmer Zylinderkopf kann sich nach dem Abbau verziehen.
○ Wurde der Zylinderkopf wegen eines Dichtungsschadens abgebaut, muß die Kühlflüssigkeit komplett erneuert werden. Gleiches gilt beim Einbau eines Austausch-Zylinderkopfes.
○ Die Dichtflächen am Motorblock und Zylinderkopf müssen absolut sauber und frei von Dichtungsresten sein.
○ Nicht mit hartem Werkzeug auf der weichen Dichtfläche des Leichtmetall-Zylinderkopfes kratzen. Riefen können den nächsten Kopfdichtungsschaden verursachen.
○ Beim Montieren des Zylinderkopfes darf in den Schraubenlöchern im Motorblock kein Öl oder Wasser stehen, sonst kann das Gußmaterial im Bereich der Gewindelöcher reißen.
○ Die Gewinde an den Zylinderkopfschrauben und in den Schraubenlöchern des Motorblocks müssen sauber und ohne Beschädigung sein, sonst stimmt das Drehmoment beim Anziehen der Schrauben nicht.
○ Kurbelwelle so drehen, daß kein Kolben im OT steht, sonst könnte ein geöffnetes Ventil beim Aufsetzen des Zylinderkopfes mit einem Kolben zusammenstoßen.

Zylinderkopf prüfen

● Kontrollieren Sie, ob der Zylinderkopf Risse zwischen den Ventilsitzen bzw. zwischen einem Ventilsitzring und dem Zündkerzengewinde aufweist.
● Ohne Einfluß auf die Lebensdauer sind leichte, höchstens 0,5 mm breite Anrisse oder wenn lediglich die ersten Zündkerzengewindegänge gerissen sind.
● Zylinderkopf auf Verzug prüfen, besonders dann, wenn der Kopfdichtungsschaden durch Überhitzung entstanden ist.
● Langes Metall-Lineal oder garantiert geraden Metallwinkel längs über die gereinigte Dichtfläche des Zylinderkopfes legen.
● Mit einer Fühlerlehre prüfen, ob der Durchhang an irgendeiner Stelle größer als 0,1 mm ist. Dann muß der Zylinderkopf vor der Montage plangeschliffen werden.

Saugrohr-Oberteil abschrauben
nur 1,6-Liter

Das Saugrohr-Oberteil überdeckt den Zylinderkopf. Zum Abnehmen des Zylinderkopfdeckels muß also das Saugrohr abgeschraubt werden.
● Anschlußstecker von Saugrohrdruckgeber, Saugrohrumschaltung, Drosselklappen-Potentiometer abziehen.
● Gaszug aushängen.
● Unterdruckleitung zum Kraftstoff-Druckregler und zum Bremskraftverstärker abziehen.
● Verbindungsschlauch zwischen Drosselklappenstutzen und Luftmassenmesser abnehmen.

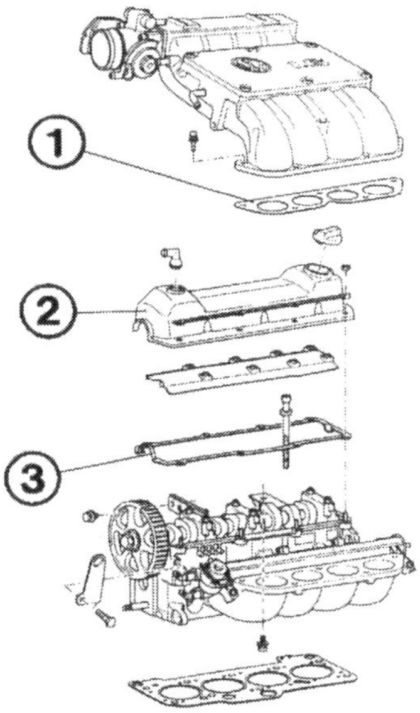

Der Zylinderkopfdeckel des 1,6-Liter-Motors. Es bedeuten.
1 – Dichtung für Saugrohr-Ober-/Unterteil;
2 – Deckel;
3 – Zylinderkopfdeckel-Dichtung.

- Leitung zum Aktivkohle-Behälter am Saugrohr-Oberteil abziehen.
- Wasserschläuche der Beheizung Drosselklappengehäuse trennen.
- An der Rückseite unterhalb des Saugrohr-Oberteils links und rechts die Schrauben der Saugrohrstütze lösen.
- Muttern an der Verschraubung Saugrohr-Ober-/Unterteil lösen.
- Saugrohr-Oberteil abnehmen.
- Beim Einbau auf richtigen Sitz der Dichtung zwischen Ober- und Unterteil achten.

Zylinderkopfdeckel abnehmen

- Schläuche der Kurbelgehäuse-Entlüftung am Druckregelventil abnehmen.
- Federklammern der Zahnriemenabdeckung ausrasten.
- Acht Befestigungsmuttern des Deckels losdrehen.
- Rückseite der Zahnriemenabdeckung abnehmen.
- Ausgebaute Teile so weit entfernt ablegen, daß nichts in den Zylinderkopf fallen kann.
- Zylinderkopfdeckel abheben. Wenn er festsitzt, zum Lösen mit einem Hammerstiel dagegenklopfen. Ggf. Ölabweiser abnehmen.
- Beim Einbau Zylinderkopfdeckeldichtung seitenrichtig auflegen, Ölabweiser einlegen.
- Die Gummidichtung muß nur bei Beschädigung ersetzt werden.
- Deckelmuttern mit 10 Nm anziehen.

Nockenwelle ausbauen

- Motor so drehen, daß kein Kolben im OT steht.
- Saugrohr-Oberteil (1,6-Liter) abnehmen.
- Zahnriemenschutz-Oberteil abnehmen.
- Zylinderkopfdeckel abnehmen, Ölabweiser herausnehmen.
- Zahnriemen entspannen.
- Falls die Nockenwelle ausgetauscht wird: Riemenrad der Nockenwelle abschrauben.
- Die zur Sicherung des Rades auf der Welle eingelegte halbrunde »Scheibenfeder« mit einer Reißnadel aus der Welle herausheben.
- **1,6-Liter:** Lagerdeckel 1 (in Fahrtrichtung rechts), 3 und 5 ausbauen.
- **1,8- und 2,0-Liter:** Lagerdeckel 1 (in Fahrtrichtung rechts) und 3 ausbauen.
- **Alle:** Muttern an den Lagerdeckeln 2 und 4 abwechselnd über Kreuz lösen.
- Nockenwelle mit ihrem vorderen Dichtring abnehmen.
- Beim Einbau der Nockenwelle müssen die Nocken für Zylinder 1 nach oben zeigen.
- Die Lagerdeckel lassen sich nur in einer Stellung korrekt auflegen. Vorsichtig aufsetzen und auf richtigen Sitz kontrollieren.
- Erst Lagerdeckel 2 und 4 abwechselnd über Kreuz mit 20 Nm festdrehen, dann Lagerdeckel 1, 3 und 5 (1,6-Liter) bzw. 1 und 3 (1,8- und 2,0-Liter) einbauen und mit 20 Nm festdrehen.
- Nockenwellenrad mit 80 Nm festziehen.
- Steuerzeiten einstellen.
- Wartezeit für die Hydrostößel beachten, siehe unter »Arbeiten an den Hydrostößeln«.

Zylinderkopf ausbauen

- Minuskabel der Batterie abnehmen.
- Ansaugschlauch am Luftfilter abnehmen, Ansaugstutzen losschrauben und mit dem Schlauch abnehmen.
- Kühlflüssigkeit ablassen und auffangen.
- Kühlmittelschläuche am Zylinderkopf lösen.
- Saugrohr-Oberteil (1,6-Liter) abnehmen.
- Zündkerzenstecker abziehen, Verteilerdeckel abbauen und zusammen mit den Kabeln abnehmen.
- Gaszug an der Einspritzeinheit bzw. am Drosselklappenstutzen und am sogenannten Widerlager aushängen.

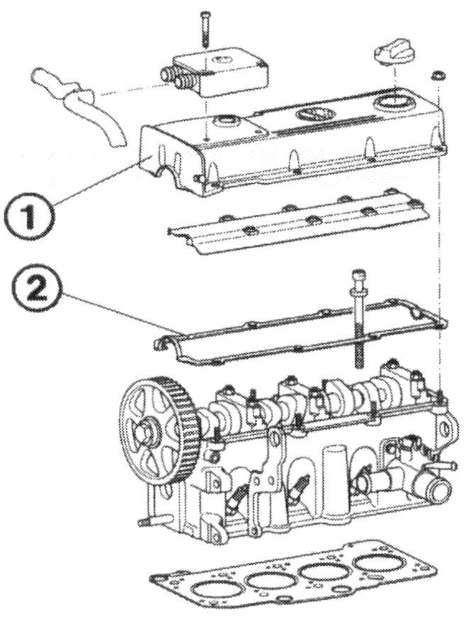

In dieser Zeichnung sehen Sie den Zylinderkopfdeckel (1) und die Deckeldichtung (2) bezeichnet.

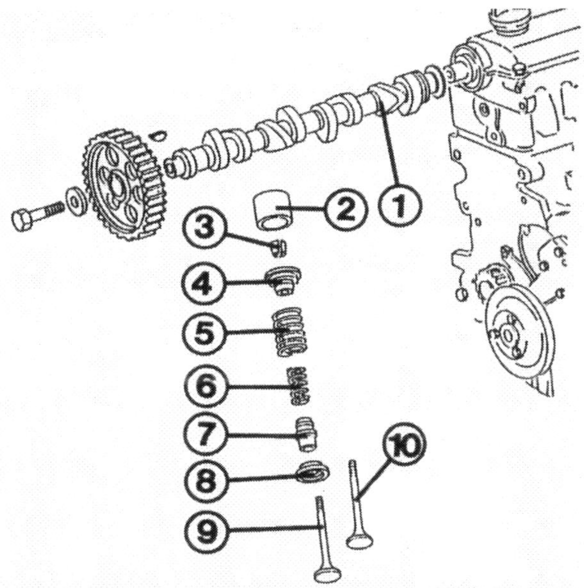

Teile des Ventiltriebs: 1 – Nockenwelle; 2 – Hydrostößel; 3 – Ventilhaltekeile; 4 – oberer Ventilfederteller; 5 – äußere Ventilfeder; 6 – innere Ventilfeder; 7 – Ventilschaftabdichtung; 8 – unterer Ventilfederteller; 9 – Auslaßventil; 10 – Einlaßventil.

- Sämtliche elektrische Leitungen an Zylinderkopf und Ansaugrohr kennzeichnen und abziehen.
- Unterdruckschläuche an Einspritzeinheit bzw. Drosselklappenstutzen kennzeichnen und abnehmen.
- Luftschlauch an der Einspritzeinheit bzw. am Drosselklappenstutzen abbauen.
- Drosselklappenstutzen demontieren.
- Beim 1,6- und 2,0-Liter Einspritzventile komplett mit Kraftstoffverteiler ausbauen, Benzinleitungen hierzu nicht abnehmen.
- Schlauch der Ansaugluft-Vorwärmung vom Auspuffkrümmer abnehmen.
- Abgasrohr vorn vom Auspuffkrümmer trennen.
- Zahnriemenabdeckung abnehmen, Zahnriemen entspannen und vom Nockenwellenrad abstreifen.
- Zylinderkopfdeckel abnehmen.
- Zylinderkopfschrauben in umgekehrter Reihenfolge lösen, wie in der Abbildung auf der nächsten Seite oben gezeigt.
- Zylinderkopf mit Ansaugrohr und Auspuffkrümmer abheben. Löst er sich nicht gleich, helfen leichte Schläge mit einem Kunststoffhammer.
- Alte Kopfdichtung abnehmen.
- Zylinderkopf prüfen.

Zylinderkopf montieren

- Zylinderkopfdichtung so auf den Motorblock auflegen, daß die Kennzeichnung »oben« bzw. die Teile-Nummer zum Zylinderkopf hin zeigt.
- Zylinderkopf aufsetzen. Dazu verwendet die Werkstatt zwei Führungsbolzen, die in die Schraubenbohrungen Nr. 8 und 10 eingedreht werden.
- Behelfsmäßig geht es auch mit zwei Metallstäben in der Stärke der Zylinderkopfschrauben. Ohne Hilfsmittel verrutschen Dichtung und Kopf beim Aufsetzen ständig.
- Zylinderkopfschrauben eindrehen und in der gezeigten Reihenfolge in vier Stufen festziehen:
- I . Stufe: 40 Nm.
- II . Stufe: 60 Nm.
- III. Stufe: Schrauben mit einem starren Schlüssel 1/4 Umdrehung (= 90°) weiterdrehen.

Bei abgenommenem Zylinderkopfdeckel (3) sehen Sie den sogenannten Ölabweiser (2). Diese Abdeckung soll verhindern, daß bei hohen Drehzahlen Öl zur Motorentlüftung herausgeschleudert wird. Beim Aufsetzen des Zylinderkopfdeckels auf exakten Sitz der Dichtung (1) achten.

In der hier gezeigten Reihenfolge müssen die Zylinderkopfschrauben bei kaltem Motor gelöst werden.

- IV. Stufe: 1/4 Umdrehung weiterdrehen.
- Damit sind die Schrauben endgültig festgezogen, sie sollen keinesfalls nochmals nachgezogen werden.
- Steuerzeiten einstellen.
- Beachten Sie beim Zusammenbau die Einbauhinweise für die Einspritzventile beim 1,6- und 2,0-Liter im Multipoint-Einspritzkapitel.
- Zündeinstellung kontrollieren.

Die Hydrostößel

Sicherheitshinweise

Nach Arbeiten an der Nockenwelle bzw. den Hydrostößeln darf der Motor innerhalb der nächsten 30 Minuten nicht gestartet werden. Die entlasteten Hydrostößel wurden von ihren Druckfedern in die größte Ausdehnungsstellung gedrückt. Die Ventile werden dadurch bei den ersten Nockenwellenumdrehungen so weit geöffnet, daß sie mit den Kolben zusammenstoßen. Erst nach einer halben Stunde Wartezeit ist der Druck in den Hydrostößeln abgebaut.
Zur Sicherheit dann den Motor zweimal von Hand durchdrehen, um sicherzustellen, daß kein Kolben mit einem Ventil kollidieren kann.

Ventilgeräusche

Wenn Klappergeräusche aus dem Bereich Zylinderkopf auch bei betriebswarmem Motor nicht verstummen, deutet dies auf einen oder mehrere defekte Hydrostößel hin. Der betreffende Stößel kann nicht repariert werden, sondern wird ausgetauscht. Ein seltener Fall wäre, daß die Ölpumpe nicht genügend Druck aufbaut – Öldruck messen lassen.
Unbedenklich sind Ventilgeräusche, wenn sie innerhalb weniger Sekunden, jedoch maximal nach 10 Minuten Fahrt wieder verschwinden und folgende Ursachen haben:

- ○ Sie starten den Motor unmittelbar nach einem Ölwechsel.
- ○ Der Motor ist länger als einen Tag nicht gestartet worden.
- ○ Sie starten den Motor nach dem Ersetzen von Hydrostößeln.

Den Zylinderkopf mit neuen Innenvielzahnschrauben in der hier gezeigten Reihenfolge mit den im Text angegebenen Werten festziehen.

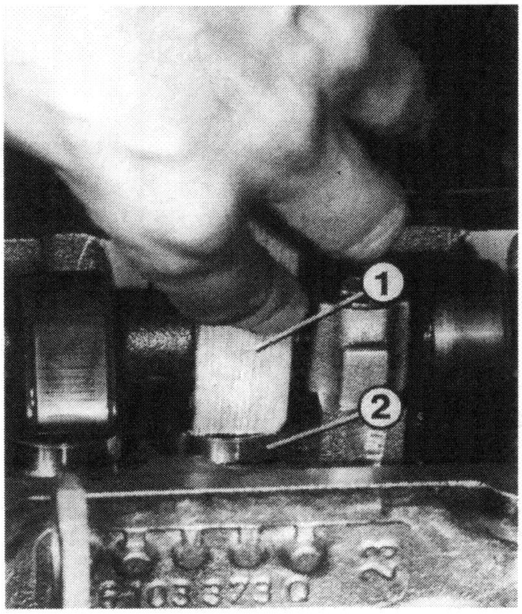

Links: Zur Kontrolle der Hydrostößel drückt man mit einem Kunststoff- oder Holzkeil (1) auf den entlasteten Hydrostößel (2). Kein Metallwerkzeug nehmen, mit dem die Oberfläche des Hydrostößels zerkratzt werden kann. Rechts: Die Masseverbindung Motor/Getriebe sind an einem Halteblech (1) mit Aufnahme für mehrere Masseanschlüsse vorn am Motorblock angeschraubt. Position »2« zeigt die Halteschraube.

Störungsbeistand

Die Störung	– ihre Ursache	– ihre Abhilfe
A Klopfgeräusch im Leerlauf nach schneller Fahrt	1 Ölstand zu niedrig 2 Motoröl durch Alterung zersetzt	Öl nachfüllen Öl und Ölfilter wechseln
B Hartes Klopfgeräusch	1 Verharzung, Verkohlung, Verklemmung durch Schmutz oder Metallabriebteile im Öl 2 Mitnehmerscheibe hat Schlag	Öl und Ölfilter wechseln Mitnehmerscheibe ersetzen
C Mäßiges Klopfgeräusch	1 Undichter Sitz des Kugelventils 2 Zylinderkopfdichtung schadhaft, Verbrennungsgase gelangen in den Ölkanal	Hydrostößel ersetzen Dichtung ersetzen
D Zeitweilige Klickgeräusche	Kurzzeitig klemmt kleinstes Schmutzteilchen zwischen Kugel und Kugelsitz, Kugel ist unrund	Bei häufigem Auftreten Hydrostößel ersetzen
E Drehzahl-Leistungsverlust	Zu schneller Ölabfluß im Stößel, Kolben klemmt im Gehäuse, Kugelventil undicht, Verschmutzung	Hydrostößel ersetzen

Hydrostößel prüfen

● Zur Prüfung muß der Motor warmgefahren sein. Lassen Sie ihn nun im Stand so lange drehen, bis der Kühlerventilator einmal angelaufen ist.
● Dann den Motor etwa zwei Minuten lang mit etwas erhöhter Drehzahl (2500/min) laufen lassen.
● Bleibt der Ventiltrieb immer noch laut:
● Motor abschalten.
● Zylinderkopfdeckel abnehmen.
● Motor drehen, bis am zu prüfenden Zylinder die Nocken der Nockenwelle nach oben zeigen.
● Stößel mit einem Holz- oder Kunststoffstück (kein Metallwerkzeug nehmen) nach unten drücken.
● Spüren Sie hierbei »Luft« bis zum Öffnungspunkt des Ventils, muß der Hydrostößel ersetzt werden.

Hydrostößel ausbauen

● Nockenwelle ausbauen.
● Stößel der Reihe nach numerieren, damit sie beim Wiedereinbau wieder an derselben Stelle montiert werden.
● Stößel herausziehen und mit der zur Nockenwelle hin zeigenden »Lauffläche« nach unten auf eine saubere Unterlage stellen.
● Beim Einbau die Laufflächen der Stößel und der Nockenwelle leicht einölen.

Motor aus- und einbauen

Die Beschreibung des Motorausbaus für alle Motorversionen würde den Rahmen dieses Buches sprengen. Hier nur einige wesentliche Punkte, dieses Thema betreffend:

○ Der Motor wird mit Getriebe nach vorn herausgehoben. Dazu brauchen Sie einen Flaschenzug, den Sie in ausreichender Höhe stabil aufhängen können. Günstig ist auch ein »vorbelasteter« Helfer.
○ Vor Beginn der eigentlichen Arbeit alle störenden Fahrzeugteile abbauen: Motorhaube, Leitungen der

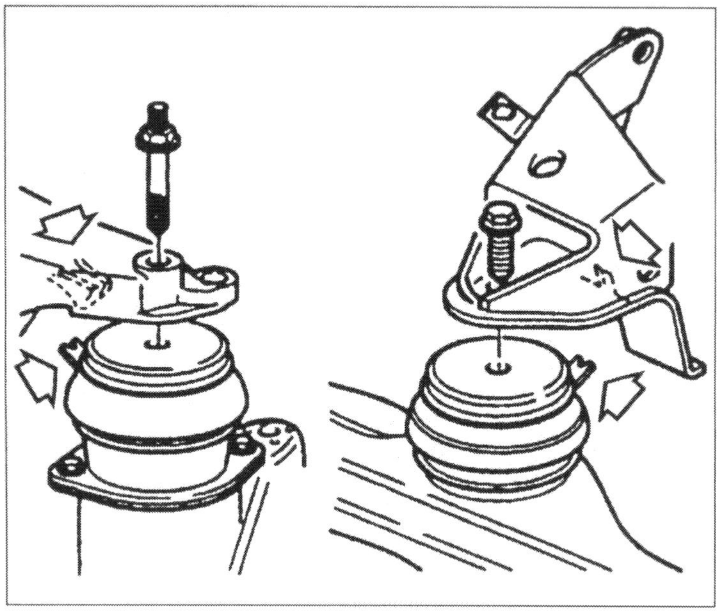

Beim Einbau der Motorlagerung darauf achten, daß die Aussparung an der Konsole in die Zapfen der Gummi-/Metall-Lager (Pfeile) einrasten.

Servolenkung (Leitungssystem bleibt geschlossen), Kühler, Klimakompressor (Leitungssystem bleibt geschlossen, Erfrierungsgefahr), Wagenfront, Luftfiltergehäuse, Batterie, Scheibenwaschwasserbehälter, Anlasser, Nehmerzylinder der Kupplungsbetätigung.

○ Da im Passat eine Vielzahl von elektrischen Leitungen und Unterdruckschläuchen eingebaut ist, sollten Sie als erstes alle diese kennzeichnen, damit sie anschließend wieder an der richtigen Stelle angeschlossen werden.

○ Vor Abklemmen der Batterie sollten Sie sicherstellen, daß die Antidiebstahl-Codierung des Radios vorliegt.

○ Batterie nur bei ausgeschalteter Zündung abklemmen, da sonst die Steuergeräte Schaden nehmen können.

○ Der Motor besitzt Aufhängeösen, in denen ein Hebewerkzeug angesetzt werden kann. Auf sorgfältige Befestigung achten.

Anzugsdrehmomente

Bauteile		Drehmoment in Nm
Abdeckblech an Getriebe/Motor	M 7	10
Abgasrohr vorn an Auspuffkrümmer		40
Motor an Getriebe	M 10	60
	M 12	80
Antriebswelle an Flansch		45
Aggregateträger an Karosserie		80

Die einzelnen Schrauben für die Motorlagerung sind in den Zeichnungen auf diesen Seiten mit den Drehmomenten dargestellt.

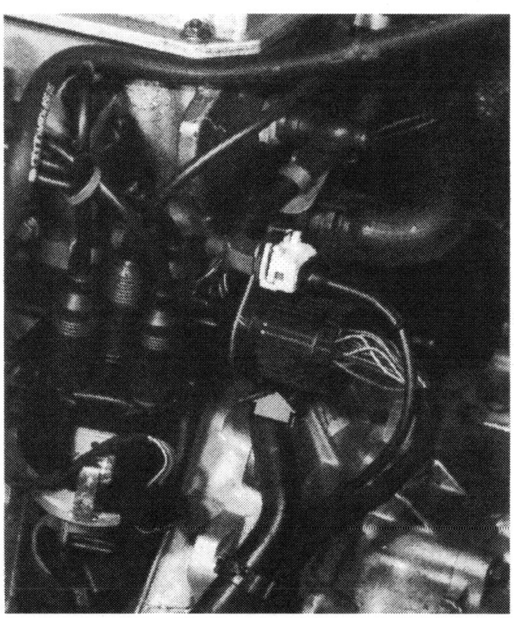

Links: Zum Lösen des Zentralsteckers am Motor muß der Rändelring (1) in Pfeilrichtung gedreht werden.
Rechts: Der Zentralstecker ist richtig aufgesetzt, wenn die orangefarbene Strichmarkierung am Rändelring (2) mit den entsprechenden Markierungen »1« und »3« übereinstimmt.

Die Anzugsdrehmomente der Motorlagerung am 1,8-Liter Motor.
Links: Motorlager hinten rechts:
1 – 60 Nm;
2 – 80 Nm;
3 – 25 Nm;
4 – 25 Nm.
Rechts: Motorlagerung vorn:
1 – 70 Nm;
2 – 60 Nm;
3 – 55 Nm;
4 – 25 Nm.

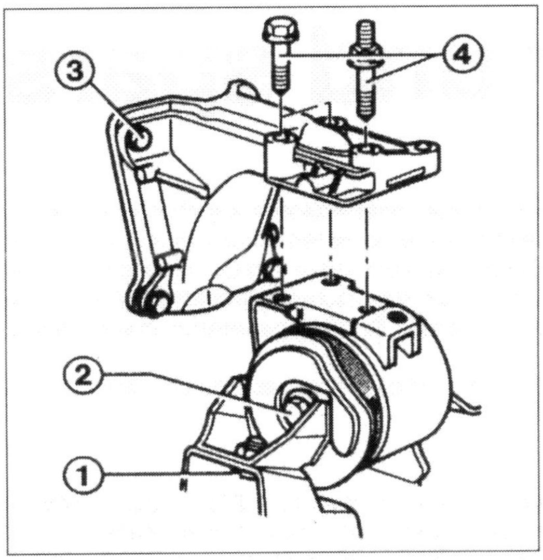

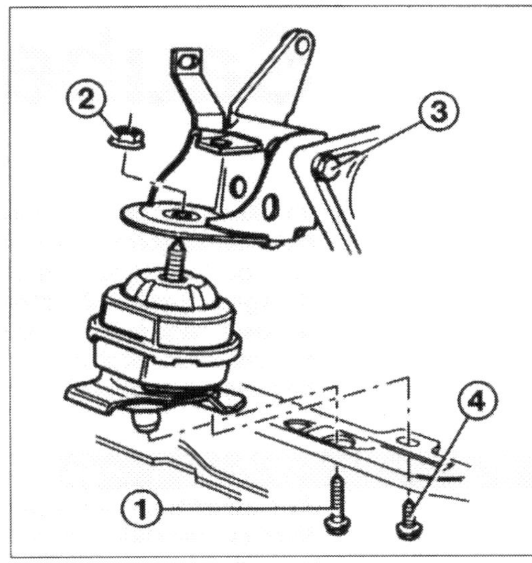

Die Anzugsdrehmomente der Motorlagerung am 1,6-, 2,0- bzw. am 1,9-Liter Motor.
Links: Motorlagerung vorn:
1 – 55 Nm;
2 – 55 Nm;
3 – 50 Nm.
Rechts: Motorlagerung hinten rechts:
1 – 25 Nm;
2 – 50 Nm;
3 – 25 Nm.

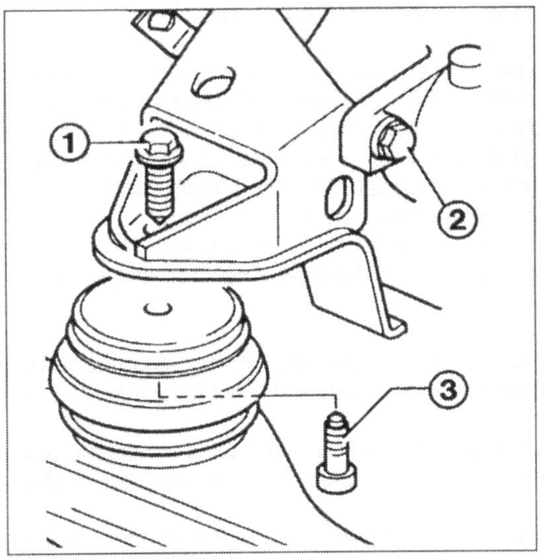

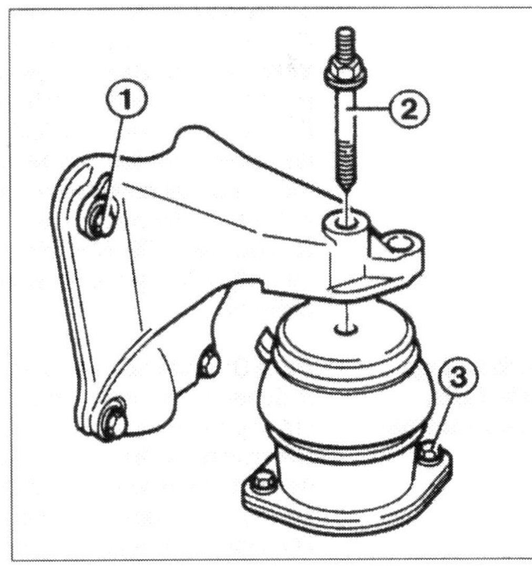

Die Anzugsdrehmomente der Getriebelagerung.
Links: Getriebelagerung hinten links (Schaltgetriebe):
1 – 30 Nm;
2 – 60 Nm;
3 – 25 Nm.
Rechts: Getriebelagerung hinten links (automatisches Getriebe):
1 – 60 Nm;
2 – 25 Nm;
3 – 30 Nm.

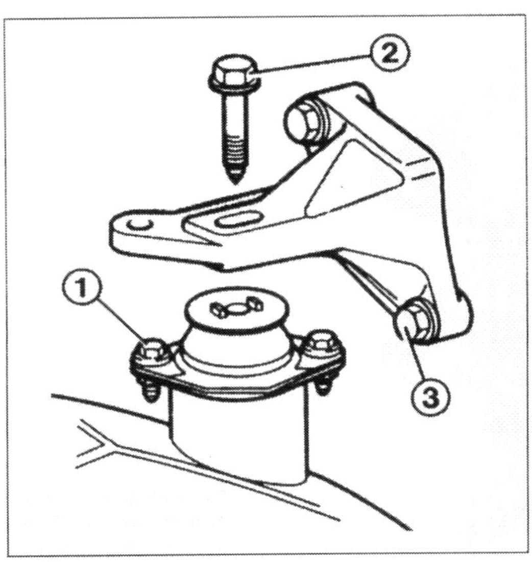

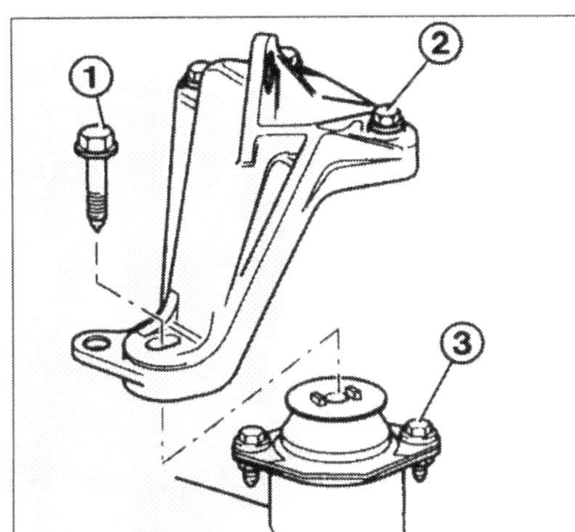

Sauber und sparsam

Im Passat werden zwei Direkteinspritzer-Dieselmotoren angeboten. Diese Aggregate erfüllen die strenge US-Norm für gasförmige Schadstoffe und unterschreiten durch umfangreiche Maßnahmen zur Schadstoffreduzierung, bestehend aus Abgas-Rückführung, Turbolader und Oxidations-Katalysator, den deutschen Grenzwert von 0,08 g/km Partikel. Zusätzlich zum schon klassischen TDI mit 66 kW wartet der stärkste TDI mit 81 kW auf. Ein ungewöhnlicher Turbolader mit variabler Turbinengeometrie macht das in Verbindung mit höheren Einspritzdrücken möglich.
Im folgenden Kapitel finden Sie lediglich die Unterschiede zu den Benzinmotoren behandelt.

Das Diesel-Prinzip

Ansaugtakt: Im Gegensatz zum Benzinmotor saugt der Dieselmotor im Ansaugtakt nur reine Luft an.
Verdichtungstakt: Bei der Aufwärtsbewegung des betreffenden Kolbens wird die angesaugte Luft komprimiert. Auch das wäre an sich nichts Besonderes, würde die Luft nicht in weit höherem Maße zusammengedrückt, als es beim Benzinmotor der Fall ist. Auf nahezu $^1/_{20}$ des Volumens wird die angesaugte Luft komprimiert. Durch diese enorme Verdichtung wird die Luft natürlich sehr heiß (denselben Effekt registrieren Sie beispielsweise an der Fahrradpumpe, wenn Sie einen Reifen aufpumpen).
Verbrennungstakt: In die glühend heiße Luft wird nun erst der Dieselkraftstoff eingespritzt, und die Kraftstofftröpfchen entzünden sich dadurch von selbst; daher auch die Bezeichnung Selbstzünder für den Dieselmotor. Er braucht also keine Zündkerze zum Entflammen des Kraftstoff/Luft-Gemisches. Den Zeitpunkt - also wann in den Brennräumen des Motors gezündet wird - bestimmt die Einspritzpumpe, die zur rechten Zeit die richtige Menge Dieselkraftstoff in die heiße Luft sprüht. Wie beim Benzinmotor treibt der Druck der Verbrennung den Kolben wieder nach unten, er leistet bei dieser Bewegung Arbeit.
Auspufftakt: Die Kurbelwelle dreht sich weiter, und der Kolben strebt wieder nach oben, wobei die Abgase aus dem Zylinder gedrückt werden. Kolben und Zylinder sind nun wieder bereit zum nächsten Ansaug- und Arbeitstakt.

Verbrennungsablauf beim Direkteinspritzer

Beim Direkteinspritzer wird der Kraftstoff ohne Umwege in den Hauptbrennraum eingespritzt. Eine intensive Gemischaufbereitung ist die wesentliche Voraussetzung für einen optimalen Verbrennungsablauf und eine vollständige Verbrennung.
Um eine gute Verbrennung zu erzielen, ist eine intensive Luftverwirbelung erforderlich. Die angesaugte Luft muß deshalb auf ihrem Weg zum Brennraum spiralförmige Ansaugkanäle im Zylinderkopf durchströmen, die sie in eine Drallbewegung versetzen.
Die Hochleistungs-Verteilereinspritzpumpe erzeugt einen Einspritzdruck von bis zu 900 bar. Dadurch werden kurze Einspritzzeiten erreicht. Der hohe Druck sorgt auch für die feine Zerstäubung des Dieselkraftstoffes im

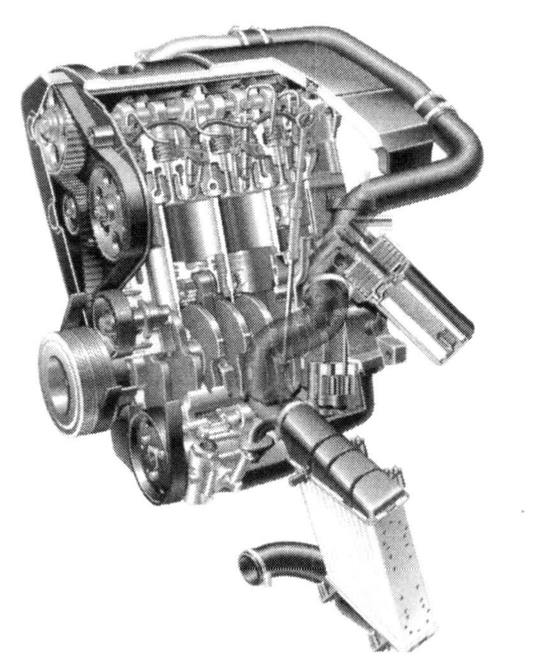

In dieser Zeichnung sehen Sie den 1,9-Liter TDI-Motor im Schnitt. Vorn rechts ist der Ladeluftkühler zu sehen. Er dient zur Abkühlung der vom Turbolader verdichteten Luft.

<u>Links:</u> **In dieser Zeichnung ist die Verwirbelung der angesaugten Luft auf dem Weg in den Brennraum (Pfeile) zu sehen. Die Drallbewegung der Luft sorgt dafür, daß der direkt eingespritzte Diesel-Kraftstoff optimal vermischt wird.**
<u>Rechts:</u> **Die Einspritzdüse des 3. Zylinders ist mit einem Geber für Nadelhub (1) ausgestattet. Die Magnetspule (2) im Innern der Düse wird vom Steuergerät mit einer gleichbleibenden Spannung versorgt. Im Innern der Spule befindet sich ein Druckbolzen (3), der das verlängerte Ende der Düsennadel bildet. Die Bewegung der Düsennadel bewirkt durch die Anhebung des Druckbolzens eine Veränderung des Magnetfeldes, das dem Steuergerät übermittelt wird. Das Steuergerät ermittelt nun aus der Zeitdifferenz von Nadelhubimpuls und OT-Signal den tatsächlichen Einspritzbeginn.**

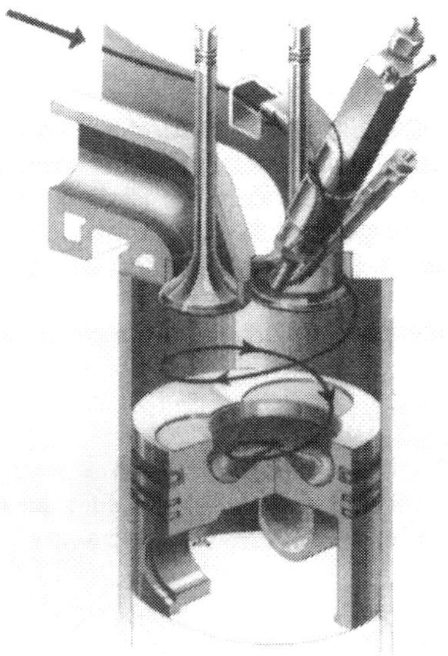

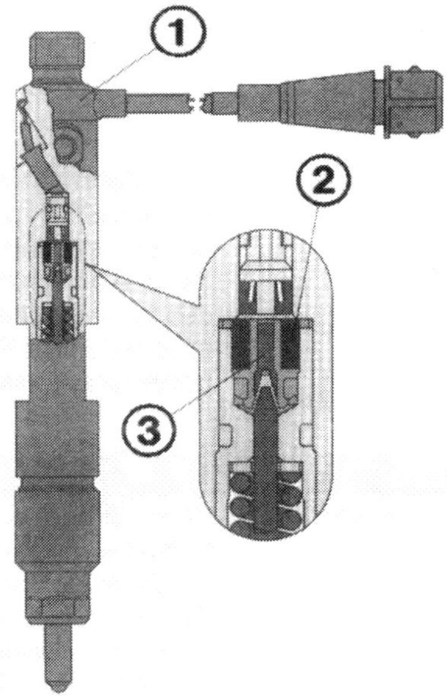

Brennraum. Dazu tragen ebenso die hierfür entwickelten Einspritzdüsen mit je fünf Löchern (Einzeldurchmesser nur 0,21 mm) bei.
Der Vorteil des Direkteinspritzers liegt in seinem niedrigen Kraftstoffverbrauch, der Nachteil in einem relativ harten Verbrennungsgeräusch. Um die Verbrennung »weicher« zu gestalten, wurde die Voreinspritzung mittels eines Zweifeder-Düsenhalters beim Mehrstrahl-Direkteinspritzer ersonnen. Im ersten Hub wird eine sehr geringe Kraftstoffmenge voreingespritzt. Sie verbessert die Zündbedingungen für die Hauptkraftstoffmenge und bewirkt durch einen geringen Druckanstieg im Zylinder eine »weichere« Verbrennung. Im zweiten Hub wird die Rest-Kraftstoffmenge eingespritzt.
Für die Zweistufen-Einspritzung befinden sich im Düsenhalter zwei Federn mit unterschiedlicher Federkraft. Die Federn sind so abgestimmt, daß bei geringen Einspritzmengen die Düsennadel nur gegen die Kraft der ersten Feder angehoben wird. Die Düse öffnet 0,06 mm, und der Kraftstoff wird über diesen engen Spalt durch die fünf Einspritzlöcher in den Brennraum gedrückt.
Nachdem die Kraft der ersten Feder überwunden und die Voreinspritzung abgeschlossen ist, wird durch die erforderliche größere Kraftstoffmenge in der Düse ein höherer Druck aufgebaut. Damit wird innerhalb von Millisekunden die Kraft der zweiten Feder überwunden und die vollständige Kraftstoffmenge eingespritzt. Die Zweistufentechnik führt bei der Diesel-Direkteinspritzung zu einer verlängerten Einspritzdauer mit einem geringeren Druckanstieg im Zylinder. Daraus resultiert eine weichere Verbrennung, ähnlich wie sie bei Kammerverfahren gegeben ist.
Mit der Zweistufen-Einspritztechnik, der vollelektronisch geregelten Einspritzung und dem Zylinderkopf mit dem »gewissen Drall« entstand ein sparsamer, leistungsfähiger Direkteinspritzmotor mit niedrigem Geräuschniveau für einen Personenwagen.

Besonderheiten des TDI-Motors

Der TDI-Motor basiert auf dem altbekannten Dieselmotor, wie er seit 1976 in VW- und Audi-Fahrzeugen zu finden ist. Der Kurbeltrieb (Motorblock, Kurbelwelle, Pleuel) entspricht weitgehend den Benzinmotoren, weshalb wir hierauf nicht weiter eingehen.
Die Kolben besitzen eine sogenannte «Í- (Omega-)Mulde«. Diese halbkugelförmige Vertiefung ist der eigentliche Brennraum des Motors.
Ein TDI-typisches Bauteil ist auch der Zylinderkopf, der mit schlanken 2-Wendel-Glühkerzen versehen ist, und in dem die 5-Loch-Einspritzdüsen eingeschraubt sind. Eine spiralenförmige Ausbildung der Ansaugkanäle direkt über den Einlaßventilen gibt der Ansaugluft einen »Drall«, der in Verbindung mit dem Spritzwinkel der Einspritzdüse für optimale Gemischaufbereitung und damit für einen optimalen Verbrennungsverlauf sorgt. Der Drall des Gemisches setzt sich in der ersten Phase der Verbrennung im Brennraum des Kolbens fort.
Bei unseren Dieselmotoren werden übrigens Zylinderkopfdichtungen in verschiedenen Stärken eingebaut, je nach dem, ob die eingebauten Kolben zur oberen oder unteren Fertigungstoleranz tendieren. Da die Zylinderkopfdichtung – wie wir wissen – zwischen Zylinderblock und Zylinderkopf eingelegt ist, läßt sich durch die Wahl ihrer Stärke die Höhe des Brennraums variieren und so die unterschiedliche Kolbenhöhe ausgleichen.

Weitere Bauteile

Die **Nockenwelle** läuft in fünf Lagern; den Antrieb besorgt die Kurbelwelle über einen Zahnriemen. Die Ventile werden über hydraulische Tassenstößel, sogenannte Hydrostößel, betätigt.
Die **Ein- und Auslaßventile** sitzen spiegelbildlich zueinander, wobei aus Gründen der besseren Wärmeverteilung die zusätzlich mit einer Hartmetallauflage (Stellit) gepanzerten Auslaßventile jeweils zu den Stirnseiten des Motors hin angeordnet sind. Natürlich sind auch Einspritzdüsen und Glühkerzen in den Zylinderkopf eingesetzt.

Dem **Zahnriemen** kommt im Dieselmotor hohe Bedeutung zu. Die kleinen Brennräume des Motors lassen es nämlich nicht zu, daß eines der Ventile geöffnet hat und somit in den Verbrennungsraum ragt, während sich der betreffende Kolben nach oben – seiner höchsten Stellung zu – bewegt. Dieser Fall kann eintreten, wenn der Zahnriemen reißt oder (durch zu geringe Spannung bzw. Eindringen eines Fremdkörpers) mehrere Zähne auf den Riemenscheiben überspringt. Dann schlägt sofort ein Ventil auf den Kolbenboden auf, was einen Motor-Totalschaden zur Folge hat.
Schmiersystem: Die Lagerstellen des Turboladers werden über eine eigene Ölleitung mit Motoröl versorgt.

Motor auf Ölundichtigkeiten prüfen

Wartungsarbeit

Wilde Ölquellen finden sich beim Dieselmotor bevorzugt an folgenden Stellen:

- ○ Kurbelwellen-Dichtring an der Schwungscheibe. Öl tritt an der Trennfuge zwischen Motor und Getriebe aus
- ○ Wellendichtringe an der Kurbelwelle vorn, der Nockenwelle oder der Zwischenwelle. Öl tritt im Bereich der Zahnriemenabdeckung aus
- ○ Ventildeckeldichtungen
- ○ Ölfilterhalter, Ölkühler und Filtergehäuse
- ○ Zylinderkopfdichtung
- ○ Ölwannendichtung
- ○ Öldruckschalter (ersetzen)

Die Motor-Lebensdauer

Die Dieselmotoren erreichen im Privateinsatz mindestens 130 000 km Laufleistung. Dagegen liegen Firmenwagen, die nicht selten »auf Verschleiß« gefahren werden, in der Laufleistung oft deutlich unter diesem Wert. Fahrzeuge, die von den Einsatzbedingungen her wenige Kaltstarts und in der Regel keine hohen Drehzahlen erfahren, halten jedoch auch im gewerblichen Einsatz verhältnismäßig lange.
Widerfahren dem Dieselmotor keine mechanischen Schäden (Bruch eines Ventils, Kolbens oder Pleuels), wird er in fortgeschrittenem Alter bei niedrigen Außentemperaturen mit massiven Startschwierigkeiten zu kämpfen haben. Grund dafür ist vermehrter Verschleiß der Zylinderlaufbahn im Bereich des oberen Umkehrpunkts (OT) des ersten Kolbenrings (sogenannter Zwickelverschleiß). Die Laufbahn bekommt in diesem Bereich ringsum eine tiefe Kerbe, die es dem Kolbenring erschwert, beim Starten des Motors die nötige Kompression im Brennraum zu halten. Die Luft im Brennraum wird damit während des Kompressionstakts nicht mehr heiß genug – der eingespritzte Dieselkraftstoff kann sich trotz intakter Vorglühanlage nicht entzünden.
Angeschleppt durch ein anderes Fahrzeug kann der Motor, dem dabei zu höherer Startdrehzahl verholfen wird, genügend Kompression aufbauen, damit der Selbstzünder seinem Namen wieder Ehre macht. Längerfristig wird jedoch kaum ein Diesel-Fahrer das ständige Anschleppen an kalten Tagen akzeptieren können. Dann muß für Ersatz gesorgt werden.

Kompressionsdruck messen

Die Messung des Kompressionsdrucks in den Motorzylindern gibt Aufschluß darüber, ob Ventile und Kolbenringe noch gut abdichten. In erster Linie das Kaltstartverhalten, aber auch Leistung, Öl- und Kraftstoffverbrauch sowie die Rauchentwicklung unseres Dieselmotors hängen davon ab. Wir erhalten also über das Kompressionsdiagramm einen guten Aufschluß über den mechanischen Zustand des Dieselmotors.
Um es gleich vorwegzunehmen: Die Anschaffung eines Kompressionsdruckmessers für Dieselmotoren lohnt sich wegen des hohen Preises wohl kaum. Doch möglicherweise können Sie solch ein Gerät ausleihen (die VW-Werkstatt verwendet den Prüfer 1381 mit Adapter 1381/12 für den TDI).

- Der Motor muß betriebswarm sein.
- Kabel zum Absteller der Einspritzpumpe ausstecken.
- Stecker der Glühkerzen abziehen, Glühkerzen herausschrauben.
- Prüfgerät mit Adapter in die Bohrung der Glühkerze des ersten Zylinders einschrauben.
- Anlasser betätigen (Schalthebel im Leerlauf bzw. in Stellung »P«), bis sich der Skalenwert am Kompressionsdruckprüfer nicht mehr erhöht.
- Anzeigewert notieren und am nächsten Zylinder weitermessen.
- Glühkerzen mit 15 Nm festziehen.

Druckwerte

Folgende Kompressionsdruckwerte sollte der Motor erreichen:

normaler Kompressionsdruck	Verschleißgrenze	max. Unterschied der Zylinder
25 – 31 bar	19,0 bar	5,0 bar

Die Zahnriemenabdeckung der Passat-Dieselmotoren:
1 – Zahnriemenschutz oben;
2 – Zahnriemenschutz hinten;
3 – Zahnriemenschutz unten.

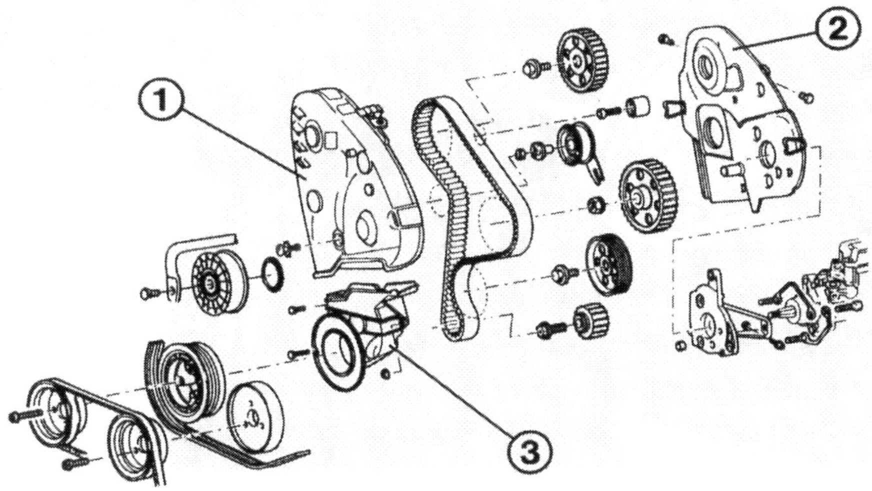

Der Zahnriemen

Folgende Bauteile treibt der Zahnriemen an: Nockenwelle, Einspritzpumpe, Ölpumpe sowie die Unterdruckpumpe für den Bremskraftverstärker.

Eigenarbeiten am Zahnriemen

Die Steuerung von Nockenwelle und Einspritzpumpe wird beim Dieselmotor sehr präzise eingestellt. Jede Veränderung durch Spannen oder Auswechseln des Zahnriemens zieht deshalb aufwendige Einstellarbeiten nach sich. So beschränken sich die durchführbaren Wartungsarbeiten auf die Zustandsprüfung und die behelfsmäßige Kontrolle der Riemenspannung.
Wird der Zahnriemen nachgespannt oder wird er komplett abgenommen (etwa zum Auswechseln oder zur Zylinderkopf-Demontage), müssen die Steuerzeiten an der Nockenwelle und der Förderbeginn der Einspritzpumpe kontrolliert bzw. eingestellt werden. Beide Arbeiten erfordern erhebliche Sachkenntnis und vor allem Spezialwerkzeuge.

Zahnriemenabdeckung ausbauen

- Kunststoff-Schraube im Spreizclip an der Stirnseite der Abdeckung herausdrehen.
- Zwei Spannklammern lösen und den oberen Teil der Abdeckung abnehmen.
- Der untere Teil der Abdeckung kann erst nach Demontage der Kurbelwellen-Riemenscheibe und Losdrehen von zwei Halteschrauben und einer Mutter abgebaut werden.

Zahnriemenzustand prüfen

Wartungsarbeit

- Oberen Teil der Zahnriemenabdeckung abnehmen.
- Der gezähnte Riemen darf nicht verölt oder rissig sein.
- Die Flanken der Verzahnung müssen intakt sein und dürfen keine Abnützungserscheinungen zeigen.
- Damit Sie den Riemen auf seiner gesamten Länge begutachten können, den Motor durchdrehen.
- Einen schadhaften Zahnriemen unbedingt ersetzen lassen!

Zahnriemenspannung kontrollieren

Wartungsarbeit

Dieser Wartungspunkt sollte gemeinsam mit der Zustandsprüfung durchgeführt werden. Der TDI besitzt eine Spannrolle mit automatischer Spannvorrichtung. Kontrolle der Riemenspannung:

- Kerbe und Erhebung vorn auf der Spannrolle- müssen sich gegenüberstehen. Dann stimmt die Riemenspannung.
- Spannvorrichtung in der Spannrolle prüfen: Riemen mit der Hand belasten: Kerbe und Erhebung an der Spannrolle müssen sich gegeneinander verschieben.
- Riemen wieder entlasten: Kerbe und Erhebung an der Spannrolle gehen in ihre Ausgangsposition zurück.
- Wenn nicht, Zahnriemen nachspannen bzw. Spannrolle ersetzen lassen.

Zahnriemen auswechseln

Wartungsarbeit

Der Zahnriemenwechsel alle 90 000 km ist für den TDI-Motor von lebenswichtiger Bedeutung und sollte nicht aus falsch verstandener Sparsamkeit hinausgezögert werden.

Zum Zahnriemen spannen wird der Exzenter der Spannrolle rechts gedreht, bis sich Kerbe und Erhebung auf der Spannrolle gegenüber stehen. Die kleine Zeichnung zeigt dieses Detail nochmals deutlicher als das Foto.

Der Turbolader

Beim Dieselmotor braucht die innere Gemischbildung in Wirbelkammer bzw. Brennraum relativ lange (verglichen mit dem benzinbetriebenen Ottomotor). Die Höchstdrehzahl des Diesels ist deshalb begrenzt, andernfalls läuft er unwirtschaftlich. Zur Leistungssteigerung kann man einen Turbolader einbauen. Durch Zufuhr von mehr Verbrennungsluft erreicht man nun eine bessere Zylinderfüllung.

Im wesentlichen besteht der Turbolader aus zwei auf einer Welle sitzenden Schaufelrädern. Über eines von ihnen werden die Auspuffgase des Motors geschickt, was die Welle – je nach Motordrehzahl – in mehr oder minder flotte Drehung versetzt. Das gekoppelte zweite Schaufelrad dreht natürlich mit und schafft Ansaugluft – jetzt unter Druck – in die Brennräume, was den lufthungrigen Dieselmotor zu höherer Leistung anspornt.

Dem Mehr an Luft wird bei unseren schadstoffarmen Dieselmotoren übrigens nur eine begrenzte Mehrmenge an Kraftstoff entgegengesetzt. Würde in gleichem Maße mehr Kraftstoff eingespritzt, würde sich der Rußanteil des Abgases erhöhen. Außerdem arbeitet der Katalysator nur dann optimal, wenn bei der Verbrennung ausreichend Luftüberschuß herrscht.

Gesteuerte Ladedruckregelung

Die Auslegung des Turboladers bringt schon bei relativ niedriger Drehzahl Ladeluft für die Zylinder. Daraus folgt, daß bei hoher Drehzahl viel zuviel Luft zur Verfügung stehen würde. Der Druck im Ladesystem könnte damit auf ein Maß ansteigen, das der Lebensdauer des Motors nicht mehr zuträglich wäre. Dies zu vermeiden, ist Sache der vom TDI-Steuergerät beeinflußten Ladedruckregelung.

Ein elektro-pneumatisches Ventil (das »Magnetventil für Ladedruckbegrenzung«, hinten rechts im Motorraum angebracht) steuert über eine Druckdose einen Bypass am Lader (das Ladedruckregelventil). Wenn der Bypass geöffnet wird, sinkt der Ladedruck.

Der Geber für Saugrohrdruck ist durch eine dünne Schlauchleitung mit dem Ladeluftkühler und damit mit dem Ansaugtrakt des Motors verbunden. Die Ladedruckregelung ist damit z. B. in der Lage, die Veränderung der Luftdichte bei Fahrten in Höhenlagen auszugleichen. Die »dünnere« Luft würde bei gleicher Einspritzmenge

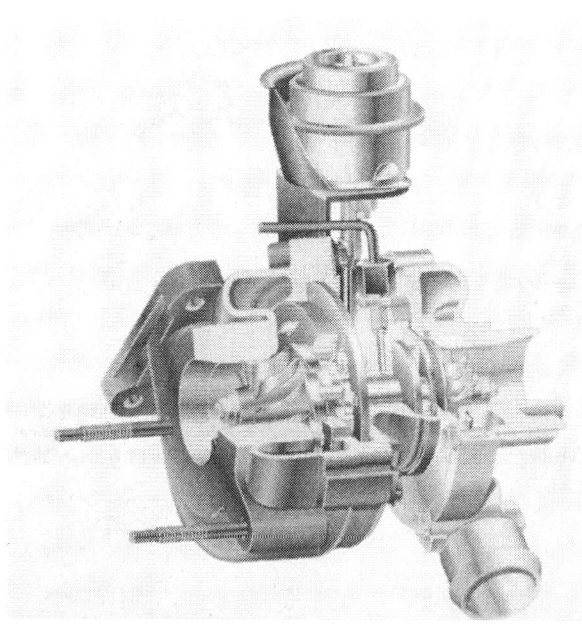

Die Abbildung zeigt den Turbolader mit verstellbaren Leitschaufeln. Durch die verstellbaren Leitschaufeln wird der Abgasstrom auf das Turbinenrad beeinflußt. Die Vorteile sind gegenüber einem herkömmlichen Turbolader ein gleichmäßiger Drehmomentverlauf im oberen und unteren Drehzahlbereich durch den gleichmäßigen Abgasgegendruck der Turbine sowie geringerer Kraftstoffverbrauch.

Die Turbine des Turboladers (2) wird vom Druck der ausströmenden Abgase angetrieben. Das Schaufelrad (1) auf der Ansaugseite wird durch die durchgehende Welle mit derselben Drehzahl in eine hohe Umdrehungszahl versetzt, wodurch die Ansaugluft verdichtet werden kann. Es gelangt also deutlich mehr Luft in die Brennräume für höhere Leistung oder, wie in unserem Fall, für saubere Verbrennung. Sobald der Druck im Ansaugsystem einen Maximalwert überschreitet, öffnet der Ladedruckregler (3) den Bypasskanal und läßt einen Teil der Abgase am Turbolader vorbei ins Auspuffsystem entweichen. Die Steuerleitung (4) ist direkt mit dem Magnetventil für Ladedruckbegrenzung verbunden.

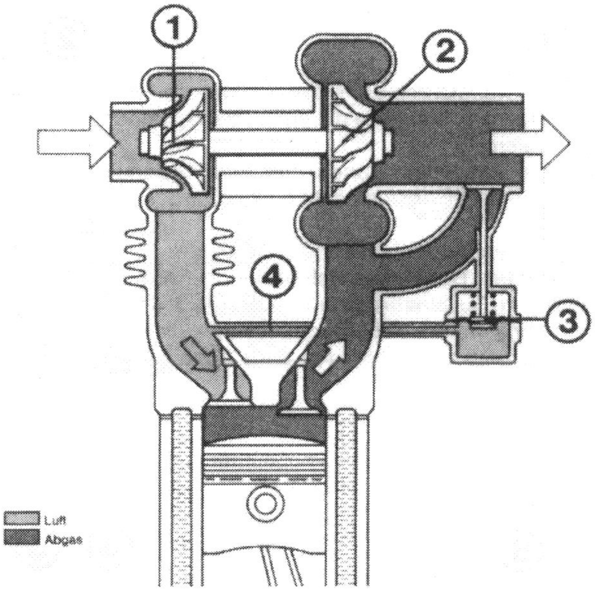

starke Rauchentwicklung verursachen. Das wird durch Anhebung des Ladedrucks und damit verstärkter Luftzufuhr verhindert.
Motorleistung und Abgasverhalten bleiben im TDI unter allen üblicherweise vorkommenden Fahrbedingungen konstant.

Ladedruckregelung prüfen

Magnetventil für Ladedruckbegrenzung prüfen

- **Schlauchverlegung:** Prüfen Sie, ob alle Schlauchleitungen am Ventil richtig angeschlossen sind (Abb. auf der nächste Seite oben).
- **Innenwiderstand:** Stecker am Ventil abziehen.
- Ohmmeter an die beiden Steckerkontakte des Ventils anschließen.
- Werden die in der Tabelle angegebenen Werte nicht erreicht, ist das Magnetventil für Ladedruckbegrenzung defekt. Auswechseln.
- **Spannungsversorgung:** Voltmeter an Kontakt »1« des abgezogenen Anschlußsteckers und an Masse anschließen (Bild nächste Seite unten).
- »Zündung« einschalten: Es muß Batteriespannung angezeigt werden, sonst ist die Zuleitung defekt.

Motorkennbuchstabe	Meßwert in Ω
1Z	25 – 45
AFN	14 – 20

Druckdose für Ladedruckregelventil am Turbolader prüfen

- Motor warmfahren (Motoröl mindestens 80°C).
- Stecker am Magnetventil für Ladedruckbegrenzung abziehen.
- Motor von Helfer starten und durch spontanes Gasgeben auf Höchstdrehzahl bringen lassen.
- Die Betätigungsstange der Druckdose für das Ladedruckregelventil muß sich dabei bewegen.
- Bewegt sich die Betätigungsstange nicht, Hebel für Ladedruckregelventil auf Leichtgängigkeit prüfen.
- Ist der Hebel festgerostet, Turbolader ersetzen.
- Läßt sich die Betätigungsstange trotz leichtgängigem Hebel nicht bewegen, Druckdose für Ladedruckregelventil ersetzen.

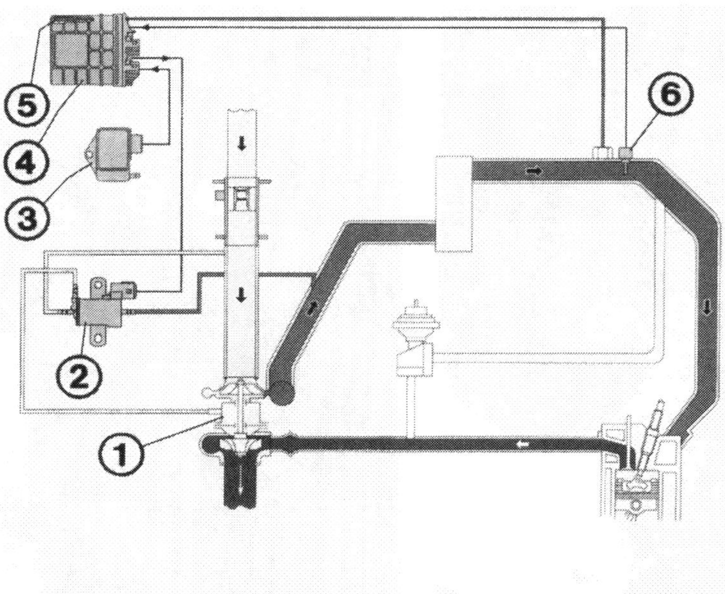

In dieser Zeichnung ist die schematische Darstellung der Ladedruckregelung dargestellt. Es bedeuten:
1 – Ladedruckregelventil;
2 – Magnetventil für Ladedruckbegrenzung;
3 – Höhengeber;
4 – Steuergerät;
5 – Geber für Saugrohrdruck;
6 – Geber für Saugrohr-Temperatur.

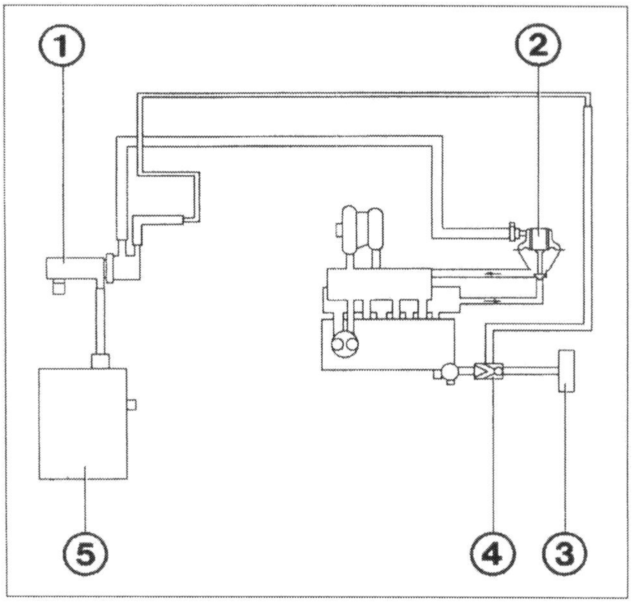

In dieser Zeichnung sind die Bauteile und die Anschlüsse der Unterdruckschläuche zu sehen. Es sind:
1 – Ventil für Abgasrückführung;
2 – Abgas-Rückführungsventil;
3 – Bremskraftverstärker;
4 – Rückschlagventil;
5 – Luftfilter.

Störungsbeistand

Turbolader

Bringt der Turbodiesel deutlich weniger Leistung oder wird die Höchstgeschwindigkeit nicht erreicht, kann ein defekter Turbolader die Ursache sein. Welche Fehlermöglichkeiten da in Betracht kommen, haben wir im folgenden Störungsbeistand zusammengestellt.
Vor Beginn der Fehlersuche sollte allerdings sichergestellt sein, daß Motor und Einspritzanlage in Ordnung sind.

Die Ursache	– ihre Abhilfe
A Teile der Abgas-Turboaufladung undicht	1 Luftschlauch zwischen Lader und Ansaugrohr über Ladeluftkühler undicht oder lose 2 Undichtigkeit zwischen Ansaugrohr und Zylinderkopf 3 Flansche am Ansaugrohr undicht 4 Undichtigkeit zwischen Abgaskrümmer und Zylinderkopf bzw. Turbolader
B Turbolader defekt	1 Ladedruck prüfen lassen. Ist er zu hoch: Magnetventil für Ladedruckbegrenzung prüfen, Druckdose für Ladedruckregelventil am Turbolader prüfen. Wenn beides intakt, Fehlerspeicher des TDI-Steuergeräts abfragen lassen 2 Ladedruck zu niedrig: Druckdose für Ladedruckbegrenzung prüfen. War diese intakt, Turbolader auswechseln

Der Ladeluftkühler

Die über den Luftfilter angesaugte Frischluft wird im Abgasturbolader beschleunigt und verdichtet. Nicht nur das Verdichten selbst, sondern auch der im Abgasstrom sitzende (und somit heiße) Turbolader sorgen für nach-

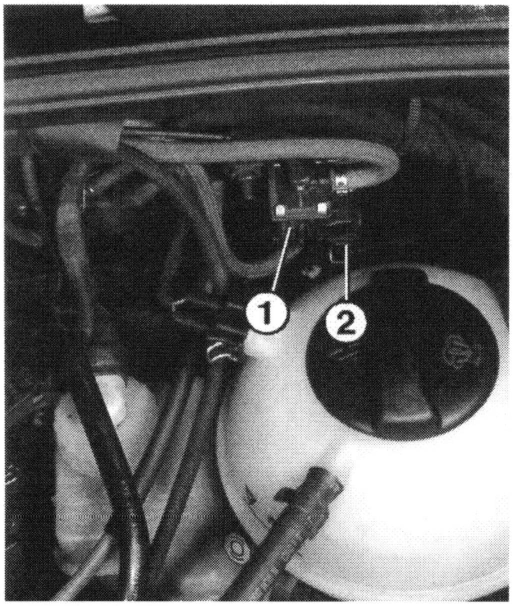

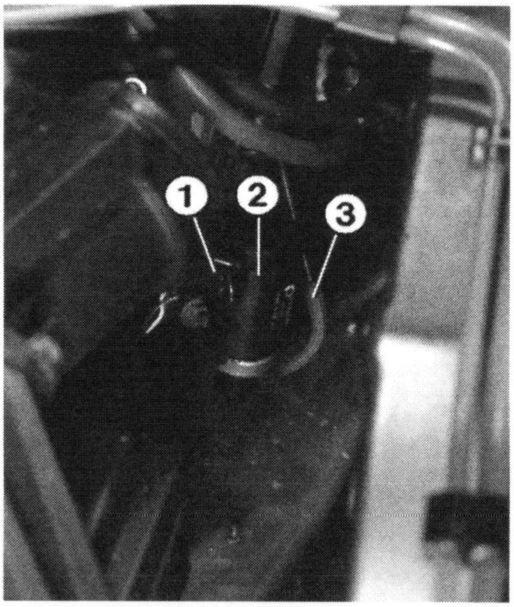

Links: Zur Widerstandsmessung am Magnetventil für Ladedruckregelung (1) den Stecker (2) abziehen und ein Ohmmeter anschließen. Folgende Werte müssen angezeigt werden:
1Z-Motor: 25–45 Ω;
FN-Motor: 14–20 Ω.
Rechts: Zur Widerstandsmessung am Ventil für Abgasrückführung (2) ein Ohmmeter anschließen. Es müssen 14-18 Ω abzulesen sein. Zur Messung der Spannung muß das Meßgerät mit Kontakt »1« (Kabelfarbe schwarz/gelb) am Stecker 19 und mit Fahrzeugmasse verbunden sein. Bei eingeschalteter Zündung muß Batteriespannung angezeigt werden. Position »3« beziffert die Unterdruckleitung.

Links: Zur Funktionsprüfung des mechanischen Abgasrückführungventils (2) den Unterdruckschlauch (1) am Sammelsaugrohr (3) abziehen und einen Unterdruck anlegen. Die Membranstange muß sich bewegen. Kann durch den Schlitz im Ventil beobachtet werden.
Rechts: Die Zeichnung zeigt die Bauteile zur Betätigung des Ladedruckregelventil. Dies sind:
1 – Druckdose;
2 – Kontermutter;
3 – Betätigungsstange;
4 – Hebel für Ladedruckregelventil.

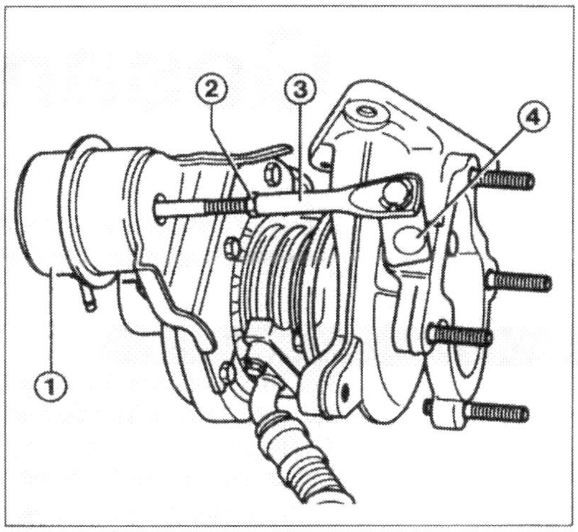

haltiges Aufheizen der Ansaugluft. Bis zu 110° C kann die Ansauglufttemperatur bei voller Belastung betragen. Der Ladeluftkühler ist zwischen Turbolader und Motor-Ansaugkrümmer zwischengeschaltet. Er kann also die Ansaugluft nach dem Verdichtungsvorgang um ca. 50° C abkühlen, bevor sie in den Motor gelangt. Die Luft wird dadurch dichter, führt also auch mehr Sauerstoff mit. Dadurch erzielt man eine bessere Füllung der Brennräume und somit eine Leistungssteigerung.

Abgas-Rückführung

Je mehr Abgas in die Brennräume zurückgeführt werden kann (ohne den Motorlauf zu stören), desto stärker wird die Brennraumtemperatur abgesenkt, was zu geringerer Stickoxid-Emission führt, siehe Kapitel »Die Abgas-Entgiftung«.
Die Abgas-Rückführung hat beim TDI nicht nur »An/Aus«-Funktion, sie kann auch Zwischenwerte annehmen. Das mechanische Ventil für Abgas-Rückführung hat dazu einen keglig ausgeformten Ventilstößel, der verschiedene Öffnungsquerschnitte bei unterschiedlichen Ventilhüben ermöglicht. Durch getaktete Ansteuerung des Ventils ist jeder Ventilhub möglich. Die Steuerung des Abgas-Rückführungsventils ist abhängig vom Kennfeld des TDI-Steuergeräts, das auf die maximale Reduzierung von Stickoxiden ausgelegt ist.

Magnetventil für Abgas-Rückführung prüfen

- **Schlauchverlegung:** Prüfen Sie, ob alle Schlauchleitungen am Ventil richtig angeschlossen sind (Abb. auf der Vorseite oben).
- **Innenwiderstand:** Stecker am Ventil abziehen.
- Ohmmeter an die beiden Steckerkontakte des Ventils anschließen.
- Es müssen 14–18 Ω angezeigt werden, sonst ist das Ventil für Abgas-Rückführung defekt. Auswechseln.
- **Spannungsversorgung:** Voltmeter an Kontakt »1« des Anschlußsteckers und an Masse anschließen.
- »Zündung« einschalten: Es muß Batteriespannung angezeigt werden, sonst Zuleitung defekt.

Mechanisches AGR-Ventil prüfen

Zur Überprüfung des mechanischen AGR-Ventils wird eine Unterdruckpumpe gebraucht, Ansaugen mit dem Mund erfordert schon eine gewisse Anstrengung.

- Unterdruckschlauch am Ventil abziehen.
- Pumpe am Ventil anschließen und einen Unterdruck erzeugen.
- Die Membranstange im Ventil muß sich in Richtung Unterdruckanschluß bewegen.
- Luft in die Unterdruckpumpe einströmen lassen – das Ventil muß jetzt hörbar schließen.
- Wenn Sie kein Schließgeräusch hören, ist das Ventil defekt; ersetzen.

Weitere Defektursachen

Da die Funktion der Abgas-Rückführung beim TDI maßgeblich vom Steuergerät bestimmt wird, kommen natürlich eine Reihe von Gebern der Einspritzung auch als Fehlerursache in Betracht. Bei Fehlfunktionen Fehlerspeicher auslesen lassen und defekte Geber prüfen.

Gesamtfunktion

Der TDI verfügt über eine elektronisch gesteuerte Direkteinspritzanlage, die im Kern aus dem TDI-Steuergerät und der Einspritzpumpe besteht.

Das Steuergerät

Die Funktion des Steuergeräts besteht darin, die Eingangsinformationen von zahlreichen Gebern zu verarbeiten und damit folgende Funktionen auszuführen:

- Regelung von Spritzbeginn und Einspritzmenge der Einspritzpumpe (über zwei getrennte Stellglieder)
- Steuerung der Glühzeit der Glühkerzen
- Regelung des Ladedrucks des Turboladers
- Steuerung der Abgas-Rückführung

Funktion der einzelnen Bauteile

- **Geber für Gaspedalstellung:** Der TDI besitzt keinen Gaszug, die Gaspedalstellung wird dem Steuergerät auf elektrischem Weg gemeldet. Um den Folgen von Fehlfunktionen (z. B. Vollgas-Meldung durch Defekt) vorzubeugen, ist das Bremspedal mit einem zweiten Bremslichtschalter kombiniert, der dem Steuergerät verbietet, beim Bremsen die Information »Vollgas« zu akzeptieren. Gleiches gilt für den Kupplungspedalschalter.
- **Motordrehzahl- und OT-Geber:** Dieser befindet sich unterhalb des Ölfilterhalter-Flansches im Kurbelgehäuse. Der Induktivgeber tastet einen Drehzahlgeberring mit 4 Nuten (4 x OT) auf der Kurbelwelle ab.
- **Geber für Nadelhub** in der Einspritzdüse von Zylinder 3. Der Geber für Nadelhub meldet dem Steuergerät den exakten tatsächlichen Spritzbeginn.
- **Temperaturgeber für Saugrohr-Temperatur, Kühlmittel und Kraftstoff** sitzen im Luftführungsrohr, im Kühlmittelstutzen und in der Einspritzpumpe selbst.
- **Luftmassenmesser:** Die Information der angesaugten Luftmenge benötigt das Steuergerät zur Zumessung der Einspritzmenge. Denn es wird nur so viel Kraftstoff eingespritzt, daß eine rauchfreie Verbrennung möglich ist. Wird diese Luftmenge reduziert (etwa durch verschmutzten Luftfilter oder Fahrten im Gebirge), erhält der Motor eine geringere Kraftstoffmenge eingespritzt = geringere Leistung. Gemessen wird – unabhängig von der Lufttemperatur – folgendermaßen: Ein beheiztes Blättchen (Heißfilm) im Ansaugluftstrom wird bei größerer vorbeiströmender Luftmasse stärker abgekühlt als bei geringerem Luftstrom. Der elektrische Widerstand des Plättchens verändert sich, und wir haben wieder einen elektrischen Wert, den das Steuergerät »lesen« kann.
- **Der Schieber-Potentiometer** in der Einspritzpumpe sorgt für die Rückmeldung »Pumpe an Steuergerät zum Thema Schieberstand. Das geschieht berührungslos auf magnetischem Weg.
- **Geber für Saugrohrdruck:** Er ist über eine Schlauchleitung mit dem Ladeluftkühler verbunden. Seinen Platz hat er im Inneren des Steuergeräts. Dieser Geber ist zuständig für Informationen zur Ladedruckregelung und Anpassung der Kraftstoffmenge sowie zum Höhenausgleich.
- **Schalter für Bremse und Kupplung** liefern dem Steuergerät die Information, keine Vollast zuzulassen, wenn eines der beiden Padale gedrückt ist.

Die Teile der Diesel-Einspritzanlage. Es bedeuten:
1 – Rücklaufleitung der Einspritzdüsen;
2 – Einspritzleitung;
3 – Stromleitung der Glühkerzen;
4 – Einspritzdüsen mit Geber für Nadelhub;
5 – Kraftstoff-Rücklaufleitung;
6 – Absteller;
7 – Einspritzpumpe;
8 – Kraftstoff-Zulaufleitung.

Weitere Steuerfunktionen

Die **Ladedruckregelung** erfolgt durch ein elektro-pneumatisches Ventil. Das Magnetventil für Ladedruckbegrenzung steuert auf pneumatischem Weg einen Bypass am Lader – das Ladedruckregelventil öffnet, der Ladedruck sinkt. Die **Abgas-Rückführung** sorgt (zusammen mit dem Oxi-Kat) für zeitgemäße Abgaswerte. Beide Funktionen sind im Kapitel »Die TDI-Dieselmotoren« beschrieben.

Die Kraftstoffleitungen

Der Diesel besitzt eine Kraftstoff-Vor- und eine Rücklaufleitung. Am Tank und am Filter sind die Schläuche mit Quetschklemmen befestigt, an der Einspritzpumpe sind sie mit dichtungsunterlegten Hohlschrauben festgeschraubt.

Der Kraftstoffilter

Verunreinigungen z. B. aus dem Tank einer Zapfstation müssen herausgefiltert werden, bevor der Kraftstoff die Einspritzanlage erreicht. Das geschieht im Kraftstoffilter. Am Filterelement werden Schmutzkörnchen abgeschieden.
Die Einspritzpumpe der Dieselmotoren ist nicht nur gegen Kraftstoffverunreinigungen empfindlich (sie setzen die dünne Bohrung in der Hohlschraube am Anschluß der Rücklaufleitung zu, und die Pumpe läuft heiß), sondern auch gegen Wasser. In den Kraftstoff gelangt das Wasser hauptsächlich durch Kondensierung im Fahrzeugtank oder im Erdtank unter der Zapfsäule. Im Diesel-Kraftstoffilter wird daher auch das Kondenswasser abgeschieden. Es setzt sich im Freiraum unter dem Filterelement ab, da es ja schwerer ist als der Kraftstoff.

Kraftstoffilter entwässern

Wartungsarbeit

- Halteklammer oben am Regelventil der Kraftstoff-Vorwärmung herausziehen.
- Ventil mit angeschlossenen Kraftstoffleitungen abheben.
- Auffangbehälter unter den Kraftstoffilter halten.
- Entwässerungsschraube unten am Filter von Hand öffnen.
- So lange Flüssigkeit ablaufen lassen, bis sauberer Kraftstoff austritt (ca. 100 cm³).
- Regelventil mit angeschlossenen Kraftstoffleitungen in den Filter einsetzen und Halteklammer anbringen.
- Entwässerungs- und Entlüftungsschraube schließen. Vorsicht, die Kunststoffschraube bricht leicht ab.
- Motor starten und mehrmals Gas geben. Der Kraftstoff muß nun blasenfrei durch die durchsichtige Kraftstoffleitung fließen.

Kraftstoffilter ersetzen

Wartungsarbeit

- Kraftstoffleitungen am Filter kennzeichnen und abbauen.
- Halteklammer oberhalb des Regelventils der Kraftstoff-Vorwärmung herausziehen.

An der Einspritzdüse (1) des 3. Zylinders ist der Geber für Nadelhub (2) befestigt. Er meldet dem Steuergerät den exakten Einspritzbeginn des Kraftstoffes.

Der Geber für Motordrehzahl und OT-Geber (Pfeil) sitzen in Fahrtrichtung links hinten im Kurbelgehäuse unterhalb des Ölfilters.

Links: Die Einzelteile am Kraftstoffilter (6) bedeuten:
1 – Zulaufleitung vom Tank;
2 – Regelventil, öffnet den Durchgang zum Filter unter 15°C und verschließt ihn über 31°C;
3 – Halteklammer;
4 – Rücklaufleitung von der Einspritzpumpe;
5 – Zulaufleitung zur Einspritzpumpe.
Rechts: Der Temperaturgeber Kühlmittel (2) sitzt am Kühlmittelstutzen (1) vorn am Zylinderkopf. Mit Position »3« ist der Kontaktstecker beziffert.

- Ventil mit angeschlossenen Kraftstoffleitungen vom Filtergehäuse abnehmen.
- Filter nach oben herausziehen.
- Dieselkraftstoff im Filter in den Altölkanister kippen und Filter zum Sondermüll geben.
- Neuen Filter montieren, Kraftstoffleitungen anschließen.
- Regelventil der Kraftstoff-Vorwärmung mit neuem Dichtring montieren.
- Anlasser so lange betätigen, bis wieder Kraftstoff zur Einspritzpumpe gefördert wird.
- Ist Dieselkraftstoff auf die Kühlmittelschläuche gespritzt, müssen diese sofort gereinigt werden.

Fingerzeig: Ein weiteres Kraftstoffsieb befindet sich im sogenannten Ansaugkorb am Tankgeber. Zum Reinigen dieses Siebs den Tankgeber ausbauen.

Störungssuche an der TDI-Einspritzanlage

Eigendiagnose

Das Steuergerät der Einspritzanlage kann 21 Fehler an elektrischen Teilen der Einspritz-/Vorglühanlage erkennen und maximal 5 davon gleichzeitig in einem Fehlerspeicher ablegen. Dabei wird außerdem eine Unterscheidung getroffen, ob es sich um permanente Fehler oder um sporadische (gelegentliche) Fehler handelt. Sporadisch auftretende Fehler werden nach 50 Motorstarts gelöscht, sofern sie nicht nochmals auftreten.
Einsicht in den Fehlerspeicher erhält die Werkstatt mit dem Fehlerauslesegerät V.A.G 1551. Für den Heimwerker besteht keine Möglichkeit zur Fehlerabfrage, weshalb man bei einem vermuteten Defekt an der Einspritz-/Vorglühanlage der Werkstatt den Auftrag zum Auslesen des Fehlerspeichers geben muß. Der Ordnung halber muß der Fehlerspeicher nach erfolgter Reparatur von der Werkstatt gelöscht werden.

Selbsthilfe

Das Steuergerät selbst kann mit Heimwerkermitteln nicht kontrolliert werden. In der Praxis ist hier auch nur sehr selten mit Fehlern zu rechnen. Geber, Schalter und Kabelverbindungen geben ungleich häufiger Anlaß zu Beanstandungen. Damit bietet sich bei einem Defekt folgende Vorgehensweise an:
- Ist Sicherung 18 für Motorelektrik in Ordnung?
- Stromversorgung über das Relais für Diesel-Direkteinspritzanlage prüfen.
- Kraftstoffversorgung prüfen.
- Sichtprüfung an den Teilen der Einspritzanlage durchführen.
- Wurde durch genannte Prüfungen kein Fehler gefunden, kann die Einspritzanlage je nach Verdachtslage nach den folgenden Prüfanleitungen der Reihe nach durchgecheckt werden.
- In jedem Fall ist es sinnvoll, den Fehlerspeicher des Steuergeräts in der VW-Werkstatt auslesen zu lassen.

Sichtprüfung

- Luftschläuche auf Dichtheit prüfen. Alle Schläuche – vom dicken Ansaugluftschlauch bis zu den ganz dünnen Druck- und Unterdruckschläuchen – müssen geprüft werden.
- Undichtigkeiten lassen Nebenluft ins Ansaugsystem eindringen – Luft also, die das System nicht erfassen kann und die deshalb die Gemischaufbereitung empfindlich stört.
- Sind an den Kraftstoffleitungen Undichtigkeiten zu erkennen? Sind alle Rücklaufleitungen auf den Einspritzdüsen richtig aufgesteckt.
- Sehen Sie sich die Stecker an den einzelnen Bauteilen der Einspritzung genau an. Die empfindlichen Steckerkontakte dürfen nicht nachgebogen oder blankgekratzt werden. Nur mit Kontaktspray besprühen.

Links: Das Diagramm verdeutlicht die Abhängigkeit von Ansaugluft-Temperatur bzw. Kühlmittel-Temperatur und Geber-Widerstand.
Rechts: Der Geber für Saugrohrtemperatur (2) sitzt im Verbindungsrohr Ladeluftkühler/Sammelsaugrohr (1).

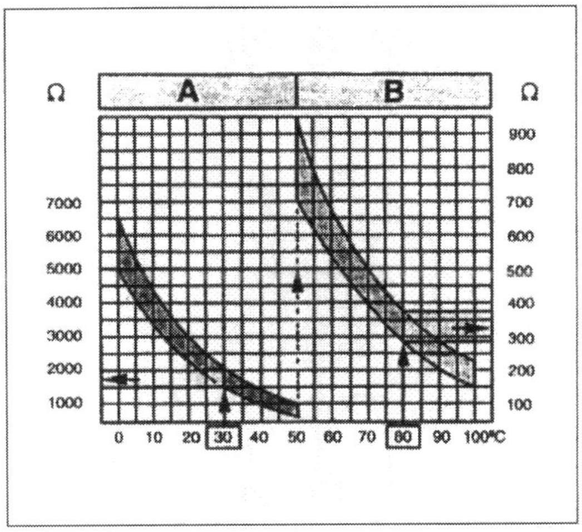

Prüfen der Bauteile

Die folgenden Abschnitte beschreiben Prüfungen an den Komponenten der Einspritzanlage.
Wichtig: Vor Abziehen eines Steckers an der Einspritzanlage grundsätzlich »Zündung« ausschalten. Beim Trennen der Kontakte können Spannungsspitzen entstehen, die dem Steuergerät schaden.

Alle Temperaturgeber prüfen

● **Temperaturgeber Kühlmittel:** Stecker am Geber im Kühlmittelstutzen abziehen.
● An den Steckkontakten »1« und »3« des Gebers ein Ohmmeter anschließen.
● **Geber für Saugrohrtemperatur:** Stecker am Geber im Luftführungsrohr (links vorn im Motorraum) abziehen.
● An den Steckkontakten des Gebers ein Ohmmeter anschließen.
● **Geber für Kraftstofftemperatur** (in der Einspritzpumpe): Ovale Steckverbindung trennen.
● An den Steckkontakten »4« und »7« (siehe Abbildung unten links) in der Leitung zur Einspritzpumpe einen Ohmmeter anschließen.
● **Alle Geber:** Widerstandswert ablesen.
● Im Diagramm oben links prüfen, ob die Werte für den Geber-Widerstand und die momentane Luft-, Kühlmittel- bzw. Kraftstoff-Temperatur innerhalb des breiten Bandes der Kurve liegen.
● Wenn ja, ist der Geber in Ordnung.

Luftmassenmesser prüfen

Der Luftmassenmesser selbst kann nur mit Werkstattmitteln geprüft werden. Wir prüfen hier nur, ob alle Eingangsgrößen vorhanden sind.
● Stecker am Luftmassenmesser abziehen.
● Spannung an den Steckkontakten (jeweils bei eingeschalteter »Zündung«) messen.
● Welche Spannungswerte an welchen Kontakten anliegen müssen, zeigt die Tabelle in Verbindung mit der Abbildung auf der nächsten Seite.
● Werden die genannten Spannungswerte nicht erreicht, Leitungsverbindungen zum Steuergerät kontrollieren bzw. Spannungsversorgung prüfen.

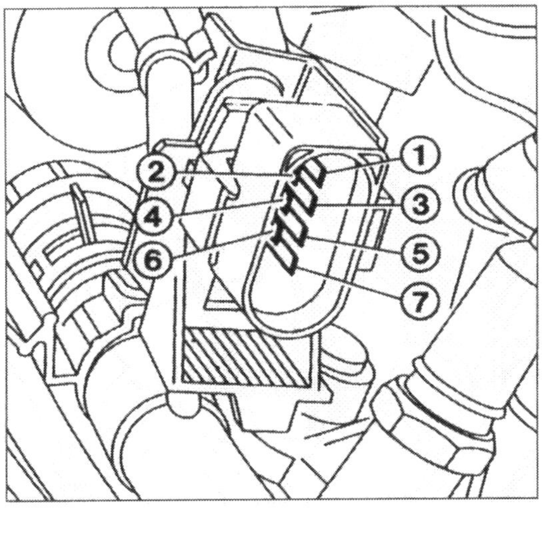

Links: An der Steckverbindung des Gebers für Kraftstofftemperatur sehen Sie die Belegung der Kontakte.
Rechts: Die Steckverbindung (Pfeil) für Geber für Kraftstofftemperatur sitzt oberhalb des Ölkühlers.

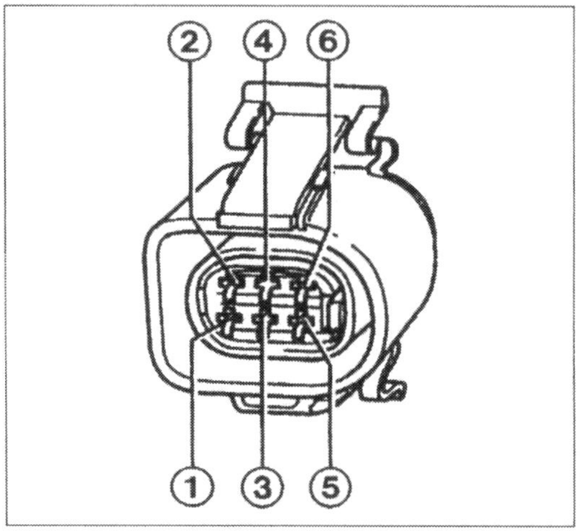

Links: Zur Messung der Spannungsversorgung am Luftmassenmesser (2) den Kontaktstecker (1) abziehen.
Rechts: Am Kontaktstecker des Luftmassenmesser sehen Sie die Belegung der Kontakte.

Kontakt	Spannung	Kontakt	Spannung
3 + Masse	ca. Batteriespannung	1+ Masse	ca. 5 V
3 + 5	ca. Batteriespannung	1+ 5	ca. 5 V

Geber für Nadelhub prüfen

- Steckverbindung zum Geber für Nadelhub trennen.
- An den beiden Steckerkontakten in der Leitung zum Geber einen Ohmmeter anschließen.
- 80 –120 Ω müssen angezeigt werden.
- Liegt der gemessene Wert nicht innerhalb der Toleranz, muß der Geber für Nadelhub ersetzt werden.

Geber für Motordrehzahl und OT prüfen

- Steckverbindung zum Geber für Motordrehzahl trennen.
- Zwischen den Kontakten »1« und »2« in der Leitung zum Geber einen Ohmmeter anschließen.
- Ca. 1 – 1,5 kΩ muß der Ohmmeter anzeigen.
- Liegt der gemessene Wert nicht innerhalb der Toleranz, muß der Geber für Motordrehzahl ersetzt werden.

Geber für Saugrohrdruck und Höhengeber prüfen

Diese beiden Geber befinden sich im Inneren des Steuergeräts der Dieseleinspritzung. Die Werkstatt kann beide Geber mit dem Fehlerauslesegerät V.A.G 1551 prüfen. Mit Heimwerkermitteln ist da nichts zu machen, doch Sie können prüfen, ob der dünne Unterdruckschlauch vom Verbindungsrohr Ladeluftkühler/Ansaugkrümmer zum Steuergerät angeschlossen und intakt ist.

Geber für Gaspedalstellung prüfen

- Ablage links unter dem Armaturenbrett ausbauen.
- Steckverbindung am Geber für Gaspedalstellung trennen.
- An den verschiedenen Steckerkontakten (siehe Abbildung unten) in der Leitung zum Geber einen Ohmmeter wie folgt anschließen:
- Klemme »1« und »3«: Der Ohmmeter muß bei losgelassenem Gaspedal 1,0 –1,5 kΩ anzeigen.

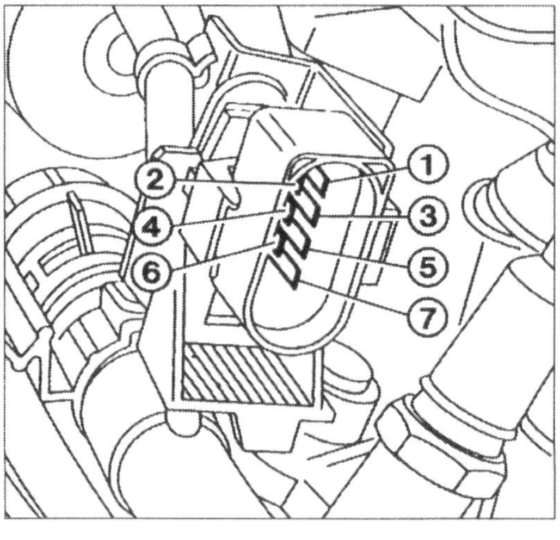

Links: Hier sehen Sie den Geber für Gaspedalstellung (2) bei abgenommener unterer Fußraumabdeckung. Zur Widerstandsprüfung an den beiden äußeren Kontakten des Steckkontakt (1) ein Ohmmeter anschließen.
Rechts: An der Steckverbindung für Mengensteller und für Geber für Regelschieberweg sehen Sie die Belegung der Kontakte.

● Der Ohmmeter muß bei voll getretenem Gaspedal 1,5 –2,5 kΩ lauten.
● Liegt einer der gemessenen Werte nicht innerhalb der Toleranz, muß der Geber für Gaspedalstellung ersetzt werden.

Ventil für Einspritzbeginn in der Einspritzpumpe prüfen

● Dreipoligen Stecker an der Einspritzpumpe abziehen.
● Zwischen den beiden Steckerkontakten »2« und »3« (an der Einspritzpumpe) einen Ohmmeter anschließen.
● 12 – 20 Ω müssen angezeigt werden.
● Liegt der gemessene Wert nicht innerhalb der Toleranz, müssen Sie das Ventil für Einspritzbeginn ersetzen lassen.

Mengensteller in der Einspritzpumpe prüfen

● Ovale Mehrfachsteckverbindung für Einspritzpumpe trennen.
● Ein Ohmmeter an den Kontakten »5« und »6« des Steckeranschlußes anschließen.
● 0,5 – 2,5 Ω müssen angezeigt werden.
● Liegt der gemessene Wert nicht innerhalb der Toleranz, müssen Sie den Mengensteller ersetzen lassen.

Geber für Regelschieberweg in der Einspritzpumpe prüfen

● Ovale Mehrfachsteckverbindung für Einspritzpumpe trennen.
● An den Kontakten »1« und »2« bzw. »2« und »3« ein Ohmmeter anschließen.
● Es muß ein Sollwert von 5 – 7 Ω gemessen werden.

Absteller defekt?

Der Absteller verriegelt zum Ausschalten des Motors die Kraftstoffzufuhr zu den Einspritzdüsen. Ist er defekt oder stromlos, geht nichts mehr. Der Absteller gerät z. B. in Verdacht, wenn der Motor trotz intakter Einspritzung und hinreichend vollem Tank beim Starten keinerlei Zündungen bringt.
● Als erstes prüfen, ob das Kabel zum Absteller intakt ist.
● Während ein Helfer am »Zünd«-Schlüssel dreht, hören Sie am Absteller, ob er beim Einschalten der »Zündung« klickt.
● Tut er das nicht, ist die Stromversorgung oder der Absteller selbst defekt.
● Stromzufuhr prüfen: »Zündung« einschalten und Prüflampe an den Kontakt des Abstellers halten.
● Leuchtet sie nicht, ist das Kabel vom Einspritzungs-Steuergerät her defekt. Eine Sicherung ist nicht im Spiel.
● Leuchtet sie, kann der Defekt am Absteller selbst liegen.

Fahren mit defektem Absteller

Ist der Absteller defekt oder hapert es mit der Stromversorgung, können Sie trotzdem weiterfahren. Dazu:
● Kabel am Absteller abnehmen.
● Absteller aus der Einspritzpumpe herausschrauben.
● Ventilkolben aus dem Absteller herausnehmen.
● Gehäuse zur Abdichtung einschrauben (40 Nm).
● Der Motor wird nun wie üblich gestartet, muß aber zum Abstellen bei eingelegtem Gang abgewürgt werden.

Die Einspritzpumpe im Schnitt. Folgende Bauteile sind zu sehen: 1 – Antriebswelle; 2 – Exzenterwelle; 3 – Mengensteller; 4 – Absteller; 5 – Anschluß für Kraftstoffleitung für Einspritzdüse; 6 – Abschlußschraube für Förderbeginn einstellen; 7 – Regelschieber.

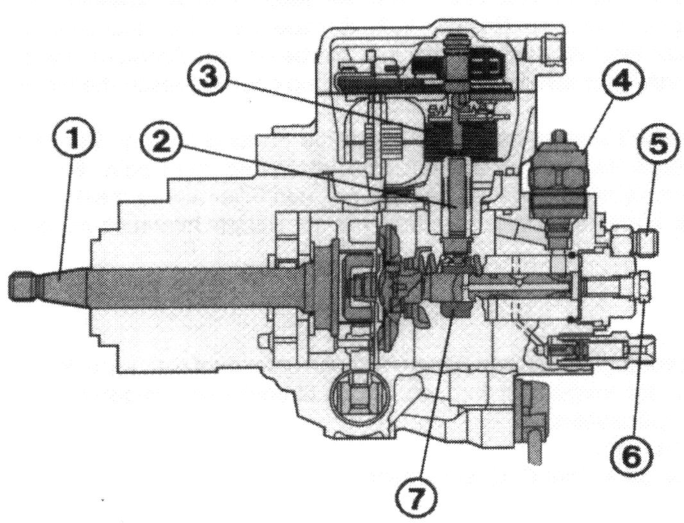

Unter dem Verbindungsrohr Ladeluftkühler/Sammelsaugrohr sitzen die Steckverbindungen für Geber für Nadelhub (2) und Geber für Motordrehzahl (1).

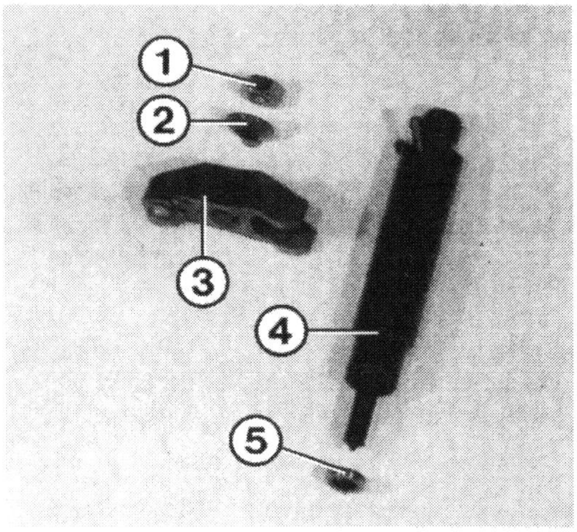

Links: Die ausgebaute Einspritzdüse (4) mit den Einzelteilen. Es sind:
1 – Mutter;
2 – Kugelscheibe;
3 – Spannbügel;
5 – Wärmeschutzdichtung.
Rechts: Vorn an der Stirnwand sitzt unter einer Abdeckung (1) die Streifensicherung (Pfeil) der Vorglühanlage.

Die Einspritzdüsen

Defekte

Eine defekte Einspritzdüse läßt sich wie folgt herausfinden:

- Bei laufendem Motor nacheinander die Überwurfmuttern der Einspritzventile (am Anschluß der Einspritzleitung) lösen und wieder festdrehen.
- Bei intakten Düsen sinkt die Motordrehzahl nach Lösen der Mutter ab – der Motor läuft unregelmäßig.
- Bleibt die Motordrehzahl dagegen beim Lösen einer Mutter konstant, sitzt dort die defekte Düse.

Aus- und Einbau

- Pro Einspritzdüse eine neue Wärmeschutzdichtung kaufen.
- Alle Einspritzleitungen im Verbund abbauen, um deren Biegeform nicht zu verändern.
- Rücklaufleitungen abziehen.
- Befestigungsmutter der Einspritzdüse lösen, Befestigungsteile und Düse herausziehen.
- Wärmeschutzdichtung (sitzt noch im Düsenloch) mit Drahthäkchen herausfischen.
- Zum Einbau neue Wärmeschutzdichtung einlegen.
- Einspritzdüse einsetzen, Hülse (Lagerbock) auf Gewindestift aufschieben (sofern er abgenommen wurde) und Spannbügel aufsetzen.
- Bei allen Teilen auf einwandfreien Paßsitz achten.
- Kugelscheibe aufsetzen.
- Düsen-Haltemutter mit 20 Nm festziehen, Einspritzleitungen mit 25 Nm anschrauben.

Fingerzeig: Die Werkstatt besitzt ein Prüfgerät, mit dem der Abspritzdruck und die Dichtheit geprüft werden kann. Allerdings ist ein Reparieren oder Einstellen bei den TDI-Einspritzdüsen nicht möglich.

Abgas-Untersuchung (AU)

Wartungsarbeit

Diesel-Fahrzeuge müssen regelmäßig alle zwei Jahre zur Abgas-Untersuchung (kurz: AU), dabei wird der Ruß-Anteil im Abgas gemessen. Die sogenannte Trübungsmessung mit dem Verbrennungstester gibt Aufschluß darüber, ob die Rauchentwicklung noch im zulässigen Rahmen ist. Hierzu wird der Motor viermal hintereinander auf Höchstdrehzahl hochgedreht – ein Vorgang der manchem Besitzer kalte Schauer über den Rücken laufen läßt. Achten Sie unbedingt darauf, daß der Motor betriebswarm ist, damit er hierbei keinen Schaden erleidet. Starker Auspuffrauch bedeutet normalerweise entweder schlechte Motoreinstellung oder fortgeschrittener Einspritzdüsen- oder Motorverschleiß.

Als Selbstpfleger können Sie schon einge Vorarbeit leisten, damit Ihr Passat die Prüfung besteht: Zum Prüfungsumfang gehört eine Sichtprüfung der Auspuffanlage, diese muß also intakt und dicht sein. Ein verschmutzter Luftfilter behindert das Ansaugen von Verbrennungsluft, deshalb ggf. den Filter auswechseln.

So gerüstet können Sie die AU entweder in der Werkstatt oder zusammen mit der Haupt-Untersuchung beim DEKRA oder TÜV vornehmen lassen.

Die Vorglühanlage

Bauartbedingt muß beim Direkteinspritzer kaum vorgeglüht werden. Er springt auch unter dem Gefrierpunkt noch sicher ohne diese Zusatzeinrichtung an. Wenn also vorgeglüht wird, so ist das überwiegend wegen der Verbesserung der Abgaswerte der Fall. Hier die Vorglühzeiten:

- Vorglühen: Bei -30° C ca. 28 s; über 0° C nicht mehr
- Nachglühen: Bei -30° C ca. 120 s; bei 0° C ca. 30 s; über 0° C nicht mehr

Die Vorglühanlage besteht aus:

Funktion

○ TDI-Steuergerät. Es regelt neben seiner Hauptfunktion, der Steuerung der Einspritzung, auch die Vorglühzeiten in Abhängigkeit von der Motortemperatur.
○ Relais für Glühkerzen: Es sitzt auf Steckplatz 12 der Zentralelektrik und ist »ausführendes Organ« der Anlage. Es leitet Strom zu den Glühkerzen weiter oder schaltet ihn ab.

Die Glühkerzen

Bei den Glühkerzen handelt es sich um schlanke Zweiwendel-Kerzen, die keine Selbstregelung besitzen, da die Kerzen von der Luftströmung im Brennraum auf jeden Fall so stark abgekühlt werden, daß die Kerzentemperatur 1050° C nicht überschreitet.

Störungssuche an der Vorglühanlage

Eigendiagnose

Hier gilt das gleiche, wie weiter vorn schon im Einspritzungsteil gesagt.

Vorglühanlage defekt?

Ein Defekt an der Vorglühanlage des TDI wird wohl erst bei tiefem Frost (unter -10° C) auffallen. Erst dann tut sich der Direkteinspritzer schwer mit dem Anspringen ohne Glühkerzenunterstützung.
Um den Gefrierpunkt kann ein Glühanlagen-Defekt nach dem Starten auffallen: Der Motor stößt dann blaue Wolken aus.

Vorgehensweise bei der Selbsthilfe

Das Steuergerät selbst kann mit Heimwerkermitteln nicht kontrolliert werden. In der Praxis ist hier auch nur sehr selten mit Fehlern zu rechnen. Außerdem bietet sich hier zur Defektsuche die Abfrage des Fehlerspeichers in der Werkstatt an. Wird ein Defekt an der Vorglühanlage des TDI-Motors vermutet, prüft man wie folgt:
○ Sind die Sicherungen des TDI-Steuergerätes (Nr. 18) in Ordnung?
○ Prüfen, ob die 50-A-Streifensicherung in Ordnung ist.
○ War diese unbeschädigt, prüft man, ob Strom an den Glühkerzen ankommt.
○ Ist auch bei der Stromversorgung kein Fehler festzustellen, werden zuletzt die Glühkerzen geprüft.

Streifensicherung prüfen

● An der Spritzwand links Deckel des Streifensicherungskasten öffnen.
● Prüfen, ob die Streifensicherung korrodiert oder geschmolzen ist.
● Defekte Streifensicherung gegen eine neue 50-A-Sicherung austauschen.

Stromzufuhr prüfen

Ob die Glühkerzen überhaupt mit Strom versorgt werden, prüfen Sie wie folgt:
● Anschlußkabel an einer der vier Glühkerzen abziehen.
● Prüflampe anschließen zwischen Masse und dem abgezogenen Anschlußkabel.
● Stecker am Temperaturgeber Kühlmittel abziehen und in der Luft hängen lassen.
● »Zünd«-Schlüssel auf Vorglühen drehen.

Der Anschlußstecker »2« ist hier von einer Glühkerze abgezogen, um mit einem Leuchtdioden-Spannungsprüfer zu kontrollieren, ob Strom an der Kerze ankommt.

Nach Abziehen des Anschlußsteckers (3) läßt sich die Glühkerze (2) mit einem Steckschlüssel (1) aus der Kerzenbohrung (4) herausdrehen. Anzugsdrehmoment der Glühkerze 15 Nm.

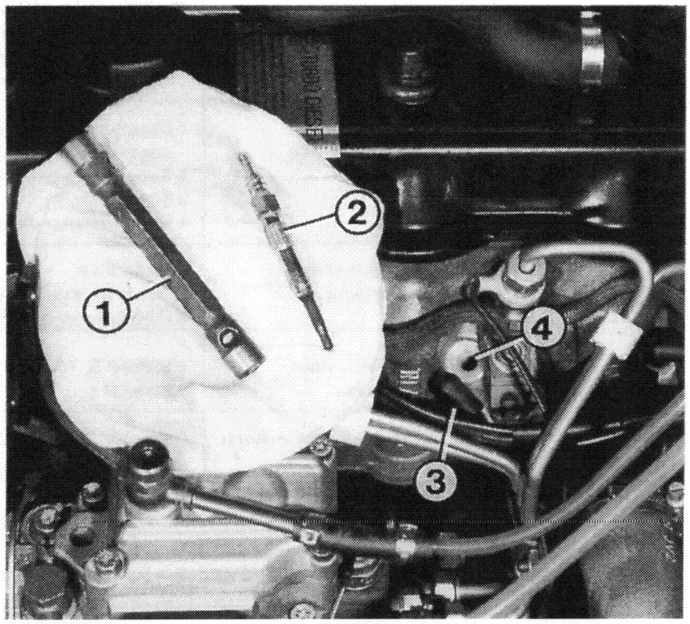

● Die Prüflampe muß jetzt ca. 28 Sekunden lang aufleuchten. Dann ist die Stromzufuhr zu den Glühkerzen und die vom Steuergerät vorgegebene Glühzeit in Ordnung. Die Kontrollampe im Kombi-Instrument verlöscht übrigens schon nach ca. 20 Sekunden.

● Leuchtet die Prüflampe nicht, ist die Streifensicherung (wie schon erwähnt) oder das Vorglührelais defekt.

● Stimmt die Glühzeit nicht, muß der Fehler am TDI-Steuergerät liegen.

Relais für Glühkerzen prüfen

Das Relais für Glühkerzen ist ein einfaches Schaltrelais. Zum Prüfen:

● Abdeckung links im Fahrerfußraum abnehmen.

● Relais für Glühkerzen auf Steckplatz 12 der Zentralelektrik prüfen, wie im Kapitel »Instrumente und Geräte« im Abschnitt »Relais-Störungssuche« beschrieben.

Glühkerzen prüfen

Die einzige wirklich zuverlässige Funktionsprüfung der Glühkerzen ist die Funktionsprüfung in ausgebautem Zustand:

● Glühkerzen ausbauen und auf eine feuerfeste Unterlage legen.

● Nacheinander alle Glühkerzen mit dicken Hilfskabeln (mindestens 2,5 mm²) und kräftigen Prüfklemmen direkt an eine Autobatterie anschließen.

● Kontrollieren, welche Kerzen nur schwach (auch das gibt's) oder gar nicht glühen.

● Defekte Glühkerzen ersetzen – wer vorbeugend auf Nummer Sicher gehen will, ersetzt bei einer defekten Kerze gleich den ganzen Satz.

Glühkerzen ausbauen

● Zuleitungskabel an den Glühkerzen abziehen.

● Glühkerzen mit Steckschlüssel SW 10 herausschrauben.

● Glühkerzen beim Einbau mit 15 Nm festziehen.

Die richtigen Glühkerzen

Im Passat mit TDI-Motor kommen Glühkerzen von Beru und Bosch zum Einsatz:

Störungsbeistand

Diesel-Direkteinspritzung

Die Störung	– ihre Ursache	– ihre Abhilfe
A Verminderte Leistung	1 Geber für Saugrohrtemperatur defekt	Prüfen
	2 Geber für Kraftstofftemperatur defekt	Prüfen
	3 Geber für Nadelhub defekt	Prüfen
	4 Nach leergefahrenem Kraftstofftank	Ggf. Fehlerspeicher löschen lassen
	5 Ventil für Einspritzbeginn undicht oder defekt	Prüfen
	6 Luftmassenmesser defekt	Prüfen lassen
	7 Abgas-Rückführung defekt	Prüfen
	8 Undichtigkeit im Ansaugtrakt	Prüfen und ggf. abdichten
	9 Ladedruck zu hoch prüfen lassen	Turbolader und Ladedruckregelung
	10 Absteller undicht oder klemmt	Prüfen
	11 Höhengeber defekt	Prüfen
	12 Förderbeginn stimmt nicht	Prüfen, ggf. einstellen lassen
	13 Kraftstoffilter verstopft	Filter austauschen
	14 Geber für Motordrehzahl defekt	Prüfen
B Motor läuft nicht bzw. bleibt stehen	1 Spannungsversorgung für Steuergerät ungenügend oder unterbrochen	Relais für Überspannungsschutz prüfen
	2 Geber für Regelschieberweg defekt	Prüfen
	3 Siehe A 11	
	4 Mengensteller defekt	Prüfen
C Motor springt nicht oder schlecht an	1 Siehe A 15	
	2 Geber für Kühlmittel-Temperatur defekt	Prüfen
	3 Vorglühanlage defekt	Prüfen
D Rauher Motorlauf oder Ruckeln	1 Siehe A 3, 10 und 13	
	2 Siehe B 1	
E Leerlaufdrehzahl zu hoch	Geber für Gaspedalstellung defekt oder falsch eingestellt	Prüfen, ggf. einstellen lassen

Geräuschdämpfung

Die Verbrennungsgeräusche in den Zylindern sind rauh und hart – wer kennt nicht das knatternde Grollen, wenn der Auspuff durchgerostet oder abgebrochen ist. Sinn und Zweck des Rohrgekröses unter dem Wagenbauch ist also die Geräuschdämpfung. Und da unsere Passat-Modelle von der schadstoffarmen Sorte sind, sorgt der Katalysator in der Auspuffanlage für eine Umwandlung der beim Verbrennungsprozeß entstandenen Schadstoffe (darüber mehr im nächsten Kapitel).

Die Teile der Auspuffanlage

Am Zylinderkopf ist der Auspuffkrümmer angeschraubt. Die weiteren Bauteile tragen folgende Bezeichnung: Abgasrohr vorn, Katalysator, Zwischenrohr, Mittelschalldämpfer, Endschalldämpfer.

Aufhängung und Zustand der Auspuffanlage kontrollieren

Wartungsarbeit

Die Auspuffanlage ist starr mit dem Auspuffkrümmer verbunden. Am Fahrzeugboden hängt die Anlage frei schwingend in Gummiringen.

- Gummiringe auf Brüchigkeit, Einrisse oder sonstige Schäden überprüfen, ggf. ersetzen.
- Verschraubungen am Auspuffkrümmer und an den Flanschverbindungen auf festen Sitz kontrollieren, aber nicht mit Gewalt »anknallen«.
- Mit einem Lappen in der Hand bei laufendem Motor das Auspuff-Endrohr zuhalten. Der Motor muß nach kurzer Zeit stehenbleiben.
- Hören Sie zischende Geräusche und läuft der Motor ungestört weiter, ist die Anlage an der Geräuschstelle undicht.
- Ein dumpferer Auspuffton als gewöhnlich und Knallen im Schiebebetrieb weist auf einen durchgerosteten Auspuff hin.
- An den Nahtstellen sind die Schalldämpfer zuerst rostgefährdet. Sollen sie noch einige Zeit halten, muß dieser Bereich auch einer Klopfprobe mit dem Schraubendreher standhalten.

Auspuffanlage erneuern

Ganz selten sind zwei oder drei Schalldämpfer gleichzeitig austauschreif. Hat man einen Schalldämpfer ersetzt, gibt boshafterweise wenige Monate später ein anderer den Geist auf. Werkstätten wechseln die Auspuffanlage gleich komplett aus. Das empfehlen wir nicht so unbesehen.

In dieser Zeichnung haben wir die Einzelteile der Auspuffanlage für Sie zusammengestellt. Es sind: 1 – Abgaskrümmer (1,6- und 2,0-Liter-Motor); 2 – Dichtung; 3 – Abgasrohr vorn (1,6- und 2,0-Liter-Motor); 4, 8 – Lambdasonde; 5 – Abschirmblech; 6 – Abgaskrümmer (1,8-Liter-Motor); 7 – Warmluftfangblech; 9 – Abgasrohr vorn (1,8-Liter-Motor); 10 – Distanzbuchse; 11 – Katalysator; 12 – Dichtring; 13 – Abgasrohr vorn (1,9-Liter-Motor); 14 – Mittelschalldämpfer (außer 1,8-Liter); 15 – Nachschalldämpfer (1,9-Liter-Motor); 16 – Nachschalldämpfer (außer 1,8-Liter); 17 – Reparatur-Satz; 18 – Nachschalldämpfer (nur 1,8-Liter); 19 – Mittelschalldämpfer (nur 1,8-Liter); 20– Klemmschelle; 21 – Zwischenrohr; 22 – Doppelschelle.

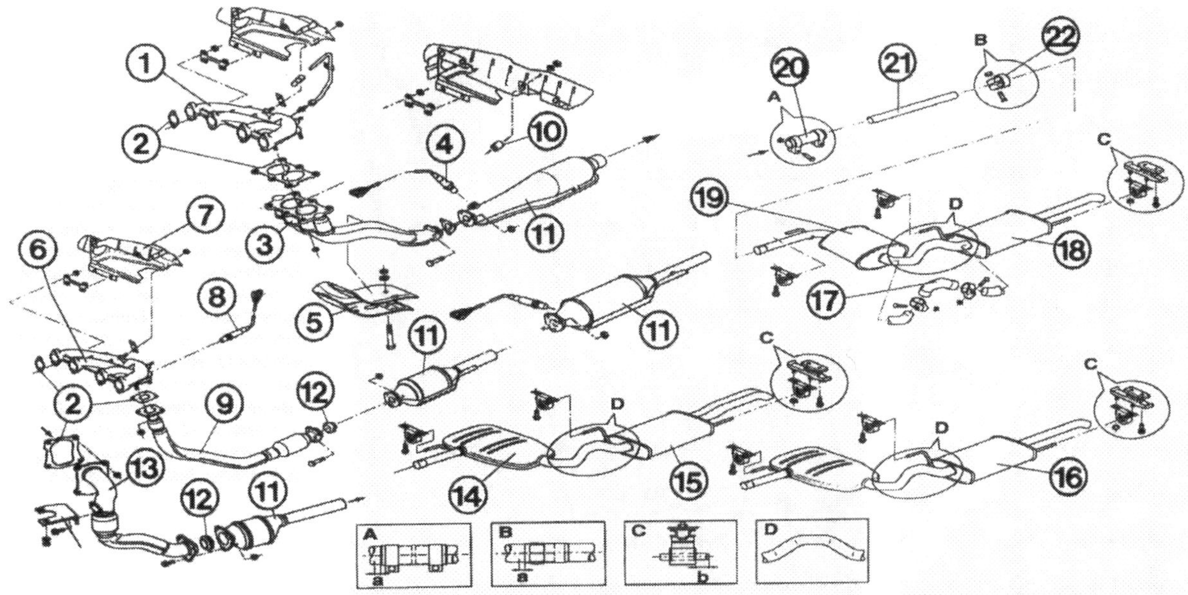

● Klopfen Sie den ausgebauten, noch intakten Schalldämpfer mit einem Hammer rundum gründlich ab, auch an den Stirnseiten. Dabei nicht zu zaghaft hämmern.

● Klingt es bei jedem Schlag hell, ist das Blech noch gesund.

● Wird das Klopfgeräusch an manchen Stellen dumpfer, ist die Außenhaut bereits geschwächt und wird bald durchbrechen; besonders wenn die salzhaltige kalte Jahreszeit herrscht.

● Für den Ersatzteilkauf gilt, daß Dichtung(en), Schrauben und Muttern durch neue ersetzt werden müssen.

Auspuffanlage ausbauen

Zu allen Arbeiten muß der Passat absolut rüttelsicher aufgebockt sein, daß er nicht kippen kann – auch bei heftigem Drehen oder Zerren an den Rohren.

Wenn sich beim Demontieren eine Verschraubung nicht lösen läßt, sollten Sie sie durch Überdrehen abreißen. Beim Einbau werden grundsätzlich neue Schrauben und Muttern verwendet. Auch die Gummiringe sollten sicherheitshalber gleich ersetzt werden. Die bei neueren Fahrzeugen verwendete Doppel-Klemmschelle muß bei jedem Lösen erneuert werden.

● Die Steckverbindungen der Rohrstutzen lassen sich am besten im erhitzten Zustand trennen. Die Werkstatt verwendet hierzu einen Schweißbrenner. Ersatzweise geht es mit einer Gas-Lötlampe (Feuerlöscher bereit halten!). Auch ein Heißluftfön kann genügen.

● Kalt geht es allenfalls unter Zuhilfenahme von Rostlösemittel.

● Die Rohre werden durch kräftige Drehbewegungen oder Hammerschläge getrennt.

● Hilft das nicht, wird die Rohrverbindung des defekten Schalldämpfers knapp 10 cm hinter der Verbindungsstelle abgesägt.

● Den verbleibenden Rohrrest mit der Metallsäge in Längsrichtung aufsägen und mit einem kräftigen Schraubendreher aufhebeln.

● Die Verschraubungen der Auspuffanlage lassen sich beim nächsten Mal leichter lösen, wenn die Gewinde beim Einbau mit Kupferfett bestrichen wurden.

● Auch zwischen die Rohrverbindungen können Sie solches hitzebeständiges Fett streichen, damit sie sich später wieder leichter trennen lassen.

● Beim Einbau ist auf spannungsfreie Ausrichtung der Anlage zu achten.

● Teile provisorisch zusammenstecken, Halteschellen aber gleich über die Rohre streifen und ausrichten.

● An den Auspuffteilen aus dem VW-Teilelager sind Markierungen angebracht. Die Doppel-Klemmschelle soll 5 mm von der jeweiligen Marke »S« bei Schaltgetriebe bzw. »A« bei Getriebeautomatik entfernt montiert werden.

● Für die übrigen Rohrsteckverbindungen gilt, daß die Kante des umhüllenden Rohrs 5 mm von der Marke am eingesteckten Rohrstutzen entfernt sein soll.

● Auspuffanlage mit ihren Gummiringen am Wagenboden aufhängen.

● Die Halteösen am Auspuff sollen um etwa 5 mm (in Fahrtrichtung) nach vorn versetzt sein zu den entsprechenden Gegenösen am Wagenboden. Es ist also richtig, wenn die Gummihalteringe bei kaltem Auspuff etwas versetzt eingehängt sind.

● Die Auspuffanlage muß auch genügend Abstand zur Karosserie haben. Durch Drehen bzw. Verschieben Rohre und Dämpfer in Längsrichtung auf gleichmäßigen Abstand zur Karosserie bringen.

● Die Aufhängungsdorne sollen etwa 10 mm aus dem Haltegummi herausstehen.

● Ggf. Dämpfer entsprechend verschieben.

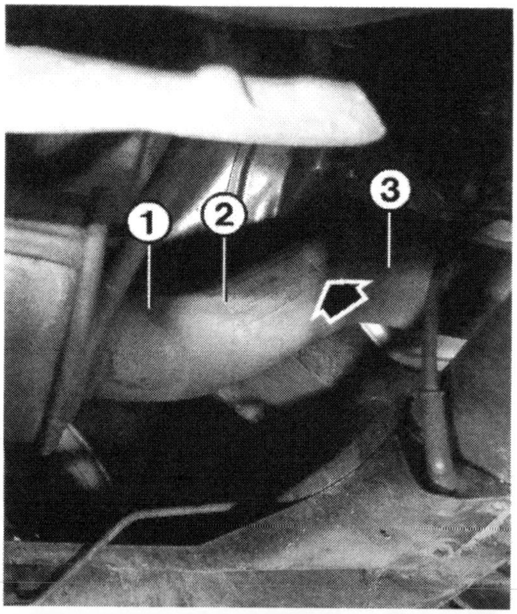

Links: Für die Aufhängung der Auspuffanlage dienen die Halter (1) am Wagenboden und die Aufhängungsdorne (3) der Schalldämpfer, die über ein Haltegummi (2) miteinander verbunden sind. **Rechts:** Wird der Nachschalldämpfer (3) oder der Mittelschalldämpfer (1) das erste Mal ersetzt, Verbindungsrohr an der hinteren Markierung (Pfeil) trennen. Die mit Position »2« bezeichnete Markierung ist zur Befestigung der Klemmschelle angebracht.

● Verschraubungen festziehen, siehe Tabelle.
● Stellt sich bei einer Probefahrt heraus, daß die Auspuffanlage doch irgendwo anschlägt, Klemmschellen nochmals lösen (Vorsicht an den heißen Rohren!) und Auspuffanlage erneut ausrichten.

Lambdasonde ausbauen

Die Lambdasonde muß beim Ersetzen des Katalysators (oder der Sonde selbst) ausgebaut werden.
● Kabel-Halterungen an der Karosserie aushängen, Steckverbindung trennen (Kabel auf ganzer Länge verfolgen).
● Sonde herausschrauben.
● Beim Einbau Lambdasonde mit Schmiermittel »G 5« aus der VW-Werkstatt fetten. An den Schlitzbereich des Sondenkörpers darf kein Fett gelangen.
● Anzugsdrehmoment: 55 Nm.

Doppel-Rohrschelle lösen

Die Doppel-Rohrschelle verbindet zwei stumpfe Rohrstücke perfekt und leicht lösbar miteinander. Wichtig: Die Doppel-Rohrschelle darf kein zweites Mal verwendet werden. Man muß sie schon nach Lösen einer Verschraubung ersetzen.
● Verschraubungen an der Doppel-Rohrschelle lösen; Gewinde dazu mit Rostlöser behandeln.
● Oder, wenn sich die Verschraubung so nicht lösen läßt, Schraube/Mutter mit dem Winkelschleifer durchtrennen.
● Andere Möglichkeit: Mutter mit dem Meißel durchtrennen.
● An den Auspuffteilen, die die Doppel-Rohrschelle verbindet, sind Markierungen angebracht.
● Das Auspuffrohr wird bis zur Markierung (Abb. unten links) in die Doppel-Rohrschelle eingeschoben und die Verschraubungen mit 25 Nm festgezogen.

Mittel- und Nachschalldämpfer trennen
nur Erstausrüstung

● Bei der Erstausrüstung ab Werk sind beide Schalldämpfer fest miteinander verbunden.
● Zum Austauschen von nur einem der beiden Schalldämpfer muß das Verbindungsrohr durchgesägt werden.
● Die Trennstelle ist durch drei Eindrückungen am Umfang des Verbindungsrohres gekennzeichnet. An der mittleren Eindrückung muß der Trennschnitt mit der Metallsäge erfolgen.
● Rohr mit einer Metallsäge möglichst rechtwinklig durchsägen.
● Wegen der beengten Platzverhältnisse ist das Sägen bei eingebautem Auspuff kaum möglich. Besser die beiden Schalldämpfer zusammen ausbauen.
● Auch wenn Sie beide Schalldämpfer auswechseln – Sie erhalten als Ersatz die Schalldämpfer nur einzeln im Teilelager.
● Die Rohre sind mit einer – ebenfalls im Teilelager erhältlichen – Doppel-Rohrschelle, wie schon erwähnt, verbunden.
● Die Auspuffrohre des Mittel- bzw. Endschalldämpfers werden bis zur Markierung in die Doppel-Rohrschelle eingeschoben.
● Anzugsdrehmoment der Schrauben: 25 Nm.

Auspuffanlage ausrichten

● Eine verspannt eingebaute Auspuffanlage kann lästige Brummgeräusche verursachen.
● Deshalb: Auspuffanlage mit ihren Gummihaltern am Wagenboden anschrauben.
● Die Auspuffanlage muß auch genügend Abstand zur Karosserie haben. Durch Drehen bzw. Verschieben Rohre und Dämpfer in Längsrichtung auf gleichmäßigen Abstand zur Karosserie bringen.
● Ggf. Dämpfer entsprechend verschieben.
● Verschraubungen festziehen, siehe Tabelle.
● Stellt sich bei einer Probefahrt heraus, daß die Auspuffanlage doch irgendwo anschlägt, Klemmschellen nochmals lösen (Vorsicht an den heißen Rohren!) und Auspuffanlage erneut ausrichten.

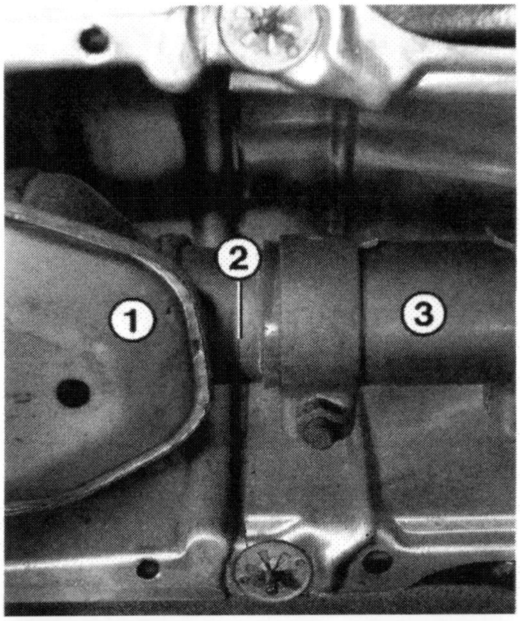

Links: Die Abbildung zeigt den Sollabstand von 5 mm zwischen der Markierung (2) am Katalysator (1) und der Doppelrohrschelle (3). Die Bezeichnung »A« bzw. »S« an der Markierung steht für »A«utomatikgetriebe bzw. »S«chaltgetriebe.
Rechts: Bei der Verbindung des Vorschalldämpfers (1) mit dem Mittelschalldämpfer (3) muß die Klemmschelle (2) von der Markierung aus einen Abstand »a« = 5 mm haben.

Die Aufhängungsdorne der Schalldämpfer sollen ca. 10 mm aus den Gummihalteringen herausstehen.

Abgasrohr vorn ausbauen

- Wagen vorn aufbocken. Auspuff abkühlen lassen.
- Auspuffanlage vom vorderen Abgasrohr trennen.
- Vier bzw. sechs selbstsichernde Muttern an der Verbindung zum Auspuffkrümmer losdrehen.
- Auspuff zur Seite drücken und Abgasrohr »ausfädeln«.
- Beim Einbau muß die Dichtung der Flanschverbindung erneuert werden.

Fingerzeig: Aus langjähriger Praxis wissen wir, daß die Verschraubungen am vorderen Abgasrohr beim Ausbau immer wieder Probleme machen. Trotz kräftigen Einsprühens mit Rostlöser neigen die Gewindebolzen zum Abreißen. Das heißt dann, daß der Krümmer ebenfalls abgebaut, der alte Bolzen ausgebohrt und ein neuer eingeschraubt werden muß. Die Verbindung Auspuffkrümmer/Zylinderkopf ist noch problematischer: Hier reißen die Stehbolzen am Zylinderkopf leicht ab. Das ist dann ein ärgerlicher Schaden, weil man ohne Abnahme des Zylinderkopfes die Bolzen kaum ausbohren kann.

Auspuffkrümmer ausbauen

Der Ausbau verläuft grundsätzlich bei allen Motoren gleich.

- Vorderes Abgasrohr vom Krümmer losschrauben.
- Warmluftfangblech sowie dessen Halter abschrauben.
- Schrauben losdrehen und Krümmer abnehmen.
- Anhaftende Dichtungsreste am Zylinderkopf und Auspuffkrümmer entfernen.
- Beim Einbau müssen die Dichtungen erneuert werden.

Anzugsdrehmomente

Bauteil	Nm
Auspuffkrümmer an Zylinderkopf	20
Abgasrohr vorn an Auspuffkrümmer	40
Abgasrohr vorn an Katalysator	25
Klemmschellen	25
Halter an Auspuffkrümmer	25
Warmluftfangblech an Auspuffkrümmer	25

Luftreiniger

Die wesentlichen Bestandteile von Kraftstoff sind die Elemente Kohlenstoff und Wasserstoff. Wenn der Kraftstoff im Motor verbrannt wird, verbindet sich der Kohlenstoff mit dem Luftsauerstoff zu **Kohlendioxid** (chemische Kurzformel CO_2), und der Wasserstoff vereinigt sich mit Sauerstoff zu **Wasser** (H_2O). Aus einem Liter Kraftstoff entstehen rund 0,9 Liter Wasser, das Sie aber gewöhnlich nicht sehen, da es durch die Verbrennungswärme unsichtbar – dampfförmig dem Auspuff entweicht. Nur in der kalten Jahreszeit sehen Sie weiße Auspuffwolken von kondensierendem Wasser.
Diese Verbrennungsprodukte bilden Schadstoffe, obwohl beim Benziner Luft und Kraftstoff im optimalen Verhältnis (14,7:1) gemischt sind und der Diesel-Motor mit Luftüberschuß arbeitet.

Was stößt der Motor aus?

○ **Kohlenmonoxid** (CO) ist wohl die bekannteste Verbindung, denn der CO-Gehalt wird bei der Abgasuntersuchung gemessen. Es entsteht um so mehr, je fetter, also kraftstoffreicher das Kraftstoff/Luft-Gemisch ist. Exakte Steuerung der Einspritzmenge und der dazugehörigen Zündverstellwerte sowie gleichmäßige Gemischverteilung im Verbrennungsraum ermöglichen einen niedrigen CO-Anteil.
○ Unverbrannte **Kohlenwasserstoffe** (HC) entstehen, wenn die von der Zündkerze entzündete Flammenfront an kalten Wandungen und engen Winkeln im Brennraum erlöscht. Zu fettes oder zu mageres Gemisch erhöht den Ausstoß der Kohlenwasserstoffe. Der HC-Anteil ist z. T. bereits durch die Motorkonstruktion bestimmt, er kann später nur gering beeinflußt werden.
○ **Stickoxide** (NO_x) bilden sich vor allem durch den zu über $^3/_4$ in der Verbrennungsluft enthaltenen Stickstoff. Ihr Anteil ist besonders hoch bei einer Auslegung des Motors für geringen Kraftstoffverbrauch und geringen CO- sowie HC-Ausstoß: Hohe Verbrennungstemperaturen und mageres Kraftstoff/Luft-Gemisch.
○ **Schwefeldioxid** (SO_2) bildet sich durch die im Dieselkraftstoff enthaltenen Schwefelanteile.
○ **Rußpartikel** aus unverbrannten Kohlenstoffen und Asche entstehen beim Dieselmotor durch das Verbrennungsprinzip. Verstärkt wird der Rußausstoß bei hoher Motorbelastung und niedrigen Drehzahlen oder die Ladedruckanreicherung.

Was ist wie gefährlich?

○ Kohlenmonoxid ist giftig und kann beim Einatmen in geschlossenen Räumen zum Tod führen. In der Luft verbindet sich das Kohlenmonoxid relativ schnell mit Sauerstoff zu Kohlendioxid (CO_2). Es ist zwar ungiftig, aber auch an der Entstehung des »Treibhauseffekts« wesentlich beteiligt, siehe Fingerzeige.
○ Die Kohlenwasserstoff-Verbindungen sind der Übersichtlichkeit wegen zusammengefaßt, wobei die Bandbreite von harmlos bis möglicherweise krebserregend reicht. In der Luft sind die Kohlenwasserstoffe mit den Stickoxiden für Bildung von Smog (schwer auflösbare Abgasnebelwolken) verantwortlich.
○ Stickoxide können bei entsprechender Konzentration zu Reizungen der Atmungsorgane führen. Mit steigenden Temperaturen wird dieser Effekt noch verstärkt.

Die Funktion des Katalysators (beim Benziner) ist hier schematisch dargestellt. Vom Motor kommen die Schadstoffe NOX (Stickoxide), CO (Kohlenmonoxid) und HC (Kohlenwasserstoffe). Nach der Reaktion im Katalysator entweichen N_2 (Stickstoff), CO_2 (Kohlendioxid) und H_2O (Wasser).

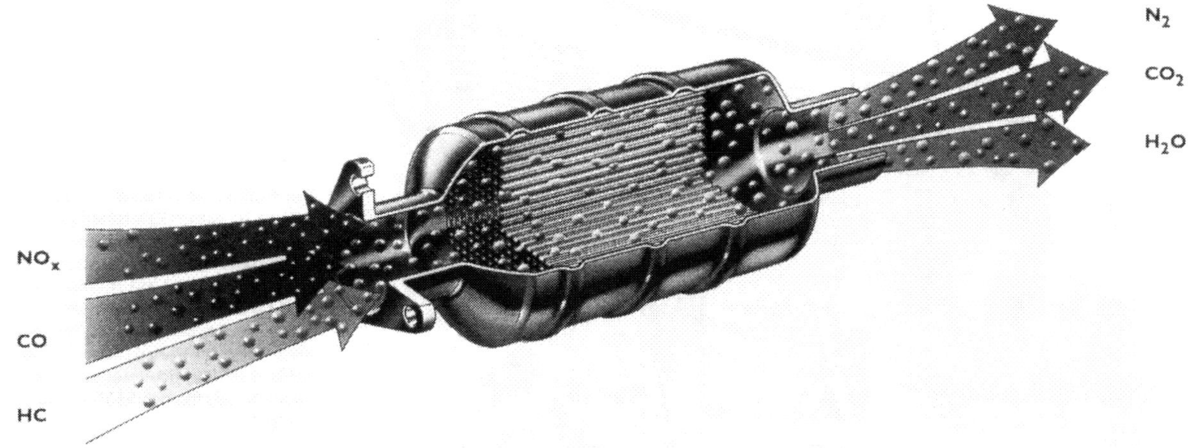

Fingerzeige: Weltweit sorgen immer mehr Feuerstellen dafür, daß zunehmend Kohlendioxid freigesetzt wird. Der eher abnehmende Baum- und Pflanzenbestand schafft es nicht mehr, alles Kohlendioxid in Sauerstoff umzuwandeln. Der Rest verteilt sich in der Atmosphäre. Er verstärkt dort zusammen mit anderen Stoffen eine für reflektierendes Sonnenlicht undurchlässige Schicht, Fachleute erkennen eine Klimaveränderung (Treibhaus-Effekt).
Der Anteil der in der Atmosphäre vorhandenen Schadstoffe, die auch für die Bildung von saurem Niederschlag verantwortlich sind, ist wie folgt (auf ganze Zahlen gerundet): Schwefelverbindungen (SO_2) 35% natürlicher Ursprung, 65% menschliche Aktivität – davon 97% Kraftwerke, Industrie und Heizung, 3% Verkehr (Dieselfahrzeuge); Stickoxide (NO_2) 95% natürlicher Ursprung, 5% menschliche Aktivitäten (knapp die Hälfte Verkehr).

Abgas-Entgiftung

Der Katalysator

Ein Katalysator ist in der Chemie ein Stoff, der eine chemische Reaktion einleitet oder beschleunigt. Dabei bleibt der Katalysator in seiner Zusammensetzung unverändert.
Im Auto verstehen wir unter dem Katalysator ein mit den Edelmetallen Platin und Rhodium beschichtetes Keramik-Bauteil samt der Umhüllung, die einem Auspufftopf ähnelt. Das auf Drahtgeflecht gelagerte Keramik-Bauteil ist von mehreren tausend parallel verlaufenden Kanälen durchzogen. Auf die Wandungen der Kanäle ist eine Zwischenschicht zur Oberflächenvergrößerung (der sogenannte wash-coat) aufgetragen. Er vergrößert die aktive Katalysatorfläche etwa auf die Größe eines Fußballfeldes.
Die katalytisch wirkenden Substanzen sind Platin und Rhodium. Von diesen Edelmetallen enthält der Katalysator 2–3 Gramm, wobei das Platin die Oxidation und das Rhodium die Stickoxid-Reduktion unterstützt.

Oxidation und Reduktion
Benziner

Mit dem Dreiwege-Katalysator rückt man den Schadstoffen Kohlenmonoxid, Kohlenwasserstoff und den Stickoxiden zu Leibe:
○ Es werden **Kohlenmonoxid und Kohlenwasserstoffe** durch Oxidation mit Sauerstoff zu Kohlendioxid (CO_2) und Wasser (H_2O) umgewandelt.
○ Zum Abbau der **Stickoxide** wird ein Mittel gebraucht, welches den Sauerstoff entzieht, in unserem Fall ist es der Schadstoff Kohlenmonoxid. Dabei entsteht durch Reduktion Stickstoff (N_2) und wieder CO_2.
Das geschieht mit Hilfe der Lambdasonde; sie mißt den Sauerstoffanteil im Abgas. Lambda ((LAMBDA) = λ) ist die »Luftzahl« – das Verhältnis der Luftmenge zur Kraftstoffmenge im angesaugten Gemisch. Der Katalysator kann nur dann richtig arbeiten, wenn die Luftzahl λ dem Wert 1 möglichst nahekommt. Der λ-Wert wird anhand des Sauerstoffrestes im Abgasstrom gemessen – eine Vergleichsgröße für die Zusammensetzung des Kraftstoff/Luft-Gemisches. Weicht die Messung vom Idealwert ab, gibt das elektronische Steuergerät der Zünd/Einspritz-Steuerung den Befehl zur unverzüglichen Korrektur: Anreichern bei zu magerem Gemisch; Abmagern des Kraftstoff/Luft-Gemisches, wenn dieses zu fett wird.
Die Regelung arbeitet im Bereich von $\lambda = 0{,}8$ bis $\lambda = 1{,}2$ in rasch wechselnder Folge: Luftüberschuß zur Verbrennung der Kohlenwasserstoffe, Luftmangel zur Verringerung der Stickoxide. Die aus dieser Mischung entstehenden Abgase gelangen in den Katalysator, wo eine nahezu vollständige Umwandlung (im Neuzustand rund 90%) in ungiftige Stoffe, wie Kohlendioxid, Wasserdampf und Stickstoff, erfolgt.
In der Warmlaufphase bleibt die Anlage ungeregelt und richtet sich nach einem vorgegebenen mittleren λ-Wert. Das gleiche gilt, wenn die Vollast-Anreicherung aktiviert ist.

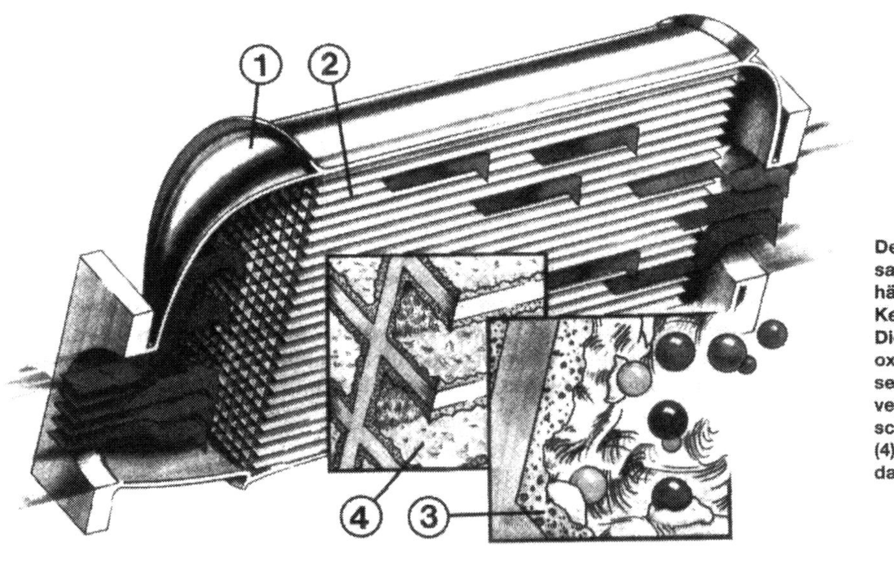

Der Aufbau des Diesel-Katalysators: In einem Edelstahlgehäuse (1) ist der wabenförmige Keramikkörper (2) untergebracht. Dieser Körper ist mit Aluminiumoxid (3) beschichtet, wodurch seine Fläche um das 7000fache vergrößert wird. Auf diese Trägerschicht ist das Edelmetall Platin (4) als katalytischer Stoff aufgedampft.

In dieser Zeichnung ist die schematische Darstellung der Abgasrückführung (AGR) dargestellt.
Es bedeuten:
1 – Ventil für Abgasrückführung;
2 – Unterdruckanschluß;
3 – Atmosphärendruck;
4 – Steuergerät;
5 – Luftmassenmesser;
6 – Ladeluftkühler;
7 – AGR-Ventil.

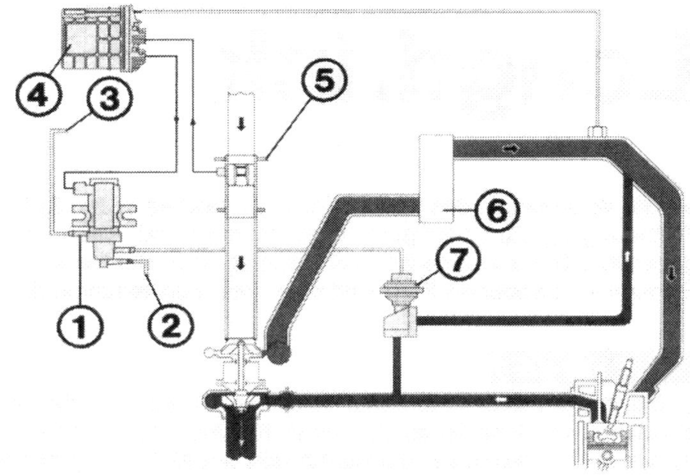

Arbeits-Temperaturen

Ehe der Katalysator arbeiten kann, muß er eine »Anspringtemperatur« von etwa 300° C haben. Das ist nach 25–270 Sekunden der Fall. Etwa gleichlang dauert es, bis die Lambdasonde ihre »Einschalttemperatur« erreicht hat. Zusätzlich wird die Sonde für schnellere Aufheizung elektrisch beheizt.
Katalysator und Lambdasonde sind allerdings überhitzungsempfindlich. Steigen die Temperaturen im Katalysator über 900° C, setzt eine verstärkte Alterung ein, ab 1200° C wird seine Wirksamkeit auf Dauer zerstört. Ähnliches gilt für die Lambdasonde. Temperaturspitzen können z. B. bei Zündaussetzern auftreten. Unverbranntes Gemisch wird dann im Katalysator gezündet, was die Temperaturen in gefährliche Höhen treibt.

Lebensdauer

Der Katalysator kann nur mit bleifreiem Benzin seine Wirkung entfalten. Die Bleianteile im verbleiten Benzin bedecken die Edelmetallschicht und gehen mit ihr chemische Verbindungen ein. Der Katalysator wird »vergiftet« und muß nach mehrmaliger Blei-Benzinbetankung ersetzt werden.
Mit zunehmender Laufleistung verliert der Katalysator etwas an Wirksamkeit. Dennoch hält er unter normalen Betriebsbedingungen so lange wie der Motor. Bei Überhitzung des Katalysators schmilzt der Keramikkörper – er schrumpft, was zur Folge hat, daß er sich lose im Blechmantel bewegt. Das macht sich durch Klappergeräusche im Metallgehäuse bemerkbar. Er muß dann ersetzt werden. Ein funktionsuntüchtiger Kat kann auch in der VW-Werkstatt ermittelt werden.

Vorsichtsmaßnahmen bei Katalysator-Fahrzeugen

In der Betriebsanleitung sind zahlreiche Hinweise für Katalysator-Fahrzeuge aufgeführt. Besonders gefährlich ist unverbranntes Gemisch, das sich im heißen Katalysator entzündet und so die Temperaturen in kritische Höhen ansteigen läßt. Wir greifen nur die wichtigsten Punkte heraus:

○ Das Anrollenlassen, Anschieben oder Anschleppen ist problemlos, wenn der Anlasser wegen einer entladenen Batterie den Motor nicht zum Laufen bringt.

○ Lassen Zündaussetzer oder Fehlzündungen auf einen Defekt an der Zündanlage schließen, diese sofort überprüfen (lassen).

○ Im Hochsommer nach wochenlanger Trockenheit beim Parken den Wagen nicht über trockenem Laub, Heu o. ä. abstellen. Unter besonders ungünstigen Umständen könnte es zu einer Entzündung durch den extrem heißen Katalysator kommen.

○ Kontrollieren Sie gelegentlich bei aufgebocktem Fahrzeug, ob die Hitzeschutzbleche nicht beschädigt oder verloren gegangen sind.

Abgasrückführung beim TDI

Bei den hohen Brennraumtemperaturen im Dieselmotor steigt unweigerlich der Anteil der Stickoxide im Abgas. Eine Möglichkeit zum Absenken der Temperaturen in den Brennräumen ist die Einleitung von Abgasen. Aus dem Abgasstrom des Motors wird durch ein Ventilgeregeltes System ein Teil abgezweigt. Die Menge wird je nach Motorbelastung dosiert ins Ansaugrohr zurückgeleitet. Da das Abgas kaum noch verbrennungsfähige Anteile enhält, kann es nicht nochmals verbrannt werden. Es verringert aber den Zustrom frischer Verbrennungsluft und bewirkt so eine Absenkung der Temperaturen im Verbrennungsraum und damit eine Verringerung des Stickoxidanteils. Näheres hierzu finden Sie im Kapitel »Die Direkteinspritz- und Vorglühanlage«.

Longdrink

Mit der Verbrennung des Kraftstoff/Luft-Gemisches in den Zylindern des Motors entsteht nicht nur Kraft für die Fortbewegung. Zu einem ganz erheblichen Ausmaß wird auch Wärme freigesetzt: $^1/_4$ Kraft stehen $^3/_4$ Wärme gegenüber. Diese Wärme gilt es abzuführen. Trotz der Bezeichnung »Wasserkühlung« dient Luft als kühlendes Element – entweder als Fahrtwind oder unter Zuhilfenahme des Kühlerventilators.

So wird gekühlt

○ Das Wasser fließt im Kreislauf durch die zahlreichen Kühlkanäle des Motors. Dafür ist die Wasserpumpe zuständig, deren Schaufelrad über einen Keilrippenriemen (neuere Modelle ohne Klimaanlage) bzw. einen Keilriemen (alle anderen) von der Kurbelwelle des Motors angetrieben wird.

○ Welchen Weg das Kühlmittel nimmt, hängt von seiner momentanen Temperatur ab. Im kleinen Kreislauf bei noch nicht betriebswarmem Motor fließt das Kühlmittel durch den Motor und durch den Wärmetauscher der Heizung. Dadurch erreicht man eine besonders schnelle Aufheizung des Kühlmittels. An diesen Kühlwasserkreislauf ist beim 2,0-Liter und bei den Dieselmotoren noch der Ölkühler angeschlossen. Ab einer festgelegten Temperatur öffnet der Thermostat den großen Kühlwasserkreis, der den Kühler zur vollen Abkühlung mit einbezieht.

Überdruck-Kühlsystem

Im Kühlsystem herrscht bei Betriebstemperatur ein Überdruck von 1,2–1,5 bar, was die Siedetemperatur des Kühlmittels deutlich über 100° C erhöht. Somit ist eine gewisse Reserve geschaffen. Der Motor kann also Betriebstemperaturen von über 100° C erreichen, ohne daß »Kochgefahr« im Kühlsystem besteht.
Zuständig für den richtigen Systemdruck ist der Verschlußdeckel des Kühlers, der ein Überdruckventil (1,3–1,6 bar) und ein Unterdruckventil (0,06 bar) enthält. Das Unterdruckventil läßt Luft einströmen, wenn das Kühlmittel kälter wird und damit weniger Raum einnimmt.

Stand der Kühlflüssigkeit prüfen

Ständige Kontrolle

Trotz der serienmäßigen »Kühlmittel-Mangelanzeige« sollten Sie sich nicht vollkommen auf die Warnleuchte verlassen – ein Kontrollblick ist sicherer. Im durchscheinenden Behälter erkennen Sie den Flüssigkeitsstand von außen, es sei denn, der Kunststoff ist im Alter trübe geworden oder alte, rostbraune Kühlflüssigkeit hat die Behälterinnenseiten verfärbt. Dann muß der Verschlußdeckel abgenommen werden. Das sollte nach Möglichkeit nur bei kaltem Motor geschehen. Bei warmgefahrenem Triebwerk Vorsicht; siehe unter »Kühlmittel auffüllen«.

● Bei kaltem Motor muß der Kühlmittelstand zumindest bis zum unteren Markierungspfeil am Ausgleichsbehälter zu erkennen sein.

● Ist der Motor warmgefahren, darf die Kühlflüssigkeit etwas über die »MAX«-Markierung hinaus reichen.

Kühlmittel auffüllen

Verlust von Kühlflüssigkeit ist das Zeichen für eine Störung oder einen Defekt. Das Kühlmittel wird nicht verbraucht und kann im geschlossenen Kühlsystem auch nicht verdampfen oder verdunsten. Bei ständigem Kühlmittelverlust muß die Dichtheit des Kühlsystems überprüft werden, wie weiter hinten in diesem Kapitel beschrieben.

● Vorsicht bei warmgefahrenem Motor, das Kühlsystem steht unter Überdruck!

● Dicken Lappen über den Deckel legen und diesen ganz langsam eine Umdrehung öffnen. So wird der Druck allmählich abgebaut, ohne daß gleich heißes Wasser aus dem Ausgleichsbehälter sprudelt. Erst das vom Überdruck befreite Kühlmittel beginnt zu kochen.

● Verschlußdeckel abschrauben.

● Wird nur Wasser nachgefüllt, verdünnen Sie das Frostschutzmittel allmählich. Deshalb evtl. gleich etwas Frostschutzmittel zusätzlich eingießen.

● Nicht über die obere Markierung nachfüllen. Das Kühlmittel dehnt sich bei Erwärmung aus, und die Mehrmenge entweicht aus dem System.

● Kleinere Flüssigkeitsmengen können Sie sowohl bei warmem wie kaltem Motor eingießen.

● Bei erheblichem Wasserverlust und heißer Maschine kein kaltes Wasser nachfüllen.

● Durch den »Kälteschock« kann sich der Zylinderkopf verziehen oder der Motorblock reißen.

Das Frostschutzmittel

Wasser geht bei 0° C vom flüssigen in den festen Aggregatzustand über, es gefriert zu Eis. Boshafterweise erhöht sich dabei das Volumen um 9%, wodurch im Kühlkreislauf so hohe Drücke entstehen, daß der Motorblock reißen kann. Deshalb ist dem Kühlsystem zum klaren Wasser noch ein Frost- und Korrosionsschutzmittel zugemischt. Man spricht daher auch besser von Kühlflüssigkeit oder Kühlmittel. Das Mischungsverhältnis beträgt für mitteleuropäische Verhältnisse 2 : 3, in nordischen Ländern dagegen 1 : 1. Der Inhalt des Kühlsystems beträgt ca. 6,0–6,5 Liter. Daraus ergeben sich folgende Mischmengen:

Frostfestigkeit bis	Frostschutz in Liter	Wasser in Liter	Frostschutz in Liter	Wasser in Liter
-25° C	2,4	3,6	2,6	3,9
-35° C	3,0	3,0	3,25	3,25

Mehr als 60% Frostschutzmittel darf nicht ins Kühlsystem gefüllt werden. Bei höherer Dosierung verringert sich die Schutzwirkung wieder, und außerdem wird die Kühlwirkung verschlechtert.

Als Frostschutzmittel dienen gewöhnlich giftige Alkohole namens Äthylenglykol, Diäthylenglykol oder Propylenglykol. Diese Flüssigkeiten verdampfen bzw. verdunsten nicht. Ebenso wichtig wie der Schutz vor Eingefrieren ist auch der Korrosionsschutz. Er verhindert, daß sich im Kühlsystem Kesselstein, Rost und andere Korrosionsprodukte bilden. Das werkseitig eingefüllte Kühlmittel mit Korrosionsschutzanteilen soll deshalb auch nicht im Frühjahr abgelassen werden, sondern verbleibt ganzjährig in der Kühlanlage.

In den VW-Werkstätten wird Frostschutzmittel mit der VW-Spezifikation »G 11« eingefüllt. Ungeeignetes Frostschutzmittel kann Leichtmetallteile von Motor und Kühler angreifen.

Frostschutzkonzentration prüfen

Wartungsarbeit

Zum Nachprüfen der Kühlmittel-Frostfestigkeit brauchen Sie einen Hebe-Messer (Spindel, Aräometer). Damit wird das spezifische Gewicht der Flüssigkeit gemessen. Durch Zugabe von unterschiedlichen Frostschutzprodukten sind die spezifischen Gewichte nicht ganz gleich. Die Meßtoleranz liegt bei 2–3° C.

- Kühlmittel aus dem Ausgleichsbehälter ansaugen. Die Spindel muß frei schwimmen können.
- Je nach spezifischem Gewicht der Flüssigkeit taucht die Spindel mehr oder minder tief ein.
- An der Skala ablesen, bis zu welcher Temperatur der Frostschutz reicht.
- Manche Gefrierschutzprüfer haben Zeiger, an denen die Frostfestigkeit abgelesen werden kann.

Frostschutzkonzentration einstellen

Meist stellt sich heraus, daß die Frostschutzkonzentration nicht mehr ausreicht. Dann muß Frostschutzmittel nachgefüllt werden. In der folgenden Tabelle haben wir die jeweilige Nachfüllmenge aufgeführt:

gemessene Frostfestigkeit	gewünschte Frostfestigkeit	Frostschutzmittel zufügen	gewünschte Frostfestigkeit	Frostschutzmittel zufügen
- 5° C	-25° C	1,50 l	-35° C	2,25 l
-10° C	-25° C	1,25 l	-35° C	2,00 l
-15° C	-25° C	1,00 l	-35° C	1,75 l
-20° C	-25° C	0,75 l	-35° C	1,50 l
-25° C	-35° C	1,00 l		
-30° C	-35° C	0,75 l		

Links: Im Ausgleichbehälter (2) soll der Kühlmittelstand nicht unter die untere Markierung (4) fallen. Der Verschlußdeckel (1) braucht zur Kontrolle nicht abgenommen zu werden. Bei warmem Motor darf das Kühlmittel geringfügig über der oberen Marke (3) stehen.
Rechts: Bei diesem Frostschutzprüfer wird die Gefrierschutzmittel-Konzentration nicht durch eine in die Flüssigkeit eintauchende Spindel angezeigt, sondern durch zwei bewegliche Zeiger.

- Wanne unterstellen und die in der Tabelle angegebene Menge Kühlmittel ablassen.
- Ggf. umliegenden Bereich erst säubern, damit kein Schmutz in die ablaufende Kühlflüssigkeit gerät, denn sie soll wieder verwendet werden.
- Unteren Schlauch am Kühler lösen.
- Anschließend Schläuche wieder montieren.
- Entsprechende Menge unverdünntes Frostschutzmittel eingießen.
- Zuletzt mit der aufgefangenen Kühlflüssigkeit vollfüllen.

<u>Fingerzeig:</u> Angebrochenes Frostschutzmittel altert, wenn es offen herumsteht. Deshalb in ein verschließbares Gefäß umfüllen, dieses beschriften und vor Kinderhänden gesichert aufbewahren, denn Frostschutzmittel ist giftig.

Kühlflüssigkeit wechseln

Der Wartungsplan sieht keinen regelmäßigen Tausch des Kühlmittels vor. Bei Motortausch, Zylinderkopfwechsel, Ersatz der Zylinderkopfdichtung, Kühler- oder Wärmetauscherwechsel muß die Flüssigkeit im Kühlsystem jedoch erneuert werden. Der Grund ist einfach: Der Kühlmittelzusatz bewahrt die Leichtmetallteile vor Korrosion. Die Schutzschicht bildet sich in der Einlaufphase des neuen Motors, wobei ein Teil der Korrosionsschutzanteile verbraucht wird. Kommt nun ein neues, großflächiges Leichtmetallteil in den Kühlkreislauf, reicht die Korrosionsschutzwirkung der bisherigen Flüssigkeit nicht mehr aus. Und im Fall eines Schadens an der Zylinderkopfdichtung kann das Korrosionschutzmittel durch eingedrungene Verbrennungsgase geschädigt sein. Deshalb sollten Sie nicht an der falschen Stelle sparen – erneuern Sie das Kühlmittel.

Kühlflüssigkeit ablassen

- Verschlußdeckel des Ausgleichsbehälters abschrauben.
- Wanne unterstellen.
- Schläuche an der Wasserpumpe abnehmen.
- Oder Deckel vom Thermostatgehäuse abschrauben.
- Zusätzlich Schlauch unten am Kühler abnehmen.

Kühlsystem neu befüllen

- Schläuche bzw. Thermostatgehäusedeckel montieren.
- Zuerst Frostschutzmittel, dann Wasser in den Ausgleichsbehälter einfüllen.
- Ist das Wasser in Ihrer Gegend besonders »hart« (kalkhaltig), sollte es abgekocht werden, dann bilden sich die Kalkablagerungen (Kesselstein) im Kochtopf statt im Kühlsystem.
- Der Flüssigkeitsspiegel soll bis zur oberen Markierung am Ausgleichsbehälter stehen.
- Verschlußdeckel aufsetzen und festdrehen.
- Motor warmfahren, bis der Thermostat geöffnet hat. Dieser ist ganz sicher offen, wenn bei laufendem Motor der elektrische Kühlerventilator anläuft.
- Motor abkühlen lassen, Kühlmittelstand kontrollieren, ggf. etwas Wasser nachgießen.

Kühlsystem auf Dichtheit prüfen

Die Sichtkontrolle auf undichte Stellen an der Kühlanlage erfolgt am besten, wenn der Motor heiß ist und demnach voller Betriebsdruck in der Kühlanlage herrscht. Zu allen anderen Kontrollen muß der Motor abgekühlt sein.

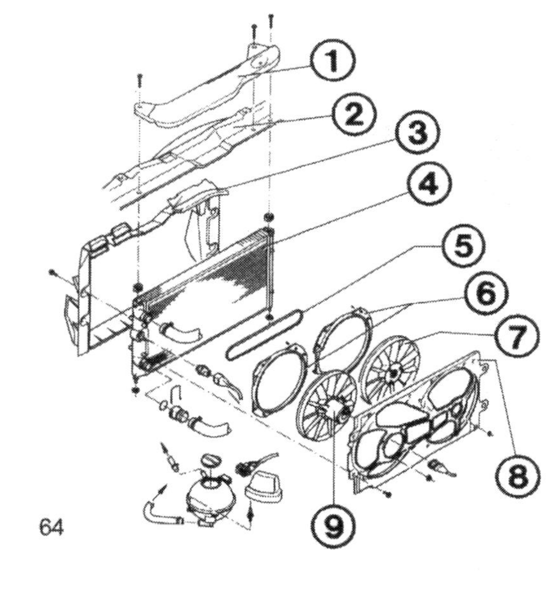

<u>Links:</u> Der Kühler (4) und die dazugehörigen Teile beim 1,8-, 2,0- bzw. 1,9-Liter-Motor:
1 – Abdeckung;
2 – Schloßträger;
3 – Luftführungshutze;
5 – Keilriemen (nur bei Zusatzlüfter);
6 – Führungsring;
7 – Zusatzlüfter (nur Mehrausstattung);
8 – Lüfterring;
9 – Kühlerlüfter.
<u>Rechts:</u> Der Kühler (1) mit seinen Teilen beim 1,6-Liter-Motor:
2 – Keilriemen (nur bei Zusatzlüfter);
3 – Führungsring;
4 – Kühlerlüfter;
5 – Zusatzlüfter (nur Mehrausstattung);
6 – Lüfterring.

● Kontrollieren Sie die Schläuche am Kühler und Motor sowie die zum Heizungs-Wärmetauscher und ggf. am Ansaugrohr.
● Schläuche rissig? Durch Kneten feststellen, ob die Wasserschläuche hart und spröde sind – dann umgehend austauschen.
● Sitzen die Schlauchenden nicht zu knapp auf ihren Stutzen?
● Sitzen die Schlauchklemmen richtig?
● Sind die Schellen verrostet? Dann können sie unvermutet während der Fahrt und bei vollem Betriebsdruck im Kühlsystem nachgeben. Auswechseln!
● Die Werkstatt kontrolliert die Dichtheit der Kühlanlage mit einer speziellen Handluftpumpe mit Druckmesser.
● Dieses Gerät wird auf die Ausgleichsbehälteröffnung gesetzt und ein Druck von 1,8 bar aufgepumpt.
● Fällt der Skalenzeiger nicht innerhalb von ein bis zwei Minuten, ist das Kühlsystem dicht.

Der Kühler

Er besitzt ein Kunststoffgehäuse, innen dagegen Röhren und Rippen aus Leichtmetall. Als Verbindung zwischen den Wasserkästen des Kühlers dient eine Vielzahl von dünnwandigen Röhrchen. Zur Vergrößerung der Kühlfläche sitzen zwischen den Röhrchen noch waagrechte Rippen.
Bei Verdacht auf einen undichten Kühler sollten Sie in der Werkstatt die oben beschriebene Druckprüfung durchführen lassen. Bei einem offenkundigen Defekt können Sie den Kühler auch gleich selbst ausbauen und zur Reparatur bringen. Es gibt spezielle Kühlerwerkstätten (Branchentelefonbuch!), oder vielleicht befindet sich in Ihrer Nähe eine Kühlerfabrik, die ebenfalls Reparaturen durchführt.

Kühlmittelschläuche ersetzen

Besorgen Sie als Ersatz Originalschläuche in der richtigen Bogenform und grundsätzlich neue Schlauchschellen.
● Kühlmittel ablassen und auffangen.
● Schlauchschellen lösen, Schläuche abziehen.
● Festsitzende Schlauchenden mit einem Schraubendreher lockern, den man zwischen Schlauch und Stutzen schiebt und dann vorsichtig hebelt.
● Neue Schläuche weit genug auf die Stutzen schieben, damit sie nicht wieder abrutschen können.
● Falls Sie Schlauchschellen mit Schraubgewinde verwenden, darf die Schraube nicht zu stark festgedreht werden, da sonst das Gewinde überdreht wird und die Haltekraft nicht mehr ausreichen kann.

Fingerzeig: Einen gerissenen oder von Mardern zerbissenen Wasserschlauch kann man selten sofort ersetzen. Denn oft ist gerade der benötigte Wasserschlauch nicht auf Lager. Vorübergehend kann das »Pannenband« von Weyer, Düsseldorf oder Holts »Hoseweld Bandage« helfen. Beide kleben auf gesäuberten und trockenen Gummischläuchen recht gut. Bei einem großen Leck kann es vorteilhaft sein, den Verschlußdeckel des Ausgleichsbehälters eine Umdrehung zu öffnen, damit sich im Kühlsystem kein Druck aufbauen kann, dem die Bandage dann nicht mehr standhält. Jetzt nur noch sehr schonend bis zur Werkstatt weiterfahren. Temperaturanzeige und Kühlmittelstand im Auge behalten!

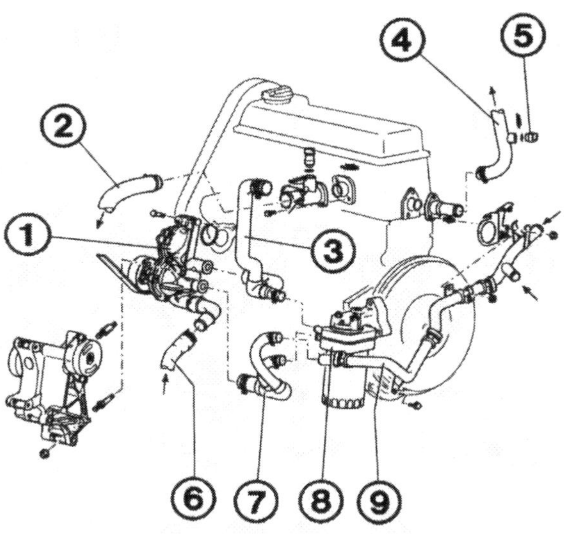

Die Zeichnung soll Ihnen einen Überblick über den Verlauf der Kühlmittelschläuche beim 1,8- und 2,0-Liter-Benzinmotor geben.
1 – Wasserpumpe;
2 – Verbindungsschlauch zum Kühleranschluß oben;
3 – Verbindungsschlauch vom Anschlußstutzen/Wasserpumpe/Ölkühler (8);
4 – Verbindungsschlauch zum Wärmetauscher;
5 – Thermoschalter für 3. Lüfterstufe (bei Mehrausstattung);
6 – Verbindungsschlauch vom Kühler unten;
7 – Verbindungsschlauch Wasserpumpe/Ölkühler/Kühlmittelrohr (9).

Kühler reinigen

Nach dem Sommerhalbjahr sollten die Kühlerlamellen von den dort festgesetzten Insektenleichen gesäubert werden, sonst wird die Kühlwirkung verschlechtert.

- Kühlergrill ausbauen (Karosserie-Kapitel).
- Angetrocknete Insektenreste mit einem eiweißlösenden Mittel einsprühen.
- Nach einer gewissen Einwirkzeit von der Kühlerrückseite her abspülen. Durch die Kühlerlamellen mit nicht zu starkem Strahl spritzen. Auch hartes Bürsten oder scharfes Werkzeug kann die Kühlerlamellen beschädigen.
- Spezielle Reinigungsmittel für das Kühlerinnere sind bei ausschließlicher Verwendung von Frostschutzmittel mit Korrosionsschutz nicht erforderlich.

Kühler ausbauen

- Batterie ausbauen.
- Kühlmittel ablassen.
- Wasserschläuche am Kühler abnehmen.
- Elektroventilator mit Tragring ausbauen.
- Beide Schrauben der Kühlerhalter oben herausdrehen.
- Kühler zum Motor hin herausheben, er steckt unten in Halteösen mit Gummizwischenlage.
- Abdeckung über dem Kühler lösen und abnehmen.
- Thermoschalter herausdrehen, falls notwendig.
- Thermoschalter grundsätzlich mit neuem Dichtring einschrauben, Anzugsdrehmoment 35 Nm.

Der Kühlsystem-Verschlußdeckel

Im Überdruck-Kreislauf spielt der Kühlsystem-Verschlußdeckel eine wichtige Rolle:

○ Bei aufgeschraubtem Deckel drückt die Dichtfläche fest auf den Rand der Ausgleichsbehälteröffnung. Es kann kein Druck entweichen.

○ Wenn bei Erwärmung der Druck im Kühlsystem 1,3–1,6 bar übersteigt, öffnet das Überdruckventil im Deckel – zum Druckausgleich kann etwas Wasserdampf entweichen.

○ Beim Abkühlen zieht sich die Kühlflüssigkeit wieder zusammen, und es entsteht ein Unterdruck in der Kühlanlage. Für diesen Unterdruckausgleich sitzt im Deckel ein zweites Ventil. Es öffnet bei einem Unterdruck von 0,06 – 0,1 bar, so daß Außenluft einströmen kann.

Verschlußdeckel prüfen

- Kontrollieren Sie, ob sich Schmutz oder Kalkrückstände am Verschlußdeckel abgesetzt haben.
- Ist der Gummidichtring beschädigt?
- Das Überdruckventil des Verschlußdeckels wird mit dem bereits beschriebenen Druckprüfgerät und einem Verbindungsstück auf richtige Funktion kontrolliert.
- Druck aufpumpen.
- Zwischen 1,3 und 1,6 bar muß das Ventil öffnen.
- Das Unterdruckventil läßt sich nur behelfsmäßig prüfen.
- Bei abgenommenem Verschlußdeckel einen dicken Wasserschlauch fest zusammendrücken.
- Deckel aufsetzen und festdrehen, Schlauch loslassen.
- Rundet sich der zusammengepreßte Schlauch wieder, dürfte das Ventil intakt sein.
- Sind die Kühlmittelschläuche morgens vor dem ersten Start plattgedrückt, streikt sicher das Unterdruckventil.
- Beim geringsten Zweifel an der Funktionstüchtigkeit Deckel ersetzen.

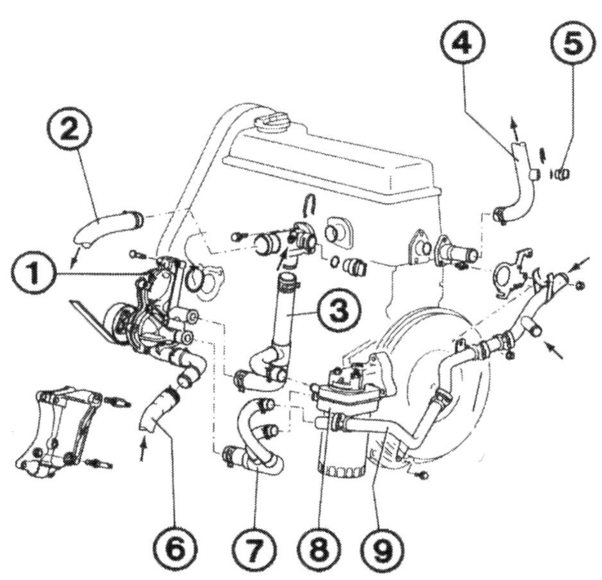

Die Zeichnung soll Ihnen einen Überblick über den Verlauf der Kühlmittelschläuche beim 1,9-Liter-Dieselmotor geben.
1 – Wasserpumpe;
2 – Verbindungsschlauch zum Kühleranschluß oben;
3 – Verbindungsschlauch vom Anschlußstutzen/Wasserpumpe/Ölkühler (8);
4 – Verbindungsschlauch zum Wärmetauscher;
5 – Thermoschalter für 3. Lüfterstufe (bei Mehrausstattung);
6 – Verbindungsschlauch vom Kühler unten;
7 – Verbindungsschlauch Wasserpumpe/Ölkühler/Kühlmittelrohr (9).

Der Thermostat

Vereinfacht gesagt bestimmt der Thermostat darüber, ob das Kühlmittel im Kühler abgekühlt werden soll oder nicht. Er hat also das Sagen darüber, ob das Kühlmittel im »kleinen« oder im »großen Kühlmittelkreislauf« zirkulieren soll (siehe auch Kapitel-Anfang).
Natürlich steuert der Thermostat den Kühlwasserfluß in Abhängigkeit der Kühlmitteltemperatur. Das geschieht durch eine mit Spezialwachs gefüllte Büchse und den daran befestigten Ventilteller. Bei Erwärmung des Kühlmittels verflüssigt sich das Wachs, es dehnt sich aus und öffnet durch sein größeres Volumen den Ventilteller. Solange die Kühlmitteltemperatur steigt, wird vom Thermostat der Kaltwasserzufluß aus dem Kühler zunehmend geöffnet. Fällt dagegen die Betriebstemperatur, drückt eine Feder am Thermostat den Ventilteller wieder in Richtung »Zu« und sperrt damit den Kaltwasserzufluß, bis wieder Betriebstemperatur herrscht.
Der Thermostat sitzt in Fahrtrichtung vorn rechts unten im Gehäuse der Wasserpumpe.

Störungsbeistand

Thermostat

Erkennungsmerkmal	Ursache/Auswirkungen
A Temperaturanzeige steigt langsam, Betriebstemperatur wird später erreicht, Heizwirkung ungenügend	**Thermostat-Ventilteller ist in »Offen«-Stellung blockiert (etwa durch Ablagerungen); der Zufluß zum Kühler bleibt ständig offen. Motor bleibt zu lange im Kaltlaufbetrieb. Es kommt jedoch kurzfristig zu keinen Schäden. Trotzdem Thermostat so bald wie möglich wechseln**
B Temperaturanzeige steht trotz richtigem Kühlmittelstand ganz oben, Kühlmittel-Warnleuchte blinkt. Kühler und unterer Schlauch zum Kühler sind kalt	**Thermostat-Ventilteller ist in »Geschlossen«-Stellung blockiert (etwa durch eine defekte oder undichte Thermostatbüchse). Auf keinen Fall weiterfahren, sonst entstehen schwere Hitzeschäden am Motor! Thermostat sofort auswechseln**

Fingerzeig: Wenn der Motor unterwegs wegen defektem Thermostat ins Kochen kommt, hilft nur noch Abschleppen oder der komplette Ausbau des Thermostats an Ort und Stelle. Sollten Sie sich für den Ausbau entscheiden, müssen Sie erst abwarten, bis die Kühlmitteltemperatur abgesunken ist (bei heißem Motor dauert es recht lange). Besorgen Sie sich derweil ein Gefäß zum Auffangen des Kühlmittels.

Thermostat ausbauen

Beim Einbau eines neuen Thermostats soll zugleich der Dichtring am Wasserpumpen- bzw. Thermostatgehäuse erneuert werden.

- Kühlmittel vollständig ablassen.
- Wagen vorn aufbocken.
- Schlauchflansch unten am Wasserpumpen- bzw. am Thermostatgehäuse abschrauben und zur Seite drücken.
- Beim Thermostateinbau muß dessen kleinere Abdichtplatte zum Motor hin zeigen.
- Schrauben am Wasserpumpen- bzw. Thermostatgehäuse mit 10 Nm anziehen.

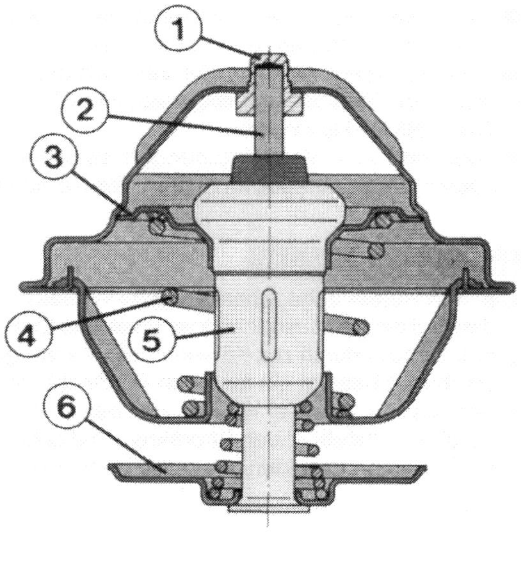

Die Zeichnung verdeutlicht den Aufbau eines Kühlmittel-Thermostats. Es bedeuten:
1 – Widerlager;
2 – Stößel;
3 – Teller (öffnet den großen Kreislauf);
4 – Feder;
5 – Dehnelement;
6 – Teller (verschließt den kleinen Kreislauf).

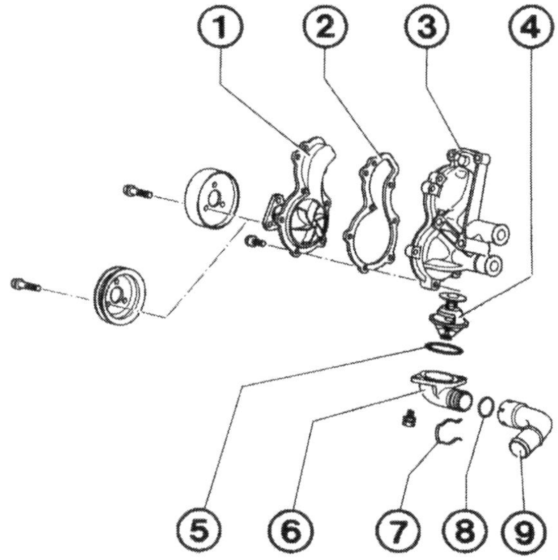

Die Wasserpumpe der Passat-Motoren. Es sind:
1 – Wasserpumpen-Vorderteil;
2 – Dichtung,
3 – Wasserpumpen-Rückteil;
4 – Thermostat;
5, 8 – O-Ring;
6 – Anschlußflansch;
7 – Halteklammer;
9 – Anschlußstutzen.

Thermostat prüfen

Mit einem Einmachthermometer können Sie kontrollieren, ob der Thermostat rechtzeitig öffnet.

- Thermostat ausbauen.
- Kühlmittelregler in einen Topf mit Wasser hängen und Wasser erhitzen.
- Kontrollieren, ob das Ventil bei 85° C (1,8-, 2,0-Liter und Dieselmotor) bzw. 87°C (1,6-Liter) öffnet (vom Sitz abhebt).
- Die volle Öffnung bei 105° C (1,8-, 2,0-Liter und Dieselmotor) bzw. 102°C (1,6-Liter) läßt sich im drucklosen Zustand nicht erreichen.
- Wenn möglich, noch den Öffnungshub messen – bei voller Öffnung 7 mm.

Die Wasserpumpe

Die Kühlflüssigkeit wird von der Wasserpumpe in Umlauf gebracht. Sie sitzt in Fahrtrichtung rechts vorn am Motor. Die Pumpe ist wartungsfrei. Wenn Undichtigkeiten oder mahlende Geräusche auftreten, muß sie ausgetauscht werden – eine Reparatur ist nicht möglich.
Der Pumpenantrieb erfolgt über einen Keilrippenriemen. Ausnahme: In Verbindung mit Klimaanlage dient der Keilriemen für die Servopumpe zum Wasserpumpenantrieb. Was über den Riementrieb zu sagen ist, finden Sie im Kapitel »Die Lichtmaschine« bzw. »Radaufhängung und Lenkung«.

Fingerzeig: Bei Undichtigkeit tropft es anfangs nur gelegentlich aus dem Wasserpumpen-Gehäuse, aber innerhalb kürzester Zeit geht das Kühlmittel in erheblichen Mengen verloren. Deshalb sollten Sie sofort nach Erkennen einer undichten Wasserpumpe für den Austausch sorgen.

Wasserpumpe ausbauen
nur Benziner

- Kühlmittel ablassen.
- Keilriemen oder Keilrippenriemen abnehmen.
- Zahnriemenschutz ausbauen.
- Wagen aufbocken.
- Schläuche am Pumpengehäuse abnehmen.
- Bei Fahrzeugen mit automatischer Spannrolle Schrauben und Muttern des Halters lösen.
- Zum leichteren Arbeiten die vier Schrauben des kompletten Wasserpumpengehäuses (Zeichnung NNNN NNNN) losdrehen.
- Ingesamt acht Verschraubungen zwischen dem vorderen Lagergehäuse und dem Wasserpumpengehäuse lösen. Das Pumpenrad sitzt im Lagergehäuse.
- Dichtung zwischen Lagergehäuse und Wasserpumpengehäuse erneuern.
- Falls das komplette Wasserpumpengehäuse ausgebaut wird, muß beim Einbau die Dichtung zwischen dem Gehäuse und dem Motorblock ebenfalls ersetzt werden.
- Anzugs-Drehmomente: Wasserpumpe 10 Nm, Lagergehäuse 20 Nm + 1/4 Umdrehung (90°), Halteschrauben der Riemenscheibe 25 Nm.

Der Kühlerventilator

Die vom Kühler abgegebene Wärme nimmt die durchströmende Luft gewissermaßen »mit«. Wenn das vom Fahrtwind nicht in ausreichender Weise besorgt werden kann, muß der Kühlerventilator helfen und einen stetigen Luftstrom durch die Kühlerlamellen erzeugen. Dazu hängt er an Dauerstrom im Bordnetz. Das Ein- und Ausschalten besorgt ein an der in Fahrtrichtung linken Seite des Kühlers eingeschraubter temperaturempfindlicher Schalter. Wenn er »spürt«, daß das an ihm vorbeirauschende Kühlmittel nach Durchfluß des Kühlers noch zu heiß ist, schließt er den Stromkreis und schaltet damit die erste Geschwindigkeitsstufe des Kühlerventilators ein. Über einen Vorwiderstand erhält dieser reduzierte Spannung für die halbe Drehgeschwindigkeit. Steigt die

Temperatur des Kühlmittels weiterhin, kommt die zweite Stufe des Kühlerventilators zum Einsatz; der Lüfter dreht jetzt mit vollem Tempo. Das veranlaßt der zweite Schaltkontakt im Temperaturschalter. Mit abfallender Temperatur im Kühlsystem schaltet er den Ventilator wieder auf halbe Drehgeschwindigkeit bzw. ganz aus. Für erhöhten Kühlbedarf kann auch ein dreistufiger Kühlerventilator mit einem zusätzlichen Thermoschalter eingebaut sein. In Verbindung mit Klimaanlage bzw. im Anhängerbetrieb ist der Passat grundsätzlich mit zwei Kühlerventilatoren ausgestattet. Einer der Ventilatoren wird elektrisch angetrieben, der zweite ist durch einen Keilriemen mit dem ersten verbunden.

Fingerzeig: Vorsicht beim Hantieren im Motorraum: Bei heißgefahrenem Triebwerk kann der Ventilator auch nach Abschalten der Zündung nochmals unvermittelt loslaufen!

Lüfter-Nachlaufschaltung

Der Kühlerventilator hat beim 2,0-Liter noch eine weitere Aufgabe: Er soll ein zu starkes Nachheizen des Motors verhindern, wobei sich sonst Dampfblasen im Kraftstoffsystem bilden und den Wiederstart des warmgefahrenen Motors erschweren. Dazu läuft er ggf. nach dem Abstellen des Motors nochmals bis zu zehn Minuten in der langsamen Geschwindigkeit an, um die angestaute Wärme zum Motorraum hinauszublasen. Gesteuert wird dies über einen zusätzlichen Thermoschalter bei abgeschalteter Zündung.

Die Thermoschalter

Thermoschalter	schaltet	Schalttemperaturen ein	Schalttemperaturen aus	Einbauort
Doppelschalter	Kühlerventilator Stufe I Kühlerventilator Stufe II	92–97° C 99–105° C	91–84° C 98–91° C	Kühler
Einfachschalter	Kühlerventilator Stufe III	115° C	110° C	Kühlmittelstutzen
Einfachschalter	Kühlerventilatornachlauf	100° C	90° C	Ansaugrohr

Störungen am Kühlerventilator

Ein ausgefallener Kühlerventilator kann zu hohe Kühlmitteltemperatur verursachen, allerdings nur bei längerem Leerlauf, etwa im stockenden Feierabendverkehr oder in einer Autobahnstauung. Ein ausgefallener Ventilator muß aber nicht das Ende der Fahrt bedeuten:

○ Nachdem der Motor einigermaßen abgekühlt ist, kann man mit mittleren Drehzahlen und einigermaßen zügigem Tempo die nächste Werkstatt anlaufen. Dabei die Temperaturanzeige im Auge behalten.

○ Leerlauf und Schleichfahrt dagegen sind für den Motor gefährlich. Da strömt kaum ein kühlender Lufthauch durch die Kühlerlamellen. Muß verkehrsbedingt mit niedriger Geschwindigkeit weitergefahren werden, sollten Sie sofort nach der Störungsursache forschen und gegebenenfalls den Thermoschalter überbrücken.

Störungssuche
2-stufiger Kühlerventilator

- Ziehen Sie den Stecker vom Thermoschalter am Kühler ab.
- Überbrücken Sie zwei Kontakte mit isoliertem Draht.
- Wird das rote mit dem rot/weißen Kabel verbunden, muß der Ventilator in der langsamen Geschwindigkeitsstufe anlaufen.
- Die Verbindung von rotem und rot/schwarzem Kabel bewirkt, daß der Lüftermotor mit schnellem Tempo dreht.

Bei defektem Thermoschalter (2) wird ein Plusanschluß im Stecker (1) durch eine Kabelbrücke (Pfeil) mit dem Massekontakt verbunden. Jetzt läuft der Kühlerventilator ununterbrochen.

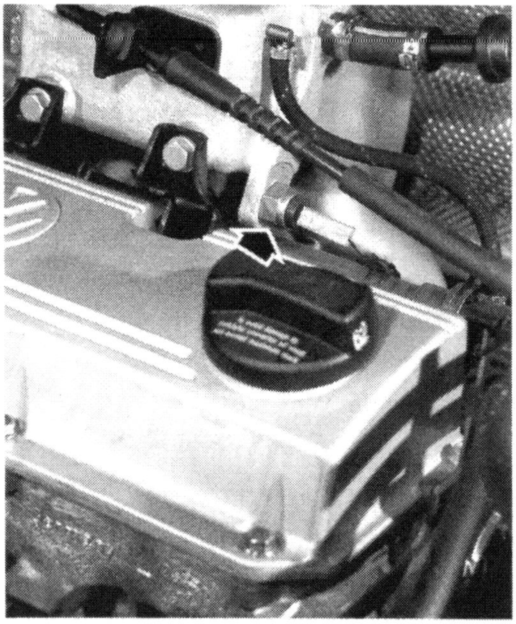

Links: Am Sammelsaugrohr sitzt beim 85 kW-Motor der Thermoschalter (Pfeil) für den Lüfternachlauf.
Rechts: Bei bestimmten Mehrausstattungen, sitzt im Kühlmittelschlauch zum Wärmetauscher ein Thermoschalter (1) für den Dreistufigen Lüfternachlauf. Die Schalttemperaturen: Ein bei 110-115°C; aus bei 105-110°C.

- Falls in beiden Fällen der Ventilator losbraust, ist der Thermoschalter defekt.
- Dreht sich der Propeller in der langsamen Stufe nicht, aber in der schnellen, ist der Vorwiderstand im Ventilatormotor defekt.
- Regt sich nichts, ist der Motor selbst defekt.
- In beiden Fällen muß der Ventilatormotor ersetzt werden, der Vorwiderstand kann nicht alleine getauscht werden.
- Half die Überbrückung des Thermoschalters nicht weiter, kontrollieren Sie, ob die Sicherung 19 defekt ist.
- Bei intakter Sicherung Lüftermotor überprüfen:
- Kabelstecker abziehen und stattdessen am Kontakt der rot/schwarzen bzw. rot/weißen Leitung ein entsprechend langes Kabelstück zum Batterie-Pluspol legen. Die Steckverbindung für das braune Kabel wird direkt mit Masse verbunden.
- Dreht sich der Propeller immer noch nicht, ist der Ventilatormotor defekt – austauschen.
- Läuft der Ventilator jedoch, müssen die Kabelstecker sowie sämtliche Kabelverbindungen von Thermoschalter und Elektrolüfter überprüft werden.

Fingerzeig: Im Stadtverkehr oder bei absehbarer Langsamfahrt sollten Sie den Kühlerventilator im Dauerbetrieb laufen lassen. Entweder Steckkontakte des Thermoschalters direkt miteinander verbinden oder entsprechende Hilfsleitungen direkt an den Kühlerventilator legen. Damit locker hängende Kabel keinen Unfug stiften können, umklebt man sie kurzschlußsicher mit Klebeband oder Heftpflaster. Nach dem Abstellen des Motors muß diese Verbindung wieder getrennt werden, sonst läuft der Kühlerventilator so lange, bis die Batterie leer ist.

Störungssuche bei Lüfternachlauf
nur 2,0-Liter

Ein Ausfall des Lüfternachlaufs bleibt so lange unbemerkt, bis Sie erstmals Startschwierigkeiten bei heißgefahrenem Motor haben. Falls Sie den Verdacht haben, daß die Nachlaufschaltung nicht funktioniert, prüfen Sie wie folgt:

Das Steuergerät für Lüfternachlauf sitzt zwischen Batterie und Scheibenwaschwasser-Behälter. Zum Öffnen der Abdeckung wird die Entriegelungslasche (Pfeil) nach unten gedrückt und die Abdeckung zur Seite geschwenkt. Unter der Abdeckung sitzt die 50-A-Streifensicherung (1) und eine 20-A-Flachstecksicherung (2).

- Zündung ein- und wieder ausschalten.
- Ziehen Sie den Stecker am Thermoschalter ab und halten es direkt an Masse (»–«).
- Der Ventilatormotor muß in der langsamen Stufe anlaufen.
- Falls nicht, kann es am Schalter oder am Steuergerät bzw. der Streifen-Sicherung liegen.
- Das Steuergerät sitzt oberhalb der Zentralelektrik im Fahrerfußraum bzw. im Motorraum zwischen Federbeindom und Batterie. Von einem Helfer das Kabel des Thermoschalters an Masse tippen lassen, während Sie am Steuergerät horchen oder fühlen, ob es schaltet.
- Rührt sich nichts, Streifen-Sicherung und Leitungsverlauf kontrollieren, ggf. Steuergerät ersetzen.
- Falls das Steuergerät arbeitet, ist der Thermoschalter der Übeltäter.

Ventilatormotor ausbauen

- Kühler ausbauen.
- Kabelstecker zum Kühlerventilator abziehen.
- Drei Haltemuttern des Ventilatormotors am Tragring losdrehen und Lüftermotor abnehmen, ggf. Keilriemen zum zweiten Lüfter abstreifen.
- Der zweite Lüfter wird auf gleiche Weise abgeschraubt.
- Das Lüfterrad des Ventilatormotors ist je nach Herstellerfirma unterschiedlich an der Motorwelle befestigt.
- Haltemutter losdrehen, Sicherungsscheibe abnehmen.
- Oder Spannstift herausklopfen und Sicherungsscheibe abnehmen.

Störungsbeistand

Kühlsystem

Die Störung	– ihre Ursache	– ihre Abhilfe
A Temperatur-Anzeigenadel steht ganz oben, rote Warnleuchte blinkt	1 Keilriemen bzw. Keilrippenriemen zu schwach gespannt	Riemenspannung bzw. Spannvorrichtung kontrollieren oder Riemen ersetzen
	2 Zu wenig Flüssigkeit im Kühlsystem	Auffüllen, notfalls aus der Scheibenwaschanlage
	3 Kabel zur Temperaturanzeige hat Massekontakt	Kabel am Temperaturgeber abziehen, Zeiger muß zurückgehen und rote Lampe muß verlöschen, sonst Masseschluß; Kabelverlauf kontrollieren
	4 Thermostat defekt	Siehe unter »Störungsbeistand Thermostat«
	5 Kühlerventilator schaltet nicht ein	Siehe unter »Störungssuche«
	6 Überdruckventil im Verschlußdeckel defekt	Deckel prüfen (lassen), ggf. austauschen
	7 Spannungs-Konstanter defekt (nur wenn die Tankanzeige ebenfalls falsche Werte anzeigt)	Austauschen
	8 Anzeigeinstrument defekt	Überprüfen, siehe Kapitel »Instrumente und Geräte«
	9 Temperaturgeber hat Kurzschluß	Austauschen
B Temperaturanzeige spricht sehr langsam an, schwache Heizleistung	Thermostat schließt nicht völlig, aufgeheiztes Kühlmittel strömt zu früh durch den Kühler	Thermostat säubern, ggf. ersetzen
C Temperaturanzeige bleibt im unteren Bereich, gute Heizleistung	1 Siehe A 7	
	2 Geber der Temperaturanzeige defekt	Austauschen

Brandgefahr

Für eine ordentliche Reichweite führt der Passat ein gewisses Quantum von Hochprozentigem mit sich. Über dieses Reservoir und die Wege des energiereichen Saftes im Auto informiert das folgende Kapitel.

Sicherheitshinweise

○ Bevor Sie irgendwelche Arbeiten an der Kraftstoffanlage in Angriff nehmen, muß unbedingt das Batterie-Massekabel abgenommen werden. Unbeabsichtigte elektrische Verbindungen können zu gefährlicher Funkenbildung führen und Benzindämpfe explodierend entzünden.
○ Wegen der austretenden Benzindämpfe dürfen Arbeiten an der Kraftstoffanlage nur im Freien oder einem gut durchlüfteten Raum durchgeführt werden.
○ Vermeiden Sie jeden Hautkontakt mit Kraftstoff, denn die Benzole sind schädlich.

Arbeitstips

Bei Arbeiten am Tank oder an der Kraftstoffversorgung muß absolute Sauberkeit herrschen, andernfalls ist unter Umständen die Kraftstoffversorgung nicht mehr gewährleistet. Hier ein paar Regeln:
○ Verbindungsstellen an der Kraftstoffversorgung und deren Umgebung vor dem Lösen gründlich von Schmutz reinigen.
○ Ausgebaute Teile auf eine saubere Unterlage ablegen und abdecken. Keine fusselnden Unterlagen oder Lappen verwenden.
○ Ausgebaute oder offene Teile der Kraftstoffversorgung mit fusselfreiem Material abdecken oder in einen sauberen Karton legen, falls die Teile nicht am selben Tag eingebaut werden können.
○ Keine verschmutzten Teile einbauen, es kann zu Ausfällen der Kraftstoffversorgung kommen.
○ Ersatzteile erst vor dem Einbau aus ihrer Verpackung nehmen.
○ Bei geöffneten Schlauchverbindungen oder geöffnetem Tank keine Druckluft benützen. Kraftstoff spritzt heraus.
○ Offene Kraftstoffleitungen schmutzsicher verschließen, z. B. mit passenden sauberen Gewindeschrauben.

Der Tank

Der Benzinspeicher im Auto muß hohen Sicherheitsanforderungen genügen, denn er darf bei einem Unfall weder reißen noch platzen, und sein Inhalt darf nicht davonfließen. Deshalb sitzt er an der sichersten Stelle – zwischen den Hinterrädern. Er ist aus hochmolekularem Polyäthylen großer Dichte (HDPE) gefertigt. Somit gibt es keine Korrosionsgefahr innen oder außen, und er ist leicht.

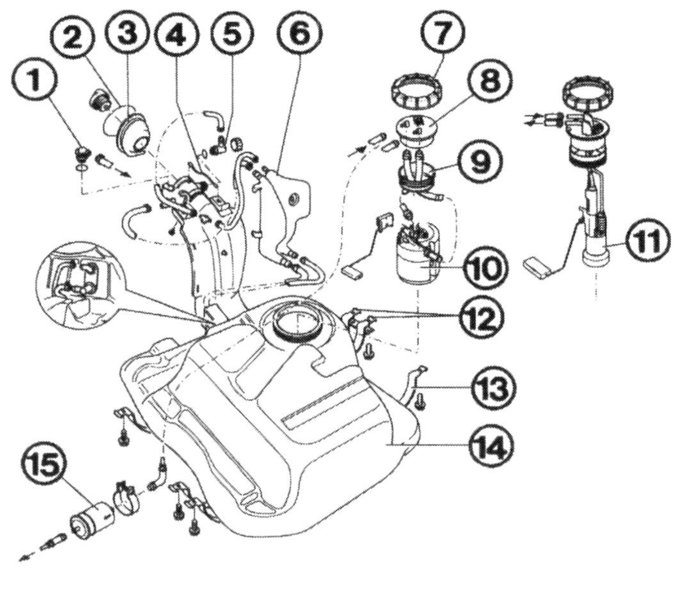

Der Kunststofftank des Passat mit den wichtigsten umliegenden Teilen abgebildet:
1 – Schwerkraftventil;
2 – Spannring;
3 – Gummitopf;
4 – Masseverbindung Tank/Karosserie;
5 – Entlüftungsventil;
6 – Ausgleichbehälter;
7 – Überwurfmutter;
8 – Tankgeber (Benziner);
9 – Dichtring;
10 – Kraftstoffpumpe (Benziner);
11 – Tankgeber (Diesel);
12, 13 – Haltebänder;
14 – Tank;
15 – Kraftstoffilter (Benziner).

Zum Abnehmen des Blechdeckels über dem Tankgeber, müssen die Kreuzschlitzschrauben (Pfeile) gelöst werden.

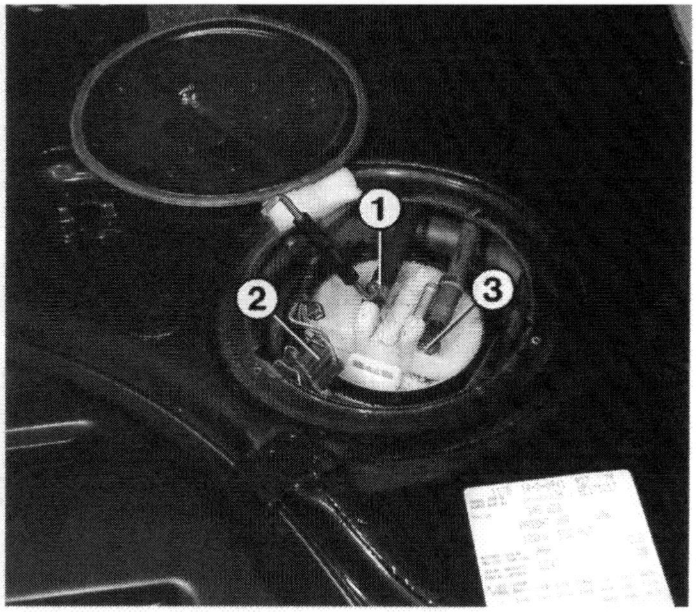

Zum Lösen der Klemm-Schlauchschelle (1) fährt man mit einem schmalen Schraubendreher in deren Öse und hebelt sie auf. Außerdem den Kabelstecker (2) abziehen. Zum Verschließen der Leitung dient die Schraube (3).

Kraftstoff ablassen
Benziner

Der Tank besitzt keine Ablaßschraube. Da Kraftstoff-Zu- sowie -Rücklauf an der Tankoberseite sitzen, kann man auch nicht einfach eine Leitung abziehen und das Benzin auslaufen lassen.

● Hintere Sitzbank entriegeln und nach vorn klappen bzw. ausbauen.
● Blechdeckel am Wagenboden abschrauben.
● Blaue Rücklaufleitung am Tankgeber abnehmen, falls möglich nach unten herausführen und in einen genügend großen Behälter halten.
● Kraftstoffpumpenrelais abziehen (im Steckfeld »12« der Zentralelektrik) und stattdessen die Kontakte von Klemme 30 und Klemme 87 (bei angeklemmter Batterie) überbrücken.
● Die Pumpe saugt jetzt den Tank leer.

Geber für die Tankanzeige

Der Tankgeber meldet die Flüssigkeitsmenge im Vorratsbehälter auf elektrischem Weg an das Anzeigeinstrument. Er ist kombiniert mit dem Kraftstoffansaugflansch oben im Tank. Unten an dieser Baueinheit sitzt die Kraftstoffpumpe. Der Schleifkontakt des Tankgebers ist seitlich am Pumpengehäuse eingesteckt.

Tankgeber ausbauen

● Rücksitzbank vorklappen oder ausbauen.
● Kofferraummatte herausnehmen.
● Schwarzen Blechdeckel abschrauben.
● Klemmschellen der Schläuche öffnen.
● Schläuche und Mehrfachstecker vom Anschlußflansch abziehen.
● Kunststoff-Überwurfmutter losdrehen. Sitzt die Mutter sehr fest, einen möglichst stumpfen Schraubendreher an einer Rippe ansetzen und mit leichten Hammerschlägen die Mutter lockern.
● Ansaugflansch mit Dichtring abnehmen, Steckkontakt trennen.
● Gehäuse der Kraftstoffpumpe nach links drehen (Bajonettverschluß) und herausziehen.
● Steckanschlüsse zur Kraftstoffpumpe abziehen.
● Haltenasen des Tankgeber-Schleifkontakts am Pumpengehäuse ausrasten.
● Schleifkontakt mit Schwimmer seitlich aus dem Pumpengehäuse herausziehen.
● Gummidichtung des Ansaugflansches etwas einölen, sauber am Tank aufziehen, dann Flansch montieren.
● Flansch so ausrichten, daß die Pfeilmarkierung dem Pfeil auf dem Tank genau gegenübersteht.

Die Tank-Be- und -Entlüftung

○ An der Tankoberseite ist die sogenannte Schnell-Entlüftung angeschlossen, die zum Tankeinfüllstutzen führt. Durch diese Leitung entweicht bei abgenommenem Tankdeckel die Luft über ein Entlüftungsventil, wenn der Tank mit Benzin befüllt wird. Bei aufgedrehtem Verschlußdeckel ist das Ventil geschlossen.
○ Die Fein-Entlüftung findet sich ebenfalls oben am Einfüllstutzen. Sie soll die ständig und unvermeidlich sich bildenden Benzindämpfe ableiten. Sie gelangen aber nicht ins Freie, sondern werden in einen mit Aktivkohle gefüllten Behälter geleitet.
○ Ein Ventil in der Fein-Entlüftung (»Schwerkraftventil«) schließt ab einer festgelegten Fahrzeug-Schräglage. Falls der Passat nach einem Unfall auf der Seite oder dem Dach liegt, kann trotzdem kein Benzin austreten.

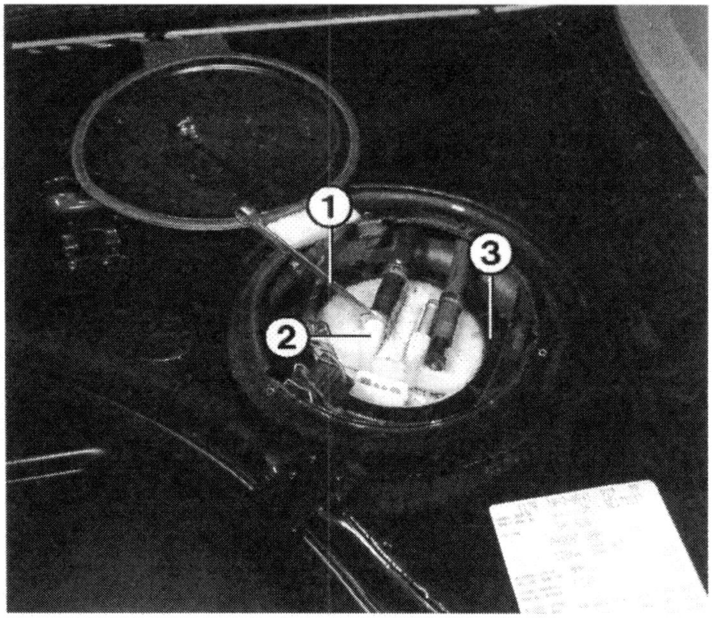

Hier wird mit einem Gabelschlüssel (1) der Kraftstoffschlauch von der Vorlaufleitung (2; Pfeil zeigt in Richtung Motor) abgedrückt. Mit Position »3« ist die Kunststoff-Überwurfmutter bezeichnet.

Schwerkraftventil prüfen

- Im hinteren rechten Radkasten die Sicherungsklammer am Schwerkraftventil abziehen.
- Schwerkraftventil nach oben aus dem Einfüllstutzen herausziehen.
- Entlüftungsleitung vom Ventil abziehen.
- Ein passendes Schlauchstück auf einen Anschluß des Ventils stecken.
- Schwerkraftventil senkrecht halten.
- Durchblasen muß ohne Widerstand möglich sein.
- Ventil jetzt schräg halten (90° gekippt). Das Ventil muß nun schließen, Durchblasen darf nicht mehr möglich sein.
- Beim Wiedereinbau auf richtigen Sitz der Dichtung am Ventil achten und Schlauch zur Manschette des Einfüllstutzens wieder anschließen.

Aktivkohlebehälter-Anlage

Zum Schutz der Umwelt mündet die Tank-Entlüftung in der Aktivkohlebehälter-Anlage. Diesen Behälter finden Sie am vorderen rechten Radkasten. Bei stehendem oder im Leerlauf drehendem Motor werden die Benzindämpfe im Behälter gespeichert, um dann bei erhöhter Drehzahl dem Motor zur Verbrennung zugeführt zu werden.

Die Beimischung der Kraftstoffdämpfe zum Kraftstoff/Luft-Gemisch besorgt ein Taktventil. Es wird von der Zünd/Einspritz-Steuerung aktiviert und sitzt oben am rechten Federbeindom.

Taktventil prüfen

Das Taktventil ist im stromlosen Zustand geöffnet, so daß auch bei abgeschaltetem Motor die Dämpfe aus der Tank-Entlüftung in den Aktivkohlebehälter gelangen können. Am Ventil liegt immer Spannung an, gesteuert wird es bei laufendem Motor über Masse vom Steuergerät der Zünd/Einspritz-Steuerung.

Die Baueinheit von Tankgeber und Kraftstoffpumpe (Benziner): 1 – Tankgeber-Oberteil; 2 – Schleifwiderstand der Tankanzeige; 3 – Schwimmer; 4 – Filtersieb; 5 – Vorleaufleitung; 6 – Rücklaufleitung.

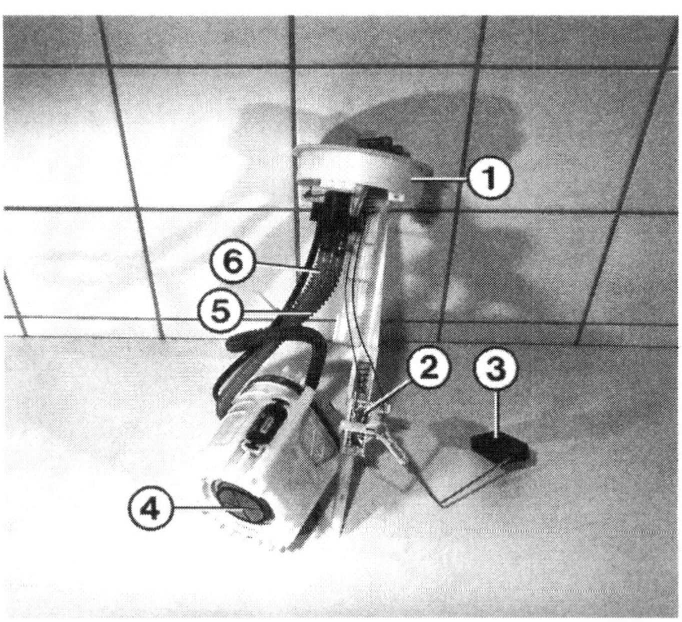

Am ausgebauten Tankgeber sehen Sie folgende Teile (Diesel): 1 – Schleifwiderstand der Tankanzeige; 2 – Schwimmer; 3 – Anschlußstecker; 4 – Filtersieb; 5 – Kraftstoff-Rücklauf.

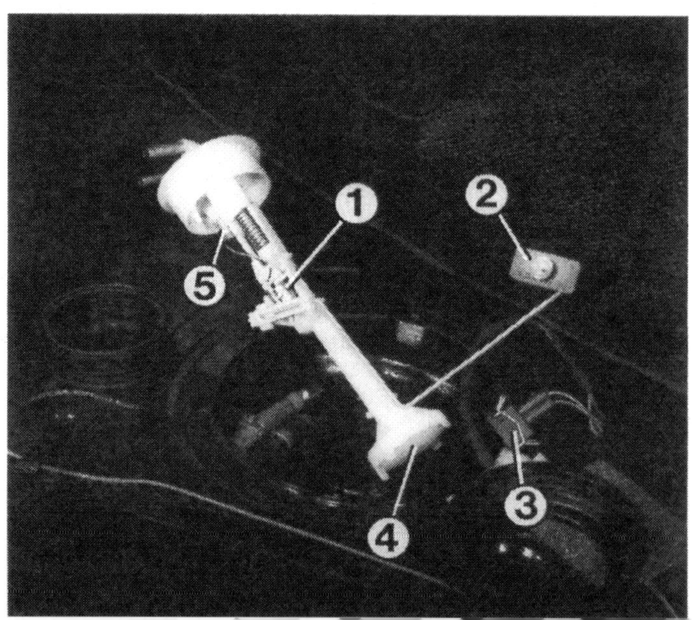

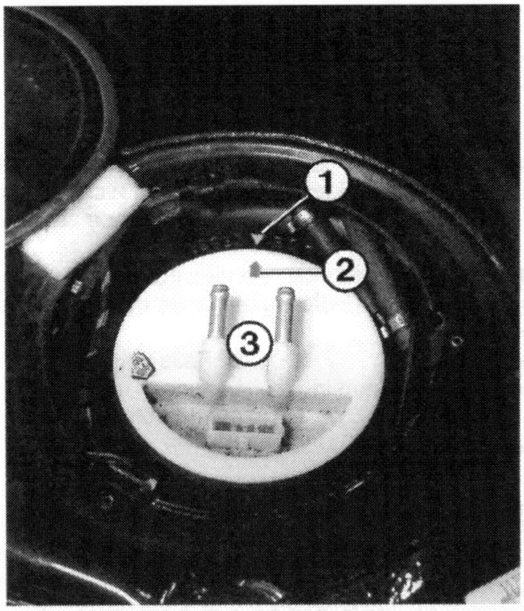

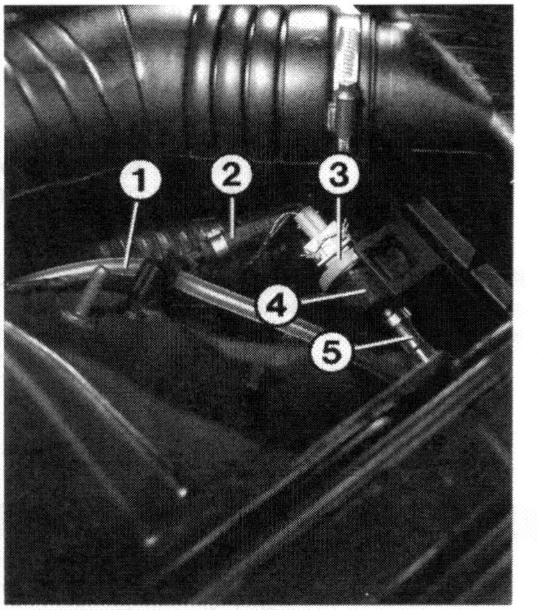

Links: Beim Einbau des Tankgebers (3) muß die Pfeilmarke am Geber (2) der Pfeilmarkierung am Tank (1) gegenüberstehen.
Rechts: Das Taktventil (3) der Kraftstoff-Verdunstungsanlage am 1,8-Liter Motor mit Zentraleinspritzung. Es bedeuten:
1 – Entlüftungsleitung vom Tank;
2 – Verbindungsschlauch zur Einspritzeinheit;
4 – Gummihalter;
5 – Verbindungsschlauch zum Aktivkohlebehälter.

- Zur Funktionsprüfung muß der Motor warmgefahren sein. Daß die Lambda-Regelung intakt ist, setzen wir als gegeben voraus.
- Vom Aktivkohlebehälter kommenden Schlauch am Taktventil abziehen.
- Motor starten und im Leerlauf drehen lassen.
- Das Ventil darf nicht arbeiten, am Anschluß des Ventils ist kein Unterdruck fühlbar.
- Etwas Gas geben.
- Jetzt muß das Ventil im Abstand von eineinhalb Minuten für je zwei Minuten lang arbeiten (starker Unterdruck am Anschluß).
- Wenn nicht, Zündung abschalten, Stecker am Taktventil abziehen.
- Diodenprüfer am Stecker des Ventils anschließen, Motor starten und Gas geben lassen.
- Wenn jetzt die Leuchtdiode kurz flackert, ist die Spannungsversorgung des Ventils in Ordnung, aber das Ventil defekt.
- Blieb die Leuchtdiode dunkel, Leitungen anhand des Stromlaufplans überprüfen.
- Ist dort kein Fehler erkennbar, liegt es am Steuergerät der Zünd/Einspritz-Steuerung.

Die Kraftstoffleitungen

Die Schläuche und Leitungen müssen einem Druck von mindestens 3 bar widerstehen. Zur Befestigung dienen Klemm-Schlauchschellen, die nur für einmaligen Gebrauch gedacht sind. Eine gelöste Schelle möglichst nicht wiederverwenden, sondern durch eine neue Klemm-Schlauchschelle ersetzen.

Kraftstoffleitungen und -schläuche ausbauen

Wenn Sie eine Kraftstoffleitung lösen, dürfen Sie nie vergessen, daß das Kraftstoffsystem auch längere Zeit nach dem Abschalten des Motors noch unter Druck steht. Nur die Leitungen am Tankgeber sind drucklos.

- Zum Druck abbauen Motor laufen lassen und das Kraftstoffpumpenrelais aus der Zentralelektrik (Steckplatz »12«) herausziehen. Anschließend Motor zwei Umdrehungen orgeln lassen.
- Zum Lösen einer Benzinleitung einen Lappen bereithalten, damit kein Kraftstoff in die Augen spritzen kann.

Der Aktivkohlebehälter (5) beim 2,0-Liter Motor. Die Zahlen bezeichnen folgende Teile:
1 – Gummihalter;
2 – Verbindungsschlauch zum Aktivkohlebehälter;
3 – Taktventil;
4 – Verbindungsschlauch zur Einspritzeinheit.

● Mit einem schmalen Schraubendreher in die Schlaufe der Schlauchschelle fahren und diese durch seitliches Hebeln lockern.

● Schlauch unter Drehbewegungen abziehen.

● Ist dies nicht möglich, kleinen Gabelschlüssel am Schlauchende ansetzen und damit abdrücken.

Kraftstoffanlage auf Dichtheit prüfen

Riecht es am Abstellplatz des Wagens nach Kraftstoff, tritt dies irgendwo aus einer Leitung oder an einem Bauteil der Kraftstoffanlage aus. Zur Suche einer Undichtigkeit sollte der Wagen über Nacht an einem trockenen, sauberen Platz gestanden haben.

● Flecken unter dem Wagenboden?

● Wenn nicht, Motor starten und einige Minuten laufen lassen.

● Nach dem Abstellen erneut kontrollieren.

● Falls immer noch nichts sichtbar ist, sämtliche Leitungen und Teile der Kraftstoffanlage verfolgen und auf den charakteristischen Kraftstoffgeruch achten.

Die elektrische Kraftstoffpumpe

Die Einspritzanlage wird durch eine elektrische Zweistufenpumpe mit Kraftstoff versorgt. Zwei voneinander unabhängige Pumpen werden gemeinsam von einem Elektromotor angetrieben. Die erste Stufe saugt den Kraftstoff am Tankboden durch ein Filtersieb an und fördert ihn in den darüberliegenden Pumpenspeicher. Luftblasen und zuviel gefördertes Benzin gelangt über den Kraftstoffaustritt in den Tank zurück. Die zweite Pumpenstufe im Speicher arbeitet als Innenzahnradpumpe und drückt den Kraftstoff nach oben zur Vorlaufleitung in Richtung Einspritzanlage.
Eine Sicherheitsschaltung verhindert, daß die Pumpe bei stehendem Motor, aber eingeschalteter Zündung läuft. Andererseits wird dafür gesorgt, daß mit den ersten Impulsen der Zündung beim Anlassen Kraftstoff gefördert wird. Dafür ist das Steuergerät der Zünd/Einspritz-Steuerung verantwortlich.

Störungssuche an der elektrischen Kraftstoffpumpe

● Zuerst die Sicherung 18 kontrollieren.

● Zündung lahmlegen durch Abziehen des Hauptzündkabels aus dem Verteilerdeckel. Damit die elektronischen Teile der Zündanlage keinen Schaden erleiden, muß das Kabelende fest mit Masse verbunden werden (z. B. Starthilfekabel an Kabelklemme und Motorblock anklemmen).

● Von einem Helfer den Motor mit dem Anlasser durchdrehen lassen. Die Kraftstoffpumpe muß hörbar anlaufen.

● Falls nichts läuft, Kraftstoffpumpenrelais aus dem Steckfeld »12« der Zentralelektrik herausziehen.

● Mit einem genügend langen Kabelstück den Kontakt »4« im Relaissteckfeld kurz mit dem Batterie-Pluspol verbinden.

● Wenn hierbei die Kraftstoffpumpe anläuft, das Kraftstoffpumpenrelais prüfen.

● Bleibt es ruhig, Relais wieder einstecken und die Spannungsversorgung der Pumpe prüfen. Die Vorarbeiten sind unter »Tankgeber ausbauen« beschrieben.

● Kabelstecker an der Pumpe im Tank abziehen.

● Diodenprüfer an den außen liegenden Kontakten im Stecker anklemmen.

● Beim Einschalten der Zündung muß die Prüflampe leuchten.

● Leuchtet die Prüflampe nicht, Leitungen zur Pumpe überprüfen.

● Lag Spannung an, ist die Kraftstoffpumpe defekt.

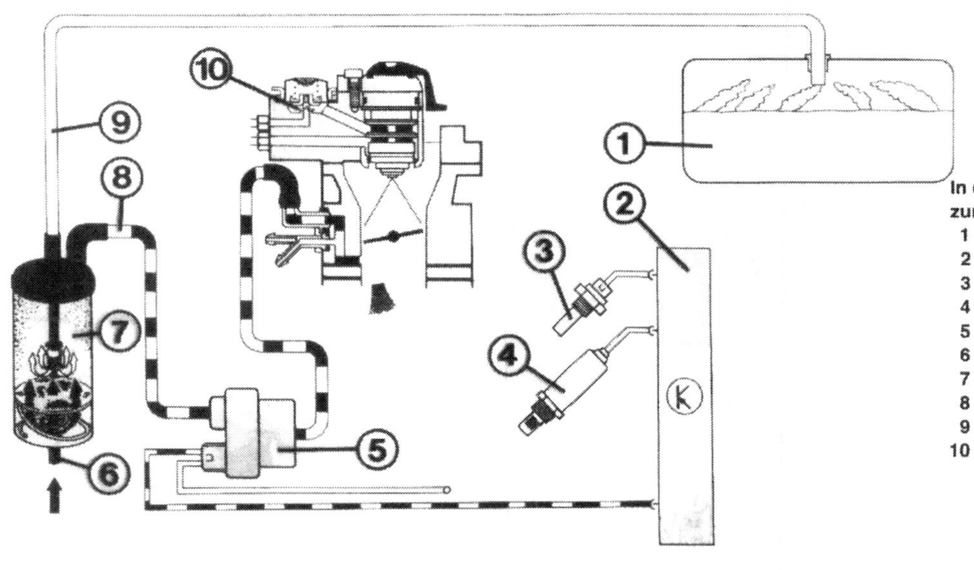

In dieser Zeichnung sehen Sie die Bauteile, die zur Aktivkohle-Behälteranlage gehören. Es sind:
1 – Tank;
2 – Steuergerät der Zünd/Einspritz-Steuerung;
3 – Geber für Kühlmittel-Temperatur;
4 – Lambdasonde;
5 – Tankventil;
6 – Frischlufteintritt;
7 – Aktivkohlebehälter;
8 – Leitung zum Tankventil;
9 – Entlüftungsleitung vom Tank;
10 – Einspritzeinheit (hier gezeigt die Zentral-Einspritzung).

Die zweistufige Kraftstoffpumpe (nur Benziner) im Tank besteht aus folgenden Teilen:
1 – Kraftstoff-Vorlauf zur Einspritzanlage;
2 – Pumpenspeicher;
3 – Pumpe;
4 – Innenzahnradpumpe;
5 – Welle;
6 – Kraftstoffaustritt;
7 – Ansaugsieb;
8 – Seitenkanalpumpe.

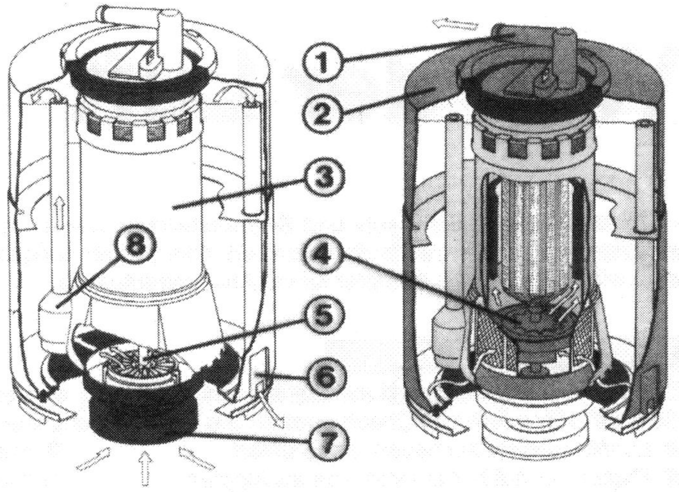

<u>Fingerzeig:</u> Ein leises Brummgeräusch während der Fahrt ist normal. Heul- oder Brummgeräusche aus Richtung Tank werden von Kraftstoffleitungen verursacht, die an der Karosserie anliegen. Oder der Tankgeber ist verspannt eingebaut.

Kraftstoffpumpenrelais prüfen

Hier greifen wir der sinnvollen Reihenfolge wegen auf den elektrischen Teil vor, der eigentlich erst weiter hinten im Buch zur Sprache kommt. Für die nachfolgenden Prüfungen ist eine herkömmliche Elektrikprüflampe nicht geeignet, sie könnte dem elektronischen Steuergerät Schaden zufügen. Hier wird ein Diodenprüfer gebraucht.

- Kraftstoffpumpenrelais aus Steckfeld »12« der Zentralelektrik abziehen.
- Zündung einschalten und Diodenprüfer am Kontakt »6« und »4« im Relais-Stecksockel anschließen.
- In allen Fällen muß die Leuchtdiode aufleuchten. Andernfalls Leitungsunterbrechung suchen.
- Zündung ausschalten.
- Diodenprüfer zwischen Kontakt »3« und »2« anschließen.
- Zündung einschalten. Für die Dauer von etwa einer Sekunde muß die Leuchtdiode leuchten.
- Blieb sie dunkel, ist entweder eine Leitung zum Steuergerät der Zünd-/Einspritz-Steuerung unterbrochen oder das Steuergerät selbst schadhaft.

Fördermenge prüfen

Wenn mangelhafte Motorleistung bei hohen Drehzahlen oder »Verschlucker« beim Fahren Zweifel an der ausreichenden Kraftstoffversorgung aufkommen lassen, kann die Fördermenge der Benzinpumpe mit einer Druckmeßvorrichtung in der VW-Werkstatt gemessen werden.

Benzinpumpe ausbauen

Diese Arbeit ist bereits unter »Tankgeber ausbauen« beschrieben. Eine Zerlegung des Kraftstoffpumpen-Gehäuses ist nicht vorgesehen.

Der Kraftstoffilter

Der Kunststofftank kann keinen Rost ansetzen. Verunreinigungen können nur aus dem Tank einer Zapfstation stammen. Etwa dann, wenn Sie irgendwo getankt haben, als die Erdtanks eben frisch befüllt wurden. Dadurch können Schmutzpartikel aufgewirbelt werden und über den Zapfhahn in Ihren Tank gelangen. Deshalb an frisch belieferten Tankstellen möglichst nicht auftanken.
Damit kein Schmutz ins Gemischaufbereitungssystem gelangt, ist ein Kraftstoffilter eingesetzt. Er sitzt in Fahrtrichtung hinter dem Tank über der Hinterachse. Ein Wechsel-Intervall ist bei unseren Einspritzmotoren nicht vorgesehen.

Kraftstoffilter ausbauen

- Zum Ausbau Verschraubung an der Filterhalterung lösen.
- Kraftstoffleitungen abschrauben. Lappen für herausspritzendes Benzin bereithalten.
- Beachten Sie die Durchflußrichtung beim Einbau: Der Pfeil auf dem Gehäuse muß in Fahrtrichtung nach vorn zeigen.

Weg der Luft

Im Luftfilter werden die Staub- und Schmutzteilchen aus der angesaugten Luft herausgefiltert. Sonst könnten sie in die Teile der Gemischaufbereitung oder die Verbrennungsräume gelangen und dort Schaden stiften. Außerdem wirkt der Filter als Dämpfer für die Ansauggeräusche.

Luftfiltereinsatz ausblasen

Wartungsarbeit

Das Papierfilterelement soll mindestens einmal im Jahr ausgeblasen werden. Falls Sie viel auf unbefestigten Straßen fahren (etwa im Urlaub), sollten Sie die Reinigungskur schon nach 5000 km durchführen.

- Luftfiltereinsatz ausbauen, siehe unten.
- Papierfilter auf harter Unterlage ausklopfen.
- Den feinen Staub müssen Sie mit Druckluft ausblasen.
- Luftstrahl seitlich an den Filterlamellen vorbeistreichen lassen. Nicht von außen nach innen blasen, sonst wird der Staub noch fester in die Filterporen gedrückt.
- Niemals den Papierfilter in Flüssigkeiten zu reinigen versuchen. Das verstopft die Filterporen.
- Ölspuren im Filtergehäuse aus der Kurbelgehäuse-Entlüftung mit einem benzingetränkten Lappen auswischen.

Luftfiltereinsatz wechseln

Wartungsarbeit

Durch einen verschmutzten Filtereinsatz erhält der Motor nicht mehr die volle Ansaugluftmenge. Das Gemisch wird fetter, der Verbrauch steigt, und die Leistung sinkt. Der rechtzeitige Filtertausch ist daher durchaus ratsam.

Luftfiltereinsatz ausbauen

- Spannbügel rund um den Luftfilterdeckel lösen, Deckel (ggf. mit Luftmengenmesser) abnehmen.
- Papiereinsatz herausnehmen.

Luftfiltergehäuse ausbauen

- Frischluft-Ansaugschlauch vorn abziehen.
- Ggf. Schraubschelle am Schlauch zum Warmluftfangblech der Ansaugluft-Vorwärmung lösen und Schlauch abziehen.
- Dünnen Schlauch der Steuerung für die Ansaugluft-Vorwärmung abziehen, falls notwendig.
- Haltering des Filtergehäuses aushängen, Gehäuse aus den beiden Gummihaltern abziehen und abnehmen.

Die Ansaugluft-Vorwärmung

Die angesaugte Verbrennungsluft sollte bei den Benzinmotoren eine bestimmte Temperatur haben:

○ Bei kühlem Wetter vergast das Gemisch besser, wenn die Verbrennungsluft angewärmt ist.

Links: Zum lösen des Luftfilterdeckels muß die Abdeckung (1) der Luftzuführung gelöst werden. Dazu die Kreuzschlitzschraube (3) lösen, mit einem Schraubendreher die Verriegelungslasche (2) und seitlich die Halteklammer (4) entriegeln.
Rechts: Zum Wechseln des Luftfilters (2) die Spannklammern (3) entriegeln und den Deckel (1) abnehmen. Position (4) beziffert den Haltegummi des Luftfiltergehäuse-Unterteils.

Links: Die Teile des Luftfilters beim 1,8-Liter-Motor:
1 – Kaltluft-Ansaugstutzen;
2 – Unterdruckdose Ansaugluft-Vorwärmung;
3 – Temperaturregler Ansaugluft-Vorwärmung;
4 – Verbindungsschlauch Luftfilter/Ansaugluft-hutze;
5 – Ansauglufthutze.
Rechts: Die Teile des Luftfilters beim 2,0-Liter-Motor mit Digifant-Einspritzung:
1 – Kaltluft-Ansaugstutzen;
2 – Unterdruckdose Ansaugluft-Vorwärmung;
3 – Temperaturregler Ansaugluft-Vorwärmung;
4 – Schlauch der Ansaugluft-Vorwärmung vom Abgaskrümmer;
5 – CO-Potentiometer;
6 – Luftmengenmesser;
7 – Verbindungsschlauch Luftmengenmesser/Drosselklappenstutzen.

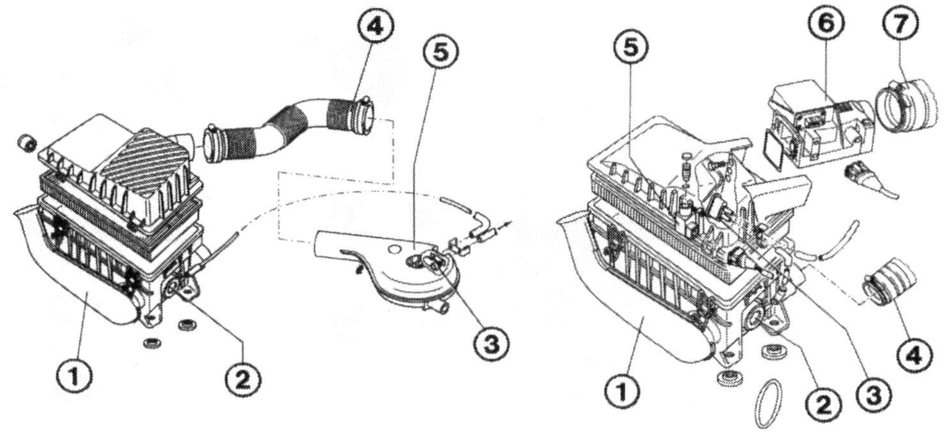

○ Bei höheren Außentemperaturen ist kältere Ansaugluft besser. Luft dehnt sich bei Erwärmung aus. Da der Motor nur eine bestimmte Menge Luft ansaugen kann, erhält er weniger, wenn diese angewärmt wurde. Das führt zu fetterem Gemisch und höherem Verbrauch.
○ Vorgewärmte Luft beugt der Vereisung im Gemischbildungssystem vor, die zwischen +3° und +8° C und hoher Luftfeuchtigkeit auftreten kann. Bei laufendem Motor verdunstet ein Teil des Kraftstoffes; die entstehende Verdunstungskälte kann zur Bildung einer Eisschicht führen und die einwandfreie Gemischbildung verhindern.

Die Teile der Ansaugluft-Vorwärmung

○ Kernstück der Ansaugluft-Vorwärmung ist das Mischgehäuse mit der darin sitzenden Regelklappe. In das Gehäuse kann durch einen Stutzen Kaltluft und durch einen zweiten vom Auspuffkrümmer angewärmte Luft einströmen.
○ Eine Unterdruckdose am Mischgehäuse ist über einen zwischengeschalteten Temperaturregler durch einen Schlauch mit Einspritzeinheit bzw. Drosselklappenstutzen verbunden. Geöffnet wird die Warmluftklappe durch den Unterdruck, der auf die Druckdose einwirkt.
○ Der Temperaturregler am Luftansaugstutzen bzw. im Filtergehäuse unterbricht den freien Durchgang im Schlauch, sobald die Ansaugluft eine bestimmte Temperatur erreicht hat.

Störungen der Ansaugluft-Vorwärmung

Funktioniert die Vorwärmung der Ansaugluft nicht richtig, können sich folgende Störungen bemerkbar machen.
Winters
○ Schlechter Leerlauf nach dem Kaltstart in der Warmlaufphase
○ Schlechter Übergang, Motor neigt zum Stottern
In der warmen Jahreszeit
○ Geringere Leistung, übliche Höchstgeschwindigkeit wird nicht erreicht
○ Höherer Kraftstoffverbrauch

Ansaugluft-Vorwärmung kontrollieren

● Luftfilterdeckel abnehmen und den Filtereinsatz herausnehmen.
● Motor starten und im Leerlauf drehen lassen.
● **Zentral-Einspritzung:** Unter 35° C muß der Kaltlufteinlaß von der Klappe verschlossen sein, über 45° C ist die Warmluftzufuhr gesperrt.
● Die weitere Prüfung muß bei einer Ansauglufttemperatur von weniger als 40° C stattfinden.
● Beobachten, ob bei laufendem Motor der Kaltlufteinlaß geschlossen wird.
● Wenn nicht, am Stutzen über der Einspritzeinheit beide Schläuche vom Temperaturregler abziehen und miteinander verbinden.
● Bleibt der Warmlufteinlaß verschlossen, ist die Unterdruckdose im Luftfiltergehäuse defekt.
● Wird der Einlaß für Kaltluft geöffnet, ist der Temperaturregler defekt.
● **Multipoint-Einspritzung (AEK-Motor):** Am Temperaturregler die Unterdruckleitung zur Unterdruckdose im Filtergehäuse abziehen.
● Der Warmlufteinlaß muß von der Klappe verschlossen sein.
● Schlauch an der Unterdruckdose ggf. mit einem passenden Schlauchstück verlängern.
● Wenn Sie nun an diesem Schlauch Luft ansaugen, muß die Klappe den Kaltlufteinlaß verschließen.
● Während der Motor noch im Leerlauf dreht, verbinden Sie den verlängerten Schlauch mit dem Messingröhrchen am Temperaturregler.
● Nach 20 Sekunden Klappenstellung kontrollieren.
● Lufttemperatur unter 20° C Kaltlufteinlaß verschlossen.
● Zwischen 20° und 30° C beide Lufteinlässe sind geöffnet.
● Über 30° C darf keine Warmluft mehr zuströmen.

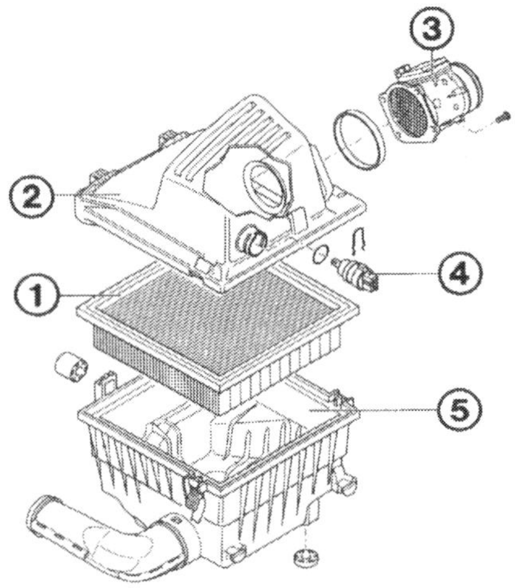

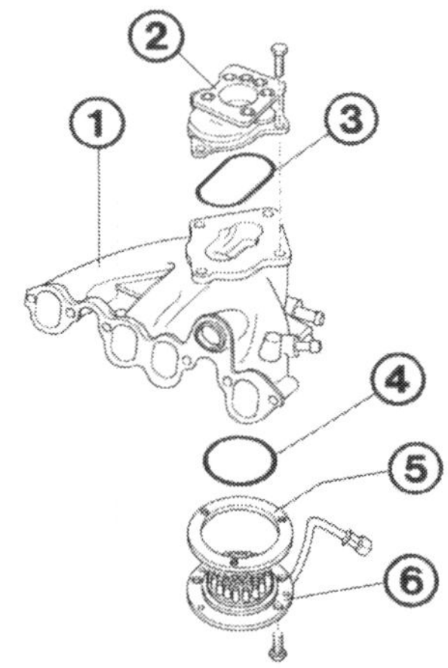

Links: **Die Teile des Luftfilters:**
1 – Filtereinsatz,
2 – Luftfilterdeckel;
3 – Luftmassenmesser;
4 – Geber für Ansaugluft-Temperatur (nur ADY- und AGG-Motoren);
5 – Luftfiltergehäuse.
Rechts: **Die Zeichnung zeigt, welche Bauteile für die Ansaugrohr-Beheizung (1,8-Liter) benötigt werden:**
1 – Saugrohr;
2 – Zwischenflansch Saugrohr/Einspritzeinheit;
3, 4 – Dichtring;
5 – Dichtung;
6 – Ansaugrohrvorwärmung (Igel).

Ansaugrohr-Beheizung

Zentral-Einspritzung

Das Kraftstoff/Luft-Gemisch kondensiert an den Wandungen des Vierkanal-Ansaugrohrs, vor allem, wenn dieser noch kalt ist. Dem wird vorgebeugt durch eine Beheizung des Ansaugrohrs. Das geschieht zunächst durch ein elektrisches Heizelement. Wegen seiner Vielzahl nach oben ragender wärmeabstrahlender Stifte heißt dieses Heizelement im VW-Sprachgebrauch auch »Igel«. Gleichzeitig wird das Ansaugrohr von aufgeheiztem Kühlmittel durchflossen.

Doch erst ab einer bestimmten Temperatur kann auf die Elektroheizung verzichtet werden. Das besorgt ein Thermoschalter.

Ansaugrohr-Beheizung prüfen

Mangelhafter Leerlauf oder schlechter Übergang können durch eine defekte Ansaugrohr-Beheizung verursacht werden.

- **Elektrisches Heizelement:** Bei kaltem Motor unten am Ansaugrohr die Steckverbindung zum »Igel« trennen.
- Voltmeter an der stromzuführenden Leitung anschließen.
- Zündung einschalten. Die Spannung muß mindestens 11,5 V betragen.
- Liegt keine Spannung an, ist möglicherweise das Relais der Ansaugrohr-Beheizung defekt. Oder der Thermoschalter streikt.
- Ohmmeter zwischen das Anschlußkabel des elektrischen Heizelements und Fahrzeugmasse anschließen.
- Der gemessene Widerstand muß 0,25–0,50 Ω betragen, sonst Heizelement ersetzen.
- **Thermoschalter:** In einem gemeinsamen Schlauchstutzen in Fahrtrichtung vorn am Zylinderkopf sitzen zwei temperaturempfindliche Schalter.
- Für die Saugrohr-Beheizung dient der Schalter mit an den Steckzungen rot eingefärbtem Isoliermaterial.
- Falls Sie aufgrund von Motorlaufstörungen vermuten, daß der Thermoschalter nicht richtig arbeitet, läßt

Zur Kraftstoffersparnis bei kaltem Motor wird beim 1,6-Liter-Motor 74 kW zusätzlich das Drosselklappengehäuse (1) von Kühlmittel durchflossen. Position »2« zeigt den Anschlußstutzen der Kühlmittelschläuche.

<u>Links:</u> Zur Spannungsprüfung am Ventil für Saugrohrumschaltung (1) den Kontaktstecker (2) abziehen und am Ventil ein Ohmmeter anschließen. Position »3« bezeichnet die Unterdruckdose zur Betätigung der Saugrohrklappen.
<u>Rechts:</u> Kontrollieren Sie vor der Funktionsprüfung, ob die Unterdruckleitung (4) ohne erkennbare Schäden ist. Weiter bedeuten:
1 – Unterdruckdose;
2 – Welle der Saugrohrklappen;
3 – Betätigungsstange.

sich dies mit einem Thermometer und einem Ohmmeter prüfen.

- Thermoschalter ausbauen.
- Ohmmeter an den Steckkontakten des Schalters anschließen.
- Thermoschalter in einen Topf mit kaltem Wasser legen, Widerstand messen.
- Wasser langsam erhitzen und prüfen, ob der Thermoschalter bei folgenden Temperaturen schaltet:
- Unter 55° C Widerstand 0 Ω (Schaltkontakte geschlossen), über 65° C Widerstand ∞ Ω (kein Durchgang, Kontakte offen).

Drosselklappenstutzen-Beheizung

Multipoint-Einspritzung

Bei den Motoren mit den Kennbuchstaben ADY, AFT und AGG wird der Drosselklappenstutzen vom Kühlmittel des »kleinen Kreislaufes« durchströmt. Die Anwärmung der Verbrennungsluft dient als zusätzliche Maßnahme zur Verringerung des Ausstoßes an Abgas-Schadstoffen.

Variable Sauganlage

nur 74-kW-Motor

Gutes Durchzugsvermögen im unteren Bereich des Drehzahlbandes und zudem hohe Leistung im oberen Drehzahlbereich galt lange Zeit als Widerspruch in der Motorenkonstruktion. Beim 1,6-Liter-Motor konnten beide Anforderungen durch die Verwendung einer umschaltbaren Sauganlage recht gut erfüllt werden.
Dabei wird das Prinzip der Druckwellenaufladung genutzt: Gassäulen, die Behälter oder Rohre durchströmen, werden durch periodisches Ansaugen zu Schwingungen angeregt. Dieses Schwingungssystem ist so abgestimmt, daß die Füllung in den Zylindern und damit das Drehmoment und die Leistung verbessert wird. In Abhängigkeit von der Drehzahl wird – über vier Klappen im Saugrohrsystem – der wirksame Saugrohrdurchmesser verändert.
Für hohes Drehmoment schon bei niedrigen Drehzahlen genügen Ansaugkanäle mit kleinem Durchmesser. Für hohe Motorleistung bei hoher Motordrehzahl ist dagegen ein großer Ansaugrohr-Querschnitt erforderlich. Dazu werden die vier Klappen gemeinsam durch Unterdruck betätigt und drehzahlabhängig gesteuert: Bis 3900/min bleiben sie für ein hohes Drehmoment geschlossen. Über 3900/min öffnen sie für hohe Leistung. Das Öffnen besorgt eine Unterdruckdose, die mit Unterdruck aus dem Ansaugrohr versorgt wird. Den Öffnungs- bzw. Schließbefehl an die Unterdruckdose erteilt das Steuergerät der Zünd/Einspritz-Steuerung über ein Dreiwege-Magnetventil.

Funktion der Saugrohr-Umschaltung prüfen

Die Saugrohr-Umschaltung wird nur dann kontrolliert, wenn der Motor unter Leistungsmangel leidet.

- **Spannungsversorgung:** Ziehen Sie den Stecker am Ventil für Saugrohrumschaltung ab.
- Zum Messen des Widerstands einen Ohmmeter am Ventil anschließen. Es müssen 25–35 Ω angezeigt werden.
- Wird der Wert nicht erreicht, Ventil für Saugrohrumschaltung ersetzen.
- **Funktionsprüfung:** Für den Funktionstest muß der Motor warmgefahren sein.
- Motor starten und im Leerlauf drehen lassen.
- Geben Sie einen kurzen Gasstoß bis auf 4000/min, die Betätigungsstange an der Unterdruckdose muß hineingezogen werden.
- Ist dies nicht der Fall, Dichtheit und festen Sitz der Unterdruckschläuche prüfen.
- Motor starten und mit dem Finger prüfen, ob am noch abgezogenen Schlauch Unterdruck anliegt.
- Prüfen sie an der Betätigungsstange, ob die Welle der Saugrohrklappen leichtgängig ist.
- Sind die Unterdruckschläuche und die Unterdruckdose in Ordnung bzw. die Welle leichtgängig, muß das Ventil für Saugrohrumschaltung ersetzt werden.

Einzelkämpfer

Die Zentral-Einspritzung des 55- und 66-kW-Motors kommt mit einem einzigen Einspritzventil aus. Den Kraftstoffaustritt am Ventil bestimmt ein elektronisches Steuergerät, das auch die Steuerung der Zündverstellung übernimmt. Mehr über den Zündungsteil der Mono-Motronic erfahren Sie im Kapitel »Die Zündanlage«.

Die wichtigsten Teile

Steuergerät

Es sitzt rechts im sogenannten Wasserfangkasten und erhält über einen Vielfachstecker Informationen von folgenden Bauteilen:

- Anlasser Klemme 50 für Beginn und Ende des Startvorgangs
- Hallgeber im Zündverteiler für die Motordrehzahl
- Lambdasonde im Auspuffkrümmer, sie ermittelt den Sauerstoff-Restgehalt im Abgas
- Potentiometer für die Stellung der Drosselklappe und damit die Menge der angesaugten Luft
- Temperaturgeber Ansaugluft im Einlaß der Einspritzeinheit für die Ansaugluft-Temperatur
- Temperaturgeber Kühlmittel am Stutzen vorn am Zylinderkopf für die Kühlmitteltemperatur

Aus den eingehenden Signalen errechnet das Steuergerät die Öffnungsdauer des elektromagnetisch betätigten Einspritzventils und damit die einzuspritzende Kraftstoffmenge. Dabei greift das Steuergerät auf ein Motorkennfeld zurück – eine Datei, in der alle nur denkbaren Motorsituationen gespeichert sind. Ebenfalls in diesem Kennfeld festgehalten sind die zugehörigen Kraftstoffmengen in Form von elektrischen Signalen. Bei der Mono-Motronic sind zusätzlich auch die zur Kraftstoffmenge und Betriebssituation erforderlichen Zündzeitpunktwerte als Kennfelder gespeichert.

Drosselklappe

Sie sitzt ganz unten in der Einspritzeinheit und regelt die Menge der Luft, die der Motor ansaugen soll. Wie weit die Klappe geöffnet wird, bestimmt der Fahrer beim Treten des Gaspedals. Pedal und Drosselklappe sind über den Gaszug direkt miteinander verbunden.

Einspritzeinheit

Die Mehrzahl der Teile der Zentral-Einspritzung ist in diesem Gehäuse zusammengefaßt. Durch das Gehäuse strömt die Ansaugluft, und hier wird – vom Einspritzventil – auch der Kraftstoff zugesetzt.

Einspritzventil

Es wird durch einen Elektromagnet geöffnet. So kann Kraftstoff fließen oder auch nicht – je nach Befehl des Steuergeräts. Damit der Kraftstoff optimal zerstäubt wird, besitzt das Ventil schräge Austrittsbohrungen, aus denen das Benzin gegen die konische Wandung der Austrittsbohrung prallt und dort verwirbelt wird.

Das Einspritzventil kann nur öffnen und schließen, nicht aber die Menge dosieren. Deshalb wird die Kraftstoffmenge über die Einspritzzeit variiert. Und das geht so: Bei jedem Zündimpuls des Hallgebers spritzt das Ventil einmal ab. Wird wenig Kraftstoff gebraucht, öffnet das Ventil bei diesem Impuls nur ganz kurz – oft weniger als eine tausendstel Sekunde. Benötigt der Motor dagegen mehr Kraftstoff (in kaltem Zustand oder bei Vollast), wird länger abgespritzt. Das gilt für jeden Zündimpuls.

Kraftstoff-Druckregler

Die Kraftstoffpumpe schafft Benzin unter Druck zum Druckregler. Dieser sorgt dafür, daß am Einspritzventil stets ein Kraftstoffdruck von 0,8–1,2 bar anliegt. Dazu läßt er mehr oder weniger Benzin durch die Rücklaufleitung zum Tank zurückfließen. Die Zufuhr durch die elektrische Kraftstoffpumpe bleibt nämlich weitgehend konstant.

Drosselklappensteller

Ein kleiner Elektromotor mit Winkelgetriebe fährt den Betätigungsstößel mehr oder weniger weit gegen den Leerlauf-Anschlag der Drosselklappe. So kann die Drosselklappe je nach Bedarf ein kleines oder etwas größeres Stück geöffnet werden, um die Leerlaufdrehzahl bei unterschiedlichen Belastungen konstant zu halten. Vorn im Betätigungsstößel des Drosselklappenstellers sitzt noch der Leerlaufschalter, der dem Steuergerät mitteilt, wenn Sie das Gaspedal loslassen. Dieses Signal wird für die Schubabschaltung und die Regelung der Leerlaufdrehzahl benötigt.

Drosselklappen-Potentiometer

Er meldet die Bewegungen der Drosselklappe und deren Stellung dem Steuergerät. So wird z. B. schnelles Öffnen der Drosselklappe als Beschleunigen erkannt. Gehen Sie mit dem Fuß vom Gaspedal, dient das Schließsignal der Drosselklappe zum Aktivieren der Schubabschaltung. Die Meldung erfolgt auf elektrischem Weg – ein Potentiometer ist nichts anderes als ein veränderbarer Widerstand.

Die Einspritzeinheit auf einen Blick. In der Abbildung sind bezeichnet:
1 – Halter für Einspritzventil mit Geber für Ansaugluft-Temperaturgeber;
2 – Drosselklappen-Potentiometer;
3 – Kraftstoffdruckregler;
4 – Verbindungsschlauch zum Ansaugstutzen;
5 – Kraftstoff-Zulauf;
6 – Kraftstoff-Rücklauf;
7 – Anschlußstecker am Einspritzventil;
8 – Gaszug;
9 – Anschlußstecker am Drosselklappensteller.

Die Schnittzeichnung durch die Einspritzeinheit macht folgende Teile sichtbar:
1 – Druckregler, Rücklauf geschlossen;
2 – Einspritzventil;
3 – Ansaugluft-Temperaturgeber;
4 – Drosselklappe;
5 – Druckregler, Rücklauf geöffnet;
6 – Kraftstoff-Rücklauf;
7 – Kraftstoff-Zulauf.

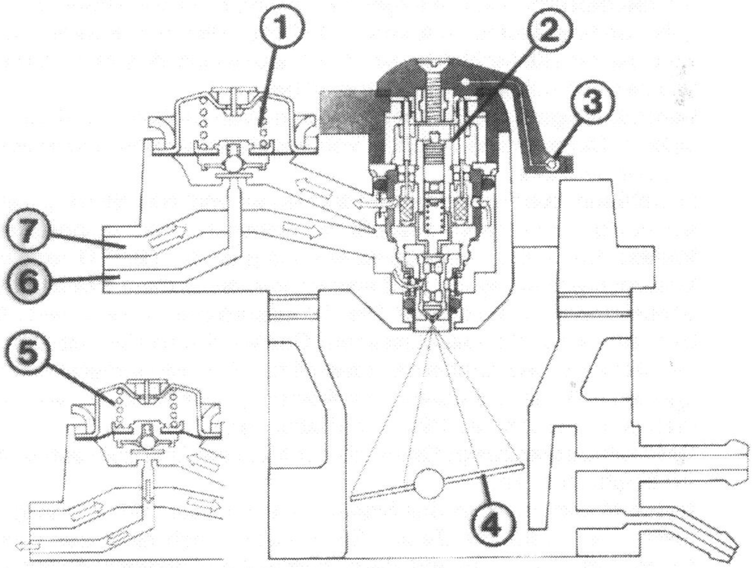

In dieser Zeichnung ist die Zentraleinspritzung mit ihren Teilen schematisch dargestellt:
1 – Einspritzeinheit;
2 – Ansaugluft-Temperaturgeber;
3 – Drosselklappensteller;
4 – Drosselklappen-Potentiometer;
5 – Heizelement der Ansaugrohr-Beheizung (Igel);
6 – Steuergerät;
7 – Zünd/Anlaßschalter;
8 – Batterie;
9 – Zündtrafo;
10 – Lambdasonde;
11 – Kühlmittel-Temperaturgeber;
12 – Zündverteiler;
13 – Kraftstoffilter;
14 – elektrische Kraftstoffpumpe.

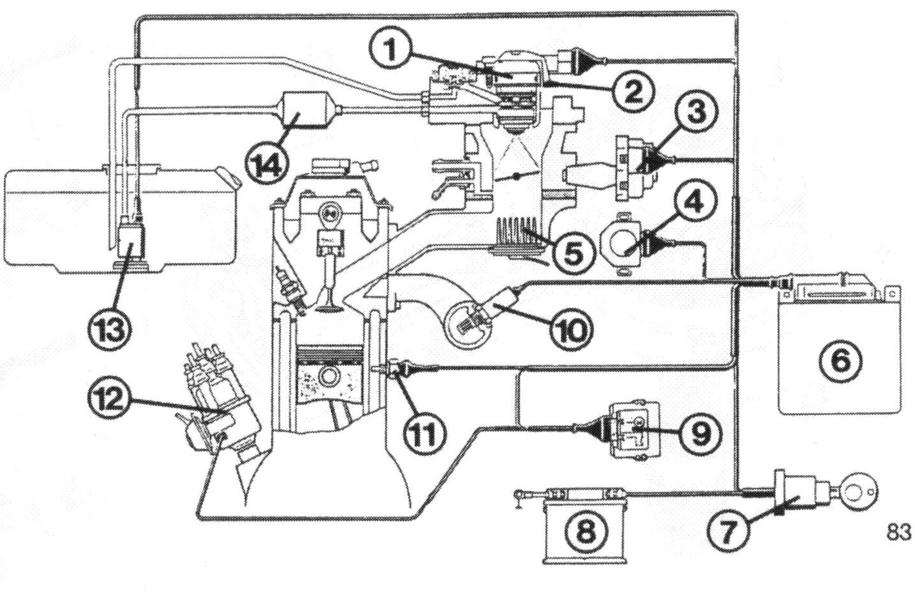

Temperaturgeber Ansaugluft Er sitzt seitlich am Gehäuse des Einspritzventils und kann die Temperatur der Ansaugluft, wie sie an der Einspritzeinheit ankommt, genau erfassen.

Temperaturgeber Kühlmittel Die Temperatur des Kühlmittels wird für die Steuerung mehrerer Funktionen der Einspritzung gebraucht: Kaltstartanreicherung, Nachstartanreicherung (über den gesamten Temperaturbereich), Katalysatoraufheizung, Beschleunigungsanreicherung und Schubabschaltung.

So funktioniert die Zentral-Einspritzung

Kaltstart: Über die Motortemperatur ist das Steuergerät durch den Kühlmittel-Temperaturgeber informiert. Je kälter der Motor, desto länger sind die Einspritzzeiten für ein kraftstoffreicheres Startgemisch.

Warmlauf: Die allmähliche Erwärmung der Kühlmittels meldet der Temperaturgeber anhand sich ändernder Widerstandswerte ans Steuergerät. Entsprechend wird die Einspritzzeit allmählich zurückgenommen. Bei diesem Betriebszustand bleibt das Lambdasignal zunächst ohne Beachtung, d. h. das Gemisch ist für den Katalysator nicht optimal.

Leerlauf: Der Leerlaufschalter am Drosselklappensteller informiert das Steuergerät über diesen Betriebszustand. Nun reguliert der Drosselklappensteller die Leerlaufdrehzahl und gleicht dabei Drehzahlabfall aus, der durch Einschalten leistungsstarker Stromverbraucher, voll eingeschlagene Servolenkung oder eingeschalteter Klimaanlage entsteht. Das geschieht durch Veränderung des Zündzeitpunkts.

Normalbetrieb: Das Steuergerät erhält Informationen über den Motorlauf durch die Drehzahlimpulse vom Hallgeber und die Widerstandswerte vom Drosselklappen-Potentiometer (Drosselklappenstellung). Daraus zieht das Steuergerät Rückschlüsse auf den Lastzustand des Motors und mißt über das Einspritzventil die zur angesaugten Luft nötige Menge Kraftstoff bei.

Lambda-Regelung: Bei der Zumessung von Kraftstoff wird das Kraftstoff/Luft-Verhältnis von *.298 = 1 berücksichtigt. Der ständige Wechsel von angefettetem und abgemagertem Gemisch ermöglicht optimales Arbeiten des Katalysators.

Beschleunigen: Spontanes Gasgeben erkennt das Steuergerät durch die Signale vom Potentiometer als Beschleunigungsvorgang, weshalb das Gemisch sofort »angefettet« wird.

Vollast: Bei Vollgas oder genauer gesagt ab ca. 72,5° Drosselklappenstellung veranlaßt das Steuergerät die Volllastanreicherung. Es wird also im Verhältnis mehr Kraftstoff beigemischt. Über die Drosselklappenstellung informiert der Potentiometer. Die Vollastanreicherung ignoriert allerdings das Lambdasignal.

Schubbetrieb: Bei losgelassenem Gaspedal wird Sprit gespart durch Abschalten der Kraftstoffzufuhr, sofern der Motor Betriebstemperatur erreicht hat. Das Steuergerät erkennt diesen Betriebszustand am losgelassenen Gaspedal (Drosselklappen-Potentiometer), der Meldung vom Kühlmittel-Temperaturgeber und einer Motordrehzahl von mehr als 1500/min (Hallgeber).

Drehzahlbegrenzung: Oberhalb der Maximal-Drehzahl schaltet das Steuergerät zum Schutz des Motors die Kraftstoffzufuhr ab.

Notlauffunktion: Falls das Signal von einem der Informationsgeber gar nicht ankommt oder einen unsinnigen Wert liefert, gerät die Zentral-Einspritzung noch nicht aus dem Takt. Dem Steuergerät stehen sogenannte Ersatzwerte zur Verfügung, die bereits fest eingespeichert sind. Ein Ersatzwert kann natürlich viele Betriebsbedingungen nicht berücksichtigen, aber immerhin bleibt das Fahrzeug fahrbereit. Der Fahrer erkennt den Ausfall eines Gebersignals an Leistungsmangel oder schlechten Starteigenschaften.

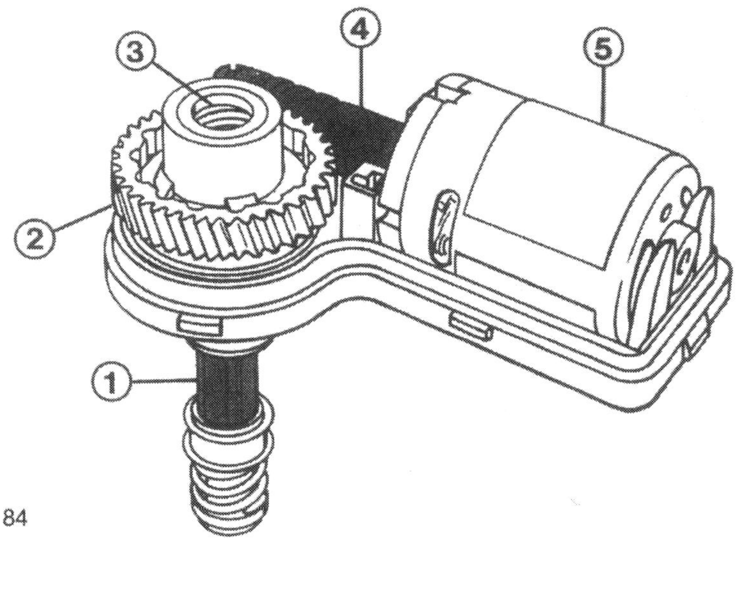

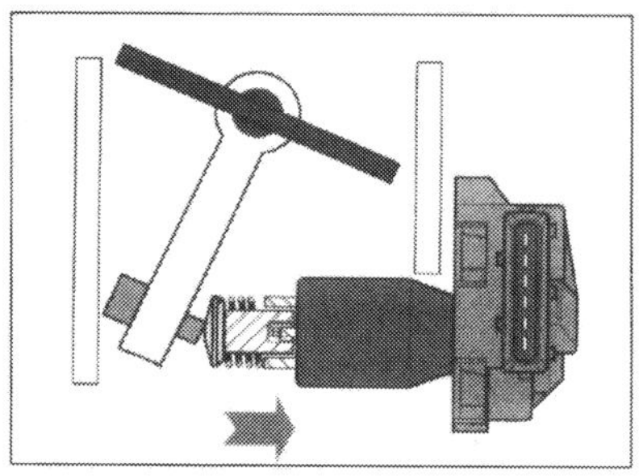

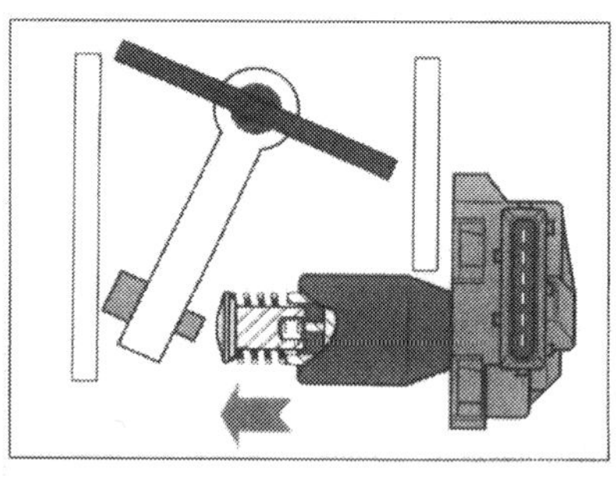

Links: Der Drosselklappensteller besteht aus:
1 – Betätigungsstößel;
2 – Schneckenritzel;
3 – Schraubgewinde,
4 – Antriebsschnecke;
5 – Elektromotor;
Rechts: Drosselklappe in Ruhestellung (oben) bzw. vom Stellmotor geöffnet zur Anhebung der Leerlaufdrehzahl (unten).

Störungen und Eigendiagnose

Das Steuergerät der Zentral-Einspritzung kann Fehler, die während des Motorbetriebs auftreten, erkennen und in einem Speicher festhalten. Trat die Störung innerhalb der folgenden zehn Motorstarts nicht mehr auf (sporadischer Fehler), wird der Speicher im Steuergerät automatisch gelöscht. Permanent bestehende Fehler werden beim Inspektions-Service in der Werkstatt mit einem Auslesegerät abgefragt; eine Möglichkeit für den Heimwerker zur Fehlerspeicherabfrage ist nicht vorgesehen. Falls Sie einen Fehler in der Zünd/Einspritz-Steuerung vermuten, läßt sich der Fehlerspeicher nur in der VW-Werkstatt abrufen. Zusätzlich können Sie aber auch unseren »Störungsbeistand« am Ende des Kapitels zu Hilfe nehmen, in dem wir eine Vielzahl von möglichen Fehlern über die Eigendiagnose hinaus aufgeführt haben. Nach Beheben des Fehlers muß der Fehlerspeicher mit dem Auslesegerät gelöscht werden.

Selbsthilfe

Geber, Schalter und Kabelverbindungen sind nach unseren Erfahrungen viel eher die Ursache für eine Störung als etwa das Steuergerät. Daher ist bei einem Defekt folgende Vorgehensweise ratsam:
○ Sicherstellen, daß die Zündung in Ordnung ist.
○ Kraftstoffversorgung prüfen.
○ Sichtprüfung an den Teilen der Einspritzanlage durchführen.
○ Wurde so kein Fehler gefunden, »Störungsbeistand« am Ende des Kapitels studieren und Fehlerspeicher abrufen lassen, verdächtiges Bauteil nach Prüfanleitung kontrollieren.

Fingerzeig: Bei Totalausfall der Einspritzung zuerst Sicherung Nr. 15 und 18 prüfen. Über sie läuft die gesamte Stromversorgung der Einspritzung.

Sichtprüfung

● Unterdruckschläuche auf Risse und festen Sitz prüfen. Alle Schläuche, die an der Einspritzeinheit oder am Ansaugrohr angeschlossen sind (z. B. Bremskraftverstärker, Ansaugluft-Vorwärmung, Aktivkohlebehälter-Anlage), müssen geprüft werden.
● Sind an den Kraftstoffleitungen Undichtigkeiten zu erkennen?
● Sitzen die Batteriekabel fest auf den Polen?
● Wurden die Kabelstecker mehrfach auseinandergezogen und wieder verbunden? Korrosion oder ungeschicktes Reißen kann mangelnden Kontakt zur Folge haben.
● Sehen Sie sich die Stecker an den einzelnen Bauteilen der Einspritzung genau an. Kontakte nicht nachbiegen, sondern nur mit Kontaktspray behandeln.

»Falschluft«-Prüfung

Schon geringe »Falschluft«-Mengen können die Gemischaufbereitung empfindlich stören, da sie ja in der Berechnung des Steuergeräts nicht enthalten sind. Das Gemisch magert unkontrolliert ab. Am deutlichsten erkennt man die Störung im Leerlauf an schwankender Drehzahl. Es kann aber auch zu Klingelerscheinungen bei voll belastetem Motor kommen.
● Motor warmfahren und abstellen.
● Steckverbindung zur Lambdasonde trennen, damit die Lambda-Regelung abgeschaltet ist.
● Motor starten und im Leerlauf drehen lassen, Motorhaube öffnen.
● Mit einer Startkraftstoff-Spraydose (z. B. »Start-

Links: Zum Lösen des Ansaugstutzens (2) die Abdeckkappe (3) über den drei Sechskantschrauben (1) abhebeln. Anschließend die Schrauben lösen und den Ansaugstutzen von der Einspritzeinheit abnehmen.
Rechts: Zum Abnehmen des Ansaugstutzens (1) müssen die Leitungen der Ansaugluft-Vorwärmung zum Drosselklappenstutzen (3) und zum Luftfiltergehäuse (2) am Ansaugstutzen abgezogen werden.

pilot«) Einspritzeinheit am Flansch zum Saugrohr, die Flanschdichtungen der Ansaugkanäle und Leitungen zu den unterdruckgesteuerten Aggregaten ansprühen.

● Verändert sich die Motordrehzahl beim Besprühen einer bestimmten Stelle, liegt dort die Undichtigkeit vor.

Prüfungen an einzelnen Bauteilen

Drosselklappensteller prüfen

● Stecker am Drosselklappensteller abziehen.
● An den Kontakten »1« und »6« des Anstellers maximal 6 Volt Spannung anlegen; »+«-Pol an »1«.
● Das geht z. B. mit einer 4,5-Volt-Batterie oder dem 6-Volt-Ladebereich eines Ladegerätes.
● Der Stößel muß ganz zurückfahren.
● Anschlußkabel umpolen (»–«-Pol an den Kontaktstift »1«):
● Der Stößel muß ganz ausfahren.
● Ist das der Fall, ist der Drosselklappensteller in Ordnung. Wenn nicht, ersetzen.
● Zusätzlich können Sie eine Widerstandsmessung durchführen.
● Wicklungswiderstand des Stellmotors zwischen den Anschlüssen »1« und »6« 3–200 Ω.
● An den Kontakten »4« und »5« bei geschlossener Drosselklappe max. 200 Ω.
● Bei geöffneter Drosselklappe strebt der Ω-Wert gegen ∞.
● Fehlerspeicher abfragen und löschen lassen.

Leerlaufschalter einstellen

● Wurde der Drosselklappensteller samt Leerlaufschalter bzw. das Unterteil der Einspritzeinheit ausgewechselt, muß die Anschlagschraube für den Schalter eingestellt werden.
● Vor dem Einstellen muß der Stößel des Drosselklappenstellers ganz zurückgefahren sein.
● Dazu an den Kontakten »1« und »6« des Anstellers maximal 6 Volt Spannung anlegen, wie im vorangegangenen Abschnitt beschrieben.
● Kabel anschließen; »+«-Pol nach oben.
● Warten, bis der Stößel ganz zurückgefahren ist.
● Ohmmeter an den unteren beiden Anschlüssen des Drosselklappenstellers anschließen.
● Fühlerlehrenblatt mit 0,5 mm zwischen Stößel und Anschlagschraube einschieben, dabei Ohmmeter beobachten.
● Bei eingeschobener Fühlerlehre muß der Schalter geschlossen sein. Anzeige: max. 200 Ω.
● Fühlerlehre wieder herausziehen. Der Schalter muß jetzt offen sein. Ω-Anzeige strebt gegen ∞.
● Gegebenenfalls die Einstellschraube mit einem kleinen Innensechskantschlüssel verdrehen und anschließend mit einem Lacktupfer sichern.

Drosselklappen-Potentiometer prüfen

● Stecker am Drosselklappen-Potentiometer abziehen.
● Ohmmeter laut Tabelle an je zwei der Steckkontakte anschließen.
● Werden die genannten Werte nicht erreicht, ist der Drosselklappen-Potentiometer defekt. Er kann nicht einzeln ersetzt werden. Es muß das komplette Unterteil der Einspritzeinheit ausgewechselt werden.

Klemmen	Prüfbedingungen	Widerstand
1 + 5	–	520 – 1300 Ω
1 + 2	von Drosselklappe zu bis ca 1/4 offen: Widerstand ansteigend, danach konstant	600 – 3500 Ω
1 + 4	von Drosselklappe zu bis ca 1/4 offen: Widerstand konstant, danach ansteigend	600 – 6600 Ω

Einspritzventil prüfen

● **Funktionsprüfung:** Der Motor muß mindestens 60° C Öltemperatur haben, das entspricht 10 Minuten Fahrt nach dem Kaltstart.
● Luftfiltergehäuse abbauen.
● Motor starten und im Leerlauf drehen lassen.
● Spritzstrahl des Einspritzventils beobachten. Es muß ein gleichmäßiges Spritzbild haben und auf die Drosselklappe gerichtet sein.
● Motor abstellen, um die Dichtheit des Ventils zu prüfen.
● Es dürfen bei stehendem Motor nicht mehr als zwei Tropfen pro Minute austreten.
● Die weiteren Prüfungen führen Sie durch, wenn der Motor nicht anspringt.
● Sicherung 15 und 18 kontrollieren.
● Von Helfer den Motor mit dem Anlasser durchdrehen lassen.
● Das Einspritzventil muß sichtbar Kraftstoff abspritzen.
● **Widerstandsprüfung:** Wenn nicht, braunen Stecker oben an der Einspritzeinheit abziehen.
● Ohmmeter an den Kontakten »2« und »3« (an der Einspritzeinheit) anschließen:
● Bei einer Umgebungstemperatur zwischen +15° und +30° C müssen 1,2–1,6 Ω abzulesen sein, andernfalls ist das Einspritzventil defekt. TORX-Schraube lösen und Ventil wechseln.
● **Spannungsversorgung:** Wenn das Ventil trotz richtiger Werte nicht abspritzt.

Zur Prüfung des Drosselklappenstellers haben wir hier den Stecker abgezogen. An den Kontaktzungen wird zur Prüfung Spannung angelegt oder der Ohmmeter angeschlossen, wie im Text beschrieben.
Links die alte und rechts die neue Ausführung.

Links: Der Drosselklappensteller (1) kann einzeln ausgebaut werden. Das ist auch erforderlich, wenn der Leerlaufschalter (2) einen Defekt an seinem Betätigungsstößel aufweist. Position »3« bezeichnet die Anschlagschraube der Drosselklappe.
Rechts: Hier sind die Kontakte des Drosselklappen-Potentiometers bezeichnet. Bei welcher Messung der Ohmmeter an welchen Kontakten angeschlossen wird, steht in der Tabelle auf der gegenüberliegenden Seite.

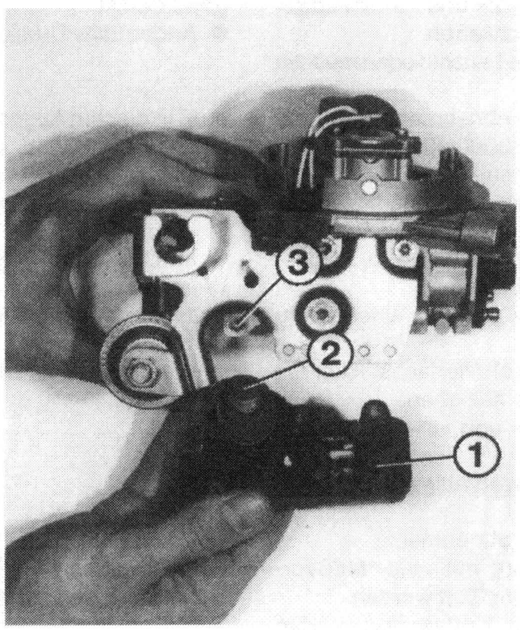

Links: Das Einspritzventil (2) ist hier mit angeschlossenem Stecker (1) aus der Aufnahme (3) der Einspritzeinheit ausgebaut.
Rechts: In der Abbildung sehen Sie den zerlegten Druckregler:
1 – Deckel;
2 – Feder;
3 – Membrane;
4 – Anlagefläche.

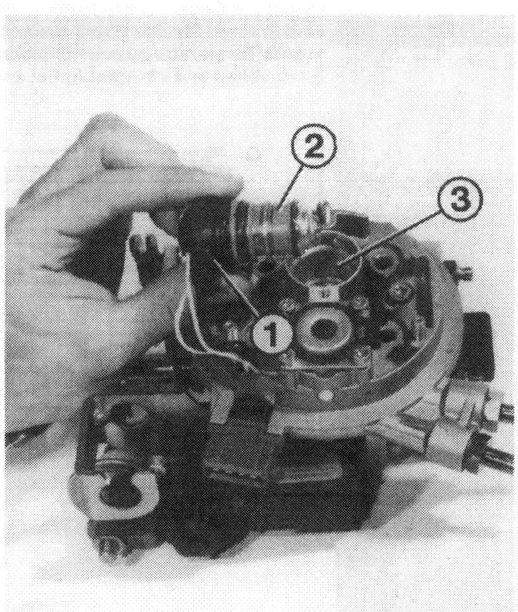

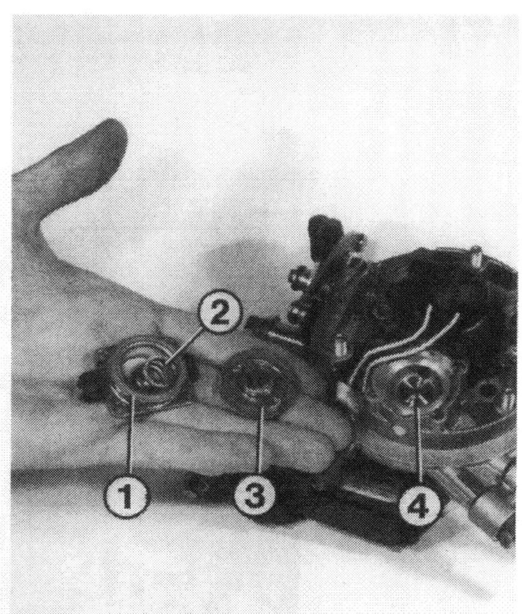

An den mit Pfeilen bezeichneten Anschlüssen des Einspritzventils und seines Steckers wird das Ohmmeter zur Widerstandsmessung angeschlossen.

● Leuchtdioden-Spannungsprüfer – nichts anderes verwenden – an die Kontakte »2« und »3« im abgezogenen Anschlußstecker anschließen.
● Anlasser betätigen lassen: Die Leuchtdioden müssen flackern, sonst Leitungsunterbrechung oder Steuergerät defekt.
● Andernfalls Druckregler prüfen.

Schubabschaltung prüfen

● Luftfilterdeckel und Luftfilter abnehmen.
● Motor starten, kurz auf über 3000/min hochdrehen und schlagartig Drosselklappe schließen.
● Der gut sichtbare Sprühstrahl des Einspritzventils muß in diesem Augenblick kurz unterbrochen werden. Dann ist die Schubabschaltung in Ordnung.
● Wenn nicht, Drosselklappenschalter und Steuergerät kontrollieren (lassen).

Temperaturgeber prüfen

● **Temperaturgeber Ansaugluft:** Braunen Stecker oben an der Einspritzeinheit abziehen.
● An den Steckkontakten »1« und »2« einen Ohmmeter anschließen.
● **Temperaturgeber Kühlmittel:** Vierfachstecker am Geber am Thermostatgehäuse abziehen.
● An den Steckkontakten »1« und »3« des Gebers einen Ohmmeter anschließen.
● **Beide Geber:** Widerstandswert ablesen.
● Im Diagramm (siehe unten rechts) prüfen, ob die Werte für den Geber-Widerstand und die momentane Luft- bzw. Kühlmitteltemperatur innerhalb des Bandes der Kurve liegen.
● Wenn ja, ist der Geber in Ordnung.

Kraftstoffdruck prüfen

● Luftfilterdeckel und Luftfilter abnehmen.
● Der Kraftstoffdruck kann nur mit einer Meßvorrichtung (Werkstatt) genau kontrolliert werden.
● Bei Verdacht auf falschen Kraftstoffdruck den Druckregler zerlegen.
● Dazu drei TORX-Schrauben lösen.
● Prüfen, ob die Membran beschädigt ist oder ob sich Schmutz abgelagert hat.

Links: Der Geber für Kühlmittel-Temperatur und für Temperaturanzeige sind in einen Stecker (Pfeil) zusammengefaßt. Zum Messen des Widerstands Temperaturgebers Kühlmittel ein Ohmmeter an den Kontakten »1« (braun/blau) und »3« (grau/grün) anschließen.

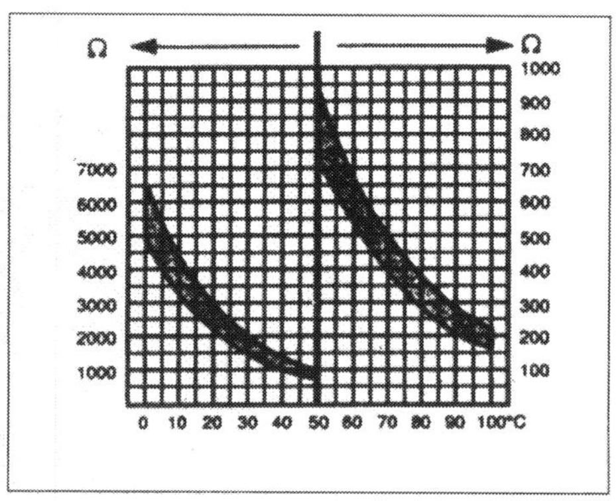

Rechts: Das Diagramm verdeutlicht die Abhängigkeit von Ansaugluft-Temperatur bzw. Kühlmittel-Temperatur und Geber-Widerstand.

Der Gaszug, links an der Zentraleinspritzung gezeigt. Die Zahlen bezeichnen folgende Teile:
1 – Stecksicherung;
2 – Gaszughülle mit Kerben für die Stecksicherung;
3 – Gummitülle;
4 – Widerlager.

Abgas-Untersuchung (AU)

Wartungsarbeit

Für Fahrzeuge mit geregeltem Katalysator ist in der Bundesrepublik erstmals drei Jahre nach Erstzulassungsdatum und darauf alle zwei Jahre eine Abgas-Untersuchung vorgeschrieben, bei der auch die Funktion der Lambdasonde, die Zündeinstellung und die Wirksamkeit des Katalysators geprüft werden. Wenn für den Passat eine »Fahrzeug-Hauptuntersuchung« beim DEKRA oder TÜV ansteht, muß zuerst die Abgas-Untersuchung erfolgen. Das geht nach unseren Erfahrungen am schnellsten in der Marken-Werkstatt. Zur Zeitersparnis kommt noch hinzu, daß in der VW-Werkstatt immer die allerneuesten Einstelldaten vorliegen, die andere Werkstätten bzw. DEKRA oder TÜV erst mit einer gewissen Verzögerung erhalten.
Bei der AU muß die Auspuffanlage intakt sein, und am Ansaugrohr darf keine »Falschluft« eintreten können. Stellen Sie außerdem sicher, daß der Luftfilter sauber ist und der Zündkerzen-Elektrodenabstand stimmt. Nach monatelangem Kurzstreckenbetrieb ist außerdem ein Ölwechsel ratsam. Das ins Motoröl gelangte Kraftstoffkondensat verschlechtert nämlich die Abgaswerte.
Für die Prüfung wird der Wagen an einen aufwendigen Werkstattester angeschlossen, dessen Drucker die erzielten Meßwerte zu einer Prüfbestätigung zusammenfaßt. Werden einzelne Vorgaben nicht erreicht, gibt's auch keine Prüfbestätigung. Bevor Sie bei nicht bestandener Abgas-Untersuchung ein teures Bauteil auswechseln (lassen), sollten Sie die Prüfung bei einer anderen Werkstatt wiederholen. Trotz aufwendiger Meßtechnik kommt es bei den Ergebnissen zu Streuungen. Manchmal genügt auch eine ausgedehnte Probefahrt, wobei Motor, Katalysator und Lambdasonde auf volle Betriebstemperatur kommen.

Der Gaszug

Der Verbindungszug zwischen Gaspedal und Einspritzanlage ist knickempfindlich. Bei Arbeiten im Motorraum sollten Sie darauf achten, daß der abgeklemmte Zug nicht in einem ungünstigen Winkel verlegt wird, wodurch er Schaden nehmen könnte.

Gaszug ersetzen

- Am Seilzugende die Halteklammer und am Befestigungspunkt der Seilzughülle die Stecksicherung abnehmen.
- Im Innenraum das linke Handschuhfach und die untere Abdeckung am Armaturenbrett ausbauen (Innenraum-Kapitel).
- Öse des Gaszugs aus dem Haltenippel am Hebel des Gaspedals herausziehen.
- Gummitülle aus der Trennwand vom Motorraum zum Innenraum durchdrücken.
- Gaszug herausziehen.
- Beim Einsetzen der Gummitülle des neuen Gaszugs in die Trennwand darauf achten, daß der Zug nicht geknickt wird.

Gaszug einstellen

- **Schaltgetriebe:** Gaspedal voll durchtreten lassen.
- Drosselklappenhebel in Vollgasstellung drücken.
- Stecksicherung in die entsprechende Kerbe der Gaszughülle am Widerlager einstecken.
- Am Drosselklappenhebel darf bei voll getretenem Gaspedal ein Spiel von höchstens 1 mm vorhanden sein.
- **Automatikgetriebe:** Zwischen den Anschlag am Wagenboden und das Gaspedal ein Distanzstück von exakt 15 mm Höhe klemmen.
- Gaspedal bis zum Distanzstück voll durchtreten lassen.
- Drosselklappenhebel in Vollgasstellung drücken.
- Stecksicherung in die entsprechende Kerbe der Gaszughülle am Widerlager einstecken.
- Gaspedal wieder loslassen.

- Stecker am Kickdownschalter abziehen. Dieser Schalter sitzt im Motorraum an der Trennwand zum Innenraum.
- An den Schalterkontakten ein Ohmmeter anschließen. Der gemessene Wert muß nach ∞ Ω streben.
- Von Helfer Gaspedal langsam durchtreten lassen. Kurz nach dem Kickdown-Druckpunkt muß der Widerstand auf 0 Ω abfallen. Das Gaspedal muß hierbei noch kurz vor dem Anschlag stehen.

Störungsbeistand

Zentral-Einspritzung

Wenn keine Möglichkeit zum Auslesen des Fehlerspeichers mit dem Fehlerauslesegerät der VW-Werkstatt besteht, können Sie anhand unseres Störungsbeistands dem Fehler ebenfalls auf die Spur kommen.

Die Störung	– ihre Ursache	– ihre Abhilfe
Kalter Motor springt nicht oder schlecht an	1 Sicherung 15 oder 18 defekt	Auswechseln
	2 Vorwiderstandsleitung des Einspritzventils defekt	Überprüfen, ggf. austauschen
	3 Kraftstoffpumpe fördert nicht oder nicht genügend	Benzin im Tank? Pumpe kontrollieren, Fördermenge messen lassen
	4 Kraftstoff-Druckregler defekt	Druck messen lassen
	5 Kühlmittel-Temperaturgeber defekt	Prüfen
	6 Drosselklappen-Potentiometer defekt	Prüfen lassen
	7 Steuergerät defekt	Prüfen lassen
	8 Kabelstrang zwischen Hallgeber und Steuergerät defekt	Kabelverlauf kontrollieren
	9 Motor erhält »Falschluft«	Nach Anleitung kontrollieren
Warmer Motor springt nicht oder schlecht an	1 Siehe A 2–9	
	2 Einspritzventil undicht	Ventil überprüfen
Motor springt an, stirbt aber wieder ab	1 Drosselklappensteller arbeitet nicht	Steller prüfen
	2 Siehe A 6	
	3 Lambdasonde defekt	Funktion prüfen lassen, ggf. ersetzen
Kalter Motor schüttelt im Leerlauf	1 Siehe A 5 2 Siehe C 1	
Warmer Motor schüttelt im Leerlauf	Siehe C 1	
Leerlauf sinkt ab beim Einschalten starker Stromverbraucher bzw. bei vollem Einschlag der Servolenkung	Siehe C 1	
Motor hat Aussetzer	1 Kraftstoffilter verstopft	Filter austauschen
	2 Siehe A 3 3 Siehe B 2 4 Siehe C 3	
Schwankende Drehzahl bei 2000–3000/min	Siehe A 6	
Motor stottert, setzt aus	Siehe A 3	
Motorleistung ungenügend	1 Siehe A 3, 6 und 9 2 Siehe C 3	
	3 Drosselklappe geht nicht in Vollgasstellung	Gaszug einstellen
Motor patscht ins Saugrohr	1 Siehe A 4 2 Siehe C 3	
Kraftstoffverbrauch zu hoch	1 Siehe A 5 und 6 2 Siehe C 3	

<u>Fingerzeig:</u> Beim Abklemmen der Batterie werden die Korrekturwerte der Zentral-Einspritzung gelöscht. Das hat zur Folge, daß der Motor nach dem Wiederanschließen der Stromversorgung für eine gewisse Zeit keinen einwandfreien Leerlauf hat. Am schnellsten erfolgt der Selbstlernprozeß der Korrekturwerte bei einer Probefahrt von ca. 10 Minuten.

Vierfach-Spritze

Für gute Kraftstoffverwertung benötigt jeder einzelne Zylinder eine genau bemessene Menge an Kraftstoff/Luft-Gemisch. Das geschieht am besten mit einer »Mehrpunkt«-Einspritzanlage. Es handelt sich um eine elektronisch gesteuerte Anlage mit programmiertem Einspritzkennfeld, kennfeldgesteuerter Zündung, klopfgeregelter Zündverstellung, integrierter Leerlaufstabilisierung und Schubabschaltung.

Die wichtigsten Teile

Steuergerät

Über einen Vielfachstecker erhält das Steuergerät im sogenannten Wasserfangkasten folgende Informationen:
- Anlasser Klemme 50 für Beginn und Ende des Startvorgangs
- Drehzahlgeber (außer Digifant-Einspritzung) für die Motordrehzahl und die Kurbelwellenstellung
- Drosselklappen-Potentiometer für die augenblickliche Stellung der Drosselklappe
- Hallgeber im Zündverteiler für die Motordrehzahl
- Klopfsensor am Motorblock für »klopfende« Verbrennung, siehe auch Kapitel »Die Zündanlage«
- Lambdasonde im Katalysator für den Restsauerstoffgehalt im Abgas
- Potentiometer (Digifant-Einspritzung) am Luftmengenmesser für die Lage der Stauklappe (= Menge der angesaugten Luft)
- Luftmassenmesser zum Erfassen der Luftdichte
- Temperaturgeber Ansaugluft im Luftmengenmesser (Digifant-Einspritzung)
- Temperaturgeber Ansaugluft im Luftfiltergehäuse (Simos-Einspritzung)
- Temperaturgeber Kühlmittel im Kühlmittelstutzen

Anhand der Informationen über Drehzahl und Lastzustand errechnet das Steuergerät die Öffnungsdauer der elektromagnetisch betätigten Einspritzventile und somit die Kraftstoff-Einspritzmenge. Dazu stehen dem Steuergerät die Motorkennfelder für Einspritzung und zusätzlich für Zündung zur Verfügung. Diese Kennfelder sind Datensammlungen für alle erdenklichen Motorsituationen und die zugehörigen Kraftstoffmengen bzw. Zündzeitpunkte. Das Steuergerät kann aber die Werte nach Eingang von sogenannten Korrektursignalen (z. B. Ansaugluft- und Kühlmitteltemperatur) noch variieren.

Drosselklappe

Im Ansaugrohr sitzt in einem Stutzen die Drosselklappe. Sie ist über den Gaszug mit dem Pedal im Innenraum verbunden und dosiert den Ansaugluftstrom in den Motor von Leerlauf bis Vollgas.

Drosselklappen-Potentiometer

Der Drosselklappen-Potentiometer erfaßt die augenblickliche Stellung der Drosselklappe von »Leerlauf« (Drosselklappe geschlossen) bis »Vollast« (Drosselklappe ganz geöffnet). Anhand von seinen Informationen wird die Leerlaufstabilisierung, Schubabschaltung bzw. Vollastanreicherung aktiviert.

Druckregler

Er sitzt vor dem Kraftstoffverteiler und reguliert den Kraftstoffdruck zu den Einspritzventilen. Dazu erhält er die Höhe des Unterdrucks im Ansaugrohr übermittelt. Im Leerlauf bei geschlossener Drosselklappe und hohem

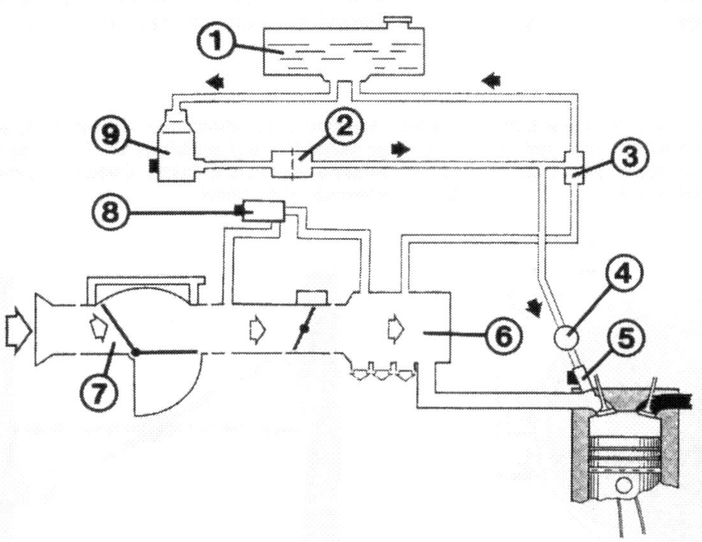

Die Digifant-Einspritzung ist hier schematisch mit ihren Bauteilen dargestellt. Den Weg der Luft zeigen die weißen Pfeile, die Kraftstoffversorgung zeigen die schwarzen Pfeile. Es bedeuten:
1 – Tank;
2 – Druckregler;
3 – Kraftstoffverteiler;
4 – Einspritzventil;
5 – Saugrohr;
6 – Entfallen;
7 – Kraftstoffilter;
8 – Ventil für Leerlaufstabilisierung;
9 – Luftmengenmesser;
10 – Benzinpumpe.

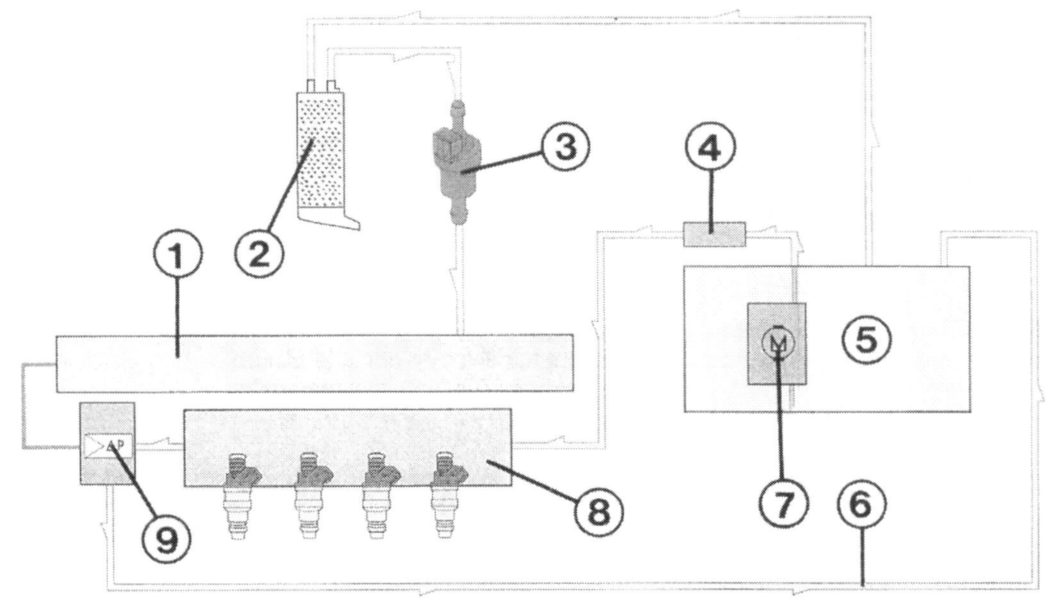

Die MPI-Einspritzung ist hier schematisch mit ihren Bauteilen dargestellt. Den Weg des Kraftstoffes zeigen die angedeuteten Pfeile. Bezeichnet sind:
1 – Ansaugrohr;
2 – Aktivkohlebehälter;
3 – Magnetventil für Aktivkohlebehälter-Anlage;
4 – Kraftstoffilter;
5 – Tank;
6 – Kraftstoffleitung;
7 – Kraftstoffpumpe;
8 – Kraftstoffverteilerrohr mit Einspritzventilen;
9 – Druckregler.

Unterdruck hält er den Druck geringer. Mit abfallendem Unterdruck bei höherer Motorlast wird der Kraftstoffdruck vom Druckregler erhöht. Die Kraftstoffpumpe schafft einen viel höheren Betriebsdruck, doch durch den Druckregler wird der Benzinrücklauf zum Tank entsprechend vergrößert und ggf. verringert.

Einspritzventile

Sie spritzen bei der **Digifant-Einspritzung** bei jeder Kurbelwellenumdrehung Benzin in den Saugkanal vor das Einlaßventil ihres betreffenden Zylinders – die Dauer wird vom Steuergerät festgelegt. Der jeweilige Zylinder erhält also eine Ration auf Vorrat und die zweite bei geöffnetem Einlaßventil direkt in den Brennraum.
Anders bei der **Simos-Einspritzung:** Jeder einzelne Zylinder erhält seine Kraftstoffration in die Ansaugkanäle gespritzt, sobald seine Einlaßventile öffnen. Das heißt, daß die Einspritzventile nacheinander abspritzen – in der Fachsprache nennt man das »Sequentielle Einspritzung«. Das bewirkt eine gewisse Verringerung des Kraftstoffverbrauches und hat außerdem einen geringeren Schadstoffanteil im Abgas zur Folge.

Geber für Ansaugluft-Temperatur

Er sitzt seitlich im Luftmengenmesser (Digifant), im Filterdeckel (Simos) bzw. im Ansaugrohr-Oberteil (74 kW) und kann so die Temperatur der einströmenden Ansaugluft genau erfassen. Die Temperatur der Ansaugluft gelangt in Form eines Widerstandswertes ans Steuergerät. Gebraucht wird er für die optimale Kraftstoffdosierung.

Geber für Kühlmittel-Temperatur

Die Temperatur des Kühlmittels wird für die Steuerung mehrerer Funktionen der Einspritzung gebraucht: Kaltstartanreicherung, Nachstartanreicherung (über den gesamten Temperaturbereich), Beschleunigungsanreicherung und Schubabschaltung. Die Kühlmittel-Temperatur wird dem Steuergerät ebenfalls als Widerstandswert übermittelt. Es errechnet nun die richtige Einspritzzeit, die bei betriebswarmem Motor zwischen 2 und 8 Millisekunden liegt. Dieser Wert kann um bis zu 70% verlängert werden, wenn die Kühlmittel-Temperatur bei arktischen -25° C liegt.

Luftmengen-messer
Digifant

Die vom Luftfilter kommende Verbrennungsluft drückt eine Stauklappe je nach angesaugter Menge mehr oder weniger stark beiseite, wobei eine mit der Stauklappe verbundene Dämpfungsklappe Schwingungen der Stauklappe verhindert. Ein Potentiometer leitet je nach Stellung der Stauklappe ein Spannungssignal an das Steuergerät: Hohe Spannung bei voller Öffnung und großer Luftmenge, geringe Spannung bei kleiner Öffnung.

Im Drosselklappengehäuse erscheint der Luftstutzen (1) der Drosselklappe (2) vollkommen geschlossen. Der minmale Spalt reicht jedoch zur Luftversorgung im Leerlauf aus.

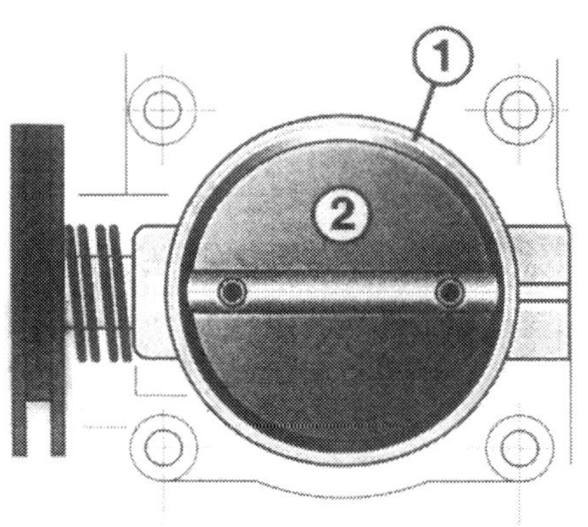

Die Kalottenform des Luftstutzens (rechte Abbildung) ermöglicht eine genauere Dosierung der Leerlaufluftmenge gegenüber der zylindrischen Form des Luftstutzens (mitte). Dies bewirkt einen ruhigen Leerlauf bei jeder Belastung des Motors. Gleichzeitig wird die benötigte Kraftstoffmenge geringer und dadurch die Abgasemission reduziert.

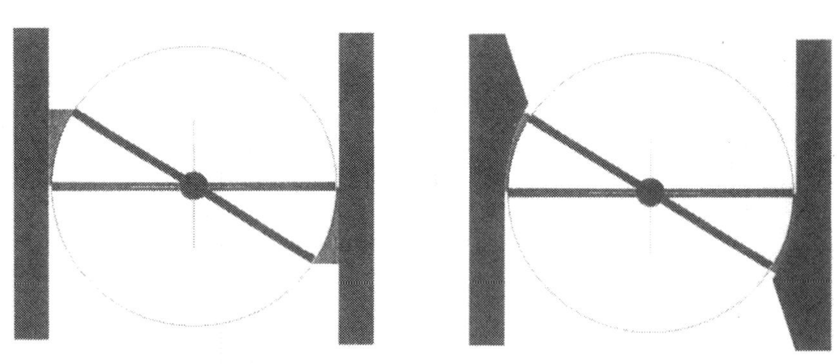

Hier haben wir die Luftführung (3) am Luftmengenmesser (Digifant) abgenommen, um den Geber für die Ansaugluft-Temperatur (2) besser sichtbar zu machen. Etwas darüber sitzt der Temperaturregler (1) der Ansaugluft-Vorwärmung.

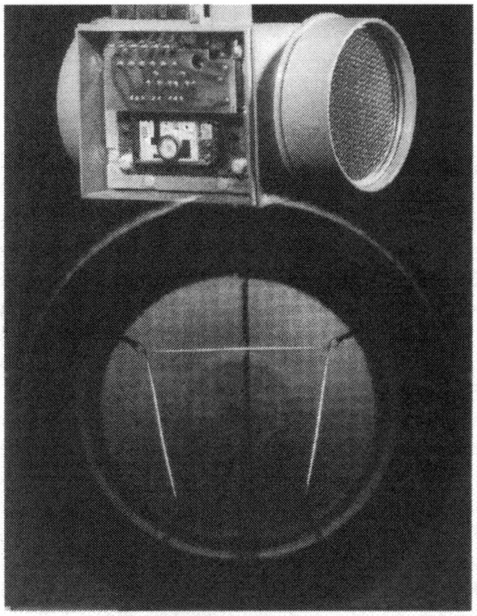

Blick in den Durchlaß des Hitzdrahtluftmassenmessers. Der Hitzdraht ist hier während des Glühvorgangs fotografiert.

Luftmassenmesser
Simos

Über einen Heizdraht kann der Luftmassenmesser die Ansaugluft gewissermaßen elektronisch »abwiegen«. Ein trapezförmig aufgehängter elektrisch beheizter Platindraht liegt direkt im Luftstrom zwischen Luftfiltergehäuse und Drosselklappenstutzen. Im Leerlauf bei geschlossener Drosselklappe gelangt nur ein geringer Luftstrom am Hitzdraht vorbei, er wird kaum abgekühlt. Mit zunehmendem Tritt aufs Gaspedal und weiterem Öffnungswinkel der Drosselklappe gelangt mehr Luft am Hitzdraht und am Temperatursensor vorbei, er wird stärker abgekühlt. Durch die Abkühlung verändert der Draht seinen Widerstand und damit den Heizstrom. Diese Änderung des Stromes dient dem Steuergerät als Informationssignal über die angesaugte Luftmenge und deren Temperatur, also die Luftdichte oder Masse/Gewicht der Luft.

Ventil für Leerlaufstabilisierung
Digifant

In der Warmlaufphase, bei vollem Einschlagen der Servolenkung oder bei laufender Klimaanlage gibt das Ventil einen Luftnebenkanal frei; damit überbrückt man die Drosselklappe. Der höhere Luftdurchsatz in Richtung Saugrohr bewirkt gleichzeitig eine vermehrte Kraftstoffzuteilung. So wird die höhere Reibung im Motor im kalten Zustand bzw. die höhere Motorbelastung durch die kraftzehrende Servopumpe oder den Klimakompressor ausgeglichen.
Auch im Schiebebetrieb wird das Leerlauf-Stabilisierungsventil genutzt. Es läßt bei geschlossener Drosselklappe die im Schub nötige Menge Luft eintreten.

Leerlaufstabilisierung
Simos

Bei der Simos-Einspritzung wird die Leerlaufstabilisierung direkt über die Drosselklappe geregelt und nicht wie bei der Digifant-Einspritzung über ein Leerlauf-Stabilisierungsventil. Der Vorteil: Weniger Bauteile, weniger benötigte Kraftstoffmenge und weniger störanfällige Bauteile.

So funktioniert die Mehrpunkt-Einspritzung

Kaltstart: Zusätzlich zur Ansaugluft läßt das Ventil für Leerlaufstabilisierung (Digifant) bzw. über die Drosselklappenstellung (Simos) weitere Luft einströmen. Zugleich erhält das Steuergerät die Information »Motor kalt« vom Kühlmittel-Temperaturgeber. Daraus errechnet das Steuergerät lange Öffnungsdauer der Einspritzventile für ein fetteres Gemisch.
Warmlauf: Die zunehmende Erwärmung des Kühlmittels meldet der Geber der Kühlmittel-Temperatur ans Steuergerät. Dieses veranlaßt, daß das Ventil für Leerlaufstabilisierung schließt bzw. der Stellmotor die Drosselklappe in Grundstellung bringt, und die Spritzdauer der Einspritzventile geht auf den Normalwert zurück.
Leerlauf: Aus den Meldungen des Drosselklappen-Potentiometers und des Potentiometers am Luftmengen- bzw. Luftmassenmesser erkennt das Steuergerät, wenn der Motor im Leerlauf dreht. Fällt die Leerlaufdrehzahl ab, verändert das Steuergerät den Zündzeitpunkt; gleichzeitig öffnet das Ventil für Leerlaufstabilisierung seinen Luftkanal bzw. der Stellmotor die Drosselklappe, wodurch die Einspritzmenge etwas erhöht wird.
Normalbetrieb erfordert keinerlei besondere Einrichtungen. Die Stellung der Drosselklappe, der Stauklappe im Luftmengenmesser (Digifant) bzw. der Hitzdraht im Luftmassenmesser (Simos) bestimmen die Öffnungsdauer der Einspritzventile.
Beschleunigen: Schnelles Öffnen der Drosselklappe erkennt das Steuergerät anhand der Meldung vom Drosselklappen-Potentiometer als Beschleunigen. Dementsprechend wird jetzt die Einspritzzeit kurzzeitig etwas verlängert.

Lambda-Regelung: Wie bereits im Kapitel »Abgas-Entgiftung« beschrieben, braucht der Katalysator für einwandfreies Arbeiten den ständigen Wechsel von leicht angefettetem bzw. abgemagertem Gemisch. Den augenblicklichen Restsauerstoffgehalt übermittelt die Lambdasonde dem Steuergerät, das in Sekundenbruchteilen den Einspritzventilen den Befehl zu kürzerer oder längerer Spritzzeit und damit der zugeteilten Benzinmenge übermittelt.
Schubabschaltung: Die Information, daß der Fuß vom Gaspedal genommen wurde, gelangt über den Drosselklappen-Potentiometer ans Steuergerät. Meldet der Kühlmittel-Temperaturgeber gleichzeitig, daß der Motor betriebswarm ist und liefert der Hallgeber im Verteiler bzw. der Drehzahlgeber die Information, daß die Motordrehzahl über 1500 Umdrehungen in der Minute liegt, gibt das Steuergerät keinen Öffnungsbefehl an die Einspritzventile.
Vollast: Für volle Leistung bei ganz durchgetretenem Gaspedal braucht der Motor mehr Kraftstoff. Anhand der Meldung »Vollgas« vom Drosselklappen-Potentiometer in Verbindung mit der voll ausgelenkten Stauklappe (Digifant) erkennt das Steuergerät den Zustand »Vollast« und läßt die Einspritzventile einen längeren Zeitraum abspritzen, wobei das Lambdasonden-Signal ignoriert wird.
Drehzahlbegrenzung: Zum Schutz vor Überdrehen des Motors schaltet das Steuergerät die Einspritzventile ab, wenn die Drehzahl von 6500/min überschritten wird.
Notlauffunktion: Wenn das Signal von einem der Informationsgeber gar keinen oder einen unsinnigen Wert liefert, gerät die Zünd/Einspritz-Steuerung noch nicht durcheinander. Das Steuergerät wählt jetzt einen sogenannten Ersatzwert, der bereits fest eingespeichert ist. Dieser Ersatzwert kann natürlich viele Betriebsbedingungen nicht berücksichtigen. Leistungsmangel oder schlechte Starteigenschaften sind das Zeichen für den Ausfall eines Gebersignals.

Störungen und Eigendiagnose

Das Steuergerät kann einen Teil der Fehler, die während des Motorbetriebs auftreten, erkennen und speichern. Erkannte Fehler werden in einem Speicher festgehalten. Kommt der VW zum Inspektions-Service in die Werkstatt, wird dort der Fehlerspeicher mit einem Auslesegerät abgefragt. Eine Möglichkeit für den Heimwerker zur Fehlerspeicherabfrage ist nicht vorgesehen. Falls Sie einen Fehler in der Zünd/Einspritz-Steuerung vermuten, läßt sich der Fehlerspeicher nur in der VW-Werkstatt abrufen. Zusätzlich können Sie aber auch unseren »Störungsbeistand« zu Hilfe nehmen, in dem wir eine Vielzahl von möglichen Fehlern über die Eigendiagnose hinaus aufgeführt haben. Nach Beheben des Fehlers wird der Fehlerspeicher mit dem Auslesegerät gelöscht.

Selbsthilfe bei der Einspritzung

Allzuviel Selbsthilfe ist bei der Einspritzanlage leider nicht möglich, denn tiefergreifende Prüfungen setzen eine gute Kenntnis der Materie und vor allem auch Meß- und Prüfgeräte voraus. Zu zahlreichen Messungen sind spezielle Meßleitungen und Prüfstecker erforderlich, damit nichts an den Steckkontakten beschädigt wird. Daher ist bei einem Defekt folgende Vorgehensweise ratsam:

- ○ Verweigert der VW den Dienst, kontrollieren Sie zuerst, ob die Zündanlage in Ordnung ist.
- ○ Als nächstes wird die Kraftstoffversorgung überprüft.
- ○ Sichtprüfung an den Teilen der Einspritzanlage durchführen.
- ○ Wurde so kein Fehler gefunden, »Störungsbeistand« am Ende des Kapitels studieren und Fehlerspeicher abrufen lassen, verdächtiges Bauteil nach Prüfanleitung kontrollieren.

<u>Fingerzeige:</u> Bei Totalausfall der Einspritzung zuerst die Sicherungen Nr. 15, 18 und das Spannungsversorgungs-Relais prüfen. Über sie läuft die gesamte Stromversorgung der Einspritzung.
Springt der Motor mit Simos-Einspritzung trotz intakter Sicherungen und Relais nicht an, kommt der Geber für Motordrehzahl in Frage. Fällt das Drehzahlsignal bei bereits laufendem Motor aus, wird nach einer Sekunde die Kraftstoffpumpe abgeschaltet. Da auch kein Ersatzwert geliefert werden kann, läßt sich der Motor nicht mehr starten.

Sichtprüfung

Eine Undichtigkeit im Ansaugsystem läßt sogenannte Nebenluft eintreten, Luft also, die in der Berechnung des Steuergeräts nicht enthalten ist und die deshalb die Gemischaufbereitung empfindlich stört. Das Gemisch magert unkontrolliert ab. Am deutlichsten erkennt man die Störung im Leerlauf an schwankender Drehzahl.

- Unterdruckschläuche auf Risse und festen Sitz prüfen. Alle am Ansaugkrümmer angeschlossenen Schläuche müssen geprüft werden (z. B. Bremskraftverstärker, Ansaugluft-Vorwärmung, Druckregler, Magnetventil der Kraftstoff-Verdunstungsanlage).
- Motor warmfahren und anschließend im Leerlauf drehen lassen, Motorhaube öffnen.
- Mit einer Startkraftstoff-Spraydose (z. B. »Startpilot«) Drosselklappenstutzen, die Flanschdichtungen der Ansaugkanäle und Leitungen zu den unterdruck-

Links: Digifant-Einspritzung: Der Kraftstoff-Druckregler (2) ist durch den Unterdruckschlauch (1) mit dem Drosselklappenstutzen verbunden. Er reguliert den Druck im System durch vermehrten oder verringerten Benzinrücklauf durch die Leitung »4«. Oben an den Kraftstoffverteiler führt die Benzin-Zulaufleitung (3).
Rechts: Simos-Einspritzung: Der Kraftstoff-Druckregler (3) sitzt auf der linken Fahrzeugseite im Kraftstoff-Verteilerrohr (1) und ist durch den Unterdruckschlauch (2) mit dem Sammelsaugrohr verbunden. Er reguliert den Druck im System durch vermehrten oder verringerten Benzinrücklauf.

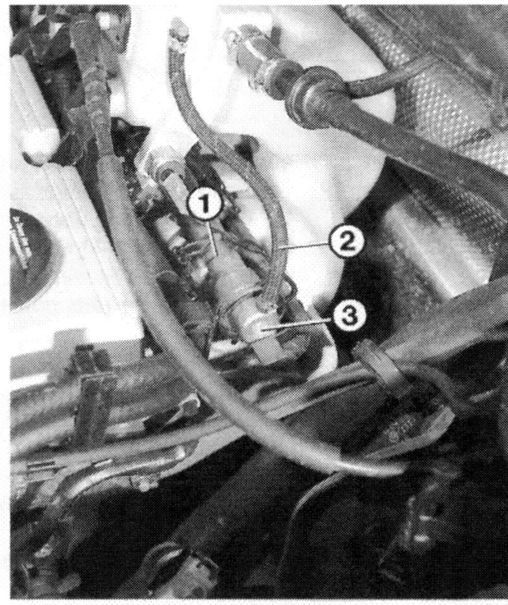

Links: Digifant-Einspritzung: Die Stellung der Drosselklappe (3) wird durch den Drosselklappen-Potentiometer (1) ans Steuergerät gemeldet. Oben am Drosselklappenstutzen ist der Unterdruckschlauch (2) zum Druckregler angeschlossen.
Rechts: Simos-Einspritzung: Der Drosselklappenstutzen zeigt folgende Teile:
1 – Drosselklappen-Steuereinheit;
2 – Drosselklappe;
3 – Kurvenscheibe zur Betätigung der Drosselklappe durch den Gaszug.

Links: In dieser Abbildung wird die Spannungsversorgung der Drosselklappen-Steuereinheit an den Kontakte »4« und »7« (Pfeil) am Anschlußstecker (2) gemessen. Anschlußstecker nur bei abgeschalteter Zündung vom Kontaktanschluß (1) trennen.
Rechts: Der Kraftstoff-Druckregler (2) ist mit einer Steckklammer (3) am Verteilerrohr befestigt. Position »1« bezeichnet die Unterdruckleitung zum Sammelsaugrohr, die für die Regelung des Kraftstoffdruckes verantwortlich ist.

gesteuerten Aggregaten ansprühen. Dazu die Steckverbindung zur Lambdasonde trennen, damit die Lambda-Regelung abgeschaltet ist.
● Verändert sich Motordrehzahl beim Besprühen einer bestimmten Stelle, liegt dort die Undichtigkeit vor.
● Sind an den Kraftstoffleitungen Undichtigkeiten zu erkennen?
● Wurden die Kabelstecker mehrfach auseinandergezogen und wieder verbunden? Korrosion oder ungeschicktes Reißen kann mangelnden Kontakt zur Folge haben.
● Sehen Sie sich die Stecker an den einzelnen Bauteilen der Einspritzung genau an. Kontakte nicht nachbiegen, sondern nur mit Kontaktspray behandeln.

Prüfungen an einzelnen Bauteilen

Druckregler

Druckmessungen erfordern ein entsprechendes Manometer (V.A.G 1318) mit Absperrhahn und Adapter. Im Leerlauf muß der Kraftstoffdruck etwa 2,5 bar betragen, bei vom Druckregler abgezogenem Unterdruckschlauch muß er auf rund 3,0 bar ansteigen.

Drosselklappen-Potentiometer prüfen
Digifant

● Stecker am Drosselklappen-Potentiometer abziehen.
● Ohmmeter an Kontakt »1« und »2« anschließen.
● Drosselklappe bewegen, dabei das Ohmmeter beobachten. Der Widerstand muß sich gleichmäßig verändern.

Drosselklappen-Steuereinheit prüfen
Simos

● Stecker an der Drosselklappen-Steuereinheit bei ausgeschalteter Zündung abziehen.
● **Spannungsversorgung zum Steuergerät:** Am abgezogenen Stecker muß an den Kontakten »4« und »7« eine Spannung von mindestens 4,0 Volt am Spannungsmesser abzulesen sein.
● An den Kontakten »3« und »7« muß die Spannung mindestens 9,0 Volt betragen.

Einspritzventile

Für die elektrische Prüfung brauchen Sie einen Spannungsprüfer mit Leuchtdioden und ein Ohmmeter.
● Beim 74 kW-Motor Saugrohr-Oberteil abbauen.
● **Alle**: Zum Prüfen der Spannungsversorgung am Halter, in dem sämtliche Kabel zu den Einspritzventilen laufen, den Kabelstecker abziehen.
● Spannungsprüfer am Stecker anschließen.
● Motor von Helfer starten lassen, hierbei muß die Leuchtdiode im Spannungsprüfer flackern.
● Bleibt es dunkel, Kabelstecker und Leitungsverlauf zu den Einspritzventilen kontrollieren oder Zünd/Einspritz-Steuergerät prüfen lassen.
● Zur Widerstandsprüfung am Steckanschluß des Leitungshalters ein Ohmmeter anschließen.
● Wenn alle vier Einspritzventile in Ordnung sind, müssen Sie 3,7- 5,0 Ω ablesen können.
● Folgende Meßwerte erhalten Sie bei den einzelnen Ventilen: 15,0 – 20,0 Ω.
● Haben Sie am Steckanschluß mehr als 5,0 Ω gemessen, muß die Leitungsführung vom Kraftstoffverteilerrohr abgehebelt werden.
● An den einzelnen Anschlußsteckern darf der Widerstand höchstens 0,5 Ω betragen.
● Die Werkstatt kann noch das Abstrahlbild der Einspritzventile prüfen, ohne das Meßgefäß von VW ist das für den Heimwerker nur schwer zu bewerkstelligen.
● Hinweise zum Wiedereinbau der Einspritzventile weiter hinten in diesem Kapitel beachten.

Links: **An den Kontakten (Pfeil) des Steckers für Einspritzventil wird ein Ohmmeter angeschlossen, um den Widerstand von 15–20 l zu messen.**
Rechts: **Der Temperaturgeber Ansaugluft (2) sitzt bei den 2,0-Liter-Motoren mit Simos-Einspritzung im Luftfilter-Gehäusedeckel (1).**

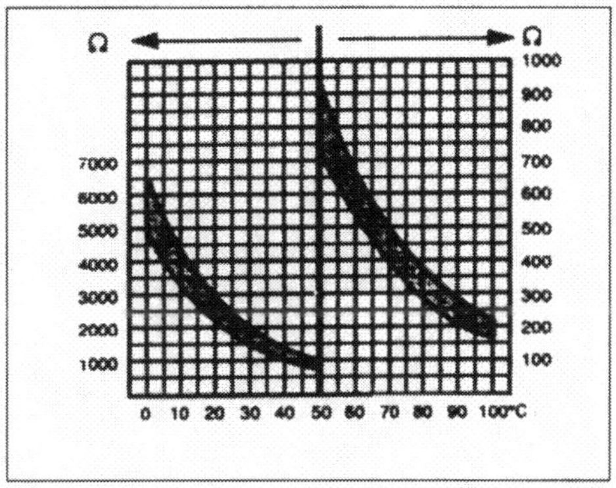

Links: Das Diagramm verdeutlicht die Abhängigkeit von Ansaugluft-Temperatur bzw. Kühlmittel-Temperatur und Geber-Widerstand. Rechts: Am Vierfachstecker (Pfeil) des Temperaturgeber Kühlmittel werden die Kontakte wie im Text beschrieben miteinander verbunden.

Temperaturgeber prüfen

- **Temperaturgeber Ansaugluft:** Mehrfachstecker am Luftmengenmesser (Digifant) bzw. am Filterdeckel abziehen.
- An den beiden (äußeren) Steckkontakten ein Ohmmeter anschließen.
- **Temperaturgeber Kühlmittel:** Vierfachstecker am Geber am Kühlmittelstutzen abziehen.
- An den Steckkontakten des Gebers ein Ohmmeter Kontakt »1« (Kabelfarbe am Stecker: braun/weiß) und an Kontakt »3« (Kabelfarbe am Stecker: braun/grün) anschließen.
- **Beide Geber:** Widerstandswert ablesen.
- Im Diagramm oben links prüfen, ob die Werte für den Geber-Widerstand und die momentane Luft- bzw. Kühlmitteltemperatur innerhalb des breiten Bandes der Kurve liegen.
- Wenn ja, ist der Geber in Ordnung.

Lambdasonde

Für diese Prüfung wird ein CO-Meßgerät gebraucht, ggf. ist also ein Besuch in der Werkstatt erforderlich. Voraussetzung für die Überprüfung ist eine dichte Auspuffanlage und daß an der Lambdasonde Spannung anliegt (Sicherung in Ordnung?).

- Motor warmfahren.
- CO-Tester anschließen.
- Motor starten und mindestens zwei Minuten im Leerlauf drehen lassen.
- Motor auf 2000/min hochdrehen.
- CO-Gehalt notieren.
- Am Drosselklappenstutzen den Unterdruckschlauch vom Druckregler abziehen und das Röhrchen mit dem Finger verschließen.
- Der CO-Gehalt muß kurzzeitig ansteigen und dann wieder auf den ursprünglich gemessenen Wert abfallen.
- Falls der CO-Wert keine Reaktion zeigt, Steckverbindung zur Lambdasonde trennen.
- Mit einem Kabel (möglichst mit Prüfspitze) den Kontakt des grauen Kabels im Stecker abwechselnd mit dem Plus- und Minuspol der Batterie verbinden.
- Verändert sich bei dieser Prüfung nun der CO-Wert, ist die Lambdasonde defekt.
- Blieb der CO-Gehalt dagegen konstant, muß der Leitungsverlauf zum Steuergerät überprüft werden.
- War hier kein Fehler zu finden, ist das Steuergerät schadhaft.

Luftmengenmesser Digifant

- Kabelstecker am Luftmengenmesser abziehen.
- Die Numerierung der Kontaktzungen lautet bei der Draufsicht von rechts 1 nach links 4.
- **Ansaugluft-Temperaturgeber:** Ohmmeter zwischen den Kontakten »1« und »4« anschließen.
- Die Widerstandswerte lauten bezogen auf die Außentemperatur: Bei 0° C 5 – 6,5 kΩ, bei 10° C 3 – 4 kΩ, bei 20° C 2,2 – 2,8 kΩ, bei 30° C 1,5 – 2 kΩ.
- **Potentiometer:** Ohmmeter zwischen den mittleren Kontakten »2« und »3« anschließen.
- Stauklappe bewegen und dabei das Ohmmeter beobachten.
- Der Widerstand muß sich verändern.
- Ohmmeter zwischen den Kontakten »3« und »4« anschließen.
- Der Widerstand muß zwischen 0,5 und 1 kΩ liegen.
- Zeigen sich nicht die geforderten Meßwerte, muß der Luftmengenmesser ausgetauscht werden.

Luftmassenmesser Simos

- Kabelstecker am Luftmassenmesser abziehen.
- **Spannungsversorgung:** Am abgezogenen Stecker muß an den Kontakten »2« und »3« eine Spannung von mindestens 11,0 Volt am Spannungsmesser abzulesen sein.

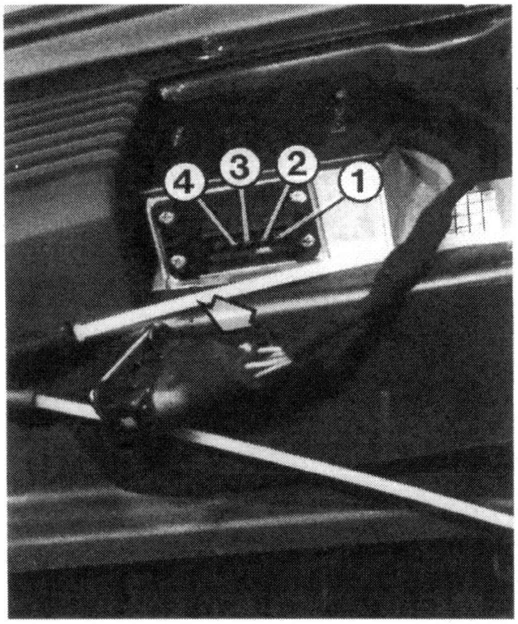

Links: Bei abgezogenem Stecker (Pfeil) am Luftmengenmesser werden die Kontakte sichtbar, an denen die im Text beschriebenen Prüfungen durchgeführt werden. **Rechts:** Zur Spannungsprüfung am abgezogenen Stecker (Pfeil) des Luftmassenmesser die beiden äußeren Kontakte mit dem Meßgerät verbinden.

Steuergerät

Der konstruktive Innenwiderstand der Prüfgeräte und die Umgebungstemperatur beeinflussen die Meßwerte stark. Da können mit Heimwerker-Meßgeräten völlig andere Werte herauskommen, als vom Kundendienst vorgegeben. Deshalb sollten Sie die elektrische Prüfung in der VW-Werkstatt durchführen lassen.
Die Prüfung der Lambda-Regelung erfolgt, wie unter »Lambdasonde« beschrieben.
Für Vollastanreicherung und Schubabschaltung besteht keine direkte Prüfmöglichkeit. Allenfalls können Sie anhand von unbefriedigenden Fahrleistungen oder schlechter Gasannahme auf einen Mangel an der Vollastanreicherung oder kein Hallgebersignal schließen. Funktioniert die Schubabschaltung nicht, merken Sie das an geringerer Motorbremswirkung bei höheren Drehzahlen und höherem Kraftstoffverbrauch.

Leerlauf-stabilisierung
Digifant

- Zündung einschalten – das Ventil muß ein summendes Geräusch von sich geben. Außerdem können Sie fühlen, ob es vibriert.
- Falls nicht, Sicherung 15 kontrollieren.
- Ist die Sicherung intakt, Stecker am Leerlauf-Stabilisierungsventil abziehen. Mit einer Diodenprüflampe prüfen, ob am Kontakt der schwarzen Leitung im Stecker Spannung anliegt (Zündung eingeschaltet). Dazu anderen Kontakt der Diodenprüflampe an Masse halten.
- Wenn ja, kann die Werkstatt mit dem Fehlerauslesegerät V.A.G 1551 den Steuerstrom zur Regelung des Leerlauf-Stabilisierungsventils messen.
- Blieb das Leerlauf-Stabilisierungsventil ruhig, ziehen Sie den Stecker am Ventil ab.
- Ohmmeter anschließen und Widerstand an den Steckkontakten des Ventils prüfen.
- Bei intaktem Ventil müssen Sie 2 –10 Ω messen.
- Wird der Sollwert nicht erreicht, Ventil ersetzen.
- Bei richtigem Widerstand liegt es an einer Leitungsunterbrechung, oder das Digifant-Steuergerät ist schadhaft.

Einspritzventile aus- und einbauen

- **2,0-Liter Digifant:** Schlauch zwischen Leerlauf-Stabilisierungsventil und Saugrohr abnehmen, Stecker am Ventil abziehen.
- Ventil aus seinem Halter ziehen und zur Seite legen.
- Ansaugschlauch und Drosselklappenstutzen ausbauen.
- **1,6-Liter 74 kW:** Saugrohr-Oberteil abbauen.
- **Alle:** Am Kraftstoffverteiler Stecker der Einspritzventile abziehen.
- Rücklaufleitung am Kraftstoffverteiler abziehen.
- Zum Abnehmen der Vorlaufleitung einen Lappen gegen herausspritzendes Benzin bereithalten.
- Unterdruckschlauch am Druckregler abziehen.
- Halteklammer des Druckreglers am Verteilerrohr abziehen.
- Ggf. Schlauch zum Druckregelventil der Kurbelgehäuse-Entlüftung abnehmen.
- Thermoschalter für Lüfternachlauf ausbauen.
- Innensechskantschrauben 5 mm des Kraftstoffverteilers herausdrehen. Hierfür eignet sich am besten eine Knarre mit 1/4"-Antrieb.
- **2,0-Liter Digifant:** Beachten Sie, daß eine Schraube 30 mm kürzer ist als die übrigen, für den Wiedereinbau in der richtigen Reihenfolge ablegen.
- Kraftstoffverteiler gemeinsam mit den Einspritzventilen in Fahrtrichtung links herausnehmen.
- In der Mitte des Kraftstoffverteilers oben die Schraube herausdrehen, Oberteil vom Kraftstoffverteiler abhebeln.
- Eine der Innensechskant-Halteschrauben mit ihrem Gewindeteil in einen Schraubstock spannen – Gewinde dabei nicht beschädigen.
- Auszubauendes Einspritzventil am herausstehenden Schraubenkopf ansetzen, Kraftstoffverteiler herunterdrücken, so löst sich das Ventil aus dem Verteiler.
- **1,6- und 2,0-Liter (außer Digifant):** Kraftstoffverteilerrohr vom Saugrohr abheben.
- Halteklammer am Einspritzventil abziehen.
- Einspritzventil aus dem Verteilerrohr herausziehen.

Eine Gesamtübersicht der Bauteile beim E-Motor mit Digifant-Einspritzung:
1 – Schließdämpfer;
2 – Drosselklappenstutzen;
3 – Drosselklappen-Potentiometer;
4 – Sammelsaugrohr;
5 – Ventil für Leerlaufstabilisierung;
6 – Geräuschdämpfer;
7 – Thermoschalter für Lüfternachlauf;
8 – Anschluß zum Bremskraftverstärker.

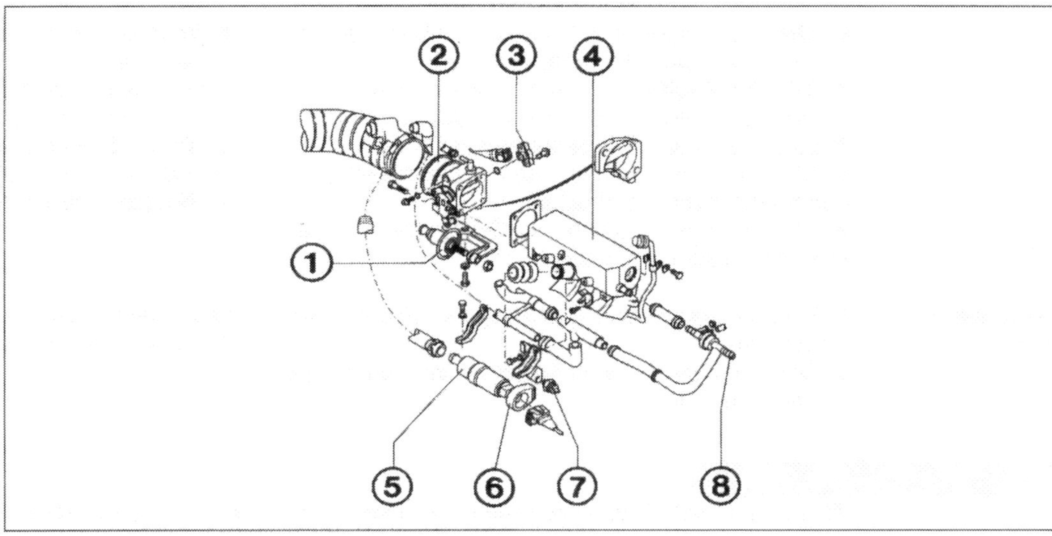

<u>Links:</u> Die Gesamtübersicht am Saugrohr-Oberteil (5) des 1,6-Liter-Motor zeigt:
1 – Drosselklappenstutzen;
2 – Zum Kühlmittel-Anschlußstutzen am Zylinderkopf;
3 – Zum Kühlmittel-Ausgleichsbehälter,
4 – Deckel;
6 – Klappen der Saugrohrumschaltung;
7 – Unterdruckanschluß für Druckregler;
8 – Geber für Ansaugluft-Temperatur;
9 – Unterdruckdose für Saugrohrumschaltung;
10 – Unterdruckbehälter für Saugrohrumschaltung;
11 – Ventil für Saugrohrumschaltung.
<u>Rechts:</u> Bei abgenommenem Saugrohr-Oberteil sind folgende Teile zu sehen:
1 – Halteklammer;
2 – Kraftstoff-Druckregler;
3 – Halteklammer der Einspritzventile (4);
5 – O-Ring;
6 – Saugrohr-Unterteil;
7 – Kraftstoff-Verteilerrohr.

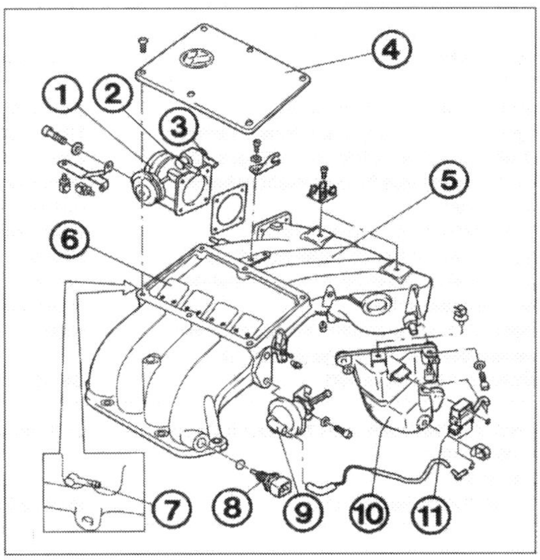

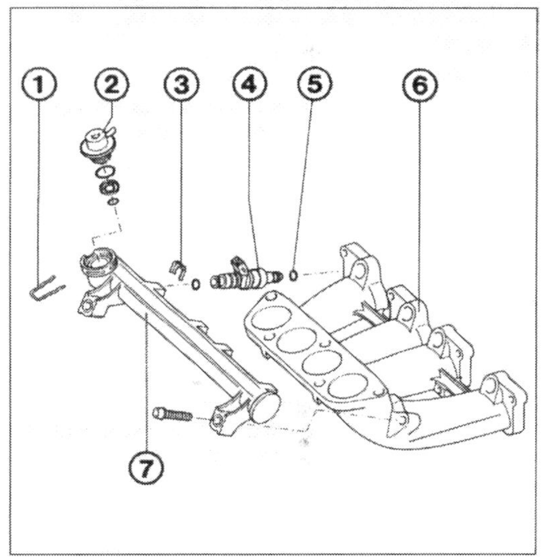

<u>Links:</u> Der Kraftstoffverteiler in seinen Einzelteilen bei der Digifant-Einspritzung:
1 – Kraftstoff-Druckregler;
2 – Dichtung;
3 – Kraftstoff-Verteilerrohr-Oberteil;
4 – Einspritzventil;
5 – Sammelsaugrohr;
6 – O-Ring;
7 – Kraftstoff-Verteilerrohr-Unterteil.
<u>Rechts:</u> Die Übersicht der Simos-Einspritzanlage zeigt folgende Teile:
1 – Kraftstoff-Verteilerrohr;
2 – Kraftstoff-Druckregler;
3 – Einspritzventil;
4 – Einsatz für Einspritzventil;
5 – O-Ring;
6 – Sammelsaugrohr;
7 – Thermoschalter für Lüfternachlauf;
8 – Drosselklappenstutzen;
9 – Dichtung.

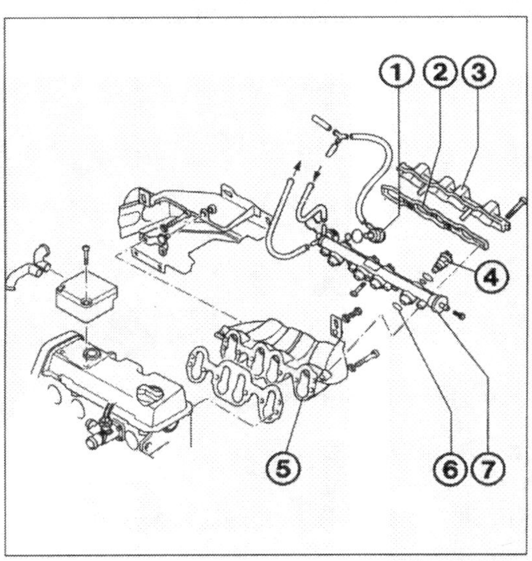

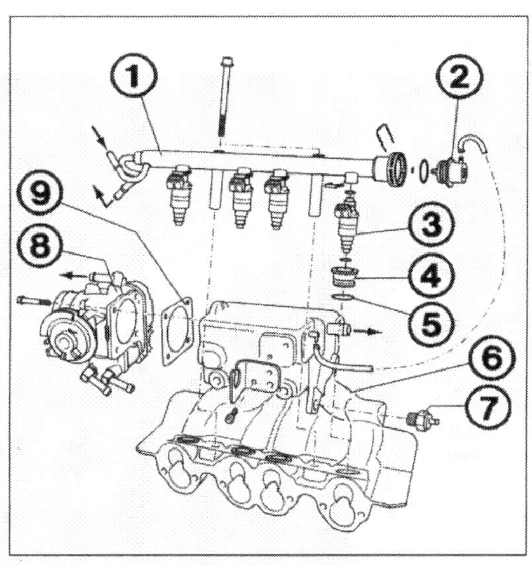

● **Alle:** Dichtungen und Dichtringe auf Beschädigungen kontrollieren, ggf. ersetzen.
● **2,0-Liter Digifant:** Dichtung zwischen Kraftstoffverteiler-Unterteil und -Oberteil am Oberteil auflegen.
● Einspritzventile ins Oberteil einsetzen.
● Oberteil gemeinsam mit den Einspritzventilen in den Kraftstoffverteiler drücken.
● **Alle:** Dichtringe am Ventil mit Öl benetzen, um eine exakte Abdichtung zu erzielen.
● Wird ein Ventil »trocken« eingesetzt, besteht die Gefahr, daß die Gummiringe gequetscht werden und nicht einwandfrei abdichten. Das gibt dann Störungen im Fahrverhalten, z. B. unrunden Leerlauf oder ein undichtes Einspritzventil.
● Halteschrauben des Kraftstoffverteilers mit M6 = 10 Nm bzw. M8 = 20 Nm festziehen.

Drehzahlgeber prüfen

● Steckverbindung zum Drehzahlgeber über dem Anlasser trennen.
● An den beiden äußeren Kontakten ein Spannungsmesser anschließen.
● Zündung einschalten, es müssen mindestens 9,0 Volt angezeigt werden.

Der Gaszug

Was es über den Gaszug zu sagen gibt, finden Sie im Kapitel »Die Zentral-Einspritzung« beschrieben.

Störungsbeistand

Mehrpunkt-Einspritzung

Die Störung	– ihre Ursache	– ihre Abhilfe
A Kalter Motor springt nicht oder schlecht an	1 Sicherung 15 oder 18 defekt	Auswechseln
	2 Spannungsversorgungs-Relais defekt	Überprüfen, ggf. austauschen
	3 Drehzahlgeber defekt (nicht Digifant)	Überprüfen, ggf. austauschen
	4 Kraftstoffpumpe fördert nicht oder nicht genügend	Benzin im Tank? Pumpe kontrollieren, Fördermenge messen
	6 Kraftstoff-Druckregler defekt	Druck messen lassen
	7 Kühlmittel-Temperaturgeber defekt	Prüfen
	8 Drosselklappen-Potentiometer defekt	Prüfen lassen
	9 Steuergerät defekt	Prüfen lassen
	10 Kabelstrang zwischen Hallgeber/Drehzahlgeber und Steuergerät defekt	Kabelverlauf kontrollieren
	11 Motor erhält Nebenluft	Sämtliche Schlauchleitungen überprüfen
B Warmer Motor springt nicht oder schlecht an	1 Unterdruckleitung zum Kraftstoff-Druckregler defekt	Leitung überprüfen
	2 Siehe A 1-11	
	3 Einspritzventile undicht	Ventile überprüfen

Ventil für Leerlaufstabilisierung (1) am Motor mit Digifant-Einspritzung. Wenn Sie daran einen Fehler vermuten, kann sowohl die Spannungsversorgung am Stecker (2) sowie der Innenwiderstand an den Steckkontakten (Pfeile) gemessen werden.

Am Gaszug (1) bezeichnen die Zahlen folgende Teile: 2 – Gaszughülle mit Einstellkerben; 3 – Gummitülle; 4 – Stecksicherung; 5 – Innensechskantschraube des Widerlagers.

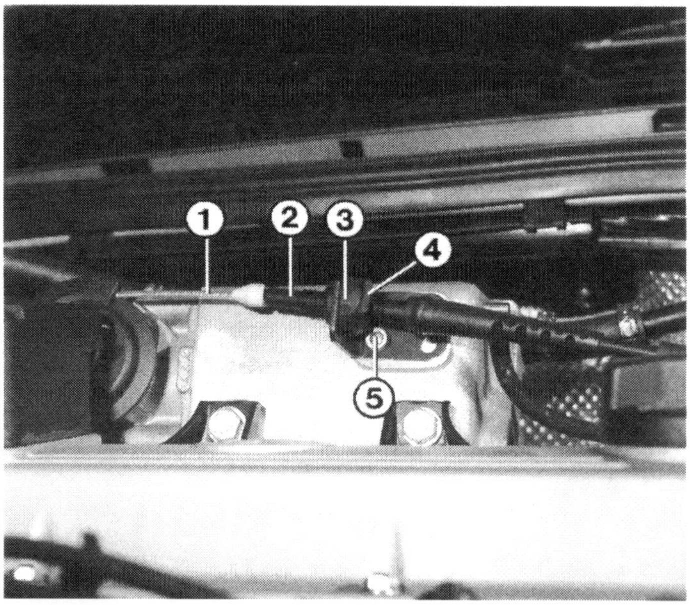

Am Anschlußstecker (Pfeil) des Drehzahlgebers wird die Versorgungs-Spannung von mindestens 9,0 Volt gemessen.

Die Störung	– ihre Ursache	– ihre Abhilfe
C Motor springt an, stirbt aber wieder ab	1 Leerlauf-Stabilisierungsventil arbeitet nicht (Digifant-Einspritzung) 2 Leerlauf-Stabilisierung arbeitet nicht (Simos-Einspritzung) 3 Siehe A 7 und 8 4 Siehe B 1 5 Lambdasonde defekt	Ventil prüfen Drosselklappen-Steuereinheit prüfen lassen Funktion prüfen, ggf. ersetzen
D Kalter Motor schüttelt im Leerlauf	1 Siehe A 7 2 Siehe C 1, 2	
E Warmer Motor schüttelt im Leerlauf	Siehe C 1, 2	
F Leerlauf sinkt beim Einschlagen der Lenkung ab	Siehe C 1, 2	
G Motor hat Aussetzer	1 Kraftstoffilter verstopft 2 Siehe A 4 3 Siehe C 5	Filter austauschen
H Schwankende Drehzahl bei 2000–3000/min	Siehe A 8	
I Motor stottert, setzt aus	Siehe A 4	
J Motorleistung ungenügend	1 Siehe A 4, 8 und 11 2 Drosselklappe geht nicht in Vollgasstellung 3 Kein Signal vom Hallgeber	 Gaszug einstellen Prüfen
K Motor patscht ins Saugrohr	Siehe A 6	
L Kraftstoffverbrauch zu hoch	Siehe A 7 und 8	

Zeitweise getrennt

Die Kupplung verkuppelt Motor und Getriebe. Doch nicht auf immer und ewig. Denn für den Schaltvorgang brauchen beide wieder etwas Abstand – Trennung auf Zeit. Reibereien entstehen beim Anfahren: Der laufende Motor muß sanft mit den zunächst noch stehenden Teilen des Antriebs Kontakt aufnehmen.

Funktion der Kupplung

Die Kraftübertragung zwischen Motor und Getriebe erfolgt durch die Kupplung. Die arbeitet ausschließlich mit Reibung, und das kann man sich so vorstellen: Zwei Anlageflächen nehmen eine dritte in die Zange und halten sie so stark fest, daß sie sich mit den beiden anderen mitdrehen muß. Trick der Sache ist der, daß diese Verbindung jederzeit gelöst werden kann, denn sonst könnten beide Teile genauso gut miteinander verschraubt werden. Um die Teile beim Namen zu nennen:

- **Schwungscheibe,** sie ist mit dem Motor verbunden als die eine Anlagefläche.
- **Kupplungs-Druckplatte** als die zweite Anlagefläche, die gegen die Schwungscheibe drückt.
- Dazwischen befindet sich als Reibpartner die **Mitnehmerscheibe** auf der Eingangswelle des Getriebes.
- Weiterhin gehört noch das **Ausrücklager** dazu.

Die Kupplungsbetätigung

Die Fußkraft vom Kupplungspedal zum Ausrückmechanismus am Getriebe wird durch die Kupplungshydraulik übertragen – wie bei der Bremse. Wenn Sie das Kupplungspedal niedertreten, verdrängt der Kolben im Geberzylinder (am Kupplungspedal) eine gewisse Flüssigkeitsmenge und drückt sie zum Nehmerzylinder (am Getriebe). Dort tritt der Kolben ein Stück aus dem Zylinder heraus und hebt den Ausrückhebel auf der Ausrückwelle an.
Diese Bewegung drückt das Ausrücklager verstärkt gegen die tortenförmig eingeschnittene Tellerfeder der Druckplatte. Das Ausrücklager übernimmt die Federkraft, die Druckplatte wird entlastet und bei völlig durchgetretenem Pedal zurückgezogen. Jetzt kann die Mitnehmerscheibe im Raum dazwischen frei umlaufen – es ist ausgekuppelt. Beim Einkuppeln drückt die Tellerfeder der Druckplatte die Mitnehmerscheibe wieder gegen die Motor-Schwungscheibe.

Kupplungs-Lebensdauer

Jedes Einkuppeln bewirkt, daß die Beläge der Mitnehmerscheibe an ihren Gegenreibflächen schleifen und dabei heiß werden. Besonders verschleißfördernd ist hierbei das Anfahren mit hoher Motordrehzahl – Kavalierstart genannt –, Anfahren im 2. Gang, »Herummogeln« an Kreuzungen im 2. oder 3. Gang mit teilweise getretenem Kupplungspedal oder das »In-der-Waage-halten« an einer Steigung.
Recht verbreitet ist die Angewohnheit, mit eingelegtem 1. Gang und durchgetretenem Kupplungspedal an der roten Ampel zu warten. Mancher fürchtet, den Gang nicht gleich einlegen zu können, wenn das grüne Licht den Weg freigibt. Wenn auch kein direkter oder sofort meßbarer Schaden entsteht, so beansprucht das Auskuppeln doch das Ausrücklager und bewirkt so wieder Verschleiß. Je öfter und länger das vor den vielen Ampeln geschieht, desto früher ist dieses Lager abgenutzt.

Die Teile zur Kupplungsbetätigung am Getriebe (1): 2 – Führungshülse; 3 – Haltefeder; 4 – Kupplungsausrückhebel; 5 – Ausrücklager; 6 – Nehmerzylinder.

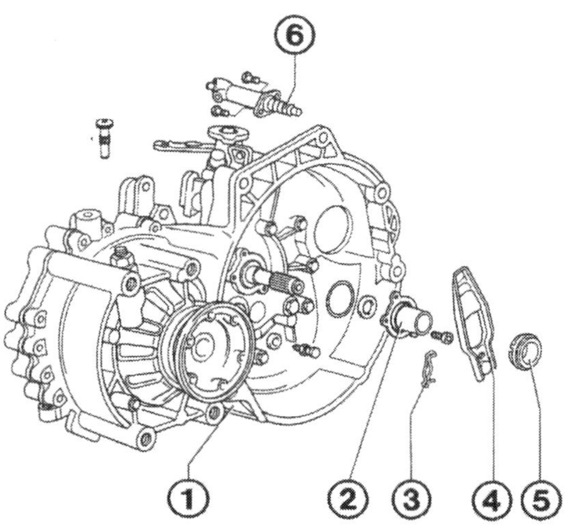

Hier sehen Sie die verbindenden Teile: 1 – Schwungscheibe; 2 – Mitnehmerscheibe; 3 – Druckplatte.

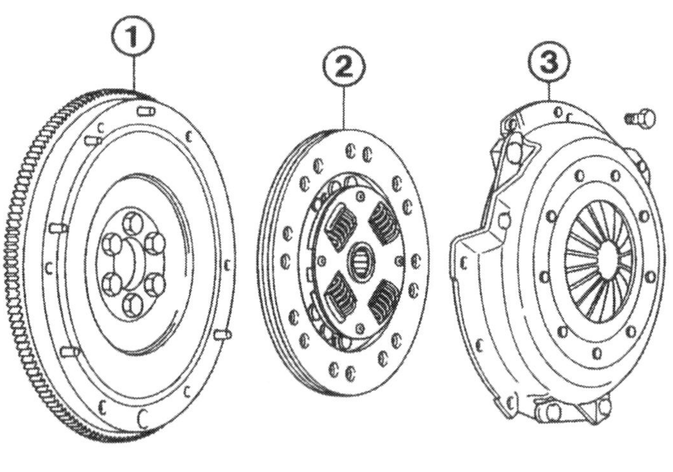

Kupplung prüfen

Der Verschleiß der Mitnehmerscheibe läßt sich im eingebauten Zustand nicht erkennen. Das erste Anzeichen für Verschleiß ist, wenn die Kupplung durchrutscht. Eine schleifende Kupplung bemerken Sie beim Fahren zuerst im höchsten Gang unter Last. Der Motor dreht hoch, ohne daß die Fahrgeschwindigkeit zunimmt.

● **Verschleißprüfung:** Handbremse anziehen, Motor starten.

● 3. Gang einlegen, langsam einkuppeln und Gas geben.

● Bei einwandfreier Handbremse müßte der Motor abgewürgt werden.

● Dreht der Motor durch, wird ein Kupplungstausch fällig.

● **Funktionsprüfung:** Läßt sich das Getriebe auch bei warmem Motor nur schwer durchschalten oder wird der Schaltvorgang sogar von kratzenden oder krachenden Geräuschen »untermalt«, trennt wahrscheinlich die Kupplung nicht mehr richtig. Nur selten ist dieser Effekt auf ein schadhaftes Getriebe zurückzuführen. Um sicherzugehen, machen Sie die Probe mit dem 1. oder dem Rückwärtsgang:

● Motor im Leerlauf drehen lassen.

● Kupplungspedal voll durchtreten, etwa drei Sekunden warten, dann versuchen, den 1. oder den Rückwärtsgang einzulegen.

● Läßt sich der Gang nur sehr schwer einlegen oder kratzt das Getriebe hörbar, trennt die Kupplung nicht mehr sauber. Die Mitnehmerscheibe läuft also nicht ganz frei.

● Kupplungshydraulik kontrollieren und entlüften.

● Prüfung nochmals durchführen.

● Andere Ursachen für nicht trennende Kupplung siehe Störungsbeistand am Ende des Kapitels.

Kupplungshydraulik prüfen

Wartungsarbeit

● Wenn die Kupplung richtig trennt, ist in jedem Fall auch die Kupplungshydraulik in Ordnung.

● Trennt sie dagegen schlecht oder fällt das Pedal ohne Widerstand durch, ist sicher Luft in die hydraulische Anlage geraten. Nur Entlüften hilft da nicht – die Leckstelle muß ausfindig gemacht und repariert werden. Jetzt können Sie entlüften. Andere Ursachen für nicht trennende Kupplung finden Sie im Störungsbeistand am Ende dieses Kapitels.

● Wer eine vorbeugende Untersuchung der Kupplungshydraulik vornehmen will, sucht nach Spuren von Bremsflüssigkeit am Geberzylinder (in Fahrtrichtung links neben dem Bremskraftverstärker), an der Betätigungsstange am Kupplungspedal und am Nehmerzylinder (seitlich links am Getriebe).

● Ölfeuchte Kupplungszylinder sind undicht und müssen ausgetauscht werden. Am Nehmerzylinder wird sich die Herkunft des Ölschmutzes allerdings ohne gründliche Reinigung dieses Bereiches nur schwer lokalisieren lassen.

Fingerzeige: Die Kupplungshydraulik ist wie die Bremsanlage mit Bremsflüssigkeit befüllt. Die Hinweise zum Umgang mit dieser Flüssigkeit lesen Sie bitte im Kapitel »Die Bremsen« nach.
Die Kupplungshydraulik bezieht ihre Flüssigkeit auch aus dem Bremsflüssigkeitsbehälter. Doch droht der Bremsanlage bei einem Leck in diesem Bereich keine Gefahr. Der Entnahmestutzen zur Kupplungshydraulik ist relativ hoch am Behälter angebracht, so daß immer eine ausreichende Flüssigkeitsmenge für die Bremse zurückbleibt.

Arbeiten an der Kupplungshydraulik

Kupplungs-Geberzylinder ausbauen

● Sicherheitshalber Massekabel an der Batterie abnehmen, wenn Sie im Fußraum des Passat arbeiten.

● Bei einem Fahrzeug mit Scheinwerfer-Reinigungsanlage den Waschwasserbehälter ausbauen.

● Ausgleichsbehälter für Kühlflüssigkeit abbauen.

● Aus dem Bremsflüssigkeitsbehälter möglichst viel Flüssigkeit absaugen (z. B. mit einer alten Injektionsspritze).

● Linkes Ablagefach ausbauen.

● Lappen unter den Geberzylinder legen, Zulaufschlauch abziehen und den Flüssigkeitsrest in den Lappen tropfen lassen.

● Druckleitung zum Nehmerzylinder abschrauben.

● Im Motorraum zwei Muttern von den Haltebolzen losdrehen.

● Am Kupplungspedal die Sicherungsklammer abnehmen, Betätigungsstange aus dem Bolzen aushängen.

● Zylinder zum Motorraum hin abnehmen.

● Beim Einbau an der Berührungsfläche Pedal/Betätigungsstange etwas MoS_2-Fett auftragen.

● Neue selbstsichernde Muttern des Geberzylinders mit 25 Nm anziehen.

● Kupplungshydraulik entlüften.

Fingerzeig: Das Kupplungspedal ist im Passat mit einer sogenannten Übertotpunktfeder versehen. Sie hilft beim Treten des Pedals, drückt es aber nach dem Loslassen in die Ruhestellung. Wandert das Pedal nicht zurück, ist Luft in die Kupplungshydraulik gelangt. Oder die Pedal- bzw. Federlagerung ist schwergängig.

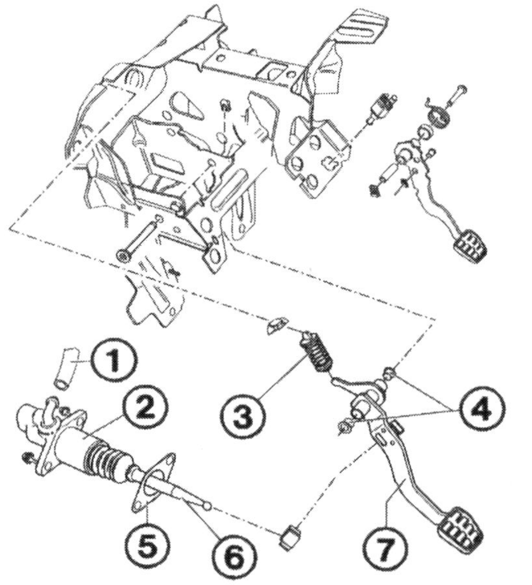

Die Kupplungsbetätigung erfolgt beim Passat hydraulisch. Folgende Bauteile gehören dazu:
1 – Nachlaufschlauch vom Bremsflüssigkeitsbehälter;
2 – Geberzylinder;
3 – Übertotpunktfeder;
4 – Lagerbuchsen;
5 – Dichtung,
6 – Betätigungsstange;
7 – Kupplungspedal.

Kupplungs-Nehmerzylinder ausbauen

- An der Schaltbetätigung Tilgergewicht des Schaltseilzug lösen.
- Schaltseilzug mit Tilgergewicht abnehmen.
- Am Mitnehmer des Wählseilzuges die Haltelasche nach oben ziehen und den Wählseilzug abnehmen.
- Hydraulik-Druckleitung am Zylinder abschrauben. Vorsicht, es läuft Bremsflüssigkeit aus – auffangen.
- Halteschrauben des Nehmerzylinders lösen.
- Kupplungszylinder zur Seite abziehen, ggf. mit Rostlöserspray und Montierhebel nachhelfen.
- Bei ausgebautem Zylinder nicht aufs Kupplungspedal treten.
- Neuen Zylinder an den blanken Gehäuseflächen leicht einfetten, Betätigungsstößel mit MoS_2-Paste bestreichen.
- Hydraulik-Druckleitung am neuen Zylinder anschrauben, Zylinder mit 25 Nm am Getriebegehäuse festschrauben.
- Hydraulikanlage entlüften.

Kupplungs-hydraulik entlüften

Wer das in der Werkstatt übliche Entlüftungsgerät nicht zur Verfügung hat, entlüftet die Kupplungshydraulik so wie die Bremsen (siehe Bremsen-Kapitel) oder – fast ohne Kleckerei – nach der folgenden Methode:

- Entlüftungsnippel der linken Vorderradbremse und Nippel des Kupplungs-Nehmerzylinders je $1^1/_2$ Umdrehungen öffnen.
- Beide Nippel mit einem Schlauch verbinden.
- Bremspedal jetzt mehrmals langsam und behutsam niedertreten, damit Bremsflüssigkeit von der Vorderradbremse durch die Kupplungshydraulik gedrückt wird.
- Nicht zu kraftvoll treten, sonst rutscht der Schlauch ab!
- Flüssigkeitsstand im Bremsflüssigkeits-Vorratsbehälter regelmäßig kontrollieren.
- Wenn im Bremsflüssigkeitsbehälter keine Luftbläschen mehr aus der Kupplungshydraulik aufsteigen, werden beide Entlüftungsnippel zugedreht und der Schlauch abgenommen.
- Zuletzt Bremsflüssigkeit wieder auffüllen.

Kupplung aus- und einbauen

- Getriebe ausbauen, siehe Kapitel »Getriebe und Achsantrieb«.
- Druckplatte über Kreuz losschrauben, dazu einen Schraubendreher als Arretierung in die Verzahnung der Schwungscheibe stecken.
- Druckplatte und Mitnehmerscheibe abnehmen.
- Schwungscheibe mit Druckluft sauberblasen oder mit einem benzingetränkten Lappen abwischen.
- Vor dem Wiedereinbau der alten Druckplatte muß diese genau überprüft werden.
- Ihre Nietverbindungen müssen noch fest sitzen.
- Die Anlagefläche zur Mitnehmerscheibe darf keine Risse oder Brandstellen zeigen und nicht mehr als 0,3 mm nach innen durchgebogen sein.
- Zum Messen an der Anlagefläche ein Metallineal quer über die Druckplatte legen und mit der Fühlerblattlehre am Innenrand messen.
- Zum Einbau Keilnuten der Getriebeantriebswelle hauchdünn mit hitzebeständigem Fett schmieren.
- Mitnehmerscheibe mehrmals auf der Getriebeantriebswelle hin- und herbewegen, bis sich die Nabe leichtgängig bewegen läßt, siehe Fingerzeig.
- Mitnehmerscheibe und Druckplatte in die Schwungscheibe einsetzen. Dabei müssen die Federkäfige der vier Dämpfungsfedern in der Mitnehmerscheibe zur Druckplatte hin zeigen.
- Mitnehmerscheibe zentrieren. Andernfalls ist nicht gewährleistet, daß sich das Getriebe ohne Schwierigkeiten anflanschen läßt.
- Wenn Sie hierzu nicht den entsprechenden Dorn aus der VW-Werkstatt zur Verfügung haben, geht es mit einem passenden Stahldorn oder mit einem runden Holzstiel.
- Halteschrauben der Druckplatte über Kreuz mit 20 Nm anziehen.

Hier ist der Kupplungsausbau am Motor gezeigt.
Links: Zum Lösen der Schrauben (3) der Schwungscheibe (4) haben wir einen Schraubendreher (2) durch eine der Bohrungen gesteckt und halten mit einem in die Verzahnung gesteckten Schraubendreher (1) gegen.
Rechts: Der Haltering (5) der Druckplatte (6) wird nur herausgehebelt.

Fingerzeig: Mitnehmerscheibe auf der Getriebeantriebswelle hin- und herschieben, bis sie sich leichtgängig bewegen läßt. Andernfalls trennt die Kupplung bei warmem Getriebe nicht richtig, und die Gänge können nur mit Gewalt eingelegt werden.

Ausrücklager ersetzen

- Getriebe ausbauen, siehe Kapitel »Getriebe und Achsantrieb«.
- Das Ausrücklager ist mit einer Haltefeder am Kupplungshebel befestigt. Feder abziehen und das Ausrücklager abnehmen.
- Wird das alte Lager wieder eingebaut, darf es nicht ausgewaschen werden; lediglich abwischen.
- Die Führungshülse, auf der das Ausrücklager hin und her verschoben wird, soll an der Anlagefläche zum Ausrücklager mit MoS_2-Fett geschmiert werden.
- An der Stelle, wo das Ausrücklager am Ausrücklager anliegt, muß ebenfalls etwas MoS_2-Fett aufgetragen werden.
- Ausrücklager mit der Feder sichern.

Störungsbeistand

Kupplung

Die Störung	– ihre Ursache	– ihre Abhilfe
A Kupplung rutscht	1 Kupplungsbeläge abgenutzt	Mitnehmerscheibe ersetzen
	2 Anpreßdruck der Kupplung zu gering	Kupplungsdruckplatte ersetzen
	3 Belag verölt	Mitnehmerscheibe und defekte Getriebe- oder Kurbelwellendichtung ersetzen
	4 Kupplung wurde überhitzt	Defekte Teile ersetzen
B Kupplung trennt nicht	1 Luft in der Kupplungshydraulik	Defektes Teil ersetzen, anschließend entlüften
	2 Mitnehmerscheibe klemmt auf Getriebewelle	Kerbverzahnung mit Drahtbürste gründlich reinigen. Anschließend mit Moly-Paste oder -Spray schmieren
	3 Mitnehmerscheibe hat Schlag	Mitnehmerscheibe ersetzen
	4 Mitnehmerscheibe verzogen oder Belag gebrochen	Mitnehmerscheibe ersetzen
	5 Belag nach sehr langer Standzeit an Schwungscheibe festgerostet	Anfahren, wie unter »Fahren mit defekter Kupplungshydraulik« beschrieben. Kupplungspedal dauernd durchtreten. Gaspedal ruckartig durchtreten und loslassen, um die Kupplung loszubrechen. Andernfalls ausbauen
C Kupplung trennt nicht und rutscht gleichzeitig durch	Kupplungsdruckplatte defekt	Druckplatte auswechseln
D Kupplung rupft	1 Motor oder Getriebeaufhängung defekt	Motor- oder Getriebelager ersetzen
	2 Unebenheiten auf der Anlagefläche von Schwungscheibe oder Druckplatte	Defektes Teil ersetzen
	3 Falsche Beläge	Mitnehmerscheibe ersetzen
E Kupplungsgeräusche	1 Unwucht der Kupplungsdruckplatte bzw. Mitnehmerscheibe	Kupplungsdruckplatte bzw. Mitnehmerscheibe ersetzen
	2 Torsions-Dämpferfeder defekt	Mitnehmerscheibe ersetzen
	3 Ausrücklager defekt	Ausrücklager ersetzen
	4 Nietverbindungen in der Kupplung locker	Kupplungsdruckplatte ersetzen

Gang-Art

Zum Übertragen der Motorkraft ist zwischen dessen Kurbelwelle und den Antriebsrädern eine »Untersetzung« angeordnet. So kann der Fahrer Einfluß auf Fahrgeschwindigkeit, Beschleunigungsvermögen und Bergsteigefähigkeit des Wagens nehmen. Je nach eingebauter Getriebeversion ist man damit in der Lage, unter fünf Gängen den jeweils passenden auszusuchen oder das Automatikgetriebe schalten zu lassen.

Das Schaltgetriebe

Die Motorleistung wird über die Kupplung auf die Eingangswelle des Schaltgetriebes geleitet. Auf dieser Eingangs- oder Antriebswelle sitzen sechs Zahnräder (einschließlich Rückwärtsgang), die mit sechs dazu passenden Zahnrädern auf der sogenannten Abtriebswelle ständig im Eingriff stehen. Diese Zahnräder können frei umlaufen, bis eines von ihnen beim Schalten eines bestimmten Gangs mit seinem entsprechenden Gegenrad auf der Antriebswelle gekuppelt wird. Das Verhältnis der Zähnezahlen des jeweiligen Zahnradpaars ergibt die betreffende Untersetzungsstufe.
Der Passat hat »vollsynchronisierte« Vorwärtsgänge. Die Zahnräder auf der Antriebs- und Abtriebswelle sind auf stiftartigen Rollen (»Nadeln«) gelagert. Es besteht also keine starre Verbindung zwischen Wellen und Rädern. Die Zahnräder bleiben immer im Eingriff. Beim Gangwechsel wird eine Verbindung zwischen Zahnrad und Welle hergestellt, nicht zwischen den Zahnrädern. Um die Drehzahlen von Welle und Zahnrad einander anzugleichen, läßt man ein Teil einer Welle gegen ein Teil der anderen Welle über Reibelemente schleifen. Durch die Reibung wird die schnellere Welle abgebremst, bis bei gleichem (synchronem) Lauf eine kraftübertragende Verbindung hergestellt werden kann.

Schaltungsprobleme

Wenn sich die Gänge nur noch schwer einlegen lassen oder die Schaltung nach längerer Fahrt plötzlich Schwierigkeiten macht, kommt als Fehlerursache weit häufiger die Kupplung in Betracht als das Getriebe. Zur Kontrolle der Schaltseileinstellung besitzt die VW-Werkstatt eine Lehre. Nur wenn Sie sich unterwegs behelfen müssen, sollten Sie die beschriebene Noteinstellung durchführen.

Behelfsmäßige Einstellung

- Schalthebel in Leerlaufstellung drücken.
- Sicherheitshalber die Stellung der Seilzugbefestigung markieren.
- Dann wissen Sie noch die ursprüngliche Einstellung, wenn unsere Noteinstellung nicht weiterhilft.
- Im Motorraum am senkrecht stehenden Umlenkhebel die Schraube am Haltezapfen für den Wählseilzug lockern.
- Jetzt können Sie den Zapfen im Langloch verschieben.
- Festziehen und am Schalthebel kontrollieren, ob sich die Gänge besser einlegen lassen. Achten Sie vor allem auf die Rückwärtsgangsperre.
- Hat das nichts gebracht, wiederholen Sie dasselbe am waagrechten Getriebeschalthebel mit dem Schaltseilzug.

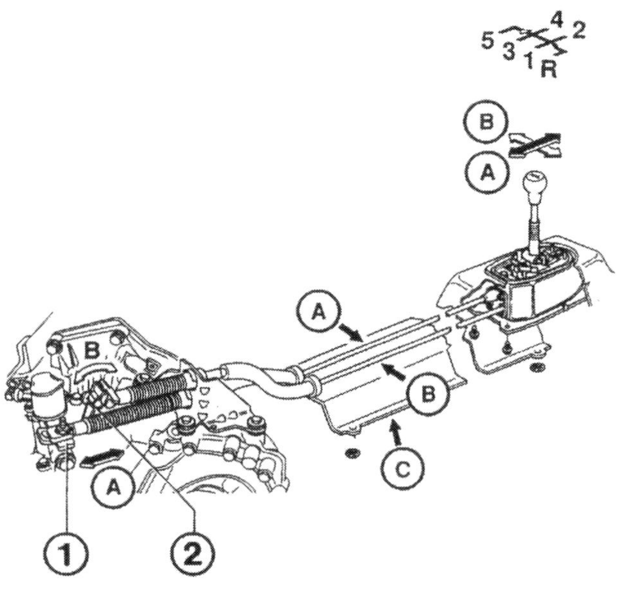

Die Zeichnung zeigt die Einbaulage und Betätigung der Getriebeschaltung. Es sind:
A – Seilzug für Schaltbewegung;
B – Seilzug für Wählbewegung;
C – Wärmeschutzblech (hält Seilzüge in Position);
1 – Getriebeschalthebel;
2 – Umlenkhebel mit Mitnehmer/Wählseilzug.

Die Kraftübertragung vom Motor auf die Antriebsräder ist hier schematisch dargestellt.
Die Zahlen bedeuten:
1 – Getriebe;
2 – Getriebe-Antriebswelle;
3 – Kupplung;
4 – Motor;
5 – Getriebe-Abtriebswelle;
6 – Achsantrieb;
7 – Ausgleichgetriebe;
8 – Tachoantrieb.
Die Zahnräder der einzelnen Gänge sind mit I, II, III, IV, V und R markiert.

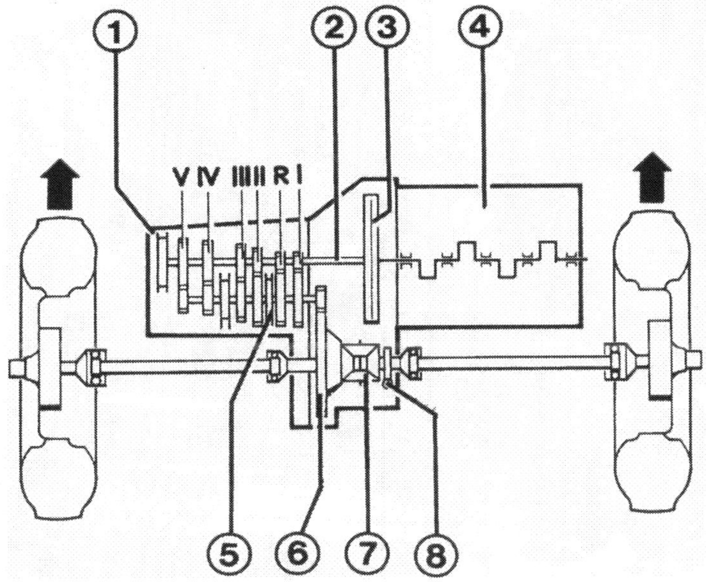

Störungsbeistand

Getriebegeräusche

Im Lauf der Zeit kann das Getriebe durch Geräuschentwicklung auf sich aufmerksam machen. Dann sollten Sie zuerst nach dem Ölstand im Getriebe sehen.

○ Tritt ein heulendes Geräusch in einem Gang auf und verändert sich der Ton beim Gasgeben und Gas wegnehmen, dürfte die Verzahnung des betreffenden Gangradpaares verschlissen sein.

○ Treten die Geräusche in allen Gängen auf, liegt es am Achsantrieb oder an den Getriebe-Wellenlagern.

○ Rauhe, mahlende Geräusche, die erst bei warmem Getriebe hörbar werden, weisen auf schlagende Synchronringe hin. Bei dünnflüssiger werdendem Öl wird dieses immer an derselben Stelle vom Synchronring weggedrückt.

Getriebe aus- und einbauen

Der Passat muß so aufgebockt werden, daß Sie sowohl im Motorraum als auch an der Wagenunterseite arbeiten können. Das Getriebe wird nach unten abgenommen.

Zum Getriebeausbau wird auch die Motoraufhängung gelöst. Daher müssen Sie den Motor an einem Flaschenzug aufhängen. Das Einlegen eines Kantholzes (an dem der Motor hochgebunden wird) zwischen beiden Vorderkotflügeln ist beim Passat nicht ratsam. Es kann wegen des stark abfallenden Vorderwagens abrutschen – Unfallgefahr! Ohne geeignete Sicherungsmaßnahmen ist der eigenhändige Getriebeausbau nicht ratsam.

● Motorhaube ausbauen.

● Motor mit Ketten oder Stahlseilen am Flaschenzug einhängen.

● Massekabel an der Batterie abklemmen.

● Elektrische Anschlüsse lösen und kennzeichnen.

● Schaltseilzug von ihren Hebeln abklemmen.

● An der Schaltbetätigung Tilgergewicht des Schaltseilzug lösen.

● Am Mitnehmer des Wählseilzuges die Haltelasche nach oben ziehen und den Wählseilzug abnehmen.

● Nehmerzylinder ausbauen (Hydraulikschlauch bleibt angeschlossen) und seitlich festbinden. Bei

In der Draufsicht auf das Getriebe im Motorraum sehen sie folgende Teile. Es bedeuten:
1 – Wählseilzug für Wählbewegung;
2 – Schaltseilzug für Schaltbewegung;
3 – Getriebeschalthebel;
4 – Tilgergewicht.

Zum Lösen der Tachowelle muß die Haltemutter (2) in Pfeilrichtung verdreht werden. Anschließend Tachowelle vom Getriebe (1) abziehen.

ausgebautem Zylinder nicht aufs Kupplungspedal treten.
- Tachowelle vom Getriebe lösen.
- Ansaugschlauch zwischen Luftfilter und Ansauglufthutze abnehmen.
- An der rechten Motorhaltekonsole die drei Schrauben zum Gummi/Metall-Lager losdrehen.
- Hinten oben an der Getriebehaltekonsole die Schraube zum Gummi/Metall-Lager abbauen.
- Vordere Verbindungsschrauben an der Getriebehaltekonsole lösen.
- Schlauchleitungen der Servolenkung zur Seite drücken. Bei ABS ist diese Schraube nur sehr schlecht zugänglich, deshalb Kühlmittel-Ausgleichsbehälter ausbauen.
- An der Motorhaltekonsole vorn die Mutter zum Gummi/Metall-Lager losdrehen.
- Ketten bzw. Seile am Flaschenzug »auf Spannung« bringen, also etwas straff ziehen.
- Ggf. untere Motorabdeckung abbauen.
- Anlasser ausbauen.
- Motorhaltekonsole vorn abschrauben.
- Schlauchleitungen der Servolenkung über das Gummi/Metall-Lager der vorderen Motorhaltekonsole drücken und festbinden.
- Am Aggregateträger Tilgergewicht abschrauben.
- Abgasrohr vorn vom Abgaskrümmer trennen.
- Ggf. Wärmeschutzblech für das innere Gelenk der rechten Antriebswelle abnehmen.
- Ggf. Luftleitführung am Dreieckslenker durch die Bohrungen im Dreieckslenker abdrücken.
- Antriebswelle vom Getriebe abschrauben und Lenkung nach links einschlagen.
- Motor/Getriebe-Block nach vorn drücken, ggf. mit Helfer.
- Rechte Antriebswelle soweit wie möglich mit einem Draht nach oben binden.
- Linke Antriebswelle nach vorn am Dreieckslenker festbinden.
- Getriebestütze und -konsole links vom Getriebe abschrauben.
- Dazu Motor/Getriebe-Block etwas anheben, bis die Abgasanlage das Wärmeschutzblech berührt. Widerlager für Betätigungsseilzüge nicht einklemmen.
- Motor/Getriebe-Block so weit wie möglich nach vorn drücken und untere Halteschraube an der Getriebestütze und -konsole herausdrehen.
- An der Kupplungsglocke das kleine Abdeckblech (hintere der rechten Antriebswelle) abschrauben.
- Von unten einen Rangierheber ans Getriebe heranfahren und die unteren Verbindungsschrauben zwischen Motor und Getriebe herausdrehen.
- Getriebe vom Motor abdrücken und ablassen.
- Zum Einbau den Kupplungsausrückhebel zum Getriebegehäuse hin drücken und in dieser Stellung mit einer 22 mm langen M 8-Schraube sichern.
- Beim Ansetzen des Getriebes muß das Deckblech richtig sitzen.
- Achten Sie darauf, daß die Motor/Getriebe-Aufhängungen nicht verspannt sind.
- Schaltseile behelfsmäßig einstellen. Einstellung in der Werkstatt kontrollieren lassen.

Anzugs-drehmomente

Bauteile	Drehmoment in Nm
Getriebe an Motor	80
Anlasser an Getriebe und Motor	60
Gelenkwellen an Getriebe	45
Getriebehaltekonsole und -stütze an Gummi/Metall-Lager	60
Getriebehaltekonsole an Getriebe	25
Getriebestütze an Getriebe	60

Bauteile	Drehmoment in Nm
Motorhaltekonsole hinten rechts an Gummi/Metall-Lager	25
Motorhaltekonsole vorn an Gummi/Metall-Lager	60
Schaltseilzug-Widerlager an Getriebe	15
Schaltseilzug an Getriebeschalthebel	25
Kupplungs-Nehmerzylinder an Getriebe	25
Tilgergewicht an Aggregateträger	30

Automatisches Getriebe

Das Automatikgetriebe für den Passat ist elektronisch/hydraulisch gesteuert. Neben vier Fahrstufen verfügt dieses Getriebe auch noch über zwei Schaltprogramme. Das Steuergerät erkennt anhand der Gaspedalbetätigung, welches Programm richtig ist. Bei langsamem Tritt aufs Pedal wird im kraftstoffsparenden »E«-Schaltprogramm gefahren, ein zügig niedergetretenes Gaspedal ist das Zeichen dafür, daß für gute Beschleunigung und hohes Ausdrehen der Gänge ins Sport-Programm umgeschaltet werden muß. Folgen wieder langsame Bewegungen am Gaspedal, geht das Steuergerät zurück ins Economy-Programm.

Funktion allgemein

Kernstück des Automatikgetriebes sind sogenannte Planetensätze. Die bestehen aus einem Zahnrad, um das drei weitere Zahnräder umlaufen. Über diese Anordnung ist ein Ringrad mit Innenverzahnung gestülpt. Jeweils zwei dieser Baugruppen sind zu einem Radsatz zusammengefaßt und bilden ein eigenes kleines Zweiganggetriebe. Das Geniale an diesen Getrieben ist die Art, sie zu schalten. Die Übersetzungsänderung erfolgt lediglich durch Festhalten oder Loslassen von Teilen des Planetensatzes. Geschaltet wird ohne Unterbrechen des Kraftflusses. Das Halten und Lösen besorgen hydraulisch gesteuerte Lamellenkupplungen und Lamellenbremsen. Um ein mehrstufiges Getriebe zu erhalten, sind drei Planetensätze hintereinandergeschaltet. So entsteht ein Vierganggetriebe mit Rückwärtsgang. Die Koordination der Radsätze erledigt die hydraulische Getriebesteuerung.

Der Drehmomentwandler

Die Übertragung der Kraft des Motors auf das Getriebe erfolgt mit Flüssigkeit. Der Motor treibt das Pumpenrad im Drehmomentwandler an. Die in Rotation gebrachte Wandlerflüssigkeit kann nun über ein dazwischen sitzendes Leitrad das mit dem Getriebe verbundene Turbinenrad ebenfalls in Bewegung setzen. Zwischen dem mit Motordrehzahl rotierenden Pumpenrad und dem Turbinenrad am Getriebeeingang herrscht immer ein Drehzahlunterschied. Er ist beim Anfahren am größten, mit zunehmender Geschwindigkeit gleichen sich die Drehzahlen zwischen Pumpen- und Turbinenrad immer mehr an. Aber ein gewisser »Schlupf« bleibt beim herkömmlichen Automatikgetriebe immer noch. Bei unserem Getriebe wird dagegen der Drehmomentwandler im 4. Fahrbereich überbrückt, d. h. es herrscht eine starre Verbindung zwischen Motor und Automatikgetriebe. So läßt sich der Kraftstoffverbrauch senken.

Die elektronische Getriebesteuerung

Eingangssignale

Das Steuergerät verarbeitet zahlreiche Signale von verschiedenen Bauteilen; Informationen kommen von:

○ Multifunktionsschalter für die Wählhebelstellung. Die Hebelstellung steuert auch das Einschalten der Rück-

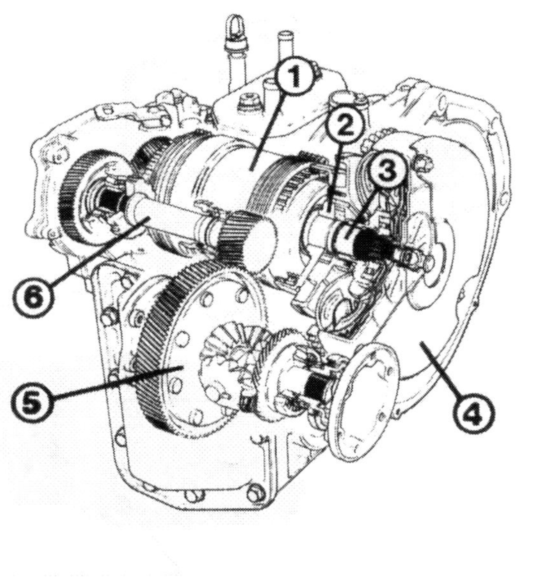

Der Zeichner läßt uns einen Blick ins automatische Getriebe werfen. Folgende Bauteile sind zu erkennen:
1 – Planetengetriebe;
2 – Leitradstütze;
3 – ATF-Pumpe;
4 – Drehmomentwandler;
5 – Achsantrieb;
6 – Zwischen-Zahnradstufe.

fahrleuchten, die Anlassersperre bei eingelegtem Fahrbereich und ggf. das Ein- und Ausschalten der Geschwindigkeits-Regelanlage.

○ Drosselklappen-Steuereinheit für die Stellung der Drosselklappe. Dieses von der Einspritzung bekannte Bauteil dient zur Errechnung der Schaltpunkte.

○ Geschwindigkeitsgeber im Getriebe zur Ermittlung der Fahrgeschwindigkeit ebenfalls für die Schaltpunkte. Fällt dieser Geber aus, nimmt das Steuergerät die Motordrehzahl als Ersatzwert.

○ Drehzahlgeber für Getriebedrehzahl übermittelt die Getriebedrehzahl und dient zur Errechnung der Schaltpunkte.

○ Kickdownschalter im Gaszug; er gibt Meldung, wenn das Gaspedal voll durchgetreten wurde. Dann wird später hochgeschaltet oder ggf. auch ein oder zwei Fahrbereiche zurückgeschaltet.

○ Bremslichtschalter für die Freigabe der elektromagnetischen Wählhebelsperre. Nur bei getretenem Bremspedal läßt sich der Wählhebel aus Stellung »P« oder »N« in einen der Fahrbereiche schieben.

○ ATF-Temperaturgeber für die Temperatur der Getriebeflüssigkeit. Starke Drehzahlunterschiede zwischen Motor und Getriebe können eine erhebliche Erwärmung der ATF bewirken. Wenn ans Steuergerät die Meldung »erhöhte Temperatur« kommt, wird in den einzelnen Fahrbereichen später hochgeschaltet. Das verringert den Schlupf im Wandler und senkt die ATF-Temperatur.

Steuerung der Schaltvorgänge

Wenn Sie den Wählhebel in Stellung »D« bewegen, gelangt unter Druck stehende ATF an die sogenannten Schaltschieber im Schaltschieberkasten, die ihrerseits die Lamellenkupplungen und -bremsen hydraulisch steuern. Den Druck regelt das Steuergerät mit Magnetventilen und bestimmt so den Zeitpunkt zum Hoch- bzw. Zurückschalten sowie die Schaltübergänge. Gleichzeitig besteht eine Verbindung mit dem Steuergerät des Motor-Managements – beim Hochschalten wird der Zünd- bzw. Einspritzzeitpunkt etwas zurückgenommen, damit der Schaltübergang weich verläuft.

Befehle vom Steuergerät gelangen weiterhin an den Magnet der Wählhebelsperre, das Kombirelais für Anlassersperre und Rückfahrleuchten.

Eigendiagnose

Das Steuergerät des Automatikgetriebes kann auftretende Fehler erkennen und speichern. Ein Prüfprogramm überwacht die Ein- und Ausgangssignale praktisch aller Geber und Bauteile sowie deren Stromkreise. Aufgetretene Fehler werden in einem Dauerspeicher festgehalten. Beim Inspektions-Service in der Werkstatt wird der Fehlerspeicher abgefragt. Das geschieht mit einem Auslesegerät; eine Möglichkeit für den Heimwerker zur Fehlerspeicherabfrage ist leider nicht vorgesehen. Falls Sie einen Fehler in der Getriebesteuerung vermuten, können Sie den Fehlerspeicher nur in der VW-Werkstatt abrufen lassen.

Notlauf

Hat das Steuergerät einen Fehler erkannt, der die Funktion erheblich beeinträchtigt, oder ist das Steuergerät selbst defekt, wird auf »Notlauf« geschaltet. Hierfür gibt es zwei Notprogramme:

○ Das Getriebe schaltet wie bisher automatisch in die höheren oder niedrigeren Fahrstufen, die Schaltrucke sind jedoch wesentlich ausgeprägter.

○ Das Getriebe schaltet nicht mehr automatisch hoch oder herunter. In den Wählhebelstellungen »D«, »3« und »2« steht ausschließlich der 3. Fahrbereich zur Verfügung. Nur in Stellung »1« und »R« wird der angewählte Fahrbereich auch eingelegt.

In beiden Fällen ist ein umgehender Besuch bei der VW-Werkstatt erforderlich, wo der Fehlerspeicher ausgelesen wird.

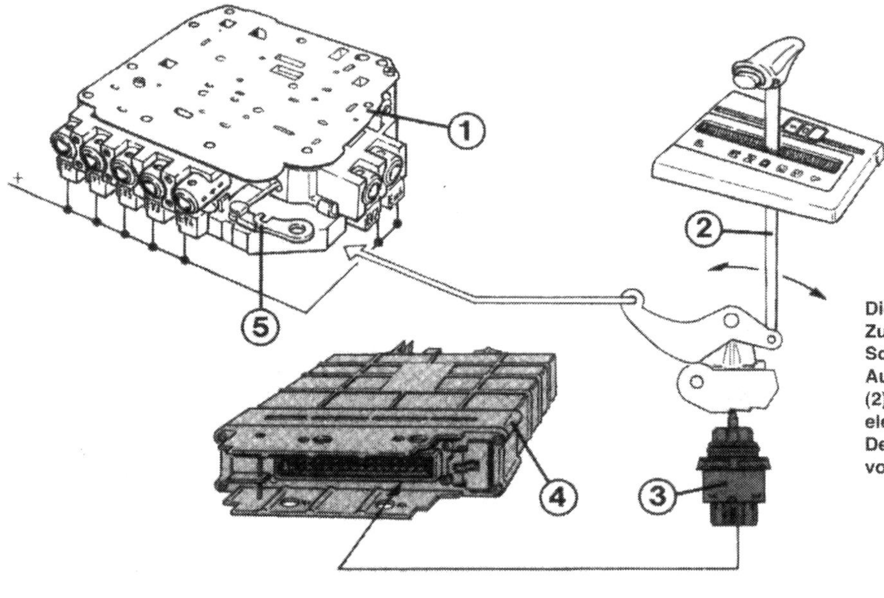

Dieses Schema verdeutlicht die Zusammenhänge zwischen Schaltschieberkasten (1) des Automatik-Getriebes, Wählhebel (2), Multifunktionsschalter (3) und elektronischem Steuergerät (4). Der Handschieber (5) wird direkt vom Wählhebel betätigt.

Für den Selbsthelfer bietet das Automatikgetriebe keine Möglichkeiten zur Eigeninitiative. Gezielte Prüfungen helfen jedoch, den Fehler einzukreisen, was nicht zuletzt beim Gebrauchtwagenkauf interessant ist:

Automatikgetriebe prüfen

- ○ Der ATF-Stand im Getriebe ist bei Störungen als erstes zu prüfen (Werkstattarbeit).
- ○ Auf einer Probefahrt können die Schaltpunkte überprüft werden.
- ○ Die Art, wie die Schaltvorgänge erfolgen, gibt Aufschluß über den Zustand der Automatik.
- ○ Die Einstellung des Gaszugs mit dem integrierten Kickdownschalter ist eine wichtige Voraussetzung für fehlerfreie Arbeitsweise.
- ○ Gleiches gilt für die Einstellung des Wählhebelseilzuges.

Bei einer Probefahrt können Sie Ihre Aufmerksamkeit auf die Schaltvorgänge richten:

Beurteilen der Schaltvorgänge

- ○ **Hochschalten:** Bei teilweise durchgetretenem Gaspedal ist der Gangwechsel kaum wahrnehmbar; bei Vollgas oder Kickdown werden die Übergänge zwar etwas deutlicher, doch stets muß der höhere Gang geschmeidig fassen. Kurzes Hochdrehen beim Gangwechsel deutet auf Fehler hin.
- ○ **Herunterschalten:** Ohne Gas (beim Ausrollenlassen) kaum spürbar bei sehr niederen Geschwindigkeiten. Ein Stoß ist beim Rückschalten mit Teil- oder Vollgas normal. Das Zurückschalten ohne Gas mit dem Wählhebel dauert eine bis zwei Sekunden. Wird beim zwangsweisen Zurückschalten mit dem Wählhebel Gas gegeben, erfolgt der Gangwechsel ohne Verzögerung.
- ○ **Kickdown-Funktion:** Gaspedal über den Druckpunkt hinaus voll durchtreten. Je nach Fahrgeschwindigkeit und Motordrehzahl bleibt das Getriebe länger im betreffenden Gang oder schaltet in den kleineren Gang zurück.

Der Achsantrieb

Das Getriebe und der Achsantrieb mit dem Ausgleichsgetriebe sitzen in einem gemeinsamen Gehäuse. Wenn Sie unsere Zeichnung am Anfang des Kapitels betrachten, erkennen Sie, daß die vom Motor ans Getriebe geleitete Kraft über ein kleines und ein großes Zahnrad an den Achsantrieb gelangt. Am großen Zahnrad ist das Gehäuse des Ausgleichsgetriebes angeschraubt. In diesem Gehäuse sitzen vier ineinandergreifende Kegelräder, von denen zwei mit den Antriebswellen verbunden sind.
Solange wir geradeaus fahren, rollen beide Vorderräder mit der Drehzahl des großen Achsantriebsrades. Die Kegelräder des ebenfalls im gleichen Tempo drehenden Ausgleichsgetriebe-Gehäuses stehen dagegen still. Beim Durchfahren einer Kurve muß das kurvenäußere Rad einen längeren Weg zurücklegen als das innere. Jetzt treten die Kegelräder in Aktion: Die schnellere Drehung des äußeren Rades und seines Kegelrades wirkt über die beiden Übertragungskegelräder auf jenes Kegelrad auf der Kurveninnenseite ein, das nun entsprechend langsamer dreht. Dieser Ausgleich ist notwendig, sonst würde der Wagen ruckartig mit durchdrehenden Vorderrädern durch die Kurven fahren. Nachteilig wirkt sich das Ausgleichsgetriebe jedoch aus, wenn ein Antriebsrad auf glattem Untergrund durchdreht. Dann wird auf das andere Vorderrad praktisch keine Kraft mehr übertragen, der Wagen rührt sich nicht von der Stelle.

Die Antriebswellen

Damit Sie beim Fahren und Lenken kein Zerren in der Lenkung verspüren, müssen die Gelenke der Antriebswellen die Kräfte in allen Feder- und Lenkstellungen vollkommen gleichmäßig übertragen. Am Ausgleichsgetriebe sitzt ein sogenanntes Verschiebegelenk. Es ermöglicht den zum Ein- und Ausfedern notwendigen Längenausgleich, muß aber nur geringe Beugewinkel ertragen. Am Rad sitzt ein Festgelenk. Hier ist kein Längenausgleich notwendig, dafür ein großer Beugewinkel für den Lenkeinschlag.
Gewöhnlich gibt es mit den Antriebswellen keine Probleme. Ihre Lebensdauer hängt natürlich von der Fahrweise ab. Vollgasstarts mit eingeschlagenen Vorderrädern und Anfahren mit durchdrehenden Antriebsrädern führen zu vorzeitigem Defekt.

Manschetten der Antriebswellen prüfen

Die Gelenke der Antriebswellen sind mit Schmierfett gefüllt und zum Schutz gegen Feuchtigkeit und Schmutz mit Gummimanschetten umhüllt.

Wartungsarbeit

- ● Wagen vorn mit freihängenden Rädern aufbocken.
- ● Am Rad drehen und beide Manschetten der Welle auf feine Risse und spröde Stellen kontrollieren.
- ● Sitzen die Schlauchbinder fest?
- ● Fettspuren an der Manschette sind ein Alarmsignal, denn fehlendes Schmiermittel oder eindringender Schmutz bzw. Feuchtigkeit zerstören die Gelenkoberflächen sehr schnell.
- ● Beschädigte Manschetten sofort ersetzen. Dazu muß die Antriebswelle ausgebaut und zerlegt werden.

Störungsbeistand

Antriebswellen

Die Gelenke der Antriebswellen zeigen meist schlagartig Ausfallserscheinungen, die aber zwischendurch wieder völlig verschwinden können. Die »ruhige Phase« kann sich über mehrere Tage und Kilometer erstrecken.

○ **Rhythmische Schlag- oder Knack-knack-knack-Geräusche** beim Gasgeben und im Schiebebetrieb, die sich noch abhängig vom Lenkeinschlag verändern, sind ein Hinweis, daß das radseitige Gelenk defekt ist.

○ **Vibrationen und Zitterbewegungen** im Lenkrad bei eingeschlagenen Rädern deuten ebenfalls auf ein schadhaftes äußeres Gelenk.

○ Ein **Knackgeräusch** beim Anfahren mit eingeschlagenen Rädern liegt nicht unbedingt an den Antriebswellen, sondern evtl. am Radlager.

Antriebswelle ausbauen

Beim Passat mit »Plus-Fahrwerk« (Erkennungsmerkmal ist Fünflochfelge) kann die Antriebswelle nicht ausgebaut werden. Sie ist in die Achsnabe eingeklebt, Werkstattarbeit.

Die Haltemutter an der Achsnabe ist selbstsichernd und muß jedesmal erneuert werden. Außerdem ist es wichtig zu wissen, daß der Passat mit ausgebauter Gelenkwelle nicht geschoben werden darf. Hierbei würde das Radlager ungleichmäßig belastet, und die Lagerrollen werden beschädigt.

- Radzierkappe bzw. kleine Blende abnehmen.
- Sechskantmutter SW 30 in der Radnabe lösen; hierzu muß der Passat absolut fest auf dem Boden stehen. Mutter herausdrehen.
- Wagen vorn aufbocken, ggf. untere Motorraum-Abdeckung ausbauen.
- Innenvielzahnschrauben der Welle am Getriebe herausdrehen.
- Zum Abnehmen der linken Welle Federbein vom Radlagergehäuse abschrauben.
- Radlagergehäuse zur Seite schwenken.
- Gelenkwelle vom Getriebeflansch abdrücken und herausziehen.
- Welle aus dem Radlagergehäuse ziehen.
- Das Ausgleichsgewicht muß wieder an gleicher Stelle der neuen Antriebswelle montiert werden.
- Dazu eine der beiden Spannhülsen im Ausgleichsgewicht mit einem dünnen Dorn herausklopfen, Ausgleichsgewicht auseinanderklappen und abnehmen.
- Damit das Ausgleichsgewicht nicht verrutscht, ist an der Innenseite ein Klebeband angebracht.
- Kontrollieren Sie, ob dessen Klebewirkung noch ausreicht, andernfalls neues Klebeband anbringen oder einen anderen Kleber auftragen.
- Das Ausgleichsgewicht muß an einer festgelegten Stelle der Welle montiert werden, siehe oben.
- Beim Eintreiben der Spannhülse an der neuen Gelenkwelle darauf achten, daß die Schutzlackierung der Welle nicht beschädigt wird.
- Unterlegplättchen der Innenvielzahnschrauben nicht vergessen. Anzugsdrehmoment 45 Nm.
- Wagen ablassen, Räder blockieren. Neue Achsnabenmutter mit Unterlegscheibe montieren und mit 265 Nm anziehen.

Antriebswelle zerlegen
alte Ausführung

Zum Manschetten- oder Gelenkwechsel muß die ausgebaute Antriebswelle zerlegt werden. Problematisch ist hierbei, daß das getriebeseitige Verschiebegelenk aufgepreßt ist. Wenn Sie es nach unserer behelfsmäßigen Ausbaumethode nicht abnehmen können, muß es abgepreßt und das neue Gelenk aufgepreßt werden.

- **Äußeres Gelenk:** Bei intakter Manschette großen Schlauchbinder aufbiegen, Schutzhülle zurückstreifen.
- Bei beschädigter Manschette diese komplett abnehmen.
- Gelenk mit einem Kunststoffhammer von der Gelenkwelle mit einem kräftigen Schlag losklopfen.
- Beim Einbau Sitz der Tellerfeder und des Abstandsrings beachten.
- Manschette aufziehen.

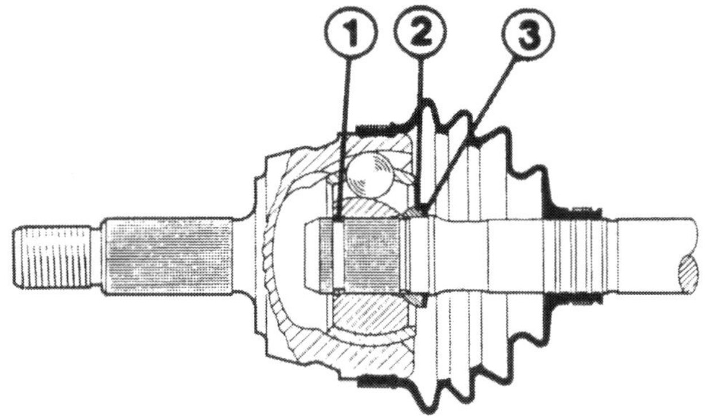

<u>Links:</u> **Der feste Sitz der Schlauchbinder (2) muß bei der Kontrolle der Antriebswellen-Manschetten (1) kontrolliert werden. Ziehen Sie die Falten (Pfeil) der Manschette auseinander, um Beschädigungen erkennen zu können.**
<u>Rechts:</u> **Beim Zusammenbau des äußeren Antriebswellengelenks müssen die Teile wie abgebildet montiert sein. Es bedeuten:**
1 – Sicherungsring;
2 – Abstandsring;
3 – Tellerfeder.

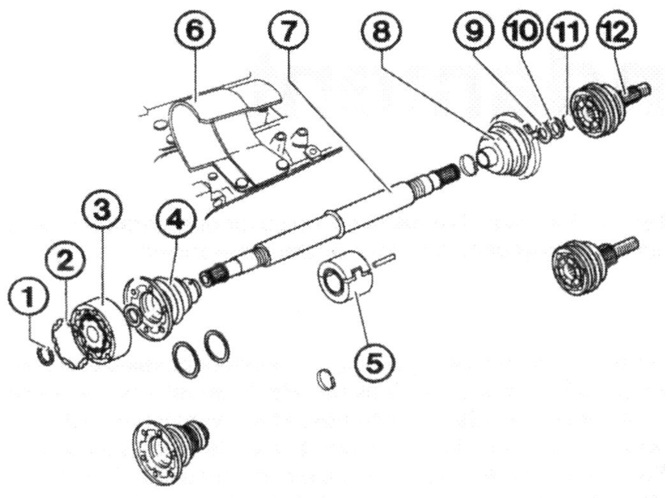

Die Teile der Gleichlauf-Gelenkwelle: 1 – Sicherungsring; 2 – Dichtung/Schutzfolie; 3 – Gleichlaufgelenk innen; 4 – Gelenkschutzhülle innen; 5 – Tilgergewicht; 6 – Schutzkappe; 7 – Gelenkwelle; 8 – Gelenkschutzhülle außen; 9 – Tellerfeder; 10 – Anlaufring; 11 – Sicherungsring; 12 – Gleichlaufgelenk außen.

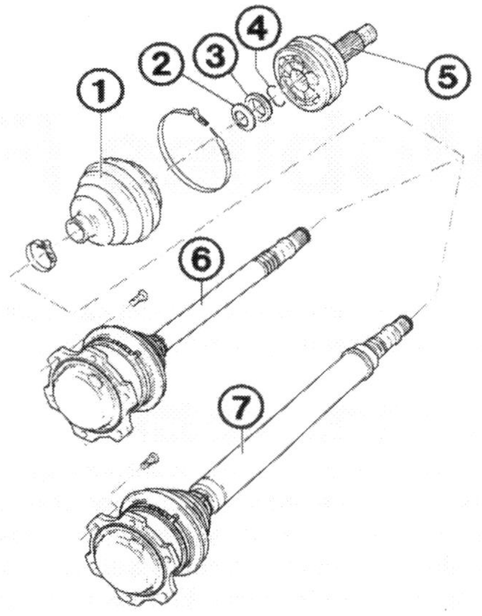

Die Teile der Tripode-Gelenkwelle: 1 – Gelenkschutzhülle; 2 – Tellerfeder; 3 – Anlaufring; 4 – Sicherungsring; 5 – Gleichlaufgelenk außen; 6 – Gelenkwelle links mit Tripode-Gelenk; 7 – Gelenkwelle rechts mit Tripode-Gelenk.

● Neuen Sicherungsring in die Nut der Gelenkwelle einsetzen, dann Gelenk mit dem Kunststoffhammer aufklopfen, bis der Sicherungsring einrastet.
● Gelenk fetten: Ein neues erhält an jeder Seite 45 g des Fettes VW G 6.3 eingedrückt, ein gebrauchtes Gelenk wird nachgefettet.
● Klemmschellen der Manschette zusammenpressen.
● **Inneres Gelenk:** Lage der Gummimanschette am Gelenkwellenrohr anzeichnen (dabei den Lack nicht beschädigen). In dieser Lage muß die neue Manschette wieder montiert werden.
● Blech-Schutzkappe und Manschette mit Hammer und Durchschlag vorsichtig vom Gelenk herunterklopfen. Dabei den Durchschlag an mehreren Stellen rund um das Gelenk ansetzen.
● Am Wellenstumpf den Sicherungsring des Gelenks mit zwei schmalen Schraubendrehern aus seiner Nut herausheben.
● Antriebsgelenk mit Hammerschlägen von der Welle losklopfen.
● Tellerfeder von der Antriebswelle abdrücken.
● Klemmschelle der Manschette aufbiegen oder mit durchschneiden, Manschette abziehen.
● Neue Manschette montieren, Klemmschelle fest zusammenpressen.
● Tellerfeder so einbauen, daß ihr größerer Durchmesser zum Gelenk hin zeigt.
● Gelenk in seinen Sitz klopfen, neuen Sicherungsring montieren.
● Auf jeder Seite des neuen Gelenks die halbe Menge Schmierfett eindrücken. Ein gebrauchtes Gelenk lediglich nachfetten.
● Blech-Schutzkappe der Manschette aufdrücken, notfalls leicht aufklopfen.

Antriebswelle ausbauen
Tripodegelenk

Ist bei den Tripodegelenken die innere Manschette defekt, muß die Gelenkwelle komplett ohne äußeres Gleichlaufgelenk ersetzt werden.
● Sechskantmutter SW 30 in der Radnabe lösen; hierzu muß der Passat absolut fest auf dem Boden stehen.
● Mutter herausdrehen.
● Halteschraube für Getriebelager hinten lösen.
● Halteschraube am Getriebelager hinten links herausdrehen.
● Motorlager vorn die Halteschraube der Motorstütze lösen.
● Innenvielzahnschrauben an der Verbindung Antriebswelle/Wellenflansch (am Getriebe) lösen.
● Achsgelenk lösen, siehe »Achsgelenk ersetzen«.
● Rad nach außen schwenken und mit einem Holzstück zwischen Federbein und Radhaus-Stehblech abstützen.
● Gleichlaufgelenk abnehmen, siehe »Antriebswelle zerlegen« (äußeres Gelenk).

Mobiles Fundament

Sache des Fahrwerks ist es nicht nur, guten Kontakt zur Fahrbahn herzustellen – also für gute Straßenlage zu sorgen. Darüber hinaus muß es Stöße von Unebenheiten in gedämpfte Bewegungen umwandeln.

Die Vorderradaufhängung

Gewissermaßen als Gerüst dient ein massiver Aggregateträger mit zwei gelenkig verbundenen dreieckförmigen Achslenkern. Am rechten und linken Dreiecklenker ist außen über ein Gelenk das Radlagergehäuse befestigt, das seinerseits mit dem sogenannten Federbein (als Federungs-/Stoßdämpfungseinheit) verschraubt ist.
Alle Modelle besitzen einen Stabilisator: Ein Stab aus Rundstahl ist an beiden Dreiecklenkern über je eine »Koppelstange« befestigt. Er bewirkt folgendes: Federn beide Räder gleichzeitig ein, macht dieser Stabilisator die Bewegung mit, ohne sich dagegen zu sperren. Beim Durchfahren einer Kurve federt jedoch das kurveninnere Rad aus, und die Feder des kurvenäußeren Rades wird stärker zusammengepreßt. Dadurch wird der Stabilisator in sich verdreht. Er verstärkt so die Federung im kurvenäußeren Rad und bewirkt, daß sich die Karosserie weniger stark zur Kurvenaußenseite neigt.

Die Radeinstellung

Für sicheres Fahrverhalten müssen die Vorderräder in Längs- und Seitenrichtung in bestimmten Winkelstellungen stehen. Damit Sie sich unter der »Lenkgeometrie« etwas vorstellen können, hier eine Erläuterung der Begriffe:
Spur: Beim Passat stehen die Vorderräder im Stillstand genau parallel zueinander, die Spur ist neutral. Die Reibung zwischen Rad und Straße drückt das linke Rad nach links weg und das rechte nach rechts weg. Das gleichen die Kräfte des Frontantriebs wieder aus, die bestrebt sind, die Vorderräder vorn zusammenzudrücken. Beim Hineinlenken des Wagens in eine Kurve geht die neutrale Spur durch die trapezförmige Anordnung des Lenkgestänges in »Nachspur« über. Das kurveninnere Rad schwenkt stärker herum als das kurvenäußere. Dies ist auch notwendig, weil ja in einer Kurve die inneren Räder einen engeren Kreis fahren müssen als die äußeren. Das ergibt automatisch eine Unterstützung der Lenkbewegung und der Lenkkräfte.
Sturz: So nennt man die leichte Auswärtsneigung der Vorderräder – oben im Radkasten haben sie beim Passat einen engeren Abstand voneinander als unten am Boden. Das heißt in der Fachsprache negativer Sturz.
Spreizung: Sie gehört zum Sturz. Spreizung ist die geringfügige Neigung der Schwenkachse, um die beim Lenken die ganze Geschichte schwenkt. Beide Schwenkachsen haben oben einen kleineren Abstand voneinander als unten. Sturz und Spreizung verhindern zusätzlich das Flattern der Räder. Ferner erleichtern sie das Einschlagen der Räder. Und zusätzlich bewirken sie das »Rückstellmoment«, worunter man das Bestreben der Vorderräder versteht, bei oder nach Kurven selbsttätig wieder in Geradeausstellung zu gehen.
Nachlauf: Darunter versteht man die Schrägstellung der Schwenkachse in Fahrzeuglängsrichtung. Das hilft ebenfalls, den Geradeauslauf zu stabilisieren und Flattern der Vorderräder zu verhindern. Außerdem bewirkt er eine Rückstellung der Lenkung nach Kurven.

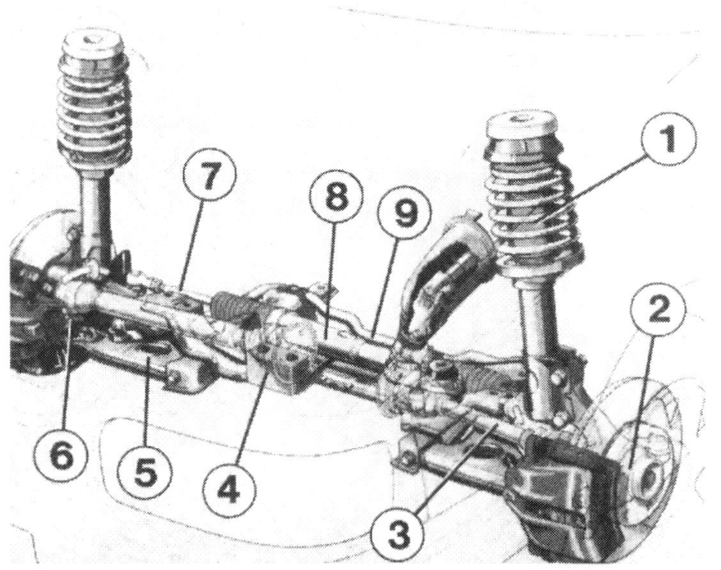

Zur Vorderradaufhängung und Lenkung des Passat gehören folgende Teile:
1 – Federbein;
2 – Radnabe;
3 – Antriebswelle;
4 – Tilgergewicht;
5 – Dreiecklenker;
6 – Achsgelenk;
7 – Spurstange;
8 – Lenkgetriebe;
9 – Stabilisator.

Damit Sie sich die Begriffe der Radeinstellung besser vorstellen können, haben wir sie hier zeichnerisch deutlich gemacht. Links ist die Spur erklärt, in der Mitte der negative Sturz, und ganz rechts finden Sie den Nachlauf dargestellt.

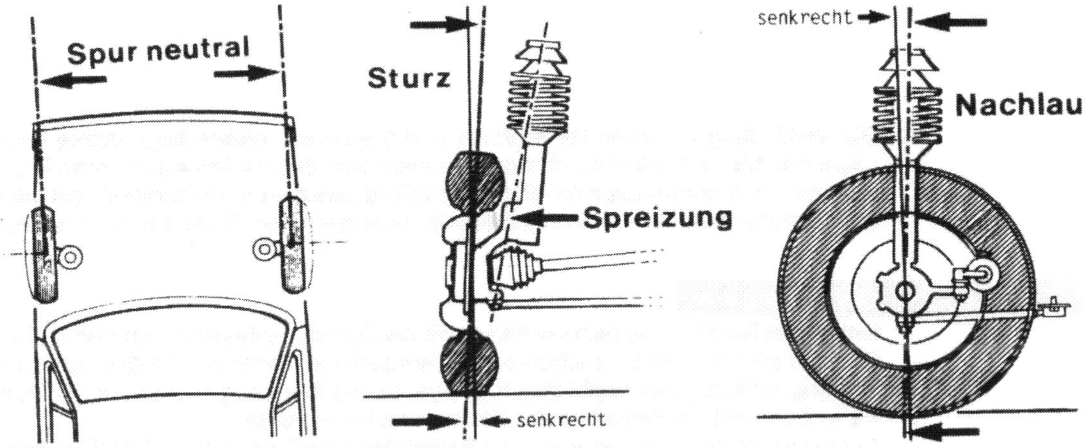

Die Lenkung

Die Drehungen am Lenkrad wandelt ein Lenkgetriebe – es sitzt hinter dem Motor vor der Trennwand zum Innenraum – in eine hin- und hergehende Bewegung um, damit die Vorderräder zur Seite schwenken können.
Der VW verfügt über eine Zahnstangenlenkung. Ein Zahnrad (Ritzel) am Ende der Lenksäule greift in eine gezähnte Stange ein und verschiebt diese je nach Drehung am Lenkrad nach rechts oder links. Diese Bewegungen übertragen die beiden an der Zahnstange angeschraubten Spurstangen auf die schwenkbaren Radzapfen (Achsschenkel) und damit auf die Räder.
Die Zahnstange im Lenkgetriebe dient gleichzeitig als Kolben für die Servolenkung. Dieser wird vom hineingepumpten Hydrauliköl nach rechts oder links verschoben. In welche Richtung gepumpt wird, bestimmen Sie beim Drehen des Lenkrades. Diese Drehung wird auf ein Ventilsystem übertragen, das Richtung und Menge des Flüssigkeitsstromes regelt. Den Druck im hydraulischen System erzeugt eine Flügelpumpe, die der Motor über einen Keilriemen antreibt.
Durch eine bestimmte Schrägstellung der Federbeine wurde noch ein Effekt erzielt, der ebenfalls auf die Lenkung Einfluß hat: Das ist der spurstabilisierende Lenkrollradius. Das kann man sich so vorstellen: Wir verbinden den oberen und den unteren Lagerpunkt des Federbeins mit einer gedachten Linie und schauen, wo diese (verlängert nach unten) auf den Boden auftrifft. Beim Passat ist der Auftreffpunkt außerhalb der Reifenmitte. Damit wird eine Umkehr der Kräfte erzielt, die auf das Rad wirken. Ist beispielsweise die Bremse am linken Vorderrad defekt, würde der Wagen beim Bremsen nach rechts ziehen. Nicht so beim Passat. Die am Rad ansetzende Kraft wirkt gewissermaßen entgegengesetzt auf das Fahrwerk, und die Tendenz zum Ausbrechen des Wagens wird ausgeglichen.

Die Hinterachse

Hier haben wir eine richtige Achse aus einem Stück vor uns. Sie ist aber nicht starr, sondern in sich verdrehbar; dabei wirkt sie wie ein Stabilisator. Das Kernstück bildet ein V-förmiger Querträger aus Federstahl. Daran sind rechts und links rohrförmige Längslenker angeschweißt. Sie tragen in Fahrtrichtung hinten die Haltekonsole für das Federbein, an ihrer Seite ist der Radzapfen angeschraubt. Am Hinterachskörper ist ein zusätzlicher Stabilisator angeschweißt.

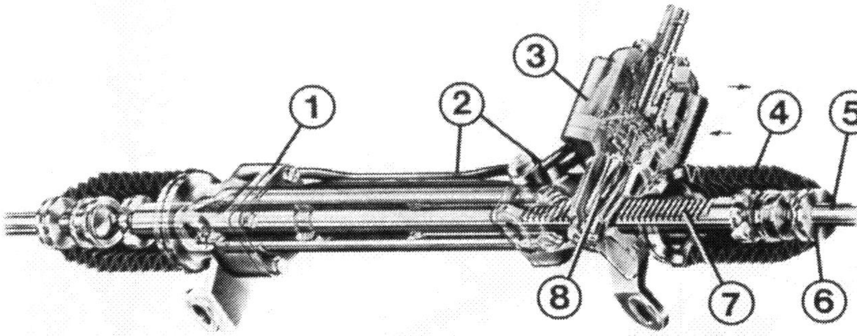

Ein Servolenkgetriebe als Schnittzeichnung. Zu sehen sind:
1 – Gehäuse;
2 – Hydraulikleitungen;
3 – Gehäuse mit Ventilsteuersystem;
4 – Manschette;
5 – Spurstange;
6 – Haltering für Manschette;
7 – Zahnstange;
8 – Ritzel.

Die Verbindung zwischen Hinterachse und Karosserie stellen sogenannte spurkorrigierende Gummi-Metall-Lager her. Sie verhindern durch ihre spezielle Form, daß seitlich einwirkende Kräfte z. B. beim Kurvenfahren die Hinterachse aus ihrer Lage drücken. Das würde sonst einen »Mitlenk«-Effekt der Hinterachse verursachen und auf unebener Fahrbahn, in Wechselkurven oder bei hoher Zuladung zu kritischen Fahrsituationen führen.

Die Federbeine

Unter dem Begriff Federbein verstehen wir die Zusammenfassung von Feder und Stoßdämpfer in einer Einheit. Der Dämpfer ist in die Schraubenfeder hineingesteckt. Feder und Stoßdämpfer arbeiten genau in derselben Bewegungsrichtung. Das ergibt gleichmäßige, für die Fahrzeuginsassen angenehme Federbewegungen. Solche Federbeine hat der Passat an der Vorder- und Hinterachse.

Für die Vorderradfederung wurde ein Patent des Amerikaners Earl S. McPherson verwendet. Das nach ihm benannte Federbein stellt ein komplettes Radaufhängungssystem dar. Oben an der Verbindung zur Karosserie ist es drehbar gelagert, so daß Lenkbewegungen überhaupt möglich sind. Am unteren Teil sitzt der Radzapfen, auf dem das Vorderrad läuft.

Die Stoßdämpfer

Die Stöße der Fahrbahn schlucken Reifen und Federn. Die Aufgabe der Stoßdämpfer ist es dagegen, die Schwingungen der Radmassen zu unterdrücken bzw. zum Abklingen zu bringen. Richtiger wäre daher die Bezeichnung »Schwingungsdämpfer«.

Serienmäßig sind sogenannte Zweirohrdämpfer eingebaut. Sie bestehen aus einem Arbeitszylinder, in dem ein mit einer Kolbenstange verbundener Arbeitskolben auf und ab gleiten kann. Der Arbeitszylinder ist von einem zweiten Zylinder umgeben, der als Vorratsbehälter für das Stoßdämpfer-Hydrauliköl dient. Bei Federbewegungen eines Rades verschiebt sich der Kolben im Zylinder. Das in Bewegung versetzte Spezialöl wird durch Ventile hindurchgepreßt, was die Kolbenbewegung verlangsamt und damit die Schwingungen des jeweiligen Rades dämpft.

Lenkgetriebe-Manschetten kontrollieren

Wartungsarbeit

Die aus dem Lenkgetriebegehäuse austretende Zahnstange ist rechts und links durch eine Gummimanschette geschützt. Ein schadhafter Faltenbalg läßt Schmutz und Feuchtigkeit ins Lenkgetriebe eindringen, wo er sich mit dem Lenkgetriebefett zu einer Art Schleifpaste vermischt. Dadurch verschleißt die Lenkgetriebeverzahnung. Die Lenkung fühlt sich im Mittelbereich (in Geradeausstellung) etwas »teigig« an. Dann hilft kein Nachstellen mehr, sonst klemmt sie beim Einschlagen der Räder und geht nach Kurven nicht mehr zurück.

- Nehmen Sie die Vorderräder ab und drehen Sie das Lenkrad ganz nach rechts bzw. links.
- Ziehen Sie den Faltenbalg an der Spurstange Stück um Stück auseinander, um Risse in den Gummiwülsten zu erkennen.
- Ist die Manschette verdreht?
- Sitzt der Haltering fest auf der Manschette?
- Kontrollieren Sie den festen Sitz des Schlauchbinders der Manschette.
- Eine defekte Manschette sofort ersetzen, siehe »Spurstange auswechseln«.

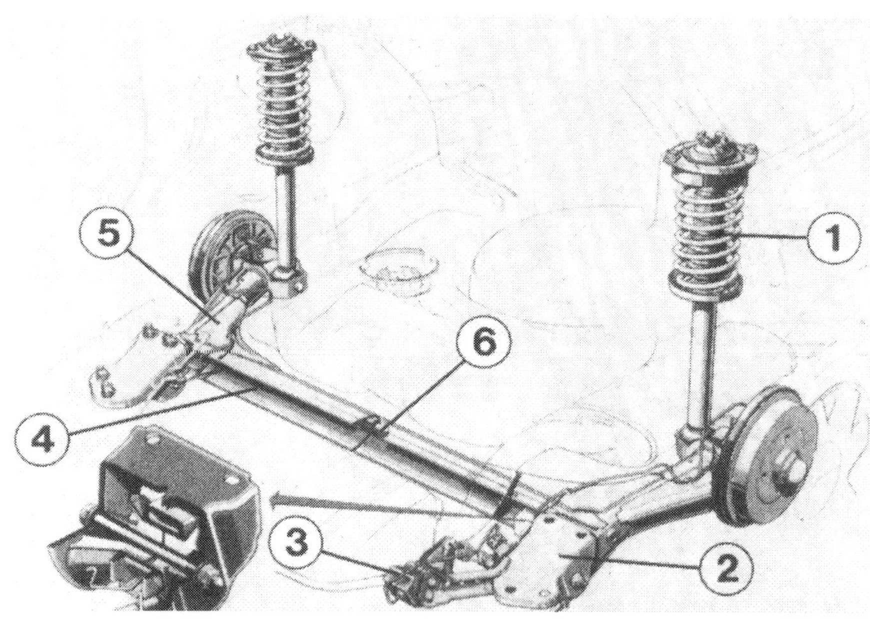

Die Hinterachse – hier mit Trommelbremsen dargestellt. Es bedeuten:
1 – Federbein;
2 – Lagerbock mit Gummi-Metall-Lager;
3 – Lastabhängiger Bremskraftregler;
4 – Hinterachskörper;
5 – Längslenker;
6 – Stabilisator.

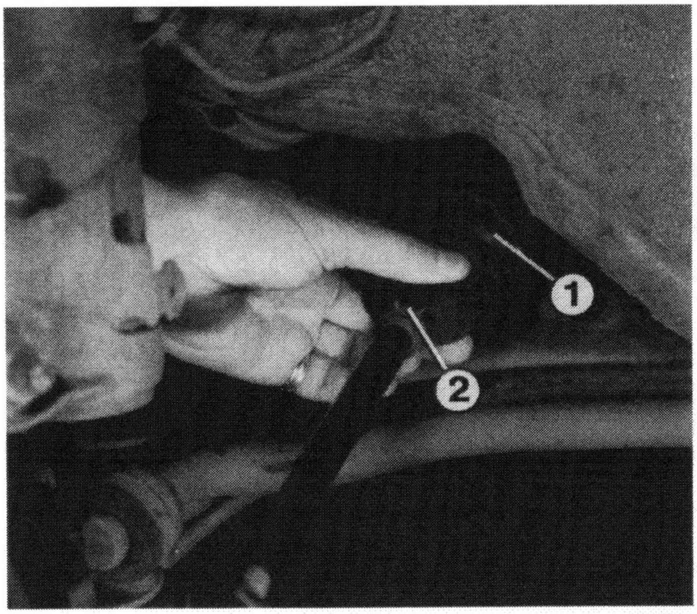

Den Zustand der Lenkgetriebemanschette (1) prüft man vom Radkasten her. Bei dieser Gelegenheit auch auf den richtigen Sitz des Schlauchbinders (2) achten.

Hier wird am Spurstangenkopf die Staubkappe (Pfeil) auf Beschädigungen überprüft.

Staubkappen und Spiel der Spurstangenköpfe prüfen

Wartungsarbeit

Rechts und links zwischen Spurstange und Lenkhebel am Radlagergehäuse sitzt ein Gelenk. Der stählerne Kugelkopf ist von selbstschmierendem Kunststoff umhüllt und durch eine staub- sowie wasserdichte Umhüllung geschützt.

- Kontrollieren Sie die Manschetten der Spurstangengelenke auf Risse.
- Eventuelles Spiel im Gelenk wird bei auf dem Boden stehendem Wagen geprüft. Am besten geht das auf einer Grube.
- Lassen Sie einen Helfer das Lenkrad mehrmals kurz nach links bzw. rechts drehen und fühlen Sie an den Spurstangengelenken, ob sie »Luft« haben.
- Spurstangenköpfe mit defekter Manschette oder Spiel müssen umgehend ersetzt werden.

Staubkappen der Achsgelenke kontrollieren

Wartungsarbeit

Die Gelenke rechts und links zwischen Dreiecklenker und Radlagergehäuse sind wartungsfrei. Die stählernen Kugelköpfe der Achsgelenke sitzen mit einer Fett-Dauerfüllung in Kunststoffschalen. Als Schutz vor Nässe und Schmutz dienen flexible Staubkappen. Durch eindringenden Schmutz bekommt das Gelenk Spiel, Feuchtigkeit läßt es mit der Zeit festrosten.

- Lenkung nach einer Seite voll einschlagen.
- Kappen der Achsgelenke rechts und links auf Beschädigungen kontrollieren.
- Eine schadhafte Staubkappe kann nicht einzeln ersetzt werden, das Achsgelenk muß komplett ausgetauscht werden.

Bei abgenommenem Reifen die Staubkappe (Pfeil) des Achsgelenks auf Beschädigungen prüfen.

Spiel der Achsgelenke kontrollieren

Eine Prüfung, ob die Achsgelenke Spiel aufweisen, ist im Wartungsplan nicht vorgesehen. Die Kontrolle ist nach unseren Erfahrungen nur bei Wagen mit einer Laufleistung von mehr als 80 000 km erforderlich.

- Wagen so aufbocken, daß das betreffende Vorderrad frei hängt.
- Rad oben und unten fassen und quer zur Fahrtrichtung daran rütteln.
- Zeigt sich »Luft«, sollten Sie das Spiel in der Werkstatt prüfen lassen.

Lenkungsspiel prüfen

Wartungsarbeit

- Motor starten und im Leerlauf drehen lassen.
- Linkes Seitenfenster herunterkurbeln/-fahren. Stellen Sie sich neben den VW.
- Durchs Fenster greifen und Lenkrad kurz hin- und herdrehen.
- Bewegt sich das linke Vorderrad aus der Geradeausstellung sofort mit? Achten Sie auf die Felge, denn der elastische Reifen kann einen Teil des Einschlags »schlucken«, ehe er sich bewegt.
- Wagen vorn aufbocken.
- Lenkrad im 30°-Winkel nach links und rechts drehen. Bei zu großem Lenkungsspiel wird hierbei ein Klappergeräusch hörbar.
- Das Lenkgetriebe kann nachgestellt werden.

Keilriemenzustand kontrollieren

Wartungsarbeit

Die Pumpe der Servolenkung wird bei den Vierzylindern über einen Keilriemen von der Motorkurbelwelle angetrieben. Sollte der Keilriemen unterwegs reißen, erkennen Sie das sofort am etwa doppelt so hohen Kraftaufwand beim Lenkraddrehen. Die Lenkfähigkeit bleibt voll erhalten, allerdings dürfte der Schreck während der Fahrt erheblich sein. Mit einem Fahrzeug ohne Klimaanlage können Sie weiterfahren, wenn Sie mit der schwergängigen Lenkung zurecht kommen. Weitere Aggregate sind durch den Keilriemenausfall nicht betroffen. Anders beim Vierzylinder mit Klimaanlage: Sie dürfen ohne Keilriemen nicht weiterfahren! Vom Keilriemen der Servolenkung wird auch die Wasserpumpe des Kühlsystems angetrieben. Ohne laufende Wasserpumpe steht das Kühlmittel still im Motor, es kommt in kürzester Zeit zu einer Überhitzung.

- Zur Kontrolle des Riemens den Motor einige Male durchdrehen, damit Sie wirklich alle Flächen des Keilriemens sehen.
- Jeweils freilaufende Riemenseite von Hand um 90° drehen und sorgfältig betrachten. Sehen Sie einen der nachfolgend beschriebenen Schäden, Keilriemen sofort ersetzen.
- Risse an der Unterseite oder an den keilförmig zulaufenden Flanken? Das sind Anzeichen normaler Alterung.
- Glänzende (glasige) Oberfläche der Riemenflanken? Ein Zeichen für zu schwache Riemenspannung, er rutscht unter Belastung durch.
- Riemenflanken ausgefranst? Die Flanken sind abgenutzt.

Keilriemenspannung prüfen

Wartungsarbeit

- Keilriemen zwischen beiden Riemenscheiben mit kräftigem Fingerdruck durchdrücken.
- Der Riemen darf nicht mehr als 5 mm nachgeben.
- Kontrollieren Sie auch gleich, ob der Keilriemen beschädigt ist.
- Falls ja, ersetzen.

Radlagerspiel prüfen

Wartungsarbeit

Die Räder laufen vorn auf zweireihigen Kugellagern und hinten auf Schrägkegel-Rollenlagern. Sie halten, mit Dauerfetten montiert, an der Hinterachse weitaus mehr als 100 000 km durch. Die vorderen Radlager können schon wesentlich früher durch laute Laufgeräusche auf sich aufmerksam machen. Wird das Geräusch z. B. in Rechtskurven lauter, ist das linke Radlager defekt.

- Fassen Sie nacheinander die fest am Boden stehenden Räder oben und versuchen Sie, diese quer zum Wagen zu bewegen.
- Bei einwandfreien Lagern darf praktisch keine »Luft« vorhanden sein.
- Zeigen die hinteren Radlager Spiel, können sie nachgestellt werden.
- Bei Spiel an den Lagern der Vorderräder lassen Sie einen Helfer auf das Bremspedal treten und wiederholen Sie die Kontrolle.
- Ist weiterhin Spiel vorhanden, liegt die Ursache am Achsgelenk.
- Die vorderen Radlager können nicht eingestellt werden, zeigen sie Spiel, muß man sie ersetzen.
- Bei hochgebocktem Wagen können Sie noch prüfen, ob sich die Räder leicht drehen lassen (keine Schleif- oder Mahlgeräusche?).

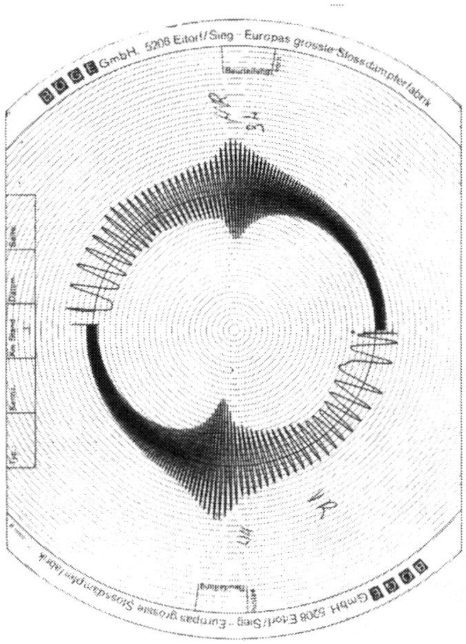

Links: So sieht ein Diagramm des Stoßdämpfer-Prüfstands aus. Zunächst wird das Fahrzeug in schnelle Schwingungen versetzt (dicht beieinanderliegende Kurven). Dann läßt man den Wagen nachschwingen. Anhand der Ausschwingkurven kann der Fachmann den Zustand der Stoßdämpfer genau beurteilen.
Rechts: Die Spannung des Servolenkungs-Keilriemens prüft man am besten von unten her. Der Riemen soll bei kräftigem Fingerdruck (Pfeil) nicht mehr als 5 mm nachgeben.

Stoßdämpfer prüfen

Nachlassende Dämpfwirkung wird oft unbewußt durch verändertes Fahrverhalten ausgeglichen. Als Anhaltspunkt können Sie den Reifenverschleiß heranziehen, der ja auch vom Fahrertemperament abhängt: Nach zwei bis drei verschlissenen Reifensätzen besitzen die Serienstoßdämpfer nur noch die Hälfte ihrer ursprünglichen Wirkung; sie sind somit reif zum Austausch.
Ein total ausgefallener Stoßdämpfer läßt sich durch die bekannte »Schaukelmethode« im Stand erkennen. Karosserie am betreffenden Rad aufschaukeln und plötzlich loslassen: Die Federbewegung müßte sofort gedämpft werden. Dann ist der Stoßdämpfertausch aber schon längst überfällig.
Ein genaueres Bild über den Stoßdämpferzustand liefert ein spezieller Prüfstand, wie z. B. der »Shocktester« von Boge. Die Ausschwingbewegungen der zuvor in Schwingung versetzten Fahrzeugachse werden auf ein Diagramm aufgezeichnet. Dazu darf das Stoßdämpferöl nicht zu kalt sein, sonst wird das Meßergebnis verfälscht. Anhand des Diagramms hat man einen Anhaltspunkt über die Funktionsfähigkeit der Stoßdämpfer. Solche Prüfstände haben Autoclubs im »Wandereinsatz« sowie manche Werkstätten und TÜV-Stellen.

Störungsbeistand

Stoßdämpfer

Es gibt einige untrügliche Anzeichen für nachlassende Stoßdämpferwirkung:
○ **Poltergeräusche** während der Fahrt.
○ **Flatternde** Lenkung, weil die Räder keinen ständigen Bodenkontakt haben.
○ Die Karosserie **schwingt** weiter nach Überfahren von Unebenheiten.
○ **»Schwammiges«** Verhalten in Kurven, weil die kurveninneren Räder nicht genügend auf den Boden gedrückt und die äußeren nicht stark genug entlastet werden.
○ **Springende** Räder; das muß freilich ein neben- oder hinterherfahrender Begleiter beobachten.
○ Vielfach **unterbrochene** Bremsspur bei Vollbremsung durch springende Räder (wird vom ABS teilweise unterdrückt).
○ **Ungleichmäßige** Abnutzung der Reifen und erhöhter Reifenverschleiß.
○ Erhebliche **Ölspuren** außen am Stoßdämpfer bis unter den Federteller des Federbeins. Geringe Leckverluste sind dagegen normal.

Die Federbein-Lagerung

Die obere Lagerung der Federbeine dient der Geräuschisolation, soll die Federwirkung erhöhen und beim Lenkeinschlag einen möglichst geringen Widerstand entgegensetzen.
Solange die Vorderräder Fahrbahnkontakt haben, sind die Federbeinlager ständig unter Last verspannt. Falls bei der Hauptuntersuchung durch DEKRA oder TÜV das Spiel der Vorderradaufhängung bei angehobenen Rädern geprüft wird, zeigt sich zwischen Federbeinlager und Kolbenstange des Stoßdämpfers ein geringes Spiel. Dies ist jedoch konstruktiv bedingt und deutet nicht auf Verschleiß.

Eigenarbeiten an Lenkung und Fahrwerk

Für die Verkehrssicherheit sind Fahrwerk und Lenkung von entscheidender Bedeutung. Sie sollten daran nur schrauben, wenn Sie sich Ihrer Sache völlig sicher sind. Andernfalls gefährden Sie sich und andere. Sollten Sie die hier genannten Werkzeuge nicht besitzen oder im Zweifel sein, ob Sie die betreffende Reparatur selbst bewerkstelligen können, gehört die Arbeit in die Werkstatt.

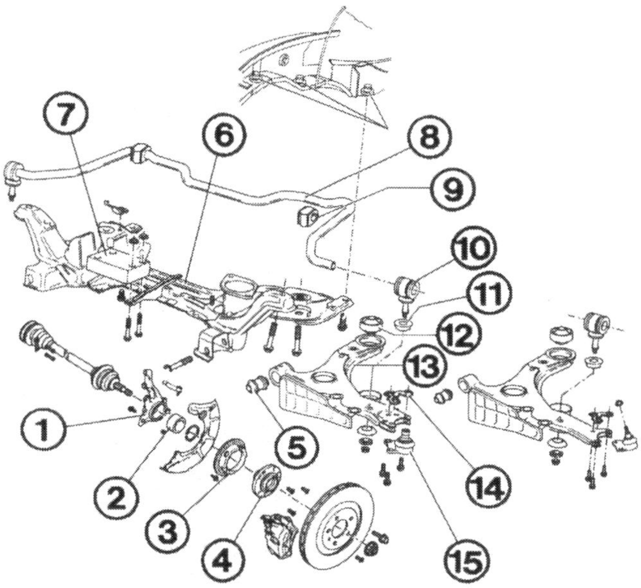

Die Vorderradaufhängung in ihren Einzelteilen:
1 – Achsschenkel;
2 – Radlager;
3 – Rotor für Drehzahlfühler ABS;
4 – Radnabe;
5 – Gummi-/Metall-Lager vorn;
6 – Aggregateträger;
7 – Tilgergewicht;
8 – Stabilisator;
9 – Stabilisator-Lager;
10 – Koppelstange;
11 – Lager für Koppelstange;
12 – Gummi-/Metall-Lager hinten;
13 – Achslenker Basis-Fahrwerk (Plus-Fahrwerk ohne Bezifferung);
14 – Haltemutternblech;
15 – Achsgelenk.

Vorderradaufhängung zerlegen

Beschädigte Teile der Radaufhängung dürfen nicht gerichtet oder gar geschweißt, sondern müssen grundsätzlich erneuert werden.

Stabilisator ausbauen

- Wagen vorn aufbocken. Beide Räder müssen gleichmäßig ausgefedert sein.
- Je eine Schraube an den Halteschellen rechts und links am Aggregateträger von unten losdrehen.
- An den vorderen Lagerpunkten am Dreieckslenker beidseitig die Verschraubung der Koppelstange losdrehen.
- Auf beiden Seiten die Koppelstangen aus dem Dreieckslenker herausziehen, Stabilisator abnehmen.
- Ggf. Koppelstangen vom Stabilisator abziehen.
- Kontrollieren Sie den Zustand der Stabi-Lager und der Koppelstangen.
- Koppelstangen am Stabilisator aufschieben, ggf. dazu mit etwas Glyzerin oder Schmierseife bestreichen.
- Zum Einbau neuer Stabilisator-Gummilager diese zum Aufschieben mit Glyzerin oder Schmierseife bestreichen. So lassen sie sich leichter montieren.
- Die selbstsichernden Muttern durch neue ersetzen, Anzugsdrehmoment 25 Nm.

Achsgelenk ersetzen

- Betreffende Antriebswelle am Getriebe losschrauben.
- Wagen vorn aufbocken, betreffendes Vorderrad abnehmen.
- Unten am Dreiecklenker die Lage der drei Halteschrauben des Achsgelenks anzeichnen.
- Beide außen liegenden Schrauben des Achsgelenks herausdrehen, Schraube innen nur lockern.
- Achsgelenk am Dreiecklenker abnehmen.
- Rad mit Federbein nach außen schwenken und abstützen.
- Dreiecklenker unterbauen.
- **Standard-Fahrwerk:** Unten am Radlagergehäuse die Verschraubung der Klemmverbindung lösen. Zum Schutz des Gewindes die Mutter auf den oberen Gewindegängen belassen.

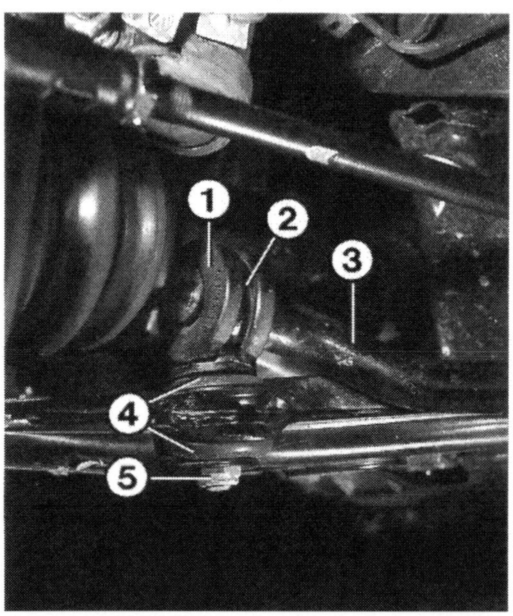

Links: Zum Ausbauen des Stabilisators (3) muß die selbstsichernde Mutter (5) an der Koppelstange (2) gelöst werden. Position »1« zeigt das Gummilager der Koppelstange und Position »4« die Gummilagerung am Dreiecklenker
Rechts: Zum Aushängen der Halteschelle (3) am Aggregateträger (Pfeil) die Sechskantschraube (2) lösen und den Stabilisator (1) herausnehmen.

- **Plus-Fahrwerk:** Mutter an der Verbindung Achsgelenk/Radlagergehäuse lösen.
- **Alle:** Abdrücker am Achsgelenk ansetzen und dieses nach unten herausdrücken.
- Das Sicherungsblech mit den drei selbstsichernden Muttern und die selbstsichernden Muttern des Achsgelenks sowie der Klemmbefestigung zwischen Achsgelenk und Radlagergehäuse müssen erneuert werden.
- Zum Einbau Achsgelenk im Radlagergehäuse einsetzen.
- **Standard-Fahrwerk:** An der Klemmbefestigung muß der Schraubenkopf in Fahrtrichtung nach vorn zeigen, die selbstsichernde Mutter wird mit 50 Nm angezogen.
- **Plus-Fahrwerk:** Mutter aufschrauben, dabei das Achsgelenk mit einem gekürzten 6-mm-Innensechskantschlüssel gegenhalten. Mutter mit 45 Nm anziehen, der Werkstatt steht hierfür ein Drehmomentschlüssel mit Gabelschlüsselansatz zur Verfügung.
- **Alle:** Schrauben des Achsgelenks mit 35 Nm am Dreiecklenker festziehen.

Dreiecklenker ausbauen

- Stabilisator abschrauben.
- Klemmverbindung zwischen Achsgelenk und Radlagergehäuse bzw. Mutter am Achsgelenk lösen, siehe vorangegangenen Abschnitt.
- Halteschrauben der Dreiecklenkerlager vorn und unten am Aggregateträger losdrehen, Lenker abnehmen.
- Die Gummi/Metall-Lager im Dreiecklenker auf Risse oder sonstige Beschädigungen kontrollieren.
- Die Lager können nur mit Werkstattmitteln ausgetauscht werden.
- Verschraubung vorn zwischen Dreiecklenker und Aggregateträger mit 50 Nm + 1/4 Umdrehung (90°) anziehen, Schraube hinten mit 70 Nm + 1/4 Umdrehung (90°) eindrehen.

Federbein ausbauen

- Wagen vorn aufbocken, Rad abschrauben.
- Dreiecklenker unten abstützen.
- Im Motorraum die Haltemutter SW 21 von der Kolbenstange des Federbeins abschrauben. Dazu muß der Innensechskant in der Kolbenstange mit einem Steckschlüssel gegengehalten werden.
- Vor Lösen der Verschraubungen die Einbaulage von Federbein/Radlagergehäuse anzeichnen.
- Beide Verschraubungen SW 19 unten zwischen Federbein und Radlagergehäuse lösen.
- Schrauben herausziehen, Federbein abnehmen.
- Beim Einbau die Muttern an der Verschraubung Federbein/Radlagergehäuse mit 95 Nm anziehen.
- Kolbenstange zum Festziehen der oberen Federbein-Haltemutter wieder gegenhalten.
- Für diese selbstsichernde Mutter (ersetzen!) gilt ein Anzugsdrehmoment von 60 Nm. Da gleichzeitig die Kolbenstange gegengehalten werden muß, hat die VW-Werkstatt hierzu einen Ringschlüssel-Ansatz für den Drehmomentschlüssel.
- Behelfsmäßig geht es nur mit gefühlsmäßigem Anziehen mit einem herkömmlichen Ringschlüssel.

Fingerzeig: Der Sturz muß nach Lösen der Verbindung Federbein/Radlagergehäuse in der Werkstatt kontrolliert und ggf. eingestellt werden.

Stoßdämpfer bzw. Feder ausbauen

Zu dieser Arbeit ist eine Spannvorrichtung für die Schraubenfeder zwingend erforderlich. Gebraucht werden drei Federspanner. Ohne diese besteht durch die etwa vierfache Vorspannung der Schraubenfeder die Gefahr, daß die Teile nach Lösen der zentralen Halteschraube explosionsartig auseinanderfliegen – allerhöchste Verletzungsgefahr!

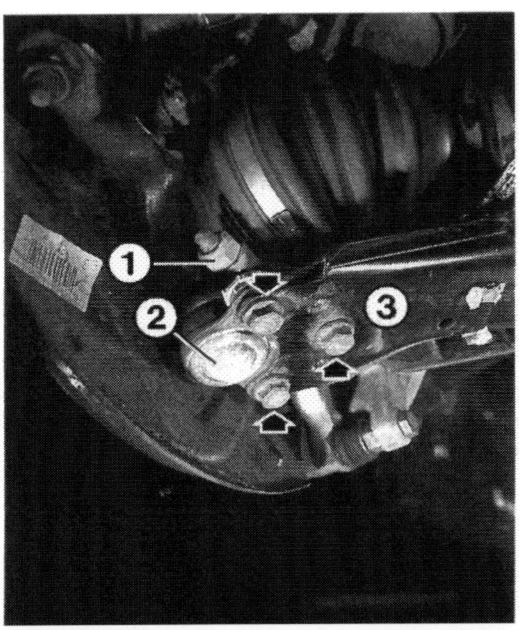

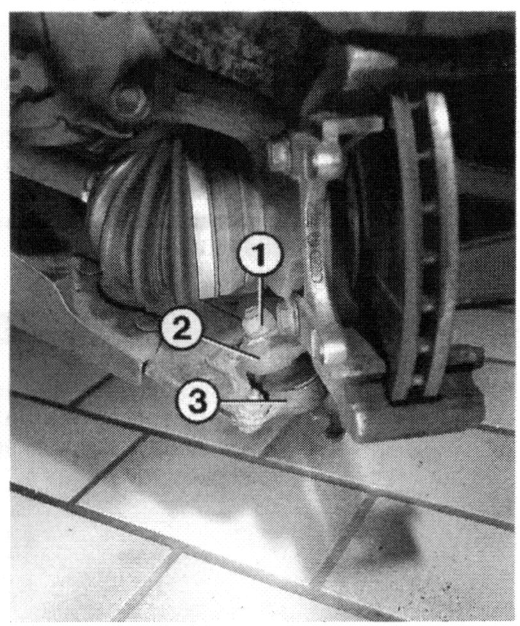

Links: Vor dem Lösen der Halteschrauben (Pfeile) des Achsgelenks (2) muß deren Positionierung am Dreiecksienker (3) angezeichnet werden. Position »1« zeigt die ältere Befestigung Achsgelenk/Achsschenkel. **Rechts:** Das Achsgelenk (3) ist an der Verbindung Achsgelenk/Achsschenkel (2) mit einer selbstsichernden Mutter (1) befestigt, die nach jedem Lösen ersetzt werden muß.

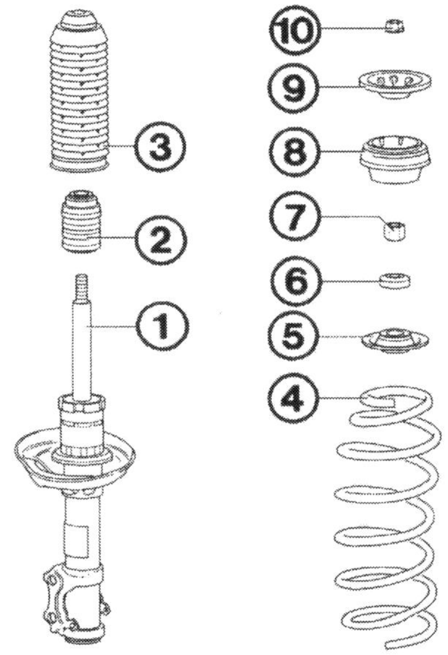

In dieser Zeichnung ist die Reihenfolge des vorderen Federbeins zu sehen. Die bezifferten Teile sind:
1 – Stoßdämpfer;
2 – Anschlagpuffer;
3 – Schutzhülle;
4 – Schraubenfeder;
5 – Federteller;
6 – Axialrillenkugellager;
7 – Haltemutter für Stoßdämpfer;
8 – Federbeinlager;
9 – Anschlag;
10 – Haltemutter Federbeinaufnahme.

- Federbein ausbauen.
- Schraubenfeder spannen.
- Mutter oben lösen, gleichzeitig die Kolbenstange des Stoßdämpfers gegenhalten.
- Teile abnehmen und in ihrer Reihenfolge ablegen.
- Schraubenfeder langsam entspannen.
- Anschlaggummi und Abdeckung über dem Stoßdämpfer abnehmen.
- Beim Zusammenbau nach Einsetzen von Abdeckung und Gummipuffer die Schraubenfeder wieder spannen, dann Federbeinlager mit seinen Teilen montieren.
- Die Mutter oben am Federbeinlager soll mit 60 Nm festgedreht werden.

Fingerzeig: Schadhafte Stoßdämpfer sollten Sie nicht zum Schrott werfen, sondern der Werkstatt zur Entsorgung zurückgeben. Das Stoßdämpferöl stellt bei unsachgemäßer Handhabung eine Gefahr für die Umwelt dar. Der alte Stoßdämpfer muß geöffnet und das Öl abgelassen werden. Je nach Stoßdämpferbauart gibt es hierfür unterschiedliche Arbeitsanweisungen.

Störungsbeistand

Falsche Radeinstellung

Wenn Sie fehlerhafter Lenkgeometrie beim Fahren auf die Schliche kommen wollen, müssen Sie zuerst sicherstellen, daß beide Vorderreifen dieselbe Reifensorte, Profiltiefe und den vorgeschriebenen Luftdruck aufweisen.

○ Stehen die Lenkradspeichen bei Geradeausfahrt symmetrisch? Ein schiefsitzendes Lenkrad ist oft das Zeichen für falsche Spureinstellung.

○ Unruhiger Geradeauslauf; er ist besonders gut auf schnee- oder eisglattem Untergrund zu erkennen. Überbreite Reifen können den Geradeauslauf trotz richtiger Radeinstellung ebenfalls verschlechtern.

○ Zieht der Passat zur Seite auf völlig ebener Fahrbahn und bei losgelassenem Lenkrad?

○ Stellt sich die Lenkung nach Kurven wieder von selbst in Geradeausstellung?

○ Schauen Sie sich die Vorderräder aus fünf bis zehn Meter Entfernung an – stehen sie in Geradeausstellung symmetrisch zueinander?

○ Ist das Reifenprofil einseitig abgenutzt? Bei scharfer Fahrweise ist es allerdings nicht ungewöhnlich, daß an beiden Vorderreifen die Außenkanten stärkere Verschleißspuren zeigen als innen.

○ Eine verbeulte Felge deutet auf eine harte Bordsteinberührung, wodurch die Geometrie der Federbein-Vorderradaufhängung leicht aus dem Winkel gerät.

○ Weitere Ursachen für fehlerhafte Stellung der Räder können verschlissene Gelenke bzw. Gummilager sein oder unsachgemäße Unfallreparaturen.

Fingerzeig: Zur Vermessung der Radstellung wird ein optischer Achsmeßstand verwendet. Das ist eine Arbeit für die Werkstatt.

Arbeiten an der Lenkung

Spurstangenkopf auswechseln

- Rad abnehmen.
- Mutter unten am Spurstangenkopf lösen.
- Spurstangenkopf mit einem Klauenabzieher nach oben aus dem Lenkhebel am Radlagergehäuse herausdrücken.
- Kontermutter an der Spurstange losdrehen, dabei den Sechskant am Gewindebolzen gegenhalten.
- Lage der Spurstangenkopf-Verschraubung anzeichnen, dann stimmt die Spur nach dem Zusammenschrauben wieder einigermaßen.

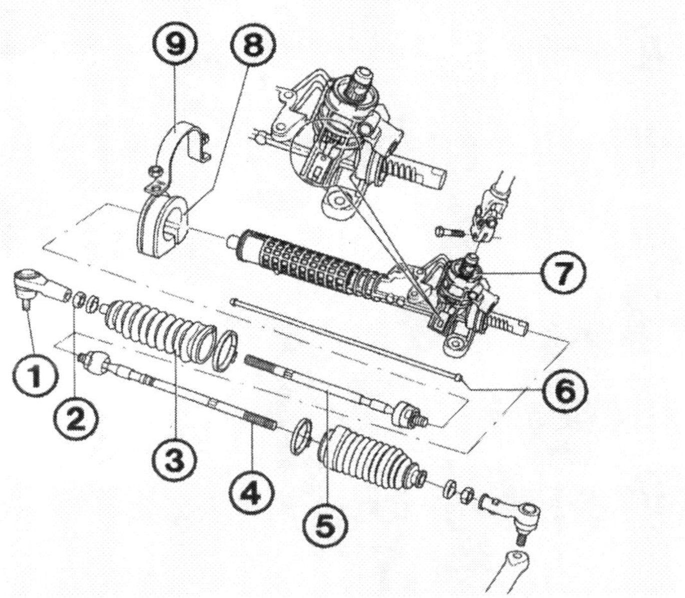

Das Lenkgetriebe (7) mit seinen Anbauteilen: 1 – Spurstangenkopf; 2 – Kontermutter; 3, 5 – Manschette; 4 – Spurstange; 6 – Druckausgleichsleitung; 8 – Gummilagerung; 9 – Haltebügel.

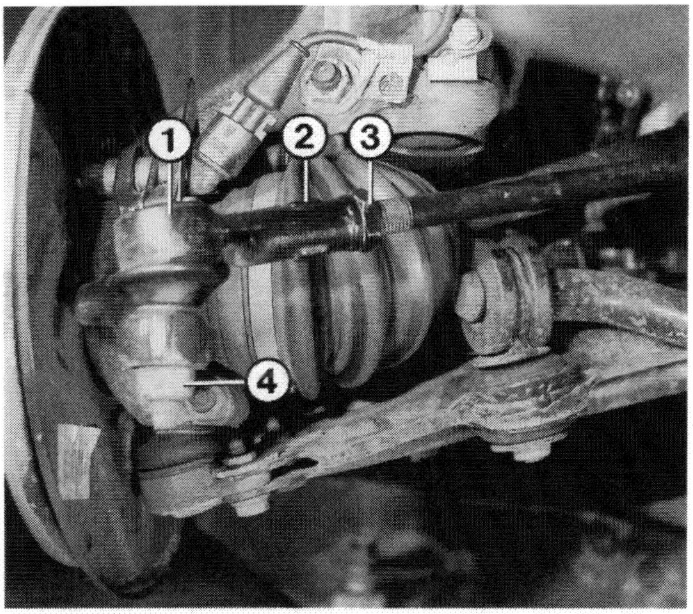

Zum Wechseln des Spurstangenkopfes (1) selbstsichernde Mutter (4) lösen. Kontermutter (3) dazu am Zweikant (2) der Spurstange mit Gabelschlüssel gegenhalten. Vor Herausdrehen des Spurstangenkopfes die Lage mit Filzstift markieren.

- Spurstangenkopf abschrauben und neuen bis zur Markierung eindrehen.
- Kugelbolzen des Spurstangenkopfes in den Lenkhebel hineindrücken, ggf. vorsichtig hineinklopfen.
- Neue selbstsichernde Mutter am Spurstangenkopf mit 20 Nm anziehen, Kontermutter auf der Spurstange mit 50 Nm festdrehen.
- Spur kontrollieren, ggf. einstellen lassen.

<u>Fingerzeig:</u> Zum Ausbau der Spurstangen muß das Lenkgetriebe demontiert werden, was wir der Werkstatt überlassen würden. Die Schutzmanschetten des Lenkgetriebes können jedoch auch bei montierten Spurstangen ersetzt werden.

Lenkgetriebe-Manschette ersetzen

- Wagen vorn aufbocken, betreffendes Vorderrad abnehmen.
- Spurstangenkopf vom Lenkhebel trennen, wie unter »Spurstangenkopf auswechseln« beschrieben.
- Den zum Lenkgetriebe hin sitzenden Schlauchbinder mit einer Zange durchschneiden.
- Spannring der Lenkgetriebemanschette abnehmen.
- Manschette über die Spurstange abziehen.
- Falls Fett aus dem Lenkgetriebe verlorengegangen sein sollte, wird nachgefettet.
- Dazu verwenden Sie das Fett AOF 063 000 04.
- Nicht zu viel Fett einstreichen. Die Belüftungsbohrungen in den Manschetten dürfen nicht verstopft sein, sonst kann die Manschette beschädigt werden.
- Neue Manschette aufziehen.
- Kontrollieren Sie vor dem Anbringen der Schlauchbinder, ob die Manschette nicht in sich verdreht ist.

Lenkgetriebe einstellen

Bevor Sie an diese Arbeit gehen, müssen Sie sicherstellen, daß das Spiel in der Übertragung der Lenkbewegungen nicht von den Spurstangen oder Teilen der Radaufhängung verursacht wird.

- Wagen vorn aufbocken, Räder geradeaus stellen.
- Von einem Helfer das Lenkrad aus der Mittelstellung im 30°-Winkel nach links und rechts bewegen lassen.
- **TRW-Lenkung:** Kontermutter lösen und mit dem Sonderwerkzeug 3315/9 die Einstellschraube gegenhalten.
- Die Einstellschraube wird nun vorsichtig soweit hineingedreht, bis das Klappergeräusch im Innenraum nicht mehr zu hören ist.
- **ZF-Lenkung:** Selbstsichernde Einstellschraube vorsichtig in ganz geringen Drehwinkeln hineindrehen.
- Der Helfer im Innenraum muß auf das Klappergeräusch während der Lenkbewegungen achten. Schraube nur so lange drehen, bis das Geräusch verschwunden ist.
- **Alle:** Wagen ablassen und probefahren.
- Geht die Lenkung nach dem Einschlagen ohne zu haken von selbst wieder in die Geradeausstellung zurück? Dann stimmt die Einstellung.

Radlager ausbauen

Das Radlager ist mit seinem Außenring ins Radlagergehäuse eingepreßt, am inneren Lagerring ist die Radnabe eingepreßt. Ein neues Radlager darf auf keinen Fall mit dem Hammer in seinen Sitz geklopft werden, sonst ist der nächste Schaden »mit eingebaut«. Das Aus- und Einpressen sollten Sie in der Werkstatt machen lassen.

- Mutter der Antriebswelle lösen.
- Rad abbauen, Bremssattel demontieren und mit angeschlossenem Bremsschlauch an der Karosserie aufhängen.
- Bremsscheibe ausbauen.
- Abdeckblech der Bremsscheibe abschrauben.
- Spurstangenkopf vom Radlagergehäuse trennen.

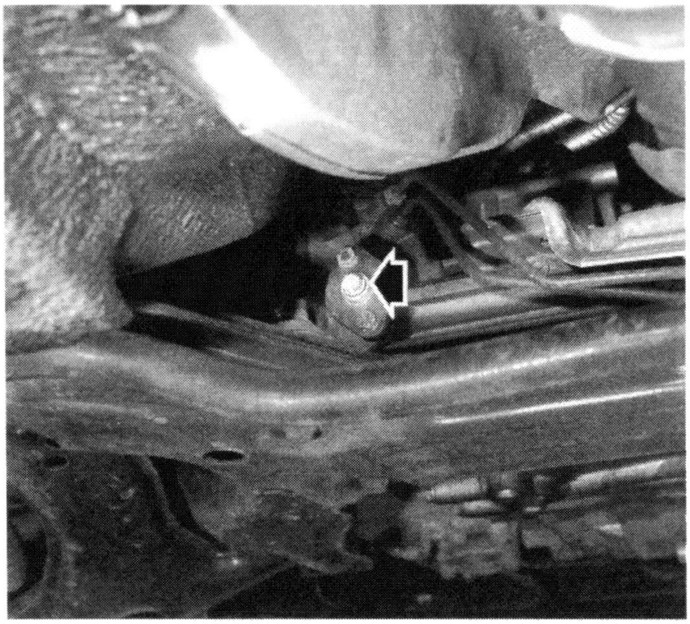

Ein Blick von unten auf das Lenkgetriebe. Der Pfeil zeigt auf die Einstellschraube zum Einstellen des Lenkspiels.

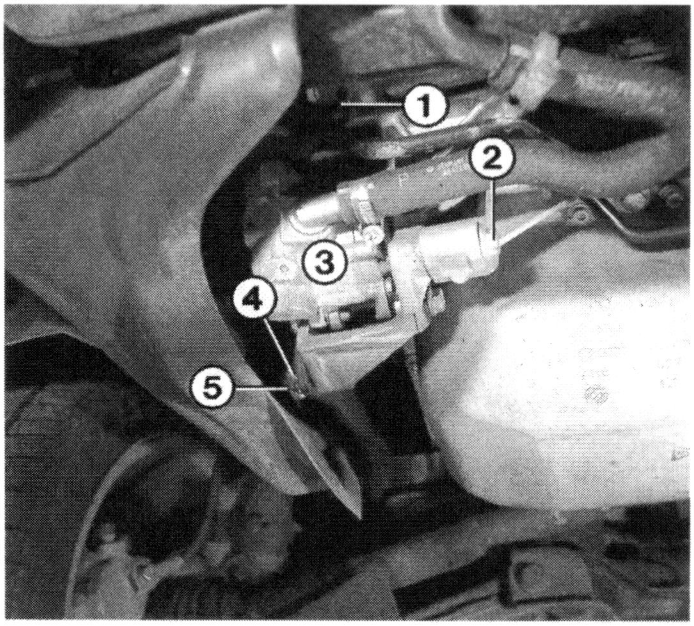

Die Bezeichnungen an der Pumpe der Servolenkung (3) haben folgende Bedeutung: 1 – oberer Schwenkbolzen; 2 – Halteschraube am unteren Schwenkpunkt; 4 – Zahnmutter zum Riemenspannen; 5 – Spannschraube.

- Klemmbefestigung zwischen Radlagergehäuse und Achsgelenk lösen und Bauteile trennen.
- Verschraubungen zwischen Radlagergehäuse und Federbein lösen. Radlagergehäuse abnehmen.
- Zuerst Radnabe abpressen.
- Rotor für den ABS-Drehzahlfühler abschrauben.
- Lagerinnenring von der Radnabe abziehen.
- Radlager-Sicherungsringe auf beiden Seiten abnehmen. Lager aus dem Gehäuse pressen.
- **Einbau:** Sicherungsring an der Außenseite des Radlagers einsetzen, Lager bis zum Anschlag einpressen, zweiten Sicherungsring einbauen.
- Zum Einpressen der Radnabe muß der Innenring des Radlagers unterstützt werden, damit das Lager nicht überlastet wird.

Servolenkung

Keilriemen spannen

- Schraube (oberer Schwenkbolzen) vorn sowie Schraube am hinteren Bügel an der in Fahrtrichtung linken Seite der Servopumpe lösen.
- Bei den Benzinern muß zusätzlich die Mutter auf der rechten Seite der Servopumpe gelöst werden.
- Spannschraube der Zahnmutter mindestens eine Umdrehung lockern, dabei die Mutter gegenhalten.
- Zum Drehen der Zahnmutter verwendet die Werkstatt einen Drehmomentschlüssel mit Ringschlüssel-Ansatz SW 22. Mutter mit 7 Nm (neuer Keilriemen) bzw. 4 Nm (gelaufener Keilriemen) anziehen.
- Mutter in dieser Stellung gegenhalten und Spannschraube festziehen (25 Nm).
- Ohne Drehmomentschlüssel Zahnmutter mit Gefühl drehen und die Spannschraube anziehen.
- Schwenkbolzen, Schraube und Mutter hinten mit 25 Nm festziehen.

Fingerzeig: Nach dem Keilriemenspannen den Motor kurz laufen lassen und die Spannung kontrollieren, ggf. nochmals spannen.

Keilriemen abnehmen und montieren

Ein Keilriemen darf auf keinen Fall mit einem Schraubendreher o. ä. über die Riemenscheiben »gewürgt« werden, sonst ist der nächste Riemenschaden durch Bruchstellen im Keilriemenunterbau bereits »mit eingebaut«.
Die richtige Keilriemengröße lautet:

- ○ Benzin-Motor ohne Klimaanlage: 11,5 x 685
- ○ Benzin-Motor mit Klimaanlage: 11,5 x 755
- ○ Dieselmotor ohne Klimaanlage: 11,5 x 730
- ○ Dieselmotor mit Klimaanlage: 11,5 x 790

- Oberen Schwenkbolzen vorn und die Schraube am hinteren Bügel an der Rückseite der Servopumpe losdrehen.
- Spannschraube der Zahnmutter lockern, dabei die Mutter gegenhalten.
- Servopumpe zum Motor hin schwenken.
- Keilriemen aus den Riemenscheiben herausheben.
- Nach dem Einbau eines neuen Riemens Spannung auf 5 mm Eindrücktiefe einstellen.
- Nach etwa 500 km die Spannung nochmals kontrollieren.

Servolenkung auf Dichtheit prüfen

Wurde im Vorratsbehälter ein abgesunkener Flüssigkeitsstand festgestellt, muß umgehend die gesamte Lenkanlage überprüft werden. Sonst könnte während der Fahrt plötzlich die Lenkunterstützung ausfallen. Auf welche Teile Sie Ihr Augenmerk richten müssen, steht im »Störungsbeistand«.

Pumpe der Servolenkung ausbauen

Soll die Servopumpe lediglich wegen Montagearbeiten im Motorraum ausgebaut werden, bleiben ihre Schlauchleitungen angeschlossen, damit kein Schmutz in die Lenkhydraulik gelangt. Falls die Schläuche an der Pumpe abgenommen werden müssen, ist äußerste Sorgfalt vonnöten. Selbst kleinste Schmutzpartikel im Hydrauliköl können Funktionsstörungen verursachen.

● Keilriemen abnehmen, wie beschrieben.

● Haltebügel vorn und hinten von der Pumpe abschrauben, Pumpe abnehmen.

● Beim Einbau neue Dichtungen an den Leitungsanschlüssen verwenden, falls diese gelöst wurden.

Störungsbeistand

Servolenkung

Die Störung	– ihre Ursache	– ihre Abhilfe
A Flüssigkeitsstand im Behälter zu niedrig	Undichtigkeit an a) Leitungsanschlüssen b) Ventilkörper am Lenkgetriebe bzw. Abdichtung der Lenkgetriebe-Zahnstange c) Pumpe der Servolenkung	Neue Dichtringe montieren und festziehen Dichtheitsprüfung durchführen lassen, ggf. Lenkgetriebe ersetzen lassen Dichtheitsprüfung durchführen lassen, ggf. Pumpe ersetzen
B Lenkung wird mit zunehmendem Einschlag schwergängig	1 Ventil klemmt im Pumpengehäuse	Pumpe austauschen
	2 Steuerschlitze des Ventilkörpers verschmutzt 3 Förderdruck der Servopumpe zu gering 4 Systemdruck zu gering	Lenkgetriebe ersetzen lassen Druck messen lassen, ggf. Pumpe ersetzen Systemdruck prüfen lassen, ggf. Lenkgetriebe ersetzen lassen
C Lenkungsgeräusche	1 Flüssigkeitsstand zu niedrig 2 Keilriemen nicht genügend gespannt 3 Verschraubungen an der Saugseite nicht genügend fest	Hydrauliköl auffüllen, Undichtigkeit erforschen Riemen spannen Festziehen

Lenkrad ausbauen

Fahrzeuge mit Airbag

Der Ausbau des Lenkrades bei einem Wagen mit Airbag kann nur einem geübten Selbsthelfer empfohlen werden. Wer unsicher ist, sollte die Werkstatt mit dieser Arbeit betrauen. Die auf der folgenden Seite aufgeführten **Sicherheitsvorschriften** müssen beachtet werden.

Der Gasgenerator des Airbags unterliegt den Bestimmungen des Sprengstoffgesetzes. Der Umgang damit ist nur Fachkräften gestattet, denen die umfangreichen Sicherheitsbestimmungen bekannt sind.

Besonders wichtig aus dem Katalog der Vorsichtsmaßnahmen sind die folgenden:

○ Zu Arbeiten am Airbag **Batterie-Minuskabel abklemmen.**

○ Zusätzlich die **Steckverbindung** unter der Lenksäulenverkleidung **trennen.**

○ Bei Arbeitsunterbrechung **Airbag nie unbeaufsichtigt lassen.**

○ Airbag-Einheit nur mit **Prallplatte** (Polsterplatte) **nach oben ablegen.**

○ Beim **Anklemmen des Batterie-Minuskabel** darf sich **niemand im Fahrzeug-Innenraum aufhalten.**

○ **Zu Schweißarbeiten** am Wagen **Batterie abklemmen.**

○ **Nach Unfall** alle **Komponenten** des Systems **ersetzen.**

Ausbau

● Massekabel an der Batterie abklemmen.

● Airbag-Einheit am Lenkrad links und rechts von hinten mit TORX-Schlüssel T 30 abschrauben.

● Airbag-Einheit abheben, Sicherungsbügel des Steckers der Airbag-Einheit aushängen.

● Stecker von der Airbag-Einheit abziehen.

● Airbag-Einheit so ablegen, daß das VW-Zeichen auf der Airbag-Einheit sichtbar ist.

● Unterteil der Lenksäulenverkleidung ausbauen.

● Steckverbindung der Anschlußleitung der Airbag-Einheit abziehen, ggf. zuerst die Schaumstoff-Umhüllung abziehen.

● Lenkrad in Sperrstellung einrasten lassen.

● Lenksäulenmutter mit Stecknuß SW 24 lösen.

● Lenkschloß entriegeln und Vorderräder genau geradeaus stellen, so daß die Lenkradspeichen symmetrisch stehen.

● Mutter und Unterlegscheibe abnehmen, Lenkrad mit ruckelnden Bewegungen abziehen.

● Nach Abziehen des Lenkrades muß der Rückstellring an der Unterseite ein wenig verdreht werden, so daß das Kabel nach unten zeigt (Lenkrad in Einbaustellung gesehen). In dieser Stellung rastet der Rückstellring verdrehsicher ein.

● Beim **Einbau** auf die symmetrische Ausrichtung der Speichen achten.
● Lenkschloß einrasten lassen und Lenksäulenmutter mit 50 Nm anziehen.
● Vor dem Anschrauben der Lenksäulenverkleidung kontrollieren, ob der Kabelanschluß des Rückstellrings in der Aussparung der Verkleidung sitzt.
● Nach Festschrauben des Lenkrades neue Halteschrauben der Airbag-Einheit mit 7 Nm anziehen.
● Jetzt im noch stromlosen Auto die Zündung einschalten, dann Batterie-Massekabel anschließen. Zu diesem Zeitpunkt darf sich niemand im Fahrzeuginnern befinden!

Hinterachse zerlegen

Wurde beim Vermessen der Hinterradstellung eine zu große Abweichung vom Sollwert festgestellt, muß der Achskörper komplett ausgetauscht werden (Werkstattsache). Richt- und auch Schweißarbeiten sind nicht zulässig.

Federbein ausbauen

● An der betreffenden Wagenseite vom Kofferraum her Abdeckung für Gurtaufroller ausbauen (Kapitel »Der Innenraum«).
● Gurtaufroller an der Karosserie losschrauben.
● Zwei Halteschrauben des Federbeins vom Federbeindom losdrehen.
● Fahrzeug hochbocken, Rad abnehmen.
● Untere Verschraubung des Federbeins losdrehen.
● Federbein aus der unteren Konsole herausnehmen, dazu den Radzapfen etwas nach unten drücken.
● Das Federbein ist jetzt oben noch in vier Haltenasen eingehängt. Federbein drehen, bis die Haltenasen aus den Aussparungen »ausgefädelt« werden können.
● Zum Einbau das Federbein nach oben schieben und leicht drehen, bis die Haltenasen richtig in ihren Aufnahmen an der Karosserie eingehängt sind.
● Kommen Sie hierbei nicht zurecht, können Sie den Aufnahmebock für die hintere Gurtbefestigung vom Stoßdämpferdom abschrauben. Dann sind die Haltenasen der oberen Federbeinaufnahme gut zugänglich.
● Verschraubung unten mit 70 Nm festziehen, für die beiden Schrauben oben gelten 25 Nm Drehmoment.

Stoßdämpfer bzw. Feder ausbauen

Hier gilt das gleiche wie für das vordere Federbein. Sie brauchen zum Zerlegen Federspanner. Beachten Sie, daß die Einzelteile des Federbeins für Limousine und Variant unterschiedlich sind. Das gilt auch für die Abmessungen verschiedener Bauteile.

● Federbein ausbauen.
● Schraubenfeder spannen.
● Kappe mit den Haltenasen mit einem Schraubenzieher heraushebeln.
● Selbstsichernde M10-Mutter lösen, Kolbenstange dabei gegenhalten.
● Teile abnehmen und in ihrer Reihenfolge ablegen.
● Schraubenfeder entspannen.
● Anschlaggummi und Abdeckkappe über dem Stoßdämpfer abnehmen.
● Beim Einbau muß die Schaumstoffauflage am Federbeinlager unbedingt ersetzt werden.
● Beachten Sie: An der Auflage für die Schraubenfeder ist durch die Beschriftung »Federanfang« angezeichnet, wo die obere Federwindung anliegen muß.
● Das Federbeinlager muß in einer festgelegten Stellung zum sogenannten Dämpferauge stehen. Dieses »Auge« ist die Aufnahme der unteren Halteschraube.

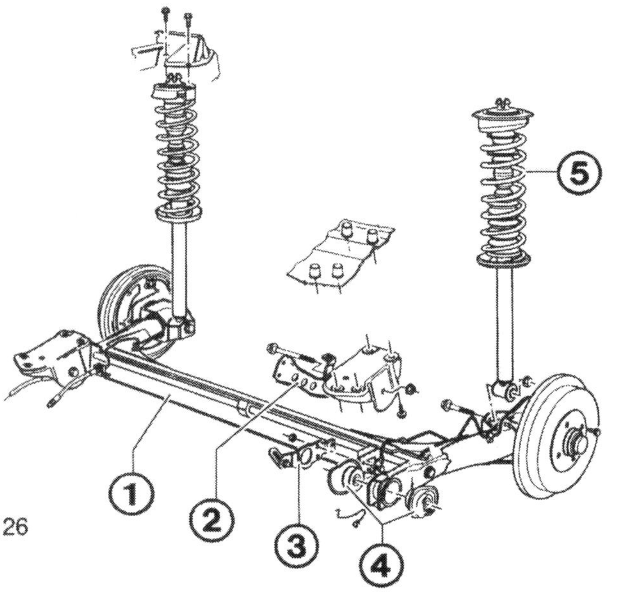

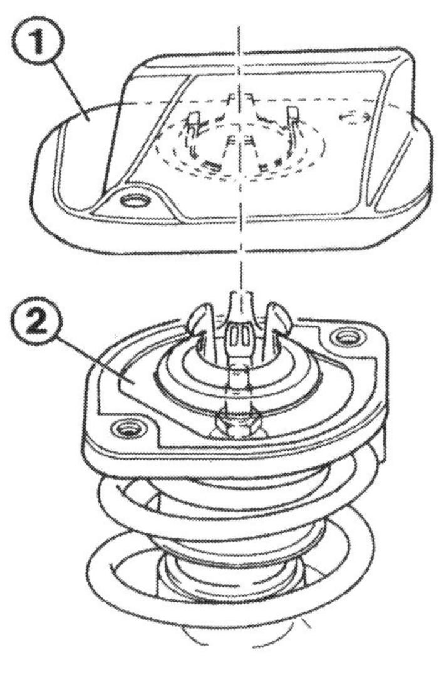

Links: Die Hinterachse (1) mit den Anbauteilen:
2 – Lagerbock mit Halter für Bremskraftregler;
3 – Halter für Bremsdruck-Regelfeder;
4 – Gummi-/Metall-Lager;
5 – Federbein.
Rechts: Zum Ausbau des Federbeins (2) muß dieses zusätzlich zur Verschraubung so weit gedreht werden, bis die vier Haltenasen über den Aussparungen in der Federbeinaufnahme (1) stehen.

Links: Zum Ausbau des Lenkrads mit Airbag sind die Sicherheitsvorschriften auf diesen Seiten zu beachten. Hier im Bild sehen Sie bei abgenommener unterer Lenksäulenverkleidung:
1 – Schaumstoffpolster;
2 – Steckkontakt;
3 – Stecker.
Rechts: Zum Lösen der Airbag-Einheit (2) müssen an der Rückseite des Lenkrads zwei Innensechskantschrauben (1) losgedreht werden.

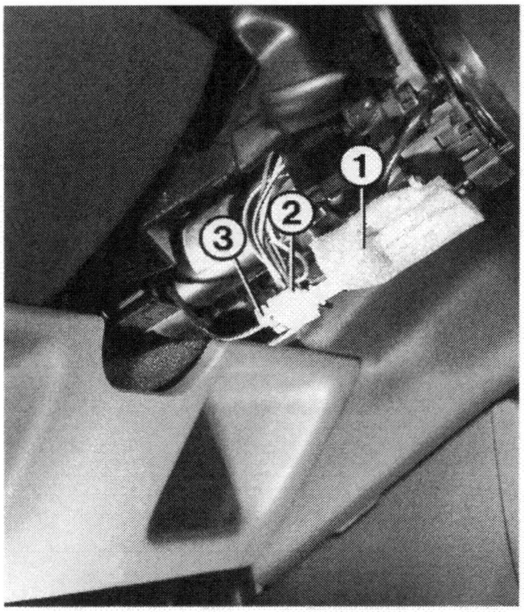

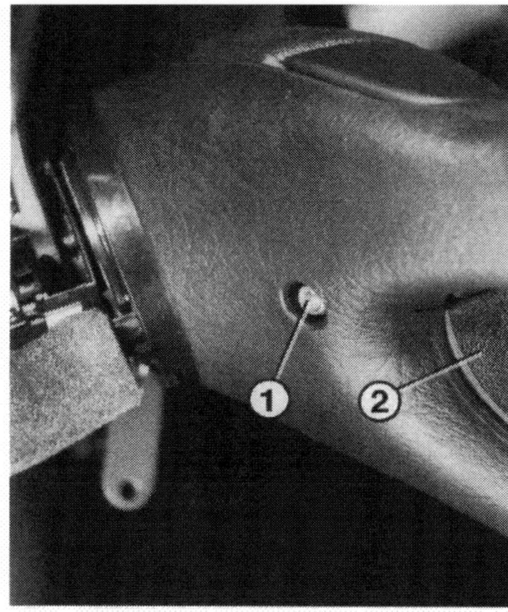

Links: Nachdem die Airbag-Einheit vom Lenkrad (2) gelöst ist, wird der Steckkontakt (1) abgezogen. Vorsichtsmaßnahmen bei ausgebauter Airbag-Einheit beachten.
Rechts: Für die Geradeaus-Stellung des Lenkrads (2) besitzt dieses eine Markierung (1), die mit der Körnermarkierung (3) auf der Lenksäule (4) in einer Linie liegen muß.

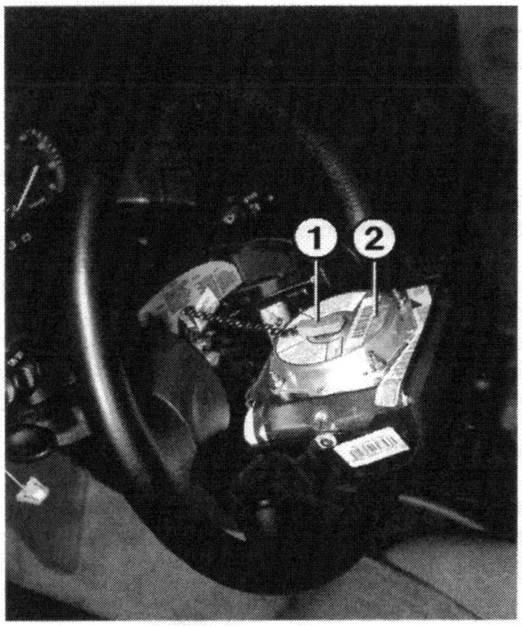

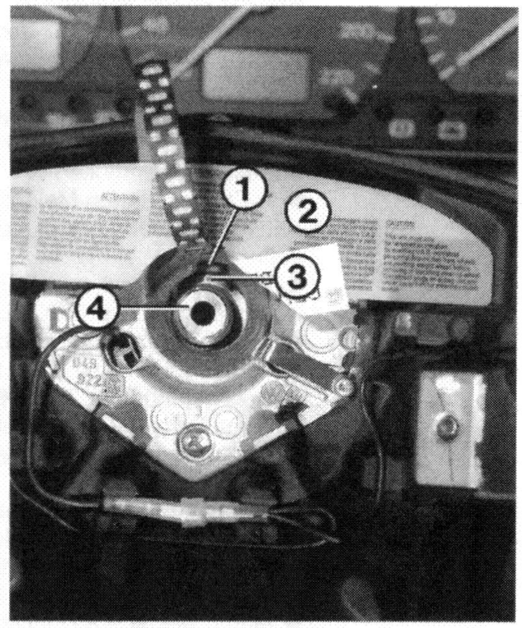

Oben: Der Federanfang muß in die Federauflage an der gekennzeichneten Stelle (Pfeil) angesetzt werden.
Unten: Das Federbeinlager muß beim Einbau in den Passat zum Dämpferauge ausgerichtet werden.
A – Achse Dämpferauge;
B – Achse Federbeinlager;
C – Achse der Abdeckkappe um 90° versetzt zur Achse Dämpferauge;
a – 50°.
Rechts: Die Einzelteile des hinteren Federbeins:
1 – Stoßdämpfer; 2 – Unterlage;
3 – Schraubenfeder; 4 – Kappe;
5 – Schutzrohr; 6 – Anschlagpuffer;
7 – Federauflage; 8 – Kappe;
9 – Gummilager unten; 10 – Federbeinlager; 11 – Dichtung; 12 – Gummilager oben; 13 – Tellerscheibe;
14 – Haltemutter Federbeinaufnahme;
15 – Abdeckkappe.

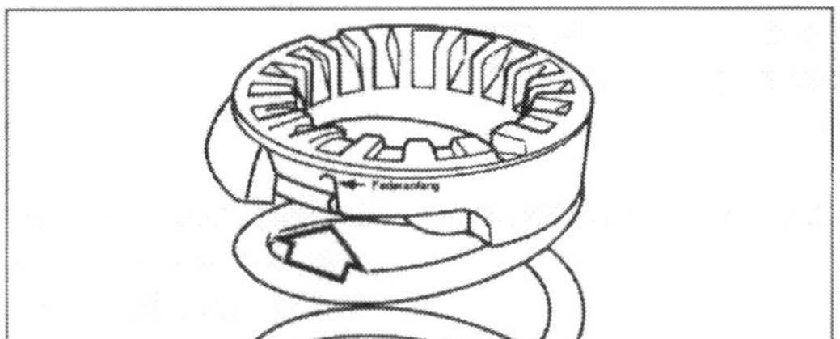

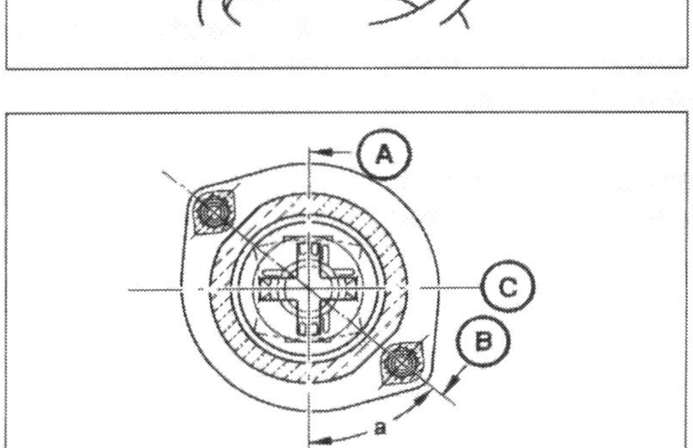

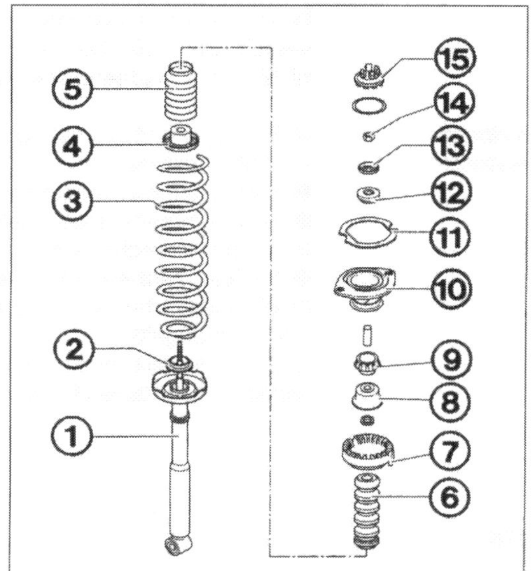

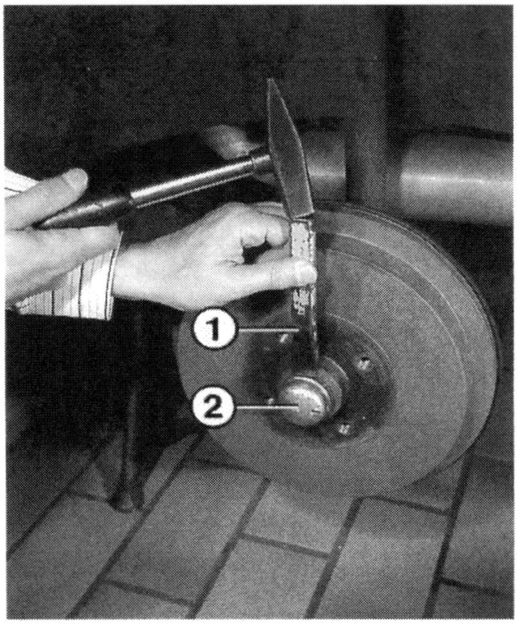

Links: Die Nabenkappe (2) läßt sich am besten mit einem schmalen, aber nicht zu scharfen Meißel (1) aus ihrem Sitz in der Bremstrommel herausklopfen. **Rechts:** Die Druckscheibe (2) unter der Einstellmutter (1) muß sich bei richtig eingestelltem Radlagerspiel mit der Schraubendreherklinge gerade noch verschieben lassen. Klinge dabei nicht an der Trommel abstützen.

- Die selbstsichernde Mutter oben am Stoßdämpfer wird mit 25 Nm angezogen.
- Die Abdeckkappe mit den Haltenasen wird in der Werkstatt mit Spezialwerkzeug eingedrückt. Behelfsmäßig geht es ggf. in erwärmtem Zustand (in heißes Wasser legen) oder nach Einstreichen mit Gleitmittel. Nicht mit Gewalt einklopfen, sonst wird die Kappe beschädigt.

Radlager ausbauen

- Wagen aufbocken, Rad abnehmen.
- Bei einem Passat mit hinteren Scheibenbremsen Bremssattel demontieren.
- Nicht zu scharfen Meißel an den Abdichtwulst der Nabenkappe ansetzen und diese ein wenig nach außen treiben.
- Kräftige Schraubenzieherklinge hinter den Nabenwulst klemmen und die Kappe gleichmäßig abhebeln.
- Sicherungssplint geradebiegen, aus der Kronensicherung ziehen und diese abnehmen.
- Sechskantmutter losdrehen, Druckscheibe und äußeres Radlager abnehmen.
- Bremstrommel bzw. -scheibe abnehmen.
- Dichtring an der Innenseite abhebeln, inneres Radlager herausnehmen.
- Beide Radlager sauberreiben und auf Verschleiß kontrollieren.
- Laufringe der Lager in der Bremstrommel bzw. Bremsscheibe ebenfalls kontrollieren. Zeigen sich hier Verschleißspuren, müssen neue Ringe eingepreßt werden.
- Radlager mit Mehrzweckfett einsetzen, Nabenkappe etwa zur Hälfte mit Fett füllen.
- Inneren Dichtring über Kreuz mit Kunststoffhammer einschlagen.
- Spiel der Radlager einstellen.

Radlagerspiel einstellen

- Nabenkappe und Kronensicherung abnehmen.
- Sechskantmutter SW 24 festziehen, dabei das Rad bzw. die Radnabe drehen, damit sich die Lager nicht verklemmen.
- Mutter wieder etwas lockern.
- Das Spiel ist richtig eingestellt, wenn sich die Druckscheibe hinter der Mutter mit einem Schraubenzieher unter mäßigem Fingerdruck gerade noch verschieben läßt. Die Schraubenzieherklinge dabei nicht an der Radnabe abstützen.
- Läßt sich jetzt der neue (!) Sicherungssplint noch nicht durch die Kronensicherung einschieben, wird die Mutter ein wenig in Richtung »Zu« gedreht.
- Nabenkappe mit Kunststoffhammer vorsichtig eintreiben.
- Eine verbeulte Kappe muß ersetzt werden, sonst kann Feuchtigkeit ins Lager eindringen.

Radzapfen ausbauen

- Radlager und Bremstrommel bzw. Bremssattel und -scheibe ausbauen.
- Handbremsseil aushängen.
- Bei Trommelbremse die Bremsleitung am Bremsträgerblech abschrauben.
- Halteschrauben des Bremsträgers bzw. Haltebleches losdrehen; damit ist auch der Radzapfen vom Achskörper gelöst.
- Die Anlagefläche für den Radzapfen und die Gewindelöcher müssen frei von Lack und Schmutz sein.
- Zum Anschrauben die sogenannte Tellerfeder unter den Schrauben so einsetzen, daß die große Auflagefläche zum Bremsträger bzw. zum Abdeckblech hin zeigt. Drehmoment 60 Nm.
- Zuletzt Bremse entlüften.
- Bei hinterer Scheibenbremse Handbremse einstellen.

Erfreuliche Verzögerung

Alles, was hinter dem Bremspedal passiert, geschieht mehr oder minder im Verborgenen. Autofahrer verlassen sich daher auch meist »blind« auf die Leistungsfähigkeit der Bremsanlage in ihrem Auto. Doch für allzeit spontanes Zupacken der Bremsen ist regelmäßige Wartung vonnöten, denn die Bremsen verschleißen ohne sichtbare Anzeichen.

Eigenarbeiten an der Bremse

Von der spontanen Reaktion der Bremsen im VW hängt Ihr Leben ab. Das sollten Sie sich stets vor Augen halten, wenn Sie Reparaturen daran ausführen wollen. Muten Sie sich also nicht zu viel zu. Andererseits ist bei der Bedeutung der Bremsen keine Kontrolle zu viel. Auch wenn Sie regelmäßig die Werkstatt besuchen, sehen gerade in diesem speziellen Fall vier Augen mehr als zwei. Durch gezielte Kontrollen, nicht aber durch unsachgemäße Reparaturen können Sie dazu beitragen, die Verkehrssicherheit Ihres Wagens zu erhalten und so sich selbst zu schützen. Was Sie selbst tun können, ist hier im Buch behandelt. Alle anderen Arbeiten sollten Sie der Werkstatt überlassen.

So funktionieren die Bremsen

○ Etwas Physik-Unterricht gefällig? Das Pascal'sche Gesetz besagt, daß ein Druck, der auf eine eingeschlossene Flüssigkeit ausgeübt wird, sich nach allen Richtungen gleichmäßig fortpflanzt. Genauso geschieht es in der Bremsanlage. Beim Tritt auf das Bremspedal preßt eine mit dem Pedal verbundene Druckstange zwei hintereinanderliegende Kolben in den Hauptbremszylinder (im Motorraum).

○ Die Kolben übertragen die Kraft auf die Bremsflüssigkeit. Der so entstehende hydraulische Druck gelangt über Rohr- und Schlauchleitungen zu den Radzylindern in den Bremssätteln bzw. Trommelbremsen.

○ In diesen drücken Kolben die Bremsklötze gegen die Bremsscheiben bzw. die Bremsbacken gegen die Bremstrommeln.

○ Der Flüssigkeitsdruck gelangt in zwei voneinander unabhängigen Leitungssystemen an die Radbremszylinder, und zwar für je ein Vorderrad und das gegenüberliegende Hinterrad (diagonal aufgeteilte Zweikreisbremse).

Fingerzeige: Falls ein Bremskreis ausfallen sollte, bleiben ein Vorderrad und das Hinterrad auf der anderen Seite bremsfähig. Mit dem ungebremsten Vorderrad kann man noch lenken, und das ungebremste Hinterrad hält das Heck in der Spur.
Der Ausfall eines Bremskreises verursacht einen tüchtigen Schreck, denn das Pedal gibt fast bis zum Bodenblech nach. Jetzt hilft nur noch ein kräftiger Tritt auf das Bremspedal, denn zu allem Übel wird auch noch der Anhalteweg länger.

Die Bremsflüssigkeit

Die gelbliche Mischung aus Glykol, Polyglykoläther und ein paar weiteren Bestandteilen greift die Metall- und Gummiteile der Bremsanlage nicht an. Sie bleibt selbst bei -40°C noch ausreichend dünnflüssig, und sie hat trotz ihrer Dünnflüssigkeit den extrem hohen Siedepunkt von ca. 260°C.
Nachteilig ist ihr aggressives Verhalten gegenüber Autolack, ihre Giftigkeit und die Tatsache, daß sie gern Wasser aufnimmt, sie ist »hygroskopisch«. Wasser – oder besser Luftfeuchtigkeit – kann tatsächlich in die Bremsflüssigkeit gelangen: Über den Vorratsbehälter sowie durch mikroskopische Undichtigkeiten an den Bremsschläuchen und Gummimanschetten. Solche Wasseraufnahme führt nicht nur zu Korrosion an den Metallteilen der Anlage, sondern bewirkt ein rapides Absinken des Siedepunkts.
Das ist bei starker Beanspruchung der Bremsen (Paßabfahrt, evtl. noch mit Anhänger, häufige Vollbremsungen auf der Autobahn) gefährlich, weil sie sich dann sehr stark aufheizen. In der Nähe der erhitzten Bremsen können sich Dampfblasen in der Hydraulikflüssigkeit bilden. Die lassen sich zusammenpressen – das Bremspedal kann tief durchgetreten werden; manchmal tritt man sogar ins Leere! In diesem Fall kann bisweilen noch schnelles Pumpen mit dem Bremspedal helfen. Besonders gefährlich ist dieser Effekt nach dem Abstellen des Wagens nach starker Bremsbeanspruchung. Mangels Fahrtwind heizt sich die Bremsenumgebung noch stärker auf; die höchste Temperatur herrscht nach etwa 15 Minuten Standzeit. Erst nach etwa einer halben Stunde ist wieder die normale Bremsflüssigkeitstemperatur erreicht.

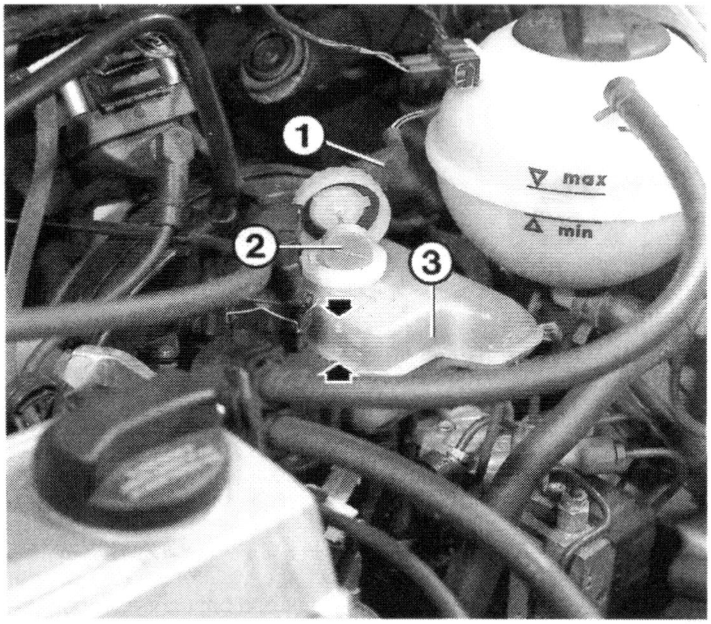

Zur Kontrolle des Bremsflüssigkeitsstandes im Bremsflüssigkeitsbehälter (3) ist außen am Behälter eine »MIN«- und eine »MAX«-Markierung angebracht. Weiter bedeuten:
1 – Anschlußstecker für Warnanzeige Bremsflüssigkeitsstand;
2 – Schwimmer der Warnanzeige.

Vorbeugend schreibt der Wartungsplan daher den Wechsel der Bremsflüssigkeit alle zwei Jahre vor. Bremsflüssigkeit muß der Spezifikation FMVSS 116 DOT 4 entsprechen. Alle mit DOT 4 gekennzeichneten Bremsflüssigkeiten können gefahrlos gemischt werden.

Bremsflüssigkeitsstand prüfen

Ständige Kontrolle

Bedingt durch die Scheibenbremsen sinkt der Flüssigkeitsstand auch bei völlig intakter Bremsanlage mit zunehmender Kilometerleistung. Denn die im Durchmesser verhältnismäßig großen Kolben der Scheibenbrems-Radzylinder wandern mit den verschleißenden Belägen weiter heraus, und mehr Flüssigkeit fließt nach. Ein gewisses, langsames Absinken der Bremsflüssigkeit muß also nicht unbedingt alarmierend sein.

Wenn Sie wissen, wie hoch die Bremsflüssigkeit bei neuen und abgenutzten Scheibenbremsbelägen steht, läßt sich am Niveau der hydraulischen Flüssigkeit sogar ablesen, wie weit die Beläge abgenutzt sind. Werden neue Scheibenbremsbeläge eingesetzt, müssen die Kolben in den Bremssätteln zurückgedrückt werden, wodurch der Flüssigkeitsstand im Behälter wieder ansteigt. Wurde unnötigerweise bei abgefahrenen Belägen Bremsflüssigkeit aufgefüllt, kann diese beim Zurückdrücken der Kolben durch die Belüftungslöcher im aufgeschraubten Deckel austreten.

● Links hinten im Motorraum, direkt auf dem Hauptbremszylinder, sitzt der Bremsflüssigkeitsbehälter.
● Im weißlich durchscheinenden Behälter soll die Bremsflüssigkeit zwischen den Markierungen »MIN« und »MAX« stehen.
● Ist der Flüssigkeitsstand auffallend gesunken, was auch durch eine Warnleuchte am Armaturenbrett angezeigt wird, muß die Bremsanlage auf undichte Stellen kontrolliert werden.

Bremsen prüfen

Ständige Kontrolle

● Zuerst eine Vollbremsung bei Schrittgeschwindigkeit.
● Am Gummiabrieb auf der Straße sehen Sie bei gleich langen Spuren, daß die Bremsen gleichmäßig ziehen. Das gilt auch für das Antiblockiersystem, denn ABS regelt unter ca. 5 km/h nicht.
● Gleiche Prüfung mit der Handbremse.
● Für die Bremsenprüfung bei höherer Geschwindigkeit brauchen Sie eine ebene Strecke.
● Nun aus etwa 50 km/h bei losgelassenem Lenkrad, aber mit griffbereiten Händen zuerst sanft und dann scharf bis zum Stillstand abbremsen.
● Zieht der Wagen etwa nach links, ist eine der rechten Radbremsen nicht in Ordnung. Das Auto zieht in Richtung des stärker gebremsten Rades. Ursachen siehe »Störungsbeistand«.
● Lassen Sie den Passat ein schwaches Gefälle hinunterrollen, um festzustellen, ob die Räder leichtgängig sind.
● Nach der Probefahrt machen Sie die Handprobe:
● Ist eine Felge auf der einen Wagenseite wärmer als auf der anderen Seite?
● Ursachen für alle Bremsenmängel siehe »Störungsbeistand« am Ende des Kapitels.

Bremsanlage auf Undichtigkeiten und Beschädigungen prüfen

Wartungsarbeit

Zur Kontrolle muß die Wagenunterseite trocken sein, damit Sie undichte Stellen erkennen können. Bremsflüssigkeit kriecht auch unter Schmutz. Feuchtdunkle Stellen oder schwarzer Schmutz lassen eine Undichtigkeit vermuten.

Links: Zum Lösen der Sechskantschraube (1) am Bremssattelgehäuse (2) muß der Führungsbolzen (3) gegengehalten werden. **Rechts:** Zum Lösen der Halteschrauben am Bremssattelgehäuse (1) muß die Abdeckkappe (2) oben und unten abgenommen werden.

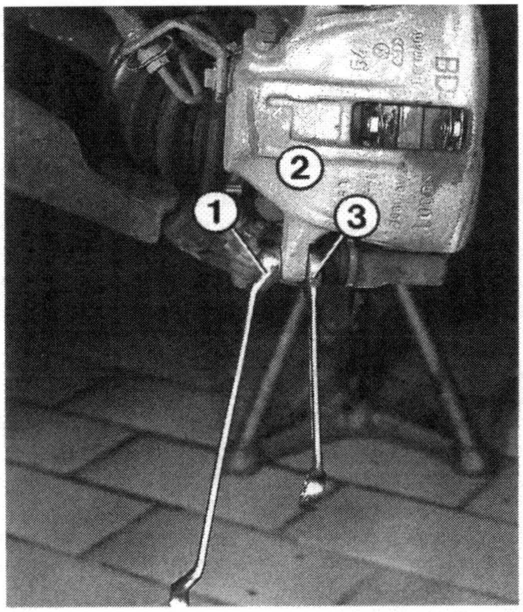

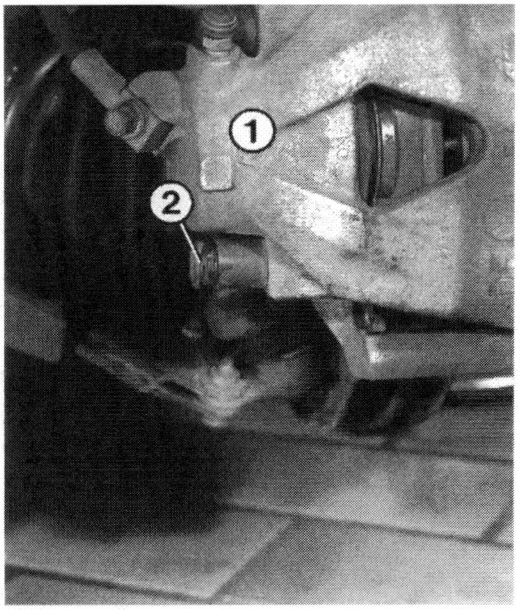

● Kontrollieren Sie sämtliche Anschluß- und Verbindungsstellen; auch Bremssättel und die Bremsträgerbleche, hinter denen die Radbremszylinder sitzen.

● Die Bremsschläuche dürfen weder feucht noch aufgequollen oder angescheuert sein.

● Die Bremsleitungen sind zum Schutz gegen Rost mit einer Kunststoffschicht überzogen. Wird diese Schutzschicht beschädigt, kann es zu Rostansatz kommen.

● Die Leitungen nie mit Schraubendreher, Schmirgelleinen oder Drahtbürste säubern, sondern Kaltreiniger nehmen.

● Ist die Schutzschicht beschädigt, soll Rostschutzgrundierung dünn aufgestrichen werden.

● Leitungen mit Rostnarben und solche, die plattgedrückt sind, müssen ersetzt werden.

● Sind Schutzkappen auf allen Entlüftungsventilen? Sie sitzen an den Bremssätteln bzw. innen an den Bremsträgerblechen der Trommelbremse.

● Die Bremsdruckprobe können Sie provisorisch selbst machen: Treten Sie mit voller Kraft aufs Bremspedal.

● Es darf auch nach einigen Minuten der vollen Belastung nicht nachgeben, sonst ist eine der Manschetten im Hauptbremszylinder defekt.

● Durch die undichte Manschette sinkt der Flüssigkeitsstand im Behälter nicht, sondern die unter Druck gesetzte Flüssigkeit mogelt sich an einem Kolben des Hauptbremszylinders vorbei auf die drucklose Seite.

● Gewisse undichte Stellen an den Kolbenmanschetten lassen sich allerdings nur bei einer genauen Druckprüfung in der Werkstatt ermitteln.

Die vorderen Scheibenbremsen

Zusammen mit jedem Vorderrad dreht sich eine Stahlscheibe frei im Luftstrom. Sogenannte Bremssättel umfassen sattelförmig die Scheiben. Beim Tritt auf das Bremspedal drücken Kolben die Bremsbeläge gegen die Scheiben – es wird gebremst.

Durch den Fahrtwind werden die Scheibenbremsen ständig gekühlt. Belagabrieb wird gleich weggeblasen, und ohne besondere Mechanik stellen sich die Scheibenbremsen selbst nach.

Links: Zum Lösen des Bremssattels Innensechskantschlüssel auf die Schraube stecken (Pfeil) und diesen links herum drehen. **Rechts:** Die Rest-Belagstärke (zwischen den Pfeilen) können Sie am genauesten bei abgenommenem Rad erkennen. Legen Sie einen Zollstock an der Bremsscheibe (1) an und messen Sie den Abstand zum Belagträger (2).

In allen Modellen sind sogenannte Faustsattelbremsen eingebaut: Der Bremssattel sieht wie eine geballte Faust aus. Sein einzelner Bremskolben im Zylindergehäuse drückt den inneren Belag gegen die Bremsscheibe, wodurch das Zylindergehäuse in seiner Führung herübergezogen und der Bremsklotz auf der anderen Seite ebenfalls gegen die Scheibe gepreßt wird. Beim Passat kommen vordere Scheibenbremsen von Teves (Ate) oder Girling zum Einsatz. Die vorderen Bremsscheiben sind bei bestimmten Fahrzeugen innenbelüftet – im Umfang der Bremsscheibe sitzen große Aussparungen, die die Luft wegschaufeln und so die Kühlung noch verbessern.

Stärke der Scheibenbremsbeläge messen

Wartungsarbeit

Die großzügig bemessenen Bremsbeläge der vorderen Scheibenbremsen halten oft bis zu 50 000 km. Trotzdem darf die regelmäßige Prüfung nicht vergessen werden.

- Die Mindestbelagstärke beträgt mit Trägerplatte des Bremsbelags 7 mm. Die Trägerplatte selbst – also das Metallstück, auf das der Belag geklebt ist – hat eine Stärke von ca. 5 mm.
- Zur flüchtigen Kontrolle mit einer Lampe durch ein Felgenloch leuchten und die Belagstärke abschätzen.
- Genauer ist die Kontrolle bei abgenommenen Rädern.
- Meterstab anlegen und messen. Bremsbelag auf der Innenseite nicht vergessen!

Zustand der Bremsscheiben kontrollieren

Wartungsarbeit

Wenn die Vorderräder zur Belagkontrolle abgenommen sind, prüft man auch den Zustand der Bremsscheiben.

- Die Scheiben dürfen keine tiefen Rillen (durch Schmutz oder zu stark abgefahrene Beläge) aufweisen. Die Riefen graben sich in neue Bremsbeläge tief ein, was deren Lebensdauer wesentlich verkürzt.
- Riefige Bremsscheiben können nachgeschliffen werden, wenn sie nicht durch lange Laufzeit auf das zulässige Mindestmaß »abgemagert« sind.
- Für die Massivscheiben gelten 11 mm als Mindestmaß (neu 13 mm).

Die innenbelüfteten Bremsscheiben müssen mindestens noch 18 mm stark sein (Neumaß 20 mm).

- Zu dünne Scheiben müssen paarweise ausgetauscht werden.
- Eine bläuliche Verfärbung der Bremsscheibe ist ohne Bedeutung.

Arbeiten an den vorderen Scheibenbremsen

Bremsbeläge erneuern

Grundsätzlich müssen rechts und links beide Beläge ausgetauscht werden. Weil die Kolben in den Bremssätteln mit zunehmendem Verschleiß der Beläge weiter herauswandern, müssen sie vor dem Einsetzen neuer, dicker Beläge zurückgedrückt werden. Hierbei wird die Bremsflüssigkeit durch die Leitungen in den Vorratsbehälter gepreßt. Haben Sie in der Zwischenzeit unnötigerweise Bremsflüssigkeit nachgefüllt, muß das Zuviel jetzt mit einer sauberen Pipette oder Spritze abgesaugt werden. Andernfalls greift die am Vorratsbehälter austretende Bremsflüssigkeit umliegende lackierte Teile im Motorraum an.

- Wagen vorn aufbocken und sichern.
- Rad abnehmen.
- Lenkung einschlagen, damit die Beläge gut zugänglich sind.
- **Ate-Bremse:** Haltefeder aushängen.
- Abdeckkappe über den Schrauben heraushebeln.
- Schrauben an der Innenseite mit 6-mm-Innensechskantschlüssel herausdrehen.

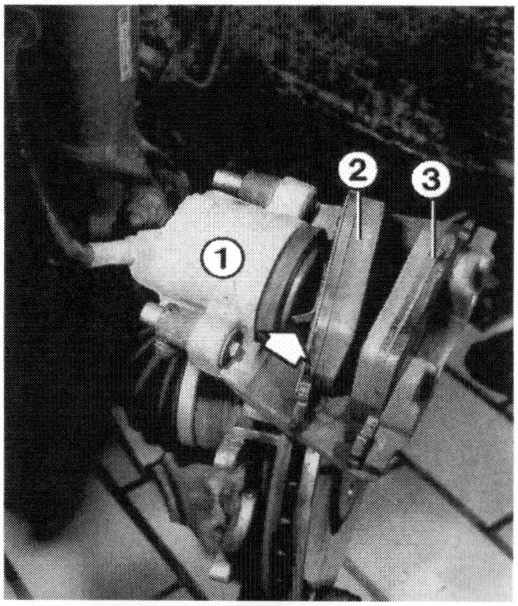

Links: Sicherungsfeder (2) mit einem Schraubendreher (3) an der mit Pfeil bezeichneten Stelle oben und unten aus dem Bremssattelgehäuse (1) heraushebeln.
Rechts: Der Bremsbelag (2) mit der Haltefeder (Pfeil) wird beim Zusammenbau in den Kolben des Bremssattelgehäuses (1) eingesetzt. Beim zweiten Bremsbelag (3) Schutzfolie abziehen und an der Außenseite des Bremssattelgehäuses einsetzen (selbstklebend).

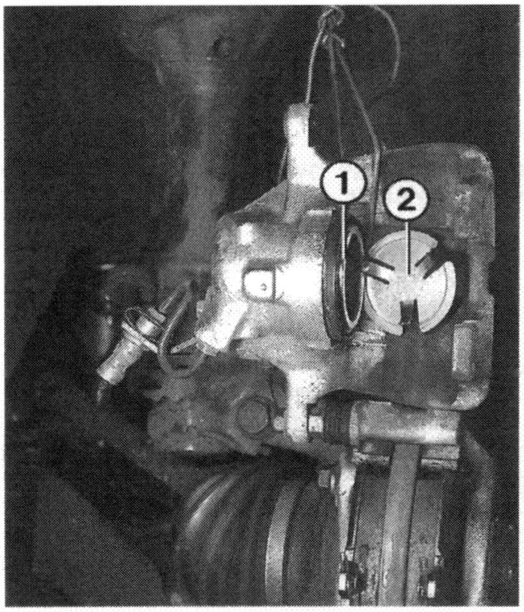

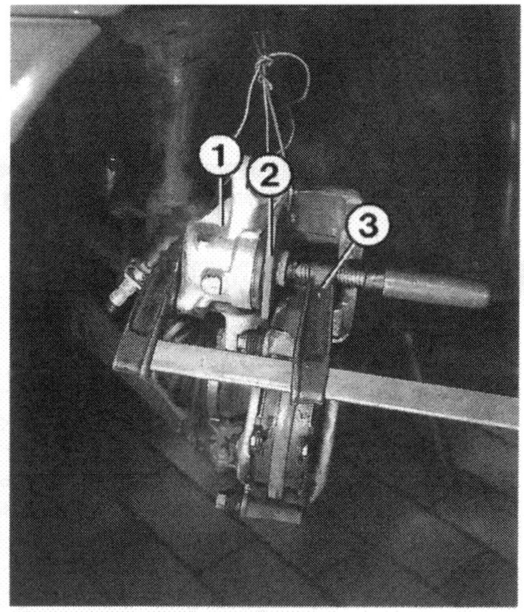

Links: Vor dem Zurückdrücken des Bremskolbens (1) muß das Wärmeschutzblech (2) abgenommen werden.
Rechts: Zum Zurückdrücken des Bremskolbens in das Bremssattelgehäuse (1) ist eine Schraubzwinge (3) das am besten geeignete Werkzeug. Zum Schutz des Kolbens wird ein Holzbrettchen (2) zwischengelegt.

- Schrauben herausziehen, Bremssattelgehäuse abnehmen.
- Damit das Bremssattelgehäuse nicht an seinem Bremsschlauch zerrt, wird es mit Draht am Federbein aufgehängt.
- Inneren Bremsbelag aus dem Kolben des Bremssattelgehäuse herausziehen.
- **Girling/Lucas-Bremse:** Untere Sechskantschraube des Bremssattelgehäuses herausdrehen, dabei den Führungsbolzen an seinem Sechskant gegenhalten.
- Bremsschlauch aus seiner Halterung aushängen, Bremssattel nach oben schwenken.
- Beläge rechts und links aus den Führungsschienen nehmen.
- **Beide Versionen:** Kolben im Bremssattel mit einer Schraubzwinge zurückdrücken.
- Damit der Kolben nicht verkantet oder beschädigt wird, auf den Anlagering ein kleines Brettchen legen.
- **Girling/Lucas-Bremse:** Zum Zurückdrücken des Kolbens das Wärmeschutzblech abnehmen.
- Wärmeschutzblech wieder im Kolben einsetzen.
- Neue Beläge einsetzen.
- **Ate-Bremse:** Der innere Bremsbelag ist richtungsgebunden. Nicht verwechseln!
- An der Rückseite des Belages ist unterhalb der Haltefeder ein Pfeil angebracht, der auf der rechten und linken Seite nach unten zeigen muß.
- Äußeren Bremsbelag in den Bremsträger einsetzen und Schutzfolie an der Rückseite des Belags abziehen, siehe Fingerzeig.
- Bremssattelgehäuse am Bremsträger mit 25 Nm festschrauben.
- Abdeckkappen eindrücken.
- Haltefeder einhängen.
- **Girling/Lucas-Bremse:** Bremssattel montieren, Bremsschlauch in die Halterung einhängen.
- Neue Befestigungsschraube mit 35 Nm anziehen. Schlanken Gabelschlüssel zum Gegenhalten des Führungsbolzens verwenden, sonst wird er eingeklemmt und die Anzugskraft stimmt nicht.
- **Beide Versionen:** Achtung! Nach dem Zusammenbau das Bremspedal mehrmals treten, bis die Beläge an den Bremsscheiben anliegen. Sonst ist keine Bremswirkung vorhanden!

Links: Mit zunehmendem Fahrzeugalter können die Gleitschienen der Bremssättel Rost ansetzen. Dann gleiten die Belagträger nicht mehr einwandfrei auf den Schienen. Bei Rostansatz deshalb die Schienen (Pfeile) blankkratzen.
Rechts: Bei eingelaufener Bremsscheibe sollen die Beläge an der Innenkante (Pfeil) mit einer Feile leicht angeschrägt werden, damit die Beläge voll an der Bremsscheibe anliegen, was die Bremswirkung verbessert.

<u>Fingerzeig:</u> Vor Einbau neuer Bremsbeläge muß das Bremssattelgehäuse von den restlichen Kleberesten des alten Belags gründlich gereinigt werden.

Die Bremshydraulik

Bei allen nachfolgend beschriebenen Arbeiten kommen Sie mit Bremsflüssigkeit in Kontakt. Deshalb ein paar Sicherheitshinweise:

○ Bremsflüssigkeit ist giftig, deshalb nicht mit dem Mund in Berührung bringen.

○ Die Flüssigkeit greift den Fahrzeuglack an. Deshalb keine bremsflüssigkeitsgetränkten Lappen oder -verschmierten Werkzeuge auf die Lackierung legen. Auch im Motorraum nach der Montage die Spuren von Bremsflüssigkeit abwaschen; aber erst, wenn sämtliche Anschlüsse fest angeschraubt sind.

○ Beim Lösen eines Bremsschlauches oder einer Bremsleitung läuft der Vorratsbehälter allmählich leer. Das läßt sich verhindern: Vor dem Öffnen der Verschraubung eine Entlüftungsschraube im betreffenden Bremskreis lösen. Entlüftungsschlauch aufstecken und in ein Gefäß halten. Nun das Bremspedal voll durchtreten und mit einer passenden Holzlatte o. ä. in dieser Stellung halten. Damit sind die Zulaufbohrungen im Hauptbremszylinder verschlossen, es kann keine Bremsflüssigkeit mehr auslaufen.

○ Zum Lösen und Anziehen der Bremsleitungen brauchen Sie einen Bremsleitungsschlüssel 10 x 11 (z. B. Hazet 05 202). Er sieht aus wie ein aufgesägter Ringschlüssel. Für die Bremsschläuche genügt ein Gabelschlüssel SW 14.

○ Nach allen Arbeiten an der Bremshydraulik muß die Bremsanlage entlüftet werden. Oft genügt es, nur den Bremskreis zu entlüften, an dem gearbeitet wurde.

Bremssattel vorn ausbauen

● Rad abschrauben.

● **Ate-Bremse:** Bremsbeläge ausbauen, dabei wird auch der Bremssattel abgenommen. Die Belag-Führungsschienen sitzen bei dieser Bremse am Achsschenkel.

● Luftführungsblech abschrauben.

● **Girling/Lucas-Bremse:** Beim Ausbau der Bremsbeläge aus beiden Führungsbolzen die Sechskantschrauben herausdrehen, Bremssattelgehäuse abnehmen.

● **Beide Versionen:** Bremssattel am Federbein aufhängen, damit er nicht an seinem Bremsschlauch zerrt.

● Oder Bremsschlauch abschrauben.

● Bremspedal niederdrücken und -halten, um Auslaufen von Bremsflüssigkeit zu verhindern.

● **Girling/Lucas-Bremse:** Der sogenannte Bremsträger mit den Führungsschienen für die Beläge ist am Achsschenkel mit je zwei sogenannten Rippschrauben befestigt. Sie besitzen hinter ihrem Sechskantkopf eine geriffelte Fläche, die ein unbeabsichtigtes Lösen der Schraube verhindert. Rippschrauben keinesfalls durch herkömmliche Schrauben ersetzen!

● Schrauben des Bremsträgers losdrehen.

● Vor dem Einbau die geriffelten Flächen der Rippschrauben reinigen.

● Rippschrauben mit 125 Nm anziehen.

● **Beide Versionen:** Bremsschlauch bzw. -leitung wieder festschrauben.

● Bremsanlage entlüften, falls der Bremsschlauch bzw. die Leitung abgeschraubt war.

● Bremspedal vor den ersten Metern Fahrt mehrfach durchtreten, bis sich normales Pedalspiel einstellt.

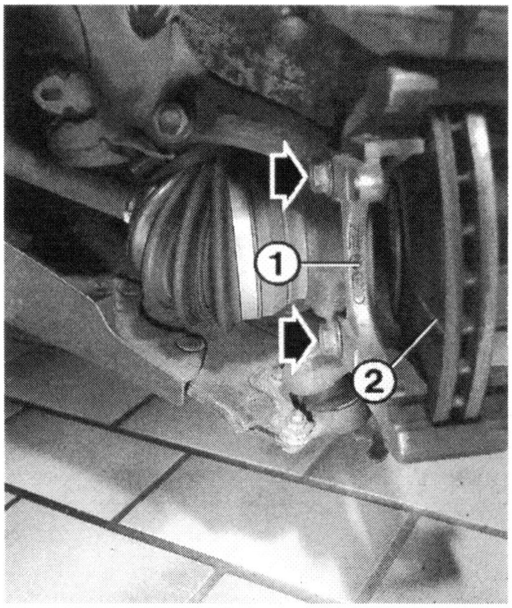

<u>Links:</u> Damit die Bremsscheibe (2) abgenommen werden kann, muß der Bremssattel abgenommen werden. Anschließend die Halteschrauben (Pfeile) des Bremsträgers (1) lösen.
<u>Rechts:</u> Zur Sicherung der Bremsscheibe auf der Radnabe dient eine Kreuzschlitzschraube.

In dieser Zeichnung sind die einzelnen Teile der Trommelbremse nochmals deutlich zu erkennen:
1 – Federteller;
2 – Druckfeder;
3 – Rückzugfeder oben;
4 – Rückzugfeder unten;
5 – Zugfeder;
6 – Bremsbacke;
7 – Spannstift;
8 – Drehzahlfühler für ABS;
9 – Bremsträgerblech;
10 – Radbremszylinder;
11 – Keil;
12 – Druckstange;
13 – Anlagefeder.

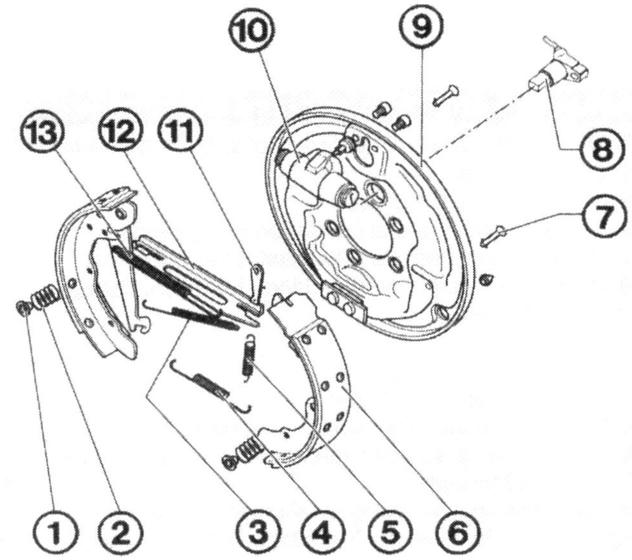

Bremskolbenmanschetten wechseln

Wurde die Bremskolbenmanschette im Bremssattel beschädigt, müssen Sie umgehend für Ersatz sorgen, sonst klemmt bald der Bremskolben aufgrund von Schmutz und Korrosion. Die Manschette gibt's nur zusammen mit dem Bremskolben-Dichtring zu kaufen. Zum Einbau beider Teile muß der Kolben aus dem Bremssattelgehäuse herausgedrückt werden. Aus Sicherheitsgründen sollten Sie diese Arbeit in der Werkstatt durchführen lassen. Eventuell Bremssattel selbst ausbauen und zur Reparatur bringen.

Bremsscheibe vorn ersetzen

Bremsscheiben müssen grundsätzlich beidseitig erneuert werden.
- Bremssattel abschrauben und mit Draht an der Karosserie befestigen; die Hydraulikleitung bleibt angeschlossen.
- Bremsträger am Radlagergehäuse lösen und abnehmen.
- Eine Kreuzschlitzschraube (neben der Radschraubenbohrung) herausdrehen – am besten unter Verwendung von Rostlöserspray.
- Die Bremsscheibe kann nun von Hand von der Radnabe gezogen werden.
- Ist sie festgerostet, mit kräftigen Hammerschlägen nachhelfen – aber nur, wenn die Scheibe ohnehin gewechselt wird.
- Vor dem Ansetzen der neuen Bremsscheibe die Anlagefläche an der Radnabe mit Schmirgelleinen säubern.

Die hinteren Trommelbremsen

An den hinteren Rädern sitzen ggf. sogenannte Trommelbremsen. Je zwei halbkreisförmige Beläge werden von einem oben sitzenden Radbremszylinder gegen die zylindrischen Bremstrommeln gedrückt. Diese Bauart mit einem Radzylinder für zwei Beläge nennt sich Simplexbremse.
Trommelbremsen wirken selbstverstärkend. Und zwar zieht sich eine Bremsbacke durch die Drehung des Rades in gewissem Maß selbsttätig an die Bremstrommel. Dadurch sind geringere Fußkräfte am Pedal notwendig. Bei Vorwärtsfahrt wirkt die vordere Bremsbacke selbstverstärkend. Sie heißt Auflauf- oder Primärbremsbacke im Gegensatz zur hinteren Ablauf- bzw. Sekundärbremsbacke.

Links: Das Schauloch zur Kontrolle der Belagstärke an den hinteren Trommelbremsen sitzt in Fahrtrichtung vorn im Bremsträgerblech (3). Bei abgezogenem Abdeckstopfen sehen Sie die Bremsbacke (1) und den daraufgeklebten oder genieteten Belag (2).
Rechts: In dieser Abbildung sehen Sie die Stellung des Radschraubenloches, durch das der Schraubendreher zum Hochdrücken (Pfeil) des Nachstellkeils gesteckt werden muß (in Fahrtrichtung).

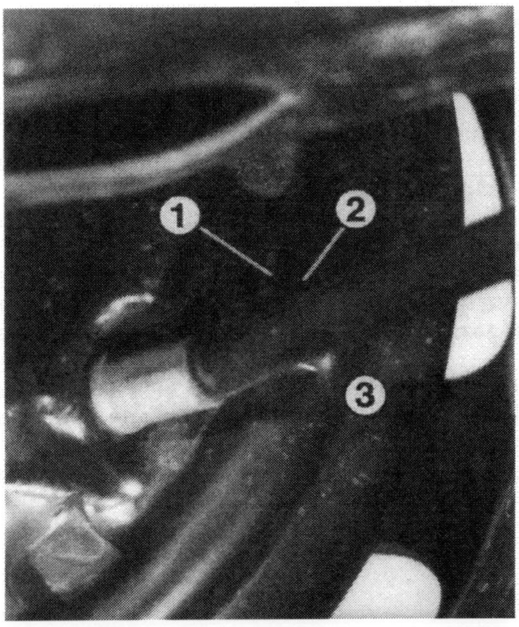

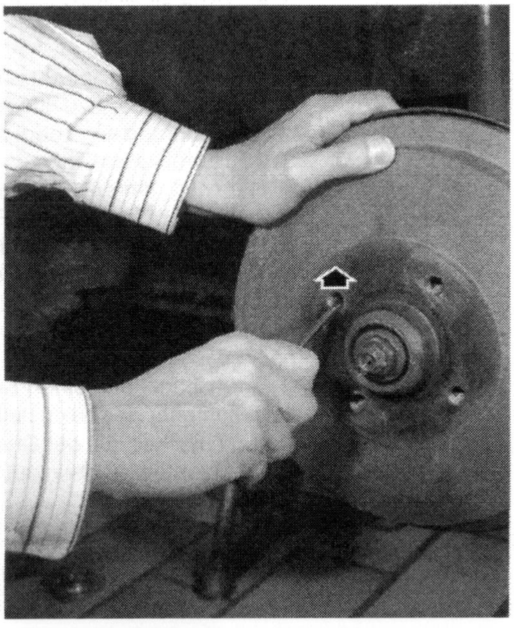

Belagstärke der Trommelbremsen kontrollieren

Wartungsarbeit

Da die Auflaufbacke schneller verschleißt als die hintere Ablaufbacke, wird nur an der vorderen Bremsbacke die Stärke gemessen.

- Passat hinten aufbocken.
- An der Innenseite des jeweiligen Hinterrades vorn am Bremsträgerblech den Plastikstopfen abziehen.
- Mit Taschenlampe ins Schauloch leuchten, Belagstärke feststellen.
- Die Beläge sind neu 5 mm stark und dürfen bis auf 2,5 mm Reststärke abgefahren werden – jeweils ohne Belagträger gemessen.

Bremspedalweg prüfen

Wartungsarbeit

- Drücken Sie das Bremspedal von Hand nieder.
- Der Leerweg soll höchstens $^1/_3$ des gesamten Pedalwegs betragen.
- Bei längerem Pedalweg funktioniert die Nachstellautomatik nicht oder die Trommelbremsbeläge sind auf das Mindestmaß abgefahren und müssen erneuert werden.
- Zu langer Pedalweg kann auch durch verklemmte Bremsbeläge oder einen festgerosteten Bremssattel verursacht werden.

Automatische Bremsennachstellung

Die Trommelbremsen brauchen nicht nachgestellt zu werden. Dies bewirkt – anders als bei den Scheibenbremsen – eine Mechanik. Die Druckstange zwischen den Bremsbacken muß mit zunehmendem Belagverschleiß verlängert werden, damit die Beläge wieder zum Anliegen an die Trommel kommen. Das geschieht durch einen unter Federzug stehenden Keil, der mit den allmählich verschleißenden Belägen in der Druckstange nachrückt.

Bremstrommel abnehmen

- Die Bremstrommel kann auch mit angeschraubtem Rad abgenommen werden.
- In diesem Fall eine Radschraube herausdrehen.
- Wagen hinten aufbocken.
- Äußeres Radlager ausbauen.
- Felge oder Bremstrommel so drehen, daß ein Radschraubenloch in Fahrtrichtung vorn oben steht.
- Durch das Schraubenloch mit einem Schraubendreher den Nachstellkeil hochdrücken – damit werden die Bremsbacken zurückgezogen.
- Bremstrommel abziehen.
- Beim Zusammenbau Radlagerspiel einstellen.
- Beläge durch einmaliges kräftiges Treten des Bremspedals zum Anliegen an die Trommel bringen. Dazu müssen die Bremstrommeln rechts und links montiert sein.

<u>Fingerzeig:</u> **Bei einem älteren Wagen läßt sich der Nachstellkeil nicht einfach nach oben drücken. Lassen Sie von einem Helfer das Bremspedal treten (die Bremstrommel auf der anderen Seite darf nicht abgenommen sein), und schieben Sie den Keil nach oben. Bremspedal loslassen und erst jetzt den Schraubendreher aus der Bremstrommel ziehen, sonst rutscht der Keil wieder nach unten.**

Zustand der Bremstrommeln kontrollieren

- Die Schleiffläche in der Bremstrommel muß möglichst glatt sein.
- Zeigen sich tiefe Rillen oder Riefen (durch bis auf die Nieten abgefahrene Bremsbeläge), kann die Trommel ausgedreht werden.
- Die Bremstrommeln haben im Neuzustand einen Innendurchmesser von 230 mm.
- Nach dem Ausdrehen darf der Durchmesser nur 1,5 mm größer sein.
- Zu weit eingelaufene Bremstrommeln sind zu ersetzen, und zwar immer beide.

Bremsbacken ausbauen

- Bremstrommel abnehmen.
- Federteller der Druckfedern an den Bremsbacken mit einer Kombizange oder besser mit einer Stecknuß SW 10 zurückdrücken.
- Haltestift hinten am Bremsträgerblech um 90° drehen und herausziehen, Federn abnehmen.
- Rückzugfedern unten aushängen.
- Bremsbacken aus der unteren Abstützung und den Kolben im Radbremszylinder herausheben.
- Handbremsseil an den abgezogenen Bremsbacken aushängen.
- Bremsbacken in einen Schraubstock einspannen, Rückzugfeder des Nachstellkeils aushängen.
- Nachstellkeil aus der Druckstange ziehen.
- Rückzugfedern oben aushängen.
- Anlagefeder oben aus der Druckstange aushängen. Ggf. hierzu die Druckstange in einen Schraubstock spannen.
- Beim Zusammenbau Druckstange in Schraubstock spannen.
- Anlagefeder an der Druckstange und Bremsbacke einhängen. Wie die Feder richtig montiert wird, zeigt das Bild auf der nächsten Seite oben rechts.
- Bremsbacke auf der Druckstange einsetzen, Nachstellkeil von oben einstecken. Die »Warze« oben zeigt zum Bremsträgerblech hin.
- Bremshebel der Sekundär-Bremsbacke in die Aussparung der Druckstange einsetzen, obere Rückzugfeder einhängen.
- Zum Einhängen des Handbremsseils bei noch

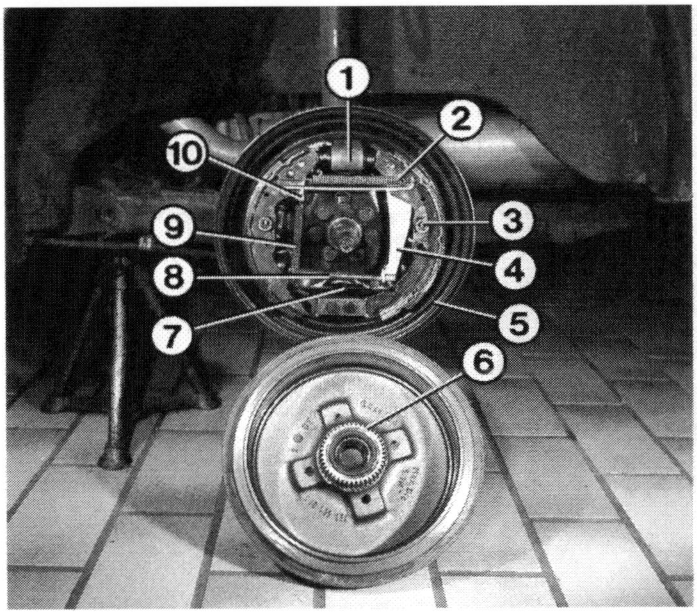

1 – Radbremszylinder; 2 – obere Rückzugfeder; 3 – Druckfeder; 4 – Handbremshebel; 5 – Bremsträgerblech; 6 – Impulsgeber für ABS; 7 – untere Rückzugfeder; 8 – Handbremsseil; 9 – Zugfeder; 10 – Nachstellkeil.

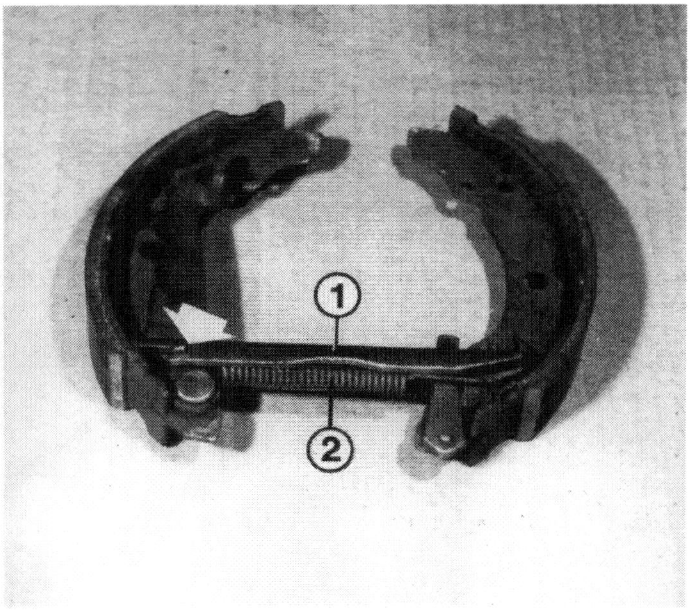

Das umgebogene Ende (Pfeil) der Anlagefeder (2) muß nach innen zeigen, wenn sie richtig in die Druckstange (1) eingesetzt ist.

nicht montierten Bremsbacken Feder und Federteller auf dem Seil zurückdrücken, in dieser Stellung mit einer Zange festhalten, so daß das Handbremsseil ein Stück freiliegt.

- Bremshebel einhängen.
- Bremsbacken oben auf die Kolben im Radbremszylinder setzen.
- Rückzugfedern unten einhängen und Bremsbacken in die untere Abstützung hineinheben.
- Rückzugfeder des Nachstellkeils einhängen.
- Druckfedern mit Federteller an den Bremsbacken einsetzen.
- Handbremse lösen und Fußbremse einmal kräftig treten, damit der Nachstellkeil in seine richtige Position rutscht. Damit ist die Fußbremse eingestellt.
- Handbremse einstellen.

Die hinteren Scheibenbremsen

Beim Passat mit Scheibenbremsen an der Hinterachse handelt es sich wie bei den Vorderrädern um Faustsättel. Zusätzlich zur hydraulischen Betätigung durch die Fußbremse kann die hintere Scheibenbremse auch über die Seilzüge der Handbremse bedient werden. Der Bremskolben wird über einen Hebel, der in den Bremszug eingehängt ist, und einer Druckstange gegen den Belag gepreßt.

Automatische Nachstellung

Der hydraulische Teil der Scheibenbremse ist selbstnachstellend. Bei der mechanischen Betätigung durch die Handbremse ist dagegen eine spezielle Nachstellvorrichtung notwendig, welche die Druckstange nach Bedarf gewissermaßen verlängert. Die Stange würde sonst den weiter nach außen gerückten Kolben ab einem bestimmten Belagverschleiß nicht mehr erreichen.
Kernstück der Nachstellung ist ein Gewinde, auf dem sich die Druckstange mit zunehmendem Belagverschleiß immer weiter herausschraubt – die Druckvorrichtung wird also länger. Der Bremskolben darf deshalb beim Belagwechsel nicht einfach zurückgedrückt werden, sondern er wird auf dem Nachstellgewinde zurückgeschraubt. Dazu benötigt man leider ein Sonderwerkzeug.

Beläge und Bremsscheiben kontrollieren

Wartungsarbeit

Die Kontrolle des Belagverschleißes an den hinteren Scheibenbremsen geschieht auf gleiche Weise wie an den Vorderrädern. Bitte lesen Sie weiter vorn in diesem Kapitel nach. Gleichzeitig soll auch der Zustand der hinteren Bremsscheiben kontrolliert werden, wie beschrieben.

Hintere Scheibenbremsbeläge erneuern

Außer vier Scheibenbremsbelägen brauchen Sie neue selbstsichernde Schrauben, die dem VW-Reparatursatz beigelegt sind. Die alten Schrauben dürfen Sie allenfalls mit Schraubensicherungsmittel versehen nochmals verwenden.

- Hinterrad abschrauben.
- Halteklammer des Handbremsseilzugs abdrücken.
- Das kugelförmige Seilzugende am Hebel der Handbremsbetätigung aushängen.
- Beide Halteschrauben des Bremssattelgehäuses losdrehen, dabei den Führungsbolzen gegenhalten.
- Schrauben herausziehen, Bremssattelgehäuse abnehmen und so an der Karosserie aufhängen, daß der Bremsschlauch nicht unter Spannung steht.

Zum Lösen des hinteren Bremssattels wird hier der obere Haltebolzen (1) losgeschraubt. Dazu muß der Sechskant (2) am Führungsbolzen gegengehalten werden. Position »3« bezeichnet den Handbremszug.

- Beläge von den Führungsschienen abnehmen. Wenn sie wieder verwendet werden sollen, müssen Sie die Beläge kennzeichnen, daß sie wieder an derselben Stelle eingebaut werden. Andernfalls könnte die Bremswirkung ungleichmäßig sein.
- Führungsschienen ggf. von Korrosionsansatz säubern, Beläge einsetzen.
- Werden neue Beläge eingebaut, muß der Bremskolben jetzt mit dem Spezialwerkzeug unter kräftigem Druck zurückgedreht werden, siehe Fingerzeig. Dieses Werkzeug besitzt vier Nasen, die in die entsprechenden Aussparungen im Bremssattelkolben eingreifen müssen.
- Neue selbstsichernde Schrauben mit 35 Nm anziehen, dabei den Führungsbolzen gegenhalten. Keinen zu breiten Gabelschlüssel verwenden, der sonst eingeklemmt wird und das Anzugsdrehmoment verfälscht.
- Nach dem Einbau neuer Beläge muß die Grundeinstellung der hinteren Scheibenbremsen durchgeführt werden.
- Zuletzt treten Sie mehrmals kräftig auf das Bremspedal, damit die Beläge richtig an der Bremsscheibe anliegen.

<u>Fingerzeig:</u> Nicht mit Gewalt den Kolben zurückdrücken oder die Fußbremse treten, sonst wird die Handbremsnachstellung zerstört!

Grundeinstellung der hinteren Scheibenbremsen

Diese Arbeit wird nach Austausch der Bremsbeläge, der Bremssättel, der Bremsscheiben oder nach Auswechseln eines Handbremsseils ausgeführt.

- Wagen hinten so aufbocken, daß beide Hinterräder frei hängen.
- Abdeckung des Handbremshebels hinten rechts und links zur Seite ziehen, so daß die Haltenoppen aus der Hebelachse ausrasten können.
- Kontermuttern an den Einstellmuttern lösen.
- Handbremshebel nicht anziehen, Wagen mit eingelegtem Gang feststellen und Keil unter ein Rad legen.
- Von einem Helfer am Handbremshebel die Einstellmuttern so weit anziehen lassen, bis sich an beiden Bremssätteln der in den Abbildungen

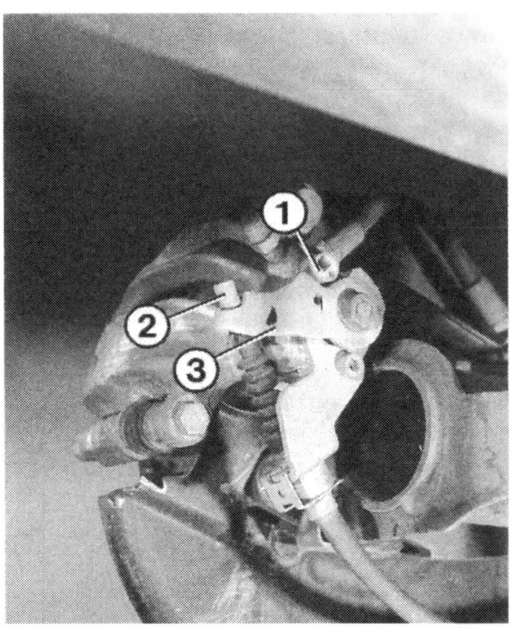

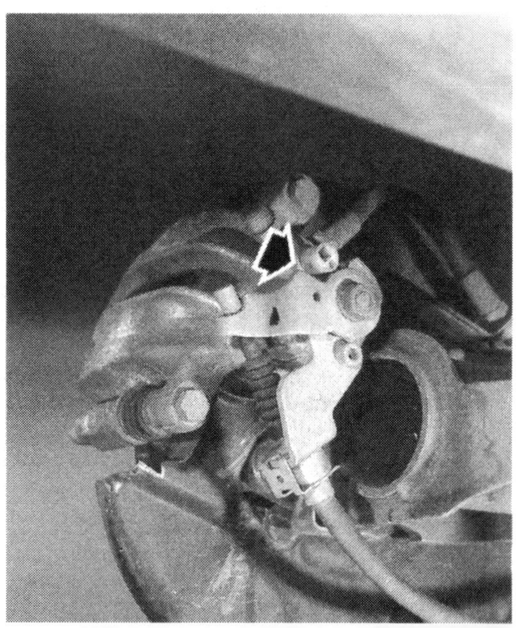

<u>Links:</u> Nach dem Einsetzen neuer Scheibenbremsbeläge bzw. des Handbremsseils (2) muß die Handbremse eingestellt werden. Die Einstellmutter im Innenraum am jeweiligen Handbremszug soweit verdrehen, bis sich der Hebel (3) gerade von seinem Anschlag (1) abhebt.
<u>Rechts:</u> Der höchstzulässige Abstand (Pfeil) beträgt 1,5 mm (mit Fühlerblatt-Lehre gemessen) bei gelöstem Handbremshebel.

Zur Handbremsbetätigung gehören folgende Teile:
1 – Handbremshebel;
2 – Hebelgriffverkleidung vorn;
3 – Hebelgriffverkleidung hinten;
4 – Ausgleichbügel;
5 – Handbremsseile.

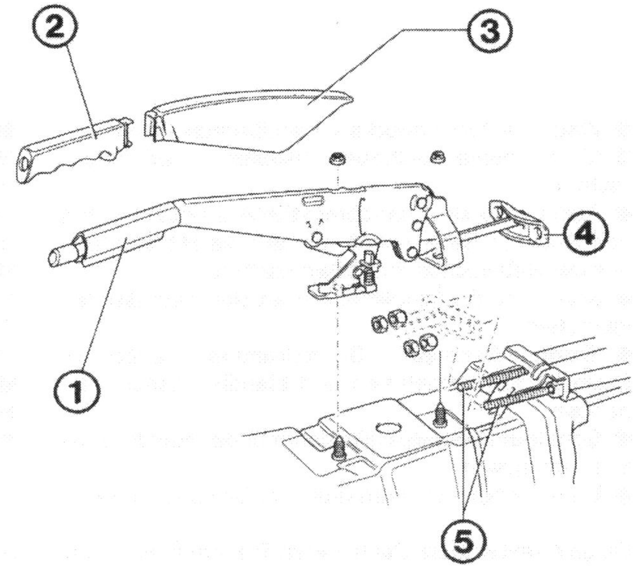

auf der Vorseite unten gezeigte Hebel gerade vom Anschlag abhebt.
● Abstand zwischen Hebel und Anschlag mit Fühlerblattlehre messen. Abstand höchstens 1,5 mm.
● Handbremshebel mehrmals anziehen und wieder lösen.
● Jetzt bei hinten noch aufgebocktem Passat kontrollieren, ob sich beide Hinterräder weiterhin gut durchdrehen lassen.
● Einstellmuttern mit der jeweiligen Kontermutter sichern.

Bremssattel ausbauen

● Bremsbeläge ausbauen, damit ist auch der Bremssattel ausgebaut.
● Bremssattel so aufhängen, daß sein Bremsschlauch nicht unter Spannung steht, oder Bremsschlauch abschrauben.
● Bremsträger vom Achsträger abschrauben.
● Beim Einbau die Schrauben des Bremsträgers mit 65 Nm festziehen.
● Beläge einbauen, Bremsanlage ggf. entlüften und Grundeinstellung der hinteren Scheibenbremsen durchführen.

Bremskolbenmanschette auswechseln

Für das Auswechseln defekter Bremskolbenmanschetten an den hinteren Bremssätteln gilt dasselbe wie für die vorderen Sättel: Da der Bremskolben ausgebaut werden muß, sollten Sie diese Arbeit aus Sicherheitsgründen in der Werkstatt durchführen lassen.

Bremsscheibe ausbauen

● Bremssattel, Beläge und Bremsträger ausbauen.
● Äußeres Radlager ausbauen.
● Bremsscheibe abziehen.
● Beim Zusammenbau Radlagerspiel einstellen.
● Nach dem Einbau Grundeinstellung der hinteren Scheibenbremsen durchführen.

Die Handbremse

Die Übertragung der Bremskraft erfolgt hier auf mechanische Weise. Wenn Sie am Handbremshebel ziehen, werden die beiden am Ausgleichsbügel (eine Art Wippe) eingehängten Bremsseile zu den Hinterrädern gespannt. Durch die Ausgleichswippe wird die Kraft beim Anziehen so gleichmäßig wie möglich an die hinteren Bremsen verteilt. Leichte Schwankungen im Reibwert der beiden Bremsseile gleicht die Wippe dabei aus.
○ Bei den Modellen bis 74 kW mit Trommelbremsen hinten zieht jedes Seilzugende den Bremshebel an der hinteren Sekundärbremsbacke an. Durch diese Bewegung wird die Bremsbacke gegen die Trommel gedrückt. Gleichzeitig stützt sich der Bremshebel über die Druckstange an der vorderen Bremsbacke ab, die ebenfalls nach außen gedrückt wird – die Hinterräder werden gebremst.
○ Bei den Modellen ab 81 kW wirken die Handbremsseile auf die Scheibenbremsen hinten über den Betätigungshebel, die Druckstange und den Nachstellmechanismus.

Leerweg des Handbremshebels prüfen

Wartungsarbeit

● Die Wirkung der Handbremse soll mit der dritten Raste des Hebels beginnen.
● Bei eingerastetem vierten Zahn sollten die Hinterräder blockiert sein.
● Ist der Hebelweg länger, weist das auf abgenutzte hintere Trommelbremsbeläge oder gedehnte Handbremsseile, weil die Handbremse bei jedem Parken kräftig angezogen wurde.
● Eine Einstellung der Handbremse ist bei der Trommelbremse nur nach Auswechseln eines Handbremsseils bzw. der Bremsbacken erforderlich.

Handbremszug wechseln

● Wagen hinten aufbocken, Handbremse lösen.
● Mittelkonsole ausbauen (Kapitel »Der Innenraum«).
● Abdeckung des Handbremshebels hinten rechts und links zur Seite ziehen, so daß die Haltenoppen aus der Hebelachse ausrasten können.
● Konter- und Einstellmuttern an den Bremsseilen losdrehen.
● **Trommelbremse:** Bremstrommel abbauen, Bremsbacken abnehmen und Handbremsseil aushängen.
● **Scheibenbremse:** Halteklammer des Handbremsseils abdrücken.
● Bremshebel nach vorn drücken, Seil aushängen.
● **Alle Modelle:** Halteschelle des Bremsseils lösen, Seilzug aus dem Führungsrohr an der Karosserie, dem Drahthalter an der Hinterachse und (bei Trommelbremsen) aus dem Bremsträgerblech herausziehen.
● Nachdem der neue Handbremszug am Handbremshebel befestigt wurde, die Eintrittstelle des Zuges ins Führungsrohr an der Karosserie mit (wasserbeständigem) Mehrzweckfett einstreichen.
● Nach dem Zusammenbau bei der Trommelbremse Handbremse einstellen.
● Bei hinteren Scheibenbremsen muß die Grundeinstellung vorgenommen werden.

Handbremse einstellen

Diese Arbeit wird bei der hinteren Trommelbremse nur nach Auswechseln des Handbremsseils bzw. der Bremsbacken ausgeführt.

● Wagen hinten so aufbocken, daß beide Hinterräder frei hängen.
● Bremspedal einmal kräftig treten.
● Mittelkonsole ausbauen (Innenraum-Kapitel).
● Abdeckung des Handbremshebels hinten rechts und links zur Seite ziehen, so daß die Haltenoppen aus der Hebelachse ausrasten können.
● Konter- und Einstellmuttern an den Bremsseilen losdrehen.
● Handbremshebel in die vierte Raste ziehen.
● Einstellmutter auf jeder Seite so weit hineindrehen, bis sich das entsprechende Hinterrad nur noch schwer von Hand durchdrehen läßt.
● Beim Drehen der Mutter das Gewindeteil des Handbremsseils mit einem Schraubendreher gegenhalten.
● Handbremse lösen und prüfen, ob sich beide Räder ohne Widerstand durchdrehen lassen.
● Einstellmuttern mit der jeweiligen Kontermutter sichern.

Der Bremskraftverstärker

Scheibenbremsen wirken im Gegensatz zu Trommelbremsen nicht selbstverstärkend; es ist deshalb eine wesentlich höhere Pedalkraft notwendig. Der Passat besitzt einen Bremskraftverstärker, der die Pedalkraft um rund 60% verstärkt.
Diese Hilfseinrichtung – auch Bremsservo genannt – sitzt links im Motorraum hinter dem Hauptbremszylinder. Das Bremspedal wirkt jedoch weiterhin direkt auf die Bremskolben im Hauptbremszylinder, so daß man auch bei ausgefallenem Hilfsgerät noch bremsen kann. Der notwendige Pedaldruck muß dann allerdings mehr als verdoppelt werden!
Die Hilfskraft liefert der Unterdruck im Ansaugrohr. Beim Bremsen verschiebt der Druckunterschied zwischen dem äußeren Luftdruck und dem Unterdruck im Ansaugrohr eine große, elastische Membrane und drückt zusätzlich auf die Kolben im Hauptbremszylinder.
Da der 85-kW-Motor mit Getriebeautomatik und die Dieselmotoren keinen ausreichenden Unterdruck erzeugen, besitzt der Benzinmotor eine zusätzliche Saugstrahlpumpe. Die Unterdruckverstärkung geschieht – wie bei der

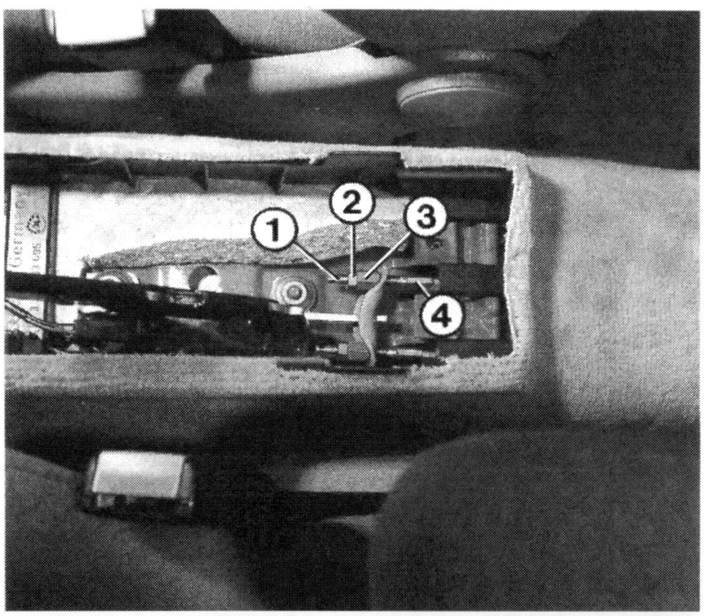

Zum Einstellen der Handbremse am jeweiligen Seil (1) die Kontermutter (2) lösen und Einstellmutter (3) drehen. Sechskantansatz (4) am vorderen Ende mit einem Gabelschlüssel gegen Verdrehen sichern.

Die Teile der Fußbremsbetätigung sind in dieser Zeichnung zusammengefaßt. Wir haben beziffert:

1 – Druckstange des Bremskraftverstärkers;
2 – Bremslichtschalter;
3 – Rückzugfeder;
4 – Lagerbolzen;
5 – Lagerrohr für Rückzugfeder;
6 – Bolzen;
7 – Bremspedal;
8 – Sicherungsscheibe;
9 – Lagerbuchsen für Bremspedal.

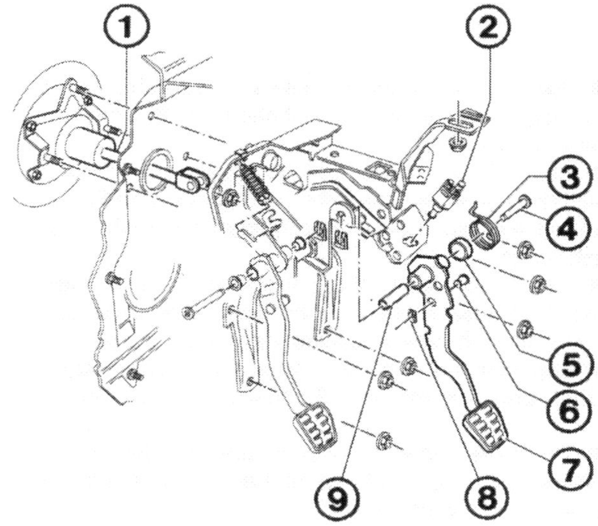

Insektenspritze – nach dem Bernoulli-Prinzip: Von einem Schlauch fließt ständig ein Luftstrom in einen zweiten Schlauch. Dadurch wird Luft aus einer weiteren Leitung mitgerissen und so ein stärkerer Unterdruck wirksam. Bei den Dieselmotoren wird die Bremskraftverstärkung über eine Unterdruckpumpe erzeugt.

Fingerzeig: Wenn der Motor nicht läuft, kann auch der Bremsservo keine Hilfskraft liefern. Das müssen Sie berücksichtigen, wenn Ihr Wagen z. B. mit einem Schleppseil abgeschleppt wird.

Bremskraftverstärker prüfen

Wartungsarbeit

- Bei abgestelltem Motor das Bremspedal zehnmal durchtreten und in seiner tiefsten Stellung halten.
- Motor starten. Bei einwandfrei funktionierendem Verstärker muß das Pedal noch ein Stück nachgeben (Verstärkung wird wirksam).
- Senkt sich das Pedal nicht, kommen in Betracht: Undichtigkeit am Unterdruckschlauch vom Ansaugkrümmer zum Bremskraftverstärker bzw. Schlauchsystem der Saugstrahlpumpe, Defekt am Rückschlagventil im Unterdruckschlauch, Gummiring zwischen Hauptbremszylinder und Servogerät oder der Membrane des Bremskraftverstärkers.
- Zur Kontrolle des Rückschlagventils den Unterdruckschlauch am Bremsservo abnehmen.
- Durchblasen muß, Ansaugen darf nicht möglich sein.
- Das Rückschlagventil gibt es nur mit dem zugehörigen Unterdruckschlauch.
- Der Pfeil am Ventil muß in Richtung Ansaugkrümmer zeigen.
- Zum Austausch eines schadhaften Gummirings zwischen Hauptbremszylinder und Verstärker muß der Zylinder demontiert werden.
- Ein defekter Bremskraftverstärker wird komplett ersetzt. Reparieren ist nicht möglich.

Der Bremskraftregler

Damit nicht zu viel Bremsdruck an die Hinterräder gelangt und diese vorzeitig blockieren (wobei sich das Auto querstellt), besitzen alle Modelle einen Bremskraftregler. Der Regler (in Fahrtrichtung links vor der Hinterachse) arbeitet abhängig von der Beladung: Viel Leitungsdruck bei vollgeladenem Wagen, wenig Druck bei Ein- oder Zweimannbesatzung.

Bremskraftregler prüfen

Folgende schnelle Funktionsprüfung können Sie mit einem Helfer durchführen (der Wagen darf nicht aufgebockt sein):

- Treten Sie das Bremspedal kräftig durch und lassen Sie es schnell los.
- Der Hebel am Bremskraftregler muß sich bewegen.
- Für eine genaue Prüfung werden Federspanner und ein Druckprüfgerät gebraucht – eine Arbeit für die VW-Werkstatt.

Arbeiten an der Bremshydraulik

Bremsleitung ausbauen

Bevor Sie irgendwelche Arbeiten an den Bremsleitungen/-schläuchen, den Radbremszylindern oder dem Hauptbremszylinder vornehmen, beachten sie die Hinweise im Abschnitt »Die Bremshydraulik«.

● Überwurfmutter der Bremsleitung losdrehen. Hierzu Gegenverschraubung festhalten – z. B. an einem Bremsschlauch.
● Ist die Mutter auf der Leitung angerostet, wodurch sich diese mitdreht, muß die Leitung in jedem Fall erneuert werden. Die dünnwandigen Rohre knicken schnell ab.
● Zum Lösen der Leitungsanschlüsse kann folgender Trick weiterhelfen, wenn das betreffende Leitungsstück ohnehin ausgewechselt werden soll:
● Bremsleitung nahe der Verschraubung absägen, Überwurfmutter mit einer Sechskantnuß losdrehen.
● Muß eine neue Leitung noch etwas zurechtgebogen werden, darf dies nur in einem großen Radius geschehen. Andernfalls knickt das dünne Rohr ab.
● Innenseite des Bogens beim Biegen mit dem Daumen unterstützen. So können Sie sich langsam dem Radius entlangarbeiten.
● Evtl. vorhandene Schutzschläuche der Leitungen nicht vergessen.
● Bremsleitungen in ihren Abstandshaltern verlegen.
● Bremsanlage entlüften.

Bremsschlauch ausbauen

● Zuerst die Überwurfmutter der betreffenden Bremsleitung losdrehen. Dabei darauf achten, daß sich die Leitung nicht verdreht.
● Ist ein Bremsschlauch mit einem Blechhalter an der Karosserie befestigt, dann ist er mit einem Blechbügel gegen Hin- und Herrutschen gesichert. Beim Zusammenbau darf dieser sogenannte Schlauchhalter nicht vergessen werden.
● Beim Einbau den Schlauch immer zuerst an der Stelle festdrehen, an der er sein Außengewinde hat.
● Dann andere Verschraubung anziehen.
● Der Bremsschlauch darf nicht in sich verdreht sein. Zur Kontrolle dient der Farbstreifen oder Gummianguß entlang des Schlauches.
● Bremssystem entlüften.
● Sofort nach der Reparatur kontrollieren, ob der Schlauch bei Federbewegungen irgendwo scheuern kann.
● Diese Kontrolle nach einer längeren Fahrtstrecke wiederholen.

Radbremszylinder ausbauen

● Bremstrommel und Bremsbacken ausbauen.
● Entlüftungsventil und Bremsleitung hinten am Bremsträgerblech abschrauben.
● Halteschrauben des Bremszylinders losdrehen, Radzylinder abnehmen.
● Nach dem Zusammenbau Bremsen entlüften.

Bremskraftverstärker und Hauptbremszylinder ausbauen

● Unterdruck durch mehrmaliges Treten des Bremspedals abbauen.
● Ansaugstutzen bzw. Luftschlauch am Drosselklappenteil abnehmen.
● Unterdruckleitung aus dem Bremskraftverstärker herausziehen.
● Bremsflüssigkeit aus dem Vorratsbehälter absaugen.
● Nachlaufrohre der Hyraulikeinheit (ABS) und des Kupplungsgeberzylinders vom Ausgleichsbehälter abbauen.
● Behälter aus dem Hauptbremszylinder herausziehen.
● Sämtliche Bremsleitungen am Hauptbremszylinder abschrauben.
● Im Innenraum die Ablage links unter dem Armaturenbrett und die Pedalabdeckung ausbauen (Innenraum-Kapitel).
● Am Hebel des Bremspedals die Sicherungsklammer vom Haltebolzen für die Bremsdruckstange abnehmen. Bolzen herausdrücken.
● Muttern der Verbindung Hauptbremszylinder/Bremskraftverstärker losdrehen, Hauptbremszylinder abnehmen.
● Bremskraftverstärker zum Motorraum herausnehmen.

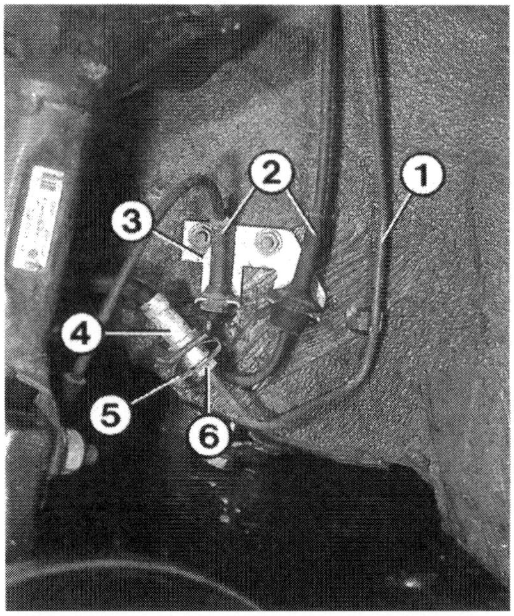

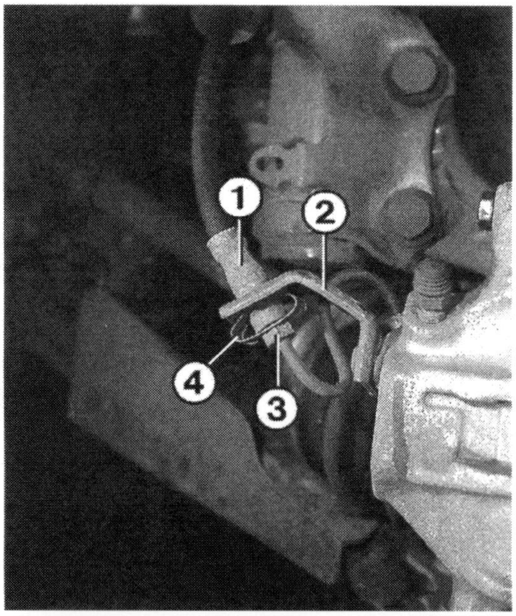

Links: An der Verbindung Bremsschlauch (4) und Bremsleitung (1) sitzt ein sogenannter Schlauchhalter (5). Er darf beim Zusammenbau nicht vergessen werden. Weiter sehen Sie:
2 – Leitung zum Drehzahlfühler für ABS;
3 – Leitungshalter;
6 – Bremsleitungsverschraubung.
Rechts: Die Abbildung zeigt die Verbindung von Bremsschlauch (1) und Bremsleitung am Bremssattelgehäuse der Vorderradbremse. Weiter sehen Sie:
2 – Halter;
3 – Bremsleitungsverschraubung;
4 – Leitungshalter.

Die Zeichnung zeigt den Bremskraftverstärker mit den umliegenden Bauteilen:
1 – Schutzblech;
2 – Hauptbremszylinder;
3 – Bremsflüssigkeitsbehälter;
4 – Vorwiderstand (nur in Verbindung mit EDS);
5 – Trägerblech;
6 – Hydraulikeinheit für ABS;
7 – Geber für Bremspedalstellung,
8 – Sicherungsring.

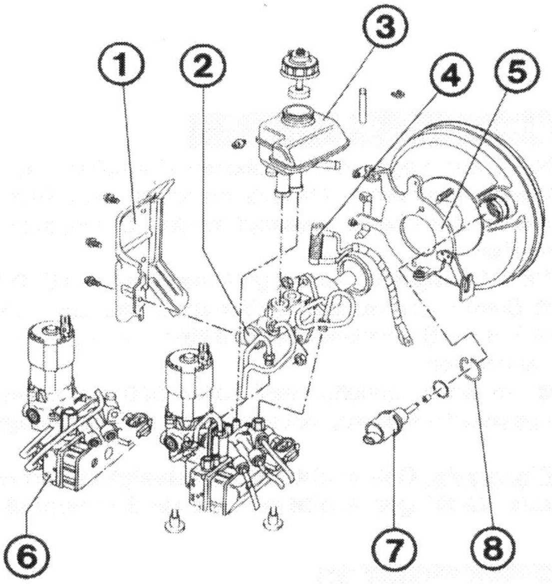

● Beim Zusammenbau neuen Dichtring zwischen Bremskraftverstärker und Hauptbremszylinder einlegen, selbstsichernde Muttern mit 25 Nm festziehen.

● Dichtstopfen für die Anschlußstutzen des Vorratsbehälters innen mit Bremsflüssigkeit anfeuchten, bevor der Behälter aufgedrückt wird.
● Bremsanlage entlüften.

Bremskraftverstärker ausbauen

● Hauptbremszylinder ausbauen.
● Geber für Bremspedalstellung ausbauen. Dazu Stecker vom Kühlmittel-Ausgleichsbehälter abziehen.
● Kühlmittel-Ausgleichsbehälter aus seiner Halterung herausziehen und zur Seite legen.
● Stecker am Geber abziehen.
● Sicherungsring z. B. mit einer Reißnadel im Uhrzeigersinn aufspreizen.
● Geber für Bremspedalstellung aus dem Bremskraftverstärker herausziehen.
● Im Fahrerfußraum die drei Muttern des Haltebocks für den Bremskraftverstärker losdrehen.
● Kupplungsgeberzylinder ausbauen, siehe »Die Kupplung«.
● Servogerät mit Hauptbremszylinder und Haltebock aus dem Motorraum herausnehmen.
● Hauptbremszylinder und Haltebock losschrauben.
● Beim Einbau Muttern des Haltebocks mit 20 Nm anziehen.
● Sicherungsklammer auf dem Bolzen für die Bremsdruckstange nicht vergessen.
● Am Geber für Bremspedalstellung muß der Sicherungsring so eingesetzt werden, daß die Öffnung nach unten zeigt.
● Neuen Dichtring mit Gleitmittel einreiben und auf den Geber aufschieben.
● Geber in den Bremskraftverstärker hineindrücken, er muß dabei hörbar einrasten.

Bremsanlage entlüften

Nach allen Reparaturen an der Bremshydraulik muß entlüftet werden. Die Werkstatt benutzt hierzu ein Entlüftungsgerät, es geht aber genauso gut nach der althergebrachten Methode.
● Die Arbeitsreihenfolge lautet: Hinten rechts, hinten links, vorn rechts und zuletzt vorn links.
● Vorratsbehälter auf dem Hauptbremszylinder mit frischer Bremsflüssigkeit auffüllen. Während des Entlüftens muß immer wieder nachgefüllt werden, sonst wird aus dem leeren Behälter wieder Luft angesaugt.
● Beim Entlüften der hinteren Bremsen muß der Hebel am lastabhängigen Bremskraftregler kräftig in Richtung Hinterachse gedrückt werden, um evtl. noch vorhandenen Restdruck im Regler abzubauen.
● Gummikappe vom Entlüftungsventil abnehmen, Ventilnippel sauberreiben.
● Passenden durchsichtigen Schlauch auf den Nippel schieben, freies Schlauchende in ein teilweise mit Bremsflüssigkeit gefülltes Glas stecken.
● Entlüfterventil eine bis eineinhalb Umdrehungen lösen.
● Von Helfer das Bremspedal langsam niedertreten lassen. So wird Bremsflüssigkeit und die darin eingeschlossene Luft herausgepumpt. Sie sehen die Luftbläschen im durchsichtigen Schlauch und im Glas.
● Entlüfterventil schließen – der Helfer muß das Pedal niedergetreten halten.
● Pedal langsam zurückkommen lassen.
● Das wird nun so lange wiederholt, bis keine Luft mehr kommt. Dabei müssen sich Entlüfter und Pedaltreter jeweils durch Zuruf verständigen, wann das Pedal durchgetreten und wann das Ventil wieder geschlossen ist.
● Bremspedal ganz durchgetreten halten, bis das Entlüftungsventil endgültig angezogen (nicht »angeknallt«) wurde.
● Auf gleiche Weise werden die übrigen Radbremsen entlüftet.

Bremsflüssigkeit wechseln

Wartungsarbeit

Nicht nur wegen der möglichen Dampfblasenbildung ist der Bremsflüssigkeitswechsel erforderlich. Der Wasseranteil verursacht auch Korrosion in den Bremszylindern und -leitungen. Außerdem soll Abrieb der Bremsmanschetten herausgepumpt werden. Gebirgsfahrer und scharfe Bremser sollten sich an das Zweijahresintervall halten.

Beim Flüssigkeitswechsel geht man wie beim Entlüften vor. Gebraucht werden 2 Liter frische Bremsflüssigkeit.

- Bremsflüssigkeit aus dem Vorratsbehälter absaugen.
- Frische Bremsflüssigkeit einfüllen bzw. regelmäßig nachgießen.
- An jedem Entlüfterventil sollen 500 cm^3 Bremsflüssigkeit durchgepumpt werden. Durch diese relativ hohe Menge ist gewährleistet, daß sich neue Bremsflüssigkeit nicht mit der alten vermischt hat, sondern das Bremssystem durchweg mit unverbrauchter Flüssigkeit befüllt ist.

<u>Fingerzeig:</u> Gebrauchte Bremsflüssigkeit darf nicht in die Kanalisation geschüttet werden. In ein separates Gefäß gefüllt gibt man sie zur Sondermüll-Beseitigung.

Störungsbeistand

Bremsen

Die Störung	– ihre Ursache	– ihre Abhilfe
A Bremsen ziehen einseitig	1 Reifendruck ungleichmäßig	Korrigieren bei kalten Reifen
	2 Reifenprofil ungleich abgefahren	Reifen so untereinander auswechseln, daß auf jede Achse gleichmäßig abgenutzte Reifen kommen
	3 Beläge verschmutzt, verschmiert oder abgenutzt	Erneuern
	4 Bremsflächen der Scheiben bzw. Trommeln stark verschmutzt, verrostet oder zu stark abgenutzt	Scheiben abschleifen bzw. Trommeln ausdrehen lassen. Ggf. austauschen
	5 Belagführung im Bremssattel verschmutzt oder verrostet	Blank schleifen
	6 Festsitzender Kolben im Bremssattel	Gängig machen oder Bremssattel überholen lassen
	7 Nachstellmechanismus der Trommelbremsen nicht in Ordnung	Einbaulage der Bauteile überprüfen
	8 Festsitzender Kolben im Radbremszylinder	Gängig machen oder Bremszylinder austauschen
	9 Bremskraftregler defekt	Druckprüfung in der Werkstatt
B Bremse quietscht	1 Resonanzgeräusche zwischen Bremsscheibe und Belägen	Geräuschdämpfenden Belagaufkleber (Teile-Nr. NNNN NNNN) an der Rückseite der Belagträgerplatten anbringen
	2 Beläge verschlissen oder verhärtet (»verglast«)	Erneuern
	3 Siehe A 4 – 8	
	4 Neue Bremsbeläge liegen nicht plan an	Außenkanten der Beläge mit einer Feile brechen

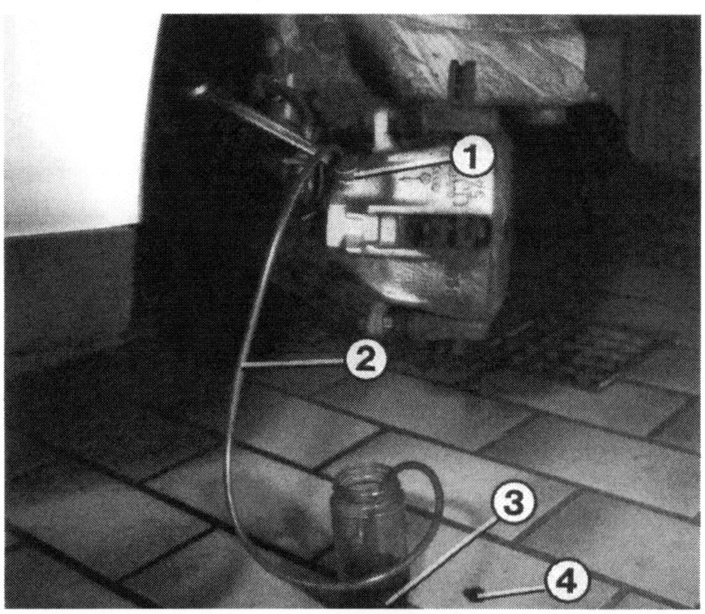

Zum Entlüften der Bremsanlage die Staubkappe (4) abnehmen und einen durchsichtigen Schlauch (2) auf das Entlüfterventil (1) stecken. Das andere Ende muß in ein mit Bremsflüssigkeit gefülltes Gefäß (3) reichen. Erst jetzt das Ventil öffnen.

Die Störung	– ihre Ursache	– ihre Abhilfe
C Bremse rubbelt, Bremspedal pulsiert	1 Bremsscheiben verschlissen, beschädigt oder Belagreste angeklebt. Seitenschlag der Bremsscheibe oder Radnabe zu groß 2 Siehe A 3 und 7 3 Bremstrommel hat Seiten- oder Höhenschlag oder beschädigte Bremsflächen	Scheiben abschleifen oder austauschen. Ggf. Radnaben und evtl. Radlager ersetzen Bremstrommeln ausdrehen lassen bzw. austauschen
D Hinterräder blockieren	1 Siehe A 7 und 9 2 Bremsflächen der Trommeln verrostet oder mit starken Riefen 3 Beläge gerissen oder an der Oberfläche beschädigt 4 Schwache Vorderradbremswirkung, siehe A 4 – 6	 Bremstrommeln ausdrehen lassen bzw. ersetzen Erneuern
E Bremse wird heiß, löst sich nicht	1 Hydrauliksystem unter Vordruck. Alle Räder schwergängig: a) Kein Spiel zwischen Bremspedal (Druckstange) und Hauptbremszylinderkolben b) Bremskraftverstärker defekt c) Hauptbremszylinder defekt 2 Ein Bremskreis unter Vordruck. Ein Vorderrad und evtl. gegenüberliegendes Hinterrad schwergängig: Ausgleichbohrung im Hauptbremszylinder verstopft 3 Bremsmechanik klemmt. Ein oder zwei Räder einer Achse schwergängig: a) Siehe A 4 – 8 b) Handbremse löst nicht 4 Gummiteile gequollen durch Verwendung falscher Bremsflüssigkeit	Prüfung: Wagen aufbocken, Räder durchdrehen Spiel kontrollieren Austauschen Ersetzen Säubern lassen Handbremseinstellung kontrollieren bzw. Grundeinstellung der hinteren Scheibenbremsen durchführen Bremsflüssigkeit wechseln und schadhafte Teile erneuern
F Pedalweg zu groß	1 Trommelbremsbeläge abgenutzt 2 Siehe A 5	Erneuern
G Pedalweg zu groß, Pedal läßt sich weich und federnd durchtreten	1 Luft im Bremssystem, evtl. Flüssigkeit im Vorratsbehälter zu tief abgesunken. Ursachen: a) Leck im Bremssystem b) Manschette im Hauptbremszylinder undicht 2 Überhitzte Bremsflüssigkeit, Dampfblasenbildung durch zu hohen Wassergehalt der Bremsflüssigkeit 3 Siehe A 6 und 7	 Kontrollieren, schadhafte Teile erneuern Hauptbremszylinder austauschen Bremsflüssigkeit wechseln
H Schlechte Bremswirkung bei hohem Pedaldruck	1 Pedalweg normal: a) Beläge verölt, verbrannt oder verhärtet b) Siehe A 4 und 8 2 Pedalweg kurz: Bremskraftverstärker arbeitet nicht 3 Pedalweg lang: a) Siehe A 6 b) Ein Bremskreis ausgefallen durch Undichtigkeit oder Beschädigung	Erneuern Siehe unter »Bremskraftverstärker prüfen« Kontrollieren, schadhafte Teile auswechseln

Anhalte-Hilfe

Bei einer Vollbremsung mit blockierten Vorderrädern schlittert das Fahrzeug geradeaus. Zu lenken wäre es nur, wenn der Fahrer in dieser Paniksituation in der Lage wäre, das Bremspedal kurz loszulassen, um ein eventuelles Hindernis zu umfahren. Von einem weniger routinierten Fahrzeuglenker ist eine solche Reaktion jedoch kaum zu erwarten. Hier liegt der Hauptvorteil des Antiblockiersystems: Es sorgt immer für eine optimale »Stotterbremsung« und erhält so die Lenkfähigkeit. Eine reine Blockierbremsung ist nicht mehr möglich – die Räder drehen sich immer noch etwas, damit sie das Fahrzeug in der Spur halten können.

ABS kann nicht alles!

ABS kann keine Bremswunder vollbringen, wie häufig angenommen wird. Es verkürzt nicht unbedingt den Bremsweg, sondern soll vor allem die Lenkfähigkeit auch bei einer Vollbremsung erhalten.
Verfallen Sie nicht dem Irrglauben, die höheren Sicherheitsreserven des Antiblockiersystems dürften durch erhöhte Risikobereitschaft ausgeglichen werden! Wer zu dicht auf dem Vordermann »klebt«, knallt ihm trotz ABS ins Heck. Auf Glatteis kann ABS keinen Sand streuen; wenn die physikalischen Grenzen erreicht sind, fliegt der Passat von der Fahrbahn. Gleiches gilt für die Fliehkraft in Kurven: Wenn die Seitenführungskräfte der Reifen überschritten sind, geht es trotz ABS »in die Botanik«. Üben Sie deshalb den Umgang mit der »Stotterbremse«:

- Bei Vollbremsung voll aufs Bremspedal treten. Nur so kommen alle Räder in den Regelbereich, und es wird kein wertvoller Bremsweg verschenkt. Das Dosieren der Bremskraft übernimmt das ABS für Sie.
- Beim Herumlenken um ein Hindernis bedarf es eines weit größeren Lenkeinschlags als normal. Üben Sie deshalb auf einem abgelegenen Parkplatz Vollbremsungen unter Lenkeinschlag.
- Wundern Sie sich nicht über das pulsierende Bremspedal. Wenn das ABS regelt, sind diese Pedalschwingungen normal.
- In Extremfällen werden Sie auch bei ABS das Bremspedal loslassen müssen, um heikle Situationen in der Kurve noch zu retten, z. B. wenn die Seitenführungskräfte der Reifen zu gering geworden sind, um den Wagen in der Spur zu halten. Auch auf frisch gefallenem Schnee können die Vorderräder trotz ABS blockieren.

Funktion der Einzelteile

Die Hydraulikeinheit

Sie hat ihren Platz links vorn im Motorraum unter dem Hauptbremszylinder: Die Einheit ist zwischen den Bremsleitungen vom Hauptbremszylinder und den Bremsleitungen zu den Radbremsen eingebaut. Die Antiblockierregelung erfolgt für alle Räder unabhängig voneinander. Entsprechend den Befehlen vom elektronischen Steuergerät wird der Druck zu den Bremskreisen entweder konstant gehalten, verringert oder wieder aufgebaut. Höher als der Druck, den Sie über das Bremspedal erzeugen, kann der Druck aber nicht werden.
Für die Druckregelung sind vier schnell schaltende Magnetventile zuständig. Sind die Magnetventile stromlos, wird der Druck erhöht. Fließt der Maximalstrom, erfolgt eine Druckreduzierung, und bei mittlerer Stromstärke

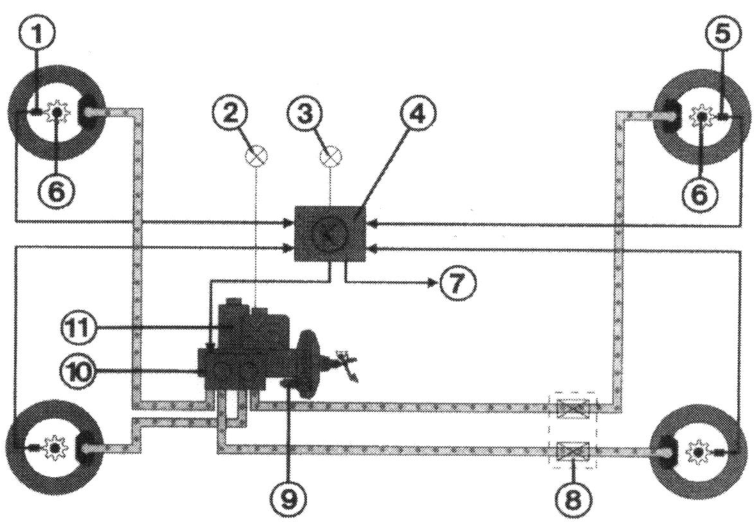

In der Schemazeichnung des Antiblockiersystems sind folgende Teile beziffert:
1 – Drehzahlfühler vorn;
2 – Bremskontrolleuchte;
3 – ABS-Kontrolleuchte;
4 – Steuergerät;
5 – Drehzahlfühler hinten;
6 – Zahnscheibe;
7 – Anschluß für Fehlerauslesegerät;
8 – Bremskraftregler;
9 – Geber für Bremspedalstellung;
10 – Magnetventile;
11 – Rückförderpumpe.

wird der Druck gehalten. Besonders interessant ist die Druckabbauphase: Weil man die Bremsflüssigkeit, die vom Hauptbremszylinder hergedrückt wird, zum Druckabbau nicht einfach irgendwohin entweichen lassen kann (das Bremspedal würde sich als Folge ganz durchtreten lassen), pumpt man die Bremsflüssigkeit mit einer kräftigen Rückförderpumpe zum Hauptbremszylinder zurück. Sie merken dies am Bremspedal, das leicht zu pulsieren beginnt, wenn die Rückförderpumpe läuft, das ABS also in Aktion tritt. Bei genauem Hinhören vernehmen Sie auch die Pumpgeräusche. Durch spezielle Dämpfer in der Hydraulikeinheit wird das Geräusch etwas unterdrückt.

Die Drehzahlgeber

Insgesamt vier Drehzahlgeber erfassen die Drehzahlen jedes einzelnen Rades und leiten diese Information zur Steuerelektronik weiter. Damit kann das Steuergerät seinerseits die Hydraulikeinheit ansteuern.
Die Drehzahlgeber selbst bestehen aus einem Magnetkern und einer Spule und sind in geringem Abstand zu einer Zahnscheibe – dem Rotor – montiert. Der Rotor – sein Name sagt es schon – dreht sich mit dem Rad und läßt damit die zahnförmigen Erhebungen an seinem Umfang je nach Geschwindigkeit schneller oder langsamer am Geber vorbeilaufen. Jeder Zahn, der unter dem Geber vorbeiwandert, induziert im Geber einen kurzen Spannungsanstieg. Auf diese Weise wird im Geber eine Wechselspannung erzeugt, die entsprechend der Raddrehzahl ihre Frequenz ändert. Das Signal wird vom Steuergerät als Drehzahlinformation verarbeitet.

Das Steuergerät

Das Steuergerät des Antiblockiersystems hat seinen Platz unter der linken Rücksitzbank. Es verarbeitet die Informationen von den Drehzahlgebern. Gleichzeitig steuert es die Hydraulikeinheit so an, daß die Räder nicht blockieren. Neben der komplizierten Signalaufarbeitung und dem nachfolgenden Logikteil enthält das Steuergerät noch eine Sicherheitsschaltung. Damit kann sich das Gerät selbst überprüfen, Fehler erkennen und die Betriebsspannung überwachen. Werden Fehler festgestellt, schaltet sich das ABS aus, und die Kontrollampe im Armaturenbrett leuchtet auf.

Fehlerspeicher

○ Das Steuergerät besitzt zwei Fehlerspeicher. Im Dauerspeicher werden gravierende Fehler festgehalten. Als Beispiel seien die Magnetventile genannt, solch eine Fehlermeldung bleibt selbst bei abgeklemmter Batterie über Jahre gespeichert. Gelegentlich auftretende Störungen im Geschwindigkeitsbereich bis 40 km/h werden dagegen in einem Kurzzeitspeicher festgehalten. Tritt dieser Fehler innerhalb der nächsten 15 Motorstarts nicht mehr auf, löscht das Steuergerät die Fehlermeldung wieder.
○ Bleibt nach Einschalten der Zündung und der anschließenden Eigendiagnose des Steuergeräts die gelbe ABS-Kontrolleuchte brennen, muß die Werkstatt den Fehlerspeicher mit dem Auslesegerät abfragen.

ABS-Relais

Zwei Relais tragen zur Funktion des ABS bei. Sie sitzen in Zusatzadaptern oberhalb der Zentralelektrik, siehe Kapitel »Die Karosserie-Elektrik«.

Störungen am Antiblockiersystem

Die ABS-Kontrolleuchte im Armaturenbrett leuchtet mit dem Einschalten der Zündung auf. Sie muß verlöschen, wenn der Motor läuft oder spätestens, wenn schneller als 5 km/h gefahren wird.
Leuchtet die Kontrolle ständig, ist das ABS nicht betriebsbereit. Dann muß der Fehlerspeicher in der VW-Werkstatt abgefragt werden. Als Laie können Sie allenfalls die Steckverbindungen zum Steuergerät oder zu den Drehzahlgebern kontrollieren.

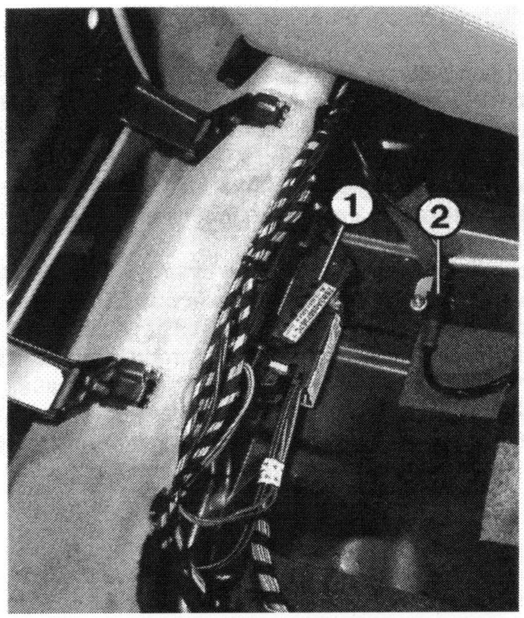

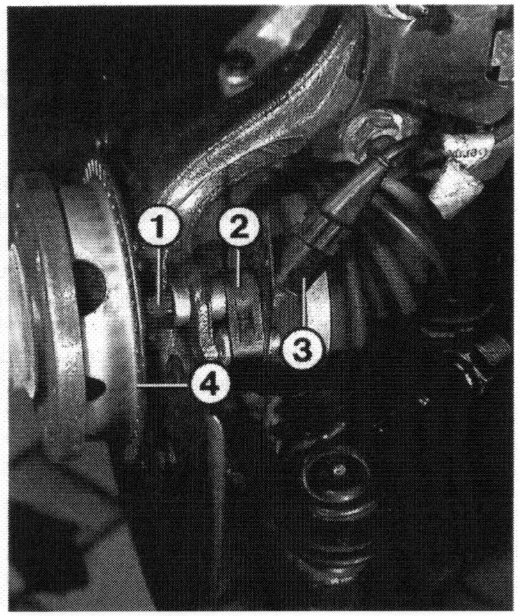

Links: Bei zurückgeklappter Rücksitzbank sehen Sie die Steckverbindung zu einem der hinteren Drehzahlfühler (2) sowie das Steuergerät (1) für ABS.
Rechts: Am Vorderrad ist der Drehzahlgeber (2) mit einer Halteschraube direkt am Achsschenkel befestigt. Weiter zu sehen der Kontaktstecker (3), der Magnetkern (1) und der Rotor (4).

<u>Links:</u> An der Rückseite der hinteren Trommelbremse ist der Drehzahlgeber (1) mit einer Halteschraube (2) am Bremsträgerblech (3) festgeschraubt. <u>Rechts:</u> Bei abgenommener Bremstrommel sehen Sie an der Innenseite der Trommel das Impulsgeberrad (2) für den Drehzahlgeber aufgepreßt.

Nachfolgend noch einige Hinweise zu unseren bisherigen Erfahrungen mit ABS-Störungen. Die Kontrolleuchte kann unter folgenden Umständen aufleuchten:

○ Die Handbremse ist beim Fahren auf Schnee oder Eis angezogen oder eine Bremse ist schwergängig.

○ Auf Schnee oder Eis wurde mehrmals abrupt beschleunigt oder gebremst (erhebliche Drehzahlunterschiede für mehr als 20 Sekunden).

○ Verschiedene Raddrehzahlen an Vorder- und Hinterachse durch Reifenkombinationen mit unterschiedlichem Abrollumfang oder mit ungleicher Griffigkeit.

○ Bei aufgebocktem Wagen und eingeschalteter Zündung wurde ein Rad länger als 20 Sekunden von Hand oder mit dem Motor in Drehung versetzt.

○ Bordspannung ist unter ca. 10 Volt gefallen.

○ Alle hier aufgeführten Störungsmeldungen werden nicht im Fehlerspeicher abgelegt, sondern beim Ausschalten der Zündung gelöscht.

<u>Fingerzeige:</u> Arbeitet das ABS, spürt man dies am pulsierenden Bremspedal. Pulsiert es schon bei leichtem Abbremsen bei guten Straßenverhältnissen (ABS-Kontrolleuchte brennt nicht), deutet dies auf einen Fehler hin.
Auch wenn die ABS-Kontrolle ständig leuchtet, das ABS also wegen eines Defekts abgeschaltet ist, kann der Wagen ohne Einschränkungen gefahren werden. Die Bremse funktioniert dann eben wie bei einem Wagen ohne ABS.

Die elektronische Differentialsperre

Ist der Passat mit einer Elektronischen Differential-Sperre ausgestattet, funktioniert dies jedoch nicht im Achsantrieb durch mechanische Überbrückung des Differentials oder mit Hilfe von Reibflächen, weil diese das Lenken und Kurvenfahren erschweren. Das »E« im Begriff EDS verrät es schon, hier wird die Elektronik zu Hilfe genommen – in Zusammenarbeit mit dem Antiblockiersystem:

○ Dreht ein Vorderrad beim Anfahren durch, erkennen die Drehzahlgeber die unterschiedlichen Raddrehzahlen.

○ Das kombinierte Steuergerät von ABS und EDS veranlaßt nun, daß die Bremse am durchdrehenden Rad betätigt wird. Dies geschieht über ein zusätzliches Paar Magnetventile in der Hydraulikeinheit des ABS. Es öffnet die Verbindung vom Druckspeicher zum Radzylinder der betreffenden Scheibenbremse so lange, bis das Rad so weit abgebremst ist, daß das andere Vorderrad Kraft übertragen kann.

○ Sobald an beiden Vorderrädern gleiche Schlupf-Verhältnisse herrschen, beendet das Steuergerät den Regelvorgang und schließt die Magnetventile. Der Fahrer braucht nicht einzugreifen, er bemerkt das Einsetzen der Differentialsperre nur durch ein verändertes Geräuschbild.

○ Um Fehlfunktionen auszuschließen, wird das EDS von einer Sicherheitsschaltung überwacht. Anhand des Bremsdrucks sowie nach einer festgelegten Maximalzeit wird das EDS abgeschaltet, um eine Überbeanspruchung der Bremsen zu vermeiden; über 40 km/h ist es generell abgeschaltet. Die Schaltungen der Magnetventile sind so ausgelegt, daß die Bremsen vorn nicht unkontrolliert ansprechen können.

○ Erkennt das Steuergerät einen Fehler in der EDS, wird diese abgeschaltet; das Antiblockiersystem funktioniert weiterhin. Steckt ein Fehler in der Drehzahlerfassung oder in der Elektronik, werden ABS und EDS gemeinsam abgeschaltet. Der VW bleibt aber in allen Fällen jederzeit bremsbereit.

○ Der Fehlerspeicher funktioniert gleich, wie für das ABS beschrieben.

Schwarze Socken

Mit vier schwarzen Socken macht sich der Passat auf den Weg. Diese Gebilde aus Gummi, Stahldraht und Gewebe, welche die Verbindung zwischen unserem Fahrzeug und der Straße herstellen, erfordern regelmäßige Pflege.

Welche Reifen sind montiert?

Die zugelassenen Reifengrößen für Ihr Fahrzeug sind in den Kfz-Papieren vermerkt. Andere als die dort aufgeführten dürfen nur dann montiert werden, wenn sie von einem Sachverständigen begutachtet und anschließend in die Fahrzeugpapiere eingetragen wurden.
Folgende Reifengrößen gibt es bei unseren Modellen in Serien- oder Sonderausstattung:

Motor	Reifengröße	auf Felge	Einpreßtiefe	oder Felge	Einpreßtiefe
55 - 66 kW (Benziner)	185/65 R 14 85 T	6 J X 14	ET 38	–	–
	195/60 R 14 86 T	6 J X 14	ET 38	–	–
	205/50 R 15 86 V	6 J X 15	ET 35	6½ X 15	ET 33
74 - 85 kW (Benziner)	185/65 R 14 86 H	6 J X 14	ET 38	–	–
	195/60 R 14 86 H	6 J X 14	ET 38	–	–
	205/50 R 15 86 V	6 J X 15	ET 35	6½ X 15	ET 33
66-81 kW (Diesel)	195/55 R 15 65 T	6 J X 15	ET 35	–	–
	205/50 R 15 86 H	6 J X 15	ET 35	6½ X 15	ET 33

Die Reifenbezeichnungen

Nach international gültigen Abkommen wird die Reifengröße in Millimeter oder, wie in unserem Fall, gemischt in Millimeter und Zoll angegeben. Die Bezeichnungen der Reifen 185/65 R 14 85 T, 195/60 R 14 86 T oder 205/50 R 15 86 T besagen folgendes:
185, 195, 205: Reifenbreite in unbelastetem Zustand in mm
/50, /60, /65: Das Verhältnis von Reifenhöhe zu Reifenbreite beträgt zwischen 50 und 65 :100
R: Kennzeichnung der Bauart als **R**adial- bzw. Gürtelreifen
14, 15: Innendurchmesser des Reifens in Zoll (")
Q: Zulässige Höchstgeschwindigkeit bis 160 km/h – Geschwindigkeitsklasse für herkömmliche M + S-Reifen
S: Bis 180 km/h
T: Bis 190 km/h – u. a. auch Hochgeschwindigkeits-M+S-Reifen
H: Bis 210 km/h
V: Bis 240 km/h

Die Felgen

Am Passat können Felgen mit folgender Bezeichnung montiert sein: 6 J X 14 H 2 ET 38, 6 J X 15 H 2 ET 35 oder 6½ J X 15 H 2 ET 33. Diese Zahlen und Buchstaben besagen:
6, 6½: Felgenmaulweite in Zoll, an der Felgenhornbasis quer zur Laufrichtung des Rades gemessen
J: Kennzeichnung der Felgenhorn-Höhe
X: Zeichen für Tiefbettfelge
14, 15: Felgendurchmesser in Zoll, von Wulst zu Wulst gemessen
H 2: Zeichen für Doppelhump-Felge. Zwei höckerartige Erhebungen innen im Felgenbett verhindern, daß die Reifenwülste bei seitlicher Beanspruchung (scharfe Kurvenfahrt mit niedrigem Luftdruck) vom Felgenhorn abgleiten können
ET 33, 35, 38: Einpreßtiefe 33, 35 bzw. 38 mm. Dieses Maß erläutert unsere Zeichnung näher.
Diese Norm-Bezeichnungen geben nur die Hauptabmessungen der Felgen an, nicht aber die fahrzeugspezifischen Daten, wie Anzahl der Radbefestigungslöcher oder Lochkreisdurchmesser.
Für den Passat wurden Felgen entwickelt, die durch unterschiedliche Einpreßtiefen für bündiges Abschließen der Räder mit der Karosserie sorgen. Die breitere Bereifung »wächst« nach innen, weil die dazugehörigen Räder eine größere Einpreßtiefe haben. So stehen die Basisreifen 185/65 R 14 genauso »satt« in der Blech-Haut wie die 205er.

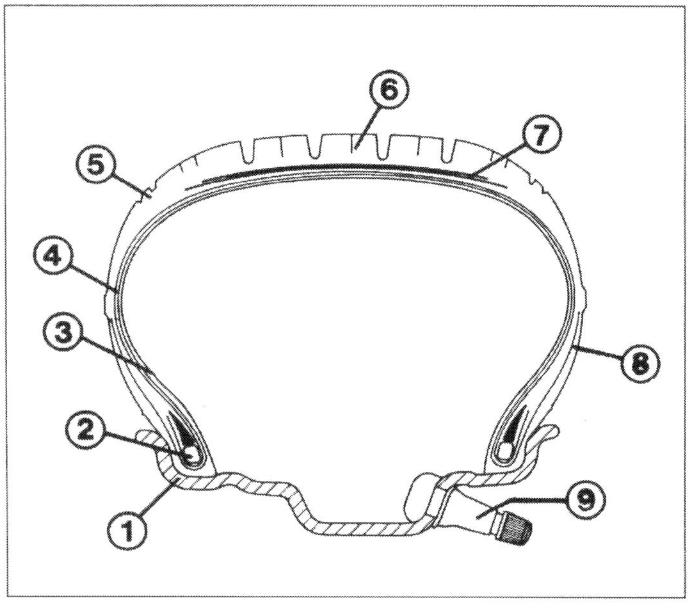

Ein Gürtelreifen im Querschnitt. Bezeichnet sind: 1 – Tiefbettfelge; 2 – Wulst; 3 – luftdichte Gummi-Innenschicht; 4 – Radial-Karkasse; 5 – Schulter; 6 – Lauffläche; 7 – Stahlcord-Gürtel; 8 – Seitengummi; 9 – Gummiventil.

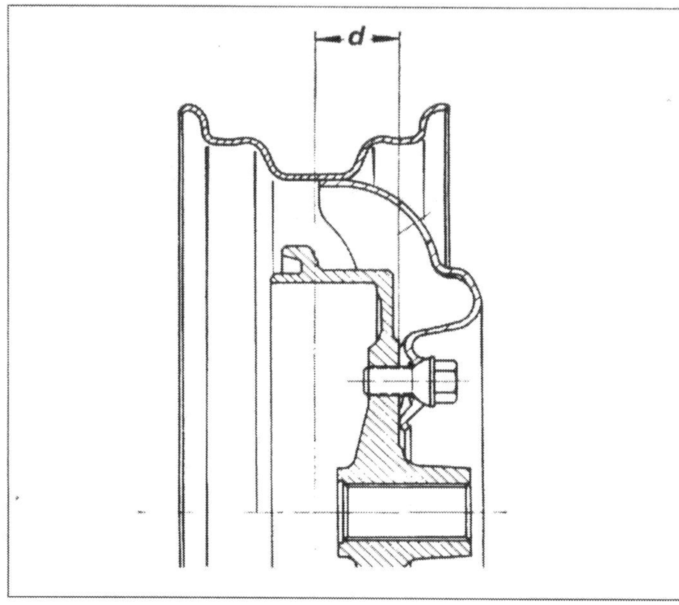

In der Zeichnung wird die Einpreßtiefe der Felge verdeutlicht. Mit dem Maß »d« bezeichnet man den Abstand zwischen der Felgenmitte und der Anlagefläche der Felge an Radnabe.

Fingerzeig: Nachträglich montierte Leichtmetallfelgen von anderen Herstellern als VW können besondere Schrauben erfordern. Denn für die entsprechende Stärke der Felgen-Anlagefläche muß die passende Radschraubenlänge verwendet werden. Eine zu kurze Radschraube hält das Rad nicht sicher an der Nabe. Eine Schraube mit zu langem Schraubengewinde ragt zu weit in die Schraubenbohrung der Radnabe und kann vor allem an der hinteren Trommelbremse Teile beschädigen.

Reifendruck prüfen

Ständige Kontrolle

Fahren mit zu wenig Luftdruck bewirkt, daß der Reifen vermehrt durchgewalkt (verformt) und dabei zu heiß wird. Das kann zu einem Totalausfall führen, wenn sich die äußere Gummierung vom Gewebe ablöst. Unter die genannten Werte (in bar Überdruck) sollte der Reifendruck keinesfalls absinken:

Motor	Sommerreifen		Winterreifen	
	vorn	hinten	vorn	hinten
55 – 66 kW (Benziner)				
halbe Zuladung	2,0	2,0	2,2	2,2
volle Zuladung	2,2	2,6	2,4	2,8
74 – 85 kW (Benziner)				
halbe Zuladung	2,2	2,2	2,4	2,4
volle zuladung	2,4	2,7	2,6	2,9
66 – 81 kW (Diesel)				
halbe Zuladung	2,2	2,2	2,4	2,4
volle Zuladung	2,4	2,7	2,6	2,9

Reifenzustand kontrollieren

Wartungsarbeit

Die Kontrolle geht am besten bei aufgebocktem Wagen, etwa beim Ölwechsel an der Tankstelle.

- Drehen Sie jedes Rad einmal komplett durch.
- Fremdkörper, wie kleine Steinchen, bohren Sie mit einem schmalen Schraubendreher aus den Profillamellen, ohne den Reifen zu beschädigen.
- Das Reifenprofil muß laut Gesetzesvorschrift über die gesamte Profilbreite noch **mindestens 1,6 mm** tief sein.
- Zur Verschleißkontrolle dienen in regelmäßigen Abständen quer zur Lauffläche verlaufende Erhebungen in den Profilrillen. Sie sind an der Reifenflanke durch die Buchstaben »TWI« (Tread Wear Indicator = Profilabnutzungsanzeiger) gekennzeichnet.
- Wenn diese Erhebungen mit den Profilrippen in gleicher Höhe stehen, ist ein Reifentausch zwingend fällig. Schon bei 3 mm Restprofiltiefe wird das Fahrverhalten auf nasser Fahrbahn problematisch, speziell mit breiten Reifen.
- Aus der Art der Profilabnutzung können Sie einiges herauslesen, wie im folgenden Abschnitt beschrieben.

Störungsbeistand

Reifenlaufbild

○ **An der Außenseite abgefahrene Vorderreifen** sind beim Passat nichts Ungewöhnliches. Grund ist die erhöhte Belastung dieses Laufflächenbereichs bei Kurvenfahrt.
○ **Einseitig abgefahrenes Profil** kann auch auf falsche Radeinstellung hinweisen; vor allem dann, wenn lediglich ein Reifen schräg abgelaufen ist.
○ **Starke Abnutzung in der Profilmitte** entsteht, wenn häufig mit hoher Geschwindigkeit gefahren wird, wobei sich die Lauffläche durch die Fliehkraft ausbaucht. Der Effekt tritt besonders deutlich an den Hinterrädern auf. Es kann auch der Hinweis auf wesentlich zu hohen Luftdruck sein.
○ Sind **beide Außenschultern** eines Reifens **stärker abgefahren als die Profilmitte**, wurde lange Zeit mit zu niedrigem Luftdruck gefahren.
○ **Gleichmäßige Auswaschungen** im Profil deuten auf einen defekten Stoßdämpfer.
○ Tritt die **ungleiche Abnutzung nur an bestimmten Stellen** auf, ist das Rad unwuchtig, oder der Reifen-Unterbau ist beschädigt.
○ Eine **einzelne Stelle im Profil mit starker Abnutzung** stammt von einer Bremsung mit blockiertem Rad – eine sogenannte Bremsplatte.

Der Radwechsel

Unterwegs ist der Radwechsel nicht ganz problemlos. Die Radschrauben können festgerostet sein oder sie wurden beim letzten Radwechsel in der Werkstatt mit einem Schlagschrauber »angeknallt« (statt mit den vorgeschriebenen 110 Nm festgezogen). Dann hilft das Bordwerkzeug nicht mehr weiter, sondern nur ein kräftiger Radschraubenschlüssel oder ein Radkreuz mit aufgestecktem Rohrstück zur Verlängerung der Hebelkraft.

● Handbremse anziehen, 1. oder Rückwärtsgang bzw. Wählhebelstellung »P« einlegen.
● Unterwegs Warnblinkanlage einschalten und Warndreieck ca. 50 m hinter dem Wagen (Landstraße) aufstellen.
● Räder der anderen Wagenseite gegen Wegrollen sichern, z. B. mit Steinen oder Holzstücken.
● Mittlere Abdeckung und ggf. Radschraubenabdeckungen mit dem Haken aus dem Bordwerkzeug abziehen oder mit einem Schraubendreher abdrücken.
● So vorhanden, Radschraubenschloß mit Schlüssel öffnen.
● Radschrauben jeweils knapp eine Umdrehung lockern.
● Bordwagenheber schräg nach außen stehend an der gekennzeichneten Stelle der Karosserie-Unterkante ansetzen, siehe »Der sichere Arbeitsplatz«.
● Der Wagenheber muß dabei in den senkrechten Steg der Karosserie eingreifen.
● Bei weichem Untergrund Brettchen unterlegen.
● Wagen hochkurbeln.
● Radschrauben vollends herausdrehen.
● Rad abnehmen, Notrad aufstecken.
● Schrauben über Kreuz gleichmäßig anziehen. Dabei das Rad hin- und herdrehen, damit es sich einwandfrei auf der Radnabe zentriert.
● Wagen ablassen, Schrauben festziehen (110 Nm).
● Mittenabdeckung oder Radschraubenabdeckungen montieren.
● Warndreieck wieder mitnehmen.
● Bei Verwendung des Notrads muß die Fahrweise angepaßt werden.
● Festen Sitz der Schrauben nach kurzer Fahrstrecke prüfen, ggf. nachziehen.

Das Notrad

Spätestens bei einer Reifenpanne werden Sie im Kofferraum eine Überraschung erleben: Statt eines herkömmlichen Rades erwartet Sie ein schmalbrüstiges Notrad auf einer speziellen Felge. Die Größe lautet

Korrekter Reifendruck: Die richtige Kontur für vollen Kontakt zwischen Lauffläche und Fahrbahn gewährleistet gutes Fahrverhalten und eine lange Lebensdauer des Reifens.

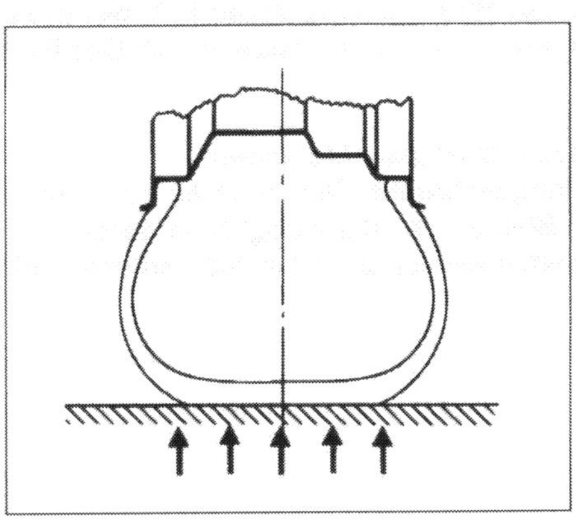

Zu hoher Luftdruck verursacht hartes Abrollen des Reifens und macht ihn anfälliger für Durchschlag und andere Verletzungen. Der hohe Bodendruck in der Laufflächenmitte führt zu verstärktem Verschleiß in diesem Bereich.

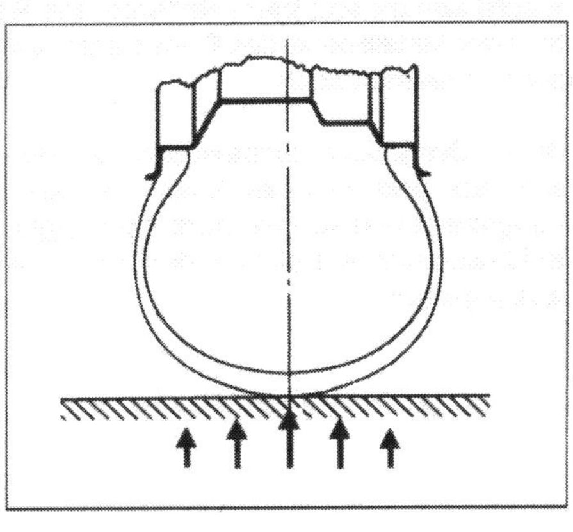

Zu geringer Reifendruck bewirkt eine starke Durchbiegung des Reifens (Walken). Der Rollwiderstand steigt erheblich an, der Reifen wird überhitzt und zeigt besonders starken Verschleiß im Schulterbereich.

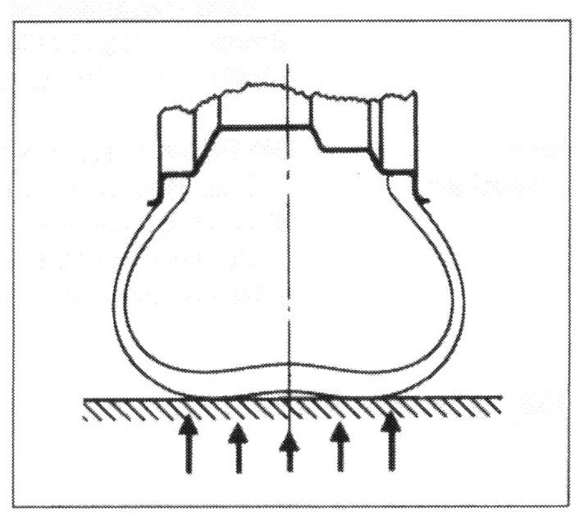

Links: Zum Abziehen der Abdeckung (1) über den Radschrauben (nur Leichtmetallfelgen) wird der Abziehhaken (2) aus dem Bordwerkzeug benützt.
Rechts: Die richtigen Radschrauben für die Original-Stahl- oder Leichtmetallfelgen besitzen einen sogenannten Kronenkopf (Pfeil).

T 125/70 R 15 95 M auf Felge $3^1/_2$ J X 15 ET 40. Solange keine Reifenpanne auftritt, kann man das Notrad verschmerzen. Aber wenn es doch einmal gebraucht wird, gibt es manche Probleme:

- Das Notrad ist **nur für kurzzeitigen Einsatz** geeignet. Das kann sich am Wochenende auf einer Urlaubsfahrt übel auswirken, wenn Sie noch einige hundert Kilometer vor sich haben und keinen Ersatzreifen kaufen können.
- Mit dem Notrad darf **nicht schneller als 80 km/h** gefahren werden. Durch seinen kleineren Abrollumfang macht es mehr Umdrehungen als das herkömmliche Rad auf der anderen Seite. An der Vorderachse muß das Differential den Drehzahlunterschied ausgleichen, wodurch die Getriebeöltemperatur entsprechend steigt. An der Vorderachse sollten Sie keine längere Strecke mit dem Notrad zurücklegen. Besser ein intaktes Hinterrad vorn montieren und einen zusätzlichen Radwechsel in Kauf nehmen.
- Die Seitenführungs- und Bremseigenschaften des schmalen Reifens sind naturgemäß nur bescheiden, vor allem bei Regen oder gar im Schnee.
- Der Reifendruck (4,2 bar!) muß umgehend nach dem Radwechsel kontrolliert werden, denn mit zu wenig Luft im »Kinderwagenrad« wird das Fahrverhalten kriminell.
- Durch den kleineren Raddurchmesser ist auch die Bodenfreiheit geringer; denken Sie beim Überfahren von Unebenheiten daran.

Festen Sitz der Radschrauben kontrollieren

Wartungsarbeit

Nach einigen Kilometern Fahrtstrecke soll nach jeder Radmontage kontrolliert werden, ob die Radschrauben richtig angezogen sind. Als **Anzugsdrehmoment** sind **110 Nm** vorgeschrieben, also nicht mit einem zusätzlich verlängerten Radschlüssel die Schrauben »anknallen«. Zu starkes oder ungleichmäßiges Festschrauben kann dazu führen, daß sich die Bremsscheiben oder -trommeln verziehen. Das ergibt ungleichmäßige Bremswirkung, Bremsenschütteln und punkt- oder flächenförmigen Reifenverschleiß.

Rad-Unwuchten

Unwuchtige Räder spürt man durch Vibrationen im Lenkrad oder Schütteln im Vorderwagen. Beides tritt bei bestimmten Geschwindigkeiten besonders stark auf. Die Ursache liegt an ungleichmäßiger Gewichtsverteilung am Rad.

- **Statische Unwucht** zeigt sich bereits, wenn man das Rad am hochgebockten Wagen sich frei auspendeln läßt: Der Schwerpunkt wird sich ganz von selbst nach unten begeben. Ein Rad, das nur eine statische Unwucht hat, hüpft beim Fahren.
- Eine **dynamische Unwucht** kommt erst beim Rotieren des Rades zur Wirkung. Das ist der Fall, wenn die übergewichtige Stelle nicht in der Mittelebene des Rades sitzt, sondern etwas nach außen bzw. innen. Das Rad hüpft dann nicht nur, sondern es taumelt auch.

Räder auswuchten

Die Räder müssen statisch und dynamisch ausgewuchtet werden. Dazu gibt es zwei Methoden:

- Das Rad wird am Wagen ab- und an einer Auswuchtmaschine angeschraubt. Dort läuft es zur Probe, Unwuchten werden dabei angezeigt und können durch Anbringen von Bleigewichten ausgeglichen werden.
- Zum Ausschalten letzter Unwuchten ist Feinwuchten erforderlich. Dabei werden auch Unwuchten von Radnabe und Bremsscheibe ausgeglichen.

Geisterzeit

Elektrizität kann man leider nicht sehen; das erschwert für manchen das Verständnis. Wir wollen es Ihnen anhand eines Beispiels leichter machen. Die Vorgänge um den elektrischen Strom lassen sich am einfachsten mit einer Wasserleitung erklären. Durch eine solche strömt unter einem bestimmten Druck eine gewisse Menge Wasser.

○ Man kann den Wasserdruck vergleichen mit der **Spannung**, gemessen in Volt (Abkürzung: V).

○ Die in einer bestimmten Zeit durchfließende Wassermenge entspricht dem **Strom**, der in Ampere (kurz: A) gemessen wird.

○ Multipliziert man Spannung und Strom miteinander, so erhält man die elektrische **Leistung** mit der Maßeinheit Watt (abgekürzt: W).

○ Einen anderen Wert erhalten wir, wenn wir die Spannung durch den Strom dividieren, nämlich den **Widerstand**, der in Ohm (Zeichen: Ω) gemessen wird. Wir können ihn uns als Absperrhahn in der Wasserleitung vorstellen. Bei geöffnetem Wasserhahn ist der Widerstand gleich 0, das Wasser fließt ungehindert. Wird der Hahn zugedreht, erhöht sich der Widerstand bis schließlich zum Wert unendlich (∞), wobei der Strom versiegt. Jeder Stromverbraucher stellt einen Widerstand dar, der für seine einwandfreie Funktion mit genügend Strom beliefert werden muß. Deshalb braucht eine kleine Kontrollampe lediglich ein dünnes Kabel, der leistungsstarke Anlasser dagegen eine besonders dicke Leitung.

Elektrische Messungen

Spannung messen

Prüflampe: Praktisch ist eine Prüflampe mit Nadelkontakt, mit deren Nadel einfach die Isolierung des zu prüfenden Kabels durchstochen werden kann. Die Klemme am Kabel der Lampe wird irgendwo an blankem Fahrzeugmetall, der sogenannten Masse, angeclipst. Die Lampe gibt in erster Linie Auskunft darüber, ob überhaupt Spannung anliegt. An ihrer Helligkeit kann man in etwa die Höhe der Spannung abschätzen.

Diodenprüfer: An elektronischen Bauteilen darf mit einer herkömmlichen Prüflampe nicht gemessen werden. Sie nimmt zu viel Leistung auf und kann so Bauteile der Elektronik beschädigen. Wer in diesem Bereich Messungen vornehmen will, sollte sich einen Spannungsprüfer mit Leuchtdioden anschaffen.

Voltmeter: Exakter ist die Spannungsmessung mit dem Volt-Meßbereich eines Zeiger- oder Digitalmeßgeräts. Durch den sehr geringen Stromverbrauch des Instruments droht auch Elektronikteilen keine Gefahr.

○ Zum Messen der Batteriespannung (als Beispiel) wird das mit »-« gekennzeichnete Meßkabel an den Minuspol der Batterie angeschlossen. Das »+«-Kabel kommt an den Pluspol.

○ Zeigt das Instrument beispielsweise nur 10,4 Volt an, hat eine der Batteriezellen Kurzschluß. Interessant kann es auch sein, die Batteriespannung zu messen, während der Anlasser betätigt wird. Sind dann nur noch 6 Volt abzulesen, steht es mit der Batterie sicher nicht zum besten.

○ Messen einer Spannung »gegen Masse«: »+«-Kabel des Meßgeräts an einer Klemme anschließen, an der Spannung anliegt, »-«-Kabel an ein blankes Teil der Karosserie oder des Motors anklemmen. Beide sind durch dicke Kabel mit dem Minuspol der Batterie verbunden, wodurch eine exakte Messung möglich ist.

○ Häufig wird die Spannung zwischen zwei bestimmten Kontakten (etwa an einem Steuergerät) gemessen. Wie das Meßgerät anzuschließen ist und welche Spannung anliegen soll, ist in einem solchen Fall Bestandteil der Prüfvorschriften.

○ Mit dem Volt-Meßbereich kann auch geprüft werden, ob ein Massekabel in Ordnung ist: »+«-Kabel des Meßgeräts am Pluspol der Batterie anschließen, »-«-Kabel des Geräts am Ende des Massekabels anklemmen. Ist die Masseversorgung intakt, muß volle Batteriespannung angezeigt werden.

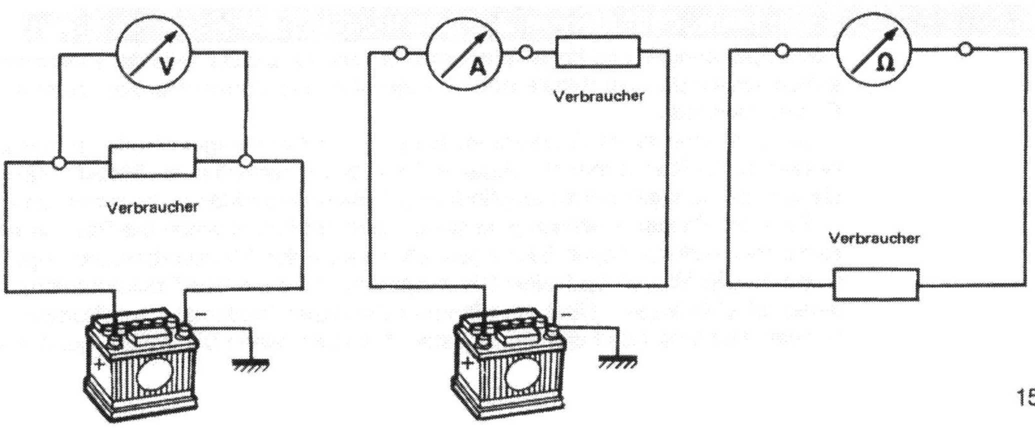

Die Zeichnungen zeigen, wie das betreffende Meßgerät für die elektrischen Größen Spannung (links), Strom (mitte) und Widerstand (rechts) angeschlossen wird. Der Kreis stellt das jeweilige Meßgerät dar.

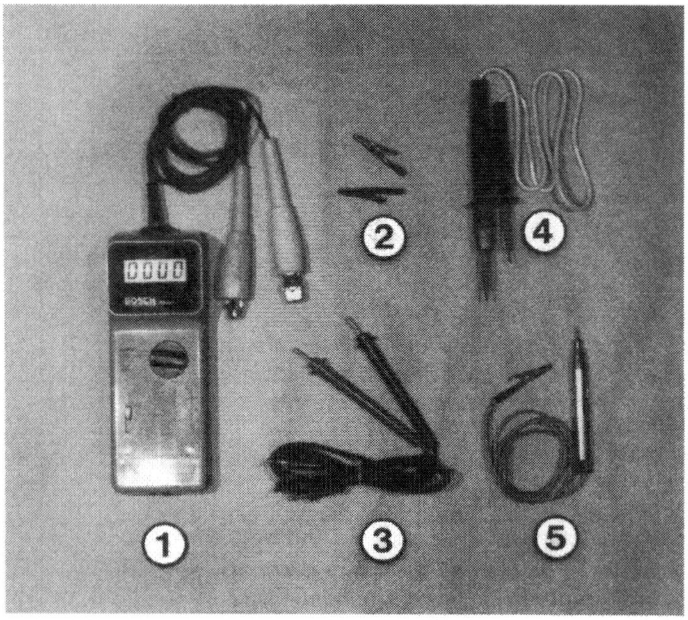

Elektrische Meßgeräte: 1 – Motortester mit Digitalanzeige; 2 – Krokodilklemmen; 3 – Meßspitzen; 4 – Leuchtdioden-Spannungsprüfer (auch für Elektronik-Bauteile geeignet); 5 – herkömmliche Prüflampe.

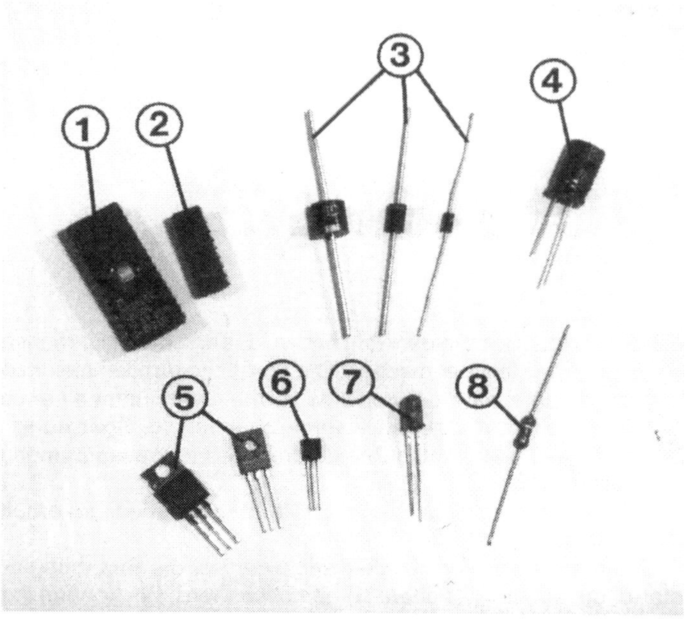

Elektronische Bauteile: 1 – EPROM; 2 – IC (integrierter Schaltkreis); 3 – Dioden; 4 – Kondensator; 5 – Leistungs-Transistoren; 6 – Transistor (ohne Kühlkörper); 7 – Leuchtdiode; 8 – Widerstand.

Strom messen

Ob Strom zu einem Verbraucher hin fließt, wird mit dem Amperemeter bzw. dem entsprechenden Meßbereich des Vielfachinstruments gemessen.

○ Dazu muß der Stromkreis aufgetrennt und das Meßgerät zwischen die jetzt freien Pole zwischengeschaltet werden.

○ In der Praxis sieht das so aus: Einen Steckkontakt in der Leitung zu einem Verbraucher abziehen und Meßgerät zwischen Stecker und Kontaktzunge zwischenschalten.

○ Strom wird beispielsweise gemessen, wenn der Verdacht besteht, daß ein heimlicher Stromverbraucher irgendwo im Bordnetz sitzt, der über Nacht die Batterie leersaugt. Um diese Leckstelle festzustellen, nehmen Sie das Batterie-Massekabel ab und klemmen zwischen Batteriepol und -kabel den Amperemeter. Zeigt das Instrument Stromfluß an, wird der Stromkreis ermittelt: Eine Sicherung nach der anderen herausnehmen und statt deren den Amperemeter an den Kontaktzungen im Sicherungskasten anklemmen. So können Sie erkennen, in welchem Stromkreis Verluste entstehen.

○ **Niemals** versuchen, auf diese Weise den Stromverbrauch des Anlassers zu ermitteln! Der Strom ist viel zu hoch für unser kleines Meßgerät.

Widerstand messen

Die exakte Widerstandsmessung an einem Bauteil hat nur dann einen Sinn, wenn man ein genau anzeigendes Gerät besitzt. Sonst bleiben letztlich Zweifel an der Messung.

○ Mit dem Widerstandsmeßbereich läßt sich beispielsweise erkennen, welchen Innenwiderstand ein bestimmtes Bauteil hat. Die Angaben finden Sie – wo nötig – hier im Buch.

○ Die Kabel des Meßgeräts (Polung ist dabei gleichgültig) werden dazu an zwei Anschlüssen des Bauteils angeklemmt.

○ Oder es wird der Widerstand »gegen Masse« gemessen: Ein Kabel am Bauteil, das zweite an Motorblock oder Karosserie anklemmen.

○ Ferner läßt sich mit dem Widerstands-Meßbereich des Meßinstruments prüfen, ob eine Leitung oder ein Schalter »Durchgang« hat (der Meßwert ist dann 0 Ω) oder ob der Stromweg irgendwo unterbrochen ist (dann strebt der Meßwert gegen unendlich = ∞ Ω).

Vorsichtsmaßnahmen im Umgang mit elektronischen Bauteilen

Hohe Spannungen und hohe Temperaturen sind für die Bauteile der Elektronik gefährlich. Damit Sie nicht versehentlich ein (teures) Schalt- oder Steuergerät durch Unachtsamkeit zerstören, sollten Sie die nachfolgenden Punkte beachten:

○ Vor Abziehen eines Steckers im Bereich der Fahrzeugelektronik immer die Zündung ausschalten. Noch besser ist das Abklemmen der Batterie. Denn beim Trennen eines Steckkontakts können Spannungsspitzen entstehen, die nahegelegenen empfindlichen Elektronikgeräten nicht gut bekommen.

○ Falls am Passat elektrisch geschweißt wird, muß zum einen die Batterie abgeklemmt und zum anderen an sämtlichen elektronischen Steuergeräten die jeweilige Steckverbindung abgezogen werden.

○ Kommt der Wagen nach einer Blechreparatur in die Lackier-Trockenkammer, so darf die Temperatur dort kurzzeitig 95° C betragen. Über eine längere Zeitdauer (maximal zwei Stunden) sollen 85° C nicht überschritten werden. Der Motor darf erst dann gestartet werden, wenn der Wagen auf normale Temperaturen abgekühlt ist.

Minus an Masse

Strom kann nur in einem geschlossenen Kreislauf fließen. An die Mehrzahl der Stromverbraucher im Passat sind zwei Kabel angeschlossen. Doch nur eines läßt sich bis zur Batterie bzw. bis zum Generator zurück verfolgen. Die andere Leitung ist dagegen meist schon nach wenigen Zentimetern irgendwo am Karosserieblech festgeschraubt oder mit einer Steckerfahne eingesteckt. Hier hat man sich zunutze gemacht, daß die Metallteile von Karosserie und Motor bzw. Getriebe ebenfalls Strom leiten können. In der Autoelektrik bezeichnet man sie mit der »Masse«. Sie sorgen für die Stromrückleitung zum Minuspol der Batterie. Merksatz: **M**inus an **M**asse. Wenn ein Stromverbraucher direkt auf Metall sitzt, braucht er nur ein einziges Anschlußkabel, aber im heutigen kunststoffreichen Automobil müssen fast immer kleine Verbindungsleitungen den Kontakt zur Fahrzeugmasse herstellen.

Orientierungshilfen in der Autoelektrik

Das bunte Kabelgewirr im Auto ist ganz gut geordnet, denn viele Einzelheiten der Kraftfahrzeug-Elektrik sind genormt. Die Zahlen an Bauteilen und Kabelanschlüssen sowie in den Stromlaufplänen bedeuten:

Klemme 15 erhält nur bei eingeschalteter Zündung Strom ab Zündschloß, wobei außer der Zündanlage jene Stromverbraucher versorgt werden, die nur bei Betrieb des Wagens Strom erhalten sollen. Die Kabel an den Normklemmen 15 besitzen vielfach eine schwarze Ummantelung, bisweilen auch mit farbigen Zusatzstreifen bei bestimmten Stromverbrauchern.

Klemme X ist eine VW-eigene Benennung für Anschlüsse, die ausschließlich bei eingeschalteter Zündung Spannung führen, nicht aber in Zündschloßstellung »Anlassen«. Die Kabel-Kennfarbe ist schwarz/gelb.

Klemme 30 erhält dauernd Strom vom Pluspol der Batterie bzw. bei laufendem Motor von der Lichtmaschine. Das kann bei unvorsichtigem Umgang mit Werkzeug zu Kurzschlüssen und Funkenregen führen, wenn das Minuskabel der Batterie nicht abgenommen wurde. Diese stets stromführenden Kabel haben meist eine rote Umhüllung, ggf. mit zusätzlichen Farbstreifen.

Klemme 49 ist für die Blink- und Warnblinkanlage zuständig.

Klemme 53 versorgt die Scheibenwischeranlage in meist grün bzw. grün mit Zusatzfarben gekennzeichneten Leitungen.

Klemme 56 ist für die Spannungszufuhr des Abblendlichts mit gelben und gelb/schwarzen Kabeln sowie des Fernlichts mit weißen und weiß/schwarzen Leitungen zuständig.

Klemme 58 gehört zum Standlicht vorn sowie zu den Schluß- und Kennzeichenleuchten. Die Grundfarbe der Kabelumhüllung ist grau, jeweils mit zusätzlichen Farbstreifen.

Klemme 31 ist die Masse-Klemme, mit der ein Stromverbraucher zur Fahrzeugmasse verbunden sein muß, damit der Stromkreis geschlossen ist. Die entsprechenden Kabel sind braun umhüllt.

Die Leitungen

Von den einzelnen, bunten Kabeln sehen Sie immer nur die Enden, denn sämtliche Leitungen sind in bestimmten Leitungssträngen zusammengefaßt. Sie alle gehen von der sogenannten Zentralelektrik im Fahrerfußraum

Zum Ausbau der Zentralelektrik (1) rechts und links die Halteklammer (2) zur Seite drücken (Pfeil) und um 90° verdrehen.

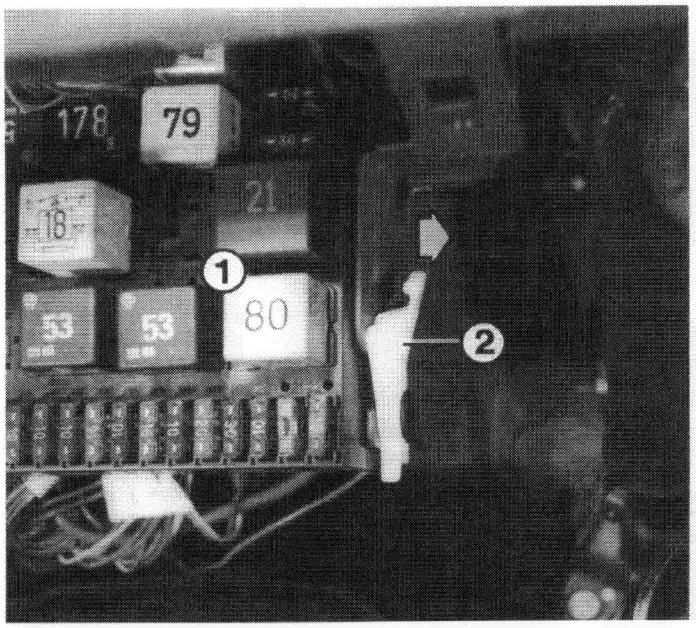

Zur Sicherung der Mehrfachstecker in der Zentralelektrik (2) dient der Verriegelungshebel (1).

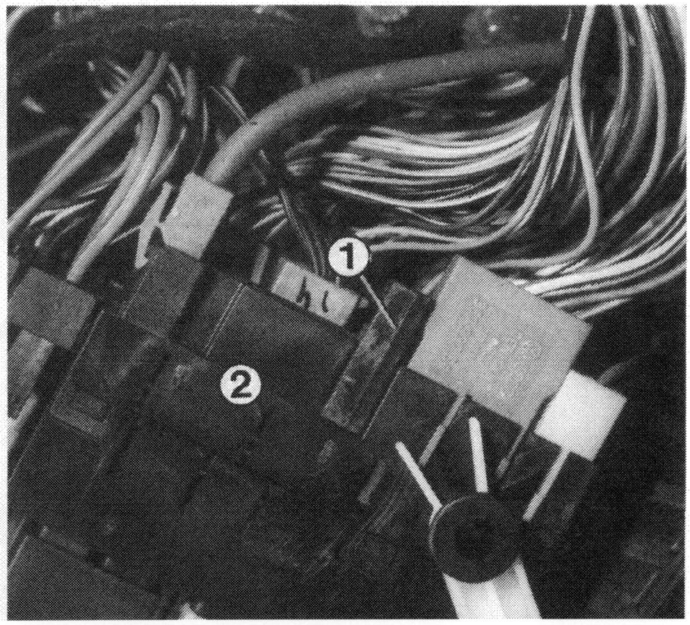

aus. Wichtig bei eventuellen eigenhändigen Einbauten ist, daß der Querschnitt eines Kabels je nach Leistung (Stromanspruch) des betreffenden Verbrauchers ausgewählt wird. Ein Kontrollämpchen kommt mit 0,5 mm^2 Kabelstärke aus, der Anlasser braucht dagegen eine 16-mm^2-Leitung. Ein zu dünnes Kabel heizt sich auf, und die Spannung fällt ab.
Die elektrischen Leitungen und der Unterdruckschlauch der Zentralverriegelung sind am Innenschweller von vorn nach hinten verlegt. Für klappersicheren Sitz der Kabel sorgen Kabelhalter. Wenn Sie an diese Stelle heran müssen:

- Einstiegleiste nach oben abziehen, und Innenseite aushängen.
- Zum Herausnehmen der Leitungen Halter öffnen.

Kabelsteckverbindungen

Früher waren lose Kabelsteckverbindungen eine häufige Pannenursache. Dem hat VW im wahrsten Sinne des Wortes einen Riegel vorgeschoben: Alle Steckverbindungen sind zusätzlich mechanisch gesichert. Hier die am häufigsten vorkommenden Steckersicherungen:

○ Drahtbügel am Stecker, der zum Abziehen des Steckers niedergedrückt werden muß.
○ Seitliche Sicherungsrasten, die zum Abziehen niedergedrückt werden müssen.
○ Seitliche Sicherungsnasen am Mehrfachstecker.

Einbauorte und Teile der Karosserie-Elektrik

Für die Fehlersuche ist es wichtig zu wissen, wo welche Bauteile sitzen, und was es mit ihnen auf sich hat. Die folgenden Abschnitte sagen es Ihnen.
Kernstück der Karosserie-Elektrik ist die Zentralelektrik oben im Fahrerfußraum. Von hier aus werden die Stromkreise weiter unterteilt. Hier sitzen die Sicherungen, außerdem sind die Relais eingesteckt.

Zentralelektrik ausbauen

Hat sich bei der Störungssuche herausgestellt, daß Kabelzuleitungen, die zuständige Sicherung bzw. das betreffende Relais keinen Schaden aufweisen, kann es an der Zentralelektrik liegen.

- Links unter dem Armaturenbrett Abdeckung der Zentralelektrik abziehen.
- Halteklammern seitlich an der Zentralelektrik zur Seite drücken und nach Drehung abnehmen.
- Jetzt läßt sich die komplette Zentralelektrik herausklappen und ggf. aus den Haltern nehmen.
- Zum Abnehmen eines Mehrfachsteckers muß die Stecker-Verriegelung gelöst werden.
- Dazu an der in Fahrtrichtung rechten Seite in der Mitte der beiden Steckerreihen den Verriegelungshebel zur Seite ziehen.
- Erst jetzt können Sie an der Rückseite des jeweiligen Mehrfachsteckers die Kunststoffklammer herunterdrücken und den Stecker abziehen.

Die Sicherungen

Wenn an einen vorhandenen Stromkreis zusätzliche Verbraucher angeschlossen werden oder durch einen Defekt ein Kurzschluß entsteht (der nichts anderes ist als ein abnorm ansteigender Stromdurchfluß), würde der Stromkreis überlastet. Die Leitung würde warm oder zu glühen beginnen, ebenso die Wicklungen der Licht-

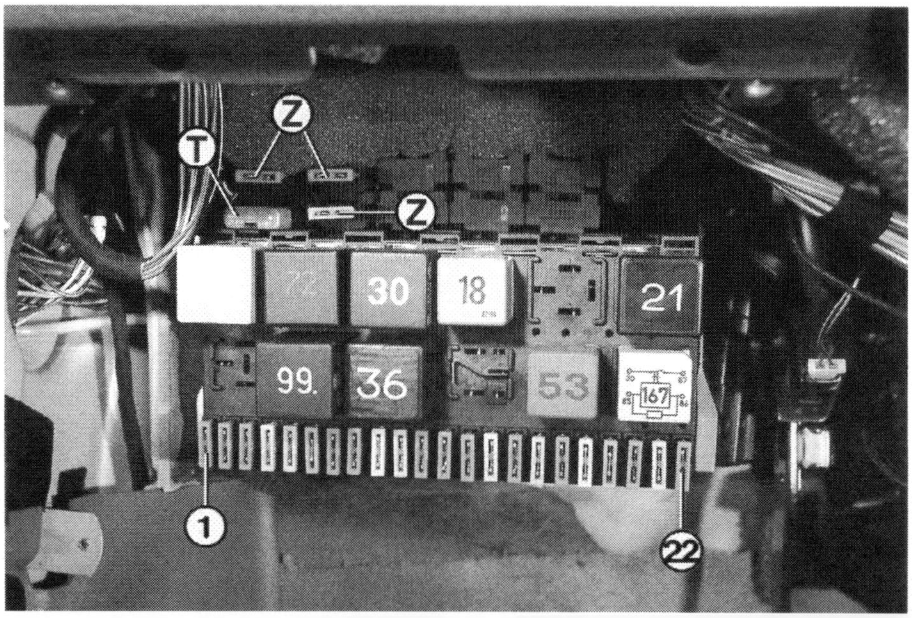

Im Bild bezeichnet sind die Sicherungen 1–22. Mit »Z« haben wir die »Z«usatzsicherungen bzw. mit »T« die »T«hermosicherungen in separaten Haltern oberhalb der Zentralelektrik bezeichnet.

maschine, die Batterieflüssigkeit könnte ins Sieden geraten – wären da nicht die elektrischen Sicherungen zwischengeschaltet. Die sind sehr kurz angebunden: Wenn der Strom ein gewisses, zuträgliches Maß übersteigt, unterbrechen sie ihn einfach. Damit der Passat bei einem Defekt nicht gleich völlig ohne Strom dasteht, sind die Sicherungen auf verschiedene Stromkreise verteilt. Allerdings sind die Schaltungen zwischen Anlasser, Batterie, Lichtmaschine und Zündschloß nicht von Sicherungen überwacht. Bei einer Störung dieser Teile nützt der Blick in den Sicherungskasten also nichts. Dagegen haben die Einspritzanlage und alle übrigen elektrischen Aggregate eine eigene Absicherung.
Im Passat werden sogenannte Flachstecksicherungen verwendet. In einem eingefärbten Kunststoffteil sind zwei Flachstecker eingebettet, die durch den Schmelzfaden verbunden sind.

Störungssuche bei einem Sicherungsdefekt

- Bei einer Störung an der Fahrzeugelektrik zuerst Zündung und alle Stromverbraucher abschalten.
- Links unter dem Armaturenbrett Abdeckung der Zentralelektrik abziehen.
- Überprüfen Sie dann die betreffende Sicherung in der Zentralelektrik im Fahrerfußraum bzw. auf einem der Zusatz-Sicherungshalter.
- Zum Herausziehen einer Stecksicherung brauchen Sie schmale Finger.
- Brennt eine neue Sicherung sofort wieder durch, klären, ob eine zu schwache Sicherung eingesetzt wurde (siehe Sicherungstabelle).
- War das nicht der Fall, anhand der Sicherungstabelle die angeschlossenen Verbraucher ermitteln und einzeln prüfen. Dabei hilft auch der zuständige Stromlaufplan (folgendes Kapitel).
- Im Zweifelsfall alle Verbraucher abklemmen und nacheinander wieder anschließen. Derjenige Verbraucher, bei dem die Sicherung durchbrennt, war defekt.

Überlastungsschutz

Für die elektrischen Fensterheber ist anstelle einer herkömmlichen Sicherung eine sogenannte Thermo-Sicherung eingebaut. Die schaltet bei zu hoch ansteigendem Stromfluß automatisch ab und stellt nach einer kurzen Abkühlpause die Verbindung wieder automatisch her. Falls die Sicherung beim nächsten Einschalten des Verbrauchers wieder anspricht, müssen Verbaucher und Leitungen überprüft werden.

Sicherungstabelle

Nr.	Klemme	erhält Strom von	angeschlossene Stromverbraucher	A
1	56 b	bei eingeschalteter Zündung über Lichtschalter und Lichtumschalter Klemme 56 b	Abblendlicht links Motor für Leuchtweitenregulierung links	10
2	56 b	wie Sicherung 1	Abblendlicht rechts Motor für Leuchtweitenregulierung rechts	10
3	58	vom Lichtschalter Klemme 58	Kennzeichenleuchten, Instrumentenbeleuchtung	10
4	X	bei eingeschalteter Zündung vom X-Kontakt-Entlastungsrelais	Motor für Heckscheibenwischer, ABS	15
5	X	wie Sicherung 4	Motor für Frontscheibenwischer und Motor für Waschwasserpumpe über Wischerschalter Elektrisch beheizte Scheibenwaschdüsen	15
6	X	wie Sicherung 4	Luftgebläse über Gebläseschalter Klimaanlage	30
7	58 R	über Lichtschalter Klemme 58 R oder Parklichtschalter Klemme 58 R	Standlicht rechts, Schlußlicht rechts	10
8	58 L	über Lichtschalter Klemme 58 L oder Parklichtschalter Klemme 58 L	Standlicht links, Schlußlicht links	10
9	X	wie Sicherung 4	Heizbare Heckscheibe über Schalter für heizbare Heckscheibe, beheizbare Außenspiegel	20
10		bei eingeschalteter Zündung vom X-Kontakt-Entlastungsrelais über Relais für Nebelscheinwerfer (nur in Verbindung mit Nebelscheinwerfern) bzw. Brücke und Schalter für Nebelschlußlicht	Nebelscheinwerfer (Arbeitsstrom), Nebelschlußleuchte	15
11	56 a	bei eingeschalteter Zündung über Lichtschalter und Lichtumschalter Klemme 56 a	Fernlicht links, Fernlichtkontrolle	10
12	56 a	wie Sicherung 11	Fernlicht rechts	10
13	15	bei eingeschalteter Zündung von Zündschloß Klemme 15	Signalhorn	10
14	15	wie Sicherung 13	Rückfahrleuchte über Rückfahrlichtschalter Motoren für elektrisch einstellbare Außenspiegel Sitzheizung, Beleuchtung für Fensterheberschalter, Beleuchtung für Wählhebel automatisches Getriebe	15
15	15	wie Sicherung 13	Steuergerät der Zünd/Einspritz-Steuerung Ansaugrohr-Beheizung (Mono-Motronic) Geschwindigkeitsgeber für Tachometer	10

Nr.	Klemme	erhält Strom von	angeschlossene Stromverbraucher	A
16	15	wie Sicherung 13	Kombi-Instrument, elektrisches Schiebe-/Ausstelldach	15
17	15	wie Sicherung 13	Blinkanlage	10
18		vom Kraftstoffpumpenrelais	Elektrische Kraftstoffpumpe, beheizte Lambdasonde, Einspritzventil (Mono-Motronic) über Vorwiderstand	20
19	30	Batterie- + über die Zentralelektrik	Kühlerventilator über Thermoschalter, Klimaanlage (Arbeitsstrom)	30
20	30	wie Sicherung 19	Bremsleuchten über Bremslichtschalter	10
21	30	wie Sicherung 19	Innenleuchte, elektrisches Schiebe-/Ausstelldach Gepäckraumleuchte, Zeituhr, Anzünder, Zentralverriegelung	15
22	30	wie Sicherung 19	Radio, Eigendiagnose	10

Zusatz-Sicherungen

Oben an der Zentralelektrik sitzen Sicherungen für manche Mehrausstattungen. Die Sicherungen für die Klimaanlage finden Sie im Motorraum links neben der Batterie. Die hier in der Tabelle angegebene Zahl entspricht der Numerierung im Stromlaufplan.

Sicherung Nr.	erhält Strom von	angeschlossene Stromverbraucher	A
	Batterie- + direkt	ABS-Motorrelais	30
	Batterie- + direkt	ABS-Steuergerät	30
		Geschwindigkeits-Regelanlage	5
		Gepäckraum-Steckdose	20
		elektrische Sitzverstellung	20
		Diebstahl-Warnanlage	10
		Klimaanlage	30
		Anhängevorrichtung	15

Relais und Steuergeräte

Zur Bordelektrik gehören einige Relais und Steuergeräte, die in der Zentralelektrik oder auf separaten Adaptern eingesteckt sind.

○ Ein einfaches Schaltrelais wird für leistungsstarke Stromverbraucher verwendet. Leitet man den Strom auf langen Kabelwegen über den dazugehörigen Schalter, gibt es Spannungsverlust. Außerdem werden die Schalterkontakte durch den hohen Stromfluß stark beansprucht. Bei einer Relaisschaltung benutzt man den Schalter nur für den geringen Schaltstrom, womit nicht der Verbraucher direkt, sondern dessen Relais eingeschaltet wird.

○ Bestimmte Relais können zusätzliche Funktionen auslösen. So schaltet das Blinkrelais die Blinkimpulse, das Relais der Wisch/Wasch-Intervallschaltung steuert den Intervallbetrieb und den Trockenlauf der Scheibenwischer nach dem Scheibenwaschen.

○ Steuergeräte besitzen mehr oder minder umfangreiche elektronische Schaltungen für bestimmte Funktionen. Als Beispiel sei hier das Steuergerät für ABS genannt.

Die Abbildung zeigt die Relais für folgende Baugruppen (Ausstattungsabhängig) in der Zentralelektrik:
Steckplatz 11 = 105 – Klimaanlage;
Steckplatz 12 = 172 – Heckscheibenwischer und -wascher;
Steckplatz 13 = 109 – Stromversorgung für Zünd/Einspritzung (Zentral-Einspritzung);
Steckplatz 14 = 118 – Entlastung X-Kontakte;
Steckplatz 15 = frei;
Steckplatz 16 = 121 – Blinkanlage
Steckplatz 17 = frei;
Steckplatz 18 = 199 – Wisch/Wasch/Intervall;
Steckplatz 19 = 136 – Warnsummer für eingeschaltetes Licht;
Steckplatz 10 = Brücke;
Steckplatz 11 = 153 – Hupen;
Steckplatz 12 = 167 – Kraftstoffpumpe.

Relais-Funktion

○ Beim Einschalten des betreffenden Verbrauchers wird im Schaltrelais durch den an Klemme 86 ankommenden »Schaltstrom« der Schaltstromkreis zu Klemme 85 geschlossen.
○ Dadurch zieht eine Magnetspule einen kräftigen Kontakt gegen Federdruck an und schließt so den Stromkreis für den »Arbeitsstrom«.
○ Der Arbeitsstrom wird zur Vermeidung von Spannungsabfall auf kurzem Weg direkt an Klemme 30 des Relais herangeführt und von dort – bei geschlossenen Schalterkontakten – über Klemme 87 an den Stromverbraucher weitergeleitet.

Relais-Störungssuche

● Klemme 30 muß immer Spannung führen. Zur Kontrolle Relais ein Stück herausziehen und mit Prüflampennadel Klemme 30 antippen.
● Relais abziehen, Klemme 86 mit Batterie-Plus und Klemme 85 mit Masse verbinden. Die Magnetspule muß den Relaiskontakt deutlich hörbar anziehen, sonst ist das Relais defekt.

Behelf bei defektem Relais

● Relais aus dem Steckfeld abziehen.
● Klemme 30 und 87 im Relaissteckfeld mit einer Büroklammer oder einem kurzen Drahtstück überbrücken.
● So erhält der betreffende Verbraucher Dauerstrom.
● Zum Abschalten die Kurzschlußbrücke abziehen, da der betreffende Schalter ja überbrückt ist.

Relais- und Steuergeräte-Einbauorte

An verschiedenen Stellen sind im Passat die Relais und Steuergeräte eingebaut. Die nachfolgende Übersicht soll Ihnen bei der Suche behilflich sein. Die angegebenen Produktions-Steuernummern für bestimmte Relais und Steuergeräte können sich im Lauf der Modell-Weiterentwicklung ändern.

Einbauort	Bezeichnung des Relais/Steuergerätes	Produktions-Steuer-Nr.
In der Zentralelektrik im Fahrerfußraum		
Steckplatz 1	Klimaanlage	133
	Climatronic	106
2	Heckscheibenwischer und -wascher	72
3	Steuergerät Digifant	30
	Motronic	109
	Steuergerät Abgasrückführung	117
4	Entlastung X-Kontakt	18
5	Geschwindigkeitsregelanlage	122
6	Blinker/Warnblinker	21
	Blinker/Warnblinker Anhängebetrieb	22
7	Frei	–
8	Wisch/Wasch-Intervallschaltung	19, 99
9	Lichtwarnsummer	36
10	Nebelscheinwerfer (sonst Steckbrücke)	53
11	Hupe (sonst Steckbrücke)	53
12	Kraftstoffpumpe	167, 80
	Glühkerzen	103, 104
Oberhalb der Zentralelektrik im Fahrerfußraum	Elektrische Fensterheber	53
	Anlaßsperre (Getriebeautomatik)	53
	Ansaugrohr-Beheizung	1
Im Zusatzrelaisträger unter dem Fahrersitz	Sitzheizung Fahrerseite	59
Im Zusatzrelaisträger unter dem Beifahrersitz	Sitzheizung Beifahrerseite	59
Im Zusatzrelaisträger im Motorraum vorn links	Kühlerventilator (Klimaanlage)	–
Im Wasserkasten vor der Windschutzscheibe	Zünd/Einspritz-Steuerung	–
Im Motorraum links hinten auf dem Längsträger	Antiblockiersystem	–
Vorn auf dem Mitteltunnel	Airbag	–

Pfad ins Stromland

Für Arbeiten an der Autoelektrik ist es wichtiger, die elektrische Verschaltung zu erkennen, als die Lage der einzelnen Bauteile zu ersehen. Deshalb haben sich bei VW die sogenannten Stromlaufpläne durchgesetzt, aus denen sich der funktionelle Zusammenhang der verschiedenen Teile der Autoelektrik ohne große Probleme erfassen läßt.

Aufbau der Stromlaufpläne

Im Stromlaufplan ist ein Stromkreis mit dem kürzestmöglichen Kabelweg – dem Strompfad – gezeichnet ohne Rücksicht auf die Einbaulage im Fahrzeug. Bauteile mit mehreren Funktionen können auf mehrere Pfade aufgeteilt sein.

Zentralelektrik: Wie beschrieben, vereinigt die oben im Stromlaufplan eingezeichnete Zentralelektrik den Sicherungskasten, die Steckfelder für die zahlreichen Relais (Kennbuchstaben »J«) und die Anschlüsse der Vielfachstecker. Diese Stecker sind in alphabetischer Folge gekennzeichnet, siehe Zeichnung unten. Die Buchstaben/Zahlen-Kombination an der unteren Leiste der Zentralelektrik gibt die Belegung der Leitungen in den Steckern an. So ist beispielsweise »C 5« der Kontakt 5 im Vielfachstecker C.

Stromverteilung: Ganz oben in der Zentralelektrik ist die Plus-Seite dargestellt. Von hier wird der Strom verteilt, der von der Batterie bzw. der Lichtmaschine kommt. An der unteren Seite zweigen die Leitungen zu den Verbrauchern ab.

Sicherungen: Mit dem Kennbuchstaben »S« und einer nachfolgenden Zahl sind die im Sicherungshalter sitzenden Sicherungen bezeichnet. Die Numerierung entspricht ihrem Platz im Halter. Außerdem ist die elektrische Belastbarkeit angegeben – z. B. 10 A Nennstrom.

Leitungen: Die elektrischen Leitungen sind mit dem Querschnitt ihrer Metallseele angegeben; »0,5« steht für 0,5 mm^2 Querschnitt. Außerdem sind die Kabelfarben abgekürzt wiedergegeben: Es bedeuten: bl – blau; br – braun; ge – gelb; gn – grün; gr – grau; li – lila; ro bzw. rt – rot; sw – schwarz; ws – weiß.

Steckverbindungen: Sie tragen mit Ausnahme der Vielfachstecker an der Zentralelektrik den Kennbuchstaben »T«. Aus der nachfolgenden Zahl läßt sich ablesen, um was für einen Stecker es sich handelt: »T 3« bedeutet Dreifachstecker. Anhand der Erklärung zum Stromlaufplan läßt sich herauslesen, wo dieser Stecker im Fahrzeug zu finden ist.

Bauteile: Alle elektrischen Bauteile im Stromlaufplan tragen Kennbuchstaben, ggf. mit Unterscheidungsziffern. Die Bedeutung ist einheitlich für alle VW- und Audi-Modelle. So bedeuten z. B. A – Batterie, E – Handschalter, L und M – Glühlampen, V – Motoren.

Schaltzeichen: Zur Darstellung der Bauteile werden genormte Schaltzeichen verwendet, wobei alle Schalter und Kontakte in Ruhestellung gezeichnet sind.

Klemmenbezeichnungen: Zweistellige Ziffern, ggf. mit Zusatzbuchstaben im Stromlaufplan finden sich gleichlautend am entsprechenden Bauteil.

Strompfade: Unten an der Fußleiste sind die Stromlaufpläne durchnumeriert. Für jedes Bauteil ist mindestens ein eigener Strompfad vorhanden. Endet ein Strompfad mit einem quadratischen Kästchen, so gibt die Zahl im Kästchen an, wo der Strompfad weiterläuft.

Interne Verbindungen: Sie sind nicht als Kabel vorhanden, sondern als Metallschienen oder -brücken. Im Stromlaufplan sind sie als dünne Querlinien gezeichnet.

Masse: Karosserie, Motor oder Getriebe dienen in der Autoelektrik zur Rückleitung des Stromes – man spricht hier von »Masse«. Im Stromlaufplan ist sie unten als dünne Querlinie dargestellt. Kann ein elektrisches Bauteil nicht direkt mit Masse verbunden werden, stellt man die Verbindung über einen sogenannten Massepunkt her.

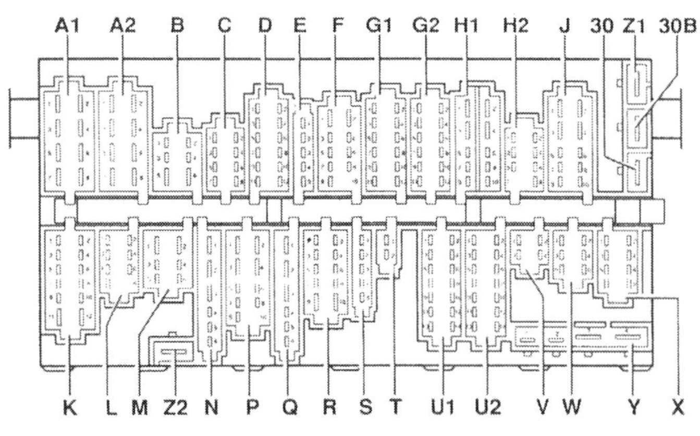

Die Buchstaben und Zahlen kennzeichnen die Steckfelder für die Mehrfachstecker an der Rückseite der Zentralelektrik.

A	Batterie
B	Anlasser
C	Drehstrom-Lichtmaschine
C 1	Spannungsregler
D	Zünd/Anlaß-Schalter
D 2	Wegfahrsicherung
E 1	Lichtschalter
E 2	Blinkerschalter
E 3	Warnblinkschalter
E 4	Lichtumschalter
E 7	Schalter für Nebelscheinwerfer
E 15	Schalter für heizbare Heckscheibe
E 18	Schalter für Nebelschlußleuchte
E 19	Schalter für Parklicht
E 20	Regler für Instrumentenbeleuchtung
E 22	Schalter für Scheibenwischer
E 40	Schalter für Fensterheber links
E 41	Schalter für Fensterheber rechts
E 43	Schalter für Spiegelverstellung
E 48	Umschalter für Spiegelverstellung
E 102	Einsteller für Leuchtweitenregulierung
F	Bremslichtschalter
F 2	Türkontaktschalter vorn links
F 3	Türkontaktschalter vorn rechts
F 4	Schalter für Rückfahrleuchten
F 5	Schalter für Kofferraumbeleuchtung
F 9	Schalter für Handbremskontrolle
F 18	Thermoschalter für Kühlerventilator
F 22	Öldruckschalter 0,3 bar
F 34	Warnkontakt für Bremsflüssigkeitsstand
F 59	Schalter links für Zentralverriegelung
F 60	Leerlaufschalter
F 114	Schalter rechts für Zentralverriegelung
F 131	Stellelement für Zentralverriegelung vorn links
G	Geber für Tankanzeige
G 1	Tankanzeige
G 2	Geber für Kühlmittel-Temperaturanzeige
G 3	Kühlmittel-Temperaturanzeige
G 5	Drehzahlmesser
G 6	Elektrische Benzinpumpe
G 22	Geber für Geschwindigkeitsmesser
G 32	Geber für Kühlmittelmangelanzeige
G 39	Lambdasonde mit Heizung
G 40	Hallgeber
G 42	Geber für Ansauglufttemperatur
G 61	Klopfsensor
G 62	Geber für Kühlmitteltemperatur
G 69	Drosselklappen-Potentiometer
G 71	Geber für Saugrohrdruck
G 88	Drosselklappen-Potentiometer
G 127	Geber für Drosselklappensteller
H	Kontakt für Hupbetätigung
H 1	Hupe
H 11	Warnsummer Öldruckkontrolle Lichtschalter
J 2	Blinkrelais
J 6	Spannungskonstanter
J 17	Relais für Kraftstoffpumpe
J 30	Relais für Heckscheibenwischer und -wascher
J 31	Relais für Wisch/Wasch/Intervallschaltung
J 51	Relais für Fensterheber
J 59	Entlastungsrelais für X-Kontakte
J 81	Relais für Ansaugrohr-Beheizung
J 152	Warnsummer für eingeschaltetes Licht
J 257	Steuergerät für Zentraleinspritzung
J 285	Steuergerät mit Kontrollanzeige im Kombi-Instrument
J 338	Drosselklappen-Steuereinheit
J 362	Steuergerät für Wegfahrsicherung
J 382	Steuergerät für MPI-Einspritzung
K 1	Kontrollampe für Fernlicht
K 2	Kontrollampe für Generator
K 3	Kontrollampe für Öldruck
K 4	Kontrollampe für Standlicht
K 6	Kontrollampe für Warnblinker
K 10	Kontrollampe für heizbare Heckscheibe
K 13	Kontrollampe für Nebelschlußleuchte
K 17	Kontrollampe für Nebelscheinwerfer
K 28	Kontrollampe für Kühlmittel
K 65	Kontrollampe für Blinker links
K 94	Kontrollampe für Blinker rechts
K 118	Kontrollampe für Bremsanlage
L 1	Einfadenlampe für Fernlicht links
L 2	Einfadenlampe für Abblendlicht links
L 9	Lampe für Beleuchtung
L 10	Lampe für Beleuchtung Kombi-Instrument
L 16	Lampe für Beleuchtung Heizregulierung
L 20	Kontrollampe für Nebelschlußleuchte
L 39	Kontrollampe für heizbare Heckscheibe
L 53	Lampe für Beleuchtung Fensterheberschalter
L 75	Lampe für Beleuchtung Digitalanzeige
L 78	Lampe für Beleuchtung Spiegelverstellung
M 1	Lampe für Standlicht links
M 2	Lampe für Schlußlicht rechts
M 3	Lampe für Standlicht rechts
M 4	Lampe für Schlußlicht links
M 5	Lampe für Blinklicht vorn links
M 6	Lampe für Blinklicht hinten links
M 7	Lampe für Blinklicht vorn rechts
M 8	Lampe für Blinklicht hinten rechts
M 9	Lampe für Bremslicht links
M 10	Lampe für Bremslicht rechts
M 16	Lampe für Rückfahrlicht links
M 18	Lampe für Seitenblinker links
M 19	Lampe für Seitenblinker rechts
N 24	Vorwiderstand für Luftgebläse
N 30	Einspritzventil Zylinder 1
N 31	Einspritzventil Zylinder 2
N 32	Einspritzventil Zylinder 3
N 33	Einspritzventil Zylinder 4
N 51	Heizwiderstand für Ansaugrohr-Beheizung
N 80	Magnetventil für Aktivkohlebehälter
N 152	Zündtrafo
N 157	Endstufe für Zündtrafo
N 181	Einspritzventil (Zentraleinspritzung)
O	Zündverteiler
P	Zündkerzenstecker
Q	Zündkerzen
R	Anschluß für Radio
R 11	Dachantenne
R 20	Hochtonlautsprecher vorn links
R 21	Tieftonlautsprecher vorn links
R 22	Hochtonlautsprecher vorn rechts
R 23	Tieftonlautsprecher vorn rechts
R 24	Antennenverstärker
S 43	Einzelsicherung für Fensterheber
TV 2	Leitungsverteiler für Klemme 30
TV 5	Leitungsverteiler für Klemme 15a
TV 8	Leitungsverteiler für Klemme 58b
TV 8	Leitungsverteiler für Klemme 58b
TV 8	Leitungsverteiler für Klemme 58b
V	Motor für Scheibenwischer
V 2	Motor für Luftgebläse
V 7	Motor für Kühlerventilator
V 12	Motor für Heckscheibenwischer
V 14	Motor für Fensterheber vorn links
V 15	Motor für Fensterheber vorn rechts
V 17	Motor für Spiegelverstellung links
V 25	Motor für Spiegelverstellung rechts
V 48	Motor für Leuchtweitenregulierung links
V 49	Motor für Leuchtweitenregulierung rechts
V 59	Front- und Heckscheibenwascherpumpe
V 60	Drosselklappensteller
V 69	Pumpe mit Steuergerät für Zentralverriegelung
W	Innenleuchte vorn
W 1	Innenleuchte hinten
W 3	Kofferraumleuchte
Y 2	Digitaluhr
Y 4	Wegstreckenanzeige
Z 1	Heizwiderstand für heizbare Heckscheibe
Z 2	Heizwiderstand für Spritzdüse rechts
Z 4	Heizwiderstand für Spiegelglas links
Z 5	Heizwiderstand für Spiegelglas rechts
Z 20	Heizwiderstand für Spritzdüse links

Batterie, Zündschloß

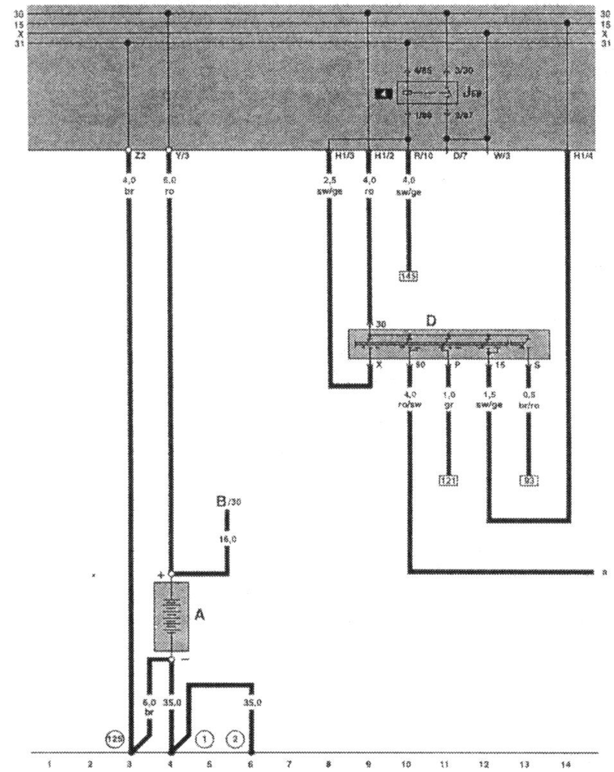

Luftgebläse

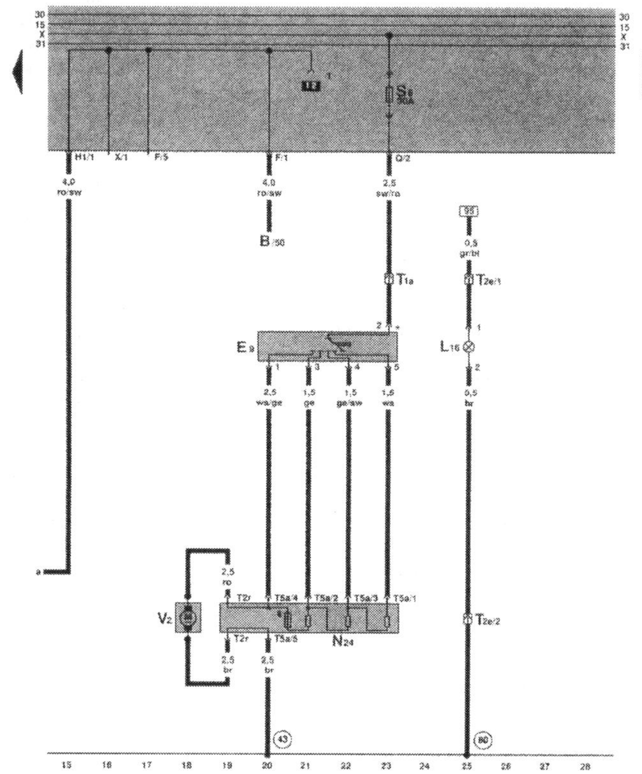

Kombi-Instrument

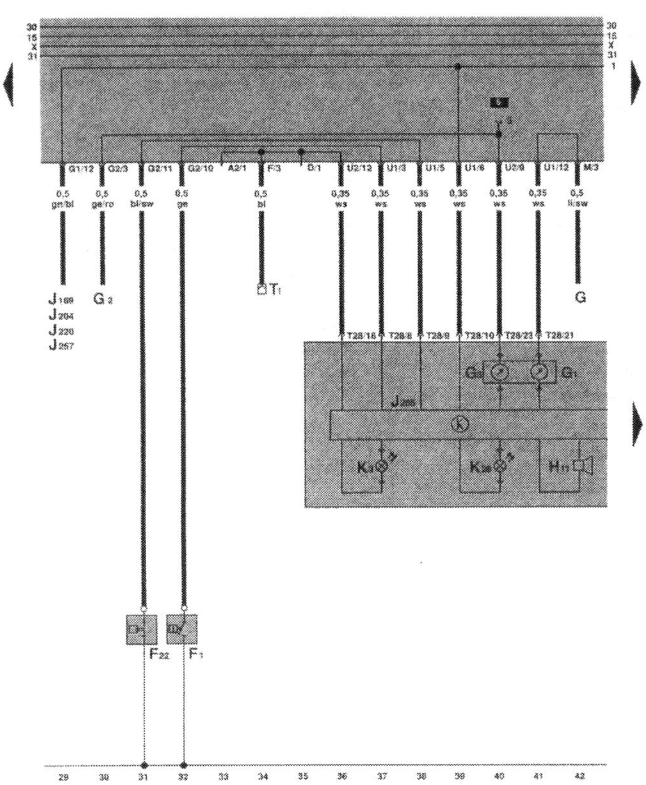

Kombi-Instrument

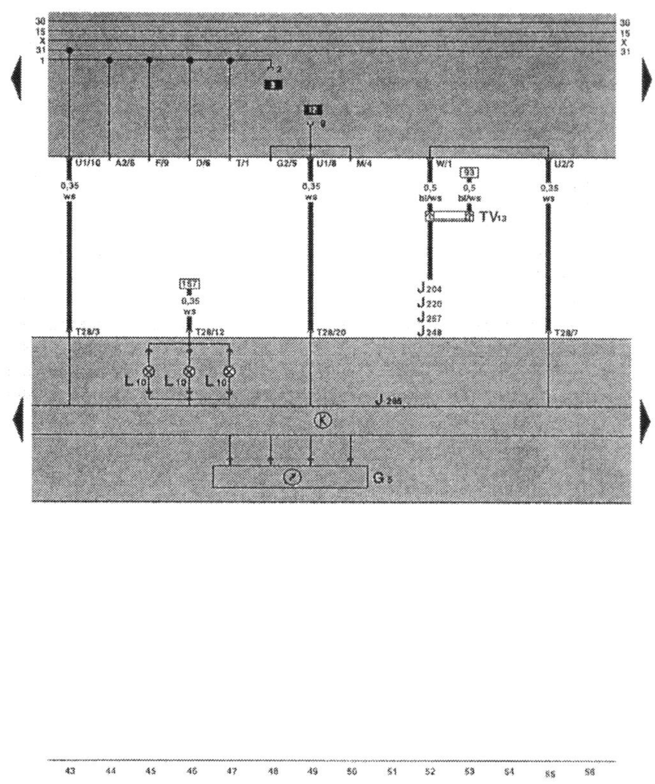

Kombi-Instrument

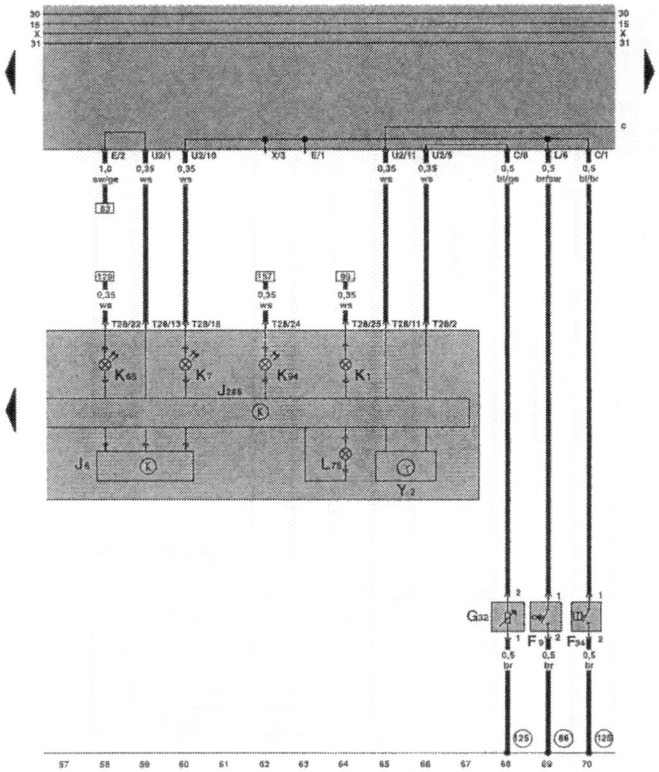

Innenleuchten

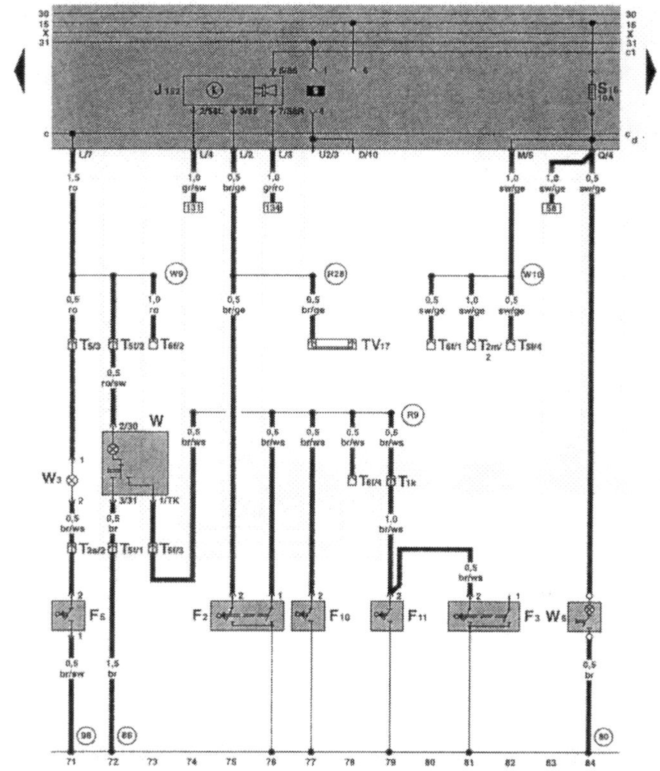

Anzünder

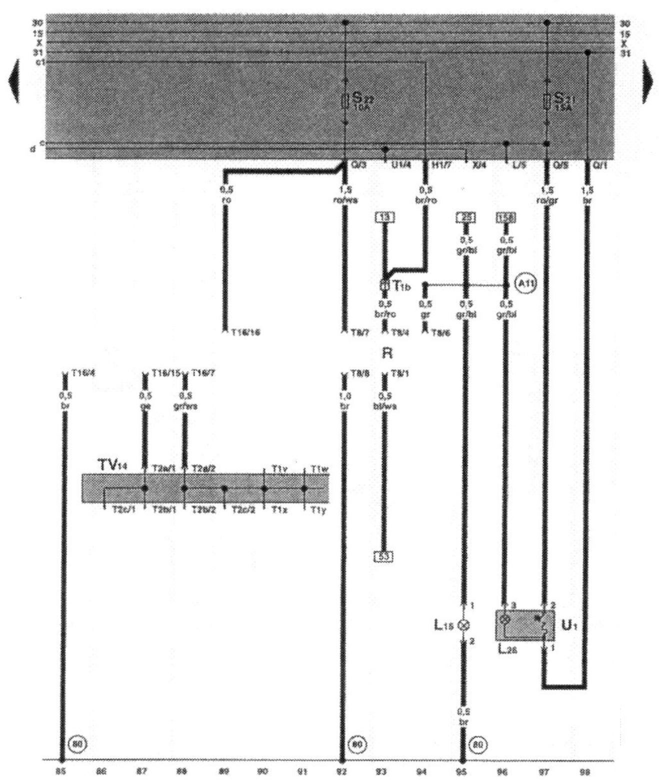

Scheinwerfer

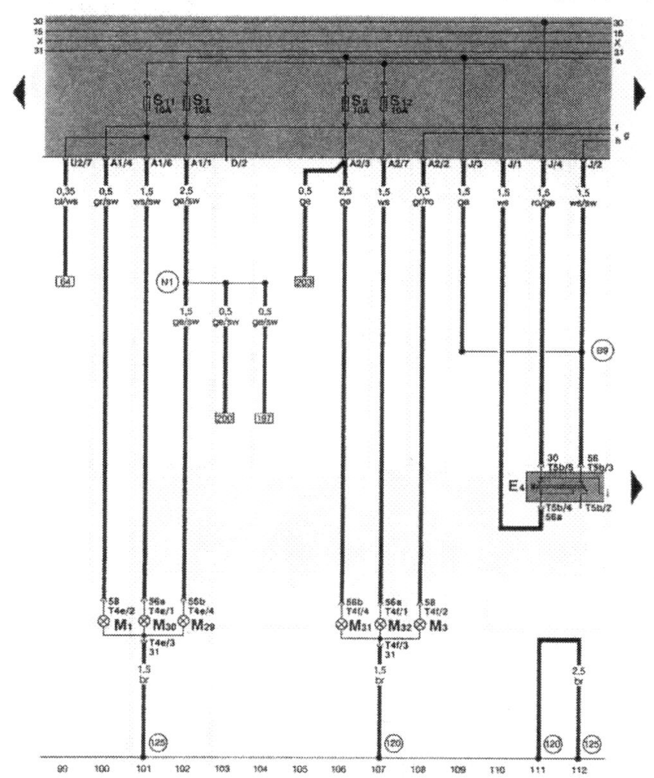

Blink- und Warnblinkanlage

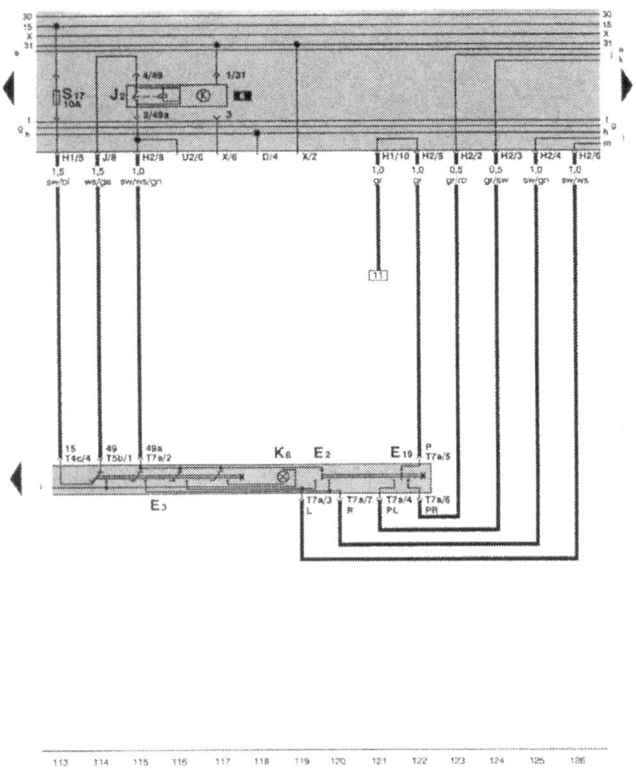

Blinklicht, Bremslicht, Schlußlicht

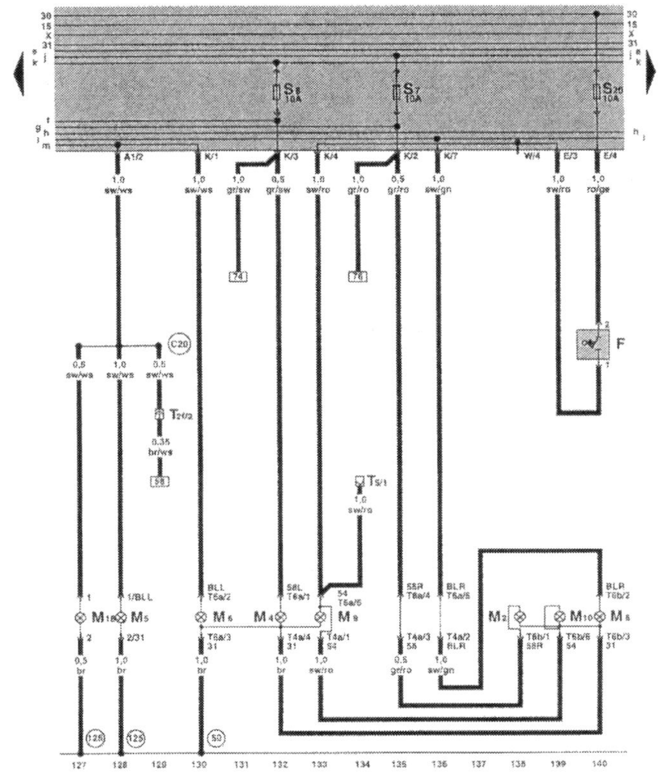

Lichtschalter

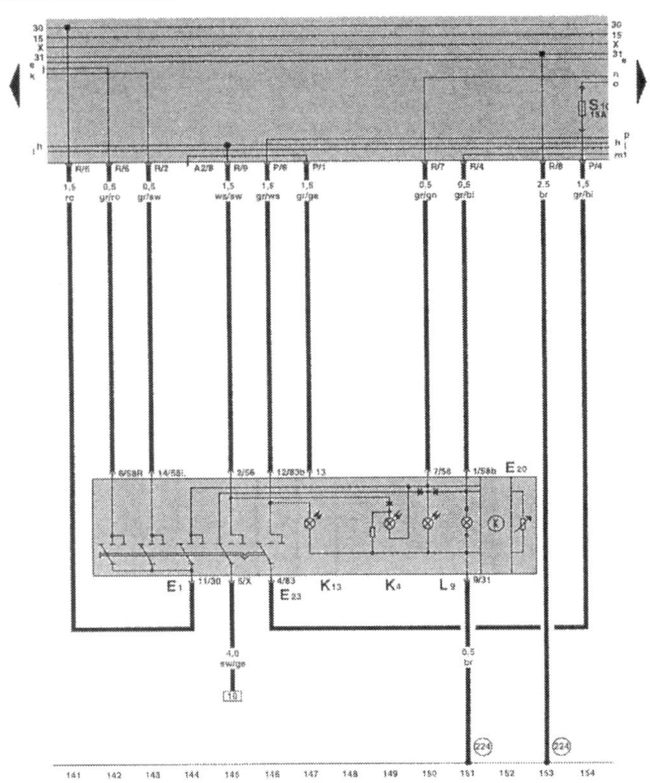

Leuchten hinten

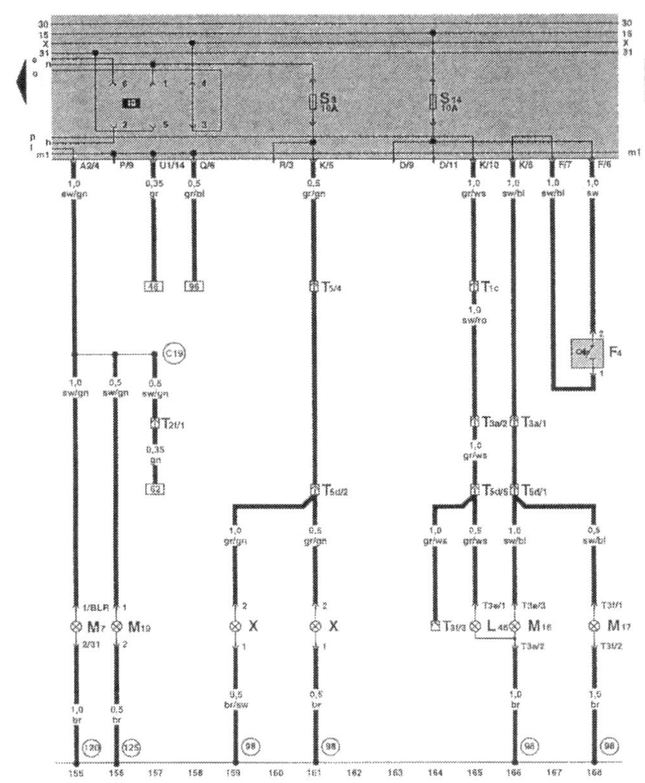

Beheizbare Heckscheibe, Hupe

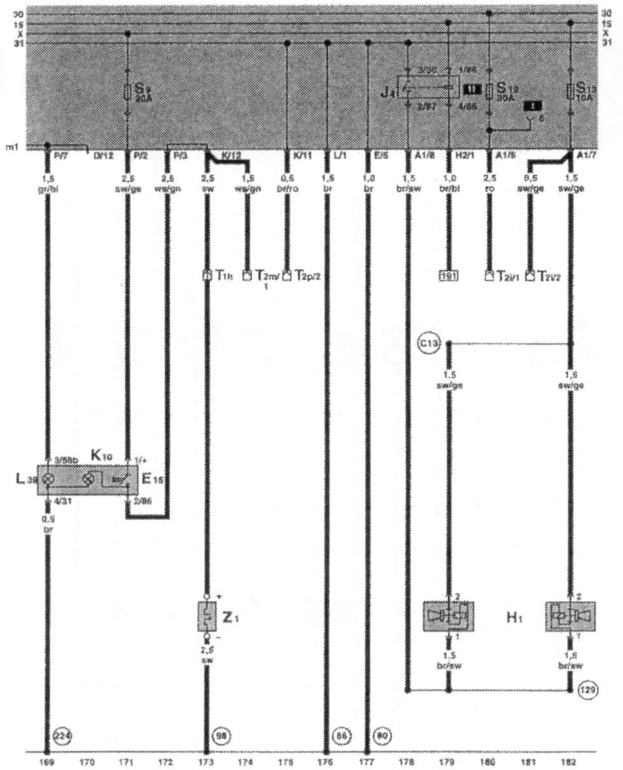

Scheibenwisch- und -waschanlage

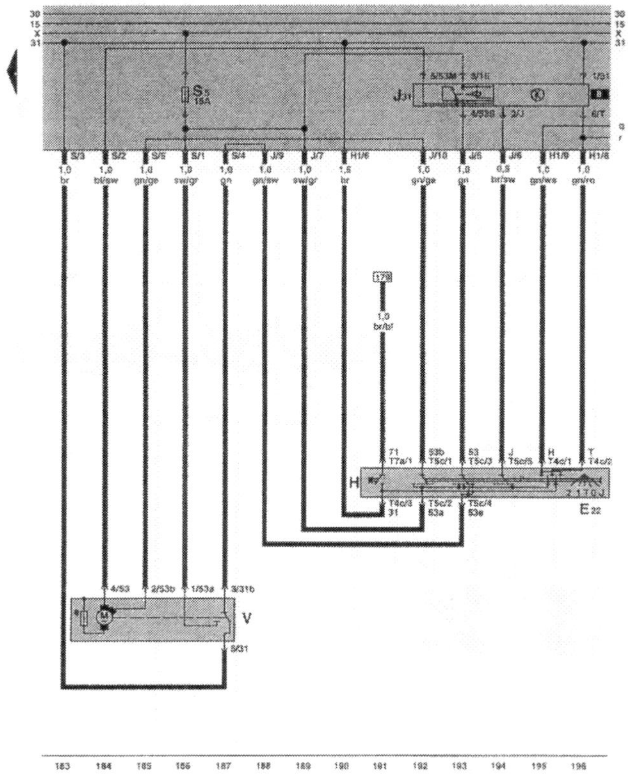

Leuchtweitenregelung, Heckscheibenwisch- und -waschanlage

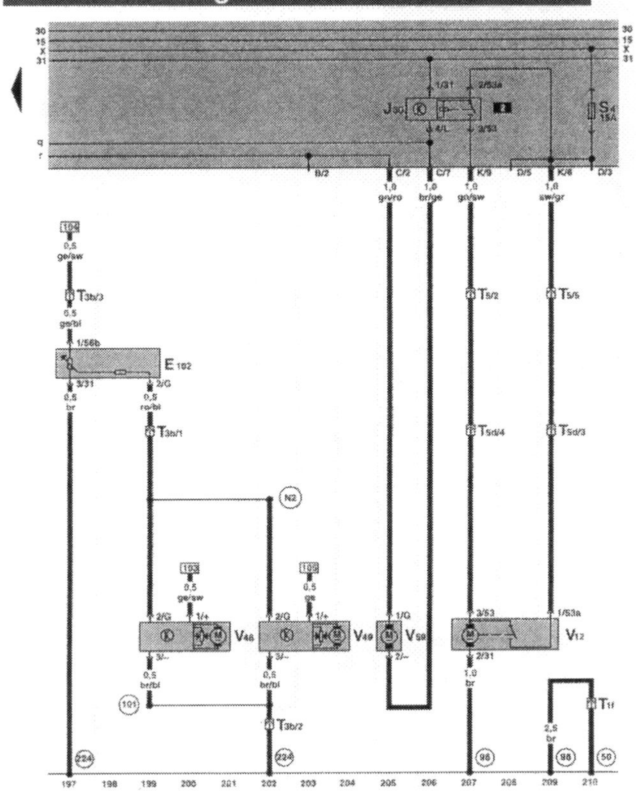

Kühlerventilator

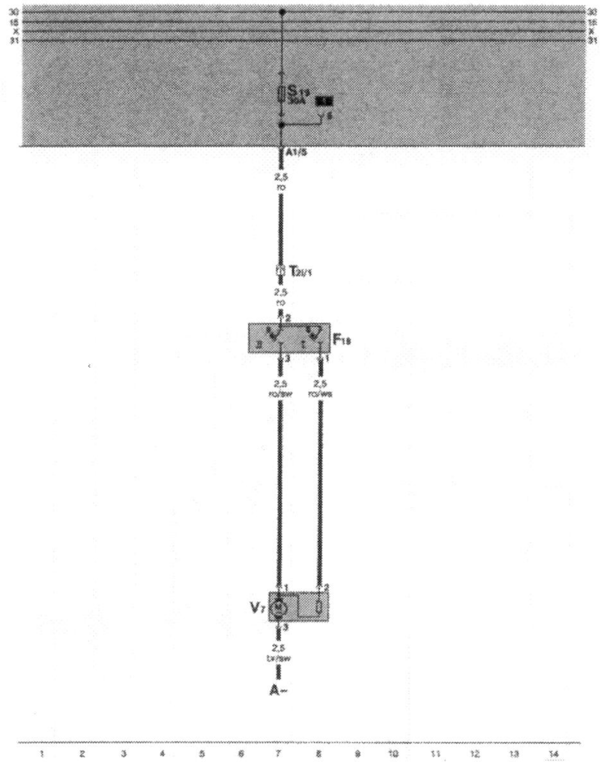

Mono-Motronic

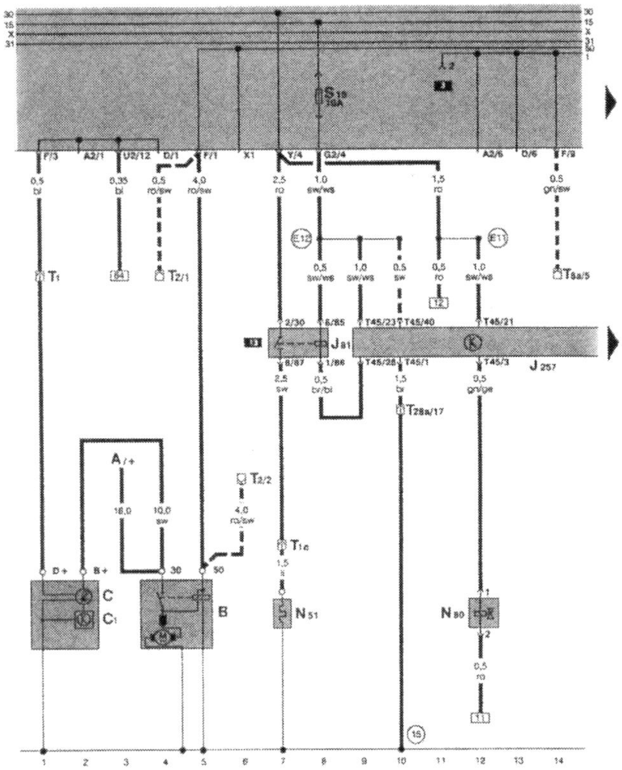

Mono-Motronic

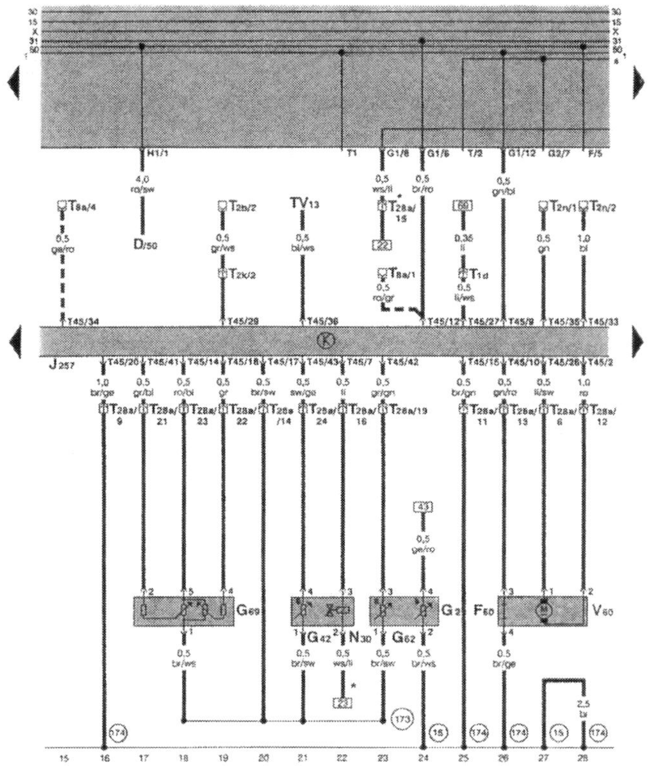

Mono-Motronic

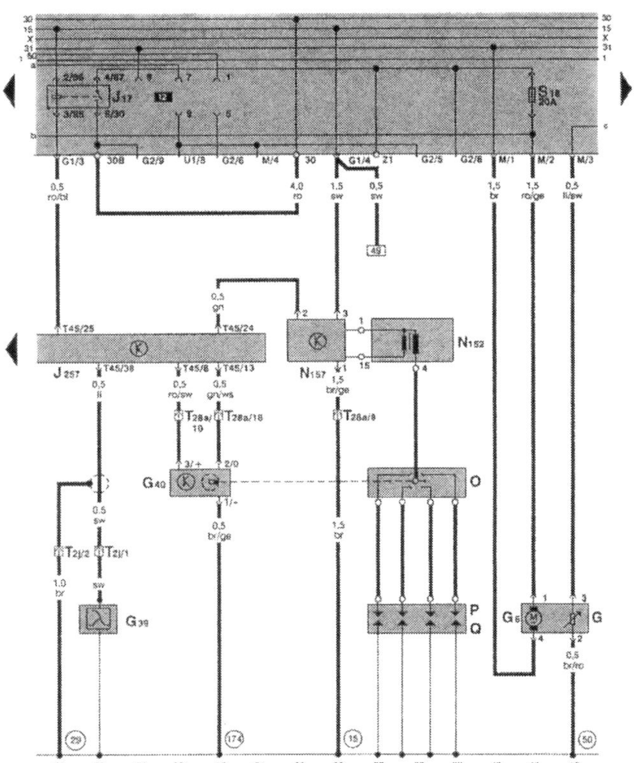

Multifunktionsanzeige

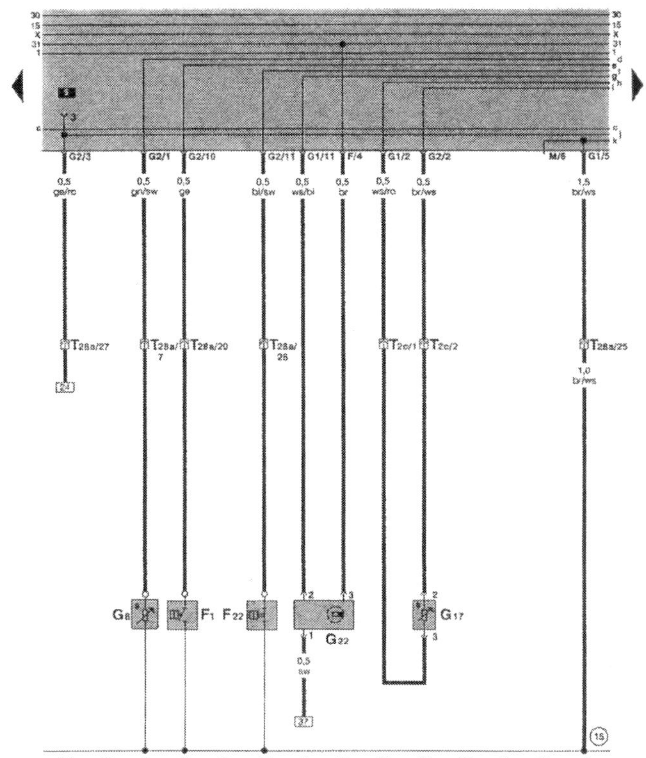

Multifunktionsanzeige

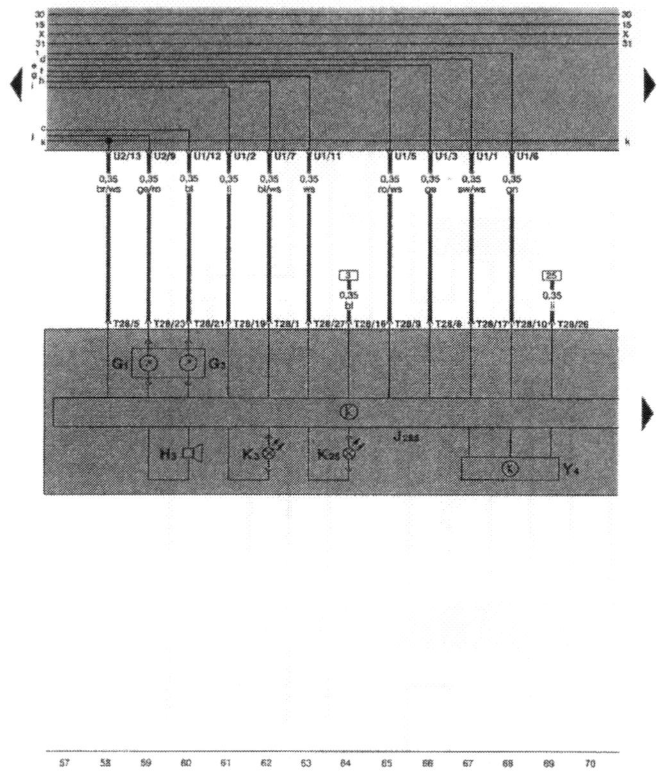

Multifunktionsanzeige

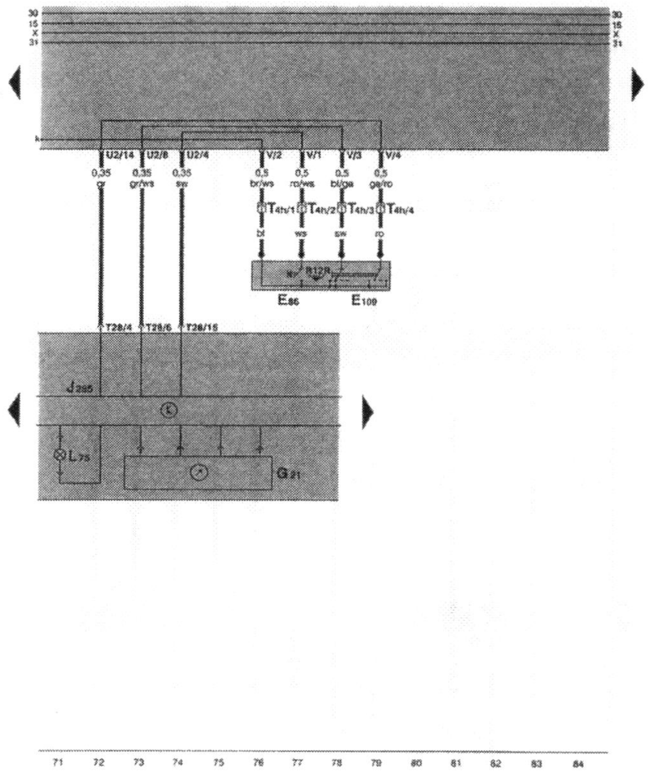

Simos

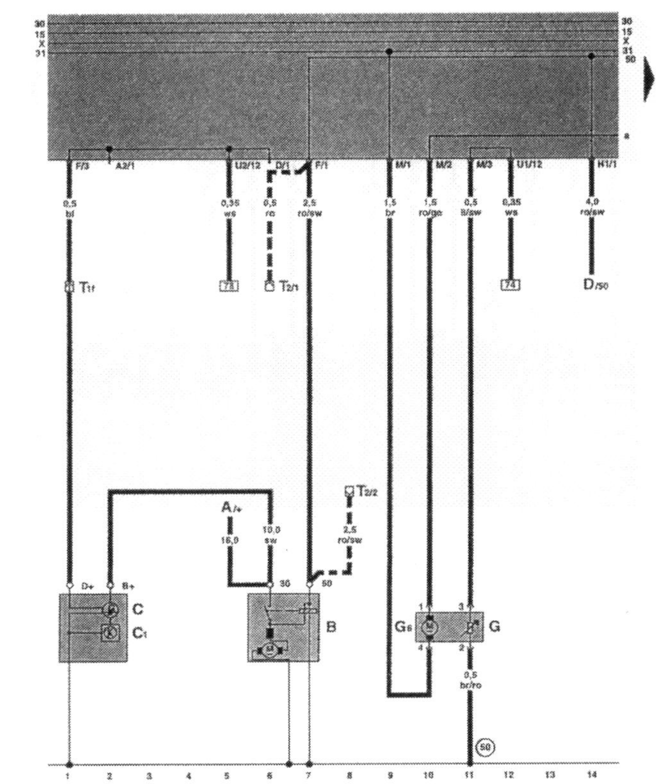

Simos

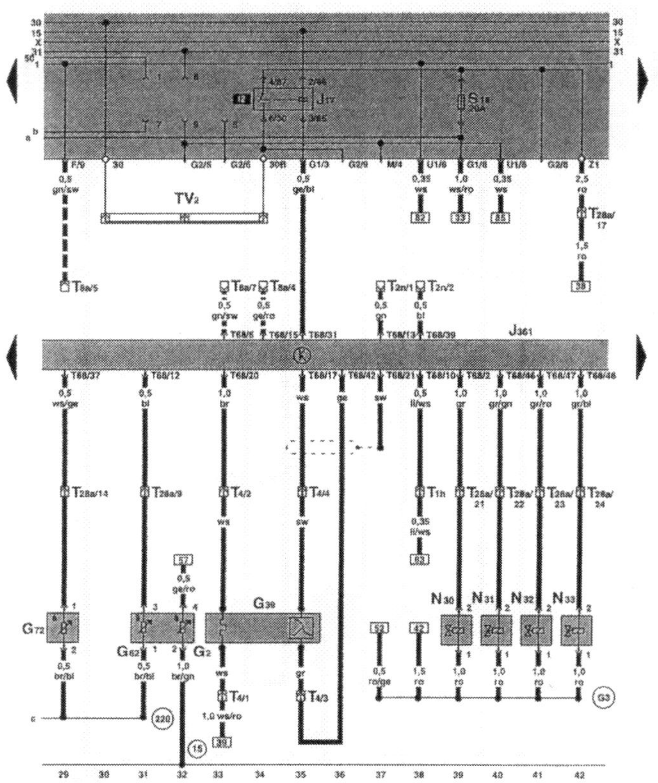

Simos

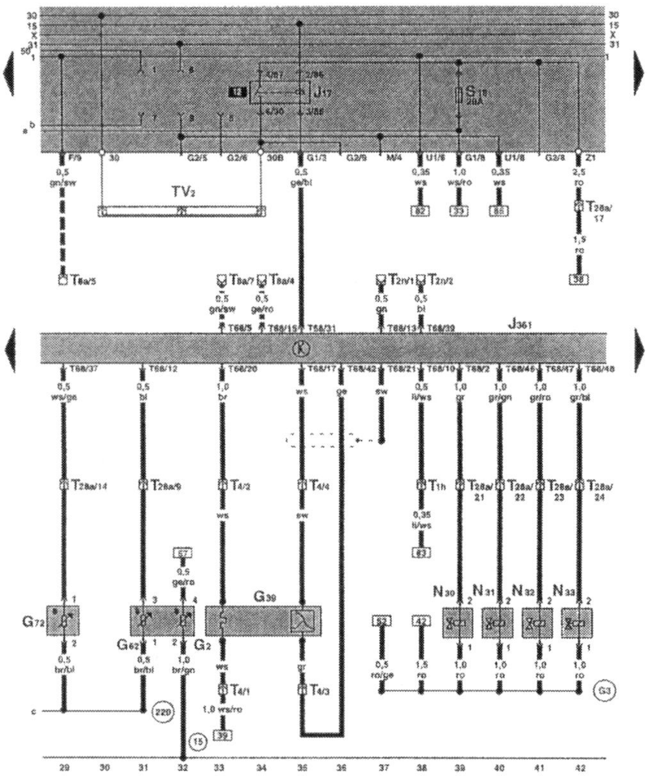

Simos

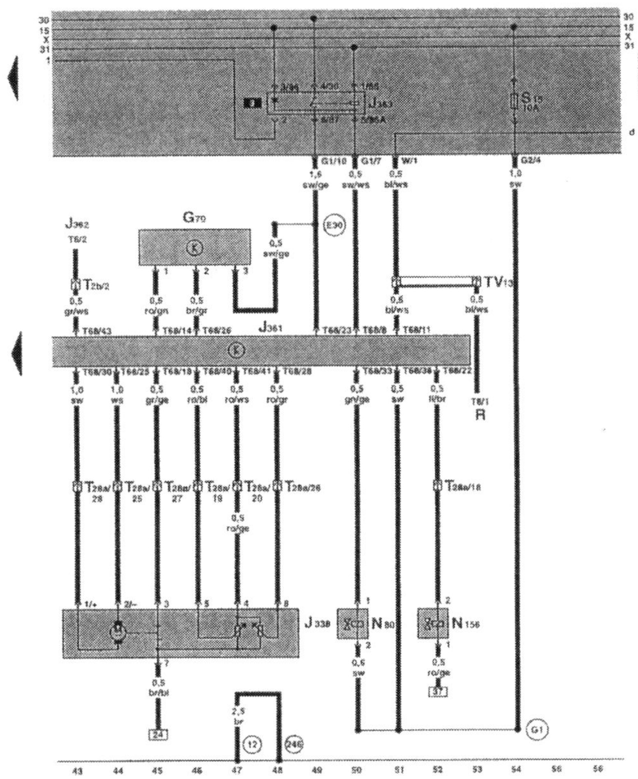

Kombi-Instrument

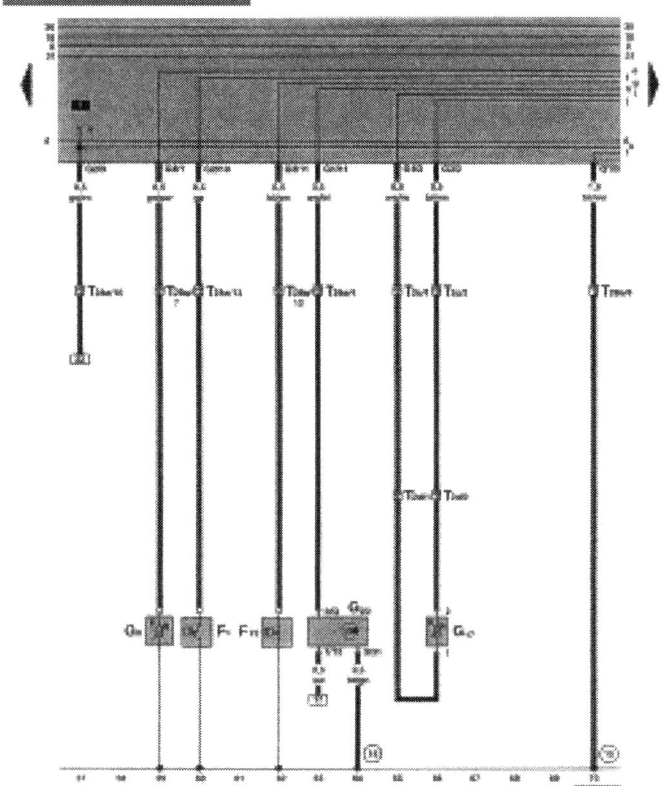

Kombi-Instrument

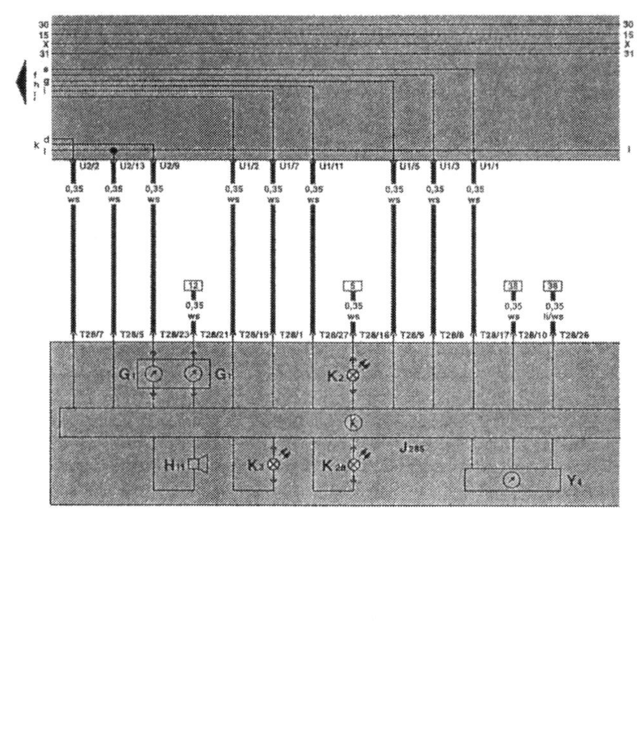

Kombi-Instrument

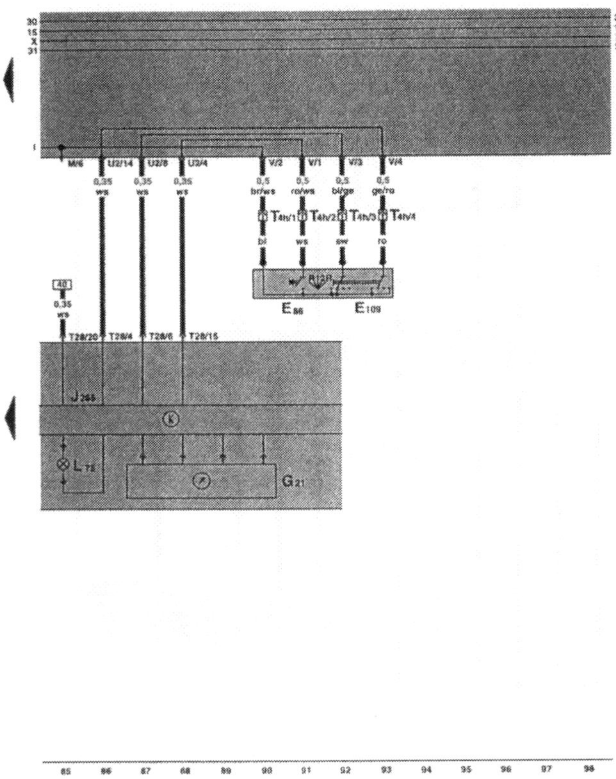

TDI

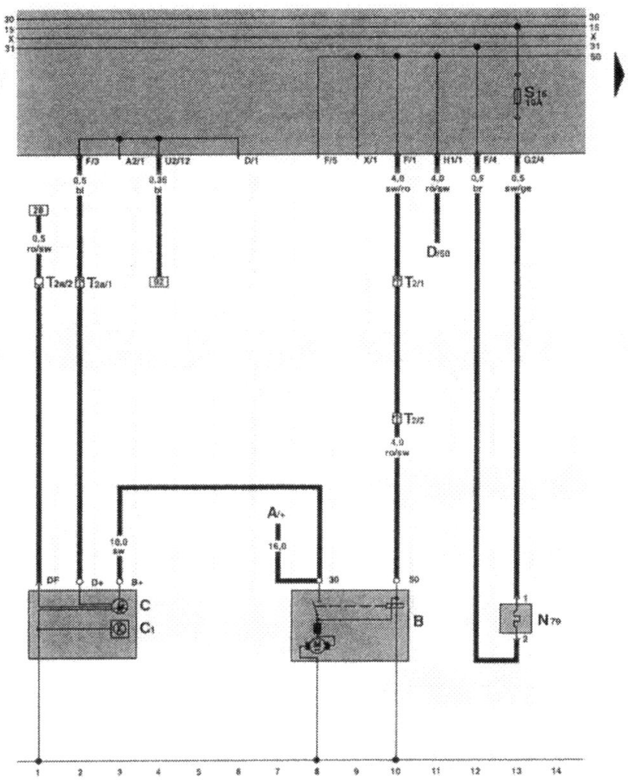

TDI

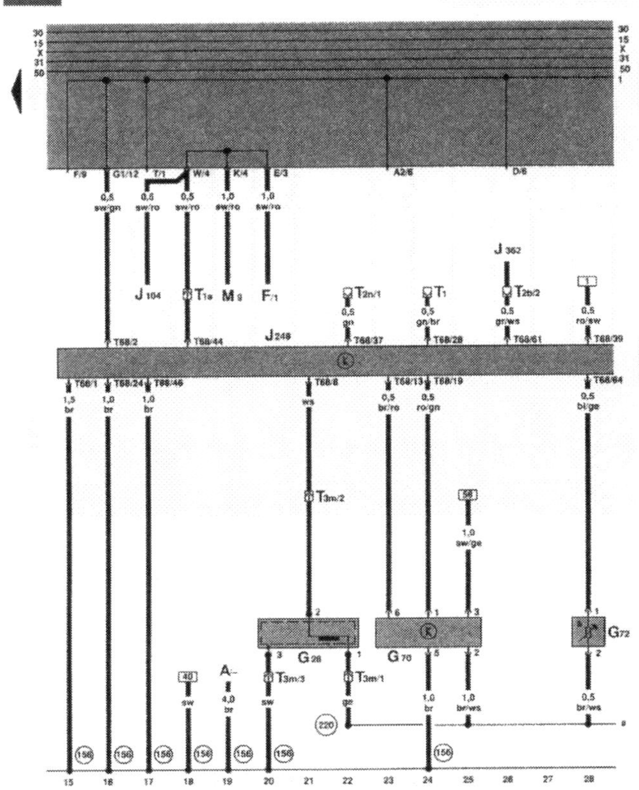

TDI

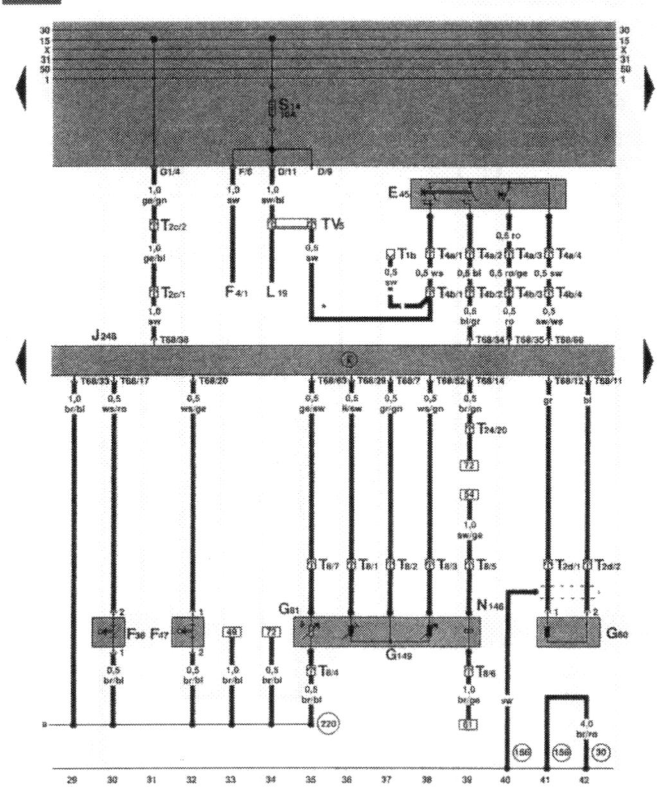

TDI

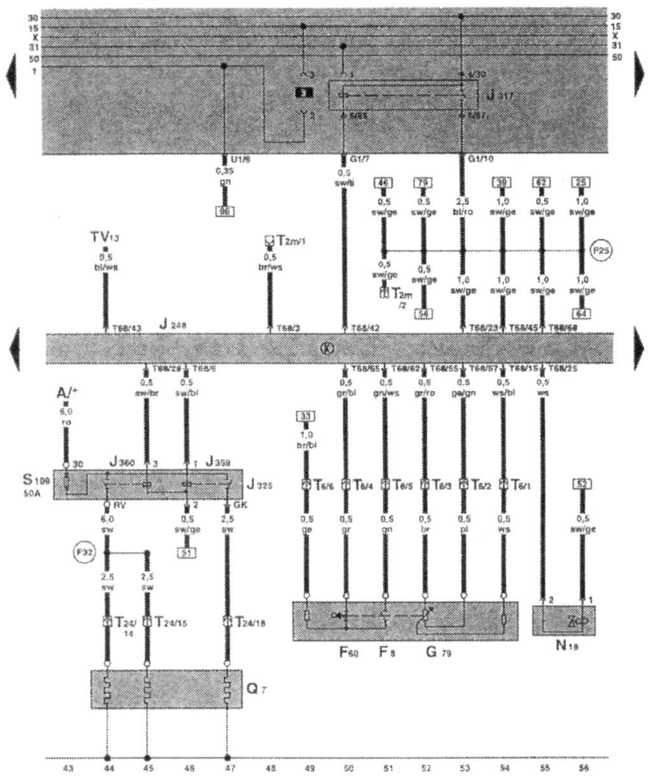

TDI

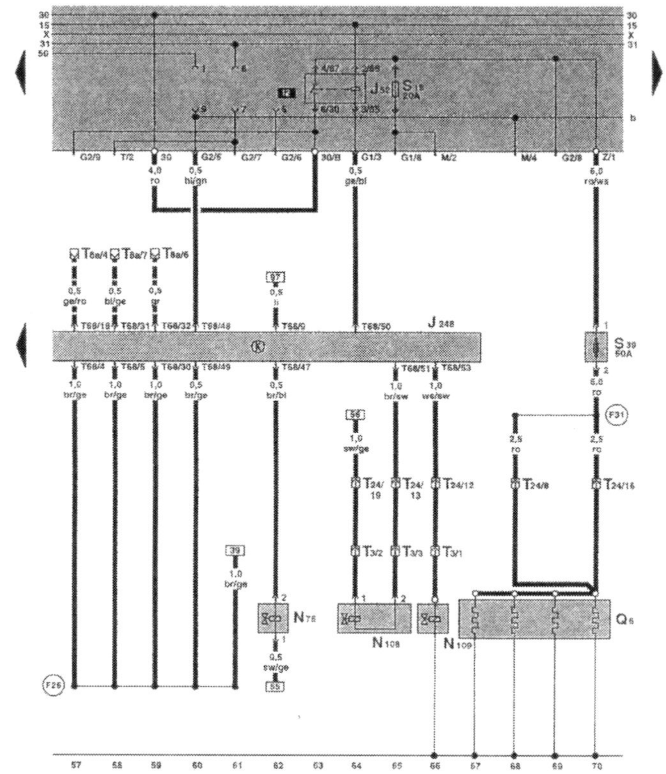

Kombi-Instrument

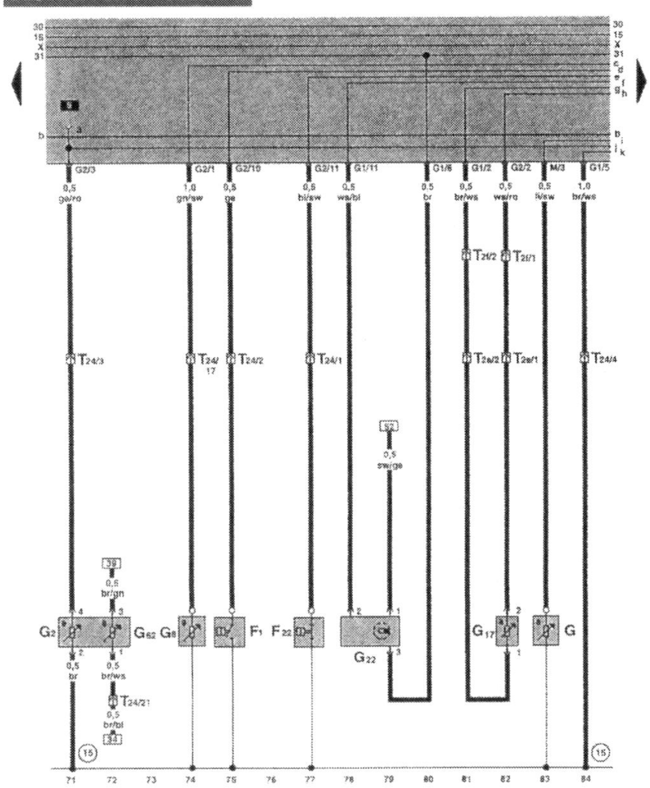

Kombi-Instrument

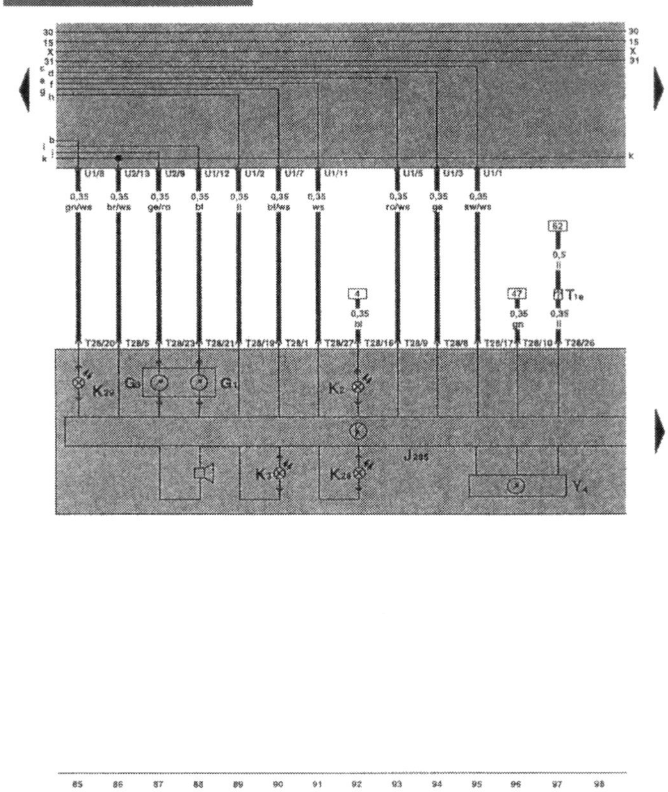

Kombi-Instrument

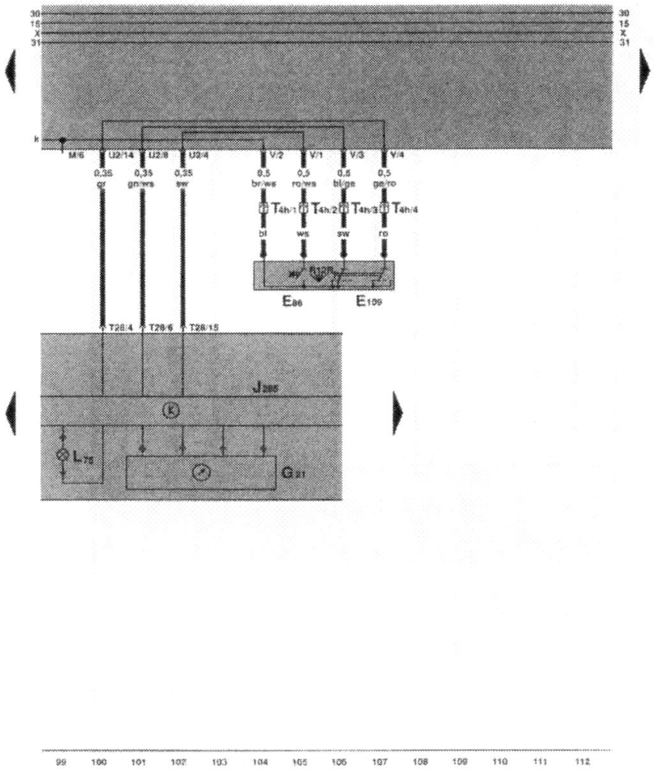

Kühlerventilator

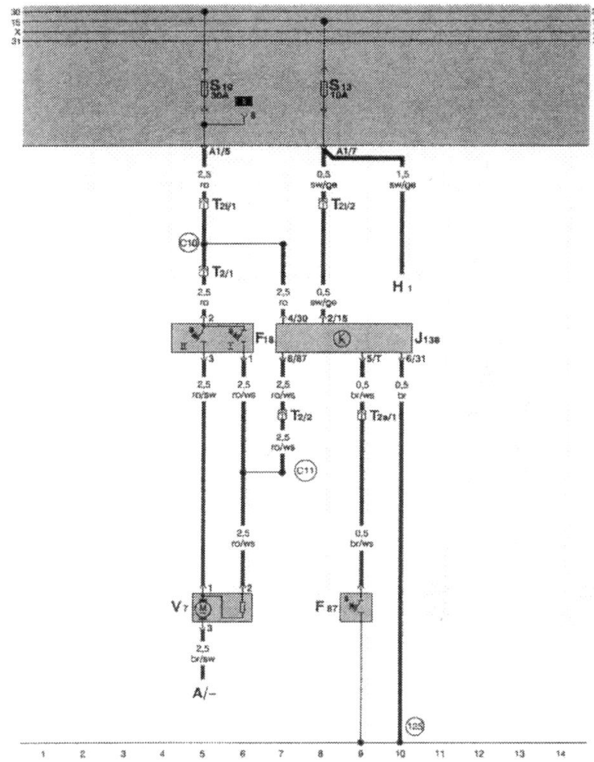

Kühlerventilator

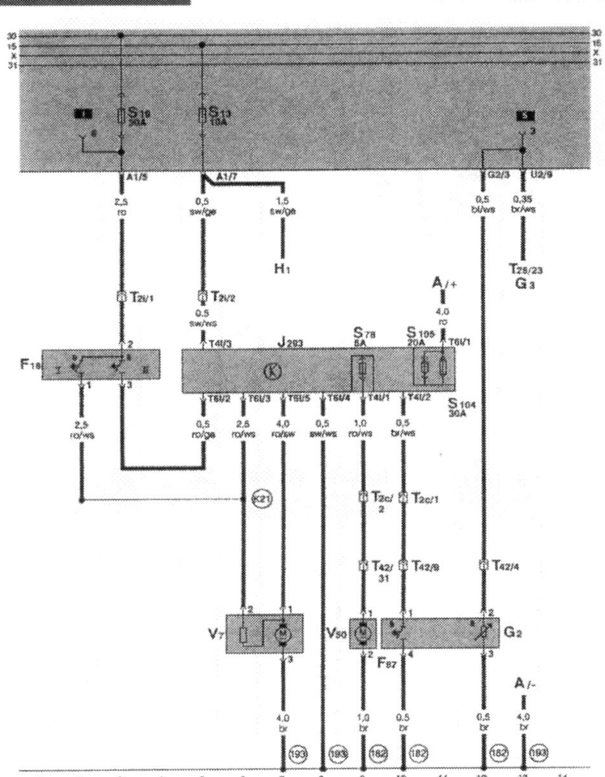

Elektrische Spiegel

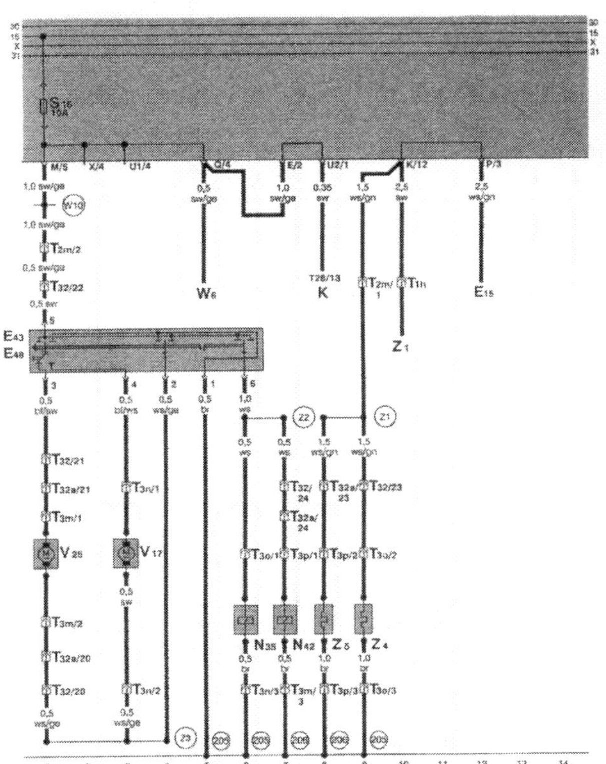

Scheinwerfer

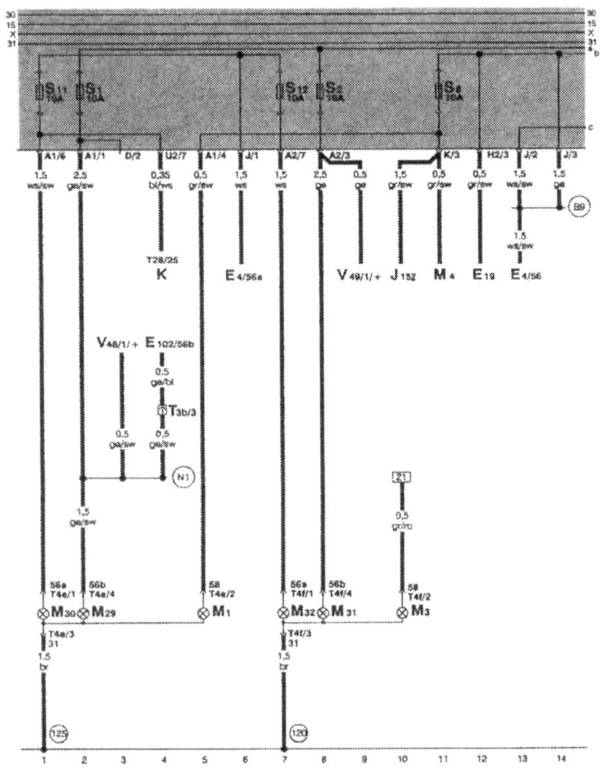

Lichtschalter

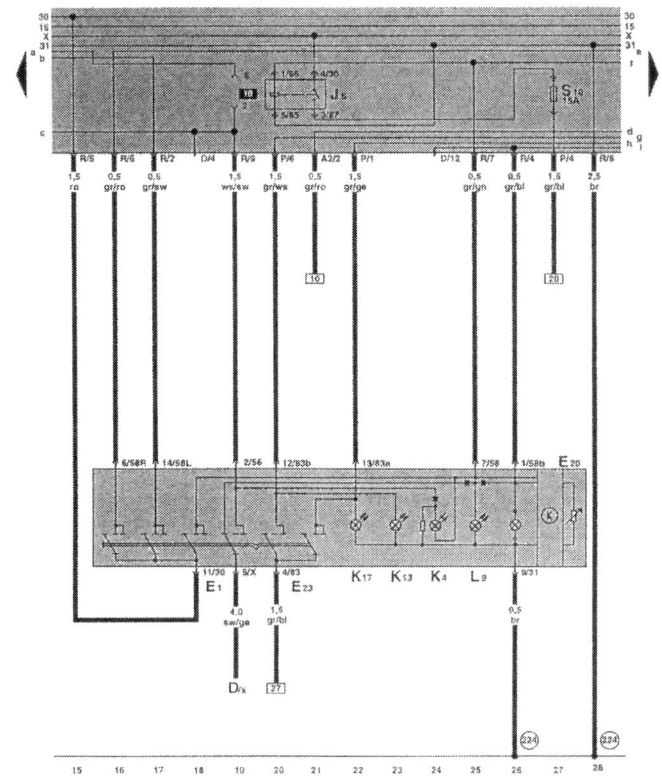

Nebelscheinwerfer, Nebelschlußleuchten

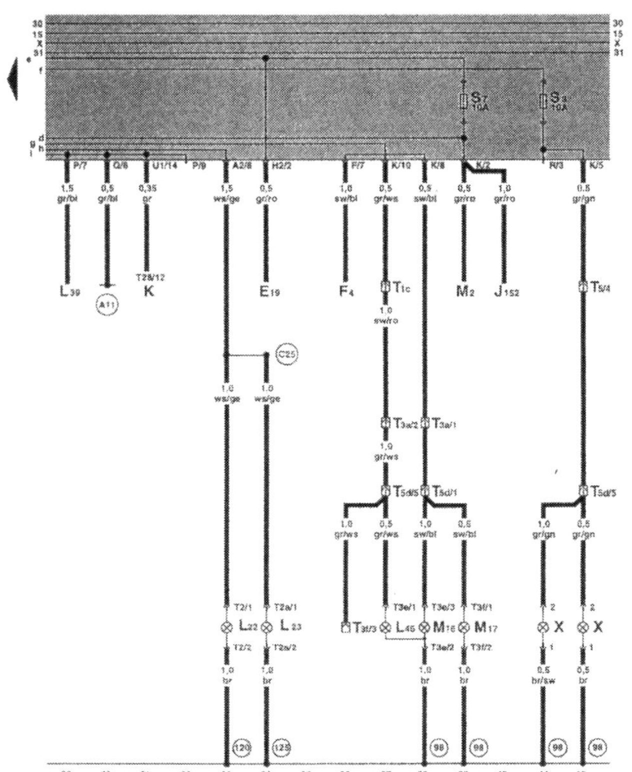

Leuchten innen

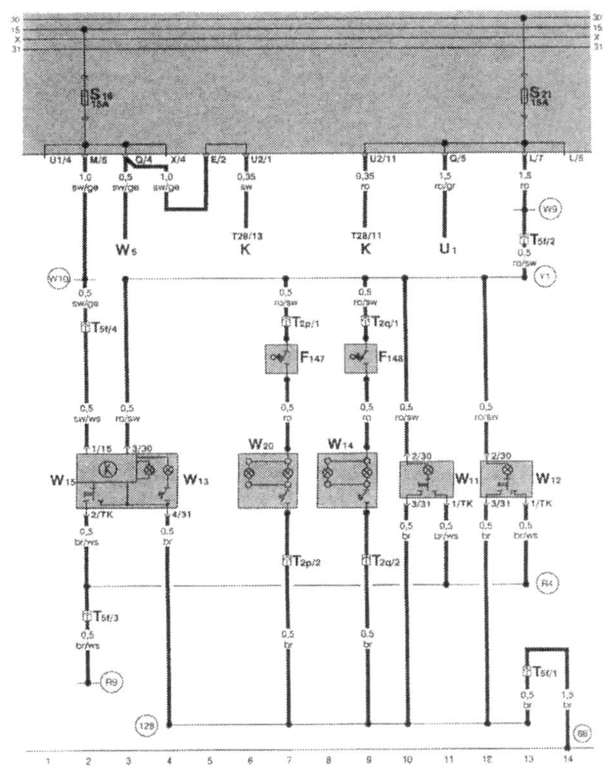

Radio

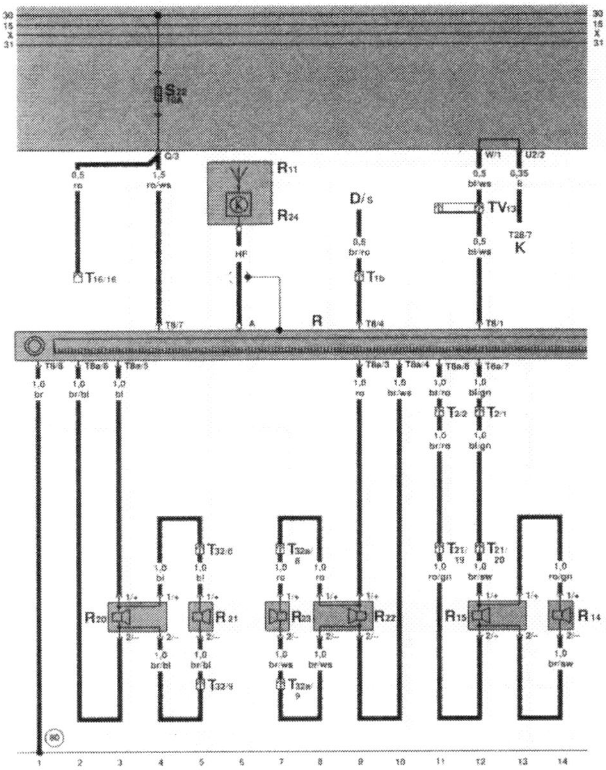

Radio

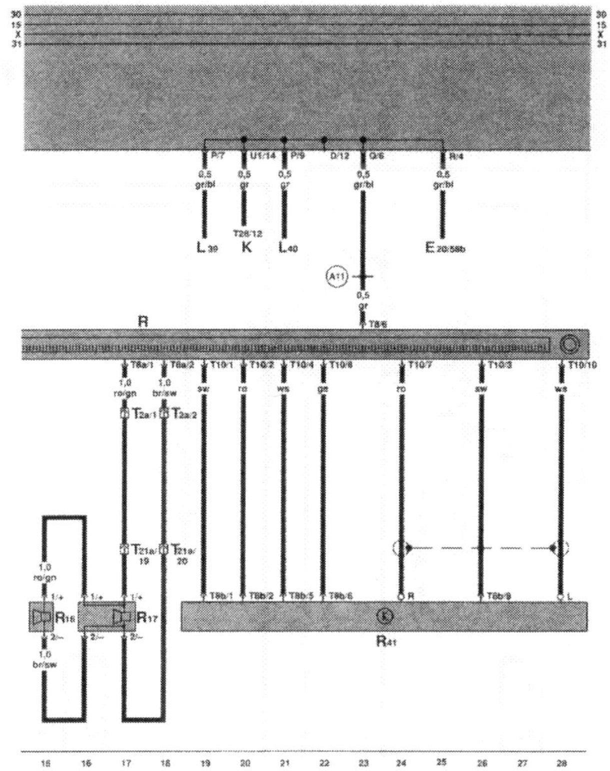

Elektrische Fensterheber

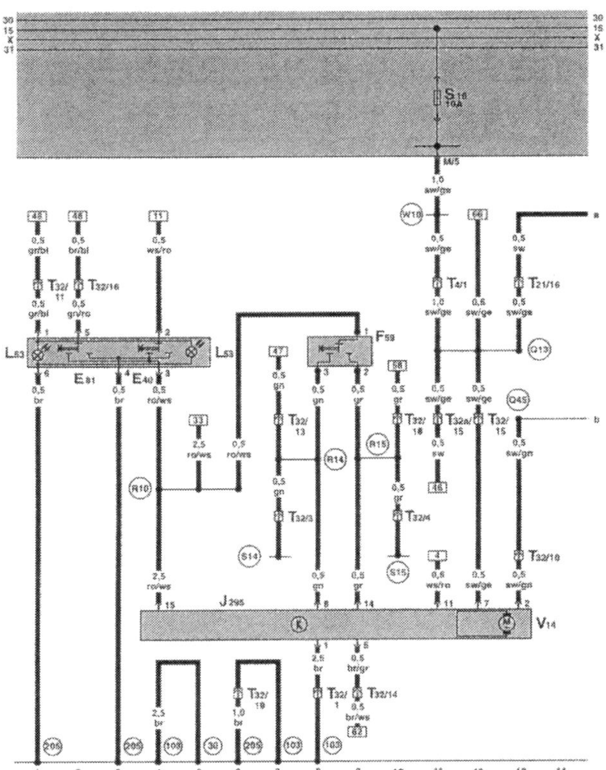

Elektrische Fensterheber

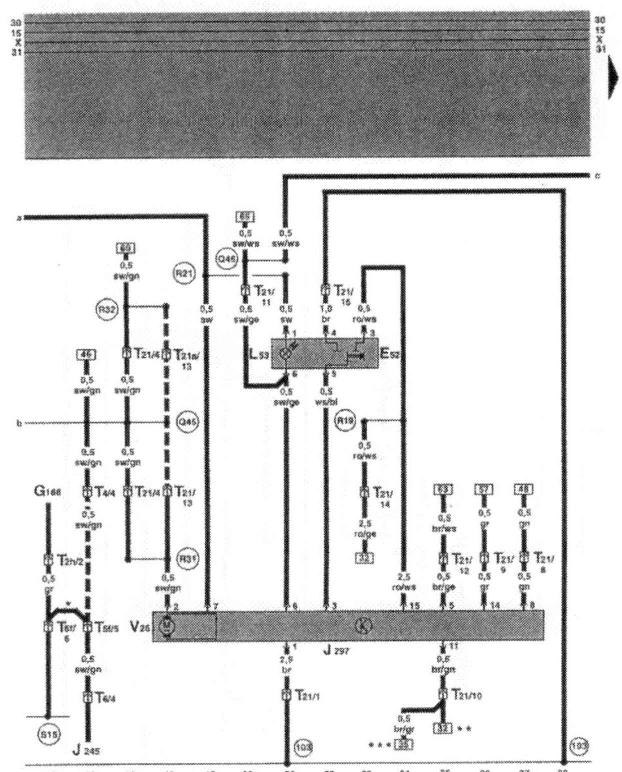

Elektrische Fensterheber

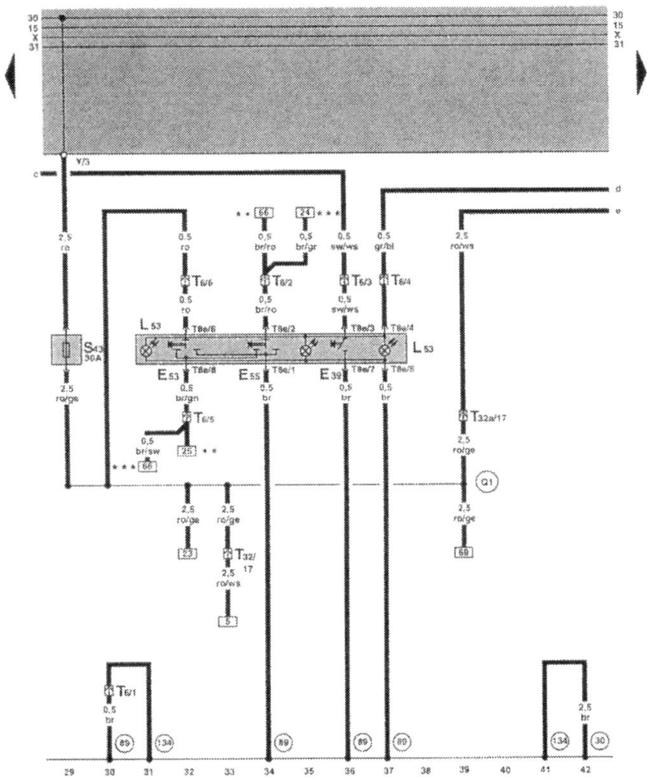

Elektrische Fensterheber

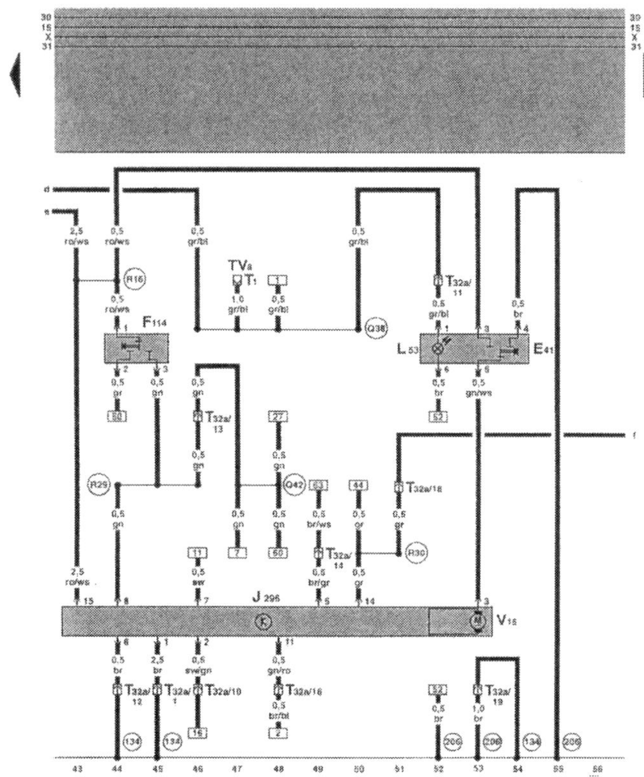

Elektrische Fensterheber

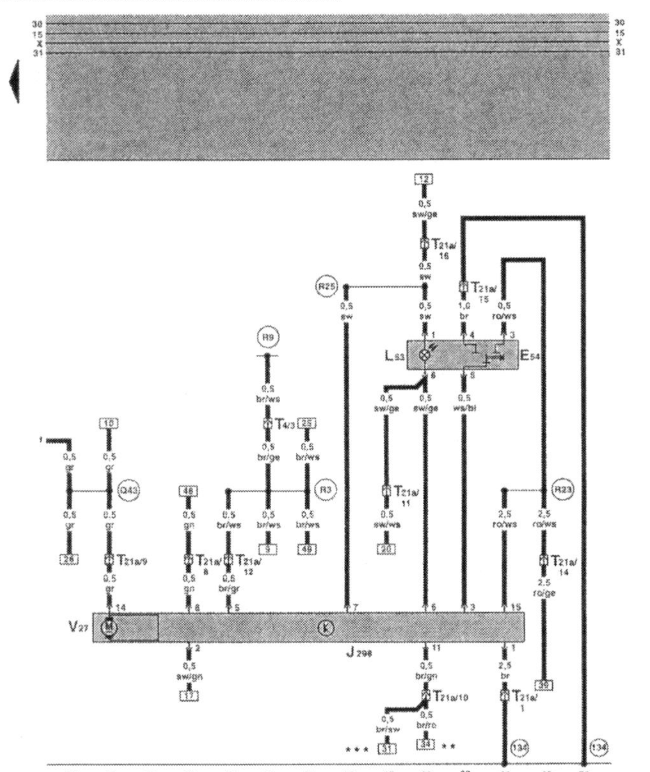

Dagoberts Stromspeicher

Die richtige Batterie

Unser Passat hat seine Batterie links im Motorraum sitzen. Sie trägt folgende Bezeichnung:
- Benziner-Modelle: 12 V/44 Ah 220 A, 12 V/60 Ah 280 A.
- Diesel-Modelle: 12 V/61 Ah 330 A oder 12 V/72 Ah 380 A.

Batterie-Daten

Spannung und Kapazität: In der Angabe 12 V/44 Ah gibt die vorangestellte 12 V natürlich die Spannung an. Hinter dem Schrägstrich ist die Stromstärke in ihrer »zeitlich lieferbaren Menge« vermerkt – »Ah« steht für Amperestunden. Das ist die Nenn-Batteriekapazität, die nach Normbedingungen gemessen wird. In der Praxis rechnet man allerdings nur mit $^2/_3$ der angegebenen Batteriekapazität; bei einer älteren Batterie lediglich mit der Hälfte.
Kälteprüfstrom: Die angegebene Zahl 220 A nennt die Stromstärke, welche die Batterie bei -18° C liefern kann.

Wie lange reichen die Reserven?

Wie lange ein Stromverbraucher mit dem Stromvorrat aus der Batterie funktionieren kann, errechnen wir mit folgender Formel:
Betriebszeit = Batteriekapazität x Bordnetzspannung geteilt durch Leistung des Verbrauchers. In der Praxis sollten Sie aber nie mit der vollen Batteriekapazität, sondern nur mit $^1/_2$ bis $^2/_3$ der Nennkapazität rechnen. Es ergeben sich dann folgende Betriebszeiten: Standlicht ca. sechs Stunden, Warnblinkanlage ca. drei Stunden. Am ärgsten wird die Batterie natürlich vom Anlasser gestreßt. Mit einer Leistung von bis zu 3000 Watt setzt er der Batterie vor allem in dem Moment zu, in dem der Motor vom Stillstand in eine Drehbewegung versetzt wird. Der Stromverbrauch steigt dann bis auf ein Vielfaches der normalen Werte an. Auch braucht der Anlasser natürlich weit weniger Strom, um den warmen Motor durchzudrehen als einen kalten Motor.

Temperatureinfluß auf die Batterie

Batterien haben die Eigenart, um so unwilliger auf Kälte zu reagieren, je weniger Strom sie gespeichert haben. Völlig leere Akkus sind so empfindlich, daß sie bei Frost einfrieren und platzen können. Ist die Batterie dagegen randvoll geladen, verträgt sie die Kälte verhältnismäßig gut. Die Funktion der Autobatterie läßt sich ganz einfach beschreiben: Beim Entladen wird aus chemischer Energie elektrische Energie gewonnen. Beim Laden kehrt sich dieser Vorgang um – elektrische Energie wird in chemische Energie umgesetzt.

Batteriesäurestand kontrollieren

Wartungsarbeit

Die Batterieflüssigkeit besteht aus Schwefelsäure, die mit destilliertem Wasser verdünnt ist. Ein Teil dieses Wassers kann verdunsten oder wird beim Ladevorgang in Wasserstoff und Sauerstoff zersetzt. Dank ihres Flüssigkeitsvolumens kommt die im Passat verwendete Batterie unter normalen Bedingungen ihr gesamtes Leben ohne Nachfüllen von destilliertem Wasser aus, dennoch sollte regelmäßig nach dem Flüssigkeitsstand gesehen werden. Erhöhten Wasserverlust verursachen höhere Umgebungstemperaturen, längere Aufenthalte in heißen Regionen (Urlaub), ein defekter Lichtmaschinen-Spannungsregler, Selbstentladung bei langen Standzeiten des Fahrzeugs oder Tiefentladung, etwa durch eingeschaltetes Standlicht über Nacht.

- Die Batterieflüssigkeit muß bis zur unteren der beiden Markierungen am Gehäuse reichen, zumindest aber die Plattenoberkanten gut bedecken.
- Bei abgesunkenem Flüssigkeitspegel Verschlußstopfen herausdrehen.
- Bei einer geladenen Batterie bis zur oberen Markierung bzw. bis 15 mm über die Plattenoberkanten destilliertes Wasser auffüllen.
- Es darf nur entsalztes (»destilliertes«) Wasser eingefüllt werden. Leitungswasser, Regenwasser und auch abgekochtes Wasser enthält leitfähige Salze und andere Stoffe, die der Batterie schaden.
- In eine stark entladene Batterie nur so viel Wasser einfüllen, daß die Platten oben bedeckt sind. Beim Wiederaufladen steigt der Flüssigkeitsstand nämlich erheblich.
- Erst nach dem Laden destilliertes Wasser bis zur oberen Marke nachfüllen.
- Die Wassermenge aus der Einfüllflasche muß gut dosierbar sein, sonst wird der Akku überfüllt.
- Eine überfüllte Batterie »kocht über«, die Säure tritt an den Verschlußstopfen aus und verursacht Korrosion- und Säurekristalle an Batterieoberfläche und -standplatz.

Batterie ausbauen

- Grundsätzlich muß an der Batterie zuerst das Minuskabel abgenommen werden, damit beim weiteren Hantieren kein Kurzschluß auftreten kann.
- Vorsicht, wenn ein Radio mit Anti-Diebstahl-Codierung eingebaut ist. Vergewissern Sie sich, daß der Anti-Diebstahl-Code vorliegt, damit Sie das Radio nach dem Einbau wieder aktivieren können.
- Die Zündung und ein Radio mit Anti-Diebstahl-Code müssen ausgeschaltet sein, wenn die Batterie abgeklemmt wird.
- Mutter an der Klemme des Minuskabels (gedrillte Kupferlitze) lösen, Klemme vom Batteriepol abheben.
- Pluskabel-Klemme lösen und abnehmen.
- Schraube der Halteleiste am Batteriefuß losdrehen, Schraube und Leiste abnehmen.
- Batterie herausheben.
- Beim Einbau zuerst das Pluskabel anschließen, dann die Minusklemme.
- Ein Vertauschen der Kabelklemmen ist nur mit Gewalt möglich, denn der Plus-Polkopf ist dicker als der Minus-Polkopf.
- Bei einem Radio mit Anti-Diebstahl-Code die Code-Nummer wieder eingeben.

Ladezustand der Batterie prüfen

Erscheint der Akku trotz richtigem Säurestand kraftlos, muß der Ladezustand kontrolliert werden. Auskunft darüber gibt das spezifische Gewicht der Batteriesäure. Sie brauchen für die Kontrolle einen speziellen Hebe-Säuremesser (Aräometer), den Sie sich bei der Tankstelle ausleihen können.

- Batterie-Verschlußstopfen herausdrehen.
- So viel Batteriesäure ansaugen, daß die Meßspindel frei schwimmt.
- Säuregewicht ablesen. Es bedeuten: 1,28 kg/l = Batterie voll geladen; 1,20 kg/l = halb geladen; 1,12 kg/l = entladen.
- Bei gleichmäßig niedriger Säuredichte kann Nachladen der Batterie genügen.
- Ist eine einzelne Zelle entladen, ist die Batterie vermutlich defekt – in einer Autoelektrik-Werkstatt kontrollieren lassen.

Batterie laden

Auch wenn die Batterie nichts zu leisten hat, will sie gelegentlich geladen werden. Sie hat nämlich die Untugend, sich mit der Zeit selbst zu entladen.

Ladegerät anschließen

- Pluskabel an Batterie-Pluspol, Minuskabel an Minuspol anklemmen.
- Die Batteriekabel brauchen bei einem Heimwerker-Ladegerät nicht abgenommen zu werden.
- Die Batteriestopfen können eingeschraubt bleiben. Das sich beim Laden bildende Gas kann durch die Entlüftungsbohrungen in den Stopfen entweichen.
- Der Ladestrom soll anfangs etwa 10% der Batteriekapazität betragen (z. B. 4,4 A beim 44-Ah-Akku) und sich während der Ladung automatisch verringern.
- Die Batterie ist voll geladen, wenn ihre Säuredichte innerhalb von zwei Stunden nicht mehr ansteigt.
- Beim Batterieladen wird das destillierte Wasser teilweise zersetzt. Es bilden sich Gasblasen aus Wasserstoff und Sauerstoff – das hochexplosive Knallgas.
- Wenn mit hohem Strom geladen wird, für gute Durchlüftung des Raumes sorgen.
- Beim Laden der Batterie in deren Nähe nicht rauchen und kein offenes Feuer verwenden.
- Auch Funken beim Ab- oder Anklemmen des Laders bzw. der Batteriekabel können das Knallgas entzünden.

Schnelladung der Batterie

Wer es eilig hat, kann seine Batterie bei Tankstelle oder Werkstatt schnelladen lassen. Nach einer Stunde ist die Batterie wieder voll. Beachten Sie:

○ Ein älterer Akku kann durch den hohen Stromfluß bei der Schnelladung inneren Kurzschluß erleiden. Dann muß eine neue Batterie her, die ohnehin bald fällig geworden wäre.

○ Beide Batteriekabel müssen abgenommen werden, vergewissern Sie sich, daß der Anti-Diebstahl-Code des Radios vorliegt. Durch den hohen Ladestrom können die empfindlichen elektronischen Bauteile im Auto Schaden nehmen.

○ Batterie-Verschlußstopfen herausdrehen und lose in die Öffnungen stecken, da der Akku bei der Schnelladung erheblich »gast«. Bei abgenommenen Stopfen sprüht durch die aufsteigenden und zerplatzenden Gasblasen ein feiner Säurenebel aus der Batterie, der sich rundum niederschlägt. Zum Schutz der Umgebung eine Plastikfolie oder Zeitung zum Abdecken verwenden.

Um an die Batteriepole zu gelangen, müssen Sie als erstes die Batterieschutzhülle (4) aufknöpfen und zurückschlagen. Zum Ausbau der Batterie (2) wird als erstes das Masse-Kabel (3) abgenommen. Jetzt ist der VW stromlos – beim Lösen des Plus-Kabels (1) können jetzt keine Funken mehr sprühen, wenn Sie versehentlich mit dem Werkzeug an Metall kommen.

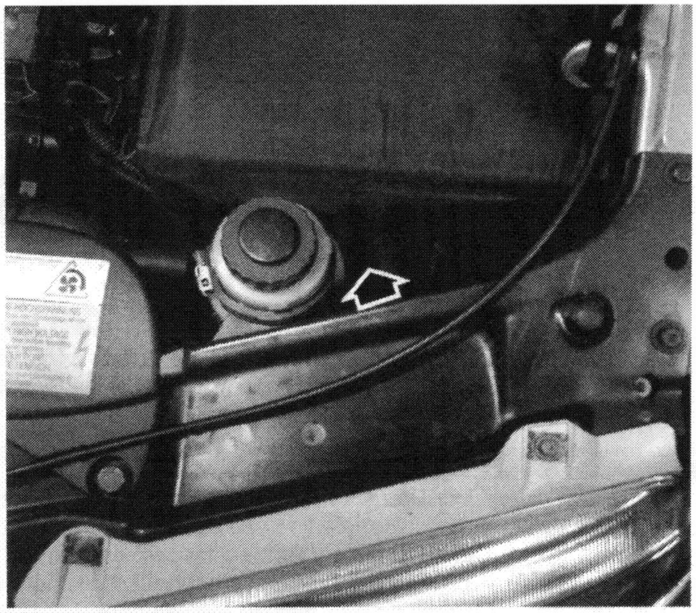

Zum Herausnehmen der Batterie die Sechskantschraube der Fußhalteleiste (Pfeil) losdrehen.

Start mit leerer Batterie

Starthilfekabel

- Hilfsfahrzeug so dicht an den Passat heranfahren lassen, daß die Batterien beider Wagen durch die Starthilfekabel miteinander verbunden werden können.
- Kontrollieren Sie, ob in Ihrem stromlosen Fahrzeug sämtliche Stromverbraucher abgeschaltet sind.
- Ein Kabel an beide Batterie-Pluspole anklemmen.
- Anderes Starthilfekabel zuerst am Minuspol der geladenen Fremdbatterie und dann im Motorraum des stromlosen Wagens an blanker Masse (z. B. direkt am Motor) anschließen.
- Motor des Hilfswagens mit erhöhter Drehzahl laufen lassen, damit die Lichtmaschine kräftig Spannung liefert.
- Falls der Motor nicht gleich anspringt, zwischendurch eine Abkühlungspause für den Anlasser einlegen. Hilfsmotor weiterlaufen lassen, wodurch die leere Batterie bereits etwas nachgeladen wird.
- Beim Abklemmen der Starthilfekabel zuerst die Klemme vom Minuspol der geladenen Fremdbatterie abnehmen.

Wagen anschieben
nur Schaltgetriebe

Mit zwei Helfern läßt sich ein Passat mit Schaltgetriebe bei gutem Motorzustand anschieben:

- Zündung einschalten.
- 1. Gang einlegen. In höheren Gängen wird die Lichtmaschine für kräftige Stromlieferung zu langsam durchgedreht.
- Kupplung durchtreten, Wagen anschieben lassen, bis er in Schwung ist.
- Kupplung schnell kommen lassen. Der Motor wird abrupt durchgedreht und müßte anspringen.
- Sofort Kupplung treten und Gas geben.

Wagen anschleppen
nur Schaltgetriebe

Nur ein Fahrzeug mit Schaltgetriebe läßt sich auf diese Weise in Gang setzen, aber Sie sollten diese Methode nur im äußersten Notfall anwenden. Suchen Sie sich zum Anschleppen einen schlepperfahrenen Helfer aus, damit nicht durch Ungeschick größerer Schaden entsteht. Und denken Sie daran: Bei stehendem Motor arbeitet der Bremskraftverstärker und die Servolenkung nicht!

- Zündung einschalten, 2. Gang einlegen und Kupplung treten.
- Der Zugwagen muß langsam anfahren.
- Bei etwa 15 km/h die Kupplung langsam kommen lassen, dabei die rechte Hand an den Handbremshebel legen.
- Ist der Motor angesprungen, Kupplung treten und Gas geben.
- Handbremse sanft ziehen, damit Sie dem Vordermann nicht ins Heck rollen.
- Schleppfahrer Hupsignal geben.
- Gang herausnehmen, Kupplung loslassen.
- Mit der Handbremse zusammen mit dem Schleppwagen abbremsen.

<u>Fingerzeig:</u> Bei Fahrzeugen mit Katalysator wird oft vor dem Anrollenlassen, Anschieben oder Anschleppen gewarnt. Falls der Motor lediglich wegen einer schwachen Batterie nicht anspringt, ist das aber ungefährlich. Anders bei einem Defekt an der Zündanlage: Da können unverbrannte Gemischanteile nachgezündet werden und die Temperatur im Katalysator auf gefährliche Höhen treiben.

Strom aus Kraftstoff

Unter Autofahrern hat sich der Begriff Lichtmaschine für den Stromerzeuger eingebürgert, obwohl andere, mindestens ebenso wichtige Stromverbraucher ebenfalls mit elektrischer Energie gespeist werden müssen. Bei stehendem Motor besorgt dies die Batterie. Sobald der Motor läuft, tritt der Generator als Stromquelle in Aktion.

Der Drehstrom-Generator

Die Drehstrom-Lichtmaschine wird vom Motor über einen Keilrippenriemen in Schwung versetzt. Die Lichtmaschine liefert 14 Volt Ladespannung im 12-V-Bordnetz, denn nur durch diesen kleinen Spannungsunterschied kann Strom zur Batterie fließen, damit diese aufgeladen wird. Je nach Motor ist eine Lichtmaschine mit 70 oder 120 Ampere Leistung eingebaut. Bei einer maximalen Spannung von 14 Volt sind das 980 oder 1680 Watt. Zwei Drittel dieser Leistung werden bereits bei etwas erhöhter Leerlaufdrehzahl erzeugt.
Der Generator liefert Wechselstrom. Da die Batterie mit Gleichstrom geladen werden will, besorgen Halbleiter-Dioden die notwendige Gleichrichtung des Wechselstromes.

<u>Fingerzeige:</u> Bei laufendem Motor darf kein Kabel zwischen Akku und Lichtmaschine gelöst bzw. wieder angeschlossen werden. Dadurch kann die Spannung schlagartig ansteigen (Spannungsspitze) und eine Diode »verheizt« werden.
Ohne richtig angeschlossene und intakte Batterie darf die Drehstrom-Lichtmaschine nicht laufen. Der Akku dient als Spannungsbegrenzer – gewissermaßen als Puffer gegen Überspannungen.
Sämtliche Kabelanschlüsse im Verbund Lichtmaschine – Batterie – Masse müssen ganz fest sitzen. Schon ein Wackelkontakt kann zu Spannungsspitzen führen.
Beim Schnelladen der Batterie und beim elektrischen Schweißen an der Karosserie müssen beide Kabel vom Akku abgenommen werden.

Die Ladekontrolle

○ Die Kontrolleuchte im Kombi-Instrument hat zwei Plus-Anschlüsse: Zum einen von der Klemme D+ des Generators (blaues Kabel) und zum anderen von Klemme 15 über die Mehrfachsteckverbindung der Leiterplatte hinten am Kombi-Instrument vom Zündschloß kommend.
○ Mit Einschalten der Zündung führt Klemme 15 Spannung. Die Lichtmaschine steht aber noch, so daß der spannungslose D+-Kontakt als »Minus« wirkt. Die Kontrollampe leuchtet auf, denn zwischen dem von der Batterie versorgten Bordnetz und dem noch stehenden Generator herrscht eine Spannungsdifferenz.
○ Wird der Motor gestartet und hat die Lichtmaschine ihre Ladedrehzahl erreicht, verbindet der Spannungsregler den Stromerzeuger mit der Bordelektrik. Nun kommt Plusstrom von Klemme 15 und zusätzlich von Klemme D+. Damit besteht keine Spannungsdifferenz mehr, die Ladekontrolle verlöscht.
○ Beim Einschalten der Zündung muß die brennende Ladekontrolle die Drehstrom-Lichtmaschine »vorerregen«. Nur so kann diese schon aus niedrigen Drehzahlen heraus Strom liefern. Allerdings ist die Vorerregung nur beim ersten Anlaufen des Generators erforderlich.

<u>Fingerzeig:</u> Bisweilen bleibt die Ladekontrolle brennen, wenn Sie den Motor ohne Gas starten und er in niedriger Leerlaufdrehzahl läuft. Dann ist die Vorerregung des Drehstrom-Generators zu schwach, er liefert noch keinen Strom. Sobald Sie auf das Gaspedal tippen, verlöscht das rote Licht – alles ist wieder in Ordnung. Diese Erscheinung ist normal und deutet keinen Schaden an.

Der Spannungsregler

Je schneller die Lichtmaschine dreht, um so höher steigt die Spannung und damit auch der gelieferte Strom – wie beim Fahrraddynamo. Ein derartiges Auf und Ab ertragen die Stromverbraucher im Auto nicht. Deshalb begrenzt ein elektronischer Regler die Spannung und verhindert ein Überladen der Batterie.
Über die Schleifkohlen der Drehstrom-Lichtmaschine fließt nur ein geringer Strom, außerdem laufen die Kohlen auf glatten Schleifringen. Das bewirkt nur geringen Verschleiß, sie halten mindestens 80 000 km.

Spannungsregler prüfen

- Voltmeter zwischen Plus- und Minuspol der Batterie anklemmen.
- Motor mit 2000/min drehen lassen.
- Die Regulierspannung muß 13,3 -14,6 V betragen.

Links: Zur Abnahme der Abdeckung (2) an der Bosch-Lichtmaschine drei Kreuzschlitzschrauben (1) lösen, B+-Kabel vom Schraubbolzen (3) abnehmen und Haltenasen (Pfeile) ausrasten.
Rechts: Den Spannungsregler (2) halten zwei Kreuzschlitzschrauben (1). Position »3« bezeichnet die Achse des Klauenpolläufers in der Lichtmaschine.

- Messen Sie eine höhere Ladespannung, ist der Regler defekt und muß ausgetauscht werden.
- Zu niedrige Spannung kann evtl. an abgenutzten Schleifkohlen liegen.
- Ist das nicht der Fall, gilt die Lichtmaschine als defekt.

- An der Lichtmaschinen-Abdeckung drei Kreuzschlitzschrauben losdrehen, B+-Kabel losschrauben und drei Haltenasen der Abdeckung hinten ausrasten, Abdeckung abnehmen.
- Zwei Halteschrauben am Regler lösen.
- Regler gewissermaßen herausklappen, damit die Kohlebürsten nicht hängenbleiben.

Schleifkohlen kontrollieren

- Überstand der Schleifkohlen messen.
- Bei 5 mm Restlänge sind die Schleifkohlen abgenutzt.
- Die Kohlen können bei manchen Bosch-Lichtmaschinen einzeln ausgetauscht werden.
- Beim Valeo-Generator muß der Spannungsregler komplett ersetzt werden.

Der Keilrippenriemen

Für den Antrieb des Generators dient ein flacher Riemen, der an der Laufseite zu den Riemenscheiben hin durch mehrere Rippen verstärkt ist. Dieser Keilrippenriemen läuft auf Antriebsrädern, die mit einem dazu passenden Profil versehen sind. Der Keilrippenriemen wird durch eine spezielle Spannvorrichtung immer auf der richtigen Spannung gehalten. Dies geschieht entweder durch eine Spannfeder zwischen Lichtmaschine und ihrem Halter oder durch ein Spannelement, das über einen Hebel die Spannrolle auf den Rücken des Keilrippenriemens drückt.

Vorsicht bei Riemendefekt!

Die Wasserpumpe des Kühlsystems wird vom Keilriemen oder vom Keilrippenriemen angetrieben. Bei einem Riemendefekt dürfen Sie nur dann weiterfahren, wenn der Wasserpumpenantrieb nicht betroffen ist! Andernfalls muß der entsprechende Riemen ersetzt oder der Passat abgeschleppt werden.

Links: Zur Abnahme der Abdeckung an der Valeo-Lichtmaschine drei selbstsichernde Muttern (3) lösen, Kontaktstecker (1) abziehen, B+-Kabel vom Schraubbolzen (2) abnehmen und Kabelschelle (4) an der Lichtmaschine lösen.
Rechts: Zum Abnehmen des Spannungsreglers (1) die Muttern bzw. Sechskantschraube (Pfeile) lösen und Regler herausnehmen.

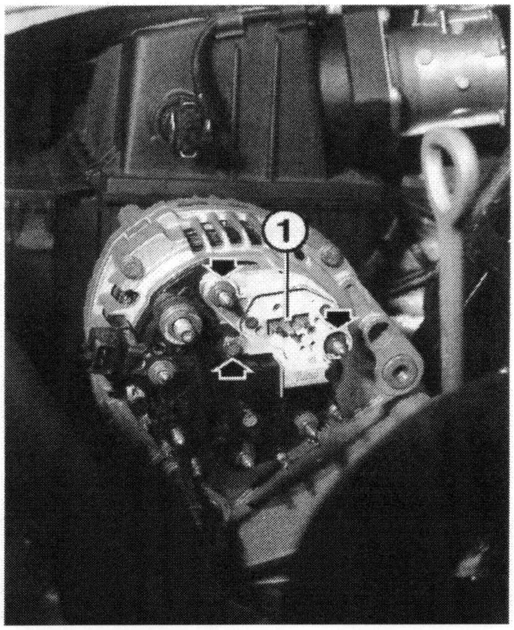

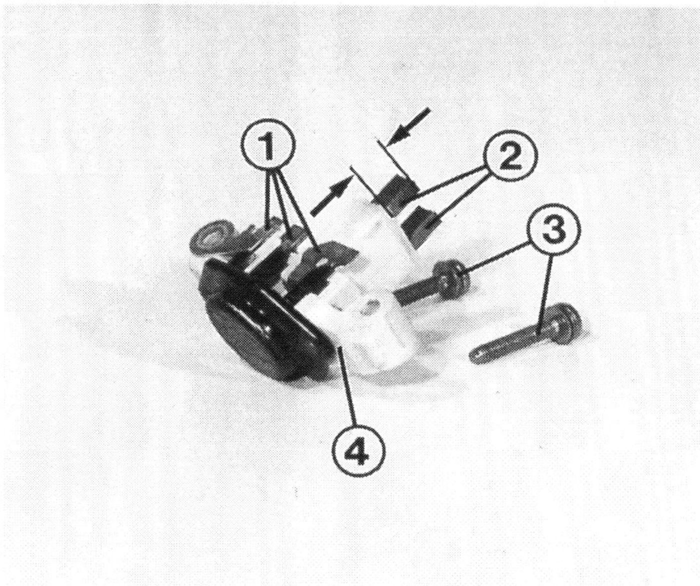

Am ausgebauten Spannungsregler (4) haben wir die Länge der Schleifkohlen (2) durch die Pfeile gekennzeichnet. Position »1« zeigt die Kontakte des Spannungsregler, mit Position »3« sind die Halteschrauben bezeichnet.

Keilrippenriemen prüfen

Wartungsarbeit

- Um eine einwandfreie Kontrolle des gerippten Riemens zu haben, muß der Motor so lange von Hand durchgedreht werden, bis die gesamte Riemenlänge überprüft werden konnte.
- **Zustand:** Verdrehen Sie den Riemen an der längsten freilaufenden Stelle zwischen Kurbelwelle und Lichtmaschine, daß Sie auch die gerippte Seite sehen können.
- Kontrollieren Sie den Riemen auf folgende Schäden: starke Abnutzung, ausgefranste Flanken, Ölspuren, Bruchstellen quer zum Rippenprofil.
- **Spannung:** Bei der Ausführung ohne Spannrolle die beiden Verschraubungen der Lichtmaschine lockern.
- Durch die Spannfeder stellt sich die richtige Spannung jetzt von selbst ein.
- Schrauben wieder festziehen.
- Bei der Ausführung mit Spannrolle wird der Keilrippenriemen durch die federbelastete Spannvorrichtung immer auf richtiger Spannung gehalten.

Keilrippenriemen abnehmen

- Laufrichtung des Keilrippenriemens anzeichnen. Eine geänderte Laufrichtung schadet dem Riemen.
- Keilriemen der Servolenkung abnehmen, siehe Kapitel »Radaufhängung und Lenkung«.
- **Ohne Spannrolle:** Beide in der Abbildung unten links gezeigten Schrauben lösen.
- Lichtmaschine nach unten drücken.
- **Mit Spannrolle:** An der Halteschraube der Spannrolle einen geraden Ringschlüssel SW 13 ansetzen.
- Keilrippenriemen entlasten, indem Sie die Spannrolle nach oben drücken.
- **Beide:** Keilrippenriemen von den Riemenscheiben abnehmen.
- Beim Einbau darauf achten, daß alle vom Keilrippenriemen angetriebenen Bauteile fest montiert sind.
- Prüfen Sie die korrekte Führung des Riemens auf sämtlichen Rollen und Riemenscheiben, da er sonst »wandern« kann.
- Nach dem Zusammenbau Motor starten und kontrollieren, ob der Keilrippenriemen sauber auf den Riemenscheiben läuft.

Links: Zum Spannen des Keilrippenriemens (nur Fahrzeuge ohne automatische Spannrolle) am oberen Schwenkpunkt die Halteschraube (1) lösen. Anschließend Klemmschraube (3) der Lichtmaschine (2) lösen. Lichtmaschine spannt sich nun durch die Spannfeder von selbst. Rechts: Hier sehen Sie die Spannfeder (2) bei Fahrzeugen ohne Spannrolle, die zwischen Lichtmaschine (1) und Halter (3) sitzt.

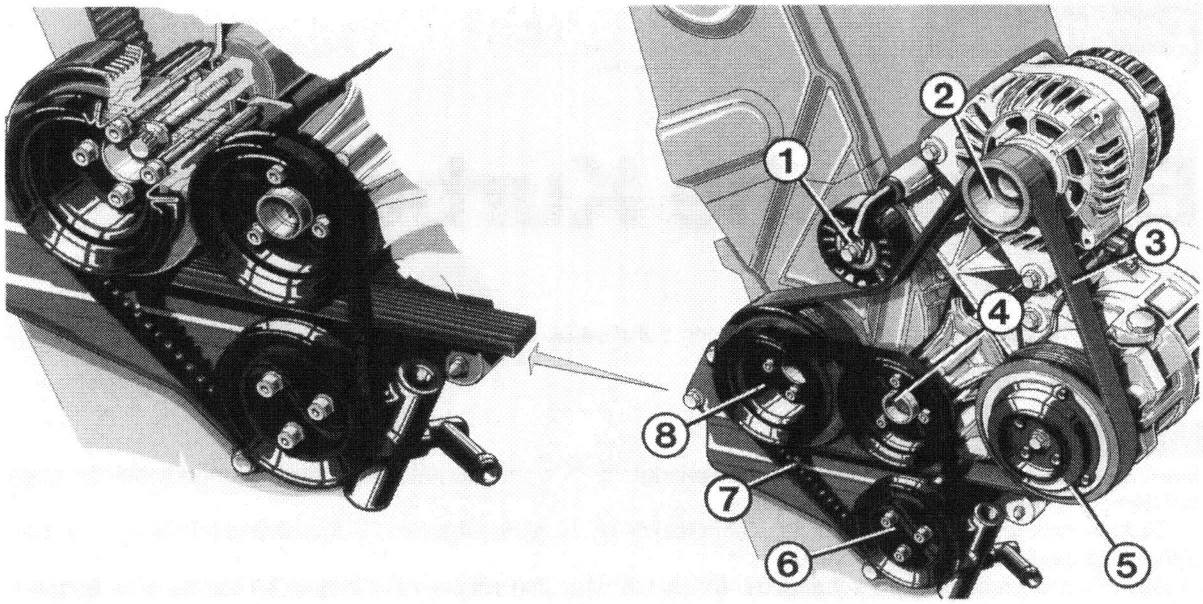

Der Keilrippenriemen (3) wird in Verbindung mit Klimaanlage über die Spannrolle (1) auf Spannung gehalten. Der Klimakompressor (5) und die Lichtmaschine (2) werden über die Kurbelwelle (8) angetrieben. Wasserpumpe (4) und Pumpe der Servolenkung (6) werden durch einen Keilriemen in Schwung versetzt.

Generator ausbauen

- Minuskabel der Batterie abnehmen.
- Beim TDI die Geräuschdämpfung abnehmen.
- Lichtmaschinen-Mehrfachstecker abziehen, dabei nicht an den Kabeln zerren.
- Halteschelle lösen.
- Pluskabel-Abdeckkappe abnehmen.
- Massekabel am Generatorgehäuse lösen.
- Keilrippenriemen abnehmen.
- Bolzen am Schwenkpunkt herausdrehen, dabei den Generator festhalten.

Störungsbeistand

Batterie und Lichtmaschine

Die Störung	– ihre Ursache	– ihre Abhilfe
A Rote Ladekontrolle brennt nicht beim Einschalten der Zündung	1 Batterie leer	Mit Starthilfekabeln starten oder Wagen anschleppen
	2 Batteriekabel gebrochen, Kabelklemmen lose oder oxidiert	Batteriekabel und -klemmen kontrollieren
	3 Leuchtdiode defekt	Ersetzen
	4 Kabelweg zwischen Zündschloß, Ladekontrolle und Lichtmaschine unterbrochen	Stromweg mit Prüflampe kontrollieren
	5 Massekabel zwischen Lichtmaschine und Motorblock gebrochen	Kabel kontrollieren
	6 Schleifkohlen abgenutzt	Ersetzen oder Regler austauschen
	7 Spannungsregler defekt	Regler austauschen
	8 Lichtmaschine schadhaft	Lichtmaschine instand setzen lassen
	9 Nach zu heftiger Motorwäsche: Eingedrungene Feuchtigkeit hat einen isolierenden Schmierfilm zwischen den Schleifringen und Kohlen gebildet	Lichtmaschine mit Druckluft ausblasen oder Schleifringe und Kohlen sauberreiben
B Ladekontrolle brennt oder glimmt bei laufendem Motor	1 Keilrippenriemen gerissen oder Spannvorrichtung des Keilrippenriemens schadhaft	Spannvorrichtung kontrollieren
	2 Mangelnder Kontakt an Kabelanschlüssen oder unterbrochene Kabel	Kabelanschlüsse und Kabel prüfen
	3 Siehe A 6 - 8	
C Batterieoberfläche feucht	1 Batterie überfüllt	Zuviel eingefülltes destilliertes Wasser durch Überladen herausgasen. Keine Säure absaugen
	2 Batterieverschlüsse verstopft	Entlüftungslöcher säubern
	3 Siehe A 7	
D Batterie gast stark	Siehe A 7	

Elektrische Kurbel

Ein Bauteil mit zungenbrechender Bezeichnung sorgt dafür, daß der Motor zum Laufen kommt: der »Schub-Schraubtrieb-Starter«.

So funktioniert der Anlasser

Beim Zündschlüsseldreh in Stellung »Start« gelangt von Klemme 50 am Zündschloß Spannung an den oben auf dem Anlasser sitzenden Magnetschalter.

○ Dadurch schiebt ein Einrückhebel das Zahnritzel des Anlassers auf einem Steilgewinde der Ankerwelle in den Zahnkranz der Motor-Schwungscheibe.

○ Beim Eingreifen des Ritzels schaltet der Magnetschalter den vollen, von Klemme 30 kommenden Batteriestrom ein, so daß der Anlasser den Motor erst nach dem Einspuren des Ritzels kräftig durchdreht.

○ Anlasser-Motor und Zahnritzel sind durch ein Planetengetriebe verbunden. Der Elektromotor dreht deshalb wesentlich schneller als das Ritzel. Dadurch besitzt der Anlasser mehr Schwungenergie.

○ Ist der Motor angesprungen, wird das Ritzel aus der Schwungscheibe wieder ausgespurt.

Anlasser ausbauen

- Massekabel an der Batterie abklemmen.
- Elektrische Kabel aus den Haltern aushängen.
- Kabelstecker entriegeln und abziehen.
- Kabel vom Magnetschalter abziehen bzw. abschrauben.
- Zum Losdrehen der Anlasser-Halteschrauben benötigen Sie wegen der beengten Einbauverhältnisse eine $^3/_8$"-Rätsche.
- Oben am Anlasser eine Schraube losdrehen.
- Eine weitere Schraube unten lösen.
- Schrauben herausziehen, dabei den Anlasser festhalten.
- Beim Einbau werden die Halteschrauben durch Motorhalterung, Motorblock, Getriebegehäuse und Anlasser gesteckt. Druckleitung der Servolenkung nicht vergessen.
- **Anzugsdrehmomente:** Halteschraube M 8 = 10 Nm und M 10 X 60 = 45 Nm.
- Am Anlasser vorbeilaufende Leitungen wieder in die Halter einhängen.

Magnetschalter ausbauen

- Anlasser demontieren.
- Kabel zwischen Magnetschalter und Anlasser lösen.
- Drei Schlitzschrauben am Halteflansch des Magnetschalters lösen.
- Magnetschalter ein Stück zurückziehen und aus dem Einrückhebel des Anlassers aushängen.

Hier ist das Schaltschema des Anlassers zu sehen. Die Zahlen bedeuten: 1 – Einrückspule; 2 – Haltespule; 3 – Einrückhebel; 4 – Ritzel; 5 – Feldspule; 6 – Anker; 7 – Kohlebürsten; 8 – Batterie; 9 – Zünd/Anlaß-Schalter.

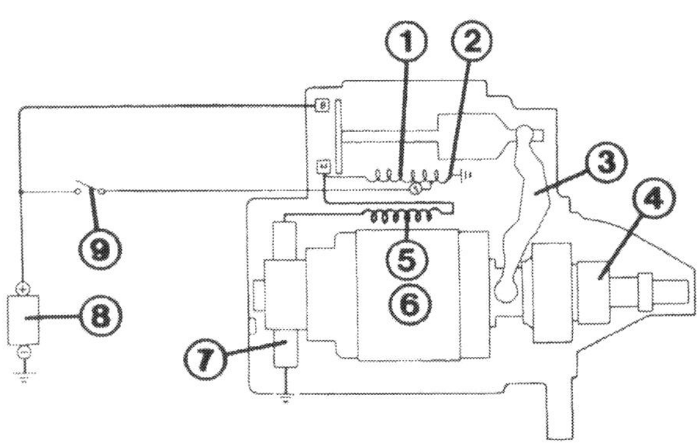

Zum Ausbau des Anlassers (4) müssen folgende Leitungen gelöst werden: 1 – Klemme B+; 2 – Klemme 50; 3 – Klemme 30.

Anlasser-Schleifkohlen ersetzen

- Anlasser ausbauen.
- An der geschlossenen Seite des Anlassers zwei Schlitzschrauben an dem kleinen Lagerdeckel herausdrehen, Deckel abnehmen.
- Sicherungsscheibe und Einstellscheiben vom darunter liegenden Wellenstumpf abnehmen.
- Beide Schlitzschrauben (oder Muttern mit Stehbolzen) am Kollektorlager herausdrehen und Lager abnehmen.
- Länge der Schleifkohlen an der Halteplatte messen – Mindestlänge: 13 mm.
- Zum Auswechseln der Schleifkohlen die Kohlebürsten-Halteplatte am Anschlußkabel auslöten und neue Platte einlöten.
- Anlasser wieder zusammenbauen, dabei Kollektorlager, Halteschrauben und Lagerdeckel mit Dichtungsmittel abdichten.

Störungsbeistand

Anlasser

Die Störung	– ihre Ursache	– ihre Abhilfe
A Beim Drehen des Zündschlüssels in Startstellung dreht der Anlasser zu langsam oder gar nicht	1 Kontrollampen brennen schwach oder verlöschen	
	a) Batterie entladen oder defekt	Mit Starthilfekabeln starten bzw. ersetzen
	b) Kabelanschlüsse lose oder oxidiert	Kabelanschlüsse kontrollieren
	c) Anlasser hat Masseschluß	Anlasser überholen lassen
	2 Kontrollampen brennen hell, Klicken aus Richtung Anlasser	Kurz auf den Magnetschalter klopfen. Dreht der Anlasser weiterhin nicht:
	a) Kohlebürsten bzw. deren Anschlüsse im Anlasser gelöst	Kohlebürsten überprüfen
	b) Kontakte im Magnetschalter verschmort	Magnetschalter ersetzen
	c) Anlasserwicklung schadhaft	Anlasser überholen lassen
	3 Kontrollampen brennen hell, keinerlei Geräusche	
	a) Magnetschalter hängt, da verklebt oder zu heiß	Von Helfer Zündschlüssel in Startstellung drehen lassen und mit Schraubenschlüssel o. ä. auf den Magnetschalter klopfen
	b) Anschlußstecker der Klemme 50 am Magnetschalter lose	Steckanschluß überprüfen
	c) Klemme-50-Leitung vom Zündschloß zum Magnetschalter unterbrochen	Leitung mit Prüflampe kontrollieren
B Anlasser läuft, ohne den Motor durchzudrehen	1 Einrückvorrichtung klemmt	Anlasser überholen lassen
	2 Verzahnung des Ritzels oder der Motor-Schwungscheibe beschädigt	Wagen bei eingelegtem Gang ein Stück vorschieben. Erneut starten. Beschädigte Teile ersetzen lassen
C Magnetschalter schaltet in schneller Folge ein und aus, Anlasser läuft nicht an	Batterie stark entladen, beim Einschalten des Magnetschalters fällt die Spannung ab, und er schaltet wieder ab	Batterie laden
D Anlasser läuft weiter, obwohl Zündschlüssel losgelassen wurde	1 Magnetschalter hängt und schaltet nicht ab	Zündung sofort abschalten, notfalls Batterie abklemmen. Magnetschalter ersetzen
	2 Zünd-/Anlaßschalter defekt	Zünd-/Anlaßschalter ersetzen
E Ritzel spurt nach Anspringen des Motors nicht aus	1 Rückstellfeder des Einrückhebels lahm oder gebrochen	Zündung sofort abschalten. Reparieren lassen
	2 Verzahnung des Ritzels bzw. der Motor-Schwungscheibe verschmutzt oder beschädigt	Reinigen bzw. schadhafte Teile ersetzen lassen

Starkes Feuerzeug

Wenn das von den Kolben angesaugte Kraftstoff/Luft-Gemisch für die gewünschte Kraftentfaltung entzündet werden soll, braucht es einen kräftigen elektrischen Funken im Brennraum. Der muß im richtigen Moment sowie unter allen Betriebsbedingungen an der Zündkerze überspringen.

Was die Zündung leistet

Die Zündanlage sorgt durch gezielt abgefeuerte Zündfunken für den richtigen Verbrennungsablauf im Motor. Und das geht Knall auf Fall, denn bereits bei 3000 Motorumdrehungen fordert jeder Motorzylinder 25 Funken pro Sekunde. Macht 100 in der Sekunde, 6000 in der Minute, 360 000 in der Stunde u.s.w.
Damit an der Zündkerze im Verbrennungsraum überhaupt ein Funke überspringen kann, muß zwischen den Zündkerzenelektroden eine Spannung von mindestens 30 000 Volt vorhanden sein. Da die Batterie aber nur eine Spannung von 12 Volt liefert, muß deren Spannung ganz erheblich hochtransformiert werden.
Ferner geht es beim Funkenüberschlag nicht etwa nur um Zehntel- oder Hundertstel-, sondern um Tausendstelsekunden. Nur ein Minimales zu spät oder zu früh, und die Zündung und damit die Leistung des Motors ist mangelhaft.

Wann wird gezündet?

Oberer Totpunkt

Der Funke muß im richtigen Augenblick überspringen. Am wirkungsvollsten ist die Verbrennung, wenn das Kraftstoff/Luft-Gemisch in dem Moment entzündet wird, da dieses auf engstem Raum zusammengepreßt ist. Diese höchste Verdichtung herrscht beim Viertaktmotor in jenem Augenblick, in dem der Kolben bei Beendigung des Kompressionshubs (2. Takt) von der Aufwärtsbewegung in die Abwärtsbewegung des (3.) Arbeitstakts übergehen will. Bevor sich die Bewegungsrichtung des Kolbens umkehrt, steht er einen winzigen Sekundenbruchteil lang im höchsten Punkt in seiner Bewegungsbahn still. Diesen Punkt nennt man den »Oberen Totpunkt« (OT).

Frühzündung

Idealer Zündzeitpunkt ist der Moment, in dem der Kolben gerade seine Abwärtsbewegung beginnt. Die Verdichtung ist am höchsten, und der Kolben kann mit Kraft und Schwung zum Motorblock hinuntergedrückt werden. Trotzdem wäre es falsch, den Zündzeitpunkt genau auf OT zu legen. Denn das Kraftstoff/Luft-Gemisch braucht eine gewisse Zeit (rund $^1/_{3000}$ s), bis es sich entzündet hat und den vollen Verbrennungsdruck entwickelt. Also wird der Zündzeitpunkt vorverlegt – wir haben »Frühzündung«. Der Startschuß für den Funken erfolgt deshalb noch während der Aufwärtsbewegung des Kolbens, der Verbrennungsdruck setzt jedoch erst knapp nach dem OT ein.
Mit steigender Motordrehzahl muß der Zündfunke immer früher überspringen, denn – wir haben das eben schon angesprochen – das Kraftstoff/Luft-Gemisch braucht ja immer die gleiche Zeit zur Entzündung. Nur so erfolgt die Verbrennung wieder genau zur richtigen Zeit, nämlich dann, wenn der Kolben gerade wieder beginnt abwärts zu laufen. Das Verbrennen des Kraftstoff/Luft-Gemisches hängt aber auch von dessen Zusammensetzung ab. Bei nur gering durchgetretenem Gaspedal (bei »Teillast«) ist das Gemisch in den Brennräumen weniger zündfähig; es verbrennt daher langsamer. Auch hier muß früher gezündet werden.

Spätzündung

Andere Situationen erfordern es, den Zündzeitpunkt in Richtung »Spät« zu verschieben. Die Zündung erfolgt dann erst, wenn der Kolben den OT längst passiert hat. Es wird also fast in den Auspufftakt hinein gezündet, was die Abgaszusammensetzung verbessert, die Motorleistung aber verschlechtert. Demzufolge ist Spätzündung richtig, wenn der Motor ohne Last im Schiebebetrieb (z. B. bergab ohne Gas) läuft.

Das Zündsystem

Die Zündung im Passat ist Bestandteil eines kompletten Motor-Managements. Darunter versteht man die Zusammenfassung von Zünd- und Einspritz-Steuerung. Das hat den Vorzug, daß die Reaktionen beider Bereiche optimal aufeinander abgestimmt werden können. Außerdem kann auf dieselben Geber für Gemischbildung und Zündverstellung zurückgegriffen werden.
Bei allen Motorversionen handelt es sich um eine Verteilerzündung. Die in der Zündspule erzeugte Hochspannung wird über den Verteiler reihum auf die Zündkerzen verteilt.

Für die Auslösung des Zündimpulses dient bei unseren Fahrzeugen der Hallgeber (4) im Zündverteiler. Auf der Verteilerwelle sitzt ein Blendenrotor (1) mit seinen vier Aussparungen (2). Solange die Blende im Raum zwischen Hall-IC und dem gegenüberliegenden Dauermagneten steht, fließt Strom durch die Zündspulen-Primärwicklung. Sobald die Blende das Magnetfeld freigibt, kommt der Unterbrechungsimpuls an die Zündspule. Die Spannungsversorgung und Impulsübermittlung erfolgt über die Dreifachsteckverbindung (3).

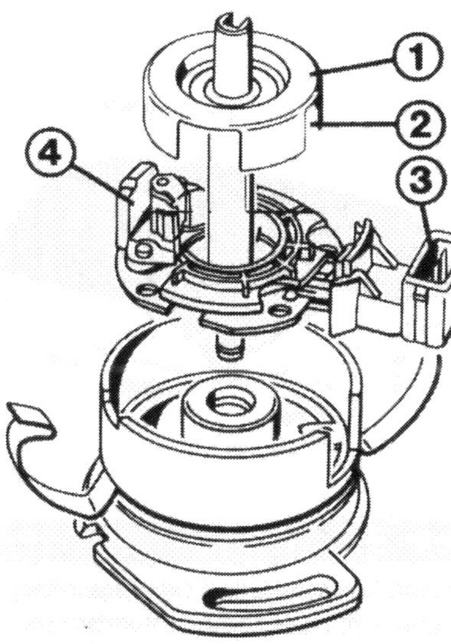

So entsteht der Zündfunke

○ Zunächst fließt der Batteriestrom durch die Primärwicklung der Zündspule. Diese Wicklung besteht aus wenigen Windungen eines dicken Drahts. Unter der Wirkung des Stromes baut sich um den Eisenkern in der Spule ein kräftiges Magnetfeld auf – die Zündenergie.
○ Nähert sich der Kolben in seinem Zylinder dem Punkt, da die angesaugte und verdichtete Ladung gezündet werden soll (dem Zündzeitpunkt), wird der Strom zur Zündspule unterbrochen.
○ Mit dem Ausschalten des Stromes bricht das Magnetfeld in der Zündspule zusammen. Dabei entsteht in der Sekundärwicklung aus sehr vielen Windungen eines dünnen Drahts ein Hochspannungs-Stromstoß von einigen zigtausend Volt.
○ Diese Zündspannung wird über den Verteiler derjenigen Zündkerze zugeleitet, die in der Zündfolge des Motors gerade an der Reihe ist. Das Gemisch wird entzündet, der Motor dreht weiter. Der Stromkreis wird wieder geschlossen, und das Spiel läuft von neuem ab.

Impulsauslösung
Hallgeber

Damit der Zündfunke entstehen kann, muß der Stromfluß zur Zündspule eingeschaltet bzw. unterbrochen werden. Diese Aufgabe erledigt die Leistungs-Endstufe mit Hilfe von Transistoren. Um den Strom rechtzeitig an- und auszuschalten, wird außerdem ein Geber benötigt, der den Schaltbefehl in Abhängigkeit von der Kolbenstellung gibt. Nur so kann die Zündung genau im richtigen Augenblick erfolgen. Den Impuls liefert ein Hallgeber, bei dem der nach seinem amerikanischen Entdecker E. H. Hall so genannte Hall-Effekt nutzbar gemacht wird. Der Hallgeber sitzt unten im Verteilergehäuse.
Der Hallgeber besteht aus einem von der Verteilerwelle bewegten Blendenrotor mit vier Aussparungen, einem Dauermagnet und ihm gegenüberliegend dem Hall-IC. Steht eine Rotorblende im Magnetfeld, so läßt der Hallgeber Strom zur Zündspule fließen. Verläßt die Blende den Luftspalt zwischen Hall-IC und Dauermagnet, kommt kein Strom an die Zündspule. Das sind die Impulse zum Auslösen der Zündung.

Impulsverarbeitung
Leistungs-Endstufe

○ Der Unterbrechungsimpuls vom Hallgeber gelangt über das Steuergerät der Zünd/Einspritz-Steuerung an die Leistungs-Endstufe. Dort findet die Umformung und Stromverstärkung des Hallgeber-Impulses statt.
○ Damit im gesamten Leistungsbereich die nötige Zündenergie vorhanden ist, wird die Zeit für den Stromfluß zur Zündspule je nach Drehzahl und Versorgungsspannung angepaßt. Außerdem kann die Endstufe den Primärstromfluß zur Zündspule bis zu einem Maximalwert begrenzen.
○ Zur Schonung der Zündspule besitzt die Endstufe eine Sicherheitsschaltung. Da beim Einschalten der Zündung der Stromkreis immer geschlossen ist, könnten die Spulenwicklungen überhitzt werden, wenn die Zündung über längere Zeit eingeschaltet bleibt. Das verhindert die Sicherheitsschaltung: An Klemme 15 liegen 12 Volt an, an Klemme 1 dagegen maximal 10 Volt (eher weniger). Es werden also mindestens 2 Volt in den Wicklungen »verbraucht«, wodurch sich diese aufheizen können. Doch bereits nach 1- 2 Sekunden legt die Endstufe an Klemme 1 ebenfalls 12 Volt Spannung. In den Wicklungen herrscht keine Spannungsdifferenz mehr, der »Verbraucher« ist abgeschaltet.

Zylinder-1-Erkennung
nur MPI

Im Blendenrotor ist die Aussparung für Zylinder 1 etwas größer als für die übrigen drei Zylinder. Entsprechend gelangt ein etwas längerer Impuls ans Steuergerät. Das Steuergerät vergleicht die Dauer der Impulse und erkennt anhand des längeren Impulses den Zünd-OT von Zylinder 1. Diese Signalerkennung findet etwa 10 Seunden während des Anlassens statt. Gebraucht wird diese Information für die richtige Einspritzfolge der Zylinder (entsprechend der Zündfolge) und für die selektive Klopfregelung in den einzelnen Zylindern.

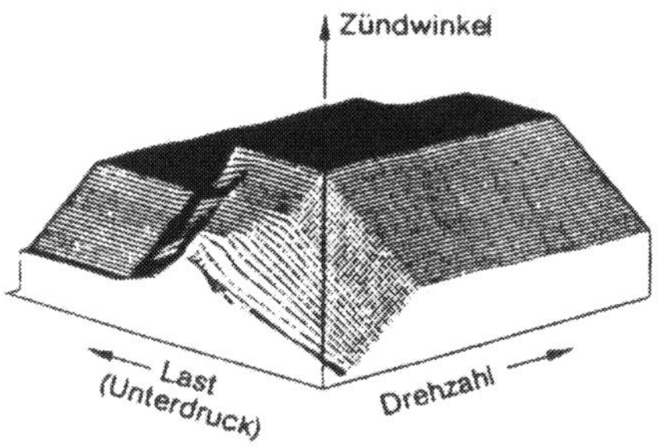

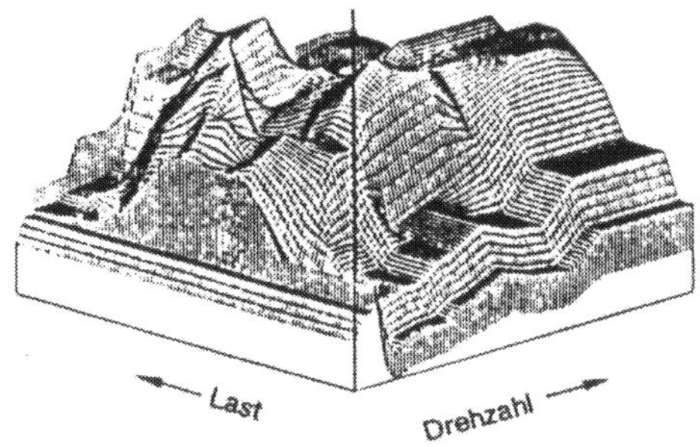

In der linken Zeichnung ist das Zündkennfeld einer herkömmlichen Zündanlage dargestellt. Rechts erkennen Sie, daß das Kennfeld bei Zentral- bzw. Multipoint-Einspritzung wesentlich stärker ausgeformt ist.

Elektronische Zündverstellung

Mit den Möglichkeiten der Elektronik läßt sich der Zündzeitpunkt auf den jeweils günstigsten Wert legen, was für eine optimale Gemischverbrennung sorgt, selbst in problematischen Verbrennungsphasen. Das senkt den Verbrauch und verringert den Giftanteil im Abgas. Das Steuergerät errechnet die nötigen Verstellwerte, die dann die Leistungs-Endstufe in die Tat umsetzt. Dabei wird von einem eingespeicherten Kennfeld ausgegangen, das für jedes mögliche Last/Drehzahl-Verhältnis den richtigen Zündverstellwinkel bereithält. Das Zündungs-Kennfeld geht besonders genau auf die Eigenheiten des Motors ein.

Zusätzlich stehen Korrekturprogramme bereit für Kaltlauf des Motors, Start, Leerlauf, Schiebebetrieb sowie für ruckfreies Schalten in Verbindung mit dem elektronisch gesteuerten Automatikgetriebe.

Außerdem ist ein Fehlerspeicher eingebaut, der über das Werkstatt-Fehlerauslesegerät Defekte in der Zündanlage anzeigt.

Klopfregelung

ab 74 kW

Die Klopfregelung ermöglicht es, den Motor immer mit größtmöglicher Frühzündung zu betreiben, was beste Leistungsausbeute verspricht. Dazu wird die Verbrennung in den Zylindern elektronisch überwacht. In Fahrtrichtung vorn ist am Motorblock ein sogenannter Klopfsensor festgeschraubt. Er »spürt« es, wenn die Verbrennung im Zylinder statt der üblichen gleichförmigen Schwingungen ein ungleichmäßiges Schwingungsbild zeigt. Diese Information leitet der Klopfsensor zum Steuergerät weiter.

Dort passiert folgendes: Mit Eingang des Signals »klopfende Verbrennung bei der letzten Zündung« erhalten die nun folgenden Zylinder mit normaler Verbrennung weiterhin ihren errechneten Zündzeitpunkt. Doch an demjenigen Zylinder, an dem Klopfen festgestellt wurde, wird der Zündzeitpunkt um 3° zurückgenommen. Das geschieht wohlgemerkt nur bei diesem einen Zylinder. Die anderen behalten den ursprünglich errechneten Zündzeitpunkt. Man nennt dies »selektive« Klopfregelung. Sollte die klopfende Verbrennung im betreffenden Zylinder anhalten, wird beim nächsten Arbeitstakt der Zündzeitpunkt abermals um 3° zurückgenommen. Das kann bis maximal 15° geschehen – vom Soll-Zündzeitpunkt aus gerechnet.

Voraussetzung für die einwandfreie Funktion des am Motor angeschraubten Klopfsensors (1; nur bei Fahrzeugen mit Multipoint-Einspritzung) ist das Anzugsdrehmoment. Wird die Sechskantschraube (2) mit mehr als den zulässigen 20 Nm festgedreht, kann der Sensor keine bzw. falsche Klopfsignale ans Steuergerät übermitteln.

In diesem Schnitt durch den Motor sehen Sie den Klopfsensor (1) am Motorblock angeschraubt. Wird die Schraube (2) zu fest angezogen, kann der Sensor keine Signale über den Stecker (3) ans Steuergerät übermitteln.

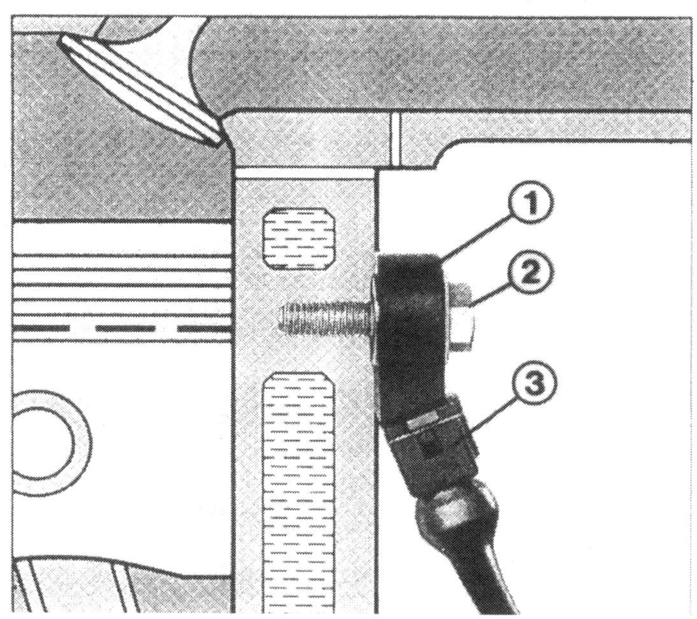

Wenn im entsprechenden Zylinder die Verbrennung wieder normal abläuft, wird der Zündzeitpunkt nach kurzer Verweilzeit allmählich in Richtung »früh« verstellt. Das geschieht um 0,5°, dann folgt eine Pause über mehrere Arbeitstakte, bevor abermals um 0,5° weiter in Richtung »früh« verstellt wird. Das geht so lange, bis der ursprünglich geplante Zündzeitpunkt erreicht ist oder der Klopfsensor erneut klopfende Verbrennung meldet.

Der Klopfsensor

In diesem Bauteil ist ein »Piezokeramik«-Stückchen eingesetzt, ein Werkstoff, den wir als Funkenspender vom Gasfeuerzeug her kennen. Mechanische Kräfte (Zug, Druck), die auf die Piezokeramik wirken, werden von dieser in elektrische Spannung umgesetzt. Ungleichmäßige Schwingungen – erzeugt durch klopfende Verbrennung – genügen, um den Sensor zu aktivieren.
Ein Fehler am Klopfsensor wird durch Auslesen des Fehlerspeichers in der VW-Werkstatt erkannt. Der Ausfall des Gebersignals ist aber auch im Fahrverhalten zu erkennen, denn das Steuergerät schaltet auf Notlauf, die Motorleistung läßt nach.
Beim Einbau eines neuen Sensors unbedingt auf das richtige **Anzugsmoment** der Befestigungsschraube von **20 Nm** achten.

Die Zündspule

○ Für die Spannungsversorgung der Primärwicklung dient eine schwarze Leitung von der Zentralelektrik. Über den Kontakt der Klemme 15 ist in der sogenannten Schließzeit die Verbindung zur Primärwicklung hergestellt.
○ Der Unterbrechungsimpuls vom Hallgeber kommt von der Leistungs-Endstufe an den Kontakt der Klemme 1.
○ Die Zündspannung von rund 35 000 Volt liegt an der dicken Klemme 4 der Spule an und wird über das Hauptzündkabel zum Verteilerdeckel weitergeleitet.

Vorsicht beim Umgang mit der Zündung

Im Motorraum warnt ein Aufkleber vor den hohen Spannungen der elektronischen Zündanlage, und das nicht ohne Grund: Schon in der dünnen Steuerleitung zum Zündtrafo können Spannungen bis zu 100 Volt mit hoher Stromstärke auftreten, ganz zu schweigen von der Zündspannung, die mit über 30 000 Volt gefährlich hoch ist. Das Berühren blanker Kontakte bei eingeschalteter Zündung kann unter ungünstigen Umständen für Herzkranke und vor allem für Träger eines Herzschrittmachers sehr gefährlich werden. Deshalb:
○ Sämtliche elektrischen Leitungen – auch Anschlüsse von Prüfgeräten – nur bei ausgeschalteter Zündung berühren oder ab- bzw. anklemmen.
○ Soll der Motor vom Anlasser lediglich durchgedreht werden ohne anzuspringen, muß die Zündung lahmgelegt werden.
○ Zur Motorwäsche darf der Motor nicht laufen, und die Zündung muß ausgeschaltet sein.
○ Zur Starthilfe bei leerer Batterie mit einem Schnellader darf dieser höchstens eine Minute lang angeschlossen sein und die Spannung nicht mehr als 16,5 V betragen.
○ Bei einem bestehenden oder vermuteten Defekt an der Zündanlage zum Abschleppen des Fahrzeugs die Zündung ebenfalls lahmlegen.
○ An Klemme 1/- des Zündtrafos keinen Kondensator anschließen.
○ Zündverteilerläufer nicht gegen einen beliebigen austauschen, er hat einen Widerstand von 1 kΩ und die Kennzeichnung »R 1«.
○ An den dicken Zündkabeln nur Widerstände mit 1 kΩ und Kerzenstecker mit einem Widerstand von 5 kΩ verwenden.
○ Beim elektrischen Schweißen und in der Lackier-Trockenkammer gelten besondere Vorschriften.

Zündung lahmlegen

Die Leistungs-Endstufe bzw. das Steuergerät erleiden unweigerlich Schaden, wenn der Motor bei einem abgezogenem Zündkabel vom Anlasser durchgedreht wird. Deshalb den Dreifachstecker am Zündverteiler bzw. an der Leistungs-Endstufe des Zündtrafos bei ausgeschalteter Zündung abziehen.

Störungssuche an der Zündung

Die Steuergeräte der Zünd/Einspritz-Steuerung können Fehler, die während des Motorbetriebs auftreten, in Eigendiagnose erkennen und speichern. Ein Prüfprogramm überwacht die Ein- und Ausgangssignale von Gebern und Bauteilen, wie in den Kapiteln über die Benzineinspritzung beschrieben. Langwierige Fehlersuche läßt sich oft vermeiden, wenn man als erstes die Werkstatt den Fehlerspeicher abfragen läßt.
Wer im Pannenfall selbst einen Fehler im Zündungsbereich auffinden will, muß ganz systematisch vorgehen.

○ Ob überhaupt ein Zündfunke erzeugt wird, klärt man mit einer einfachen Zündspannungs-Prüfung.
○ Eine genaue Sichtprüfung der Zündanlage deckt die häufigsten Fehlerursachen auf.
○ Sitzen alle Kabelanschlüsse und Steckkontakte an Leistungs-Endstufe, Zündspule und am Verteiler fest?
○ Ist in einem Mehrfachstecker eventuell ein einzelner Steckkontakt zurückgerutscht?
○ Hat sich teerartige Vergußmasse an der Zündspule herausgedrückt? Dann ist Ersatz notwendig.
○ Sehen Sie am Zündspulengehäuse Risse oder Brandspuren von überschlagenden Funken?
○ Zeigt die Verteilerkappe Schäden? Vor allem die Innenseite beachten.
○ Sind alle Teile der Zündanlage sauber und trocken? Feuchter Schmutz begünstigt Spannungsüberschläge.
○ Kontrollieren Sie zusätzlich die Haupt- oder Zündkerzenkabel auf festen Sitz und Schäden an der Isolation. Die elektronischen Zündanlagen sind durch ihre hohen Zündspannungen empfindlich gegen Funkenüberschläge und Kriechströme.
○ Als letzte Station für den Zündfunken werden die Zündkerzen überprüft.
○ Erst jetzt Leistungs-Endstufe und Zündspule sowie Hallgeber durchprüfen.

Fingerzeig: Beachten Sie bei den folgenden Messungen an der elektronischen Zündanlage, daß Meß- und Prüfgeräte zu Ihrer eigenen Sicherheit nur bei ausgeschalteter Zündung an- und abgeklemmt werden dürfen.

Ist Zündspannung vorhanden?

Gleich zu Anfang prüfen wir, ob die Zündanlage überhaupt Zündfunken zustandebringt:
● Einen Zündkerzenstecker abziehen, Kerze herausschrauben.
● Stecker wieder auf die Kerze stecken und diese so auf dem Motorblock ablegen, daß sie sicheren Massekontakt hat. Besser noch das Gewindeteil der Kerze mittels Starthilfekabel leitend mit dem Motor verbinden.
● Motor von einem Helfer mit dem Anlasser durchdrehen lassen.
● Springen kräftige Funken an den Kerzenelektroden über, ist Zündstrom vorhanden, doch vielleicht stimmt der Zündzeitpunkt nicht.
● Funkt nichts, versuchen Sie es mit der Kerze eines anderen Zylinders.
● Springen weiterhin keine Funken über, muß die Zündanlage komplett geprüft werden.

Spannungsversorgung der Zündspule in Ordnung?

Neben einem Totalausfall der Zündspule durch fehlende Spannung kann auch zu geringe Versorgungsspannung erhebliche Störungen bewirken. Deshalb ein Voltmeter verwenden.
● Meßgerät zwischen Klemme 15 (schwarzes Kabel) an der Zündspule und Masse anschließen.
● Zündung einschalten.
● 11,5 Volt müssen mindestens abzulesen sein.
● Messen Sie weniger als 10 V, liegt der Fehler im Kabelweg zum Zündschloß.

Leistungs-Endstufe prüfen

● **Impulsprüfung:** Kabelstecker am Einspritzventil bzw. am Halter für die Leitungen der Einspritzventile abziehen.
● Mit Hilfsleitungen und Prüfspitzen einen Leuchtdioden-Spannungsprüfer an den Steckerkontakten »2« und »3« der Leistungs-Endstufe anschließen.
● Von Helfer den Anlasser betätigen lassen.
● Die Leuchtdiode muß flackern. Wenn nicht, liegt es am Hallgeber, oder das Steuergerät ist defekt.
● Zündung ausschalten, Stecker wieder anschließen.
● **Sicherheitsschaltung:** Voltmeter an den Kontakten von Klemme 1 und 15 der Zündspule anklemmen.

Zum Lahmlegen der Zündung wird bei den Fahrzeugen mit Zentral-Einspritzung und beim 2,0-Liter mit Motorkennbuchstabe 2E der Dreifachstecker (1) am Zündverteiler (2) abgezogen.

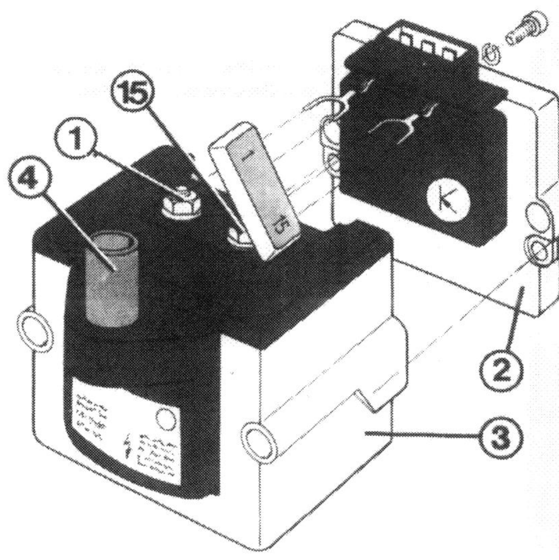

Der Zündtrafo besteht aus der separaten Endstufe (2) und dem Zündspulenteil (3). Die übrigen Zahlen kennzeichnen die Klemmen: 1 – Unterbrechungsimpuls vom Hallgeber; 4 – Hochspannungsanschluß für den Zündstrom; 15 – Spannungsversorgung der Zündspule.

Der Zündtrafo sitzt an der Spritzwand vor dem Wasserfangkasten. Die Zahlen nennen die Normklemmen-Bezeichnungen, der Pfeil deutet auf den Kontakt-Anschluß des Steckers.

- Zündung einschalten. Es müssen mindestens 2 Volt anliegen (= Spannungsdifferenz zwischen den Wicklungen).
- Nach 1-2 Sekunden fällt die Spannung auf 0 Volt ab.
- Wenn nicht, ist die Sicherheitsschaltung der Leistungs-Endstufe defekt.
- Da die Zündspule durch die ausgefallene Sicherheitsschaltung gelitten haben könnte, muß sie auf ausgetretene Vergußmasse überprüft werden. Wenn ja, Zündspule ersetzen.

Zündspule prüfen

- Die **Sichtprüfung** wurde bereits durchgeführt.
- Zur **Widerstandsprüfung** Hauptzündkabel und Anschlüsse der Klemmen 1 und 15 bei ausgeschalteter Zündung abnehmen.
- **Primärwicklung der Spule:** Mit einem Ohmmeter zwischen den Klemmen 1/- und 15/+ messen.
- **Sekundärwicklung der Spule:** Mit Ohmmeter zwischen Klemme 15 und 4.
- Werden die genannten Werte nicht erreicht, Zündspule ersetzen.
- Mit diesen Messungen läßt sich ein Kurzschluß zwischen den Wicklungen nicht erkennen. Fällt also der Verdacht trotz guter Meßergebnisse auf die Zündspule, sollten Sie die ausgebaute Spule bei einer Autoelektrik-Werkstatt durchprüfen lassen.

Motorkennbuchstabe	AAM, ABS, ADZ, 2E	AEK	ADY, AFT, AGG
Primärwicklung in Ω	0,5 – 0,7	0,5 – 1,2	0,5 – 1,5
Sekundärwicklung kΩ	3,0 – 4,0	3,0 – 4,0	2,5 – 4,0

Geber für Motordrehzahl prüfen

Der Drehzahlgeber sitzt in Fahrtrichtung vorn am Motor über dem Zahnkranz der Schwungscheibe. Seine Kabelsteckverbindung ist zur linken schmalseite des Motors oberhalb des Getriebes nach oben geführt, so daß die Messung nicht unter dem Wagen vorgenommen werden muß. wie man dabei vorgeht, steht im jeweiligen Einspritz-Kapitel.

Fingerzeig: Ein weiterer Prüfpunkt ist das Abschrauben des Gebers und Reinigen seiner Stirnseite. Schmutz oder Fett an dieser Stelle stört die Funktion.

Hallgeber prüfen

- **Spannungsversorgung:** Dreifachstecker am Zündverteiler abziehen.
- Voltmeter zwischen die außenliegenden Kontakte im Stecker der rot/schwarzen und der braun/schwarzen Leitung anschließen.
- Zündung einschalten. Folgende Werte müssen angezeigt werden, siehe Tabelle.
- Liegt keine Spannung an, liegt es an Leitungsunterbrechung oder am Steuergerät.
- **Unterbrechungsimpuls:** Kabelstecker am Einspritzventil bzw. am Halter für die Leitungen der Einspritzventile abziehen.
- Schutzhülle am Mehrfachstecker des Hallgebers am Verteiler zurückstreifen. Der Stecker selbst bleibt angeschlossen.
- Voltmeter oder Spannungsprüfer (keine herkömmliche Prüflampe) zwischen den mittleren Kontakt und einen der außenliegenden Kontakte schalten.

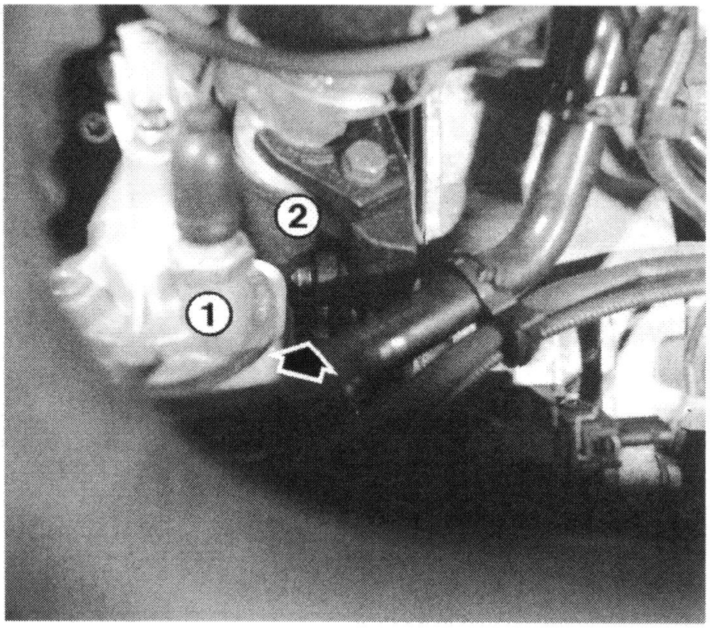

Der Geber für Drehzahl (Pfeil) ist unterhalb des Verteilers (2) und des Ölkühlers (1) im Motorblock eingeschraubt.

- Motor von einem Helfer mit dem Anlasser durchdrehen lassen.
- Die Leuchtdiode muß flackern.
- Wenn nicht, ist der Hallgeber defekt. Er ist nicht einzeln lieferbar, nur komplett mit dem Verteiler.

Motorkennbuchstabe	AAM, ABS, ADZ	AEK	ADY, AFT, AGG, 2E
Spannungsversorgung in V	9,0	4,5	10,0

Der Zündverteiler

Dieses Teil erfüllt bei der Zündung mit elektronischer Verstellung lediglich zwei Funktionen:

○ Im oberen Hochspannungsteil liefert der sich drehende Verteilerfinger den hochgespannten Strom an die einzelnen Zündkerzen.

○ Im Untergeschoß des Verteilers sitzt der Hallgeber, der die Zündimpulse auslöst.

Verteiler öffnen

- Blech-Halteklammern des Deckels mit einem Schraubendreher abdrücken. Entstörleitung abziehen.
- Verteilerdeckel abnehmen, die Zündkabel bleiben aufgesteckt.
- Verteilerfinger abziehen, darunterliegenden Staubschutzdeckel abnehmen.
- Beim Einbau den Staubschutzdeckel so auflegen, daß seine Haltenase in die Aussparung im Verteilergehäuserand zu liegen kommt.
- Der Verteilerfinger besitzt eine angegossene Erhebung, die in die Aussparung in der Verteilerwelle einrastet.
- Auch der Verteilerdeckel besitzt als Verdrehsicherung eine angegossene Nase, die in den Einschnitt im Verteilergehäuse einrasten muß.

Zündverteiler kontrollieren

- Verteilerdeckel abnehmen. Er muß innen und außen sauber sein, damit keine Strombrücke über Schmutz, Abrieb oder Feuchtigkeit den Zündstrom ableitet.
- Die Kontaktkohle in der Mitte muß glatt und glänzend sein, sich leicht einfedern lassen und ohne zu klemmen wieder zurückfedern.
- Der Verteilerfinger darf an seiner Kontaktzunge und über der Vergußmasse des Entstörwiderstands zwischen Mittelkontakt und der Zunge nicht verschmort sein.
- Der Widerstand des Verteilerfingers (Kennzeichnung »R 1«) muß 0,6 - 1,4 kΩ betragen.
- Bleistiftartige Striche im Verteilerdeckel sind Brandspuren von Kriechströmen, die sich über Schmutz oder Feuchtigkeit einen Weg gebahnt und eingebrannt haben.
- Behelfsmäßige Abhilfe schafft hier Auskratzen mit einem Schraubendreher oder Messer und Überstreichen mit Alleskleber, Nagellack oder im Notfall auch Lippenstift.

Verteiler ausbauen

- Zylinder 1 auf Zündzeitpunkt stellen.
- Verteilerdeckel abnehmen.
- Zwei Halteschrauben am Zündverteilerfuß losdrehen, Verteiler abnehmen.
- Vor dem Einbau Gummidichtring auf Beschädigung kontrollieren, ggf. ersetzen.
- **Einbaustellung beachten:** Die Kerbe auf der Kurbelwellen-Keilriemenscheibe muß an der Kante des in Fahrtrichtung vorderen Teils der Markierung an der Zahnriemenabdeckung gegenüberstehen.
- Der Verteiler läßt sich nur in einer Stellung einsetzen.
- Die notwenige Einstellung erfolgt in der VW-Werkstatt mit dem Fehlerauslesegerät.

Links: Zum Abnehmen des Verteilerdeckels wird hier eine der Blechhaltespangen (1) mit dem Schraubendreher abgehebelt. Die Abdeckung (2) über der Verteilerhalteschraube soll verhindern, daß Übereifrige die Verteilereinstellung verändern.
Rechts: In Zündstellung von Zylinder 1 muß die Mitte der Verteilerfinger-Kontaktfläche der Kerbe (Pfeile) auf dem Verteilergehäuserand gegenüberstehen.

Die Zündkabel

Die Verbindungskabel vom Verteiler zu den Zündkerzen besitzen funktionssichere Kupferdrähte. Normalerweise bereiten die Kabel keine Probleme.

Zündkabel prüfen

- Prüfen Sie, ob die Kabel fest in die Buchsen des Verteilerdeckels eingesteckt sind. Sie können sich durch Erwärmung der eingeschlossenen Luft etwas herausheben und so Motorstottern verursachen.
- Die Messingklemmen dürfen nicht oxidiert sein, und sie müssen guten Kontakt zu den Kerzensteckern haben.
- Wenn der Zündfunke schon vor der Zündkerze zur Masse überspringt, hören Sie das an Knack- oder Knattergeräuschen im Motorraum.
- Nachts sehen Sie die Funken deutlich springen. Ursache kann eine Streusalzschicht auf den Kabeln sein. Möglicherweise ist auch ein Kabel irgendwo durchgescheuert.
- Zündkabel mit Scheuer- oder Schmorstellen sollten Sie umgehend ersetzen.
- Bei Zündstörungen die Entstörstecker an der Zündspule sowie am Verteiler auf richtigen Widerstandswert messen.
- Das Ohmmeter soll 0,6–1,4 kΩ anzeigen.
- Widerstand der Zündkerzenstecker messen, Sollwert 4–6 kΩ.

Zündkabel auswechseln

- Kaufen Sie Kupferlitzen-Zündkabel als Meterware im Autozubehörgeschäft.
- Auf die Kabelenden zum Verteiler hin müssen Messingklemmen in die Kupferlitze eingedreht werden.
- Die Entstör- und Kerzenstecker müssen auf gleiche Weise eingedreht werden.

Die Zündfolge

Für ausgewogenen Motorlauf werden die Zylinder nicht etwa in der Folge 1 - 2 - 3 - 4 gezündet, sondern gewissermaßen durcheinander. Entsprechend der Zündfolge sind die Zündkabel im Verteilerdeckel eingesteckt. Wenn der Verteilerfinger bei abgenommenem Verteiler- und Staubschutzdeckel auf die Kerbe im Gehäuserand zeigt (siehe Abbildung oben rechts), steht Zylinder 1 (der in Fahrtrichtung rechts stehende) auf Zündzeitpunkt. Das ist ein Anhaltspunkt beim Aufstecken der Zündkabel.
Die Zündfolge lautet 1 - 3 - 4 - 2, der Verteilerfinger ist linksdrehend (gegen den Uhrzeigersinn).

Zündkerzen kontrollieren

Wartungsarbeit

Der Wartungsplan sieht als Wechselintervall für die Zündkerzen 60 000 km vor. Voraussetzung hierfür sind aber spezielle Zündkerzen. In Sachen Zündkerzenlebensdauer hat sich in den zurückliegenden Jahren einiges getan, so daß keine Veranlassung besteht, diese Kraft besseren Wissens noch weiter zu verlängern. Schließlich muß gerade bei Fahrzeugen mit Katalysator besonders darauf geachtet werden, daß die Zündanlage intakt ist – wir sprachen schon davon. Trotzdem lohnt es sich, die ausgebauten Kerzen kritisch zu beäugen: Lesen Sie im übernächsten Abschnitt, was das »Kerzengesicht« aussagt.
Übrigens, wenn Sie die Kerzen zwischendurch zur Kontrolle ausgebaut haben: Von Hand sollten Sie die Zündkerzen möglichst nicht reinigen. Das schadet der Isolierschicht der Zündkerzen-Mittelelektrode (Speckstein). Aber den Elektrodenabstand können Sie prüfen.

Beim Anschließen der Zündkabel müssen Sie beachten, daß der Zündverteiler rechts herum dreht, wie der Pfeil andeutet.

Zündkerzen ausbauen

- Ggf. Ansaugrohr-Oberteil ausbauen, siehe Kapitel »Luftfilter und Ansaugkanäle«.
- Zündkerzenstecker fassen und von den Stiften der Kerzen ziehen. Nicht an den Zündkabeln zerren.
- Zündkerzen mit dem Kerzenschlüssel herausdrehen (SW 20,8).
- Zündkerzen in der Reihenfolge der Zylinder ablegen.
- Sitzen die Kerzen sehr fest, keine Gewalt anwenden, sonst kann das Kerzengewinde im Leichtmetall-Zylinderkopf ausreißen.
- Motor heißfahren und jetzt die Kerzen herausdrehen. Vorsicht, daß Sie die Hände nicht verbrennen.
- Beim Einbau keine kalten Kerzen in den warmen Zylinderkopf fest eindrehen, sie sitzen später fast unlösbar fest.
- Zündkerzen sollen mit 25 Nm festgezogen werden.
- Wenn kein Drehmomentschlüssel zur Hand ist: Kerze eindrehen, bis der Dichtring anliegt – sie läßt sich dann von Hand oder mit dem Kerzenschlüssel ohne Kraftanstrengung nicht mehr weiterdrehen.
- Eine **neue Kerze** jetzt mit dem Kerzenschlüssel **eine knappe Viertelumdrehung** (= 90°) weiter anziehen, das genügt.
- Eine **gebrauchte Kerze**, deren Dichtring bereits plattgedrückt ist, darf nur im Winkel von **etwa 15°** angedreht werden.

Zündkerzen prüfen

Die Zündkerzen sind gewissermaßen Augenzeugen der Verbrennung im Motor. Das Aussehen der Kerzenspitze (das »Kerzengesicht«) läßt erkennen, ob der Motor optimal arbeitet. Vorher sollte der Wagen auf der Landstraße oder Autobahn gründlich warmgefahren werden. Die Kontrolle nach Kurzstreckenverkehr kann zu Fehlschlüssen führen. Sehen Sie sich die Isolatorspitze mit der Mittelelektrode und die Seitenelektroden an:

○ **Isolatorspitze hellgrau bis bräunlich gefärbt:** Gute Einstellung der Einspritzanlage, der Motor läuft wirtschaftlich.

○ **Starke Ablagerungen:** Ursache können Zusätze im Motoröl oder Kraftstoff sein oder erhöhter Ölverbrauch. Evtl. Öl- bzw. Kraftstoffmarke wechseln.

○ **Schwarze rußartige Ablagerungen:** Zündkerze erreicht durch häufigen Kurzstreckenverkehr ihre Selbstreinigungs-Temperatur nicht, falscher Wärmewert.

○ **Isolatorspitze weißlich gefärbt:** Zündzeitpunkt zu stark in Richtung »früh« eingestellt, elektronische Zündzeitpunktverstellung bzw. Klopfsensor funktioniert nicht.

○ **Schmelzerscheinungen an Mittel- und Seitenelektroden:** Glühzündungen durch Ablagerungen im Verbrennungsraum, überhitzte Ventile, falschen Zündzeitpunkt, defekte Zündzeitpunktverstellung, defekten Klopfsensor oder Hitzestau durch mangelhafte Kühlung.

○ **Bruch der Isolatorspitze**, im Anfangsstadium als Haarrisse erkennbar: Klopfende Verbrennung durch minderwertigen Kraftstoff, falsche Zündeinstellung, schadhafte Zündzeitpunktverstellung, defekten Klopfsensor, ungenügende Motorkühlung oder Gemischabmagerung durch Nebenluft.

○ **Gelblich glänzende Schicht auf der Isolatorspitze:** Benzin- und Motorölzusätze haben Ablagerungen gebildet, die sich bei abrupter voller Belastung des Motors verflüssigt haben und elektrisch leitfähig wurden – als Folge Zündaussetzer. Nach wochenlangem Kurzstreckenbetrieb sollten Sie den Motor nicht sofort voll belasten.

○ **Ölschicht über Elektroden und Innenraum der Kerze:** Kolbenringe, Ventilführungen oder Ventilschaftabdichtungen schadhaft.

○ Zeigt das Zündkerzengesicht **keine Besonderheiten**, aber leidet der Motor unter Startunwilligkeit oder Ruckeln, kann es dennoch an den Kerzen liegen. Unsichtbare Risse im Keramikisolator können beim Kaltstart durch Kraftstoff gefüllt werden, der an den noch kalten Teilen im Verbrennungsraum kondensiert. Dadurch wird der Zündfunke abgeleitet. Auch unter dem vollen Verbennungsdruck können Kerzen versagen, obwohl der Funke bei ausgebauter Zündkerze überspringt.

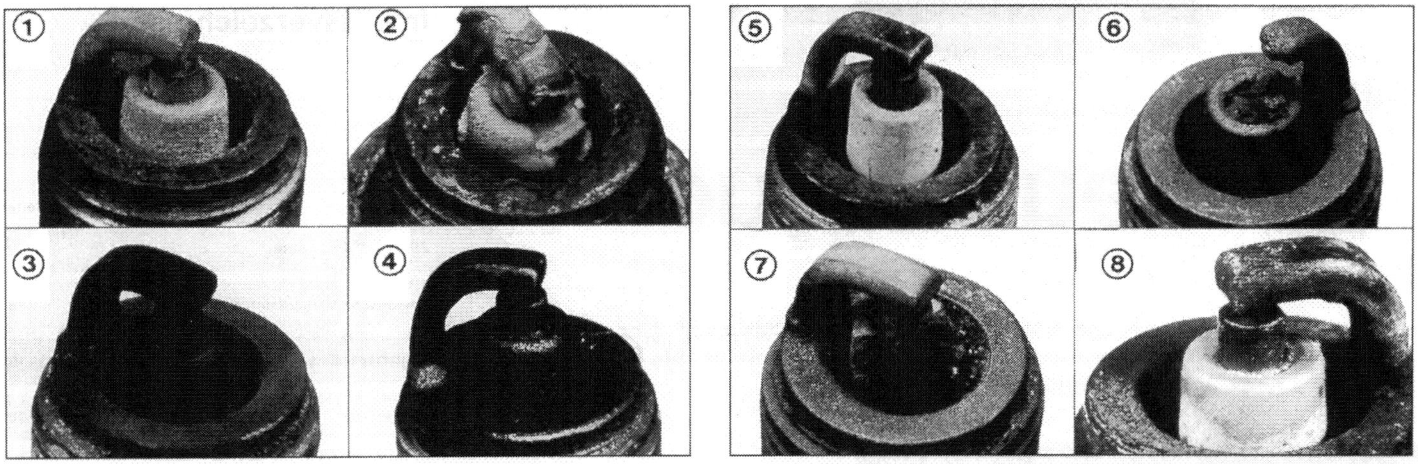

Acht Beispiele für das Aussehen von Zündkerzen: 1 – normal: Hellgraue bis bräunliche Verfärbung, geringer Elektrodenabstand. 2 – übermäßige Ablagerungen: Zusätze im Öl oder Kraftstoff können Rückstände bilden, die sich im Innern der Zündkerze ablagern und Glühzündungen verursachen. 3 – verrußt: Weiche, rußartige Ablagerungen können Kriechströme und Zündaussetzer verursachen. 4 – verölt: Der gesamte Innenraum der Kerze und die Elektroden sind von einem schwärzlichen Ölfilm überzogen, was Zündaussetzer oder Kurzschluß der Kerze zur Folge haben kann. 5 – überhitzt: Die Isolatorspitze ist weißlich gefärbt. 6 – starke Überhitzung: Schmelzerscheinungen an Mittel- und Seitenelektrode. 7 – Isolatorspitze gebrochen. 8 – Glasurbildung: Gelblich glänzende Schicht auf der Isolatorspitze durch verflüssigte Benzin- und Ölzusätze.

Der Elektrodenabstand

Das Kraftstoff/Luft-Gemisch bzw. das verbrannte Altgas wirkt korrosiv auf die metallischen Zündkerzenelektroden. Und die hohe Spannung beim Funkenüberschlag sprengt kleine Metallpartikel ab, wodurch der Funkenspalt mit zunehmender Laufzeit der Zündkerzen vergrößert wird. Folgender Zündkerzen-Elektrodenabstandswert ist vorgeschrieben, siehe Tabelle.
Bei den Drei-Elektroden-Zündkerzen kann sich der Zündfunke die jeweils kürzeste Überspringstrecke »aussuchen«. Ein Nachbiegen der Elektroden wird deshalb kaum erforderlich werden.

Zündkerzen ersetzen

Wartungsarbeit

Wegen der langen Wechselintervalle für die Zündkerzen müssen Sie darauf achten, daß die von Ihnen gekauften Zündkerzen die folgenden Kriterien erfüllen.
Wärmewert: Zündkerzen müssen auf die im Motor auftretenden Brennraum-Temperaturen abgestimmt sein. Eine Kennzahl besagt, wieviel Hitze die Zündkerze ertragen, d. h. ableiten kann, ohne selbst zu heiß zu werden. Leitet die Kerze zu viel Wärme ab, erreicht sie ihre Selbstreinigungs-Temperatur nicht, und die Zündkerzenelektroden setzen Ruß an.
Elektroden: Beim Passat werden ausschließlich Zündkerzen mit drei Masse-Elektroden verwendet.
Einschraubgewinde: Es muß bei den Zündkerzen für den Passat 19 mm lang sein; der Gewindedurchmesser beträgt 14 mm.
Schlüsselweite: Der Sechskant zum Ansetzen des Zündkerzenschlüssels ist bei sämtlichen Motoren 20,8 mm breit.
Dichtsitz: Für die Motoren im Passat sind Kerzen mit flachem Dichtsitz vorgeschrieben. Sie besitzen einen unverlierbaren Dichtring, also keinen zusätzlichen Dichtring einlegen.

Zündkerzen-Empfehlungen

Die in der Tabelle genannten Zündkerzen entsprechen den Empfehlungen des Volkswagen-Kundendienstes.

Motor-Kennbuchstaben	Bosch	Champion	NKG
AAM	W 8 LTCR	–	BUR 5 ET 14 GH-8 DTUR
ABS, ADZ	W 7 LTCR	–	BUR 6 ET 14 GH-7 DTUR
AEK, AFT	–	–	BKUR 5 ET
2E	–	N 7 BMC	BUR 6 ET
ADY	–	–	BUR 6 ET; BKUR 6 ET
AGG	–	–	BUR 6 ET

Leuchtfeuer

Nacht- und Nebelfahrten erfordern gutes Licht. Denn einerseits müssen Sie sehen, wohin Sie fahren und andererseits sollen die Verkehrsteilnehmer um Sie herum Ihren Passat rechtzeitig erkennen. Deshalb ein paar »einleuchtende« Worte.

Beleuchtung kontrollieren

Ständige Kontrolle

- Zündung einschalten und nacheinander einschalten und Funktion kontrollieren:
- Standlicht, Abblendlicht, Nebelscheinwerfer, Fernlicht.
- Blinker vorn rechts und links sowie Warnblinker, seitliche Blinkleuchten.
- Rücklichter, Kennzeichenleuchten und Nebelschlußleuchten.
- Blinker hinten rechts und links, Warnblinker, Rückfahrleuchten.
- Zur Kontrolle der Bremsleuchten von einem Helfer das Bremspedal treten lassen.

Ersatzlampen für unterwegs

Im Ersatzlampenkasten sollten folgende Glühbirnen vorhanden sein:

○ Halogen-Einfadenlampe H1, 55 Watt, DIN-Form YA
○ Halogen-Einfadenlampe H 3, 55 Watt, DIN-Form YC für Nebelscheinwerfer
○ Kugellampe, 21 Watt, DIN-Form RL für Blinker vorn und hinten, Rückfahrleuchten, Nebelschlußleuchten, Bremslicht
○ Kugellampe, 5 Watt, DIN-Form G für Schlußlicht
○ Röhrenlampe, 4 Watt, DIN-Form HL für Standlicht
○ Glassockellampe, 5 Watt, DIN-Form W 10 für Seitenblinker und Kennzeichenleuchten

Hauptscheinwerferlampen auswechseln

Die Glühlampen werden vom Motorraum her ausgebaut. Nach dem Auswechseln einer Scheinwerfer-Glühlampe (nicht der Standlichtbirne) sollte die Einstellung des betreffenden Scheinwerfers kontrolliert werden. Prüfen Sie vor dem Auswechseln einer Lampe, ob der Lichtschalter ausgeschaltet ist.

Die Glaskolben der Glühbirnen nicht mit der bloßen Hand berühren, sondern nur mit einem sauberen Lappen oder Papiertaschentuch anfassen. Handschweiß brennt sich auf den Glaskolben ein und trübt die Leuchtwirkung.

- Motorhaube öffnen.
- Luftführungs-Abdeckung hinter dem rechten Scheinwerfer abnehmen. Dazu die Halteklammer mit Schraubendreher nach vorn drücken, an der Seite Halteklammer zur Seite wegziehen und die Abdeckung nach oben abnehmen.
- Halteklammer der Scheinwerfer-Abdeckkappe an der Scheinwerfer-Rückseite ausrasten (innere Abdeckkappe für Fernlicht).
- Abdeckkappe nach außen Schwenken, aushängen und abnehmen.
- Dreifach-Kabelstecker mit hebelnden Bewegungen von der Glühlampe abziehen.
- Federklammer der betreffenden Glühlampe aushaken und herunterklappen.
- Scheinwerferlampe herausziehen.
- Beim Einsetzen der neuen Lampe darauf achten, daß der Lampensockel in die Aussparung am Reflektor paßt. Die abgeschrägte Stelle am Sockel muß nach links unten zeigen.

Standlichtlampe

- Nach gleichen Vorarbeiten wie oben Standlicht-Lampenfassung (im äußeren Reflektor) nach hinten aus dem Reflektorgehäuse ziehen.
- Glassockellampe aus der Fassung herausziehen.

Scheinwerfer ausbauen

Wenn das Scheinwerferglas beschädigt oder der Reflektor matt ist, brauchen Sie einen kompletten Scheinwerfer. Die Leuchteinheit ist leider nicht zerlegbar.

An der Rückseite sehen sie folgende Teile bezeichnet:
1 – Abdeckkappe für Fernlicht;
2 – Abdeckkappe für Stand- und Abblendlicht;
3 – Motor für Leuchtweitenregelung.
Zum Öffnen der Abdeckkappe die Halteklammern zurückdrücken (Pfeile) und Kappe zur Seite schwenken.

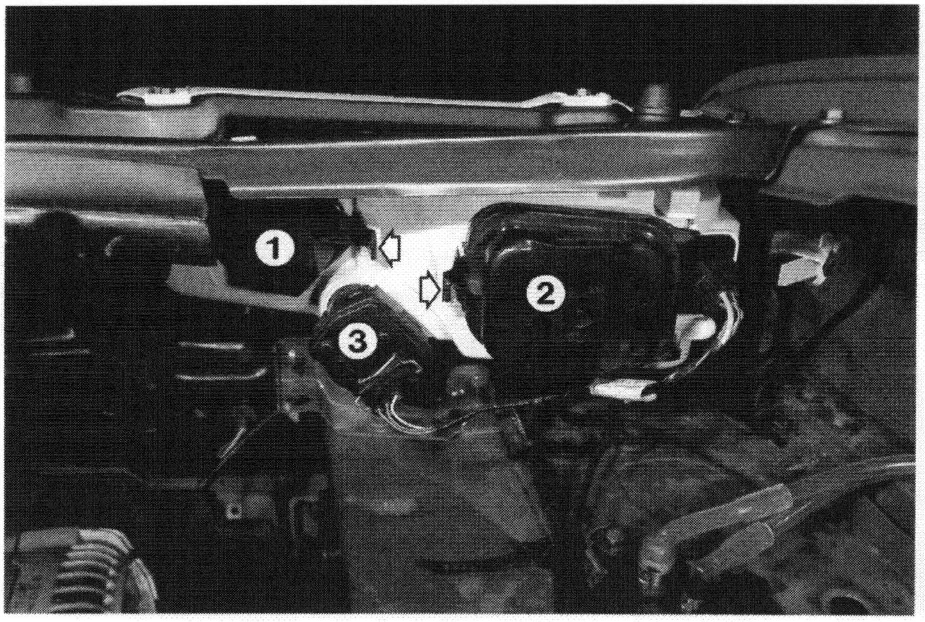

Lampenwechsel am Scheinwerfer.
1 – Stecker für H1-Lampe (Fernlicht);
2 – Federklammer;
3 – Zentralstecker;
4 – Standlicht-Lampenfassung mit Glassockellampe (5);
6 – H1-Lampe.

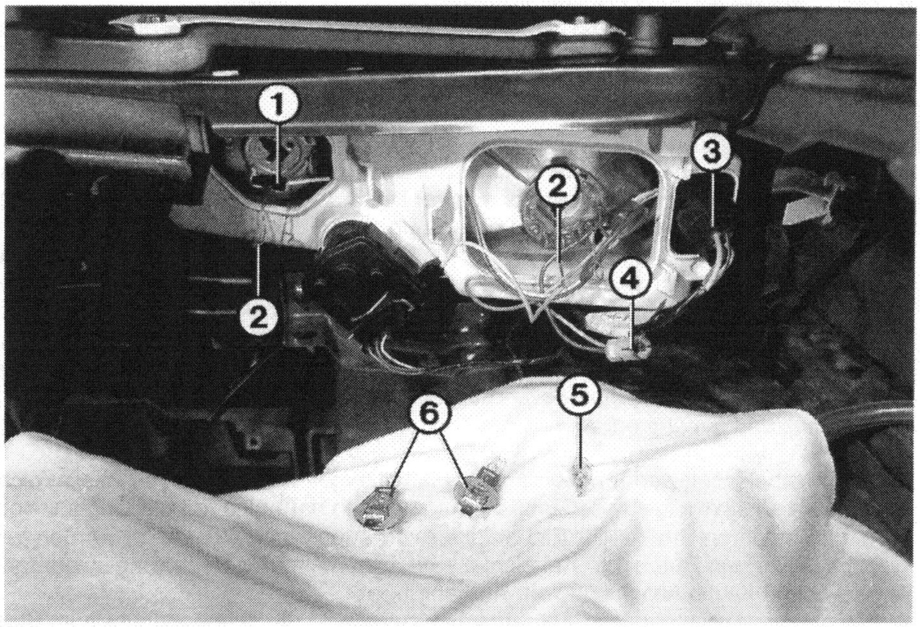

Zum Lösen des Hauptscheinwerfers müssen die mit Pfeilen bezeichneten Sechskantschrauben gelöst werden.

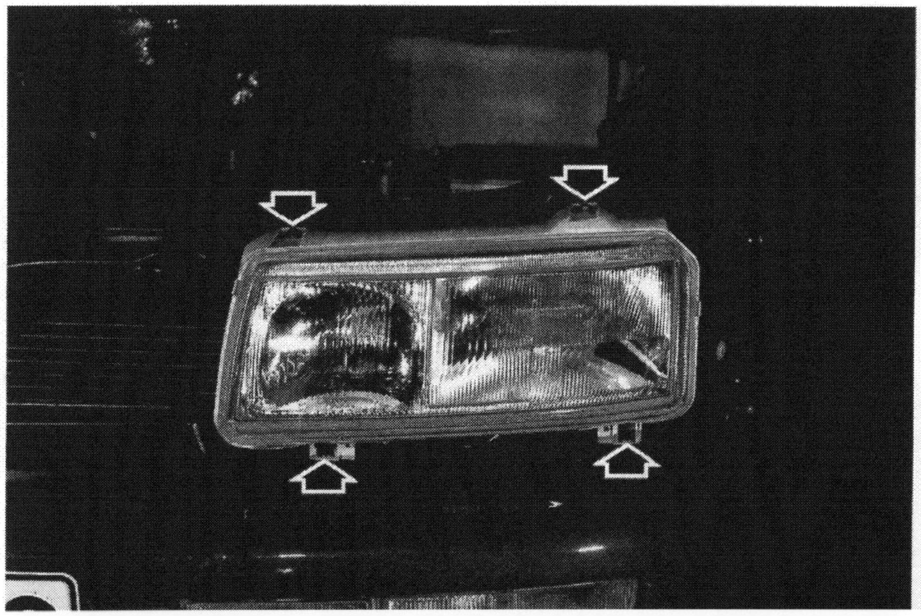

Links: Zum Ausbau des Blinkers bzw. des Nebelscheinwerfers muß die Abdeckkappe aus der Halterung mit einem Schraubendreher (Pfeil) herausgehebelt werden.
Rechts: Zum Ausbau des Nebelscheinwerfers die Kreuzschlitzschrauben (Pfeile) lösen.

Scheinwerfer ausbauen

- Kühlergrill ausbauen (siehe Karosserie-Kapitel).
- Zentralstecker am Scheinwerfer abziehen.
- Rund um den Scheinwerfer vier Halteschrauben lösen.
- Stecker am Motor der Leuchtweitenregulierung abziehen.
- Scheinwerfergehäuse komplett abnehmen.

Die Nebelscheinwerfer

Nebelscheinwerfer ausbauen

- Abdeckkappe für die Aufnahme der Abschleppöse mit einem schmalen Schraubendreher aus der Halterung am Nebelscheinwerfer heraushebeln und abnehmen.
- Zwei Halteschrauben des Nebelscheinwerfers losdrehen.
- Ggf. mit Schraubendreher an der gegenüberliegenden Seite Nebelscheinwerfer heraushebeln.
- Abdeckkappe an der Scheinwerferrückseite nach links drehen und abnehmen.
- Steckverbindungen trennen.
- Zum Ausbau der Glühlampe Federdrahtbügel aushaken und beiseite klappen.
- Scheinwerferlampe herausziehen.
- Beim Einsetzen der neuen Glühlampe muß deren Sockel genau in die Aussparung im Reflektor passen – die abgeschrägte Stelle der Lampensockelplatte zeigt seitlich nach links unten.

Nebelleuchten nachträglich einbauen

Zubehör-Nebelscheinwerfer sehen an der glattflächigen Karosserie des Passat nicht gut aus und lassen sich auch kaum an sinnvoller Stelle stabil anbringen. Man muß also auf die Original-Nebelleuchten zurückgreifen, für die im vorderen Stoßfänger Einbaufelder vorhanden sind. Zusätzlich werden gebraucht Scheinwerfer-Befestigungsteile, ein Relais, ein Kabelsatz, ein Lichtschalter für Nebelscheinwerferanschluß und neue, kürzere Abdeckungen für die Abschleppösen-Aufnahme.

- Blenden der Abschleppösen-Aufnahmen mit einem schmalen Schraubendreher heraushebeln.
- Schnappmuttern im Stoßfänger einsetzen, Nebelscheinwerfer mit angeschlossenen Leitungen an-

Links: Der Nebelscheinwerfer wird, nachdem er gelöst ist, mit den Schraubendreher (Pfeil) aus dem Stoßfänger herausgehebelt.
Rechts: Am ausgebauten Nebelscheinwerfers (1) sehen Sie an der Rückseite folgende Teile beziffert:
2 – Massekabel;
3 – Abdeckkappe;
4 – H3-Lampe;
5 – Federklammer.

Nach Öffnen der Motorhaube sind die Innensechskant-Einstellschrauben der Hauptscheinwerfer zugänglich. Die Höheneinstellschraube »H« sitzt jeweils zum Kotflügel hin, die Einstellschraube »S« für die Seitenrichtung sitzt zur Wagenmitte hin.
Der Fernscheinwerfer-Reflektor besitzt keine eigenen Einstellschrauben.

schrauben, Unterlegscheiben an den Schrauben nicht vergessen.

- Kabel in den Motorraum durchführen.
- In der Zentralelektrik am (gelben) Stecker A2 an dessen Kontakt »8« ein Kabel von 1,5 mm² Querschnitt anschließen.
- Ebenso beidseits eine Kabelverbindung zur Fahrzeugmasse herstellen.
- In der Zentralelektrik auf Relaisplatz 10 das Nebelscheinwerfer-Relais einsetzen.
- Der Lichtschalter mit einer Zugstufe muß gegen einen solchen mit zwei Zugstufen ersetzt werden.
- Bei eingeschalteter Zündung und Beleuchtung müssen die Nebelscheinwerfer bei gezogenem Schalter brennen. Beim Umschalten auf Fernlicht verlöschen die Nebelscheinwerfer nicht, was einer EG-Richtlinie entspricht.
- Kurze Abdeckungen der Abschleppösen-Aufnahmen einsetzen.
- Lichtstrahl der Nebelscheinwerfer einstellen.

Scheinwerfer-Einstellung kontrollieren

Wartungsarbeit

Zur exakten Einstellung wird das Meßgerät in der Werkstatt oder an der Tankstelle gebraucht. Hierbei muß der Drehregler der Leuchtweitenregulierung in Grundstellung stehen, erkennbar am »-« am Regler. Zum behelfsmäßigen Einstellen:

- Wagen möglichst im rechten Winkel in fünf Meter Abstand vor eine helle Wand stellen.
- Erneuerten Scheinwerfer in der Höhe dem unveränderten gleichstellen. Eine Seitenkorrektur ist so allerdings nicht möglich.
- Oder nach einer genauen Einstellung mit dem Meßgerät die Abknickpunkte (in diesen Punkten steigt der Abblend-Lichtstrahl nach rechts oben an) durch einen senkrechten Strich an der Stellplatzwand anzeichnen. Dazu den VW in fünf Meter abstellen.
- So läßt sich später bei gleicher Fahrzeugstellung auch die Lichtstrahl-Seitenrichtung überprüfen.

Fingerzeige: **Der Neigungswinkel für die Hauptscheinwerfer beträgt 1,2%, d. h. auf 10 Meter Entfernung muß der Scheinwerferstrahl 12 cm tiefer auf einer senkrechten Wand auftreffen. Für Nebelscheinwerfer**

Nach Abnahme der Abdeckkappe ist die Einstellschraube (Pfeil) für die Höhenkorrektur des Nebelscheinwerfers zugänglich.

gilt ein Wert von 2%. Zur fachgerechten Einstellung muß der Fahrersitz bei ansonsten unbeladenem Fahrzeug mit 75 kg belastet sein.
Die Fernscheinwerfer werden gemeinsam mit dem Abblendlicht eingestellt, sie besitzen keine eigenen Einstellschrauben.

Die Einstellschrauben

- Bei geöffneter Motorhaube sind die Einstelschrauben an der Scheinwerfer-Oberseite erreichbar. Die Innensechskantschrauben sitzen am rechten und linken Scheinwerfer spiegelbildlich zueinander.
- Zum Justieren des Scheinwerferstrahls wird zuerst die Höheneinstellung korrigiert. Erst dann erfolgt die Seiteneinstellung.
- Wenn Sie auf die Rändelräder schauen und drehen, passiert folgendes:
- An der außenliegenden Schraube im Uhrzeigersinn gedreht senkt sich der Lichtstrahl nach unten.
- Beim Drehen im Uhrzeigersinn an der innenliegenden Schraube wandert der Lichtstrahl nach außen.
- Die Nebelscheinwerfer sind nur in der Höhe einstellbar. Die Einstellschraube erreichen Sie bei abgenommener Abdeckung der Abschleppösen-Aufnahme.
- Beim Drehen im Uhrzeigersinn an dieser Schraube steigt der Lichtstrahl an.

Die Leuchtweitenregulierung

Damit die Scheinwerfereinstellung dem jeweiligen Beladungszustand angepaßt werden kann, ist der Passat serienmäßig mit einer elektrischen Leuchtweitenregulierung ausgestattet.

- Scheinwerfer ausbauen.
- Stellmotor aus dem Scheinwerferhalterahmen ausrasten – beim linken Scheinwerfer durch Linksdreh, rechts durch Rechtsdreh.
- Der Kugelkopf der Verstellachse sitzt entweder in einer Kugelkopfaufnahme oder in einer Schiene. Achse mit einem kräftigen Ruck aus seiner Aufnahme am Scheinwerfergehäuse ziehen oder seitlich aus der Schiene ausrasten.
- Beim Einsetzen in die Kugelkopfaufnahme ggf. den Scheinwerferreflektor durch die Öffnung der ausgebauten Scheinwerfer-Glühlampe gegenhalten.
- Dazu ein absolut sauberes, trockenes Tuch verwenden, damit die Spiegelfläche nicht durch Fingerabdrücke verschmutzt wird.

Blinkleuchten vorn

Lampenwechsel

- Abdeckkappe für die Aufnahme der Abschleppöse mit einem schmalen Schraubendreher aus der Halterung am Nebelscheinwerfer heraushebeln und abnehmen.
- Halteschraube am Blinkergehäuse losdrehen.
- Blinkergehäuse aus dem Stoßfänger herausnehmen.
- Lampenfassung an der Rückseite des Blinkergehäuses ein Stück nach links drehen und abnehmen.
- Glühlampe ein wenig in die Fassung drücken, nach links drehen und herausziehen.
- Beim Einbau die Lampenfassung bis zum Einrasten nach rechts drehen.

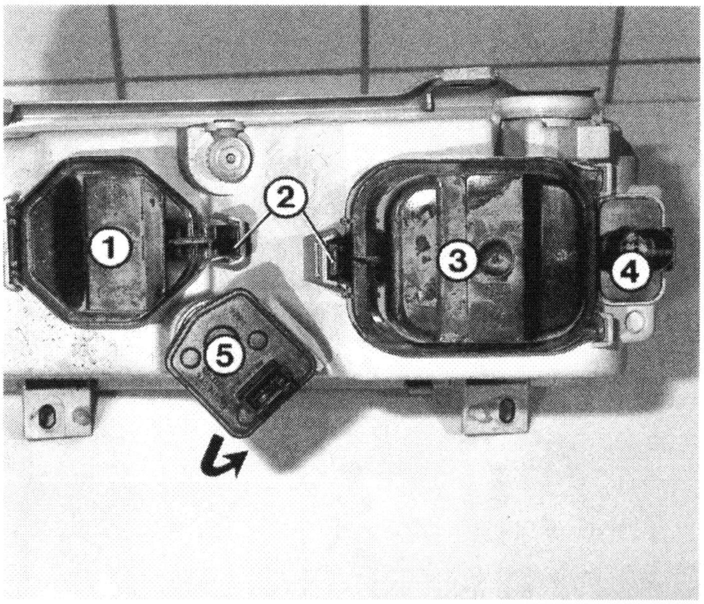

Die Rückseite des ausgebauten Hauptscheinwerfers. Es bedeuten:
1 – Abdeckkappe für Fernlicht;
2 – Halteklammern;
3 – Abdeckkappe für Stand- und Abblendlicht;
4 – Steckkontakt für Zentralstecker;
5 – Motor für Leuchtweitenregelung. Zum Ausbau in Pfeilrichtung schwenken.

Die Einzelteile am ausgebauten Scheinwerfer. Es sind:
1 – Reflektor für Fernlicht;
2 – Reflektor für Stand- und Abblendlicht;
3, 6 – Abdeckkappe;
4 – Motor für Leuchtweitenregelung;
5 – Dichtungsring.

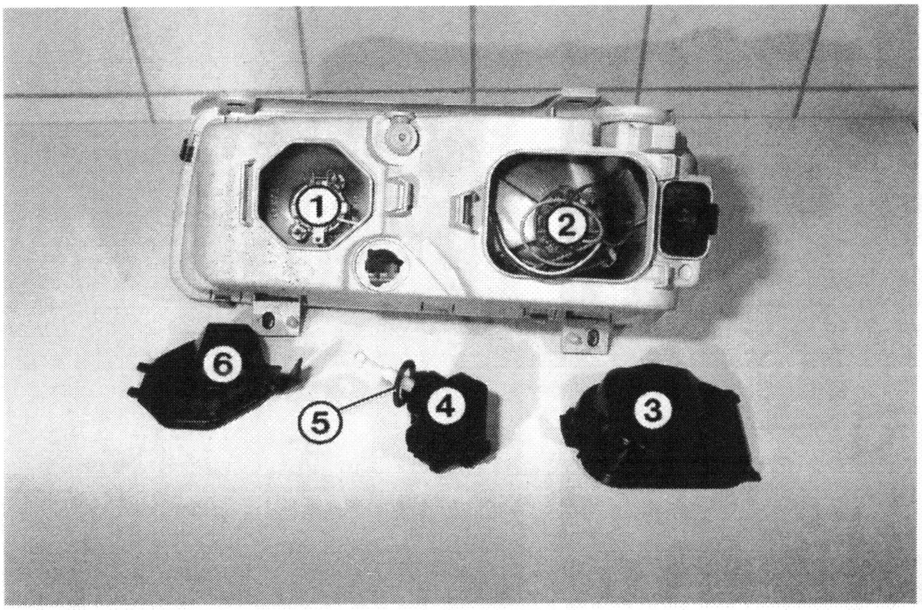

Links: Zum Abnehmen des Blinkergehäuses die Kreuzschlitzschraube (Pfeil) lösen.
Rechts: Bei abgenommenem Blinkergehäuse (3) sehen Sie:
1 – Kontaktstecker;
2 – Lampenfassung mit Dichtring;
4 – Glühlampe.

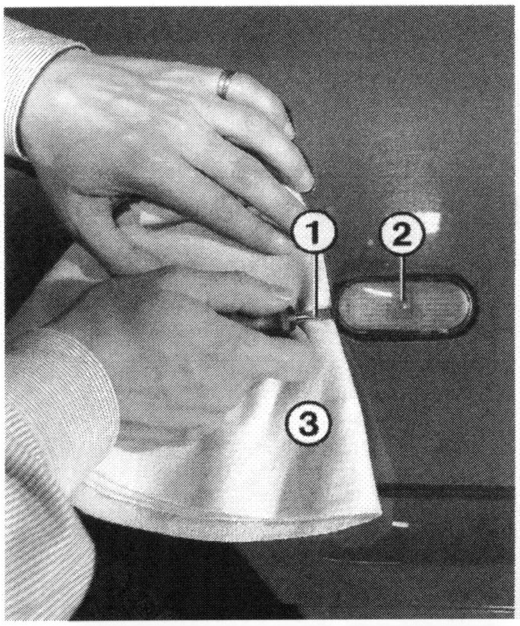

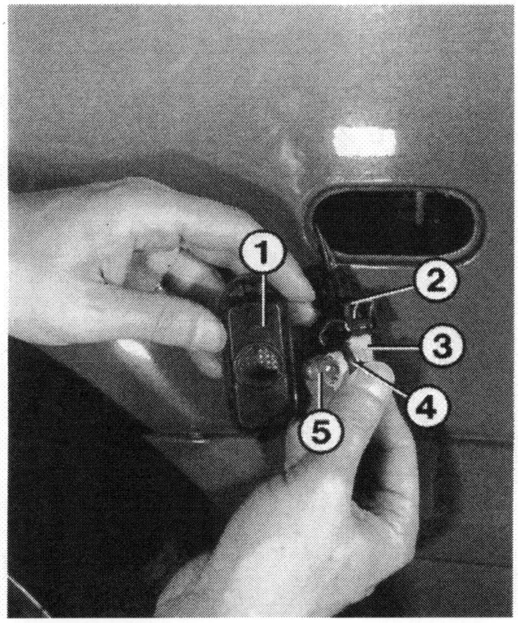

Links: Das Blinkergehäuse (2) des Seitenblinkers wird mit einem Schraubendreher (1) an der Vorderseite des Kotflügels herausgehebelt. Damit der Lack nicht verkratzt wird, einen Lappen (3) darunterhalten.
Rechts: Die Einzelteile des Seitenblinkers:
1 – Blinkergehäuse;
2 – Kontaktstecker;
3 – Lampenfassung;
4 – Dichtring;
5 – Glassockellampe.

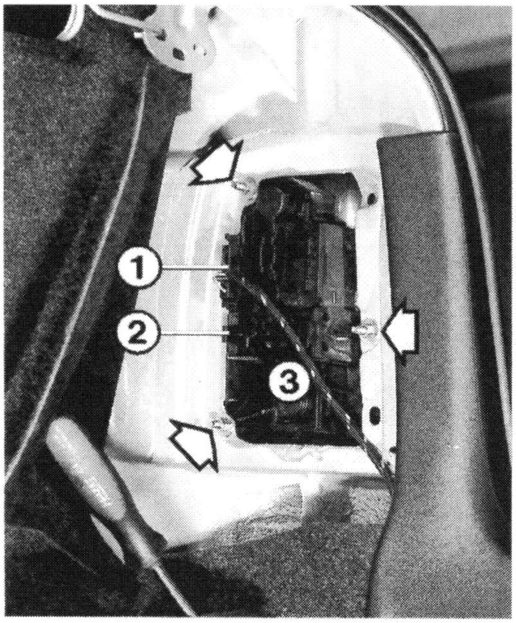

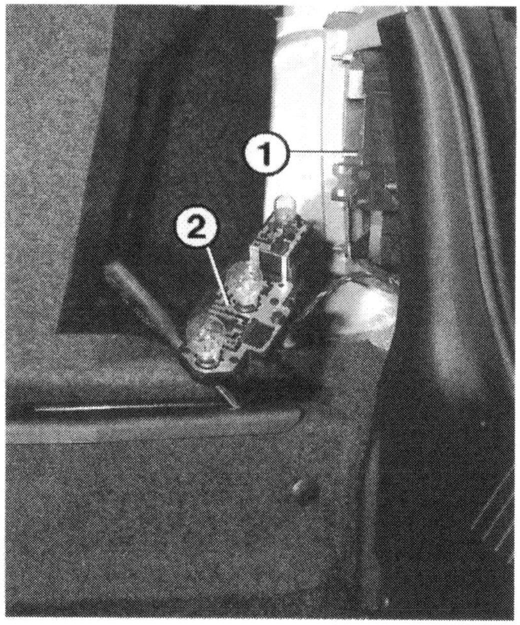

Links: Zum Abnehmen des Lampenträgers (3) den Kontaktstecker (1) abziehen und ggf. die Halteklammer (2) zurückdrücken und den Lampenträger aushängen. Mit den Pfeilen sind die Haltemuttern der Heckleuchte bezeichnet.
Rechts: Die Heckleuchte (1) ist hier mit abgenommenem Lampenträger (2) gezeigt. Deutlich sichtbar sind die Leiterbahnen für die Stromversorgung der einzelnen Glühlampen.

Seitenblinker

- Lampengehäuse mit den Fingernägeln oder mit einem lappenumwickelten Schraubendreher aus dem Ausschnitt im Kotflügel heraushebeln.
- Lampenfassung abziehen.
- 5-Watt-Glassockellampe (DIN-Form W 10) herausziehen.

Heckleuchten

Lampenwechsel

- **Heckleuchte außen Limousine:** Kofferraumklappe öffnen.
- Kofferraumverkleidung zur Seite schwenken.
- **Heckleuchte außen Variant:** Heckklappe öffnen, und die seitliche Verkleidung an den Schnellverschlüssen durch 90° linksdrehen öffnen.
- **Leuchte in der Kofferraumklappe:** Abdeckkappe links und rechts ausrasten.
- **Leuchte in der Heckklappe:** Abdeckkappe an der unteren Seite ausrasten
- **Alle:** Rechte und linke bzw. obere Kunststoff-Halteklammer des Lampenträgers nach innen drücken, Träger abnehmen.
- Das Auswechseln der Glühlampen geschieht in allen Fällen gleich – Lampe ein wenig in ihre Fassung drücken, nach links drehen und herausziehen.

Ausbau

- Lampenträger ausbauen siehe »vorherigen Abschnitt«.
- Drei Sechskantmuttern vom Kofferraum her losdrehen und Leuchte herausnehmen.

3. Bremsleuchte

Zum Wechseln der Glassockellampen, muß der Lampenhalter vom Gehäuse abgezogen werden.

- **Limousine:** Oben am Dach links und rechts des Lampenhalters die Halterasten nach innen drücken.
- Lampenhalter herausziehen und ggf. Kontaktstecker abziehen.
- **Variant:** Heckklappe öffnen und Halterasten nach innen drücken.
- Lampenhalter herausziehen und ggf. Kontaktstecker abziehen.
- **Alle:** Glassockellampe aus dem Lampenhalter herausziehen und neue hineinschieben.
- Lampenhalter muß hörbar im Gehäuse einrasten.

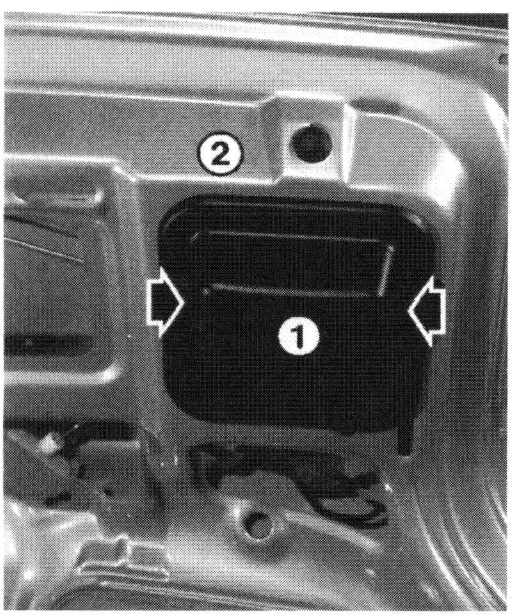

Links: Die Abdeckkappe (1) in der Kofferraumklappe (2) der Limousine wird durch Zusammendrücken der Halteklammern (Pfeile) entriegelt.
Rechts: Die Heckleuchte (1) in der Kofferraumklappe ist hier mit abgenommenem Lampenträger (2) gezeigt. Deutlich sichtbar sind die Leiterbahnen für die Stromversorgung der einzelnen Glühlampen.

Links: Zum Ausbau der Heckleuchte (Limousine) den Kontaktstecker (2) des Lampenträgers (1) abziehen. Mit den Pfeilen sind die Haltemuttern der Heckleuchte bezeichnet.
Rechts: Nach Ausrasten der Abdeckkappe (2) in der Heckklappenverkleidung die Halteklammern (Pfeile) des Lampenträgers (1) zusammendrücken und herausnehmen.

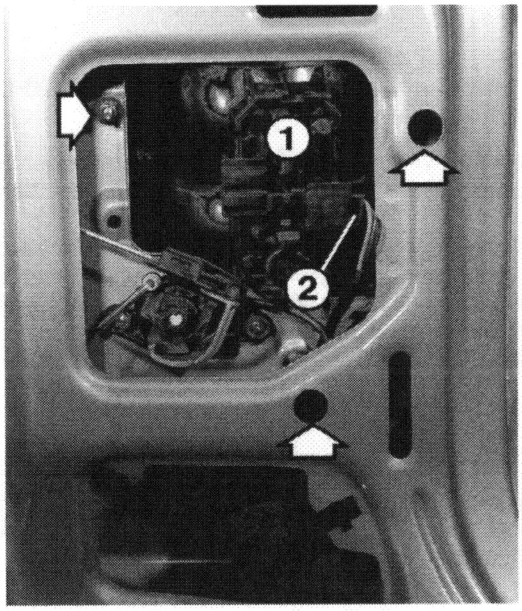

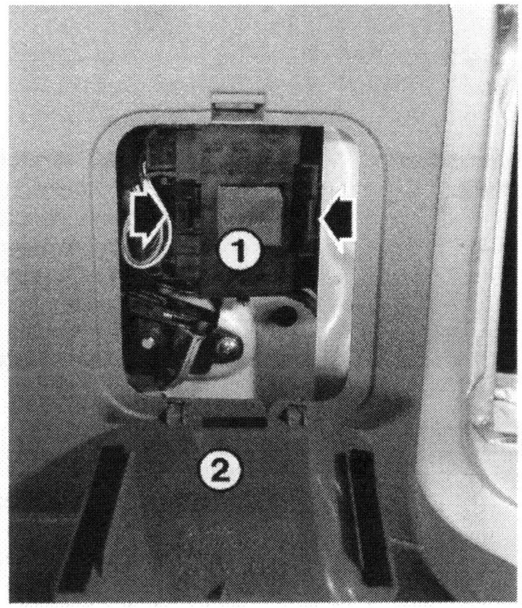

Links: Am herausgenommenen Lampenträger sehen Sie die Leiterbahnen (2) für die Stromversorgung und den Kontaktstecker (1). Mit Position »3« ist die Abdeckkappe bezeichnet.
Rechts: Limousine: Zum Abnehmen der Fassung (1) für 3. Bremsleuchte (2) die Halteklammer (Pfeil) nach innen drücken und Fassung abziehen.

Links: Variant: Zum Abnehmen der Fassung (1) für 3. Bremsleuchte (2) die Halteklammer (Pfeil) nach innen drücken und Fassung abziehen.
Rechts: In dieser Abbildung sehen Sie bei abgenommener Fassung (1) die Einzelteile. Es bedeuten:
2 – Glassockellampe;
3 – 3. Bremsleuchte.
Die Pfeile zeigen auf die Halteklammern, die nach innen gedrückt werden müssen.

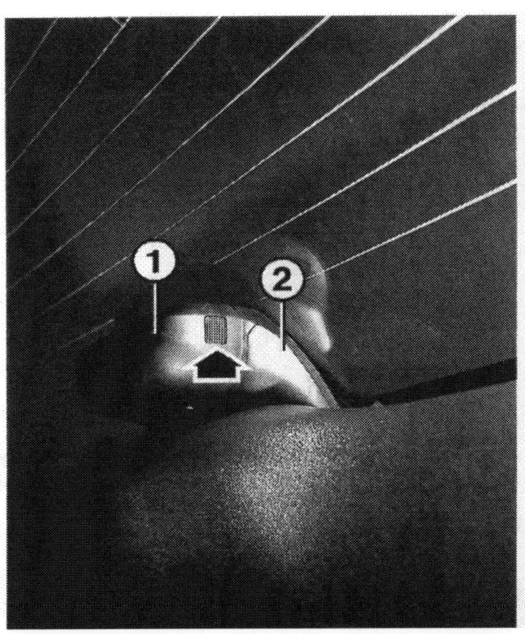

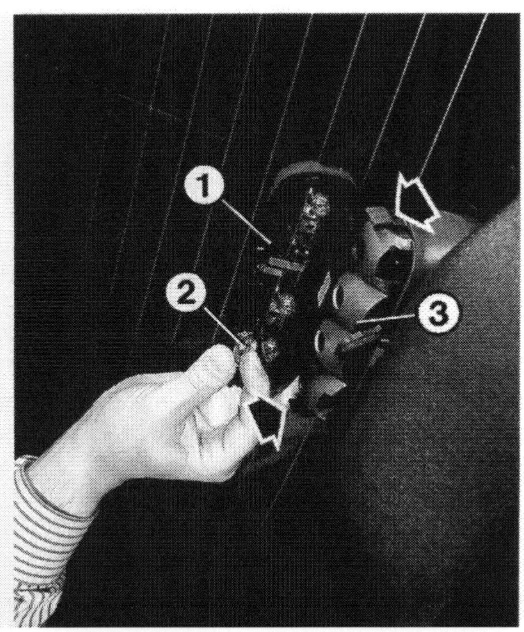

Rückfahrlicht-schalter

Das Aufleuchten der Rückfahrleuchten veranlaßt der Schalter im Getriebegehäuse (Abbildung unten). Wenn er beim Einlegen des Rückwärtsgangs von der entsprechenden Schaltschiene berührt wird, schließt er den Stromkreis zu den Rückfahrleuchten.

● Bleibt es bei eingelegtem Rückwärtsgang hinten dunkel, kontrollieren Sie zuerst die Sicherung 14.

● Ist sie intakt, Stecker am Rückfahrlichtschalter abziehen und mit einem Drahtstück überbrücken. Leuchtet es jetzt, ist der Schalter defekt.

● Bleibt es jedoch dunkel in den Rückfahrleuchten, ist die Leitung nach hinten unterbrochen (intakte Glühlampen vorausgesetzt).

Kennzeichenleuchten

● Heckklappe öffnen.

● Beide Schrauben des Deckglases herausdrehen.

● Deckglas und Schrauben abnehmen.

● Glassockellampe aus der Fassung ziehen (nicht drehen) und neue einsetzen.

● Beachten Sie beim Einbau des Lampenglases, daß die Leuchtfläche in Richtung Kennzeichen zeigt.

● Schrauben nicht zu kräftig anziehen, sonst bricht der Kunststoff.

Leuchten im Innenraum

Innenleuchte vorn

Die Soffittenlampe (10 Watt, 41 mm lang, DIN-Form K) muß bei geöffneten Türen und entsprechender Schalterstellung brennen. Sie erhält dauernd Strom.

● Mit einem Messer oder ähnlich schmalem Werkzeug zwischen die Glasscheibe und das Lampengehäuse fahren und Lampenglas vorsichtig ein Stück abdrücken und dann mit der Hand abziehen.

● Glühlampe aus ihren Haltern nehmen und ersetzen.

● Beim Einbau auf die richtige Lage des Lampenglases achten – eine leichte Erhebung seitlich im Glas muß in die Aussparung links am Lampengehäuse eingreifen.

Innen- bzw. Leseleuchten hinten

● Lampengehäuse mit schmalem Schraubendreher aus dem Dachholm heraushebeln.

● Von der Rückseite her die Röhrenlampe (5 Watt, IN-Form HL) aus der Blechfassung herausnehmen und neue einsetzen.

Türkontakt-schalter der Innenleuchte

Die Innenleuchte wird bei entsprechender Schalterstellung durch die Kontaktschalter ein- und ausgeschaltet. Sie stellen die Masseverbindung zu der ständig unter Strom stehenden Innenleuchte her und schließen damit den Stromkreis – die Lampe kann brennen. Bleibt die Innenleuchte in der entsprechenden Schalterstellung bei einer geöffneten Tür dunkel, gerät der betreffende Türkontaktschalter in Verdacht. Folgende Störungen am Schalter können sich ergeben:

○ Der Druckstift des Schalters klemmt in der Führung oder ist verbogen. Schalter ersetzen.

○ Der Kabelstecker ist am Schalter gar nicht aufgesteckt. Abfallen können die Stecker nicht.

○ Die Kontaktfläche des Schalters ist zur Halteschraube hin oder am Steckeranschluß oxidiert. Bei den durch Gummitüllen geschützten Schaltern ein seltener Fehler. Ggf. Oxidschicht mit scharfkantigem Schraubendreher wegkratzen bzw. mit Schleifpapier blankschleifen.

Der Rückwärtsgangschalter (2), hier am Schaltgetriebe, sitzt im Schaltdeckelhalter (1).

Links: Zum Ausbau der Kennzeichenleuchte die Kreuzschlitzschrauben (Pfeile) lösen.
Rechts: Die Einzelteile bei abgenommener Kennzeichenleuchte:
1 – Glassockellampe;
2 – Deckglas;
3 – Dichtung.

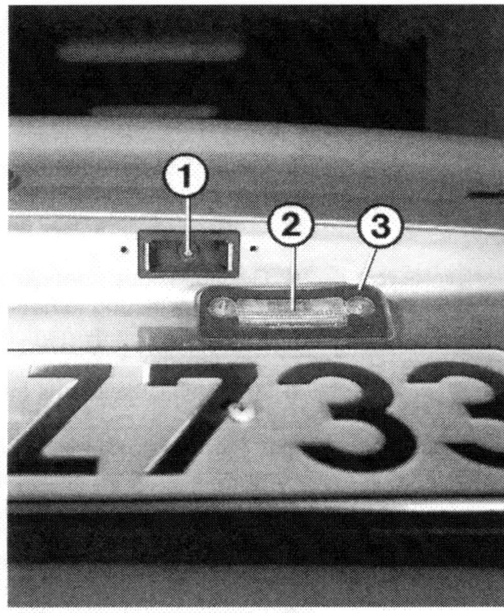

Links: Zum Abnehmen der Streuscheibe von der Innenleuchte (2) müssen die Halterasten (Pfeile) des Abdeckglases vorsichtig zurückgedrückt werden. Mit Position »1« ist die Lampenfassung der Glassockellampe für Leseleuchte beziffert.
Rechts: Die Soffitenlampe (Pfeil) der Innenleuchte (1) kann nach Abnahme der Streuscheibe (2) gewechselt werden.

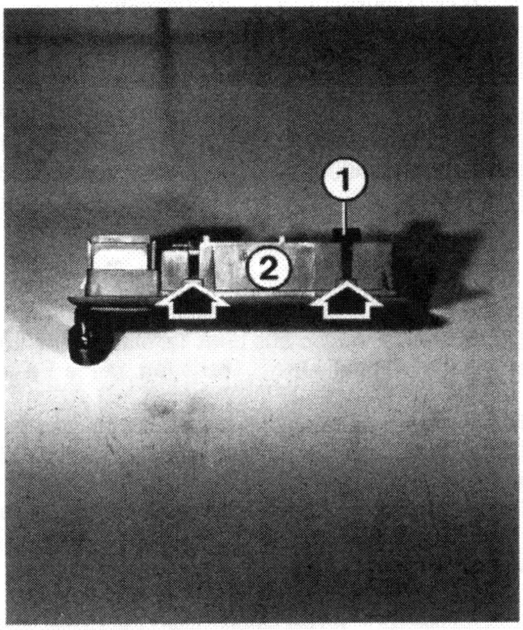

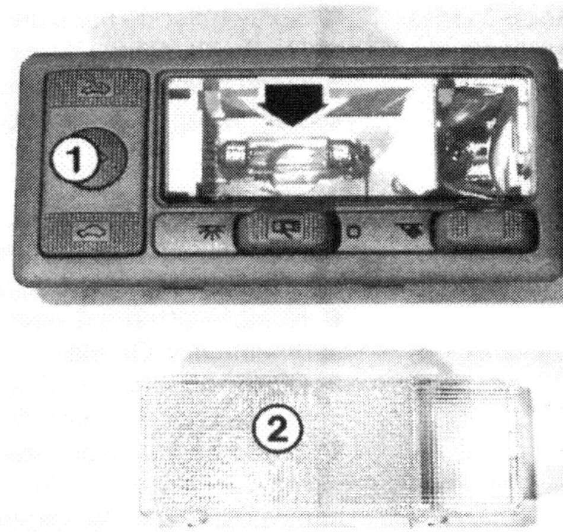

Links: Nach Abziehen der Gummikappe (1) kann die Kreuzschlitzschraube (4) des Türkontaktschalters (3) herausgedreht werden. Beim Ausbau des Türkontaktschalters darauf achten, daß der Stecker (2) nicht in den Türholm zurückrutscht.
Rechts: Zum Ausbau der Kofferraumleuchte läßt sie sich z. B. mit einem flachen Schraubendreher aus ihrer Aufnahme (Pfeil) ausrasten.

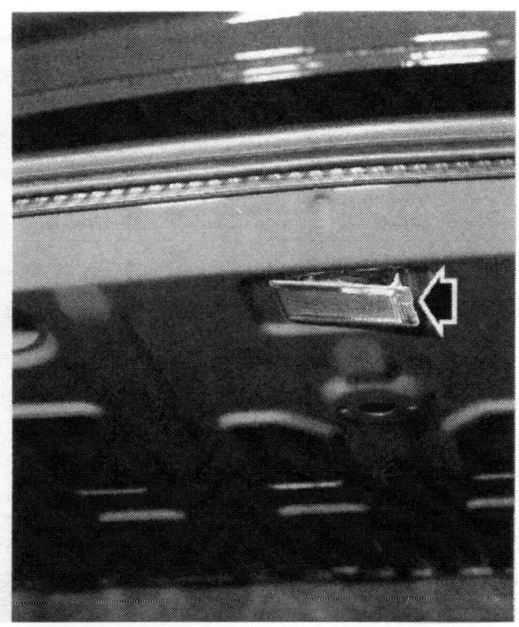

● Gummikappe über dem Türkontaktschalter abziehen.
● Kreuzschlitzschraube am Schalter lösen.
● Schalter herausziehen, Kabelstecker abziehen.
● Beim Einbau auf richtigen Sitz des Schalters achten.

Leseleuchte vorn

● Gehäuse der Innenleuchte komplett aus der Deckenverkleidung abhebeln. Das geht mit entsprechend langen Fingernägeln oder mit einer sauberen Messerklinge.
● An der Rückseite des Innenleuchtengehäuses die Lampenfassung ein wenig nach links drehen und abnehmen.
● Glassockellampe herausziehen und ersetzen.
● Beim Einbau darauf achten, daß die Leseleuchte auf der Beifahrerseite sitzt.

Kofferraumleuchte

Das Ein- und Ausschalten dieser Leuchte besorgt ein Kontaktschalter. Er sitzt im Schloßteil der Heckklappe. Bei nicht vollständig geschlossener Heck- bzw. Kofferraumklappe schaltet er bereits ein, und die Lampe leuchtet. Zwar verbraucht das 5-Watt-Birnchen nicht viel Strom, aber wenn die hintere Klappe tagelang in der Garage offensteht, kann die Batterie doch einmal entladen werden.
● Zum Ausbau der Leuchte brauchen Sie einen schmalen Schraubendreher oder eine Messerklinge.
● Lampengehäuse an der Unterseite der Heckablage bzw. aus dem Dachhimmel heraushebeln.
● Soffittenlampe (5 Watt, 36 mm lang, DIN-Form L) aus den Haltezungen herausnehmen.
● Nach dem Wechsel der Glühlampe das Lampengehäuse mit der Kabelseite zuerst wieder im Ausschnitt einsetzen.
● Zum Ausbau des Kontaktschalters muß das Heckklappenschloß demontiert werden (Kapitel »Die Karosserie«).
● Dann Halteschraube losdrehen und Schalter abnehmen.

Make-up-Spiegelbeleuchtung

● Sonnenblende nach unten klappen.
● Links und rechts einen schmalen Schraubendreher zwischen Spiegelgehäuse und Sonnenblende ansetzen, Spiegel heraushebeln.
● Soffittenlampe (3 Watt DIN-Form) aus den Haltezungen herausnehmen.
● Beim **Einbau** darauf achten, daß das Kabel beim aufdrücken des Spiegels nirgends eingeklemmt wird.

Sonstige Leuchten

Instrumenten-Beleuchtung

Für die Beleuchtung der Anzeigeinstrumente dienen beim Passat Glühlampen. Die Glassockellämpchen bilden mit der Fassung eine Einheit, Sie müssen sich also aus dem Teilelager eine Lampe mit Fassung besorgen.
● Kombi-Instrument ausbauen, siehe Kapitel »Instrumente und Geräte«.
● Oben im Gehäuse sitzen die hellblauen Lampenfassungen der Instrumenten-Beleuchtung.
● Unten an der Rückseite des Kombi-instruments sitzen die Fassungen für die Beleuchtung der Wegstreckenanzeige, der Digitaluhr bzw. der MFA.
● Nur mit sehr gelenkigen Fingern werden Sie es schaffen, diese Fassungen nach Linksdrehen abzunehmen.
● **Alle:** Zum Losdrehen können Sie einen 4-mm-Querschlitz-Schraubendreher in den Schlitz der Fassung stecken, besser geht es mit einer kleinen Zange.
● Fassung mit Lampe wieder einsetzen und bis zum Anschlag rechtsdrehen.

An der ausgebauten Kofferraumleuchte (3) sehen Sie die Soffittenlampe (2) und den Anschlußstecker (1).

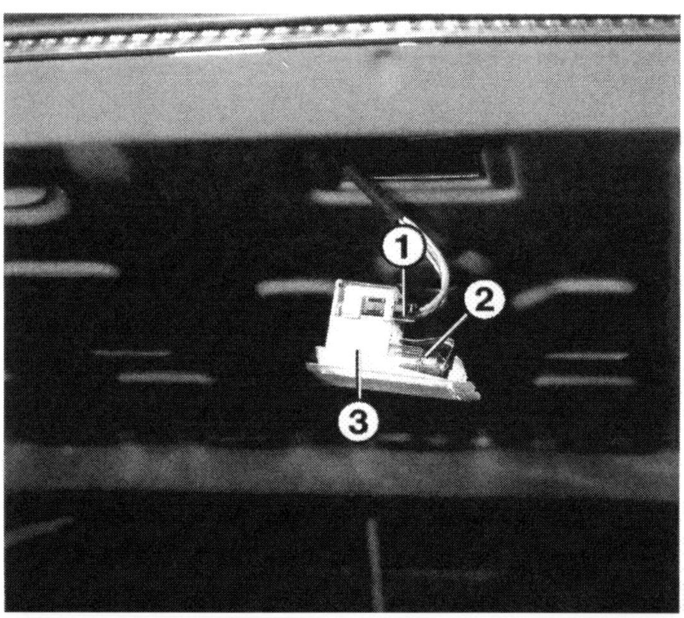

An der ausgebauten Leseleuchte hinten (2) sehen Sie die Soffittenlampe (3) und den Anschlußstecker (1). Die Leuchte wird an der mit dem Pfeil bezeichneten Stelle aus dem Dachausschnitt herausgehebelt.

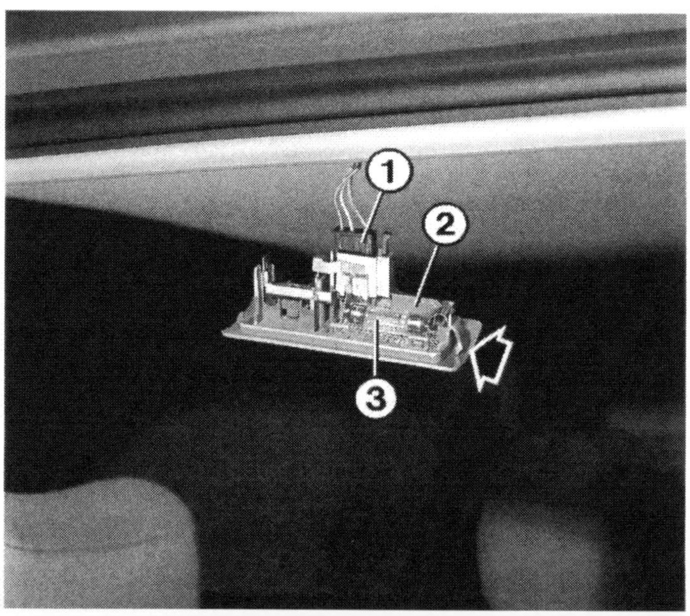

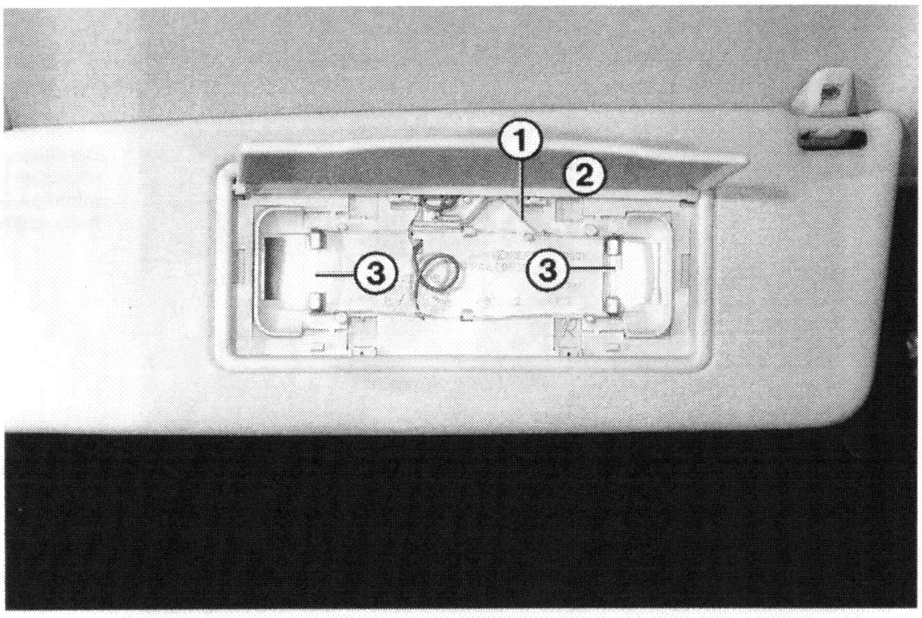

Bei abgenommenem Spiegelglas in der Sonnenblende sehen Sie die Soffittenlampen (3) und den Kontaktschalter (1) der Spiegelglas-Abdeckung (2).

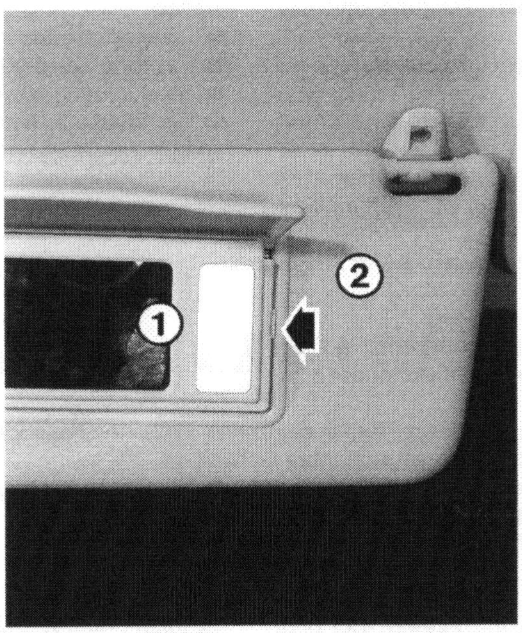

Links: Zum Abnehmen des Spiegelglases (1) in der Sonnenblende (2) mit einem Schraubendreher an der mit dem Pfeil bezeichneten Stelle heraushebeln.
Rechts: Zum Wechseln der Ascherbeleuchtung Kreuzschlitzschraube (3) lösen, Kontaktstecker (1) der Lampenfassung (2) abziehen und Lichtleiter mit Lampenfassung tauschen.

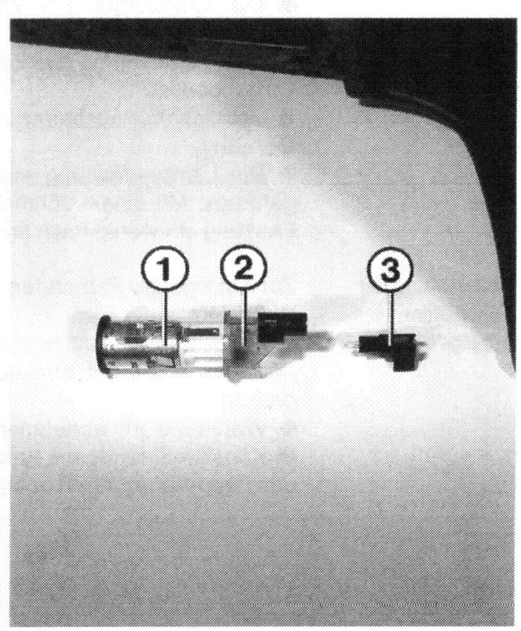

Links: Zum Tausch der Anzünderbeleuchtung muß der Beleuchtungsring (1) mit der Heizwendel (2) aus der Mittelkonsole (3) herausgezogen werden. Dazu Haltenasen (Pfeil) der Heizwendel zusammendrücken.
Rechts: In dieser Abbildung sehen Sie die Bauteile für Anzünderbeleuchtung:
1 – Heizwendel;
2 – Beleuchtungsring;
3 – Lampenfassung mit Glassockellampe.

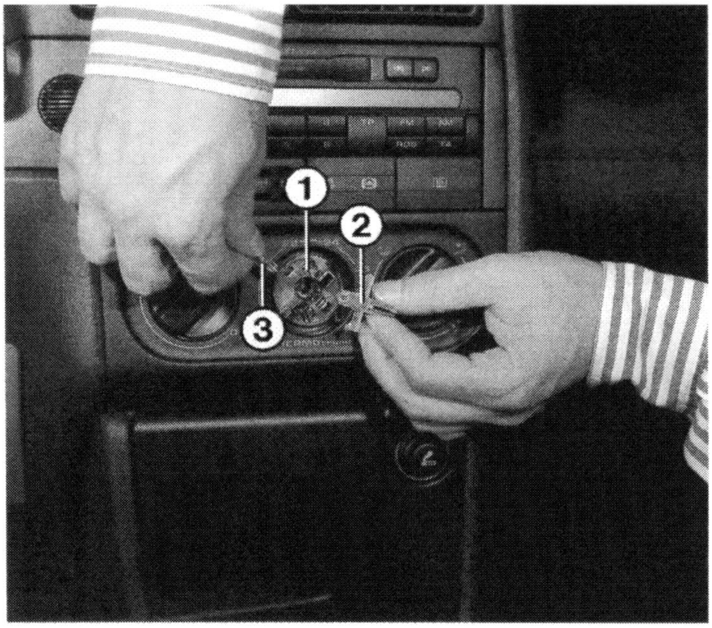

Die Glassockellampe der Heizregulierung sitzt im mittleren Drehschalter (1). Zum Wechseln mittleren Drehschalter abziehen, Fassung (2) herausziehen und Glassockellampe (3) wechseln.

Ascher- und Anzünderbeleuchtung

● **Ascher vorn:** Blende an der Heizungs/Lüftungs-Betätigung abnehmen (Kapitel »Heizung und Lüftung«).
● Stecker von der Fassung der Glassockellampe abziehen.
● An der rechten Seite des Lichtleiters eine Kreuzschlitzschraube lösen.
● Fassung mit Lichtleiter nach unten abziehen.
● Die Glassockellampe gibt es nur komplett mit Fassung und Lichtleiter.
● **Anzünder:** Mittelkonsole ausbauen, siehe Kapitel »Der Innenraum«.
● Anzünder aus seinem Halter ziehen.
● Mit einem schmalen Schraubendreher an der Rückseite des Beleuchtungsrings die Haltenasen zusammendrücken und Heizwendel nach vorn herausziehen.
● Lampenfassung am Beleuchtungsring abziehen.
● Fassung aus der Mittelkonsole abziehen.
● Steckkontakt abziehen.
● Die Glassockellampe gibt es nur komplett mit Fassung.

Heizregulierungsbeleuchtung

Zur Beleuchtung der Heizungs/Lüftungs-Regler dient eine einzelne Glassockellampe. An die verschiedenen Punkte gelangt das Licht mittels eines sogenannten Lichtleiters.
● Blende des mittleren Drehreglers abziehen.
● Aus der Mitte des Reglers die durchscheinende Fassung mit der darin sitzenden Glassockellampe abnehmen.
● Glassockellampe aus der Fassung ziehen.

Schlüssel-Beleuchtung

● Hälften des Schlüsselgriffs mit Fingernagel oder Schraubendreher trennen.
● Die Glühlampe 1,5 V/0,9 A und die 1,5-Volt »Knopfbatterie können jetzt abgenommen werden.«
● Je nach Defekt Glühlampe oder Batterie ersetzen.

Lichtschalter-Beleuchtung

Für die Beleuchtung des Lichtsymbols im Lichtschalter dient eine Glassockellampe, die mit ihrer Fassung fest verbunden ist.
● Lichtschalter ausbauen (Kapitel »Instrumente und Geräte«).
● Die Lampenfassung steckt tief im Lichtschaltergehäuse. Mit einem schmalen Schraubendreher die Fassung ein wenig nach links drehen.
● Fassung abnehmen und neue einsetzen.
● Fassung mit dem Schraubendreher drehen, bis sie fest im Lichtschaltergehäuse sitzt.

Beleuchtung der Fahrstufenanzeige

Zur Anzeige der Fahrstufen am Wählhebel der Getriebeautomatik dient eine 1,2-Watt-Glassockellampe, die fest in ihrer Fassung sitzt.
● Seitlich an der Entriegelungstaste des Wählhebelgriffes eine 2-mm-Innensechskantschraube herausdrehen.
● Wählhebelgriff abnehmen.
● Kunststoffblende mit Fahrstufenanzeige vorsichtig aus ihren Halterungen ausrasten.
● Seitlich am Wählhebel die Lampenfassung abziehen.
● Kabelstecker aus der Fassung ziehen und neue Fassung mit Lampe anschließen.
● Die Kabel können auch gebrochen sein, dann bleibt die Fahrstufenanzeige ebenfalls dunkel.

<u>Links:</u> Am zerlegten Schlüssel sind hier gezeigt:
1 – Glühlampe;
2 – Knopfbatterie;
3 – Schlüssel-Griffhälfte;
4 – Druckknopf;
5 – Druckfeder.
<u>Rechts:</u> An der Rückseite des Lichtschalters (Pfeil) kann nach einer Vierteldrehung mit einem schmalem Schraubendreher die Fassung herausgenommen werden.

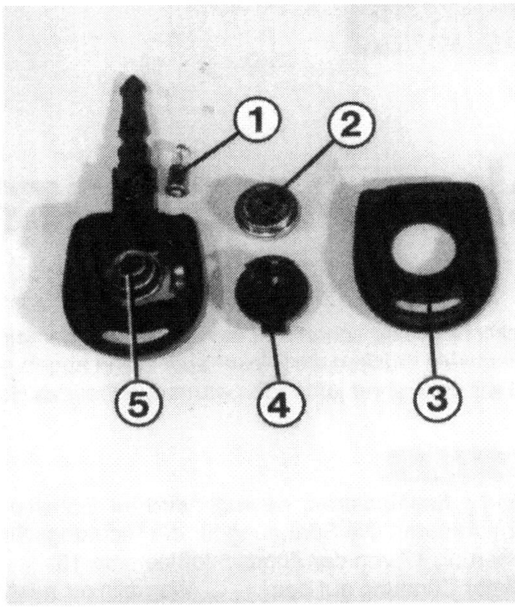

<u>Links:</u> Hier die herausgenommene Fassung (2) aus dem Lichtschalter (1) mit integrierter Glassockellampe.
<u>Rechts:</u> Zum Abnehmen der Wählhebel-Abdeckung (3) ist auf der linken Seite (Pfeil) des Betätigung-Griffes (2; in Fahrtrichtung) eine Innensechskant-Madenschraube (1; hier mit angesetztem Inbusschlüssel), die gelöst werden muß. Betätigungsgriff abziehen.

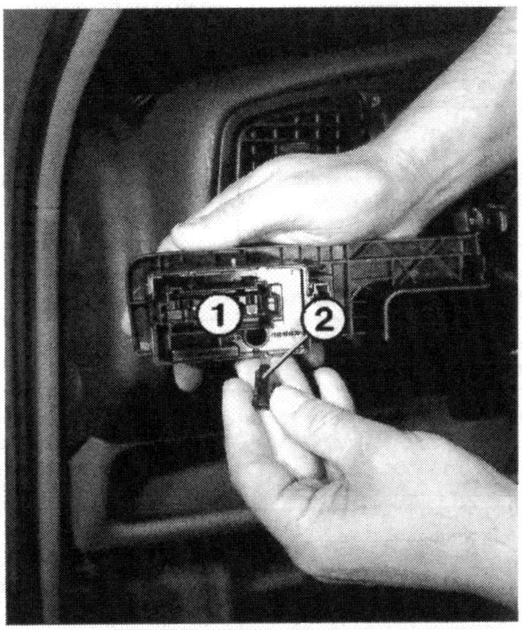

<u>Links:</u> Bei abgenommener Wählhebel-Abdeckung sehen Sie:
1 – Lampenfassung mit Glassockellampe;
2 – Halter für Lampenfassung;
3 – Kontaktstecker.
<u>Rechts:</u> Beim Einbau der Wählhebel-Abdeckung (1) darauf achten, daß die Kulisse (2) links und rechts in die Führung (Pfeile) der Mittelkonsole eingreift.

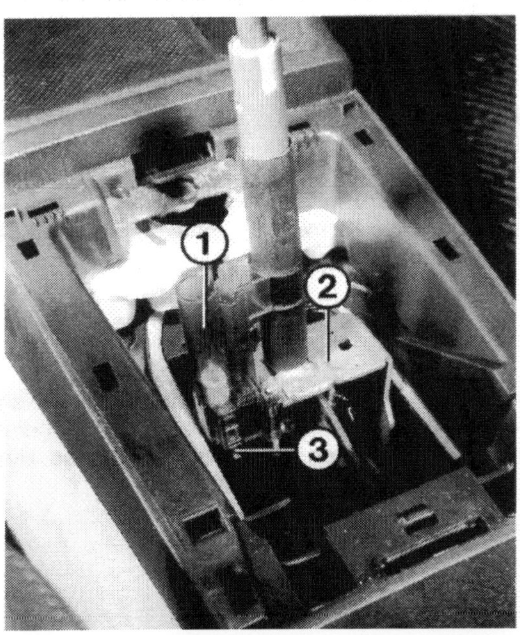

Deutliche Aussprache

Im Straßenverkehr gibt es glücklicherweise schon seit langem eine allgemein verständliche Sprache: Die Absicht zum Abbiegen oder Spurwechseln drücken die Blinker aus. Wenn abgebremst oder angehalten werden soll, zeigen dies rote Lichter an. Und will der Fahrer jemanden warnen, ertönt das Horn oder die Lichthupe flammt auf.

Blink- und Warnblinkanlage prüfen

Ständige Kontrolle

Die Warnblinkanlage muß ständig funktionieren, deshalb wird ihr Schalter direkt vom Batterie-Plus (ohne zwischengeschaltete Sicherung) versorgt. Die Spannung für die Richtungsblinker kommt dagegen nur bei eingeschalteter Zündung über Sicherung 17 von der Zündschloßklemme 15.

○ Drücken Sie bei ausgeschalteter Zündung auf den roten Druckschalter oben an der Lenksäule.
○ Alle Blinkerlampen, die rote Schaltertaste und die Blinkerkontrollen blinken im gleichen Rhythmus.
○ Warnblinker ausschalten, Zündung einschalten.
○ Bei gedrücktem Blinkerhebel müssen eine Blinkerseite und die jeweilige grüne Kontrolleuchte regelmäßig aufleuchten.

Störungsbeistand

Blink- und Warnblinkanlage

Die Störung	– ihre Ursache
A Grüne Kontrollampe für Richtungsblinker leuchtet in ganz kurzen Intervallen auf, normaler Blinker-Rhythmus beim Warnblinken	Eine Glühlampe defekt oder ohne Kontakt
B Blinkleuchten am Wagen brennen beim Richtungs- und Warnblinken dauernd, grüne Kontrolleuchten bleiben dunkel	Blinkrelais defekt
C Grüne Kontrolleuchten brennen beim Richtungs- und Warnblinken dauernd, Blinkleuchten am Wagen bleiben dunkel	Blinkrelais defekt
D Richtungsblinken funktioniert, aber kein Warnblinken	1 Leitung zwischen Klemme 30 der Zentralelektrik und Kombischalter unterbrochen 2 Kombischalter defekt 3 Unterbrechung in der Zentralelektrik
E Warnblinken funktioniert, aber kein Richtungsblinken	1 Sicherung 17 defekt 2 Leitung zwischen Klemme 15 der Zentralelektrik (Ausgang Sicherung 17) und Kombischalter unterbrochen 3 Siehe D 2 und 3
F Kein Richtungs- und kein Warnblinken	Siehe D 2
G Störungen im Blinker-Rhythmus, Blinker spricht ohne Schalterbetätigung an	Spannungsimpulse durch stromführende Leitungen in der Nähe des Blinkrelais

Behelf bei defektem Blinkrelais

● Abdeckung der Zentralelektrik abnehmen.
● Blinkrelais aus der Zentralelektrik ziehen.
● Kurzschlußbrücke zwischen den Klemmen 49 und 49 a (am Relais markiert) herstellen. Dazu in das Relaissteckfeld in die Steckanschlüsse, die Klemme 49 und 49 a gegenüber liegen, ein kurzes Drahtstück einstecken.
● Blinkrelais wieder einsetzen.
● Bei gedrücktem Blinkerhebel leuchtet jetzt eine Blinkerseite dauernd.
● Durch Ein- und Ausschalten mit dem Blinkerhebel erhalten Sie einen Blinker-Rhythmus.

Bremsleuchten prüfen

Ständige Kontrolle

● Bei rückwärts gegen eine helle Wand geparktem Passat müssen Sie zwei rote Lichtreflexionen sehen, wenn Sie auf das Bremspedal treten. Am besten im Dunkeln kontrollieren.
● Oder in einer Kolonne im Rückspiegel prüfen, ob sich in den Scheinwerfer-Reflektoren oder in der Lackierung des Hintermannes beide Bremslichter spiegeln.

Bei abgenommener Pedalabdeckung ist der Bremslichtschalter (2) mit aufgestecktem Kontaktstecker (3) am Pedalbock sichtbar. Der Schalter (1; nur bei Fahrzeugen mit GRA) schaltet die Geschwindigkeitsregelung bei Betätigung des Bremspedals ab.

Der Bremslichtschalter

Oben im Fahrerfußraum sitzt ein mechanischer Schalter am Pedalbock. Durch den Tritt auf das Bremspedal wandert ein Druckstift aus dem Schalter heraus. Dadurch werden die Schalterkontakte geschlossen und damit schließt sich der Stromkreis zu den Bremsleuchten.

Bremslichtschalter überprüfen

- Linke Abdeckung des Armaturenbretts ausbauen (Innenraum-Kapitel).
- Kabelstecker abziehen.
- Kabelanschlüsse im Stecker mit Büroklammer oder Drahtstück überbrücken.
- Brennen jetzt die Bremslichter, ist der Bremslichtschalter defekt.

Bremslichtschalter austauschen

- Linke Abdeckung des Armaturenbretts ausbauen (Kapitel »Der Innenraum˘).
- Kabelstecker abziehen.
- Bremslichtschalter eine Vierteldrehung nach links drehen und vom Pedalbock abziehen.
- Zum Einbau den Druckstift des Bremslichtschalters ganz herausziehen.
- Funktion überprüfen.

Störungsbeistand

Bremsleuchten

Die Störung	– ihre Ursache	– ihre Abhilfe
A Eine Bremsleuchte brennt nicht	1 Glühlampe durchgebrannt	Austauschen
	2 Spannungszuleitung unterbrochen. Brennen alle übrigen Glühlampen in derselben Heckleuchte? Falls nicht:	Kabel kontrollieren
	3 Unterbrechung der Masseverbindung	Masseanschluß überprüfen
B Beide Bremslichter brennen nicht	1 Sicherung defekt	Ersetzen
	2 Bremslichtschalter defekt	Überprüfen, ggf. ersetzen
	3 Siehe A 1 und 3	
C Bremslicht brennt dauernd	1 Siehe B 2	
	2 Kabel zum Bremslichtschalter haben direkten Kontakt	Kabel kontrollieren

Hupe(n) prüfen

Ständige Kontrolle

Bei eingeschalteter Zündung und beim Druck auf den Hupkontakt im Lenkrad muß die Hupe bzw. müssen die Zweiklanghörner ertönen. Zur Schonung der Hupkontakte ist bei den Zweiklanghörnern ein Relais zwischengeschaltet. Bei eingeschalteter Zündung liegt an der Hupe bzw. den Hörnern ständig Spannung von Klemme 15 an. Damit es hupt, wird die Verbindung zur Masse über den Hupkontakt bzw. über das Relais (Zweiklanghörner) geschlossen.

Signalhorn kontrollieren

- Wagen vorn aufbocken oder Stoßfänger ausbauen.
- Im rechten Radkasten Kabelstecker abziehen.
- Hupe(n) ausbauen.

Bei abgenommenem vorderen Stoßfänger werden die Signalhörner sichtbar. Folgende Bauteile sind bezeichnet:
1 – Träger rechts mit Halterung für Signalhörner;
2 – Federblech;
3 – Haltemutter;
4 – Kontaktstecker;
5 – Einstellschraube.

● An beiden Steckanschlüssen je ein Kabelstück aufstecken und diese mit dem Plus- bzw. Minuspol der Batterie verbinden.
● Bleibt es ruhig, ist das Signalhorn defekt.
● Ein krächzendes oder völlig stummes Horn läßt sich bisweilen durch Drehen der Einstellschraube an der Hupenrückseite wieder stimmen oder zu neuem Leben erwecken.
● Schraube unter der Vergußmasse freilegen.
● Nach dem Einstellen die Schraube mit Karosseriedichtmasse wieder feuchtigkeitssicher verschließen.

Störungsbeistand

Hupen

Die Störung	– ihre Ursache	– ihre Abhilfe
A Beide Hupen der Zweiklanghörner tönen nicht	1 Sicherung defekt	Ersetzen
	2 Hupenrelais defekt	Prüfen, ggf. austauschen
	3 Spannungszuleitung zur Hupe (schwarz/gelbes Kabel) unterbrochen	Kabelverlauf kontrollieren, Steckkontakte an der Hupe blank kratzen
	4 Leitung zwischen Hupenkontakt und Hupe unterbrochen	Kabelverlauf kontrollieren
B Eine Hupe der Zweiklanghörner tönt nicht	1 Siehe A 3	
	2 Hupe defekt	Prüfen, ggf. austauschen

Die Lichthupe

Die Fernlicht-Glühfäden und die Fernlichtkontrolle leuchten immer auf, wenn Sie den Blinkerhebel zum Lenkrad hin ziehen.
Falls die Lichthupe nicht funktioniert, obwohl die Scheinwerfer bei eingeschalteter Beleuchtung brennen:
● Mit Prüflampe kontrollieren, ob das rot/gelbe Klemme-30-Kabel zum Kombihebel unter Spannung steht.
● Falls ja, dürfte der Lichthupenkontakt im Kombischalter defekt sein. Schalterausbau siehe Kapitel »Instrumente und Geräte«.

Hilfsorgane

Anzeigeinstrumente und Warnlichter informieren Sie über das augenblickliche Befinden Ihres Fahrzeugs. Und eine Vielzahl von Schaltern löst allerlei Funktionen aus. Auf alle diese Bauteile gehen wir in diesem Kapitel ein. Weiter sollen jene Einrichtungen zur Sprache kommen, mit denen das Autofahren sicherer oder komfortabler wird.

Kontrollinstrumente und -leuchten prüfen

Wartungsarbeit

Setzen Sie sich hinter das Lenkrad und kontrollieren Sie nacheinander:

- Läuft die Digitaluhr?
- Zündung einschalten. Es müssen aufleuchten oder -blinken: Ladekontrolle, Öldruckwarnleuchte, Temperatur-/Kühlmittelstand-Warnleuchte und Handbremskontrolle (bei angezogenem Hebel). Im Lichtschalter muß das Lichtsymbol erleuchtet sein.
- Mit etwas Verzögerung wandert die Tankanzeigenadel über die Skala.
- Beim Antiblockiersystem (ABS) und beim Airbag leuchtet die Kontrollampe bei eingeschalteter Zündung auf. Nach dem Selbst-Check verlöscht sie.
- Linken Hebelschalter betätigen – leuchtet die (entsprechende) Blinkerkontrolle bzw. die Fernlichtkontrolle?
- Brennen bei gedrücktem Schalter die Kontrollleuchten für Warnblinker, heizbare Heckscheibe und – bei eingeschaltetem Licht – Nebelscheinwerfer bzw. Nebelschlußleuchten?
- Bei einem Fahrzeug mit Anhänger-Blinkerkontrolle leuchtet diese beim Warnblinken ebenfalls rhythmisch auf.
- Motor starten – arbeitet der Drehzahlmesser?
- Bei einer Probefahrt die Funktion von Tachometer, Kühlmittel-Temperaturanzeige und ggf. Multifunktionsanzeige (MFA) überprüfen.

Arbeiten am Kombi-Instrument

Ausbau

Um eine Leuchtdiode zu wechseln, braucht lediglich die Glasabdeckung abgenommen werden.

- Lenkrad abschrauben (Kapitel »Radaufhängung und Lenkung«).
- Lichtschalter ausbauen, weiter hinten beschrieben.
- Die Blende links vom Radio mit einem schmalen Schraubendreher abhebeln und ggf. Kontaktstecker des Temperaturfühlers abziehen.
- Lüftungsdüsen ausbauen, siehe Kapitel »Heizung und Lüftung«.
- Rund um das Kombi-Instrument die Kreuzschlitzschrauben der Blende lösen.
- Blende vom Armaturenbrett abziehen.
- **Kombi-Instrument ausbauen:** Rechts und links am Kombi-Instrument je eine Kreuzschlitzschraube des Instrumentengehäuses lösen.
- Kombi-Instrument rechts ein Stück herausziehen.
- Mehrfachstecker an der Rückseite abziehen.
- Kombi-Instrument aus dem Armaturenbrett herausziehen.
- Bei Fahrzeugen mit mechanischem Tachometer braucht die Tachowelle nicht gelöst zu werden, sie ist hinten am Tacho lediglich eingesteckt.
- **Glasabdeckung abnehmen:** Rechts und links am Kombi-Instrument je eine kleine Kreuzschlitzschraube der lösen.
- Knopf für Tageskilometerzähler-Rückstellung herausdrehen.
- Abdeckung oben ein Stück herausziehen und abnehmen.

Instrumente ausbauen

- Massekabel der Batterie abklemmen.
- **Tachometer:** Der mechanische Tachometer ist mit vier Kreuzschlitzschrauben befestigt.
- Der elektronische Tacho und die übrigen Kontrollinstrumente sind lediglich eingesteckt.
- Tachometer aus dem Instrumentengehäuse abziehen.
- **Seitliche Instrumente:** Instrumente aus dem Gehäuse abziehen.
- Beim Einbau müssen Sie darauf achten, daß die Steckstifte hinten am Instrument korrekt in die entsprechende Steckerleiste eingesetzt sind. Bei ungeschicktem Ansetzen können die Stifte verbogen werden, und es fehlt am Kontakt.

Fingerzeig: Die Instrumente von Moto Meter können von der Firma Imag, Gutenbergstraße 27, 70736 Fellbach-Schmiden repariert werden. VDO unterhält eigene Werkstätten, Anschriften erhalten Sie von der VDO Adolf Schindling AG, Postfach 6140, 65 735 Schwalbach.

Zum Abnehmen der Kombi-Instrumentenblende Kreuzschlitzschrauben (Pfeile) lösen.

Weitere Bauteile ausbauen

Spannungskonstanter prüfen

Er muß die Anzeigen mit absoluter gleichmäßiger Spannung versorgen. Andernfalls lassen Spannungsschwankungen die Zeigernadeln pendeln. Wenn beide Geräte »verrückt spielen« oder gar nichts anzeigen, liegt es sicher am Konstanter.

- **Versorgungsspannung:** Glasabdeckung am Kombi-Instrument abnehmen.
- Rechtes Anzeigeinstrument aus dem Gehäuse herausziehen (Batterie bleibt angeklemmt).
- Zündung einschalten und ein Voltmeter zwischen Klemme 15 und Masse anschließen. Sollwert ca. Batteriespannung.
- Zur **Ausgangsprüfung** wird das Voltmeter zwischen Ausgang und Masse angeschlossen. Sollwert 9,5-10,5 Volt.
- Wird der Sollwert nicht erreicht, Spannungskonstanter ersetzen.
- **Spannungskonstanter ausbauen:** Rechtes Anzeigeinstrument aus dem Gehäuse herausziehen.
- Halteschraube am Spannungskonstanter lösen.
- Spannungskonstanter aus den Kontakten nach unten herausziehen.
- Beim **Einbau** die drei Kontaktstifte exakt in den Stecker einsetzen und Spannungskonstanter fest hineindrücken.
- Die Halteschraube muß richtig festgezogen werden, damit die Halteöse guten Kontakt mit dem Kühlblech im Gehäuse hat.
- **Hall- bzw. Induktionsgeber:** Zur Ermittlung der Geschwindigkeit (nur mit mechanischem Tachometer) sitzt beim Passat mit geschwindigkeitsabhängiger Lautstärkeregelung (nur VW-Radio) bzw. ggf. Geschwindigkeits-Regelanlage hinten am Tachometer ein Induktivgeber bzw. ein Hallgeber.
- Tachometer losschrauben.
- An der Rückseite den Geber abschrauben.

Kontrolleuchten ausbauen

Für die Kontrolleuchten im Kombi-Instrument dienen Leuchtdioden. Zum Schutz gegen zu hohe Spannungen ist jeder Leuchtdiode ein eigener Widerstand vorgeschaltet. Die Leuchtdiode der Ladekontrolle besitzt noch einen

Nachdem die Kombi-Instrumentenblende abgenommen ist, müssen Sie eine Kreuzschlitzschraube (Pfeile) links und rechts des Kombis lösen.

__Links:__ **Zum Abnehmen der Glasabdeckung die Kreuzschlitzschrauben (große Pfeile) lösen und die Halterasten (kleine Pfeile) aushängen.**
__Rechts:__ **An der Rückseite des Kombi-Instruments (1) die Halteklammern (Pfeile) des Mehrfachsteckers (2) zurückdrücken und Abdeckung abnehmen.**

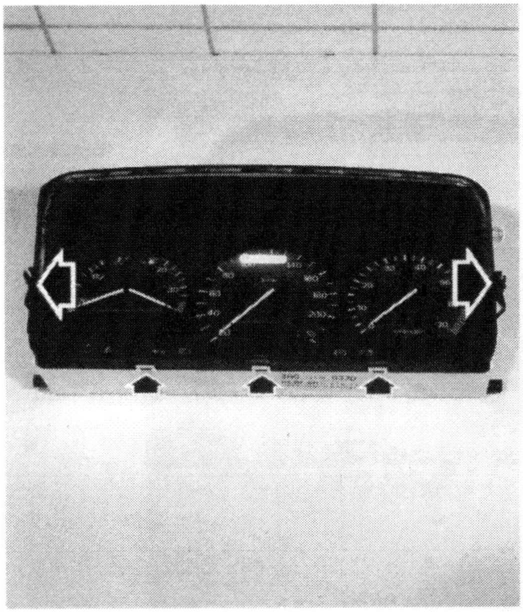

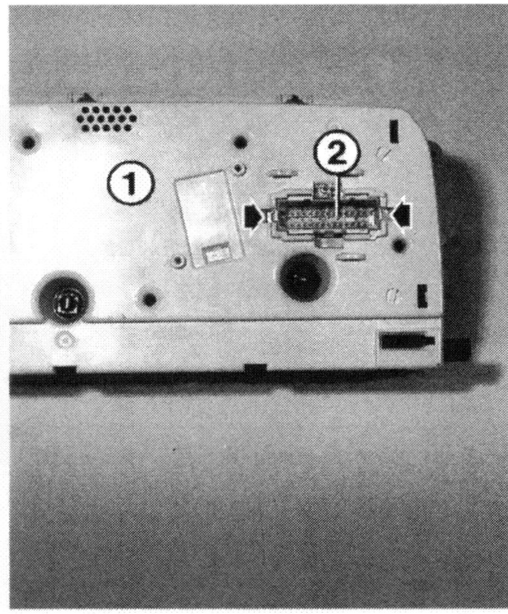

__Links:__ **Der Tachometer ist mit Kreuzschlitzschrauben (Pfeile) am Kombi-Instrument festgeschraubt.**
__Rechts:__ **Diese Abbildung zeigt einen Befestigungspunkt des Spannungskonstanters (1) im Kombi-Instrument. Mit Position »2« ist die Befestigungsschraube bezeichnet.**

__Links:__ **Der Spannungskonstanter (3) ist mit einer Kreuzschlitzschraube (2) auf einem Kühlblech (1) am Kombi-Instrument befestigt.**
__Rechts:__ **Wenn Sie das Gehäuse für Kontrolleuchte für Blinker aus der Leiterplatte herausziehen, sehen Sie folgendes:**
1 – Gehäuse-Oberteil;
2 – Gehäuse-Unterteil;
3 – Diodenfüße.

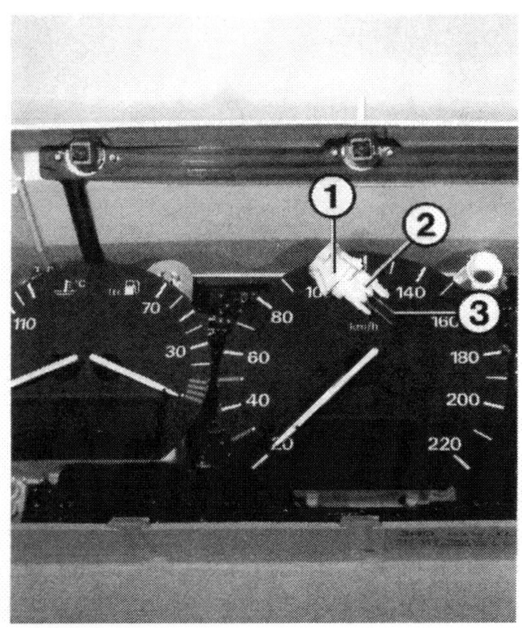

Zum Wechseln der Leuchtdiode (3) für Richtungsblinken am Diodenträger-Unterteil (1) den Rasthaken (Pfeil) zurückdrücken und das Oberteil (2) abklappen. Leuchtdiode herausnehmen.

zusätzlichen Widerstand von 150 Ω zur Vorerregung der Drehstrom-Lichtmaschine. Für die Fernlichtkontrolle dient eine kleine Glühlampe mit blauer Kappe, da blaue Leuchtdioden zu teuer in der Herstellung sind.

● **Kontrolleuchten unten:** Im Instrumentengehäuse die Abdeckung über den Leuchtdioden abziehen, sie wird von kleinen Kunststoffrasten gehalten.

● **Blinker-Kontrolleuchten oben:** Diodenträger-Oberteil ausrasten.

● **Alle:** Defekte Diode bzw. Glühlampe (ggf. mit Pinzette) herausziehen und neue einstecken.

● Diodenanschlüsse nicht verwechseln – der Minusanschluß hat drei Erkennungsmerkmale: Größerer Pol im Diodengehäuse, angefaste Stelle am Diodengehäuse (sieht aus wie plangeschliffen), bisweilen ist auch der Steckanschluß leicht gebogen.

● Die richtige Einbaulage ist auch auf dem Halter eingeprägt.

Leiterplatte bzw. Gehäuse ersetzen

Die Leiterplatte des Kombi-Instruments gibt es als Ersatzteil nur in Verbindung mit dem Instrumentengehäuse. Auch der Summer der Öldruckkontrolle und die Digitaluhr sind fest integrierte Bauteile in der Leiterplatte. Zum Austausch werden alle bisher genannten Bauteile demontiert.

Der Tachometer

mechanische Ausführung

Der Geschwindigkeitsmesser zeigt das Fahrtempo gewissermaßen auf elektrischem Weg an, nämlich durch Erzeugung von Wirbelströmen, die eine Aluminiumtrommel rund um die Zeigerachse gegen den Widerstand einer Spiralfeder verdrehen.

Der Tachometer kann nicht die genaue Entfernung oder Geschwindigkeit messen, sondern er »zählt« die Umdrehungen des Tachowellenantriebs am Getriebegehäuse und setzt sie in Kilometerangaben um. Nach wieviel Tachowellenumdrehungen ein Kilometer auf der Straße zurückgelegt wurde, hängt von der Reifengröße und der Achsübersetzung ab.

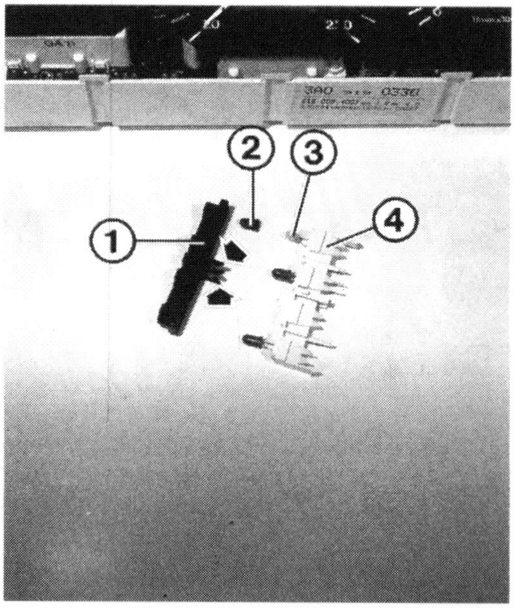

<u>Links:</u> Die Konsole (1) der Kontrolleuchten ist mit Halteklammern (Pfeile) in die Leiterplatte (2) an der Vorderseite des Kombi-Instruments eingerastet.
<u>Rechts:</u> Die Einzelteile der ausgebauten Konsole für Kontrollleuchten:
1 – Konsolen-Oberteil;
2 – blaue Abdeckkappe für Fernlicht;
3 – Leuchtdiode weiß für Fernlicht;
4 – Konsolen-Unterteil.
Mit den »Pfeilen« sind die Halteklammern des Konsolen-Oberteil bezeichnet.

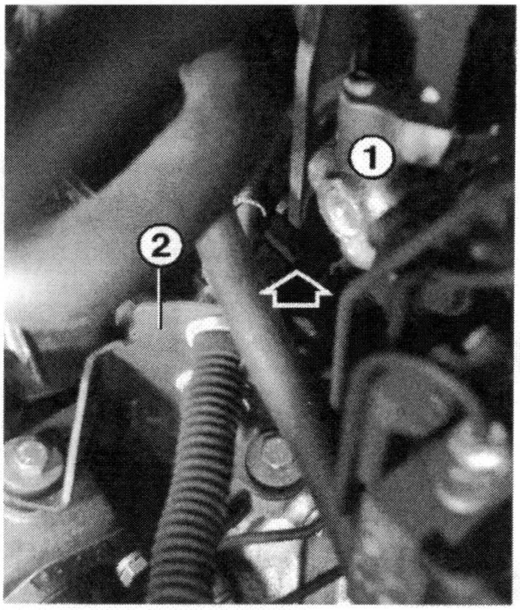

Links: Zum Lösen der Tachowelle (2) bei Fahrzeugen mit mechanischen Tachoantrieb, unten am Getriebe (1) diese in Pfeilrichtung verdrehen und herausziehen.
Rechts: Wenn Sie zwischen dem ABS-Aggregat (1) und dem Widerlager (2) der Seilzüge für Schaltung hindurchschauen, sehen Sie den Steckkontakt (Pfeil) des Tachometer-Impulsgeber der hinten rechts am Getriebe sitzt.

Störungen am Tachometer

○ Eine zitternde Tachonadel weist gewöhnlich darauf hin, daß die Tachowelle einen Knick hat und bald brechen wird.
○ Bei einem Fahrzeug mit hoher Laufleistung kann auch der Tachoantrieb im Getriebe verschlissen sein.

Tachowelle ausbauen

Der Wellenanschluß ist am mechanischen Tachometer lediglich eingesteckt. Am oberen Ende der Welle sitzt im Wasserfangkasten ein Gehäuse mit Druckfeder. Die Feder drückt das Wellenende in Richtung Tachometer. Zum leichteren »Einfädeln« sitzt an der Tachorückseite eine trichterförmige Aufnahme.

● Im Motorraum neben den Schaltzügen die geschlitzte Rändelmutter der Tachowelle aus dem Getriebe lösen. Ggf. Schraubenzieher zum Losdrehen einstecken.
● Dichtstopfen zwischen Motorraum und Wasserfangkasten herausdrücken.
● Druckfedergehäuse im Wasserfangkasten aus den Haltern aushängen.
● Dichtstopfen zwischen Wasserfangkasten und Innenraum ebenfalls herausdrücken.
● Welle aus ihrem Halter im Motorraum aushängen.
● Welle aus ihrem Halter im Motorraum aushängen.
● Tachowelle zum Motorraum hin herausziehen.
● Beim Einbau darf die Tachowelle nicht stark gebogen oder gar geknickt werden, sonst ist sie bald wieder defekt.
● Dichtstopfen wieder feuchtigkeitssicher eindrücken, ggf. etwas Silikonfett verwenden, daß die Gummis besser hineinrutschen.

Elektronischer Tachometer

Der Tachometer ist dem Stand der Technik entsprechend ein elektronisches Meßgerät, ähnlich dem Drehzahlmesser. Wie dieser verarbeitet er Drehzahlimpulse, die er (anders als der Drehzahlmesser) von einem Geber im Getriebe erhält. Dort wird gemessen, wie oft sich die Räder drehen. Das Instrument bringt die Umdrehungs-Impulse mit einem Zeitfaktor in Bezug, und man erhält eine Vergleichsgröße für die Geschwindigkeit. Das Radumdrehungs-Signal wird auch für die Multifunktions-Anzeige und die Radio-Lautstärkenanpassung als Meßgröße für die Geschwindigkeit bzw. zurückgelegte Fahrtstrecke gebraucht.
Wenn der Tachometer nicht funktioniert, zuerst Sicherung 15 im Sicherungskasten überprüfen. Weitergehende Prüfmöglichkeiten bestehen nicht.

Der Kilometerzähler

Gesamt- und Tageskilometerstand werden durch **L**iquid **C**ristal **D**isplays (Flüssigkristallanzeigen) angezeigt. Damit der Kilometerstand nicht manipuliert werden kann – etwa durch längeres Abklemmen der Batterie –, werden die Laufleistungsdaten kontinuierlich in einem spannungsunabhängigen Speicher im Kombi-Instrument abgelegt.

Tacho-Impulsgeber

Die Umdrehungs-Impulse für den elektronischen Tachometer liefert ein sogenannter Hallgeber am Achsantrieb. Er besteht aus einem Dauermagneten und einem ihm gegenüberliegenden Hall-IC. Zwischen diesen beiden Bauteilen läuft ein Blendenrotor mit Aussparungen. Durch den Wechsel zwischen geschlossener und offener Rotorblende wird eine Wechselspannung erzeugt, deren Impulse als Wegstreckensignal an den Tachometer gelangen.

Tacho-Impulsgeber ausbauen

● Motorhaube öffnen.
● **Schaltgetriebe:** Links hinter dem Motor am Getriebe den Kontaktstecker vom Impulsgeber abziehen.

● Den Geber an seinem Sechskantansatz (SW 22) losdrehen und aus dem Getriebe herausziehen.
● **Getriebeautomatik:** Kontaktstecker am Impulsgeber abziehen und an seinem Sechskantansatz losdrehen.
● **Alle:** Kontrollieren Sie den Dichtring am Wellenanschluß des Getriebes, ggf. ersetzen.

Drehzahlmesser

Wie oft die Kurbelwelle im Motor in der Minute rotiert, zeigt der Drehzahlmesser an. Er erhält von der Zündanlage die Zündimpulse übermittelt. Sie werden von der Elektronik im Instrument summiert und aufbereitet an das Meßwerk der Analoganzeige weitergegeben.
Bei Störungen gilt es, die entsprechenden Leitungen zu überprüfen. Auch in der Leiterplatte des Kombi-Instruments kann ein Fehler stecken. Der Drehzahlmesser läßt sich mit Eigenmitteln nicht reparieren.

Kraftstoffanzeige

Die Tankanzeige ist im Prinzip nichts anderes als ein Voltmeter. Mit Einschalten der Zündung erhält das Anzeigegerät im Kombi-Instrument Spannung. Den Stromkreis zur Masse schließt ein veränderlicher Widerstand im Tankgeber. Dieser Geber im Kraftstofftank besteht aus einem Schwimmer und einem elektrischen Widerstand. Entsprechend dem Stromdurchfluß wird die Drehspule im Instrument mit Spannung versorgt. Die Zeigernadel schlägt schnell aus.
Steht der Schwimmer bei vollem Tank in seiner höchsten Stellung, ist der Widerstand am Tankgeber überbrückt, die Drehspule wird mit voller Spannung versorgt und läßt den Zeiger voll ausschlagen. Mit abnehmendem Tankinhalt sinkt der Schwimmer, der dadurch höhere Widerstand hemmt die Spannungsversorgung der Spule, die Nadel zeigt weniger an.

Störungssuche an der Tankanzeige

Als Ursache für fehlerhafte Anzeige kommen in Frage:
○ **Zu hoher oder zu niedriger Stand:** Schwimmer des Tankgebers nicht richtig eingestellt. Falls auch die **Temperaturanzeige falsch anzeigt:** Spannungskonstanter in der Leiterplatte defekt.
○ **Keine Anzeige:** Spannungszufuhr außerhalb oder innerhalb des Kombi-Instruments unterbrochen oder Leitungskurzschluß bzw. Tankgeber oder Anzeigeinstrument defekt.
● Tankgeber freilegen, wie im Kapitel »Tank und Kraftstoffpumpe« beschrieben, Kabelstecker abziehen.
● Wenn kein Benzinstand angezeigt wird, im Stecker den Anschluß des violett/schwarzen Kabels mit einem Kabelstück zum Kontakt des braunen Kabels überbrücken.
● Zündung kurz einschalten – wandert der Zeiger auf »Voll«, ist der Tankgeber defekt.
● Bewegt sich der Zeiger nicht, das violett/schwarze Kabel zum Kombi-Instrument auf Unterbrechung oder Kurzschluß prüfen.
● Ist der Leitungsverlauf in Ordnung, liegt der Fehler im Anzeigeinstrument oder in der Leiterplatte.

Tankgeber einstellen

● Vorraussetzung zur exakten Einstellung ist, daß der Tankgeber und das Anzeigeinstrument in Ordnung sind.
● Tankgeber freilegen und Kraftstoff vollständig aus dem Tank pumpen, siehe Kapitel »Tank und Kraftstoffpumpe«.

Bei abgenommenem Tankgeberoberteil ist an der Pumpen-Gebereinheit (nur Benziner) die Einstellschraube (2) zum Einstellen der Tankanzeige im Kombi-Instrument zu sehen. Mit Position »1« ist die Verdrehsicherung, die beim erstmaligen Verstellen zerstört werden muß, bezeichnet.

● Zündung ausschalten und den Kontaktstecker am Tankgeber abziehen.
● Ohmmeter mit den Kontakten der violett/schwarzen und braunen Leitung verbinden.
● Jetzt exakt 10 Liter Kraftstoff in den Tank einfüllen.
● Am Ohmmeter müssen 157 Ohm w 4 Ohm abzulesen sein. Ggf. Geber einstellen.
● Bei fehlerhafter Anzeige die Stellung der Anzeigenadel an der 6-mm-Schraube oben am Tankgeber korrigieren.
● Drehen der Schraube nach links (im Uhrzeigersinn) verringert die Anzeige, Drehen nach rechts ergibt einen höheren Anzeigewert.
● Läßt sich der Tankgeber nicht korrigieren, Tankgeber ersetzen ggf. auch den Kraftstofftank.

Kühlmittel-Temperaturanzeige

Die Anzeige für die Kühlmitteltemperatur funktioniert ähnlich wie die Tankanzeige. Plusstrom erhält das Instrument bei eingeschalteter Zündung, die Masseverbindung stellt der Temperaturfühler im Wasserstutzen vorn am Zylinderkopf her. Dieser Fühler ist ein veränderlicher Widerstand. Mit zunehmender Erwärmung gibt er den Stromdurchfluß weiter frei, so daß das Bimetall im Instrument stärker beheizt wird und die Nadel weiter ansteigt. Bei zu hoher Kühlmitteltemperatur wird eine rotblinkende Leuchtdiode eingeschaltet.

Störungsmöglichkeiten

○ **Zu hohe oder zu niedrige Anzeige:** Falls auch die Kühlmittel-Temperaturanzeige falsch anzeigt: Spannungskonstanter in der Leiterplatte defekt.
○ **Keine Anzeige:** Spannungszufuhr außerhalb oder innerhalb des Kombi-Instruments unterbrochen oder Leitungskurzschluß bzw. Temperaturgeber oder Anzeigeinstrument defekt.
○ **Richtige Anzeige und** gleichzeitig **blinkendes Warnlicht** kann am Schalter der Kühlmittel-Mangelanzeige im Ausgleichbehälter oder dem Steuergerät liegen.

Störungssuche an der Temperaturanzeige

● Schwarzen Stecker am Temperaturfühler im Kühlwasserstutzen abziehen und die Kontakte der gelb/roten mit der braun/grünen Leitung durch ein Kabelstück verbinden.
● Zündung kurz einschalten – schlägt die Anzeigenadel aus, ist der Temperaturfühler defekt.
● Bewegt sich der Zeiger nicht, das gelb/rote Kabel zum Kombi-Instrument auf Kurzschluß überprüfen.
● Ist der Leitungsverlauf in Ordnung, liegt der Fehler im Anzeigeinstrument oder in der Leiterplatte.

Die Zeituhr

In allen Versionen ist serienmäßig eine Digitaluhr im Kombi-Instrument eingebaut. Diese Digitaluhr ist quarzgesteuert und geht ausgesprochen exakt.
Läuft die Digitaluhr überhaupt nicht, beschränkt sich die Fehlersuche auf die zuständige Sicherung oder das stromzuführende Kabel. Eine Reparatur ist nicht möglich.

Multifunktionsanzeige (MFA)

Die Flüssigkristallanzeige kann mehr anzeigen als lediglich die Uhrzeit. Dabei gibt es einen Einzelfahrt- sowie einen Gesamtfahrt-Speicher. In Einzelfahrt-Stellung »1« werden alle erfaßten Daten zwei Stunden nach Abschalten der Zündung gelöscht. In Gesamtfahrt-Stellung »2« kann eine beliebige Zahl von Fahrten gespeichert werden, jedoch auch nur bis zu bestimmten Grenzwerten.
Die Meßwerte für Fahrzeit, Fahrstrecke, Durchschnittsgeschwindigkeit, Durchschnittsverbrauch, Motoröltemperatur und Außentemperatur liefern folgende Bauteile:
○ **Schwingquarz** der Zeituhr.
○ **Geschwindigkeitsgeber** hinten **am Tachometer** (mechanischer Tachometer), der die Umdrehungen des Tachoantriebs erfaßt.
○ **Geschwindigkeitsgeber am Getriebe**. Das ist ein Hallgeber, der die Umdrehungen des Tachoantriebs erfaßt.
○ **Öltemperaturfühler am Ölfilterflansch**. Die Funktion ist gleich wie bei der Anzeige für die Kühlmitteltemperatur: Der Geber ändert seinen Widerstand mit der Temperatur.
○ **Außentemperaturfühler** unten in der rechten Abdeckung des Stoßfängers, ggf. auch im Wasserfangkasten auf der rechten Fahrzeugseite. Er arbeitet ebenfalls mit Widerstandsänderung.

Störungssuche

Es kann passieren, daß die MFA unsinnige Werte liefert bzw. Meßwerte verspätet oder gar nicht anzeigt. Dies gilt besonders dann, wenn Arbeiten an der elektrischen Anlage durchgeführt wurden oder die Batterie leer war.

● Dann Masseband der Batterie abnehmen und wieder anklemmen.
● Weitergehende Störungsbeseitigung ist dem Heimwerker nicht mehr möglich. Jetzt muß die V.A.G.-Werkstatt nach einem Fehlersuchprogramm vorgehen.

ABS-Kontrolleuchte

Zur Funktionskontrolle brennt diese Kontrolleuchte beim Einschalten der Zündung und während des Selbst-Checks des ABS. Nach spätestens 60 Sekunden muß die gelbe Leuchte verlöschen.
Brennt die Kontrolleuchte während der Fahrt, liegt ein Defekt im Antiblockiersystem vor. In die VW-Werkstatt fahren und Fehlerspeicher auslesen lassen.

Airbag-Kontrolleuchte

Die Airbag-Kontrolleuchte brennt zur Funktionskontrolle beim Einschalten der Zündung und während des Steuergeräte-Selbst-Checks für ca. 3 Sekunden. Leuchtet die Kontrolle während der Fahrt auf, liegt ein Defekt im Airbag-System vor. In der VW-Werkstatt den Fehlerspeicher auslesen lassen.

Anhänger-Blinkerkontrolle

Sie blinkt rhythmisch mit, wenn bei angeschlossener Anhängerbeleuchtung die betreffende Blinkleuchte am Anhänger funktioniert. Ist am Anhänger (oder am Zugwagen) eine Blinkleuchte defekt, bleibt die Kontrolle beim jeweiligen Richtungsblinken dunkel. Bei eingeschalteter Warnblinkanlage kann die Kontrolle den Ausfall einer Hänger-Blinkleuchte nicht anzeigen – sie blinkt immer mit.

Blinkerkontrolle

Die einzelne Blinkerkontrolle bzw. beide Leuchten sind einerseits an Klemme 49 a des Blinkrelais angeschlossen und erhalten von dort die Blinkimpulse. Auf der anderen Seite sind sie über den Mehrfachstecker mit Masse verbunden. Sobald Sie den Blinkerhebel betätigen, erhalten die Richtungsblinker und die entsprechende Blinkerkontrolle Spannung und leuchten rhythmisch auf.

Bremskontrolle

○ Diese Kontrolleuchte warnt vor angezogener Handbremse. Dazu sitzt am Handbremshebel ein Kontaktschalter, der bei angezogener Handbremse die rote Leuchtdiode aufleuchten läßt.
○ Zusätzlich wird abgesunkener Flüssigkeitsstand angezeigt: Der Vorratsbehälter für die Bremsflüssigkeit besitzt einen Schwimmer und einen Kontaktschalter, der bei abgesunkenem Niveau im Behälter den Stromkreis zur Warnleuchte schließt.

Störungen an der Bremskontrolle

● Verlöscht die Kontrolle nicht, überprüfen Sie, ob der gelöste Handbremshebel den Stift im Kontaktschalter nach unten drückt.
● Wenn nicht, den Kontaktschalter lösen und seitlich versetzen.
● Als nächstes den Flüssigkeitsstand prüfen.
● War kein Fehler zu entdecken, muß der Kabelverlauf zur Kontrolleuchte überprüft werden.
● Wenn die Warnleuchte überhaupt nicht brennt, kann es an folgenden Fehlern liegen: Kontaktschalter klemmt, Leitungsunterbrechung, Leiterplatte oder Leuchtdiode defekt.

Fernlichtkontrolle

Nur bei eingeschaltetem Fernlicht oder beim Lichthupen erhält die Fernlichtkontrolle Spannung. Ob die Lichtfäden in den Scheinwerfern tatsächlich brennen, kann sie aber nicht anzeigen.

Kühlmittel-Mangelanzeige

Abgesunkener Kühlmittelstand wird ebenfalls von der rotblinkenden Temperaturwarnleuchte angezeigt. Im Kühlmittel-Ausgleichbehälter sitzt dazu ein Kontaktschalter mit zwei Elektroden. Ein Steuergerät in der Zentralelektrik oder in der Leiterplatte erzeugt einen Wechselstrom. Der Stromkreis ist durch die Kühlflüssigkeit geschlossen. Mit abgesunkenem Niveau stehen die Elektroden frei, der Stromkreis wird unterbrochen, und der Schalter öffnet seine Kontakte. Dadurch schaltet das Steuergerät die Warnleuchte ein. Damit die Kontrolle nicht bei schwappender Flüssigkeit in Kurven aufleuchtet, muß der Stromkreis mindestens acht Sekunden lang unterbrochen sein.

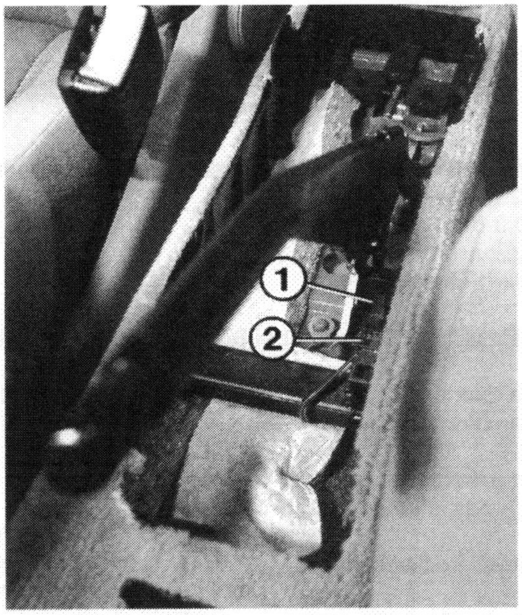

Links: Der Kontaktschalter (1) der Handbremskontrolleuchte ist in die Halterung des Handbremshebels eingeclipst. Mit Position »2« ist der Kontaktstecker bezeichnet.
Rechts: Zur Störungssuche am Kontaktschalter der Kühlmittel-Mangelanzeige schließt man bei abgezogenem Stecker (1) an den Schalterkontakten (Pfeil) im Ausgleichsbehälter (2) einen Ohmmeter an.

Störungssuche

● Kabelstecker am Ausgleichsbehälter abziehen, Ohmmeter an den Schalterkontakten anschließen.
● Solange die Elektroden in die Flüssigkeit reichen, ist der Widerstand 0 Ω.
● Kühlmittel mit dem Frostschutzprüfer absaugen, der Widerstand strebt gegen ∞ Ω.
● Damit ist der Schalter in Ordnung, und der Fehler dürfte am Steuergerät in der Leiterplatte liegen.

Ladekontrolle

Bei laufendem Motor darf die Ladekontrolle weder schwach noch hell leuchten. Bleibt sie beim Enschalten der Zündung dunkel, ist das ebenfalls ein Fehler. Näheres zur Störungssuche finden Sie im Kapitel »Die Lichtmaschine«.

Öldruckkontrolle

Der Motoröldruck wird von zwei Druckschaltern sowie einem Steuergerät mit Warnsummer überwacht. Das Steuergerät ist in die Leiterplatte integriert. So funktioniert es:
○ Solange der Öldruck bei stehendem Motor noch unter 0,25 bar bzw. 0,3 bar liegt, hält der Öldruckschalter seine Kontakte geschlossen. Bei eingeschalteter Zündung ist über das Steuergerät die Verbindung zur Masse hergestellt, die Kontrolleuchte im Armaturenbrett blinkt. Sobald der Motor gestartet wird und der Öldruck ansteigt, öffnet der Schalter seine Kontakte, die Masseverbindung über das Steuergerät wird unterbrochen – die Kontrolle verlöscht.
○ Der zweite Öldruckschalter mit einem Schaltdruck von 0,9 bar bzw. 1,8 bar ist ebenfalls mit dem Steuergerät verbunden. Sinkt der Motoröldruck unter 0,9 bar bzw. 1,8 bar, öffnet er seine Kontakte, wodurch die Masseverbindung zum Steuergerät unterbrochen wird.
○ Das Steuergerät leitet diesen Impuls aber nur dann zur Kontrolleuchte weiter, wenn der Öldruck länger als eine Sekunde unter 0,9 bar bzw. 1,8 bar fällt und die Motordrehzahl über 2100/min liegt. Dann läßt das Steuergerät die Öldruckkontrolle blinken und schaltet den Warnsummer ein.

Die Öldruckschalter bei den 1,6- bis 2,0-Liter-Motoren.
Links: Der 0,3-bar-Öldruckschalter (Pfeil) mit brauner Isolierung sitzt an der linken Motorstirnseite im Zylinderkopf.
Rechts: Den 1,8-bar-Öldruckschalter (1) finden Sie im wasserdurchflossenen Ölkühler (2) eingeschraubt.

Die Öldruckschalter

Zur Unterscheidung besitzen die Isolierstücke der Öldruckschalter unterschiedliche Farben:
- ○ Blau ist die Isolierung am 0,25-bar-Schalter.
- ○ Braun ist die Isolierung am 0,3-bar-Schalter.
- ○ Grau ist die Isolierung am 0,9-bar-Schalter.
- ○ Weiß eingefärbt ist der 1,8-bar-Schalter.

Störungssuche

Blinkt die Warnlampe (mit zusätzlichem Warnton) **bei laufendem Motor, müssen Sie sofort anhalten und den Motor abstellen!**

- ● Ölstand kontrollieren. Falls in Ordnung:
- ● Leitung am 0,25- bzw. 0,3-bar-Öldruckschalter abziehen und frei hängen lassen.
- ● Zündung einschalten; blinkt die Kontrolle weiterhin, hat die Zuleitung Masseschluß – das ist ungefährlich für den Motor.
- ● Leitung am 0,9- bzw. 1,8-bar-Öldruckschalter abziehen und an Masse halten.
- ● Zündung einschalten; blinkt die Kontrolle weiter, liegt der Defekt am Steuergerät oder seinen Zuleitungen – auch das ist ungefährlich für den Motor.
- ● Zeigen sich andere als die beschriebenen Effekte, besteht der Verdacht, daß die Ölversorgung im Motor unterbrochen ist. **Wagen abschleppen lassen!**
- ● Möglicherweise ist ein Öldruckschalter schadhaft. Bisweilen funktioniert er wieder, wenn man seine Steckzunge hin und her bewegt.
- ● Bleibt die Öldruckkontrolle nach Einschalten der Zündung dunkel:
- ● Blau/schwarze Leitung am 0,25- bzw. 0,3-bar-Öldruckschalter abziehen und gegen Masse halten.
- ● Zündung einschalten; blinkt die Kontrolle jetzt, ist der Öldruckschalter defekt.
- ● Bleibt es dunkel, ist die Zuleitung bzw. die Leiterplatte, die Leuchtdiode oder das Steuergerät schadhaft.

Steuergerät prüfen

- ● Leitung am 0,9- bzw. 1,8-bar-Öldruckschalter abziehen. Nicht gegen Masse halten.
- ● Motor starten und langsam hochdrehen. Ab etwa 2200/min muß die Kontrolle blinken und der Warnsummer ertönen. Wenn nicht, ist das Steuergerät defekt – Steuergerät bzw. Leiterplatte ersetzen.
- ● Gleiche Prüfung mit aufgestecktem Kabel.
- ● Blinkt die Kontrolle und ertönt der Summer ab einer Drehzahl von etwa 2200/min, ist der 0,9- bzw. 1,8-bar-Öldruckschalter defekt.
- ● Motor im Leerlauf drehen lassen, Kabel am 0,9- bzw. 1,8-bar-Schalter abziehen und frei hängen lassen.
- ● Werden nun Kontrolle und Summer aktiv, ist die Zuleitung vom Motor-Steuergerät unterbrochen.

Öldruckschalter austauschen

- ● Kaufen Sie den richtigen Schalter, als Unterscheidungsmerkmal dient die Farbe des Isoliermaterials, siehe Abb. auf diesen Seiten.
- ● Schalter mit Dichtring einbauen.
- ● Das Anzugsdrehmoment beträgt lediglich 25 Nm.

Vorglüh-Kontrolleuchte

nur Dieselmotor

Diese Kontrolleuchte zeigt nur an, daß die Glühkerzen Spannung zum Aufheizen erhalten. Ob Spannung dort auch tatsächlich ankommt, läßt sich nur an den Glühkerzen prüfen.

Warnblink-Kontrolleuchte

Die Leuchte im Druckschalter blinkt bei eingeschalteter Warnblinkanlage im Gleichtakt mit den Blinkleuchten. Spannung kommt von Klemme 30 des linken Hebelschalters. Ein Wechsel der Glühlampe ist nicht möglich.

Die Hebelschalter

Die Hebelschalter am Lenkrad sind Schalter der Superlative: Sie zählen nicht nur zu den am meisten gebrauchten Schaltern im Auto, sie führen auch die meisten Schaltfunktionen aus.
Wichtig zu wissen ist, daß Lichtumschaltung und Lichthupe zwar mit dem Blinkerschalter betätigt werden, der eigentliche Schalter aber im Scheibenwischerschalter sitzt. Bei einem Defekt der Lichtumschaltung und Lichthupe muß der Scheibenwischerschalter komplett ersetzt werden, der Umschalter läßt sich nicht abbauen.
Zur Störungssuche an den Hebelschaltern genügt es, die mit zwei Kreuzschlitzschrauben befestigte Verkleidung der Lenksäule abzunehmen.

Hebelschalter ausbauen

- ● Lenkrad ausbauen (Kapitel »Radaufhängung und Lenkung«).
- ● An der unteren Lenksäulenverkleidung zwei Kreuzschlitzschrauben herausdrehen, Verkleidung oben und unten abnehmen.
- ● Drei Schrauben der Hebelschalter herausdrehen.
- ● Mehrfachstecker an den Schaltern abziehen.
- ● Zuerst linken, dann rechten Schalter abnehmen.

<u>Links:</u> Bei Fahrzeugen mit MFA sitzen die Öldruckschalter im Ölfilterflansch.
1 – Öldruckschalter 1,8-bar;
2 – Öldruckschalter 0,3-bar;
3 – Geber für Öltemperaturanzeige.
<u>Rechts:</u> Die Hebelschalter (2) unterhalb des Lenkrads werden von drei Kreuzschlitzschrauben (1) gehalten. Unten sehen Sie den Schleifkontakt (3) der Hupenbetätigung.

Der Lichtschalter

Ein Dreh/Zug-Schalter kombiniert mit zwei Drehreglern ist für sämtliche Schaltfunktionen der Außenbeleuchtung zuständig. Nur in Stellung »Stand-« bzw. »Fahrlicht« kann der Schalterknopf herausgezogen werden und in der I. Stufe die Nebelschlußleuchten bzw. in Verbindung mit Nebelscheinwerfern diese in der I. Stufe und die Nebelschlußleuchten in der II. Stufe eingeschaltet werden. Mit Ausschalten der Beleuchtung wird grundsätzlich die Nebelbeleuchtung ausgeschaltet. Beim Einschalten des Standlichts, abgezogenem Zündschlüssel und geöffneter Fahrertür ertönt der Warnsummer für eingeschaltetes Licht. Die verschiedenen Symbole im Schaltergehäuse sind beleuchtet, die Glühlampe mit Fassung ist austauschbar (Kapitel »Die Beleuchtung«). Die Lichtquelle im Drehschalter selbst ist nicht einzeln austauschbar.

Lichtschalter

- Ein dünnes Lineal oder eine Fühlerlehre zwischen linke Lüftungsdüse und dem Lichtschalter in die schmale Aussparung über dem Drehregler der Instrumentenbeleuchtung hineinstecken.
- Mit dem dünnen Lineal die Verriegelung nach rechts verschieben.
- Lichtschalter am Drehknopf aus dem Armaturenbrett herausziehen.
- Mehrfachstecker abziehen.
- Zum Ausbau des Drehreglers der Leuchtweitenregulierung hinten am Regler die beiden Kunststoff-Haltespangen zusammendrücken und den Drehregler nach hinten abziehen.

Sonstige Schalter

Die heizbare Heckscheibe, die elektrischen Fensterheber und die elektrische Spiegelverstellung werden mit Drucktastenschaltern und die Sitzheizung der Vordersitze über Drehregler betätigt. Die Störungssuche an den entsprechenden Bauteilen finden Sie im Verlauf dieses Kapitels beschrieben.

<u>Links:</u> In dieser Abbildung ist zu sehen wie der Lichtschalter (2) mit Hilfe der Fühlerlehre (1) entriegelt (Pfeilrichtung) wird.
<u>Rechts:</u> Hier sehen Sie den Entriegelungshebel (3), der in Pfeilrichtung verschoben werden muß. Damit gibt der Verriegelungshebel (1) den Lichtschalter (2) frei und er kann herausgezogen werden.

Drucktasten-schalter ausbauen

● Der Schalter für die heizbare Heckscheibe läßt sich mit einem seitlich angesetzten Querschlitzschraubendreher aus seinem Sitz lösen.
● Schalter herausziehen und Mehrfachstecker abziehen.
● In gleicher Weise werden die in der Mittelkonsole sitzenden Schalter für die elektrischen Fensterheber und die Drehregler der Sitzheizung ausgebaut.
● Zum Ausbau der Schalter der elektrischen Fensterheber im Türzuziehgriff muß dessen Blende abgehebelt werden, wie im Kapitel »Die Karosserieteile« beschrieben.
● Dann Schalter aus der Blende ausrasten und Mehrfachstecker abziehen.
● Zum Ausbau des Schalters der elektrischen Spiegelverstellung am Türzuziehgriff mit einem Querschlitzschraubendreher aus seinem Sitz lösen.

Drehschalter

Für das Luftgebläse dient ein Drehschalter. Alles was mit dem Gebläse zu tun hat, finden Sie im folgenden Kapitel »Heizung und Lüftung«. Hier geht es um einen anderen Drehschalter.

Zünd/Anlaß-Schalter

Dieses landläufig als Zündschloß bezeichnete Teil dient nicht nur dazu, dem Besitzer des Zündschlüssels den Motorstart zu ermöglichen, sondern sperrt nach Abziehen des Zündschlüssels und nach einer kurzen Lenkraddrehung auch die Lenkung. Demgemäß nennt man es auch Lenk-/Zündschloß.
Während das Schloßteil nur in seltenen Fällen seinen Geist aufgibt, kann der in einem Kunststoffteil eingegossene Schaltkontaktsatz (also der eigentliche Schalter) des Zündschlosses eher die Ursache für eine Störung sein. Ob er defekt ist, können Sie nach Abschrauben der unteren Lenksäulenverkleidung prüfen.

Zünd/Anlaß-Schalter ausbauen?

Das Schloßteil des Zündschlosses auszubauen ist Werkstattarbeit. Dazu muß an einer genau definierten Stelle an der Schalteraufnahme ein Loch gebohrt werden. Durch dieses Loch kann dann die Haltefeder des Schließzylinders zurückgedrückt werden. Bedenken Sie, wenn Sie diese Arbeit machen lassen, daß das Mantelrohr anschließend ersetzt werden muß.
Das Schaltteil unten am Schloß kann die Ursache von Störungen sein, wenn die Kontakte bei einem älteren Fahrzeug abgenutzt sind. Zum Austausch des Schalterteils muß die Lenksäule ausgebaut werden – ebenfalls Werkstattarbeit.

Fahren mit defektem Zünd/Anlaß-Schalter

Sind die Kontakte im Zünd/Anlaß-Schalter so abgenutzt, daß sich beim Zündschlüsseldreh nichts mehr regt, können Sie dennoch den Motor starten. Der Zündschlüssel muß natürlich vorhanden sein – schon wegen des Transponders der Wegfahrsperre. Natürlich muß er sich auch im Zündschloß drehen lassen, damit die **Lenksperre entriegelt** werden kann.
Bei Defekten am Lenkschloß selbst sollten Sie nicht mehr weiterfahren, denn die Lenkradsperre könnte sonst während der Fahrt einrasten. Eine weitere Voraussetzung ist, daß am roten Kabel des Zündschloß-Mehrfachsteckers Spannung anliegt.
● Lenksäulenverkleidung unten abschrauben, Mehrfachstecker abziehen.
● Mehrfachstecker am Zündschloß abziehen. Die Kabelstecker, an denen kurzgeschlossen werden soll, liegen nun frei.
● Mit einem isolierten Kabelstück oder einer Büro-

Der Drehregler (1) bzw. die Drucktastenschalter können mit einer Fühlerlehre (2), die zwischen die Schalter eingeschoben wird, aus ihrem Sitz gelöst werden.

klammer die Steckbuchsen des dicken roten und des schwarzen Kabels miteinander verbinden. Damit ist die Zündung eingeschaltet; die Ladekontrolle und die Öldruckkontrolle brennt.
● Zum Starten ein mindestens 4 mm² starkes, isoliertes Kabelstück zwischen dem roten und der Steckerbuchse des rot/schwarzen Kabels der Klemme 50 eine Verbindung herstellen. Damit wird der Anlasser gestartet.
● Sobald der Motor angesprungen ist, diese Kabelbrücke wieder wegziehen. Der Mehrfachstecker bleibt abgezogen.
● Damit während der Fahrt kein Kurzschluß entstehen kann, muß er isoliert werden, denn das rote Kabel besitzt **keine Sicherung**.
● Zum Abstellen des Motors die Verbindung zwischen dem roten und schwarzen Kabel abziehen.

Schalterprüfung

● Mit einer Prüflampe mit Nadelkontakt können Sie die Kabelisolierung durchstechen und feststellen, welche Kabel Spannung führen.
● Suchen Sie den für Ihren Passat passenden Stromlaufplan heraus.
● Zuerst wird geprüft, ob der Schalter überhaupt Spannung geliefert bekommt; hierzu muß vielfach die Zündung oder die Beleuchtung eingeschaltet werden.
● Dann wird kontrolliert, ob der Schalter in entsprechender Stellung die Spannung weiterleitet.
● Wir prüfen hier am Beispiel des Zünd/Anlaß-Schalters.
● Am roten Klemme-30-Kabel muß ständig Batteriestrom anliegen.
● Die graue Klemme-P-Leitung steht in »Ruhestellung« des Zündschlosses unter Spannung und wird beim Zündschlüsseldreh stromlos.
● Das braun/rote Kabel der Klemme SU ist zum Aktivieren des Lichtwarnsummers und zum Ausschalten des Radios bei abgezogenem Zündschlüssel zuständig. Die weitere Bedeutung der Klemme »SU« ist im Abschnitt »Radio« beschrieben.
● Das schwarz/gelbe Klemme-X-Kabel steht ausschließlich in Schlüsselstellung »Zündung ein« unter Strom.
● Das schwarze Kabel der Klemme 15 erhält Spannung in Stellung »Zündung ein« und »Anlassen«.
● Die rot/schwarze Leitung von Klemme 50 für den Startbefehl an den Anlasser steht nur in Stellung »Anlassen« unter Spannung.
● Entsprechend werden anhand des Stromlaufplans auch andere Schalter geprüft.

Anzünder

Der elektrische Anzünder erhält Dauerstrom über die zuständige Sicherung. Falls der Anzünder trotz intakter Sicherung nicht funktioniert, ist der Heizwendeleinsatz locker oder durchgebrannt.

Heizbare Heckscheibe

Das Feld mit den aufgedampften Leiterbahnen muß bei beschlagener oder vereister Scheibe über die gesamte Fläche freie Sicht schaffen.

Störungssuche

● Sicherung 9 kontrollieren.
● Festen Sitz der Kabelstecker an der heizbaren Heckscheibe kontrollieren.
● Schalter ausbauen und prüfen.
● Funktion des Relais prüfen.
● War bisher kein Fehler zu finden, Leitungsverlauf kontrollieren, auch die Masseverbindung.
● Sind Heizfäden beschädigt und dadurch unterbrochen, hilft Leitsilberlack. Dieser wird z. B. von Doduco hergestellt und ist im Zubehörhandel erhältlich.

Scheibenwischer und -wascher prüfen

Ständige Kontrolle

● Zündung einschalten.
● Laufen die Scheibenwischer in beiden Geschwindigkeiten und gehen sie beim Ausschalten in die Parkstellung zurück?
● Funktioniert die Wisch-Intervallschaltung und die Wisch/Wasch-Automatik?
● Spritzt Wasser aus den Wascherdüsen?
● Arbeiten Heckwischer und -wascher beim Variant?

Fingerzeig: **Die programmierbare Intervallschaltung für die Frontscheibenwischer läßt sich für den Passat in der CL-Ausstattung ganz einfach nachrüsten: Ersetzen Sie das bisherige Wisch/Wasch-Relais durch das neue mit der Teile-Nr. 357 955 531. Zum Einstellen der Intervallzeit den Intervallbetrieb einschalten. Nach Rücklauf der Wischer in Parkstellung Hebelschalter in »Aus«-Stellung drücken und z. B. nach einer Wartezeit von 5 Sekunden Hebelschalter wieder in Intervallstellung drücken. So erhalten Sie eine Intervallzeit von 5 Sekunden.**

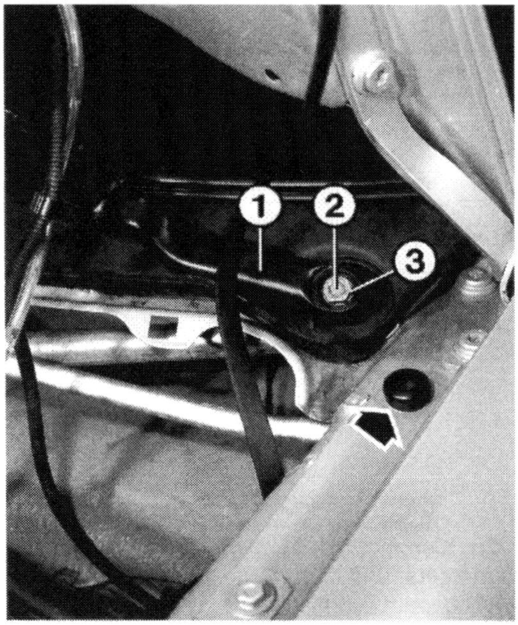

Links: Bei abgenommener Abdeckkappe (Pfeil) kommt im Wischerarm (1) die Haltemutter (3) auf der Wischerachse (2) zum Vorschein.
Rechts: Am hinteren Wischerarm (3) ist die Abdeckkappe (1) hochgeklappt. Zum Lösen der Haltemutter (2) muß ein Schraubenschlüssel angesetzt werden. Mit der Mutter »4« ist der Wischermotor an der Heckklappe befestigt.

Scheibenwischerarm ausbauen

- Abdeckkappe vom Wischerarm abziehen bzw. mit flachem Schraubendreher abdrücken, beim Heckwischer die Kappe hochklappen.
- Haltemutter lösen und mit der Unterlegscheibe abnehmen.
- Wischerarm von der Welle abziehen bzw. Wischerarm durch Hin- und Herbewegen von der Verzahnung der Wischerwelle »losruckeln«.
- Beim Einbau Wischerarm so montieren, daß die Mitte des Scheibenwischerblatts folgenden Abstand von der Scheibenunterkante hat: Wischer links 35 mm, Wischer rechts 50 mm.
- Beim Heckwischer soll das Wischerblatt 20 mm von der Scheibenunterkante entfernt sein.

Wischerblatt abnehmen

- Wischerarm abklappen.
- Arretierungsfeder des Wischerblatts zusammendrücken, bis ihre Kerbe aus der Öffnung des Wischerarms austritt.
- Scheibenwischerblatt nach unten drücken und aus dem Arm herausschwenken.
- Beim Einsetzen des Wischerblatts darauf achten, daß die Kerbe in der Arretierungsfeder der Aussparung im Wischerarm gegenübersteht und dort einrasten kann.

Scheibenwischergummi wechseln

- Wischerblatt abnehmen.
- Die Wischerlippe besitzt an einer Seite Aussparungen zum Einhängen der Wischerblatt-Halteklammern. Die entsprechenden Erhebungen im Gummi mit dem Fingernagel oder einem kleinen Schraubendreher zurückdrücken, damit die Halteklammern ausgerastet werden können.
- Wischergummi mit den seitlichen Metallstreifen herausziehen.
- Neuen Wischergummi in die unteren Halteklammern des Wischerblatts einhängen.
- Metallstreifen rechts und links einschieben und die Haltenasen der Streifen in die Aussparungen im Gummi einsetzen. Darauf achten, daß die Krümmung nach unten (zur Scheibe hin) zeigt.
- Gummierhebungen zum Einrasten der Halteklammern wieder zurückdrücken.

Störungsbeistand

Scheibenwischerblätter

Die Störung	– ihre Ursache	– ihre Abhilfe
A Wasser und Schmutz werden gleichmäßig über das Wischfeld verteilt	1 Scheibe durch Lackpflegemittel, ölartige Rückstände oder Insektenleichen verschmutzt	Auf die gesäuberte Scheibe »Sidol« Messingputzmittel auftragen. Nach dem Antrocknen mit einem weichen, sauberen Tuch abwischen
	2 Wischergummi verschlissen	Austauschen
	3 Wischerarm am Anlenkpunkt des Wischerblattes nicht parallel zur Windschutzscheibe	Wischerarmende nachbiegen
B Im Wischfeld bleiben feine Wasserstreifen stehen	Siehe A 2	
C Im Wischfeld bleiben feine Wassertropfen zurück	Neigungswinkel des Wischergummis zu flach	Wischergummi austauschen

Die Störung	– Ihre Ursache	– ihre Abhilfe
D Im Wischfeld bleibt ein breiter Wasserfilm zurück	Ungleichmäßige Druckverteilung durch verbogene oder defekte Anpreßfeder im Wischerblatt	Wischerblatt austauschen
E Im Wischfeld bleiben einige Wasserfelder zurück	1 Anpreßdruck des Wischerarms zu gering	Anpreßdruck überprüfen, Gelenk und Federn leicht einölen, ggf. Wischerarm ersetzen
	2 Scheibenwischerantrieb verschlissen	Kontrollieren, defekte Teile ersetzen
	3 Wischerarm lose auf seiner Achse	Festschrauben
	4 Wischerarm verbogen	Nachbiegen
	5 Wischerblatt verbogen	Austauschen
F Im Wischfeld bleiben oben am Rand Wasserfelder zurück	1 Siehe E 1 2 Siehe D	
G Wischerblatt rattert	Zu viel Spiel in der Verbindung von Wischerarm und Wischerblatt bzw. dem Kunststoff-Verbindungsteil	Wischerblatt, -arm oder Verbindungsteil austauschen

Der Scheibenwischermotor

Der Motor des Scheibenwischers wird über das Entlastungsrelais für die X-Kontakte versorgt. Die Kabelklemmen am Scheibenwischermotor haben folgende Bedeutung:

○ Klemme 53 erhält Spannung für die erste Wischergeschwindigkeit.
○ Klemme 53 a liefert Plusstrom für die Wischer-Endabstellung.
○ Klemme 53 b führt die Spannung für die zweite Wischergeschwindigkeit.
○ Über Klemme 53 e wird der Wischermotor beim Zurücklaufen nach dem Abschalten abgebremst, damit die Wischer nicht über ihre Parkstellung hinauslaufen.

Wenn sich die Scheibenwischer beim Abschalten mit dem Wischerschalter nicht in Parkstellung befinden, erhält ihr Motor über einen Schleifkontakt von Klemme 53 a so lange Spannung, bis die Wischer in Ruhestellung gelaufen sind.

Fingerzeig: Bei eingeschalteter Zündung dürfen die Wischerblätter nicht außerhalb ihrer Parkstellung blockiert sein – etwa durch Schnee oder weil sie angefroren sind. Klemme 53 a liefert dann nämlich ununterbrochen Spannung. Da der Wischermotor durch die festhängenden Wischerblätter aber nicht drehen kann, brennt er nach einer gewissen Zeit durch. In einem solchen Fall die Wischerblätter abheben, damit sie in ihre Endstellung laufen können.

Wischermotor ausbauen

- Motorhaube öffnen.
- Scheibenwischerarme abbauen.
- Gummidichtung an der Abtrennung Motor/Wasserfangkasten abziehen.
- Linke Abdeckung über dem Wasserfangkasten abnehmen.
- Schnellverschlüsse der rechten Abdeckung um 90° verdrehen und Abdeckung abnehmen.

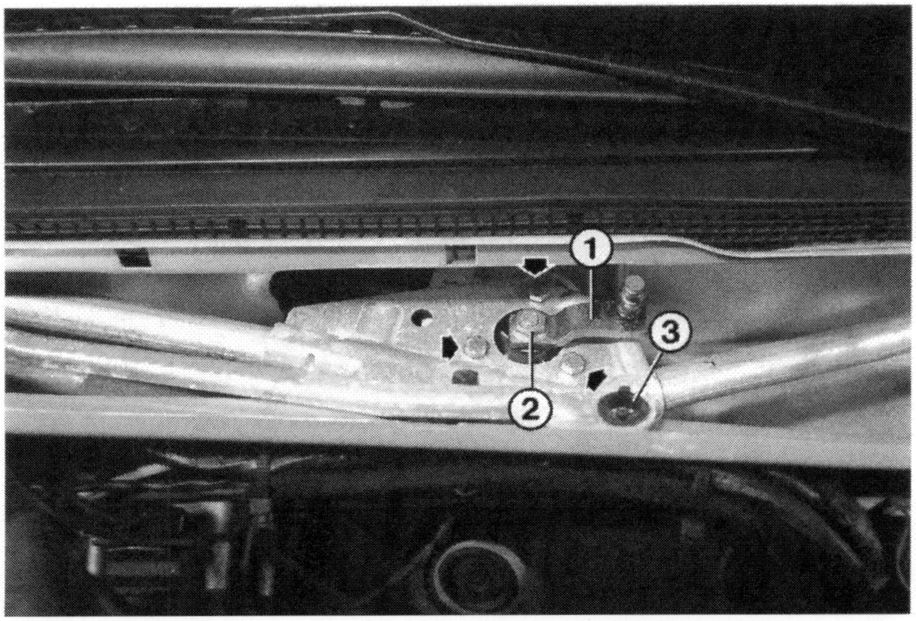

Der Wischermotor ist mit drei Sechskantschrauben (Pfeile) am Halterahmen festgeschraubt. Zum Ausbau zusätzlich das Wischergestänge (3) vom Kurbelhebel (1) abdrücken und die Haltemutter (2) am Kurbelhebel lösen und diesen abnehmen.

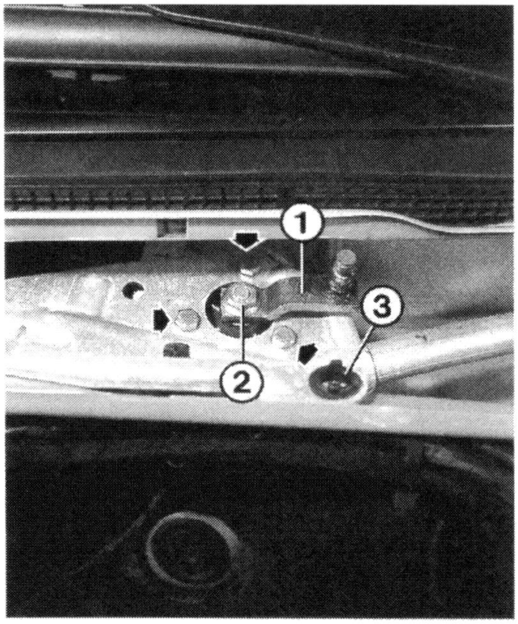

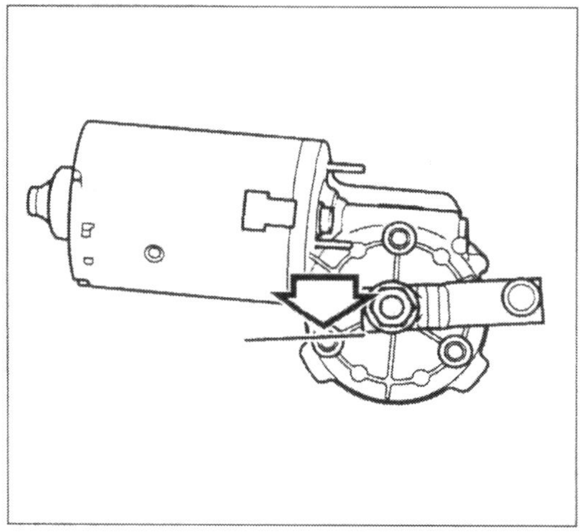

Links: Zum Ausbau des Wischermotors die Gelenkachsen (3) vom Kurbelhebel (1) abdrücken und die Haltemutter (2) lösen. Anschließend die Halteschrauben (Pfeile) des Motors lösen und abnehmen.
Rechts: In der hier gezeigten Stellung muß der Kurbelhebel in der Parkstellung des Wischermotors nach der Markierung ausgerichtet (Pfeil) aufgesetzt werden.

- Mehrfachstecker des Wischermotors abziehen.
- Gelenkstangen an der Kurbel abdrücken.
- Haltemutter der Kurbel lösen und diese vom Motor abziehen.
- Zentrale Haltemutter an der Abtrennung Motor/ Wasserfangkasten lösen.
- Wischerrahmen mit Motor herausnehmen.
- Drei Sechskantschrauben am Wischerrahmen lösen.
- Motor vom Wischerrahmen abnehmen.
- Einen neuen Wischermotor vor dem Einbau am Mehrfachstecker anschließen und mehrere Minuten lang laufen lassen. Beim Abschalten bleibt er in der Wischerparkstellung stehen.
- Kurbelhebel aufsetzen, wie in der Abbildung oben rechts gezeigt.
- Gelenke beim Einbau mit MoS_2-Fett schmieren.

Störungsbeistand

Scheibenwischer

Die Störung	– ihre Ursache	– Ihre Abhilfe
A Scheibenwischer laufen nicht	1 Sicherung defekt	Austauschen
	2 Entlastungsrelais defekt	Relais prüfen
	3 Wischerantriebskurbel lose	Festschrauben
	4 Schwarz/graues Stromzufuhrkabel vom Sicherungskasten zum Wischerschalter unterbrochen	Leitung überprüfen
	5 Masseleitung zum Wischermotor unterbrochen	Leitung überprüfen
	6 Wischermotor durchgebrannt	Austauschen

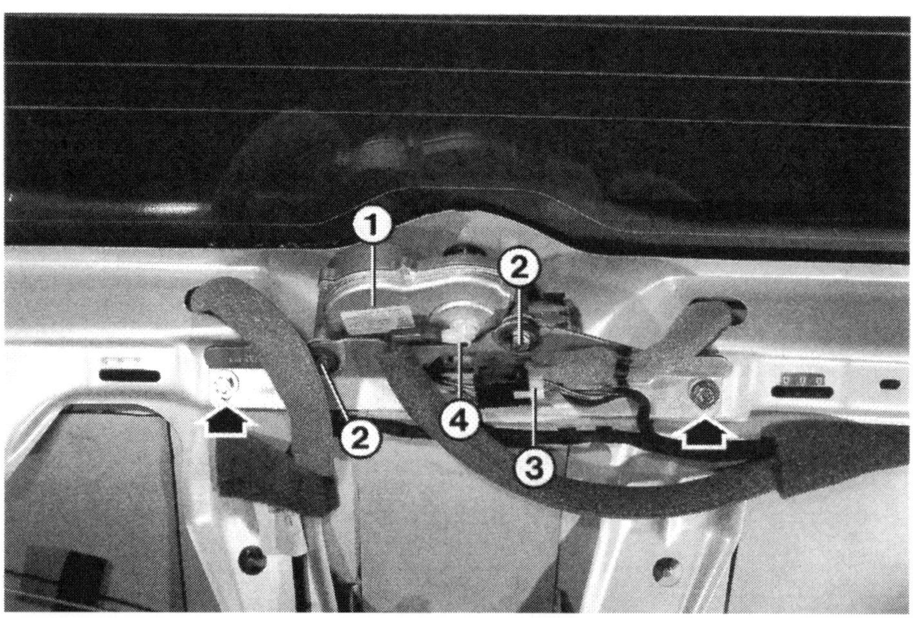

Der Heckwischermotor (1) bei abgenommener Verkleidung:
2 – Schraubverbindung Motor/Halteblech;
3 – Kontaktstecker;
4 – Waschwasserleitung.
Die Pfeile deuten auf die Schrauben der Verbindung Halteblech/Heckklappe.

Die Störung	– ihre Ursache	– Ihre Abhilfe
B Scheibenwischer laufen nicht in Stufe I	1 Klemme 53 am Wischermotor defekt	Motor austauschen
	2 Klemmen 53 a/53 im Wischerschalter unterbrochen	Schalter austauschen
C Scheibenwischer laufen nicht in Stufe II	1 Leitung Klemme 53 b vom Wischerschalter zum Motor unterbrochen	Leitung überprüfen
	2 Klemmen 53 a/53 b im Wischerschalter unterbrochen	Schalter austauschen
	3 Klemme 53 b am Wischermotor defekt	Motor austauschen
D Scheibenwischer laufen nur in Stufe II	Leitung Klemme 53 vom Wischerschalter zum Motor unterbrochen	Leitung überprüfen
E Keine Wischerrückstellung	1 Leitung Klemme 53 e zwischen Wischerschalter und Motor unterbrochen	Leitung kontrollieren
	2 Wischermotor defekt	Mit Prüflampe kontrollieren: Zwischen Klemme 53 a und Masse muß Lampe dauernd brennen. Zwischen Klemme 53 e und Masse muß Lampe kurz vor Erreichen der Parkstellung verlöschen. Bei Gegenprüfung zwischen Klemme 53 e und Batterie-Plus muß Lampe kurz vor Erreichen der Parkstellung aufleuchten. Wenn nicht, Motor austauschen
F Scheibenwischer laufen nicht im Intervallbetrieb	1 Wisch/Wasch-Intervallrelais defekt	Austauschen
	2 Leitung Klemme J zwischen Wischerschalter und Motor unterbrochen	Leitung überprüfen
	3 Kontakt J im Wischerschalter defekt	Schalter austauschen
G Intervallbetrieb läßt sich nicht ausschalten	1 Siehe E 1	
	2 Siehe F 1	
	3 Kontakt J oder T im Wischerschalter öffnet nicht	Schalter austauschen
	4 Kurzschluß der Leitung Klemme J oder T zum Wischerschalter	Leitung instand setzen
H Scheibenwischer wischen nach Wascherbetätigung nicht trocken	1 Leitung Klemme T zwischen Wischerschalter und Wisch/Wasch-Intervallrelais unterbrochen	Leitung überprüfen
	2 Siehe F 1	
I Scheibenwischer bleiben nach dem Abschalten nicht oder nur kurz in Parkstellung stehen	Mangelhafter Kontakt am Schleifkontakt im Wischermotor	Motorabdeckung abschrauben, Kontakte blankschleifen. Ggf. Motor austauschen

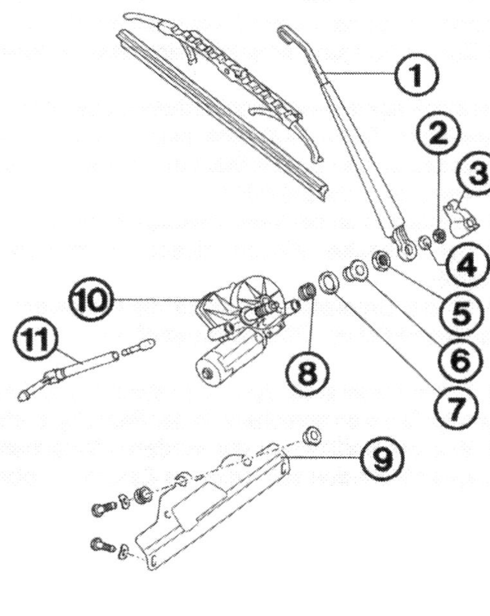

Der Heckwischer beim Variant besteht aus folgenden Teilen:
1 – Wischerarm;
2 – Haltemutter für Wischerarm;
3 – Abdeckkappe;
4 – Scheibe;
5 – Haltemutter für Wischermotor (10);
6 – Distanzstück;
7 – Kunststoffscheibe;
8 – Gummiring;
9 – Halter für Wischermotor;
11 – Anschlußrohr für Spritzdüse.

Heckscheibenwischer

Der Wischer für die Heckscheibe des Variant wird beim Schalterdruck über ein Relais für einige Wischerbewegungen mit Spannung versorgt. Damit ist gleichzeitig der Heckwischer-Intervallbetrieb eingeschaltet. Abgeschaltet wird das Intervallwischen durch nochmaligen Druck auf den Schalter. Klemme 53 liefert den Strom für den Wischermotor, Klemme 53 a dient der Wischerrückstellung.

Heckwischermotor ausbauen

- Wischerarm abschrauben.
- Mutter der Wischerachse lösen und mit Distanzstück, Gummiring und Unterlegscheibe abnehmen.
- Verkleidung der Heckklappe abnehmen (Kapitel »Der Innenraum«).
- Schlauch der Scheibenwaschanlage am Wischermotor abziehen.
- Halteblech des Heckwischermotors losschrauben und mit dem Wischermotor herausnehmen.
- Mehrfachstecker abziehen.
- Motor vom Halteblech abschrauben.
- Beim Einbau eines neuen Motors diesen in Parkstellung laufen lassen, wie beim Frontwischermotor beschrieben.
- Wischerarm festschrauben.
- Das Wischerblatt soll in Ruhestellung 20 mm von der unteren Heckscheibenkante entfernt sein.

Störungsbeistand

Heckscheibenwischer

Die Störung	– ihre Ursache	– ihre Abhilfe
A Heckscheibenwischer läuft nicht	1 Sicherung defekt	Ersetzen
	2 Heckwischerrelais defekt	Relais prüfen
	3 Leitungen zum Heckwischerrelais unterbrochen	Leitungen instand setzen
	4 Leitungen zum Wischermotor unterbrochen	Leitungen überprüfen, speziell zwischen Heckklappe und deren Ausschnitt in der Karosserie, ggf. instand setzen
	5 Wischermotor defekt	Austauschen
B Heckscheibenwischer läuft dauernd	1 Anschlußleitungen zum Wischermotor vertauscht	Grün/schwarze Leitung an Klemme 53, schwarz/grüne bzw. schwarz/graue Leitung an Klemme 53 a anschließen
	2 Siehe A 2	

Scheibenwaschwasser auffüllen

Ständige Kontrolle

Abgasrückstände, Öldunst und Silikon aus Lackpflegemitteln setzen sich hartnäckig aufs Glas. In der warmen Jahreszeit empfiehlt sich ein Reinigungszusatz zum Waschwasser; im Winter Gefrierschutz und Reinigungsmittel.

Die Wascherpumpe vorn im Motorraum versorgt auch die Heckscheibenwaschanlage. Dazu läuft die Pumpe je nach Schalterdruck einmal vorwärts und das andere Mal rückwärts.

- Erst Zusatzmittel und anschließend Wasser einfüllen, damit sich die Flüssigkeiten gut vermischen.
- Bei einem Passat ohne beheizte Wascherdüsen können diese bei tiefem Frost doch einfrieren.
- Zur Vorbeugung empfiehlt sich eine höhere Frostschutzkonzentration. Das Beimischen von Brennspiritus kann in Verbindung mit Frostschutzmittel zu Flockenbildung und damit Verstopfungen in den Düsen führen.

Wascherdüse ausbauen

Verstopfungen einer Wascherdüse lassen sich manchmal trotz Durchbohren mit einem dünnen Draht nicht mehr beseitigen. Dann muß eine neue her. Als Vorbeugung vor Verstopfungen empfiehlt sich der Einbau eines handelsüblichen Benzinfilters in die Waschwasserleitung.

- **Vorn:** Motorhaube öffnen.
- Schlauch von der Wascherdüse abziehen.
- Bei beheizte Wascherdüsen Steckverbindung trennen.
- An der Unterseite der Düse die Halteklemme zusammendrücken, Düse herausziehen.
- **Variant:** Wischerarm ausbauen.
- Heckklappenverkleidung abnehmen (Kapitel »Der Innenraum«).
- Düse aus ihrem Sitz herausziehen.

Wascherdüse einstellen

- Dünne Nadel in die Spritzdüse stecken und die kugelförmige Düse entsprechend in der Richtung drehen.
- Wie der Spritzstrahl der vorderen Wascherdüsen eingestellt werden soll, zeigt die Zeichnung oben.
- Die hintere Düse soll so eingestellt werden, daß der Wasserstrahl in der Mitte des Wischerfeldes auftrifft.

<u>Links:</u> Um die Scheibenwaschdüse (1) auszubauen, müssen Sie die Haltenase (2) zur Seite drücken (Pfeil) und die Düse zur Motorhaube herausschwenken.
<u>Rechts:</u> Zum Einstellen der Spritzdüsen vorn wird das Sonderwerkzeug 3125 verwendet. Die Einstellmaße sind:
a – 400 mm;
b – 300 mm;
c – 520 mm;
d – 600 mm.

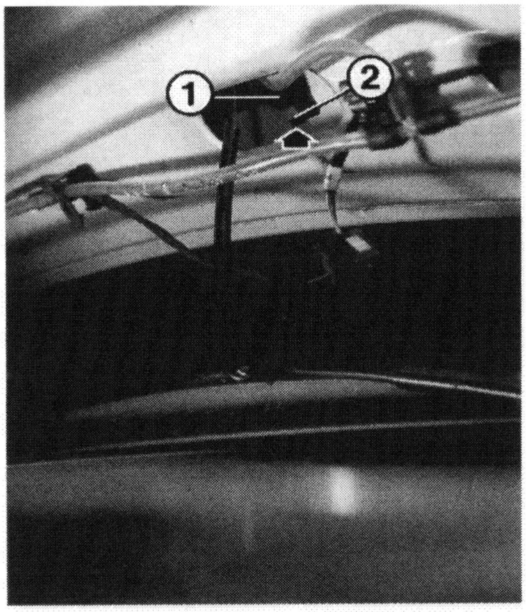

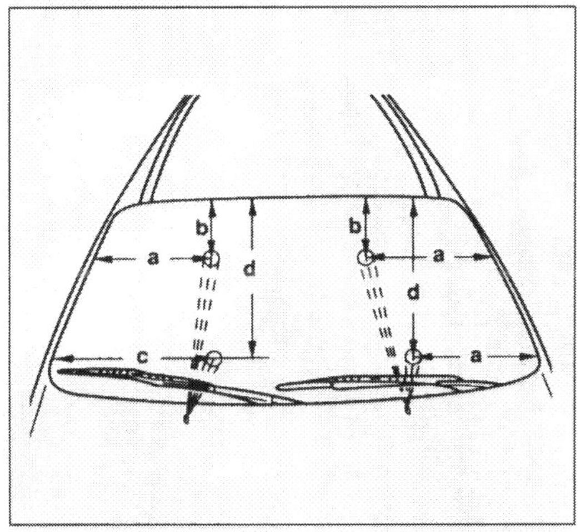

Elektrisch beheizte Waschwasserdüsen

Trotz Frostschutzbeimischung kann das Scheibenwaschwasser durch den kalten Fahrtwind in den Spritzdüsen einfrieren. Dagegen hilft die gegen Aufpreis lieferbare Düsenbeheizung.
Direkt vor den Düsen sitzt ein Metallgehäuse mit einem temperaturabhängigen Heizwiderstand. Mit dem Einschalten der Zündung erhält dieser Widerstand Spannung. Durch einen anfangs hohen Stromfluß (0,5–0,7 Ampere) werden die Düsen schnell aufgetaut. Zum Halten der Temperatur fällt der Strom nach der Aufheizphase auf rund 200 mA ab. Wenn die Außentemperaturen unter -15°C fallen, wird der Temperatur-Haltestrom auf 320 mA erhöht.

Störungssuche

Wenn die Wascherdüsenbeheizung nicht funktioniert, kontrollieren Sie folgendes:

- Im Sicherungskasten Sicherung 10 kontrollieren.
- Bei geöffneter Motorhaube Steckverbindung zur Düse trennen.
- Mit Spannungsprüfer bei eingeschalteter Zündung kontrollieren, ob Spannung anliegt bzw. die Masseverbindung intakt ist.
- Wenn nicht, Leitungsunterbrechung suchen.
- Fehlt es nicht an der Stromversorgung, muß die Düse ersetzt werden.

Störungsbeistand

Scheibenwaschanlage

Die Störung	– ihre Ursache	– ihre Abhilfe
A Wasser spritzt nicht beim Zug am Wisch/Wasch-Hebel	1 Wascherbehälter leer	Auffüllen
	2 Spritzdüsen verstopft	Schlauch abziehen, Düse ausbauen. Mit Druckluft durchblasen oder dünnem Draht durchstoßen. Evtl. Schlauch ebenfalls durchblasen
	3 Im Winter: a) Waschwasser eingefroren	Höhere Frostschutzkonzentration verwenden
	b) Düsenbeheizung funktioniert nicht	Spannungsversorgung und Leitungen überprüfen, ggf. Düse ersetzen
	4 Wascherpumpe defekt	Stromversorgung bei eingeschalteter Zündung und gezogenem bzw. gedrücktem Hebel kontrollieren, ggf. austauschen
	5 Klemmen 53 a/T im Wischerschalter unterbrochen	Schalter austauschen
B Einseitiger Spritzstrahl	Siehe A 3	
C Spritzstrahl zu hoch oder zu tief	Spritzdüse falsch eingestellt	Spritzdüse einstellen

Elektrische Spiegel-Verstellung

Nicht nur die Verstellung der Spiegel erfolgt bei dieser Ausstattung elektrisch, sondern bei eingeschalteter Heckscheibenheizung werden auch die Spiegelflächen beheizt. Ausbau und Wechsel des Spiegelglases finden Sie im Karosserie-Kapitel beschrieben.

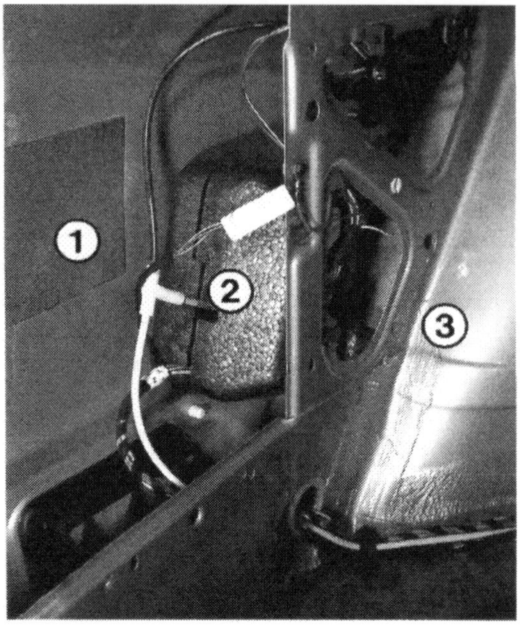

Links: Am stromzuführenden Mehrfachstecker (Pfeil) der Scheibenwaschdüsen-Beheizung wird geprüft, ob bei eingeschalteter Zündung Spannung anliegt (Kurzschlußgefahr bei beidseitiger Berührung!).
Rechts: Bei der Passat Limousine sitzt die Bi-Druckpumpe zwischen Fahrzeugaußenseite (1) und dem inneren Radkasten (3) in einer Geräuschdämpfung (2).

Störungssuche

- **Spiegelverstellung:** Falls sich nichts regt, kontrollieren Sie Sicherung 16.
- Bei den folgenden Prüfungen muß die Zündung eingeschaltet sein.
- Spiegelschalter am linken Türzuziehgriff ausrasten, siehe Karosserie-Kapitel.
- Schalter nach der Anleitung »Schalterprüfung« und anhand des Stromlaufplans überprüfen.
- Ist der Schalter in Ordnung, prüfen Sie den Elektromotor der Spiegelverstellung.
- Dazu die spannungsführende Klemme-15-Leitung am Schalter mit dem Kontakt des blau/weißen Kabels (Spiegelmotor links) bzw. des blau/schwarzen Kabels (Motor rechts) verbinden.
- Regt sich der Spiegel jetzt?
- Wenn ja, ist die Kabelführung vom Schalter zum Spiegelmotor unterbrochen.
- Falls nicht, dürfte der Elektromotor defekt sein. Den gibt es leider nicht einzeln zu kaufen, sondern nur mit dem kompletten Spiegelgehäuse.
- Man kann das Spiegelglas aber immer noch durch Drücken von Hand verstellen.
- Bei ausgefallener **Spiegelbeheizung** prüfen Sie den Stromweg vom Heizscheibenschalter ausgehend.

Die Zentralverriegelung

Sämtliche Türen, die Kofferraum-/Heckklappe sowie der Tankdeckel lassen sich durch den Schlüsseldreh am Fahrer- und Beifahrertürschloß ent- bzw. verriegeln. Das geschieht durch Steuerelemente in den vorderen Türen. Das entsprechende Steuerelement gibt der sogenannten Bi-Druckpumpe, die von einem Elektromotor angetrieben wird, den elektrischen Schaltimpuls. Beim Schlüsseldreh in Richtung »Auf« erzeugt die Pumpe Überdruck, wodurch die verschiedenen Steuerelemente im Auto die jeweilige Verriegelung freigeben. Jetzt schaltet ein Ventil in der Pumpe um, so daß sie beim Zuschließen Unterdruck erzeugt, und die Steuerelemente verriegeln.

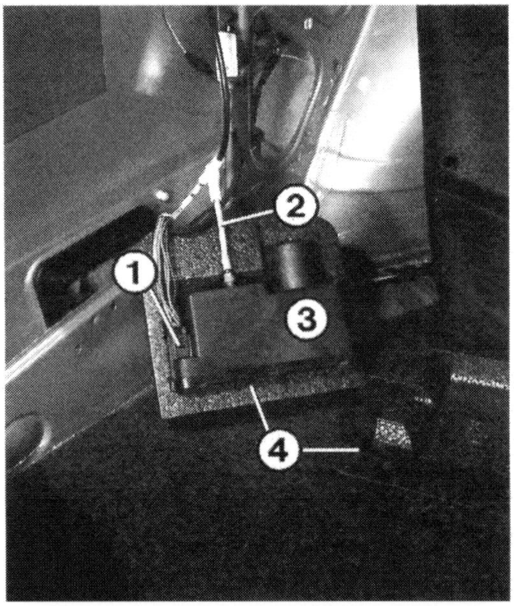

Links: Limousine: Zum Ausbau der Bi-Druckpumpe (3) Geräuschdämpfung (4), Mehrfachstecker (1) sowie den Leitungsanschluß (2) abnehmen. Dazu die geriffelten Flächen am Ring etwas zusammendrücken und Leitung nach oben abziehen.
Rechts: Variant: An der ausgebauten Bi-Druckpumpe (3) sehen Sie folgende Teile:
1 – Haltegummi;
2 – Steuerleitung;
4 – Kontaktstecker;
5 – Geräuschdämpfung.

Links: Folgende Teile der Zentralverriegelung bei der Limousine sind gezeigt:
1 – Stellelement der Tankklappe;
2 – Stellelement der Kofferraumklappe;
3 – Pumpe der Zentralverriegelung;
4, 6 – T-Verteilerstück;
5 – Stellelement Tür hinten links;
7 – Stellelement Tür vorne links;
8 – Leitungsverbindung.
Rechts: Die Teile der Zentralverriegelung beim Variant:
1, 7 – T-Verteilerstück;
2 – Stellelement der Tankklappe;
3 – Gummitülle;
4 – Stellelement der Heckklappe;
5 – Stellelement Tür hinten links;
6 – Stellelement Tür vorne links;
8 – Pumpe der Zentralverriegelung;
9 – Leitungsverbindung.

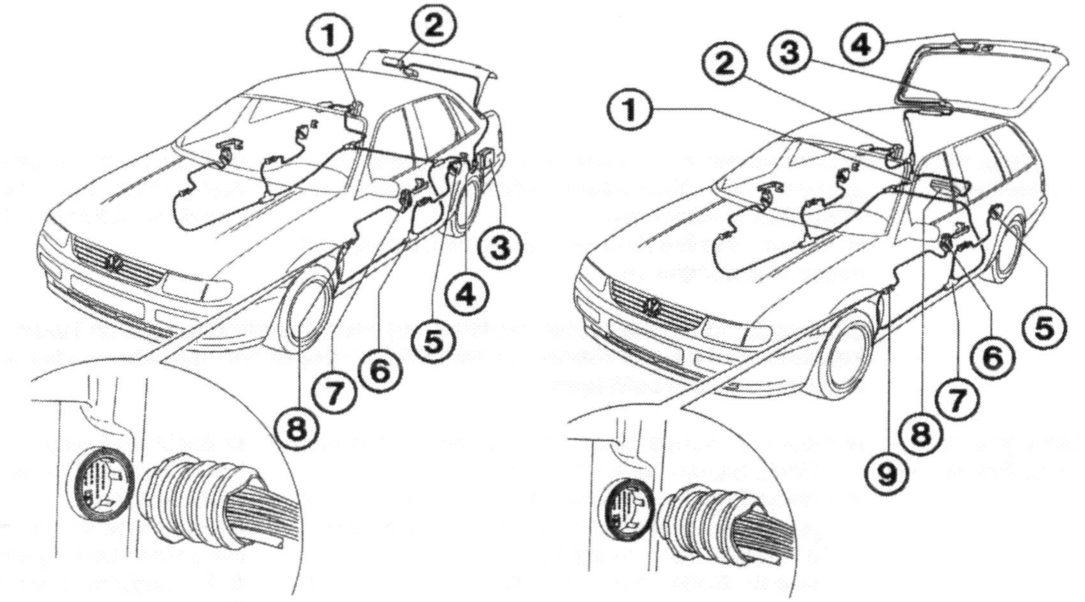

Der pneumatische (Unterdruck-)Teil der Zentralverriegelung besteht aus der Bi-Druckpumpe, den Steuerelementen, Rohrleitungen, Schläuchen sowie T-förmigen Verbindungsteilen.
Am Passat wurde die Zentralverriegelung mit einer »Safe«-System genannten Einbruchsicherung erweitert. Beim Verriegeln mit dem Schlüssel an Fahrer- oder Beifahrertür erhält das Steuergerät (an der Bi-Druckpumpe) neben dem Befehl »Verriegeln« über einen Mikroschalter im Türschloß zusätzlich die Information »Safe-System aktivieren«. Am Steuerelement kann eine Magnetspule einen Riegel in die Zug-/Druckstange – die Verlängerung des Tür-Sicherungsknopfes – hineindrücken. So funktioniert es:
Beim Versuch, den Türsicherungsknopf hochzuziehen, meldet ein ständig mit Spannung versorgter Mikroschalter im betreffenden Steuerelement dem Steuergerät »Einbruchversuch«. Das Steuergerät leitet nun mit einer Verzögerung von höchstens 8/1000 Sekunden Spannung an die Magnetspulen. Sie drücken die Riegel in die Zug-/Druckstange an allen Steuerelementen (mechanische Sicherung). Gleichzeitig läuft die Bi-Druckpumpe in Unterdruckrichtung an und zieht die Sicherungsknöpfe nach unten (pneumatische Sicherung).

Fingerzeige: Die Safe-Stellung kann nur mit dem Fahrer- oder Beifahrertürschloß aktiviert werden. Wenn Sie die Zentralverriegelung durch Herunterdrücken des Sicherungsknopfes an der Fahrertür betätigen, bleibt die Safe-Sicherung ausgeschaltet.
In Verbindung mit elektrischen Fensterhehern und/oder elektrischem Schiebedach besitzt die Zentralverriegelung eine sogenannte Komfortschließung. Ein noch geöffnetes Fenster oder Schiebedach wird geschlossen, solange Sie den Schlüssel im Schloß in Schließstellung halten.

Zentralverriegelung prüfen

- **Verriegelung:** Sämtliche Fenster nach unten kurbeln bzw. herunterfahren.
- Türen, Kofferraum-/Heckklappe und Tankdeckel müssen geschlossen sein.
- Sicherungsknopf an der Fahrertür herunterdrücken.
- Sämtliche Türsicherungsknöpfe müssen nach unten gehen.
- Prüfen Sie die einwandfreie Schließung an sämtlichen Türen, Kofferraum-/Heckklappe und Tankdeckel.
- Anlage entriegeln durch Hochziehen des Fahrertür-Sicherungsknopfes.
- **Funktion:** Nach etwa zwei Sekunden sollten alle Schlösser verriegelt sein.
- Läuft die Pumpe länger als fünf Sekunden, ist die Anlage undicht – in diesem Fall darf die Bi-Druckpumpe höchstens 35 Sekunden lang laufen, dann muß sie abschalten.
- **Einbruchsicherung:** Fahrer- oder Beifahrertür mit dem Schlüssel verriegeln.
- 12 Sekunden nach dem Heruntergehen der Sicherungsknöpfe sind die Türen zusätzlich gesichert.
- An allen Türen versuchen, den Sicherungsknopf von Hand hochzuziehen.
- Der Knopf darf sich höchstens 8 mm hochziehen lassen. Dann hören Sie ein Rastgeräusch, weil die Safe-Spule den Riegel in die Zug-/Druckstange einschiebt. Gleichzeitig muß die Bi-Druckpumpe anlaufen.
- **Aussperrsicherung:** Fahrertür öffnen und Schloß durch Schlüsseldreh verriegeln.
- Die übrigen Türen und Klappen müssen verriegelt werden.
- Fahrertür schließen, sie darf jetzt nicht in Schließ-Stellung einrasten.

Tankklappe von Hand entriegeln

● **Limousine:** Im Kofferraum an der rechten Fahrzeugseite die Kofferraumverkleidung abnehmen, siehe Kapitel »Der Innenraum«.
● **Variant:** Rechte Abdeckung der Verkleidung entriegeln und abnehmen.
● **Alle:** Jetzt mit einer schlanken Hand hinter das Stellelement nach der Verriegelungsstange tasten und diese in Fahrtrichtung nach hinten ziehen.

Fingerzeig: Sollte die Zentralverriegelung einmal ausfallen, können Türen und Gepäckraumdeckel auch konventionell per Schlüssel geöffnet und verriegelt werden. Ebenso lassen sich die Türverriegelungsknöpfe von Hand betätigen.

Störungssuche an der Elektrik

● Falls die Pumpe beim Schlüsseldreh überhaupt nicht läuft, Sicherung kontrollieren.
● **Limousine:** Im Kofferraum an der linken Fahrzeugseite die Kofferraumverkleidung abnehmen, siehe Kapitel »Der Innenraum«.
● **Variant:** Bodenmatte des Kofferraums zurückschlagen.
● Kleinere Bodenabdeckung entriegeln und abnehmen.
● **Alle:** Ggf. Halteband der Bi-Druckpumpe im Kofferraum öffnen, Geräuschdämpfung abnehmen.
● Mehrfachstecker von der Pumpe abziehen.
● **Steuerelement Fahrertür prüfen:** Im Stecker zwischen dem Kontakt des grauen und der braunen Leitung eine Prüflampe anschließen.
● Die Prüflampe muß brennen, wenn die Fahrertür mit dem Schlüssel entriegelt wird. Dann ist der Öffner-Kontakt des Steuerelements in Ordnung.
● Bleibt die Lampe dunkel, kann der Öffner-Kontakt für die Fahrertür defekt oder die Kabelzuleitung unterbrochen sein.
● Prüflampe jetzt an den Kontakten der braunen und der grünen Leitung anklemmen.
● Fahrertür mit dem Schlüssel verschließen.
● Leuchtet die Prüflampe, ist der Schließer-Kontakt des Steuerelements in Ordnung.
● Bleibt die Lampe dunkel, ist das Steuerelement defekt – sofern es nicht an einer Kabelunterbrechung liegt.
● **Steuerelement Beifahrertür:** Gleiche Prüfungen wie vorstehend beschrieben.
● **Bi-Druckpumpe prüfen:** Ist die Stromversorgung der Pumpe über die Steuerelemente gesichert (wie geprüft), bleibt als Schadensursache nur noch die Bi-Druckpumpe übrig. Auswechseln.

Störungssuche an der Pneumatik

Zur Überprüfung einer undichten Zentralverriegelung muß die Anlage der Reihe nach durchgeprüft werden. Schläuche an den entsprechenden Kupplungsstücken abziehen und mit kegelförmigen Korkstücken luftdicht verschließen. Die Schlauchstutzen an den verschiedenen Kunststoffbauteilen brechen leicht ab, deshalb die Schläuche mit größter Vorsicht abziehen!
Läuft bei den nachfolgenden Prüfschritten beim Betätigen der Zentralverriegelung die Bi-Druckpumpe **kürzer als fünf Sekunden**, ist das betreffende **Bauteil in Ordnung**. Dann Schläuche wieder anschließen. Läuft die Pumpe **länger als fünf Sekunden**, ist das Steuerelement oder die betreffende Schlauchleitung **undicht**. Defektes Teil austauschen.

● **Limousine:** Im Kofferraum an der linken Fahrzeugseite die Kofferraumverkleidung abnehmen, siehe Kapitel »Der Innenraum«.
● **Variant:** Bodenmatte des Kofferraums zurückschlagen.
● Kleinere Bodenabdeckung entriegeln und abnehmen.
● **Alle:** Ggf. Halteband der Bi-Druckpumpe im Kofferraum öffnen, Geräuschdämpfung abnehmen.
● **Bi-Druckpumpe:** Schlauch direkt an der Pumpe verschließen. Fahrertürschloß betätigen.
● **Steuerelemente:** Sehen Sie sich die Zeichnung auf der Vorseite an. Es darf nur dasjenige Steuerelement mit der Bi-Druckpumpe verbunden sein, das gerade geprüft wird.
● Hier zwei Beispiele: Tür links vorn: Am T-Stück Schlauchleitung zu den Türen rechts und der Tankklappe abziehen, Anschluß verschließen.
● Leitung zur Kofferraumklappe abnehmen, Anschluß dicht schließen.
● An der Scharniersäule die zentrale Steckverbindung trennen, dazu den breiten Ring des Steckers nach links drehen.
● Schlauchanschluß verschließen. Türschloß betätigen.
● Kofferraumklappe: An der Pumpe Schlauch nach vorn verschließen. Türschloß betätigen.
● Entsprechend werden die übrigen Steuerelemente geprüft.

Die elektrischen Fensterheber

Die Funktionsweise der Fensterheber im Passat wird nicht nur von den Schaltern bestimmt, sondern auch von dem mit dem jeweiligen Fensterhebermotor kombinierten Steuergerät für Fensterheber:
○ Bei eingeschalteter Zündung gleitet die Fahrertür-Scheibe auf kurzes Antippen des Schalters bis zum Anschlag auf. Es sei denn, das Fenster wird durch Antippen des Schalters gestoppt. Nach Ausschalten der Zündung läuft die Scheibe komplett nach unten, jedoch nur bei dauernd gedrücktem Schalter nach oben.

Links: Zum Lösen der Steuerleitung (1) von der Bi-Druckpumpe (2) müssen die beiden Verriegelungshebel (Pfeile) zusammengedrückt werden.
Rechts: Zum Abnehmen des Steuerelements (2) für Zentralverriegelung die Kreuzschlitzschrauben (1) lösen und Steuerelement aushängen. Anschließend die Halteklammern (Pfeil) der Unterdruckleitung (3) zusammendrücken und abziehen.

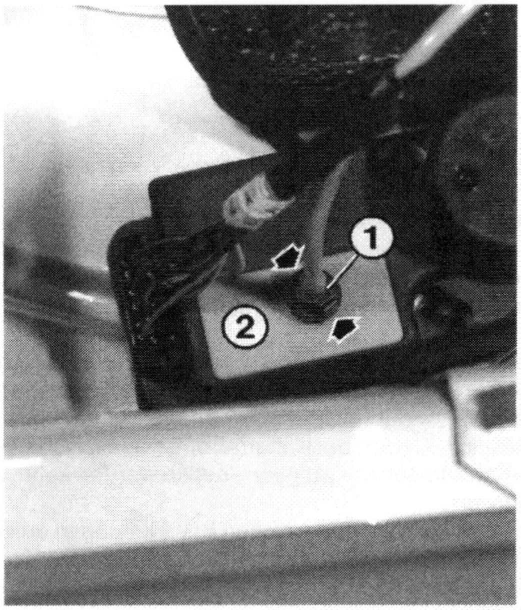

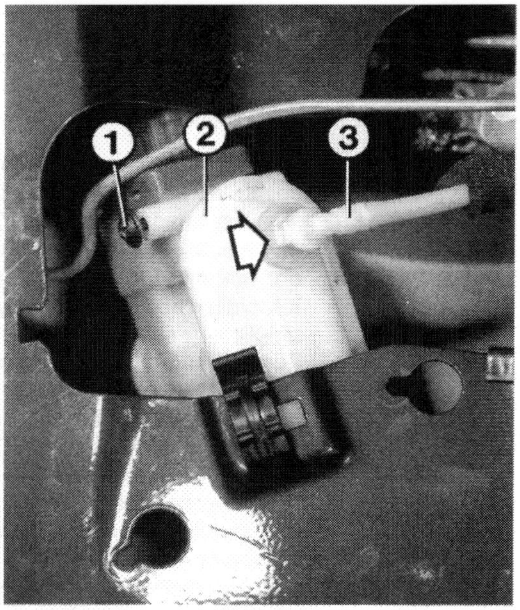

○ Die Scheiben der Beifahrertür und der hinteren Türen funktionieren mit als auch ohne Zündung auf die gleiche Weise: In Stellung »Auf« nach kurzem Schalterdruck, in Stellung »Zu« nur bei dauerndem Schalterdruck.
○ Die hinteren Fenster können vom Zentralschalter im Armaturenbrett blockiert werden.
○ Wenn nach dem Abschalten der Zündung die Fahrertür nicht geöffnet wird, lassen sich die Fensterheber noch 10 Minuten lang bedienen, danach sind die Fensterheber abgeschaltet (Diebstahlschutz). Wird die Fahrertür jedoch geöffnet und wieder verschlossen, sind die Fenster jeweils 10 Minuten betriebsbereit.
○ Grundsätzlich funktionieren die Fensterheber auch bei abgeschaltetem Motor, solange die Fahrertür geöffnet ist.
○ Als weitere Funktion gibt es noch die Zentralschließung der elektrisch betätigten Fenster. Wenn Sie den Schlüssel an der Fahrertür (bei Zentralverriegelung auch an der Beifahrertür) in Schließstellung halten, laufen sämtliche Fenster und ggf. auch das Schiebedach in Geschlossen-Stellung.

Fingerzeig: Die automatische Fensterschließung in Verbindung mit Zentralverriegelung birgt Gefahren: Nach dem Abschließen lassen sich weder die Fenster öffnen noch die Verriegelungsknöpfe innen hochziehen. Wenn z. B. Kinder im Auto bleiben sollen, Verriegelungsknopf an der Fahrertür von Hand herunterdrücken (Safe-System ist nicht aktiviert), damit sich die Insassen notfalls aus dem Auto befreien können.

Störungen

Die Motoren der elektrischen Fensterheber werden auf gleiche Weise ausgebaut wie die mechanischen Heber, siehe Karosserie-Kapitel. Eine Reparatur der Baueinheit Elektromotor/Steuergerät ist nicht vorgesehen.

● Wenn sich keine Fensterscheibe mehr rührt, kann die Thermosicherung im Zusatz-Sicherungsträger abgeschaltet haben (nur nach Überlastung). Nach einigen Minuten Wartezeit muß die Thermosicherung wieder einschalten.
● Wenn nicht, dürfte die Sicherung defekt sein.
● Arbeitet nur ein Fensterheber nicht, bauen Sie den betreffenden Schalter aus und überprüfen ihn.
● Ist der Schalter in Ordnung, betreffende Türverkleidung abnehmen.
● Kabelstecker am Fensterhebermotor abziehen und mit Spannungsprüfer (keine Prüflampe verwenden) kontrollieren, ob beim Betätigen des Fensterhebers auch tatsächlich Spannung anliegt.
● War bis hier kein Fehler zu entdecken, ist der Fensterhebermotor defekt.
● Kam dagegen keine Spannung am Motor an, muß der Kabelverlauf bzw. der Motor mit Steuergerät überprüft werden (Werkstatt).
● Schlechter Lauf einer Scheibe dürfte an einer verklemmten Fensterführung liegen.

Behelf unterwegs

Mit streikendem Fensterheber brauchen Sie trotzdem nicht mit offenem Fenster weiter zu fahren:

● Ist der Schalter defekt, überbrücken Sie mit einem isolierten Kabelstück am abgezogenen Mehrfachstecker solange die verschiedenen Kontakte, bis die Scheibe nach oben läuft.
● Geht das nicht, müssen Sie bei abgenommener Türverkleidung das Fenster vom Fensterheber abbauen, siehe Karosserie-Kapitel.
● Scheibe jetzt nach oben schieben und in dieser Stellung mit starkem Klebeband (z. B. Packband) oder einem Holzkeil fixieren.

Diebstahl-Alarmanlage

Als Steigerung der Safe-Sicherung gibt es in Verbindung mit Zentralverriegelung eine Diebstahl-Alarmanlage. Sie wird durch den normalen Fahrzeugschlüssel aktiviert, indem er im Türschloß länger als 0,5 s in der Schließstellung gehalten wird. Nach weiteren 30 Sekunden schaltet die Anlage »scharf«: Gesichert sind der Innenraum, der Kofferraum und der Motorraum. Abgeschaltet wird durch das Aufschließen, ein Fehlalarm durch »Vergessen« ist ausgeschlossen. Zudem signalisiert eine optische Anzeige neben dem Fahrer-Türsicherungsknopf durch schnelles Aufblinken die Alarmbereitschaft. Nach ca. 24 Stunden verlöscht diese Anzeige zur Schonung der Batterie. Ein Alarm setzt die Blinkleuchten in schneller Frequenz in Gang und es ertönt ein Zusatzhorn in Intervallen im Rahmen der gesetzlichen Bestimmungen. Ein Motorstart durch Kurzschließen der Kabel ist nicht möglich.

Zum besseren Verständnis der Diebstahl-Alarmanlage hier noch einige ergänzende Erläuterungen:

○ Zum Einschalten müssen alle Türen und Hauben geschlossen sein, sonst wird die Anlage nicht aktiv. Für die Kontrolle von Motorraum, Kofferraum und Innenraum dienen die Türkontaktschalter sowie Kontaktschalter im Motorraum und Kofferaum. Zusätzlich ist noch ein Kofferraum-Schlüsselschalter vorhanden. Dieser ermöglicht, daß der Kofferraum nach dem »Scharfmachen« aufgeschlossen werden kann, dabei bleiben die anderen Überwachungsbereiche weiterhin aktiviert.

○ Der optische und akustische Alarm darf den gesetzlichen Bestimmungen entsprechend nur für eine bestimmte Zeitdauer erfolgen, d. h. die Anlage schaltet nach einer halben Minute ab.

○ Ausgelöst wird die aktivierte Diebstahl-Alarmanlage durch Öffnen einer Tür oder Haube bzw. durch Anlegen einer Spannung an Klemme 15 (Kurzschließen der Zündung). Hierbei löst jede unbefugte Manipulation einen erneuten Alarm aus.

Die elektrische Schiebe/Ausstelldach-Betätigung

Das gläserne Schiebe/Ausstelldach ist in Verbindung mit Zentralverriegelung und/oder elektrischen Fensterhebern in die Komfortschließung mit einbezogen. Der Schiebedachmotor erhält Arbeitsstrom von Sicherung 21, der Steuerstrom kommt von Sicherung 16 über den Schalter.

Störungssuche

- Wenn der elektrische Antrieb nicht funktioniert, Sicherung 16 und 21 kontrollieren.
- Schalter des Schiebedachantriebs heraushebeln, siehe Kapitel »Die Beleuchtung«.
- Kreuzschlitzschrauben unter dem Schalter lösen.
- Hinten an der Abdeckung des Schiebedachmotors den Kantenschutz anheben, Abdeckung nach hinten wegziehen.
- Steckverbindung des Motors trennen. Mit Prüflampe kontrollieren, ob am rot/schwarzen Klemme-30-Kabel Spannung anliegt.
- Prüfen Sie auch den Massekontakt.
- Fehlt es weder an Spannung noch an Masse, könnte der Schalter die Fehlerursache sein.
- Das Dach läßt sich auch von Hand schließen.
- Schutzkappe der Kurbelöffnung nach rechts drehen.
- Kurbel aus der Halterung nehmen, in die Öffnung stecken und Dach schließen.
- Zum Schließen des nach hinten gefahrenen Schiebedaches Kurbel rechtsdrehen.
- Aus der Aufstellposition schließen Sie durch Linksdrehen.
- Kurbel wieder in die Halterung stecken und Schutzkappe über die Kurbelöffnung drehen.
- Haltenasen der Abdeckung vorn in die Dachverkleidung stecken, Abdeckung nach vorn schieben.

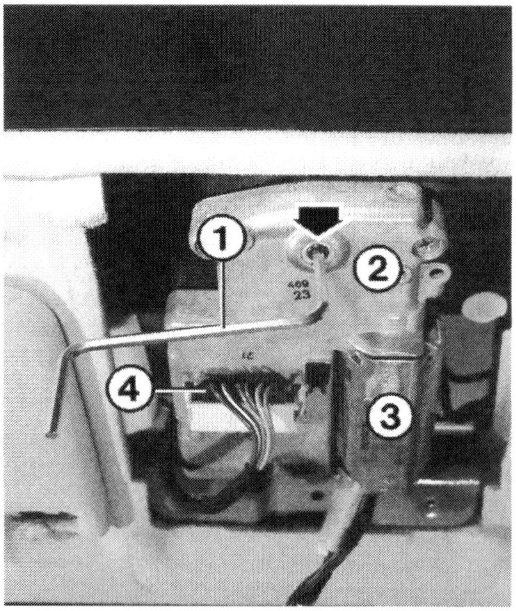

<u>Links:</u> Zur Betätigung des Schiebedaches bei ausgefallenem Elektromotor müssen Sie die Innenleuchte herausnehmen, die darunterliegenden Kreuzschlitzschrauben (Pfeile) lösen. Abdeckung (1) abnehmen. <u>Rechts:</u> Zum Schließen des Schiebedaches die Kurbel (1) in den Innensechskant (Pfeil) hineinstecken und durch Drehen schließen. Weiter bedeuten: 2 – Schiebedachantrieb; 3 – Motor; 4 – Kontaktstecker.

Links: Zum Ausbau des VW-Radios (1) wird das Sonderwerkzeug 3316 (2) benötigt.
Rechts: Das Ausbauwerkzeug (3) läßt sich nur dann wieder abziehen, wenn Sie die Haltefeder (2) des Radios (1) zum Gehäuse drücken.

Wegfahrsperre

Der Passat ist mit einer Wegfahrsperre ausgerüstet. Es handelt sich um eine elektronische Diebstahlsicherung, die nach Einschalten der Zündung aktiv wird. Grundlage des Systems ist ein sogenannter Transponder. Das ist eine batterielos arbeitende Sende- und Empfangseinheit im Zündschlüssel, in dem ein fahrzeugbezogener fester Zahlencode gespeichert ist. Dieser Code ist im zusätzlich eingebauten Steuergerät der Wegfahrsperre eingespeichert. Bei Übereinstimmung der Codes überprüft das Wegfahrsperren-Steuergerät als nächstes den Code des Motor-Steuergerätes. Hierbei handelt es sich um einen Wechselcode, der durch einen Zufallsgenerator nach jedem Motorstart im Motor-Steuergerät neu erzeugt und im Steuergerät der Wegfahrsperre abgelegt wird. Besteht keine Übereinstimmung zwischen den Codes von Motor-Steuergerät und Steuergerät der Wegfahrsperre, wird der Motor nach spätestens zwei Sekunden abgeschaltet.
Das System der Wegfahrsperre ist über das Fehlerauslesegerät V.A.G 1551/1552 diagnosefähig. Fehlersuche und Angleichen eines neuen Motor-Steuergeräts an das Fahrzeug sind daher nur in der VW-Werkstatt möglich.

Radio

Die Spannungsversorgung ans Radio erfolgt von Klemme »SU« des Zündschlosses. Mit dieser Verschaltung vermeidet man, daß das Radio beim Verlassen des Wagens versehentlich weiterläuft. Beim Abziehen des Zündschlüssels unterbricht die Schaltung im VW-Radio die Spannungsversorgung. Nach Aus- und Wiedereinschalten des Radios läuft das Gerät ca. eine Stunde lang. Wer weiterhin Radio hören will, muß jetzt wieder aus- und einschalten.
In unseren folgenden Beschreibungen gehen wir lediglich auf die Einbauweise wie ab Werk ein.

Die Lautsprecherabdeckung (1) läßt sich mit einem seitlich angesetzten Schraubendreher (2) an der mit Pfeil bezeichneten Stelle heraushebeln.

Die Lautsprecher (1) vorn im Armaturenbrett sind lediglich in die Einbauöffnung eingeklemmt. Der Lautsprecher läßt sich mit einem flachen Schraubendreher an der mit Pfeil bezeichneten Stelle heraushebeln.

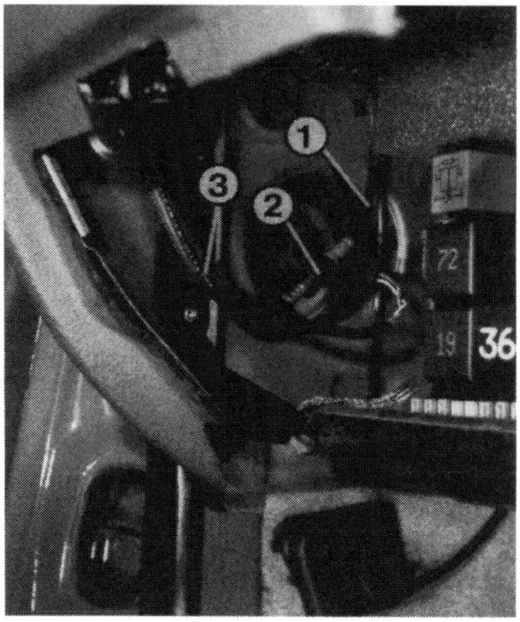

Links: Vier Kreuzschlitzschrauben (Pfeile) halten den Lautsprecher (1) im Türkasten.
Rechts: Hinter der Ablage an der A-Säule ist das Antennenkabel vom Radio (1) mit dem Kabel der Dachantenne (3) durch einen Klemmverschluß (2) verbunden. Klemmverschluß zum Öffnen auseinanderziehen.

Radio ausbauen

- Sicherstellen, daß die Code-Nummer der Anti-Diebstahl-Codierung vorliegt.
- Batterie abklemmen.
- VW-Entriegelungswerkzeug 3316 rechts und links in die Aussparungen im Tastenfeld einschieben.
- Radio aus dem Armaturenbrett ziehen.
- Zum Abziehen des Werkzeugs 3316 Haltefedern am Radio nach innen drücken.
- Kabel- und Antennenstecker abziehen.
- Beim Einbau darauf achten, daß der Haltestift hinten am Radio in die dafür vorgesehene Öse im Armaturenbrett eingeführt wird. Radio dazu absolut waagrecht halten.
- Radio jetzt ein wenig in die Montageöffnung drücken, damit die Haltefedern einrasten können.
- Code-Nummer nach Bedienungsanleitung eingeben.

Fingerzeige: Der Anti-Diebstahl-Code muß nach jeder Unterbrechung der Stromversorgung neu eingegeben werden – z. B. beim Abklemmen der Batterie oder Auswechseln der Radiosicherung. Stromversorgung nie bei laufendem Radio trennen. Es kann Schwierigkeiten bei der Wiedereingabe des Anti-Diebstahl-Codes geben.

Lautsprecher ausbauen

- Alle Lautsprecherkabel sind mit Steckverbindungen befestigt.
- **Armaturenbrett:** Lautsprecherabdeckung mit kleinem Schraubendreher hochheben und abnehmen.
- Der Lautsprecher selbst ist lediglich im Ausschnitt eingeklemmt.
- **Tür unten:** Türverkleidung abnehmen (Kapitel »Der Innenraum«).
- Vier Kreuzschlitzschrauben des Lautsprechers herausdrehen.
- Beim Einbau ggf. auf die Einbaumarkierungen achten.
- **Tür hinten:** Lautsprecher oben: Blende des Türzuziehgriffes abhebeln (Kapitel »Der Innenraum«). Der Lautsprecher kann nur mit Blende ersetzt werden.
- Lautsprecher unten: Wie unter »Tür unten« beschrieben.

Die Dachantenne

Die elektronisch verstärkte Dachantenne besitzt ihren Verstärker im Antennenfuß. Prüfmöglichkeiten sind nicht vorgesehen. Klappt es mit dem Empfang nicht, hilft nur der Tausch der Antenne.

- Dachhimmel im hinteren Bereich lösen, dazu hintere Abschlußleiste abziehen.
- Himmel im hinteren Bereich etwas nach unten ziehen, Vorsicht, Bruchgefahr!
- Kabelstecker abziehen.
- Haltemutter lösen, Antenne abnehmen.
- Soll auch das Antennenkabel nach vorn ausgebaut werden, muß der Dachhimmel komplett abgenommen werden. Die Leitung verläuft am linken Dachholm nach vorn in die A-Säule.
- An der A-Säule ist das Antennenkabel trennbar und verläuft von dort unter dem Armaturenbrett zum Radio.

Laue Winde

Die Außenluft kann an der Hinterkante der Motorhaube einströmen und wird vom Fahrtwind oder zusätzlich vom Gebläse durch den Staub- und Pollenfilter in den Innenraum gedrückt. Beim Einschalten der Heizung öffnet eine Klappe dem Luftstrom den Weg durch den Heizkörper, der wie ein kleiner Kühler aussieht. Die durchströmende Außenluft erwärmt sich dann an den Heizkörperlamellen.

Heizung und Belüftung prüfen

- Drehregler bei warmgefahrenem Motor ganz nach rechts drehen – strömt Warmluft aus?
- Funktioniert die Luftverteilung nach oben und unten?
- Heizregler zurückdrehen – nach kurzer Zeit darf nur noch kalte Luft aus den Öffnungen strömen, sonst schließt die Warmluftklappe nicht richtig.
- Strömt aus allen Öffnungen Warm- oder Kaltluft?
- Läuft das Gebläse in sämtlichen Stufen?

Staub- und Pollenfilter wechseln

Wartungsarbeit

Da sich Staub, Pollen und Ruß im Filterelement ablagern, empfiehlt VW den Wechsel des Staub- und Pollenfilters alle zwei Jahre oder alle 30 000 km.

- Motorhaube öffnen.
- Dichtung Motorraum/Wasserfangkasten auf der rechten Fahrzeugseite abziehen.
- Schnellverschlüsse der rechten Abdeckung um 45° drehen.
- Abdeckung aus dem Wasserfangkasten herausnehmen.
- Der Staub- und Pollenfilter ist mit einer Kunststoffhalteleiste im Filtergehäuse arretiert.
- Halteleiste von Hand entriegeln.
- Filterelement aus dem Gehäuse herausnehmen und neuen Filter einlegen.

Das Luftgebläse

Der Gebläsemotor läuft in vier Geschwindigkeiten, die durch den Drehregler »Luftzufuhr und Gebläse« am Armaturenbrett eingestellt werden.
Die Geschwindigkeitsstufen werden durch Zuschalten verschieden großer Widerstände (bzw. durch Hintereinanderschalten derselben) erreicht. Die Widerstände sind in die Plus-Zuleitung zum Gebläsemotor eingeschaltet. Die Masseverbindung ist konstant, während der Pluskontakt »verbessert« bzw. »verschlechtert« wird.

Störungssuche Gebläsemotor

- Wenn das Gebläse **in keiner Schalterstellung** rauscht, kontrollieren Sie zuerst die zuständige Sicherung 6.
- Laufen trotz intakter Sicherung auch die Scheibenwischer nicht, liegt es am X-Kontakt-Entlastungsrelais (Kapitel »Instrumente und Geräte«).

Der Staub- und Pollenfilter (2) kann nach Abnahme der Windlaufabdeckung (3) gewechselt werden. Dazu die Halteklammer (1) am Filter in Pfeilrichtung drücken und herausnehmen.

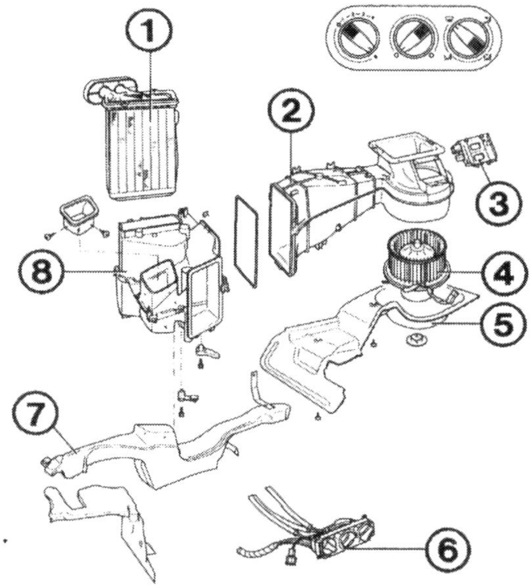

Zur Heizung und Luftführung gehören folgende Teile:
1 – Wärmetauscher;
2 – Luftkanal;
3 – Vorwiderstandsplatte für Gebläsemotor (4);
5 – Abdeckung;
6 – Heizungs/Lüftungs-Betätigung;
7 – Fußraumausströmer;
8 – Luftverteilergehäuse.

● Gebläsemotor freilegen, siehe nächsten Abschnitt.
● Mehrfachstecker am Gebläsemotor abziehen, zwei Hilfskabel zu den jetzt freien Anschlußkontakten legen: Eine Leitung vom Batterie-Pluspol zum Kontakt legen, auf dem das weiß/gelbe Kabel steckte; die andere Leitung vom Batterie-Minuspol zum Kontakt, auf dem das braune Kabel steckte.
● Ist der Gebläsemotor intakt, muß er sich jetzt mit voller Geschwindigkeit drehen. Wenn nicht, auswechseln.
● Läuft das Gebläse **nur in voller Geschwindigkeit,** dürfte die Überhitzungssicherung auf der Trägerplatte der Vorwiderstände durchgebrannt sein.
● Dreht das Lüfterrad **nicht in allen Geschwindigkeiten,** ist möglicherweise einer der Vorwiderstände defekt.
● Vorwiderstandsplatte ausbauen.
● Mit einer Prüflampe bei eingeschalteter Zündung und in entsprechender Drehreglerstellung kontrollieren, ob an den verschiedenen Kontakten Spannung anliegt.
● Ist die Überhitzungssicherung oder einer der Widerstände durchgebrannt, muß der komplette Widerstandsträger ersetzt werden. Elektronikerfahrene können auch einzelne Bauteile aus- und einlöten.
● Sind Überhitzungssicherung und die Vorwiderstände intakt, bleibt neben einer Leitungsunterbrechung nur noch der Drehregler im Armaturenbrett als Übeltäter übrig – komplette Heizungsbetätigung auswechseln.

Gebläsemotor ausbauen

Der Gebläsemotor ist zusammen mit seinem Lüfterrad gewuchtet, so daß beide Teile auch nur gemeinsam ausgetauscht werden können.
● Ablagefach rechts ausbauen (Kapitel »Der Innenraum«).
● Unten am Gebläsegehäuse Haltestopfen der Abdeckung abziehen.
● Kreuzschlitzschraube unten losdrehen und Abdeckung abnehmen.
● Am Gehäuserand die Haltezunge mit einem Schraubendreher nach außen drücken, Gebläsegehäuse im Luftansaugkanal im Uhrzeigersinn drehen und herausziehen.

Vorwiderstandsplatte ausbauen

● Ablagefach rechts ausbauen (Kapitel »Der Innenraum«).
● Stecker an der Platte abziehen.
● Seitliche Halterasten zusammendrücken und Platte herausziehen.
● Beim Einbau darauf achten, daß die Halteplatte in ihrem Sitz richtig einrastet.

Zusatzwasserheizung

nur TDI

Auf Grund des hohen Wirkungsgrades entsteht beim TDI-Motor weniger Abwärme als bei einem vergleichbaren Otto- oder Wirbelkammer-Dieselmotor. Folge dieser an sich positiven Eigenschaft: Die Heizleistung läßt unter bestimmten Voraussetzungen zu wünschen übrig. Um diesen Mangel wettzumachen, besitzt der TDI-Motor eine Zusatzwasserheizung.
Im Kühlmittelstutzen an der linken Stirnseite des Motors sitzen drei Glühkerzen, die das Kühlmittel aufheizen. Diese sind jedoch nicht immer in Betrieb, sondern nur, wenn der Geber für Saugrohrtemperatur weniger als ca. 5°C an das Steuergerät meldet. Um ein Entladen der Batterie zu verhindern, werden je nach Ladekapazität der Batterie eine, zwei oder alle drei Glühkerzen mit Spannung versorgt. Einen Vergleichswert zum Ladezustand liefert die Klemme »DF« des Drehstromgenerators an das Steuergerät.

Links: Zum Abnehmen der Geräuschdämpfung (1) vom Gebläsemotor muß der Halteclip (2) abgezogen werden.
Rechts: Zum Ausbau des Gebläsemotors muß die Halteklammer (2) über die Rastnase (1) angehoben werden. Anschließend läßt sich der Motor in Pfeilrichtung losdrehen.

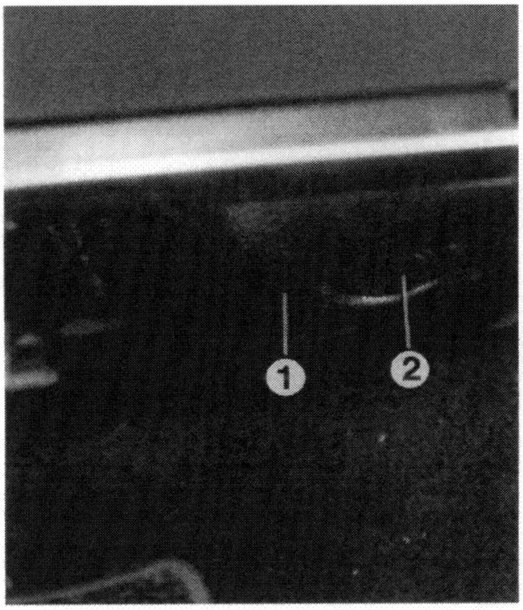

Links: Zum Ausbau des Vorwiderstands (1) für Frischluftgebläse Kontaktstecker trennen, Sicherungsbügel nach unten drücken und Widerstand herausziehen. Position »2« bezeichnet den Temperaturfühler Frischluft bei Fahrzeugen mit Thermotronic.
Rechts: An der ausgebauten Widerstandsplatte ist bezeichnet:
1 – Ausgangsleitung zum Gebläse;
2 – Überhitzungssicherung;
3 – Widerstände;
4 – Eingangsleitung vom Gebläseschalter der Heizungs/Lüftungs-Betätigung.

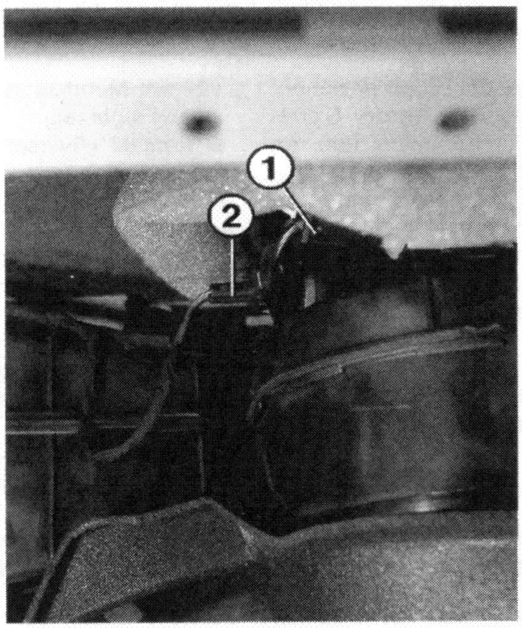

Links: Für die Regelung der Zusatzheizung bei den TDI-Motoren wird das Relais für Glühkerzen Kühlmittel (2) benötigt. Weiter bedeuten:
1 – Streifensicherung 50A;
3 – Kontaktstecker.
Rechts: Nur bei Fahrzeugen mit Schaltgetriebe: Der Anschlußstutzen (2) für Glühkerzen-Kühlmittel (4) der Zusatzheizung sitzt auf der rechten Fahrzeugseite im Zylinderkopf (1). Position »3« bezeichnet die Kontaktstecker.

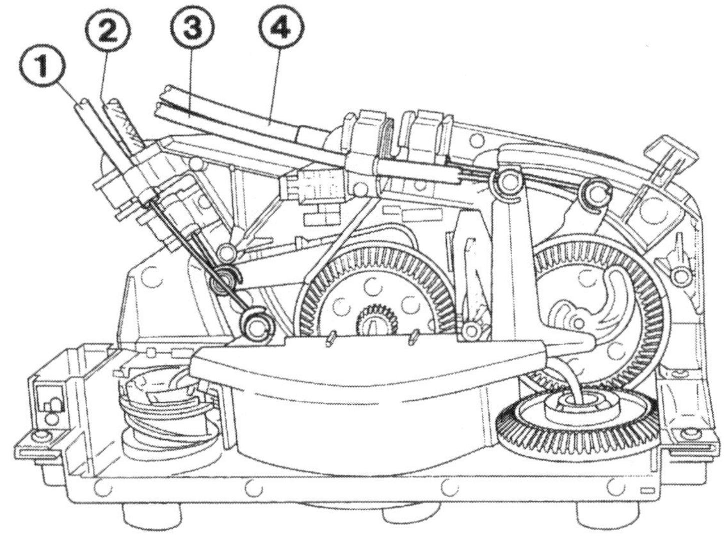

Die Rückansicht der Heizungs/Lüftungs-Betätigung zeigt, welche Züge an welchen Drehregler angeschlossen werden. Dies sind:
1 – Zug für Hauptabsperrklappe;
2 – Zug für Temperaturklappe;
3 – Zug für Fußraum/Defrost;
4 – Zug für Zentralklappe.

Bei höherer Kühlmitteltemperatur wird die Zusatzheizung abgeschaltet. Die Höhe der Abschalttemperatur hängt ab von der Saugrohrtemperatur, die das Steuergerät beim Starten des Motors gespeichert hat. Je kälter das Saugrohr war, umso höher ist die Abschalttemperatur, unabhängig von der Außentemperatur.

Prüfen

- **Spannung:** Mehrfachstecker am Relais abziehen.
- Meßspitze des Spannungsprüfers an der Sicherung (50 A) für Glühkerzen für Kühlmittel und am Minuspol der Batterie anschschließen.
- Sind 0 V am Meßgerät abzulesen, muß die Leitungsführung geprüft und instandgesetzt werden.
- Wird dagegen Batteriespannung angezeigt, Meßspitze an Kontakt »2« (schwarz/gelb) des Mehrfachsteckers und an Batterie Minus anschließen.
- Bei 0 V muß die Leitung geprüft bzw. instandgesetzt werden.
- Bei Batteriespannung Relais prüfen.
- **Relais:** Meßspitze an Kontakt »RV« (schwarz) des Relais anschließen.
- Kontakt »2« (schwarz/gelb) des Relais mit Kontakt »2« am Mehrfachstecker mit Hilfsleitung verbinden, siehe Fingerzeig.
- Kontakt »3« (schwarz/braun) mit Hilfsleitung mit Masse verbinden.
- Bei Meßwert 0 V Relais für Glühkerzen Kühlmittel ersetzen.
- Meßwert ca. Batteriespannung
- Meßspitze an Kontakt »GK« (schwarz) des Relais anschließen.
- Kontakt »1« (schwarz/blau) des Relais mit Hilfsleitung mit Masse verbinden, siehe Fingerzeig.
- Meßwert 0 V Relais für Glühkerzen Kühlmittel ersetzen.
- Meßwert ca. Batteriespannung, die Werkstatt muß die Glühkerzen prüfen.

Fingerzeig: Nach jeder Messung mit der Hilfsleitung diese, nach ablesen des gemessenen Wertes, sofort wieder trennen, damit das Relais keinen Überspannungsschaden abbekommt.

Die Blende der Heizungs/Lüftungs-Regulierung läßt sich abnehmen, nachdem sie seitlich mit einem schmalen Schraubendreher (Pfeil) abgehebelt wird.

Zum Ausbau der Heizungs/Lüftungs-Regulierung (1) Kreuzschlitzschrauben (Pfeile) lösen.

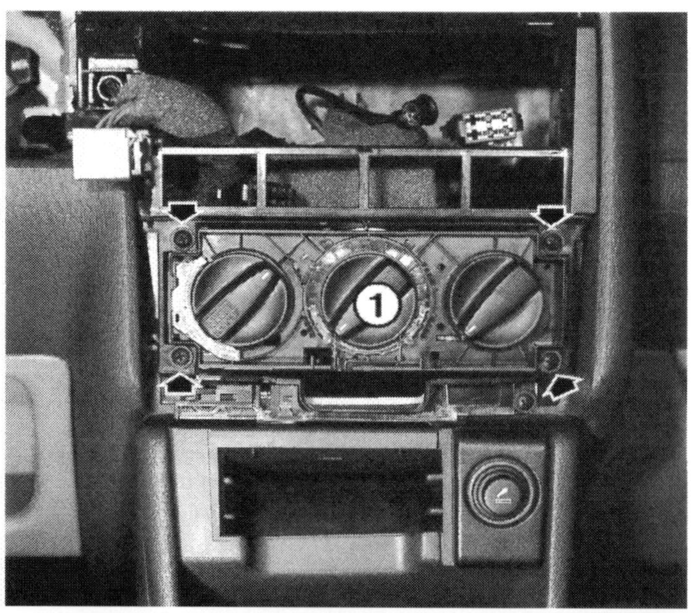

Alle Funktionen der Heizung/Lüftung im Passat lassen sich von den drei Drehreglern im Armaturenbrett aus steuern. Vier Drahtzüge verlaufen von dort aus zum sogenannten Luftverteilergehäuse. Darin sitzen die Luftklappen, die den Luftstrom in die richtige Richtung leiten.

Heizungs/ Lüftungs-Betätigung ausbauen

Die Betätigung der Heizung und Lüftung bildet mit dem Gebläseschalter ein nicht zerlegbares Bauteil.

- Blende des Kombi-Instruments abnehmen (Kapitel »Instrumente und Geräte«).
- Blende an den Drehreglern unten ein wenig herausziehen, dann ggf. unter Zuhilfenahme eines kleinen Schraubendrehers oben ausrasten.
- Blende vorsichtig abnehmen und zur Seite legen.
- Vier Kreuzschlitzschrauben an der Betätigung losdrehen.
- Drucktastenschalter bzw. Drehregler über der Betätigung ausbauen ausbauen (Kapitel »Instrumente und Geräte«).
- Radio bzw. Blende ausbauen (Kapitel »Instrumente und Geräte«).
- Lichtleiter der Ascherbeleuchtung abnehmen (Kapitel »Die Beleuchtung«).
- Mittelkonsole vorn ausbauen (Kapitel »Der Innenraum«).
- Unterhalb der Heizungs/Lüftungs-Betätigung zwei Kreuzschlitzschrauben lösen.
- Blende der Heizungs/Lüftungs-Betätigung abnehmen.
- Gesamte Betätigung mit den angeschlossenen Zügen aus dem Armaturenbrett herausnehmen.
- Ggf. Halteklammern der Betätigungszüge abhebeln und Züge abnehmen.
- Beim Einbau zuerst die Züge an der Heizungs/Lüftungs-Betätigung befestigen, dann komplettes Bauteil anschrauben.

Betätigungszüge auswechseln

Unser Passat hat vier Züge für die Heizungs/Lüftungs-Betätigung:

○ Am Gebläseschalter für Hauptabsperrklappe ist ein Zug mit schwarzer Hülle und einem weißen Farbband befestigt.

○ Am Drehregler für Temperaturklappe ist ein blauer Zug mit weißem Farbband befestigt.

○ Der Regler für Luftverteilung bewegt über den oberen Hebel den schwarzer Zug mit blauem Farbband, am unteren Hebel hängt ein Zug mit schwarzer Hülle. Der Aus- und Einbau ist bei allen Zügen gleich.

- Heizungs/Lüftungs-Betätigung ausbauen.
- Ablagefach rechts ausbauen (Kapitel »Der Innenraum«).
- Unten am Gebläsegehäuse Haltestopfen der Abdeckung abziehen.
- Kreuzschlitzschraube losdrehen und Abdeckung abnehmen.
- Halteklammer des betreffenden Zuges abdrücken, Zug aushängen.
- Am anderen Zugende am Luftverteilerkasten die Halteklammer abhebeln, Öse aushängen.
- Zum Befestigen des neuen Zuges dessen Öse am betreffenden Hebel an der Betätigung einhängen.
- Das mit Farbstrich gekennzeichnete Hüllenende am Anschlag an der Betätigung ansetzen und mit der Halteklammer befestigen.
- Heizungs/Lüftungs-Betätigung montieren.

Die Lüftungsdüsen (1) werden in Höhe des Verriegelungshebels (Pfeil) mit einem schmalen Schraubendreher (2) aus dem Armaturenbrett herausgehebelt.

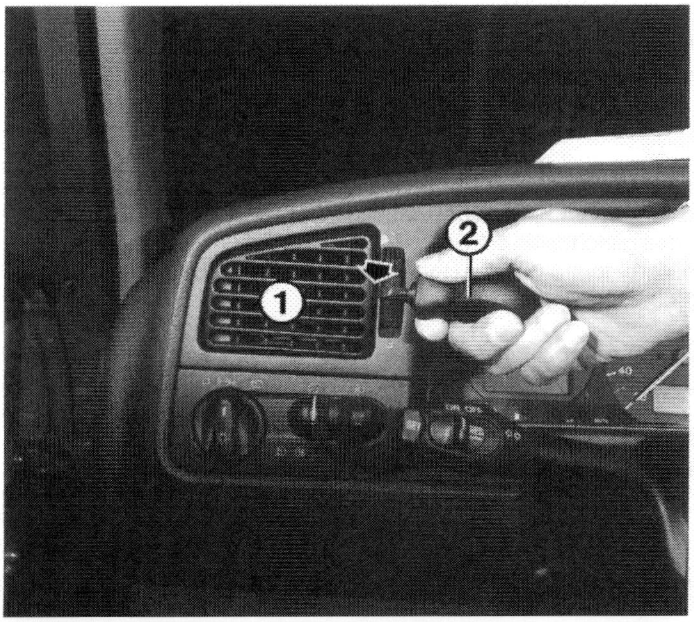

Bei Fahrzeugen mit der Heizregulierung Thermotronic bzw. mit Climatronic sitzt der Temperaturfühler (Pfeil) für Innenraum links vom Radio hinter einer Abdeckung (hier abgenommen).

Züge einstellen

● **Hauptabsperrklappe** bis Stellung »0« drehen.
● **Temperaturregler** nach links in Stellung »Kalt« drehen.
● **Luftverteilungs-Drehregler** ganz nach links in Stellung Windschutzscheibe (Zug für Klappe »Oben/Unten«) drehen.
● Zugöse in den Hebel der betreffenden Klappe einhängen.
● **Alle:** Hebel bis zum Anschlag drücken, in dieser Stellung die Zughülle anklemmen.
● Funktionskontrolle: Beim Drehen der Regler müssen alle Klappen hörbar am Anschlag anstoßen.

Luftdüsen ausbauen

● Gitter der Luftdüsen mit einer Spitzzange fassen und vorsichtig herausziehen.
● **Links und Mitte:** Blende des Kombi-Instruments abnehmen (Kapitel »Instrumente und Geräte«).
● **Alle:** Hinter jeder mittleren Lüftungsdüse jetzt eine Kreuzschlitzschraube herausdrehen.
● Lüftungsdüsen waagrecht ins Gehäuse einclipsen.

Störungsbeistand

Heizung

Die Störung	– ihre Ursache	– ihre Abhilfe
A Heizleistung ungenügend	1 Heizungszug gerissen oder Verzahnung des Heizungs-Drehknopfes defekt 2 Temperaturklappe öffnet nicht 3 Hauptluftklappe öffnet nicht 4 Kühlerthermostat schließt nicht völlig, aufgeheiztes Kühlmittel strömt zu früh in den Kühler	Kontrollieren bzw. auswechseln Klappen- und Hebelstellung kontrollieren Betätigungszug, Klappen- und Hebelstellung kontrollieren Thermostat säubern, ggf. austauschen
B Heizung läßt sich nicht abstellen	Siehe A 1	
C Heizung fällt plötzlich während der Fahrt aus	Wärmetauscher durch Kühlwasserverlust leergelaufen	Sofort anhalten, sonst besteht Gefahr für die Zylinderkopfdichtung! Undichtigkeit beheben und Kühlsystem auffüllen

Thermotronic

Bei dieser elektronischen Heizungsregelung kann eine Innenraumtemperatur zwischen 18°C und 28°C vorgewählt werden. Ein Temperaturfühler in der Blende links vom Radio sowie ein Außentemperaturfühler im Luftansaugkanal übermitteln die aktuellen Temperaturen in Form von Widerstandswerten an das Thermotronic-Steuergerät an der Heizungs/Lüftungs-Betätigung. Das Steuergerät vergleicht nun ständig die tatsächliche Innenraumtemperatur mit dem eingestellten Sollwert. Bei Abweichungen veranlaßt es den Stellmotor unten an der Temperatur-Regelklappe zur entsprechenden Drehbewegung für die Zumischung von mehr oder weniger Kaltluft.

Die Klimaanlage

Ähnlich wie zu Hause im Kühlschrank wird ein FCKW-freies gasförmiges Kältemittel durch einen Kompressor verdichtet. Letzterer wird von der Motor-Kurbelwelle über einen Keilrippenriemen angetrieben. Beim Verdichten verflüssigt sich das Kältemittel und gelangt in den Verdampfer unter dem Armaturenbrett. Der sieht aus wie ein Kühler. Darin verdampft das Kältemittel und kann hierdurch Wärme aufnehmen. Die durch den Verdampfer geführte Luft strömt abgekühlt in den Innenraum. Über einen Kondensator vor dem Wasserkühler im Motorraum gelangt das Kältemittel wieder zurück zum Kompressor. Zur verstärkten Kondensierung läuft der Kühlerventilator dauernd.
Wichtig für einwandfreie Funktion der Klimaanlage ist, daß sie auch in der kalten Jahreszeit immer wieder aktiviert werden muß. Andernfalls trocknen die Dichtungen im Kältemittelkreislauf aus; sie verhärten und werden undicht. Das hat zur Folge, daß das Kältemittel, das gleichzeitig als Schmiermittel dient, entweichen kann. Deshalb in der kalten Jahreszeit die Klimaanlage in Verbindung mit der Heizung benutzen, der Luft wird Feuchtigkeit entzogen, die beschlagenen Scheiben werden schneller frei.

Fingerzeige: Selbsthilfe ist an der Klimaanlage nicht möglich. Generell ist der direkte Umgang mit Kältemittel gefährlich. Die Berührung mit diesem Stoff verursacht schwere Erfrierungen auf ungeschützter Haut und im Augenbereich.
Auch von den VW-Werkstätten versteht sich nicht jede auf die Reparatur der Anlage. Deshalb bei Defekten einen Betrieb mit speziell geschulten Fachkräften erfragen und aufsuchen.

Mobiles Zimmer

Dieses Kapitel widmet sich den inneren Werten des Passat – also jenen Teilen der Karosserie, die zum Fahrzeug-Innenraum gehören.

Das Armaturenbrett

Ablage links ausbauen

- Nach 1/4-Drehung des Halteclips oben in der Mitte des Ablagefaches kann es aus der Abdeckung gezogen werden.
- Zum Ausbau der gesamten Abdeckung oben drei, links eine Kreuzschlitzschraube losdrehen.
- Abdeckung schräg nach unten herausziehen.
- Beim Einbau muß zuerst der Haltezapfen der Abdeckung im Armaturenbrett eingesteckt werden.

Ablagefach rechts ausbauen

- Oben drei Kreuzschlitzschrauben lösen, unten eine.
- Ablage schräg nach unten abnehmen.
- Beim Einbau muß erst der Haltezapfen im Armaturenbrett eingesteckt werden.

Blenden oben ausbauen

- **Instrumentenblende:** Lichtschalter ausbauen (Kapitel »Die Beleuchtung«).
- Blende links neben dem Radio mit einem kleinen Schraubendreher abhebeln.
- Luftdüsen ausbauen (Kapitel »Heizung und Lüftung«).
- Jeweils hinter den Luftdüsen eine Kreuzschlitzschraube lösen.
- Links und rechts der Lenksäule eine Kreuzschlitzschraube unten an der Blende herausdrehen.
- Blende des Kombi-Instruments abziehen.
- **Blende Mitte:** Kapitel »Heizung und Lüftung«.

Mittelkonsole

Mittelkonsole hinten ausbauen

- Abdeckung des Schalthebel bzw. des Wählhebels für Automatik abziehen.
- Ascher herausziehen und Steckverbindung der Ascherbeleuchtung trennen.
- Darunterliegende Kreuzschlitzschrauben losdrehen.
- Abdeckungen des Handbremshebels abziehen.
- Die Rastnasen vorn an der Verbindung herunterdrücken und in Fahrtrichtung nach hinten schieben, wodurch sie ausrastet.
- Mittelkonsole hinten abnehmen.

Mittelkonsole vorn ausbauen

- Mittelkonsole hinten ausbauen.
- Zwei Muttern an Mittelkonsole vorn losdrehen.
- Links und rechts im Fußraum eine Kreuzschlitzschraube lösen.
- Mittelkonsole vorn in Fahrtrichtung nach hinten herausziehen.
- Kontaktstecker des Anzünders trennen.

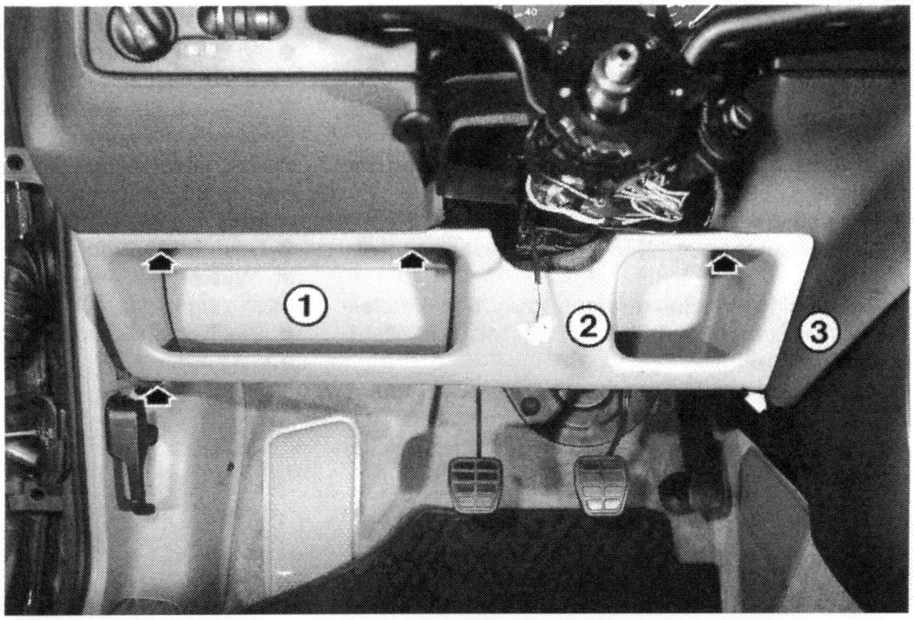

Zum Ausbau der Ablage links (2) Abdeckung für Zentralelektrik (1) herausnehmen. Anschließend Kreuzschlitzschrauben lösen (schwarze Pfeile) und Ablage aus Mittelkonsole vorn (3) herausnehmen (weißer Pfeil; Haltezapfen eingesteckt).

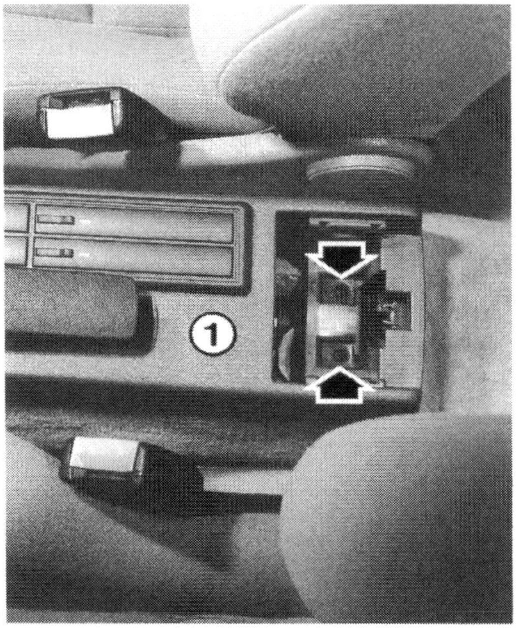

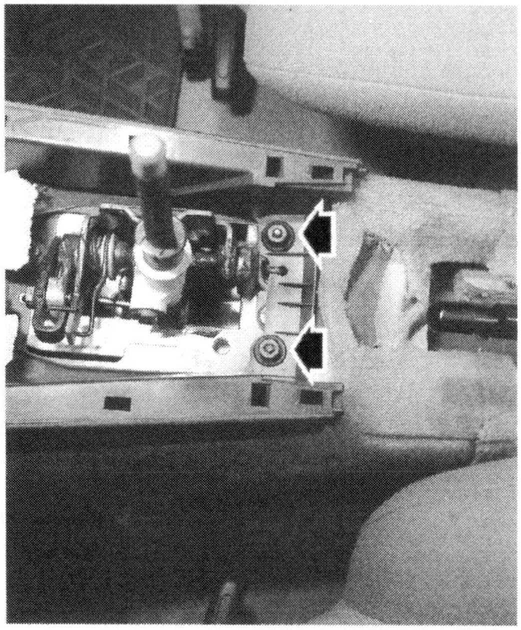

Links: Unter dem hinteren Ascher (hier abgenommen) befinden sich die Kreuzschlitzschrauben (Pfeile), die zur Abnahme der Mittelkonsole hinten (1) gelöst werden müssen.
Rechts: Nach Ausbau der Mittelkonsole hinten und Abnahme der Schalthebel-Abdeckung können die beiden Haltemuttern (Pfeile) der Mittelkonsole vorn gelöst werden.

Die Sitze

Vordersitz ausbauen

● Blende an der Sitzschienenführung (zum Mitteltunnel hin) nach oben hinten abziehen.
● An der außenliegenden Sitzschiene hinten die Abdeckung abnehmen.
● Am Haltebock vorn in Sitzmitte die Sicherungsklammer zusammendrücken und herausziehen.
● Bei Sitzheizung und elektrischer Sitzhöhenverstellung Steckverbindung trennen.
● Sitz nach hinten schieben und herausnehmen (Teppichboden nicht verschmieren).
● Vor dem Wiedereinbau kontrollieren, ob die sogenannten Gleitstücke außen auf den Sitzstützen sowie vorn in der Mitte unbeschädigt sind. Andernfalls wackelt der Sitz.

Rücksitz ausbauen

● **Sitzbank:** Schlaufe hinten zum Entriegeln der Sitzbank ziehen und Bank nach vorn klappen.
● Innensechskantschrauben vorn am Sitzbankscharnier losdrehen, Bank herausnehmen.
● **Rücksitzlehne:** Lehnen nach vorn klappen.
● Am inneren Drehpunkt der Lehnen mit flachem Schraubendreher die Bolzensicherung abdrücken.
● Rechts und links am Außenscharnier von oben her je eine Innensechskantschraube losdrehen.
● Lehne mit Außenscharnier schräg nach unten drücken und aus dem inneren Drehpunkt herausnehmen.

Kopfstützen ausbauen

● **Vordersitze:** Drucktaste an der Abdeckrosette nach innen drücken und Kopfstütze abnehmen.
● **Rücksitz:** Lehne etwas nach vorn klappen.
● Drucktaste an der Abdeckrosette eindrücken.
● **Alle:** Kopfstütze nach oben herausziehen.
● Zum Wiedereinbau Kopfstütze in die Bohrungen einschieben.

Verkleidungen ausbauen

Türverkleidung ausbauen

● **Verkleidung vorn:** Dreieckige Abdeckung der Außenspiegel-Befestigung abziehen.
● Verriegelungsknopf abschrauben.
● Abdeckung der manuellen Fensterkurbel abziehen und zur Seite schwenken.
● Darunter sitzende Kreuzschlitzschraube lösen und zusammen mit der Zahnscheibe abnehmen.
● Fensterkurbel abnehmen.
● Bei manueller Spiegelverstellung, Verstellknopf abziehen.
● Bei elektrischer Spiegelverstellung, den Verstellhebel mit Schraubendreher abdrücken und Mehrfachstecker trennen.
● Abdeckung am Zuziehgriff mit einem Schraubendreher vorsichtig abhebeln.
● Mit elektrischen Fensterhebern Mehrfachstecker trennen.
● Beide Schrauben im Zuziehgriff herausdrehen.
● An der vorderen und hinteren Türkante jeweils drei Kreuzschlitzschrauben an der Türverkleidung lösen.
● Verkleidung oben aus der Fensterschachtabdichtung und unten aus den Klammern herausziehen.
● Die unten sowie die Lautsprecherabdeckung können von der Rückseite der Verkleidung abgeschraubt werden.
● Beim **Einbau** der Fensterkurbel beachten, daß sie im Winkel von 45+-12° in Fahrtrichtung nach vorn oben zeigen soll.
● Die **Türverkleidung hinten** wird sinngemäß gleich ausgebaut.

Links: Zum Abnehmen der Sicherungsfeder (2) am Vordersitz Sicherungsklammer (1) zusammendrücken und in Pfeilrichtung schieben.
Rechts: Zum Ausbau der Sicherungsklammer (1) am Bolzen des mittleren Drehpunkts der Rücksitzlehne den Sicherungsstift (2) mit einem Schraubendreher (3) nach außen drücken und gleichzeitig Klammer vom Bolzen abdrücken.

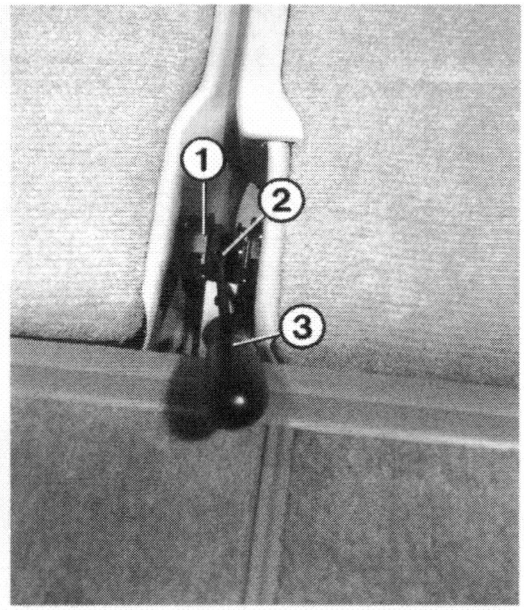

Links: Zum Ausbau der Rücksitzlehne muß die Innensechskantschraube (Pfeil) gelöst werden.
Rechts: Hat das Lehnenschloß (nur Limousine) der Rücksitzlehne (2) einen Defekt, muß es ausgebaut werden, dazu die Kreuzschlitzschrauben (Pfeile) lösen und Abdeckung (1) abnehmen.

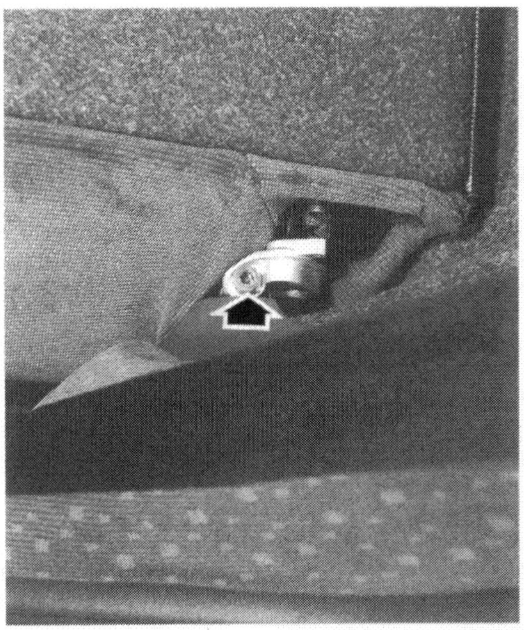

Links: Nach Abnahme der Abdeckung die Innensechskantschraube (Pfeil) herausdrehen und Schloß abnehmen.
Rechts: Nach Abnahme der Lehnenschloß-Abdeckung und des Sitzbezugs können die Kreuzschlitzschrauben (2) des Schließzylinders (1) gelöst werden.

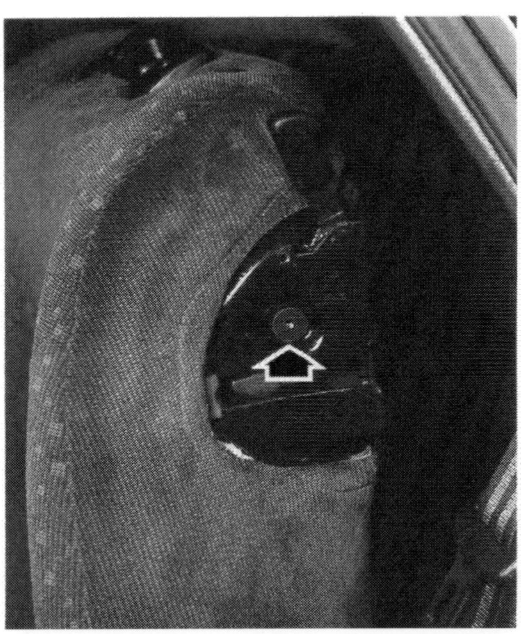

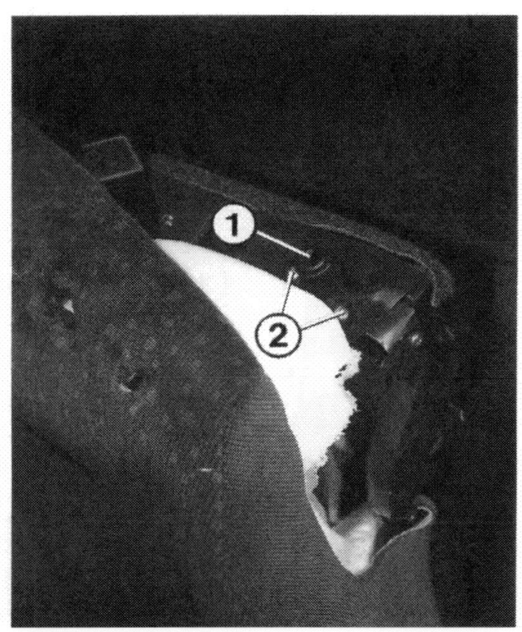

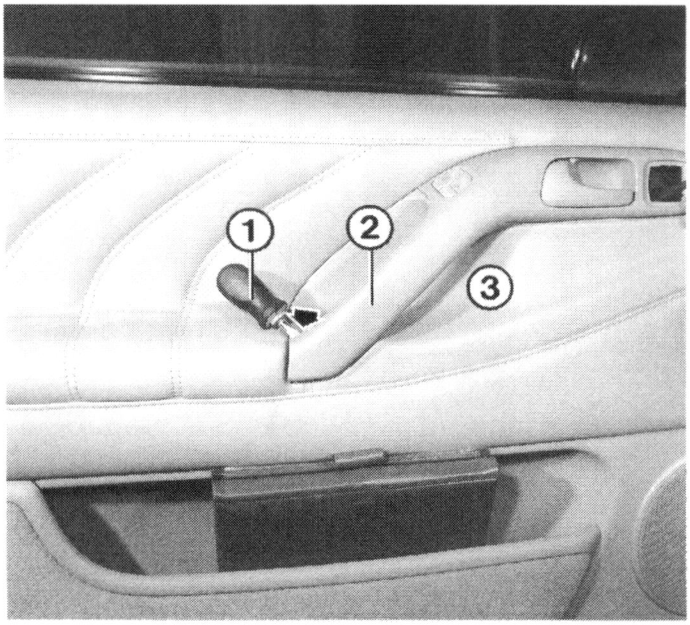

Die Blende (2) des Türzuziehgriffes muß zum Abnehmen der Türverkleidung (3) mit einem Schraubendreher (1) abgehebelt (Pfeil) werden.

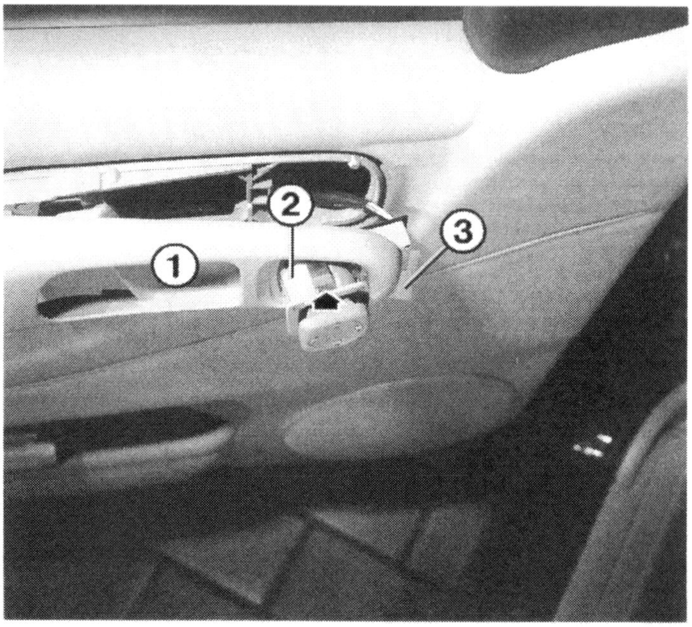

Soll der Türzuziehgriff (1) wegen einer Beschädigung ausgewechselt werden, muß zusätzlich bei Fahrzeugen mit elektrischer Spiegelverstellung der Schalter (2) ausgebaut werden. Kontaktstecker (3) abziehen, Halteklammer (Pfeil) niederdrücken und Schalter aus dem Zuziehgriff herausnehmen.

Dämmfolie ausbauen

Die Folie hinter der Türverkleidung dämpft Geräusche und verhindert Zugluft und Wassereintritt. Sie darf nicht beschädigt sein, sonst ist die Schutzwirkung dahin.

- Türverkleidung ausbauen.
- Haltenase der Türinnenbetätigung entriegeln. Das geht durch Herausziehen mit einem flachen Schraubendreher und gleichzeitiges Verschieben der Türinnenbetätigung in Fahrtrichtung nach vorn.
- Bei manueller Spiegelverstellung Kreuzschlitzschraube lösen.
- Spiegelverstellung in Fahrtrichtung nach vorn verschieben und aushängen.
- Bei Lautsprecher in der Tür Kreuzschlitzschrauben der Halterung lösen und Lautsprecher abnehmen.
- An den Türverkleidungs-Haltewinkel den Spreizdorn mit einem Durchschläger durchdrücken.
- Die Schaumstoffolie ist an der gesamten außenliegenden Anlagefläche und im Bereich der Fensterkurbelachse festgeklebt.
- Die verwendete Schaumstoffolie reißt teilweise sehr leicht ein, entsprechend vorsichtig müssen Sie beim Ausbau zu Werke gehen.
- Beim Einbau kleine Rißstellen in der Folie mit doppelseitigem Klebeband hinterkleben.
- Zeigen sich jedoch längere Risse, sollte sie ersetzt werden.
- Dann die alten Klebestellen an der Tür z. B. mit Verdünnung sauberreiben.

Seitenverkleidung ausbauen

- Tür öffnen und Sitzbank ausbauen.
- Sitzlehne nach vorn klappen.
- Türdichtung ausbauen.
- Schließbolzen der Lehne losdrehen und abnehmen.
- In den Zeichnungen sehen Sie, wo die Befestigungsschrauben und die Halteklammern sitzen.
- Beim Aufklopfen der Türdichtung darauf achten, daß die Dichtungsabdeckung richtig über der Verkleidung sitzt.

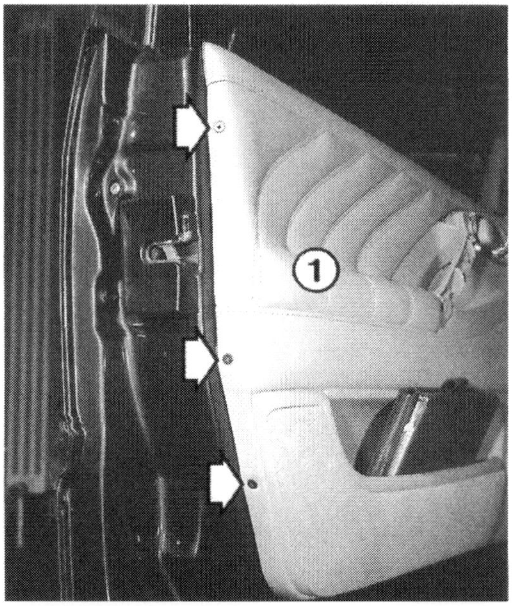

Links: Die Türverkleidung (1) ist vorn und hinten an der Türkante mit Kreuzschlitzschrauben (Pfeile) befestigt, die gelöst werden müssen.
Rechts: Nach Abnahme des Türzuziehgriffes die darunterliegenden Kreuzschlitzschrauben (Pfeile) der Türverkleidung lösen.

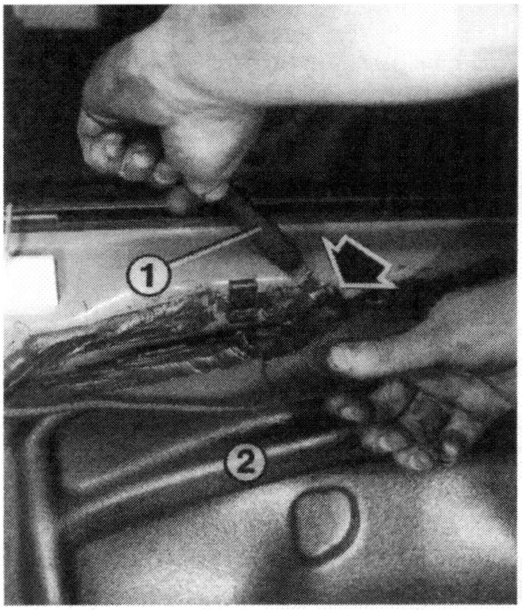

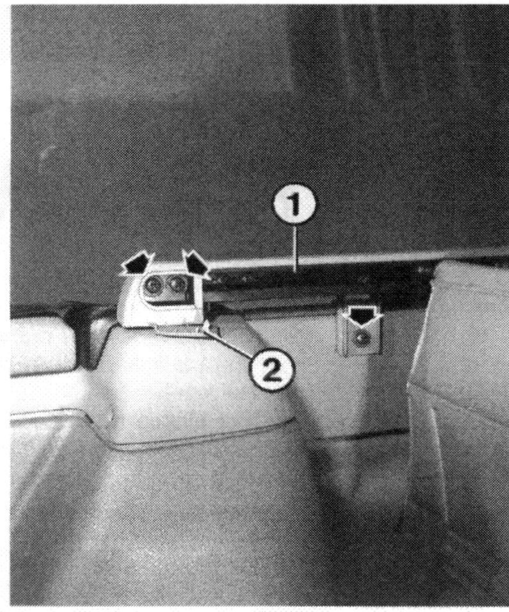

Links: Zum Abnehmen der Dämmfolie (2) das Klebemittel mit einem Messer (1) durchtrennen (Pfeil).
Rechts: Die Führungsschiene (1) der Laderaumabdeckung ist hinter der Rücksitzlehne an der Seitenverkleidung befestigt. Zum Lösen die Abdeckkappe (2) abhebeln und Kreuzschlitzschrauben (Pfeile) lösen.

Heckklappenverkleidung ausbauen
Variant

- Heckklappe öffnen.
- Am Zuziehgriff Abdeckung über der Kreuzschlitzschraube abhebeln.
- Kreuzschlitzschraube lösen.
- An der Seitenkante der Verkleidung die umlaufenden Spreizclips mit Schraubendreher abhebeln und herausziehen.
- An den außenkanten die Abdeckung über der Kreuzschlitzschraube abhebeln und Schraube lösen.
- Verkleidung abnehmen.

Bodenbelag

- Sitze und Mittelkonsole ausbauen.
- Einstiegleisten an den Türen ausbauen.
- Der Bodenteppich ist mit mehreren Stopfen befestigt.

Kofferraumverkleidung

- **Bodenbelag:** Sitzbank nach vorn klappen und Lehnen ausbauen.
- Kunststoffpfropfen unterhalb des Lehnendrehpunktes herausdrehen.
- Kofferraumboden nach hinten aus dem Kofferraum herausnehmen.
- **Heckblechverkleidung:** Kofferraum- bzw. Heckklappe öffnen.
- Limousine: In der Mitte eine Mutter und an den Außenseiten die Stopfen lösen.
- Verkleidung nach oben aus den Halteklammern herausziehen.
- Variant: Beide Kofferraumabdeckungen lösen und herausnehmen.
- Die Abdeckleiste links und rechts ausclipsen und in den Laderaum hineinschwenken.
- Abdeckleiste nach oben herausziehen.

Laderaumabdeckung ausbauen
Variant

- Sicherungslaschen der Führungsschienen für Laderaumabdeckung nach unten drücken,
- Laderaumabdeckung aus den Führungsschienen herausziehen.
- Abdeckung am Federbeindom abhebeln.
- Kreuzschlitzschrauben lösen, Führungsschienen abnehmen.
- Beim Einbau der Laderaumabdeckung darauf achten, daß die Bezeichnung »oben« für die Befestigung an den Sitzlehnen lesbar ist.

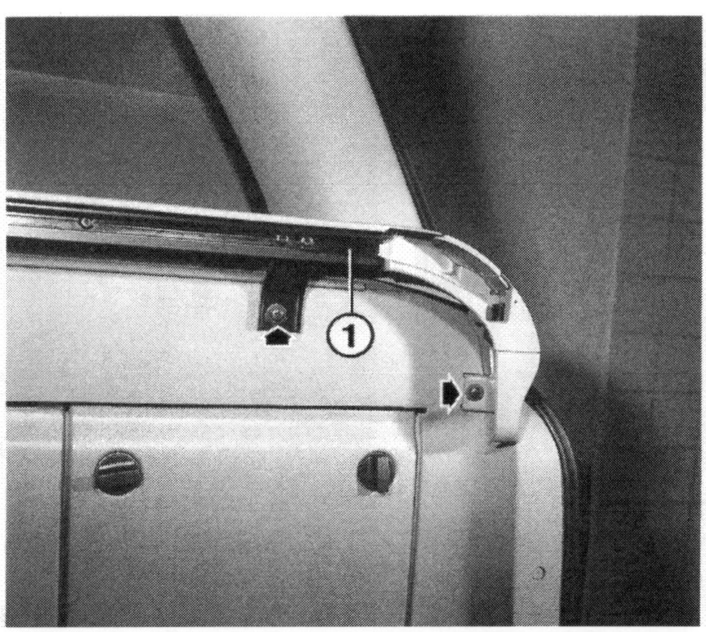

Auf der Heckklappenseite müssen die in der Abbildung gezeigten Kreuzschlitzschrauben (Pfeile) der Führungsschiene (1) gelöst werden.

Feine Verkleidung

Die Karosserie ist weit mehr als ein »Dach über dem Kopf« für die Insassen. Sie soll geringes Gewicht, Verwindungssteifigkeit, hohe Formfestigkeit der Fahrgastzelle und energievernichtende »Knautschzonen« an Bug und Heck aufweisen.
Darüber hinaus muß die Karosserie eine ansprechende Formgebung besitzen, die natürlich eine gewisse Markenzugehörigkeit nicht verleugnen darf.

Demontierbare Teile

Mit einiger Geschicklichkeit kann man die Stoßfänger, die Frontblende und die vorderen Kotflügel alleine ausbauen. Wollen Sie aber die Motorhaube, hintere Klappe oder Türen demontieren, brauchen Sie unbedingteinen Helfer, der diese großen und schweren Teile hält, während Sie schrauben. Andernfalls ist schnell irgendwo der Lack zerkratzt.

Fingerzeig: Den Wiedereinbau der bisherigen Motorhaube oder Kofferraum- bzw. Heckklappe kann man sich erleichtern, wenn die Lage der Scharniere vor der Demontage angezeichnet wird. Das geschieht am besten mit einem wasserfesten Filzstift.

Die Motorhaube

Haube ausbauen

- An den hinteren Ecken der Haube Lappen auflegen, daß die evtl. abrutschende Haube nicht auf Blech oder Lack aufsitzt.
- Schlauch zur Scheibenwaschanlage und ggf. Kabel zu den beheizten Wascherdüsen abziehen.
- Rechts und links zuerst je eine der zwei Scharnierhalteschrauben losdrehen.
- Jeweils zweite Schraube nur lockern.
- Mit einem Helfer die Haube halten, Schrauben vollends herausdrehen und Haube abnehmen.

Motorhaube einstellen

Bei geschlossener Motorhaube muß der Abstand zu beiden Kotflügeln und zum Windlauf unterhalb der Windschutzscheibe rundum annähernd gleich sein. In der Höhe soll die Haube den Kotflügeln entsprechen.

- Zur Einstellung in Längsrichtung werden die Schrauben zwischen Scharnier und Haube gelöst.
- Haubendeckel verschieben. Damit hierbei kein Lack verkratzt wird, evtl. an den Ecken zum Windlauf Lappen unterlegen.
- In Seitenrichtung läßt sich der Sitz der Haube allenfalls durch vorsichtiges Biegen der Scharniere korrigieren.
- Hilft das nicht, muß der Sitz der Kotflügel korrigiert werden.
- Zur Einstellung der Höhe Gummipuffer vorn am Querträger so weit hinein- bzw. herausdrehen, bis die Haube in geschlossenem Zustand in gleicher Höhe mit den Kotflügeln steht.

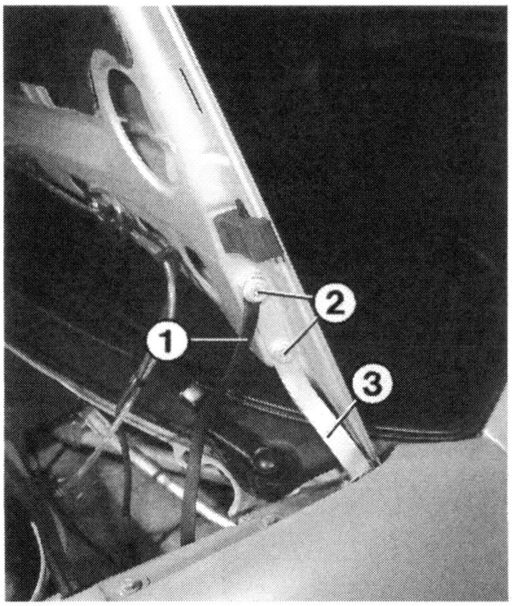

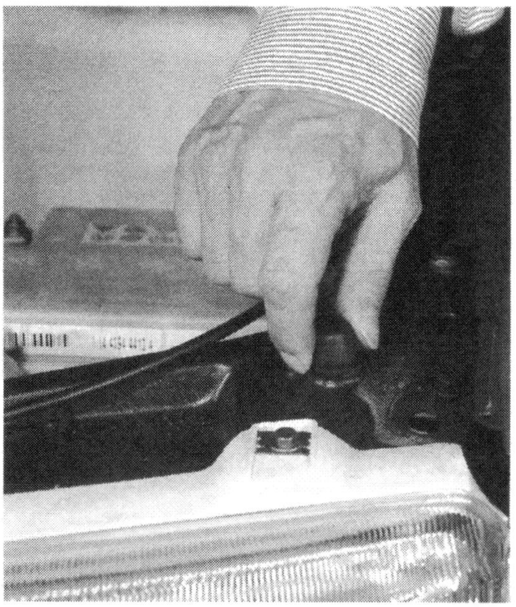

Links: Das Motorhaubenscharnier (3) mit den beiden Halteschrauben (2) und das Masseband (1) für die Radioentstörung. Dieses Band ist an der Karosserie und am Scharnier mit einer Sechskantschraube befestigt.
Rechts: Einer der Gummipuffer, mit denen die Motorhaube zu den Kotflügeln in der Höhe ausgerichtet wird. Der Puffer läßt sich heraus- und hineindrehen.

Links: Der Haubenzug ist an der A-Säule mit zwei Kreuzschlitzschrauben (Pfeile) angeschraubt. Zum Ausbau werden diese gelöst.
Rechts: Der Zug (3) ist an der mit »2« bezeichneten Stelle in den Entriegelungshebel eingeclipst. Mit »1« ist das kugelförmige Zugende beziffert.

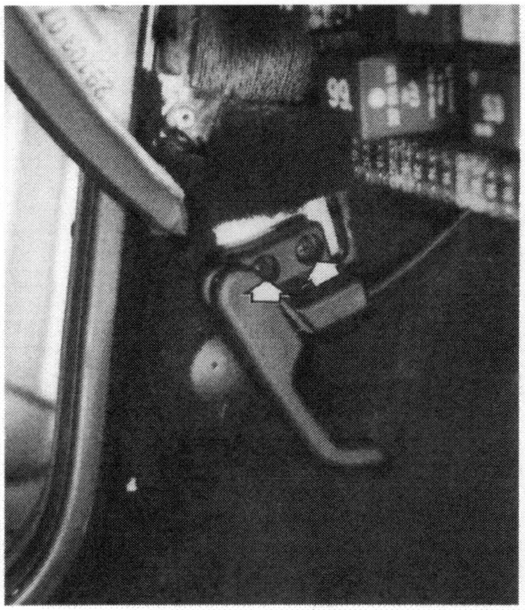

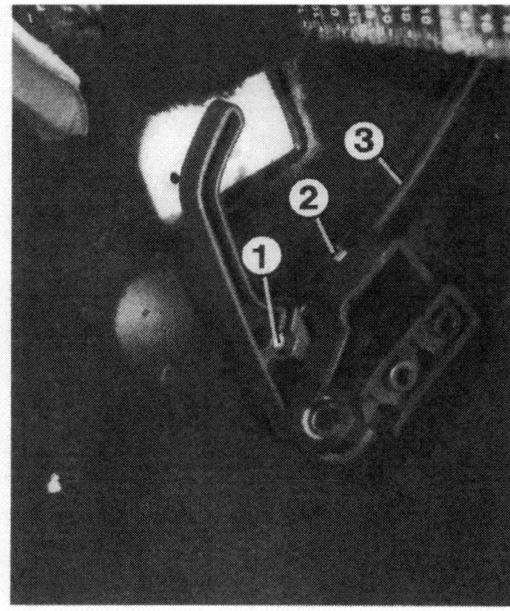

Haubenzug auswechseln

- Entriegelungsgriff im Fahrerfußraum losschrauben, kugelförmiges Ende des Seilzugs aushängen.
- Beide Schrauben am Haubenschloß vorn losdrehen, Zugende aushängen.
- Haubenzug aus seinen Haltern aushängen.
- Zug zum Motorraum hin herausziehen, dazu wird um das kugelförmige Ende eine Schnur von 1 m länge angebunden.
- Beim **Einbau** wird der Zug mit der durchgezogenen Schnur vom Motorraum in den Innenraum gezogen.
- Kontrollieren Sie den richtigen Sitz der Gummitülle, damit kein Wasser in den Innenraum eindringen kann.
- Der Zug kann nicht eingestellt werden.
- Beim Einbau des Haubenschlosses die Halteschrauben vom alten Sicherungsmittel reinigen und mit neuem Sicherungsmittel eindrehen.

Die Wagenfront

Kühlergrill ausbauen

- Motorhaube öffnen.
- Obere und untere Rastnasen mit schmalem Schraubendreher entriegeln.
- Kühlergrill vom Schloßträger abnehmen.
- Beim **Einbau** muß die Führungsnase (im unteren Bereich des VW-Zeichens) in den lackierten Blendrahmen eingreifen.
- Das VW-Zeichen kann nach Zurückdrücken der Haltenasen abgenommen werden.

Blendrahmen ausbauen

- Motorhaube öffnen.
- Kühlergrill ausbauen.
- Blende neben dem Hauptscheinwerfer mit schmalem Schraubendreher vom Kotflügel her abdrücken.
- Zum Schutz des Kotflügel zwischen Schraubendreher und Kotflügel einen Lappen zwischenlegen.
- Links und rechts TORX-Schraube (T 25) Kotflügel/Blendrahmen lösen.
- Blendrahmen von der Wagenfront abnehmen.

Links: Wenn Sie das Haubenschloß (2) ausbauen wollen, müssen Sie die Halteschrauben (1) und die Sechskantschraube (3) der Strebe (4) am Querträger losdrehen.
Rechts: Das Haubenschloß (1) mit dem Entriegelungshebel (3) und dem Widerlager (2). Der Pfeil zeigt auf das kugelförmige Ende des Haubenzuges.

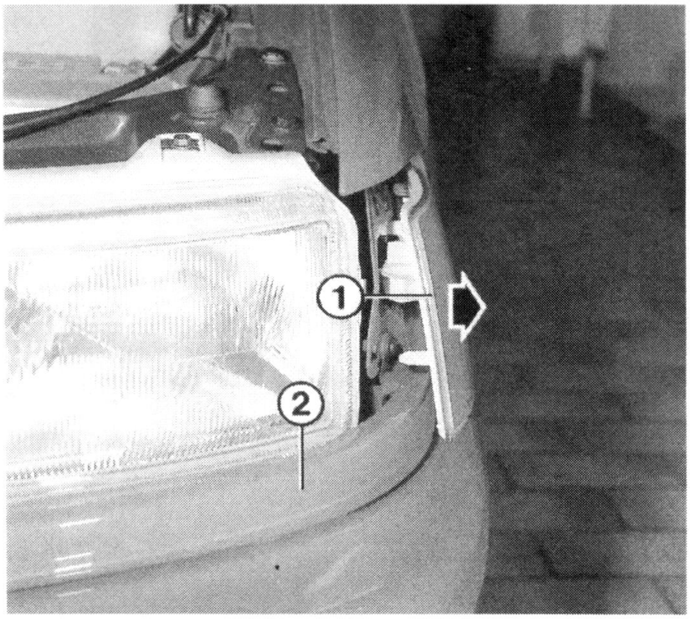

Zum Ausbau des Blendrahmens (2) für Kühlergrill die Blende (1) mit Schraubendreher in Pfeilrichtung abdrücken.

Der Blendrahmen (1) ist mit einer TORX-Schraube (Pfeil) an der Kotflügelspitze (2) befestigt.

Frontspoiler ausbauen

Dieses Kunststoffteil muß beim Passat immer montiert sein, sonst ist der Auftrieb an der Vorderachse bei höheren Geschwindigkeiten zu hoch, der Wagen wird instabil.

- Kunststoff-Haltezungen der einen Spoilerhälfte unten an der Stoßfängerblende vorsichtig ausrasten.
- Andere Spoilerhälfte auf die gleiche Weise abnehmen.

Lufteinlaßgitter ausbauen

Unten in der vorderen Stoßfängerblende ist das Lufteinlaßgitter befestigt. Mit etwas »Bodenakrobatik« kommen Sie an die erwähnten Befestigungsteile.

- An der Oberseite des Gitters rechts und links je eine TORX-Schraube (T 25) herausdrehen.
- Haltenasen am Lufteinlaß mit einem Schraubendreher herunterdrücken und ausrasten.
- Hinter das Gitter durchgreifen und die Haltenase oben in der Mitte herunterdrücken und ausrasten.
- Lufteinlaßgitter herausschwenken und bei Fahrzeugen mit Außentemperaturanzeige Kontaktstecker trennen.

Wagenfront komplett ausbauen

Legen Sie sich einen Teppich o. ä. bereit, worauf die ausgebaute Wagenfront abgelegt werden kann, ohne daß sie beschädigt wird.

- Motorhaube öffnen.
- Blendrahmen und Stoßfänger ausbauen.
- Stecker an Kühlerventilator und Thermoschalter abziehen.
- Steckverbindung der Hauptscheinwerfer abziehen.
- Haubenschloß lösen und Zug aushängen.
- Kühlmittel in ein sauberes Gefäß mit mindestens 5 Liter Inhalt ablassen (Kapitel »Das Kühlsystem«).
- Schläuche oben und unten am Kühler abnehmen.
- Halteschelle am Vorratsbehälter für Servolenkung lösen.

Rastnasen (Pfeile) des Kühlergrills (1) entriegeln und abnehmen.

Zur Abnahme des Kotflügels (1) Stoßfängerführung (2) aushängen und an der Vorderseite die TORX-Schraube (3) lösen. Anschließend die Sechskantschrauben (Pfeile) lösen.

Links: Zum Abnehmen der Wagenfront (1) die Sechskantschrauben (Pfeile) lösen.
Rechts: Nach Abnahme der Abdeckkappe sind die Halteschrauben (Pfeile) des Stoßfängers erreichbar.

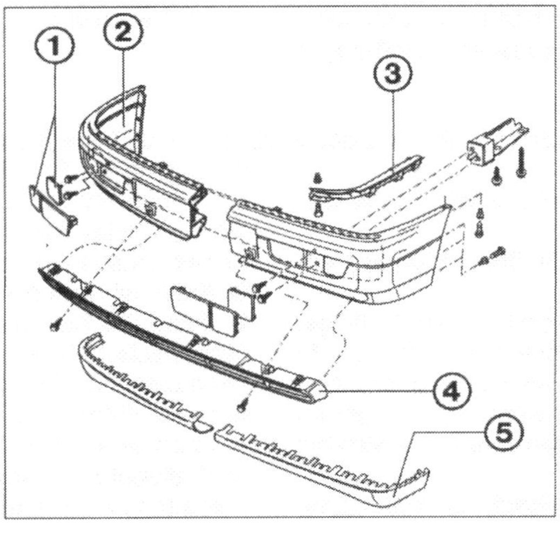

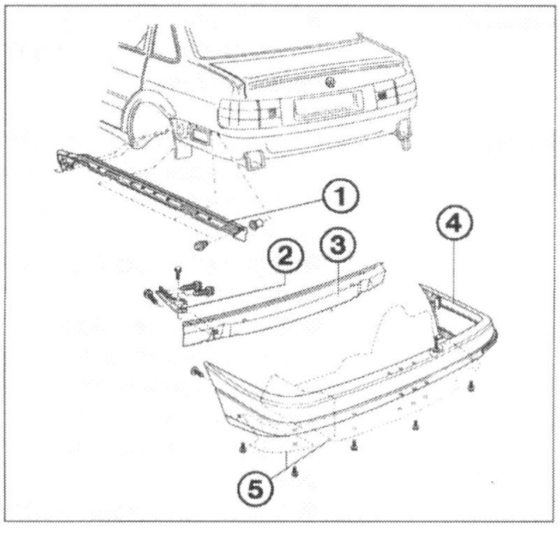

Links: Die Einzelteile des vorderen Stoßfängers:
1 – Blenden;
2 – Stoßfänger;
3 – Führungsteil;
4 – Lüftungsgitter;
5 – Spoiler.
Rechts: Der hintere Stoßfänger mit seinen Teilen:
1 – Führungsteil;
2 – Halter für Träger (3);
4 – Stoßfänger.

● Bei Fahrzeugen mit Klimaanlage Kältemittelleitung lösen, der **Kältemittelkreislauf darf nicht geöffnet werden**, siehe Heizungs-Kapitel.
● Oben an der Verbindung Schloßträger/Kotflügel jeweils zwei Halteschrauben lösen.
● Unterhalb der Scheinwerfer zwei Sechskantschrauben lösen. Nicht mit den Halteschrauben des Scheinwerfers verwechseln.
● Gemeinsam mit einem Helfer die Wagenfront herausnehmen.

Untere Motorraum-Abdeckung ausbauen

● Wagen vorn aufbocken.
● Rechts und links sowie hinten je eine Sechskantschraube losdrehen.
● Nach vorn hin rundum fünf weitere Sechskantschrauben lösen.
● Abdeckung hinten absenken und vorn aus den Halteösen herausziehen.
● Beim Einbau kontrollieren, ob die Gummizwischenlagen vorn in den Halteösen eingesetzt sind.

Die Stoßfänger

Ausbau vorn

● Wagen vorn aufbocken.
● An der Verbindung Stoßfänger/Radhausschale drei TORX-Schrauben (T 25) lösen.
● Eine TORX-Schraube (T 25) an der Verbindung Stoßfänger/Kotflügel lösen.
● Blende neben dem Blinker ausbauen (Kapitel »Die Beleuchtung«).
● Die beiden Sechskantschrauben an der Verbindung Stoßfänger/Stoßfängerhalter lösen.
● Stoßfänger – möglichst mit einem Helfer – waagrecht herausziehen.
● Steckverbindungen an Blinker und ggf. an Nebelscheinwerfern trennen.
● **Einbau:** Stoßfänger mit einem Helfer ansetzen, damit der Lack nicht zerkratzt wird.
● Seitenteile der Stoßfängerabdeckung in die Führungsstücke einsetzen, Stoßfänger ganz waagrecht einschieben.
● Stoßfänger an Halter mit 20 Nm befestigen.

Ausbau hinten

● Kofferraum- bzw. Heckklappe öffnen.
● Kofferraummatte zurückschlagen bzw. beim Variant zusätzlich Abdeckungen im Laderaum ausbauen.
● Am Längsträger jeweils zwei Sechskantschrauben (SW 16) lösen.
● An den Stoßfängerecken links und rechts eine TORX-Schraube (T 20) lösen.
● An der Unterkante des Stoßfängers sechs Halteschrauben lösen.
● Stoßfänger – möglichst mit einem Helfer – waagrecht herausziehen.
● Der Einbau erfolgt in umgekehrter Reihenfolge.
● Stoßfängerhalter an Längsträger mit 80 Nm festschrauben.

Fingerzeig: Lackierten Stoßfänger zum Schutz der Lackierung auf einer weichen Unterlage, z. B. einen Teppich, ablegen.

Die Kotflügel

Lediglich die vorderen Kotflügel lassen sich abschrauben. Die hinteren Seitenteile bilden dagegen eine verschweißte Einheit mit der restlichen Karosserie.

Radhausschale ausbauen

● Betreffendes Vorderrad abnehmen.
● Vorn am Radausschnitt TORX-Halteschrauben (T 25) an der Verbindung Radhausschale/Stoßfänger herausdrehen.
● Innen im Radkasten sieben TORX-Halteschrauben (T 25) herausdrehen, Radhausschale abnehmen.

Kotflügel ausbauen

Ein Vorderkotflügel läßt sich nicht ohne Ausbau des Stoßfängers und des Blendrahmens demontieren.
● Radhausschale abnehmen.
● Seitenblinker ausbauen, siehe Kapitel »Die Beleuchtung«.
● Ggf. TORX-Schrauben der Stoßfängerführung am Kotflügel lösen.
● Bei geöffneter Motorhaube rund um den Kotflügel zehn Sechskant-Blechschrauben herausdrehen: In der Motorhauben-Ablagekante sechs (die Schrauben des Scharniers werden nicht gelöst), vorn unten an der Stoßfängerwange zwei, innen zum Türpfosten hin zwei.
● Der Unterbodenschutz im Radhaus bildet eine durchgehende Schicht. Innen im Kotflügel an der Türsäule das PVC-Material mit einem Heißluftfön erwärmen oder mit einem scharfen Messer durchtrennen, siehe Fingerzeig.
● Kotflügel nach oben abziehen.
● Zwischen Karosserie und Kotflügel sitzen an der Motorhauben-Anlagekante und zur Tür hin Zinkplättchen unter den Schrauben.
● Diese Plättchen dienen dem Korrosionsschutz und müssen beim Einbau ersetzt werden.
● Kotflügel so ausrichten, daß der Abstand zur angrenzenden Tür und Motorhaube 5 w1 mm beträgt.

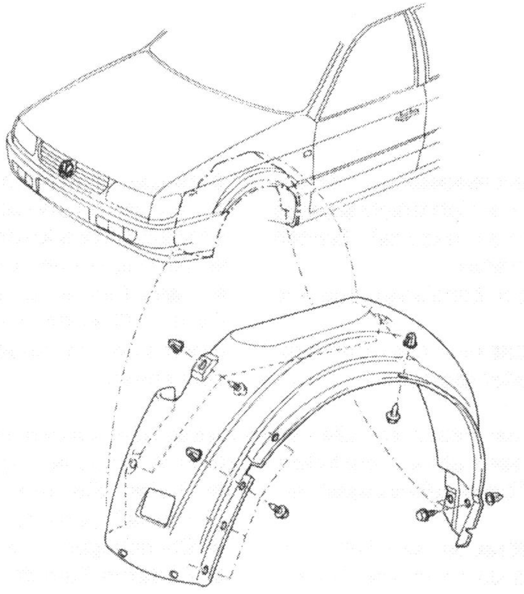

<u>Links:</u> In dieser Zeichnung sehen Sie, an welchen Punkten die Radhausschale am Kotflügel und an der Karosserie befestigt ist.
<u>Rechts:</u> Die Pfeile zeigen auf die Kotflügel-Halteschrauben an der A-Säule, die zuerst vom Unterbodenschutz freigelegt werden müssen.

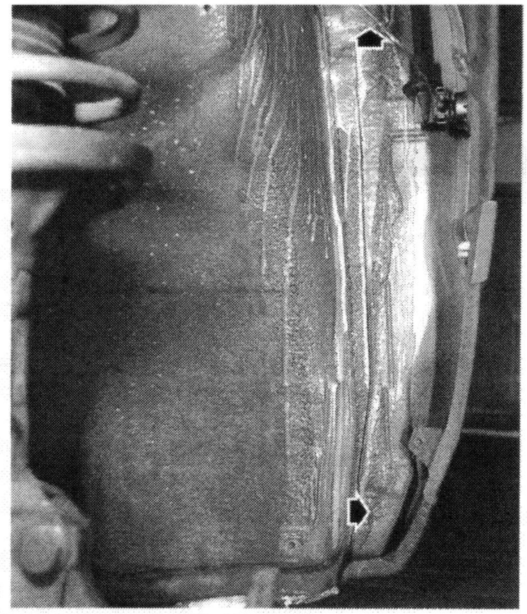

● Achten Sie beim Anschrauben des Kotflügels darauf, daß der Wasserablaufschlauch vom Schiebedach nicht eingeklemmt wird.

● Nach dem Anbau des Kotflügels in die Fugen Konservierungswachs einsprühen.

<u>Fingerzeig:</u> Das PVC-Material darf nur kurzzeitig erwärmt werden. Es darf sich farblich nicht verändern und keine Blasen bilden. Ansonsten in diesem Bereich das PVC-Material großflächig entfernen und neues auftragen.

Schutzleisten und Zierteile

● Die Seitenleisten werden von Clips im Blech gehalten.
● Zum Ausbau die Leiste vorsichtig abziehen. Dabei reißen die Clips bisweilen ab. Sie müssen dann beim Einbau ersetzt werden.
● Kontrollieren Sie vor dem Einbau, ob die Tüllen für die Clips im Karosserieblech nicht beschädigt sind, sonst gemeinsam mit dem Clip ersetzen.
● Blende etwas nach unten drücken und aus den unteren Haltern abnehmen.
● Beschädigte Halter ersetzen.
● Dazu Blech im zu beklebenden Bereich mit Verdünnung sauberreiben.
● Neuen Halter unten in den entsprechenden Schlitz der Blende einsetzen, Blende oben einclipsen.
● Schutzfolie von der Klebefläche des Halters abziehen, Schutzblende unten andrücken.

Typbezeichnung abnehmen

● Die Modell-Bezeichnung des Passat ist geklebt.
● Zum Abnehmen dünnen stabilen Zwirn in Geschirrspülmittel tauchen und damit die Klebeschicht zwischen Typenschild und Lack »durchsägen«.
● Noch leichter geht die Arbeit, wenn das Typenschild mit einem Fön erwärmt ist.
● Neues Typenschild auf 40–50°C erwärmen und Klebeseite kurz anpressen.

Die Dachleiste (3) bei der Limousine: 1 – Einfaßrahmen mit Schlauchprofil Frontscheibe; 2 – Dachrahmen; 4 – T-Bolzen; 5 – Halteclip; 6 – Dachrahmenflansch.

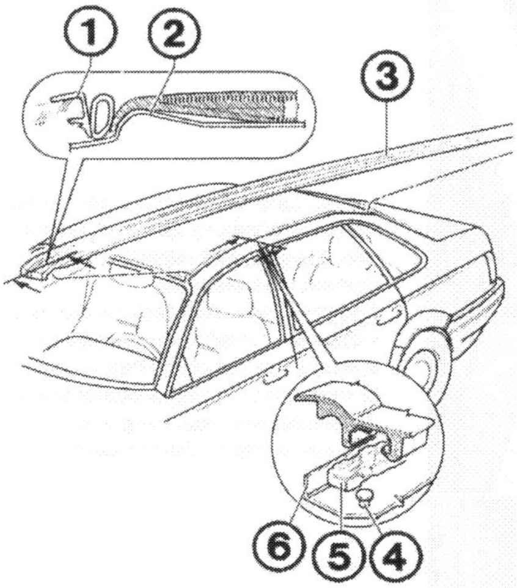

Die Dachleisten beim Variant: 1 – Dachleiste mit Dachreling; 2 – Montagelage; 3 – Dachleiste ohne Dachreling; 4 – Endkappe.

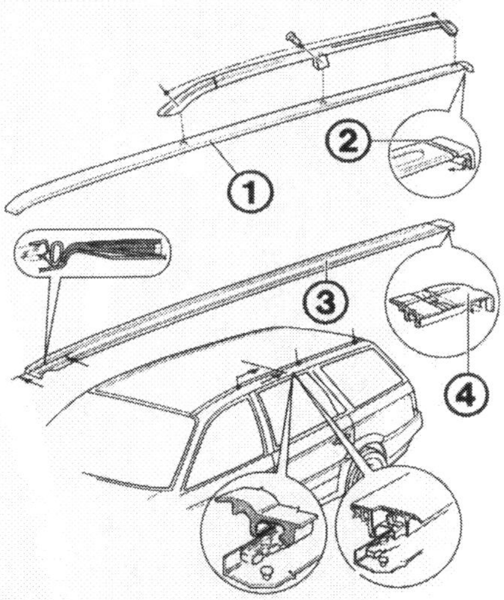

Die Zeichnung zeigt die Befestigung der Dachreling (1): 2 – Befestigungsbolzen; 3, 6 – Teflonfolie; 4, 7 – Dichtung; 5 – Befestigungsbolzen; 8 – Dachleiste; 9 – Innensechskantschraube; 10 – Dachreling im Schnitt.

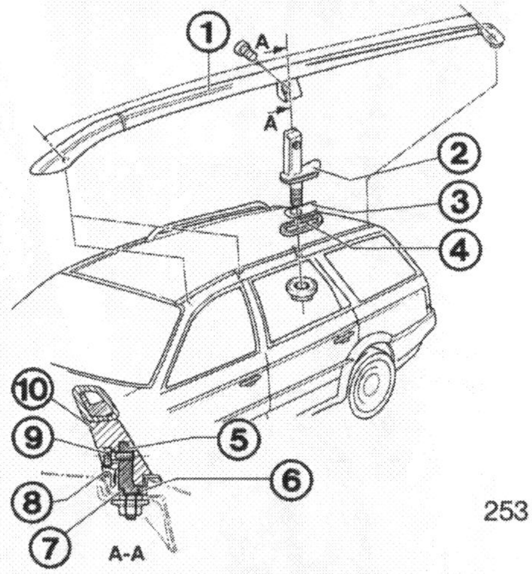

Die Türen

Ausbau

● Bei Fahrzeugen mit Zentralverriegelung und/oder elektrischen Fensterhebern an der Scharniersäule die zentrale Steckverbindung trennen, dazu den breiten Ring des Steckers nach links drehen.
● Ggf. Schlauchverbindung der Zentralverriegelung lösen.
● Bei geöffneter Tür zur Türsäule hin unten am Haltebolzen des Feststellers die Mutter losdrehen.
● Bolzen nach oben herausnehmen.
● Am oberen und unteren Scharnier je eine Madenschraube SW 6 losdrehen.
● Tür nach oben aus ihren Scharnieren abnehmen.
● Beim Einbau sollen die Madenschrauben ersetzt werden. Oder das Gewinde mit einer Drahtbürste reinigen und Schrauben mit Sicherungsmittel wieder verwenden.

Tür einpassen

Zur Einstellung einer Tür muß der Passat mit allen Vieren waagrecht auf dem Boden stehen. Bei aufgebocktem Fahrzeug kann sich die Karosserie etwas verwinden, so daß die Türjustierung anschließend nicht stimmt.
● Schließbolzen, in den das Türschloß einrastet, ein wenig lockern.
● Oben und unten je zwei Schrauben der Türscharniere ein wenig losdrehen, so daß sich die Tür mit nicht zu großem Kraftaufwand nach allen Seiten verschieben läßt.
● Mit einem Helfer die Tür in den Ausschnitt drücken und so ausrichten, daß das Türblech flächenglatt mit dem benachbarten Karosserieblech abschließt und mit rundum gleichmäßigem Spalt im Türausschnitt sitzt.
● Prüfen Sie vom Wageninnern aus, ob die Tür gleichmäßig an ihrer Gummidichtung anliegt.
● Bei richtigem Sitz Scharnierschrauben anziehen.
● Äußeren Türgriff anziehen und das Türschloß bei leicht angehobener Tür in den Schließbolzen einrasten lassen.
● Griff loslassen, wieder anziehen und Tür leicht angehoben öffnen.
● Schließbolzen in dieser Stellung festziehen.
● Sitz der Tür kontrollieren, ggf. nachjustieren.

Türgriff ausbauen

Soll der Türgriff beim Passat an den vorderen Türen ausgebaut werden, muß die Türverkleidung ausgebaut und die Dämmfolie im hinteren Bereich gelöst werden (Kapitel »Der Innenraum«). Nur in Verbindung mit Zentralverriegelung.
● Bei Fahrzeugen mit Zentralverriegelung Steckverbindung trennen.
● Zusätzlich die elektrische Leitung aus ihrem Halteclip lösen.
● Halteschraube im Türkastenrand herausdrehen. An der rechten Fahrzeugseite mit Linksgewinde.
● Türgriff in Fahrtrichtung nach vorn schieben.
● Griff um ca. 45° herausschwenken und abnehmen.
● Prüfen Sie noch, ob die elektrische Leitung zum Türgriff (bei Zentralverriegelung) die Funktion der Türverriegelung nicht behindern kann.
● Halteschraube des Türgriffes mit 7 Nm anziehen. Durch zu starkes Anziehen klemmt der Kunststoffgriff.
● Spielausgleich zwischen Türgriff/Türschloß einstellen, siehe nächsten Abschnitt bzw. Fingerzeige.

Türschloß ausbauen

Zum Ausbau des Türschlosses bleibt die Türscheibe geschlossen.
● Abdeckung des Türschlosses an den Kanten aushängen und abnehmen.
● Beide Innensechskantschrauben des Türschlosses lösen.
● Schloß ein Stück herausziehen.
● Der Betätigungshebel muß in Öffnungsstellung blockiert werden, nur so kann die Verbindungsstange zum inneren Türgriff ausgehängt werden.

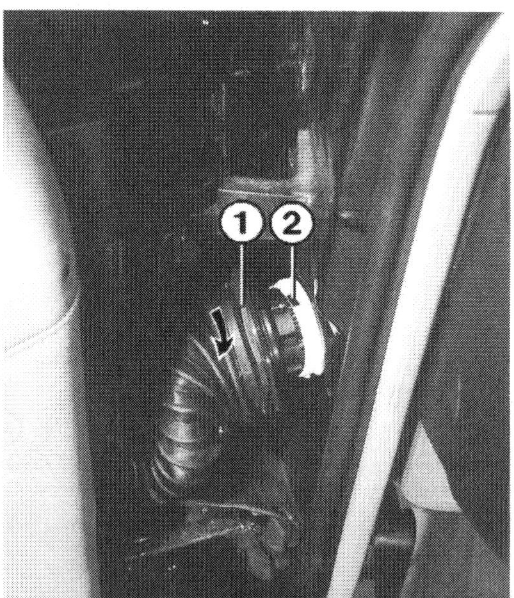

Links: Zum Trennen der zentralen Steckverbindung an der A-Säule den Ring (1) in Pfeilrichtung verdrehen und abziehen.
Rechts: Beim Aufstecken der zentralen Steckverbindung muß der kleine Pfeil auf dem Ring (1) der Markierung (2) gegenüberstehen. Anschließend den Ring zum Verriegeln in Pfeilrichtung verdrehen.

Links: An der hinteren Tür zum Trennen der zentralen Steckverbindung den Ring (1) in Pfeilrichtung verdrehen und vom Steckkontakt (2) abziehen.
Rechts: Zum Ausbau der vorderen Tür den Haltebolzen (2) des Türfeststellers (3) lösen. Madenschraube am Scharnier (1) lösen und Tür nach oben herausziehen. Position »4« zeigt die Halteschrauben des Feststellers an der Tür.

Links: Zum Aushängen der Tür muß die Sechskant-Madenschraube (2) am Scharnier (1) gelöst werden.
Rechts: In dieser Abbildung ist der Sechskant-Ringschlüssel am Türschließbolzen (Pfeil) angesetzt.

Links: Blick auf den hinteren Türkastenrand. Sie sehen:
1 – Halteschraube des Türgriffes (rechte Fahrzeugseite mit Linksgewinde);
2 – Türschloß;
3 – Innensechskant-Halteschrauben.
Rechts: Nach Lösen des Türgriffes (1) diesen in Fahrtrichtung nach vorn schieben und herausschwenken, dabei ggf. mit dem Zündschlüssel diesen in Schließstellung (Pfeil) halten.

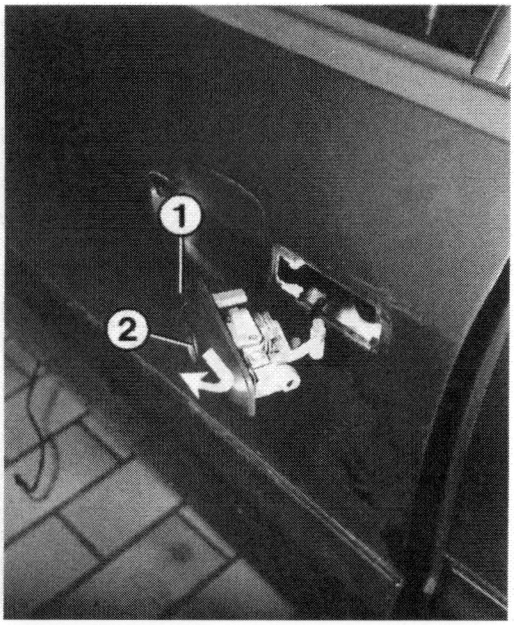

Zum Abnehmen des Türschlosses muß der Türöffner-Betätigungshebel (3) durch die Bohrung (Pfeil) im Türschloß mit einem 3 mm starken Dorn (4) blockiert werden. Verbindungsstange (2) aushängen und Türschloß waagrecht nach hinten vom Tür-Sicherungshebel (1) abziehen.

- Dazu durch das Loch unten im Türschloß einen 3 mm starken Dorn einstecken.
- Sicherungshebel oben aus der Hülse ziehen.
- **Einbau:** Der Betätigungshebel muß herausgeklappt und blockiert sein, damit sich die Verbindungsstange zum Türinnengriff einhängen läßt.
- **Einstellen:** An der Außenkante des Türschlosses muß die Einstellmutter (SW 5,5) gelöst werden.
- Türschloß festschrauben, hierbei erfolgt der Spielausgleich zwischen Auslösehebel (Türgriff) und Umlenkhebel.
- Einstellmutter mit 2,4 Nm festziehen, siehe Fingerzeig.
- Abdeckung des Türschlosses aufstecken.

Fingerzeige: Die Einstellmutter hat an der linken Fahrzeugseite ein Rechtsgewinde und an der rechten Fahrzeugseite ein Linksgewinde.
Die Einstellung von Türschloß zu Türgriff muß nach jeder Montage von Türschloß bzw. Türgriff vorgenommen werden.

Schließzylinder ausbauen

- Türgriff ausbauen und auf eine saubere Unterlage legen.
- Schlüssel in den Schließzylinder stecken, damit beim Herausziehen des Zylinders die Schließplatten und Federn nicht herausfallen.
- Sicherungsring am hinteren Ende des Schließzylinders herausdrehen.
- Exzenter, Drehfeder und Mitnehmer abnehmen, dabei deren Lage für den Wiedereinbau merken.
- Schließzylinder vorsichtig herausziehen.
- **Zusammenbau:** Dichtring auf den Schließzylinder aufschieben, jedoch im Bereich des Mikroschalters (seitlich oben im Türgriff) nicht ganz bis zum Anschlag andrücken.

Beim Einbau des Türschlosses muß die Einstellschraube (Pfeil) gelöst sein. Anschließend mit 2,4 Nm anziehen.

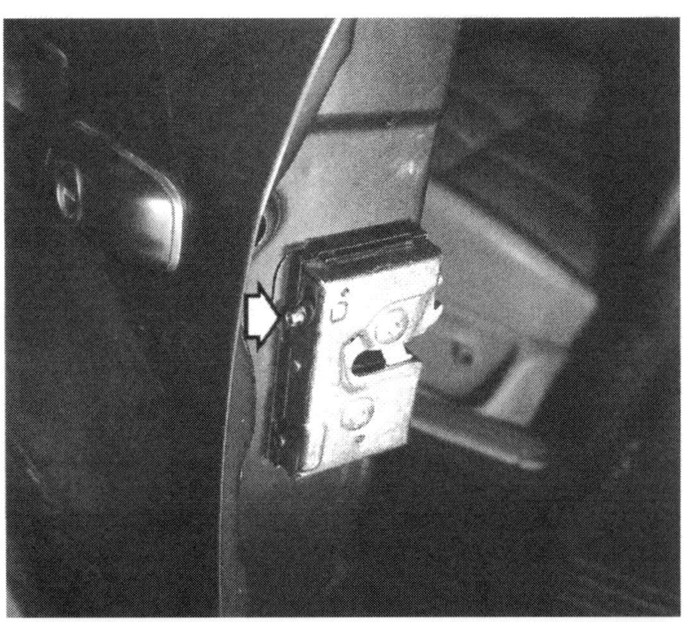

Hier sehen Sie die Teile am zerlegten Türgriff. Es sind: 1 – Schließzylinder; 2 – Steuerleitung der Safe-Sicherung; 3 – Rastnase; 4 – Mitnehmer; 5 – Feder; 6 – Exzenter; 7 – Sicherungsring.

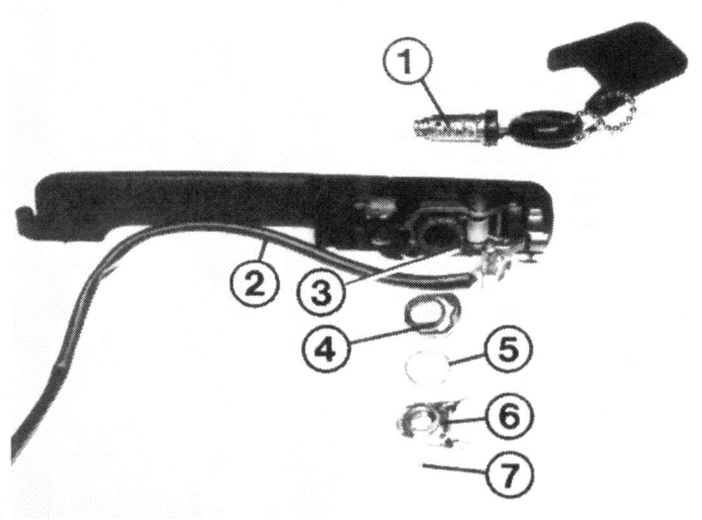

Bei der vorderen Tür sehen Sie bei abgenommener Türverkleidung:
1 – Steuerelement der Zentralverriegelung;
2 – Halteschrauben für Fenster-Hebeschiene;
3 – Halteschrauben für Motor-Fensterheber;
4 – Halteschraube Fensterführung vorn;
5 – Halteschrauben für Fensterheber.
Mit den Pfeilen sind die Kreuzschlitz-Halteschrauben für Steuerelement beziffert.

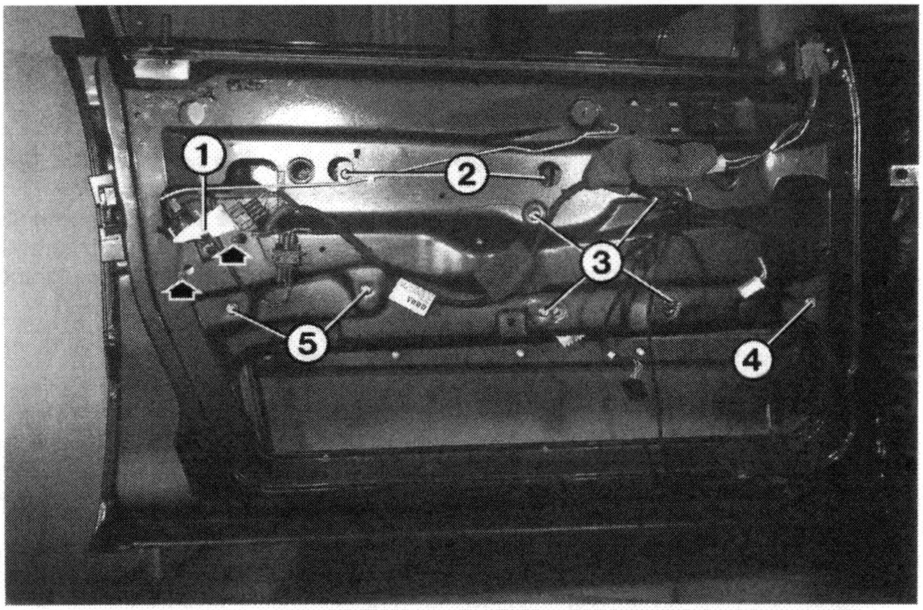

An der hinteren Tür sehen Sie bei abgenommener Türverkleidung:
1 – Halteschrauben für Fenster-Hebeschiene;
2 – Tilgergewicht des Tür-Sicherungshebels;
3 – Halteschrauben für Motor-Fensterheber;
4 – Steckverbindung Motor-Fensterheber;
5 – Halteschraube Fensterführung vorn;
6 – Halteschraube Fensterführung hinten;
7 – Halteschrauben für Stellelement der Zentralverriegelung.

Links: Die vordere Tür in Einzelteilen:
1 – Fensterführung außen;
2 – Scheibe;
3 – Fensterschachtabdichtung;
4 – Fensterschachtabdichtung innen;
5 – Fensterführung innen;
6 – Fensterheberführung hinten;
7 – Fensterheber;
8 – Fensterführung vorn.
Rechts: Die hintere Tür mit den Einzelteilen:
1 – Fensterführung außen;
2 – Scheibe;
3 – Fensterführung innen;
4 – Fensterschachtabdichtung außen;
5 – Fensterschachtabdichtung innen;
6 – Fensterführung;
7 – Fensterheber.

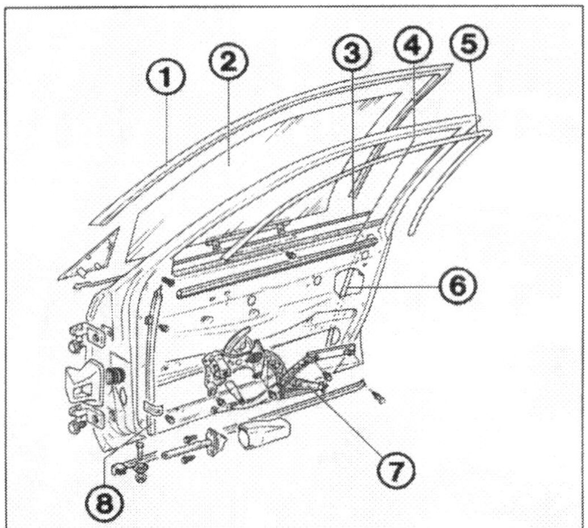

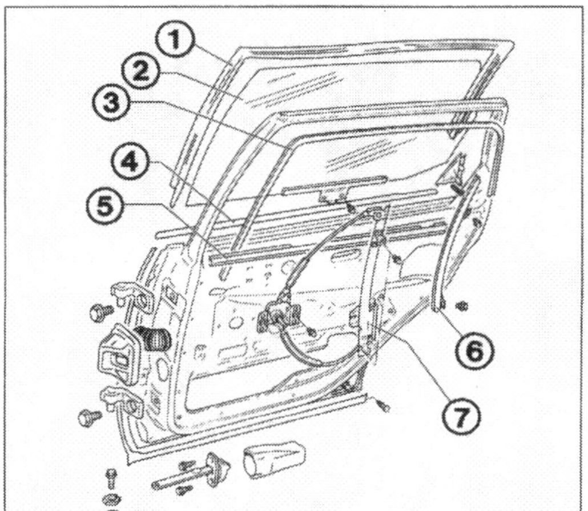

● Türgriff in Öffnungsstellung herausziehen und festhalten.
● Schließzylinder mit senkrecht stehendem Schlüssel einschieben.
● Prüfen Sie, ob sich der Schließzylinder mit dem Schlüssel nach beiden Seiten in einem Winkel von rund 70° drehen läßt.
● Übrige Teile einbauen, dabei die Drehfeder am Exzenter befestigen.
● In die Nut am Schließzylinder den Sicherungsring aufdrücken.
● **Einbau:** Prüfen Sie an der Tür nochmals die Funktion des Schließzylinders – die Feder muß den Schließzylinder grundsätzlich in Mittelstellung zurückdrehen.

Türfenster ausbauen

● Türverkleidung und Dämmfolie ausbauen (Kapitel »Der Innenraum«).
● **Vorn:** Innere Schachtabdichtung von der Türoberkante abziehen.
● Türscheibe herunterkurbeln/-fahren.
● Halteschrauben der Hebeschiene herausdrehen.
● Scheibe vorn absenken und in Schrägstellung aus dem Fensterschacht nach oben herausnehmen.
● Beim Einbau die Hebeschiene auf die Führung des Fensterhebers (in Fahrtrichtung hinten) aufsetzen.
● Scheibe unten am Fensterheber lose anschrauben.
● Jetzt die Scheibe zum Ausrichten hochkurbeln/fahren und wieder so weit absenken, daß die Halteschrauben durch die Montageöffnungen oben in der Tür erreichbar sind.
● **Hinten:** Hier wird grundsätzlich gleich wie vorn gearbeitet mit folgenden Unterschieden:
● Abdeckblende außen und innen hinten an der Tür abschrauben.
● Hintere Fensterführungsschiene lösen – eine Schraube sitzt unterhalb der Türschlosses im hinteren Türkastenrand, die zweite oben unter der Abdeckblende.
● Schiene nach oben herausziehen.
● Scheibe am Fensterheber lose anschrauben.
● Jetzt die Scheibe zum Ausrichten hochkurbeln/fahren und geringfügig absenken.
● Scheibe vorn etwas anheben, damit sie nicht aus der Fensterführung herausläuft.
● Halteschrauben durch die Montageöffnungen in der Tür mit 7 Nm anziehen.

Fensterheber ausbauen

Die Ausbauweise ist gleich bei manueller und elektrischer Betätigung.
● Türverkleidung und Dämmfolie ausbauen (Kapitel »Der Innenraum«).
● **Vorn:** Türfenster ausbauen.
● Scheibe mit starkem Klebeband am Fensterrahmen sichern, damit sie nicht herunterfallen kann.
● Verlängerungsstück der Fensterheberachse abziehen.
● Ggf. Kabelstecker zum Fensterhebermotor trennen.
● Fensterheber an der Tür abschrauben.
● Fensterheber ein Stück anheben, daß seine Haltenasen ausrasten und dann zum unteren Ausschnitt in der Tür herausnehmen.
● Bei elektrischen Fensterhebern kann der Motor vom Hebermechanismus abgeschraubt werden.
● Türscheibe anschrauben, wie beschrieben.
● **Hinten:** Die Vorarbeiten sind gleich wie vorn.
● Zwei Schrauben des hinteren Seilzughebers sitzen vorn neben der Fensterkurbelachse, eine weitere unten an der großen Montageöffnung sowie eine vierte oben unterhalb der kleinen ovalen Montageöffnung, Fensterheber nach unten herausnehmen.

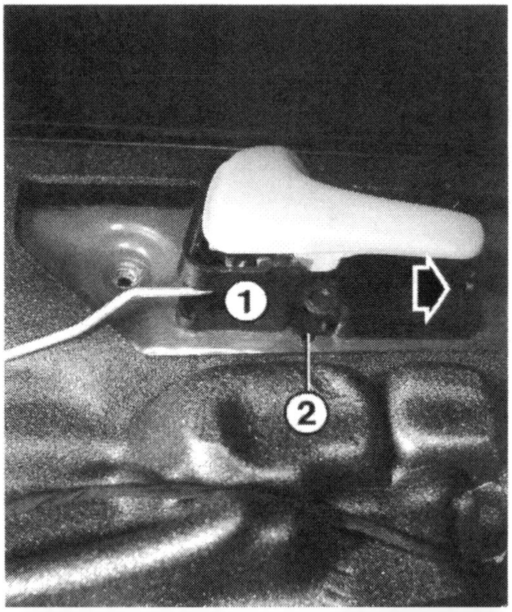

Links: Zum Ausbau der Türinnenbetätigung den Haltedorn ein Stück aus dem Türblech herausziehen. Türinnenbetätigung in Pfeilrichtung schieben, damit ist sie ausgehängt.
Rechts: Zum Trennen der Steckverbindung (2) am Motor (1) für Fensterheber diesen in Pfeilrichtung verschieben und abziehen.

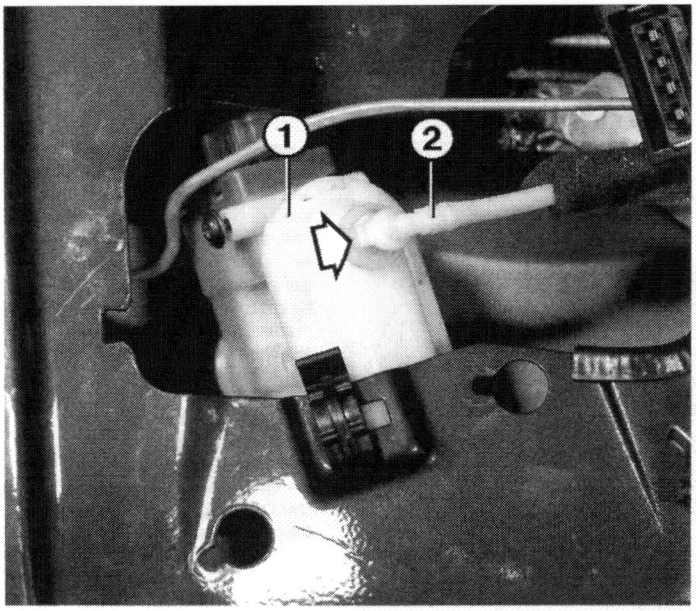

Zum Lösen der Steuerleitung (2) vom Stellelement (1) der Zentralverriegelung diese an den Rastnasen (Pfeil) zusammendrücken und Steuerleitung abziehen.

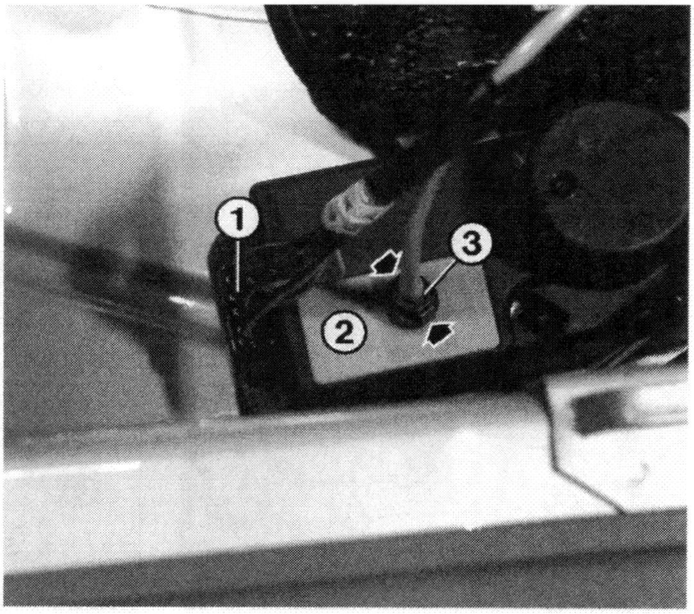

Zum Ausbau der Pumpe (2) für Zentralverriegelung den Kontaktstecker (1) entriegeln und abziehen. An der Steuerleitung (3) die Rastnasen (Pfeile) zusammendrücken und Leitung abziehen.

Steuerelemente der Zentralverriegelung ausbauen

- Türverkleidung und Dämmfolie ausbauen (Kapitel »Der Innenraum«).
- Türinnengriff und Zugstange zum Türschloß ausbauen.
- Druckleitung aus ihren Halteclips lösen.
- Sicherungsscheibe oben am Steuerelement nach links drehen. Dadurch öffnet sich der Schnappverschluß für die Verbindungsstange, Stange abnehmen.
- Zwei Kreuzschlitzschrauben des Steuerelements losdrehen.
- Bauteil nach oben (Vordertüren) bzw. unten (hintere Türen) herausnehmen.
- Kabelstecker und Druckleitung am Steuerelement abnehmen.
- Nach Einbau des Steuerelements Türinnengriff und Zugstange montieren.
- Türschloß verriegeln – bei der Fahrertür muß die Drehfalle des Schlosses in Schließstellung stehen.
- Steuerelement in »Geschlossen«-Stellung drücken und die Sicherungsscheibe einrasten lassen.
- Verbindungsstange im Schnappverschluß einsetzen, Verschluß einrasten lassen, dabei dreht sich die Sicherungsscheibe wieder in »Offen«-Stellung.
- Vor dem weiteren Zusammenbau Funktion der Zentralverriegelung prüfen.

Außenspiegel

- Türverkleidung ausbauen und Dämmfolie im vorderen Bereich lösen (Kapitel »Der Innenraumˇ).
- Bei mechanischer Verstellung zwei Kreuzschlitzschrauben der Spiegelbetätigung losdrehen, Betätigung herausziehen.
- Bei elektrischer Verstellung Kabelstecker trennen.
- Drei Kreuzschlitzschrauben des Spiegelgehäuses losdrehen.
- Spiegelgehäuse mit seiner Betätigung herausziehen.

Spiegelglas ersetzen

Die Spiegelgläser sind sowohl beim elektrisch wie beim mechanisch verstellbaren Spiegel nur eingeclipst. Ausbau:

- Arbeitshandschuhe anziehen, falls es Bruch gibt.
- Von unten eine breite Spachtel oder ein Kunststoffplättchen hinter das Spiegelglas stecken und das Glas heraushebeln.
- Wenn nötig, gleiches an der Oberkante wiederholen.
- Beim Einbau Spiegelglas in die Führungszapfen einsetzen und festdrücken, bis es einrastet.
- Auf die Mitte des Glases drücken, dabei wieder Handschuhe tragen.

Die Heckklappe

Kofferraumklappe ausbauen

- Schlauchverbindung zur Zentralverriegelung trennen.
- Bei geöffneter Klappe rechts und links je zwei Schrauben losdrehen.
- Klappe von den Scharnieren abnehmen.

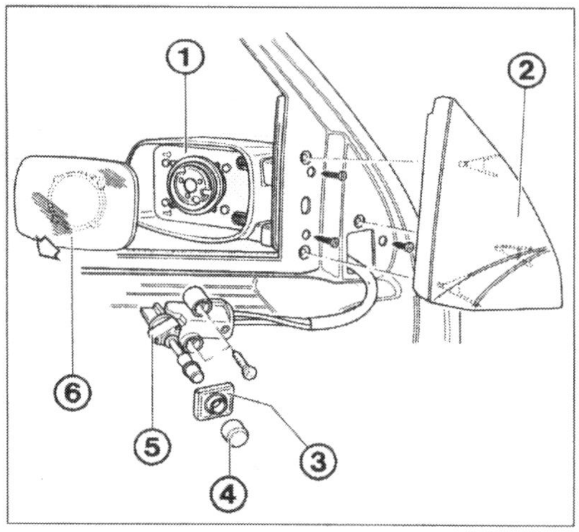

Links: Zum Abnehmen des Gasdruckdämpfers vom Haltebolzen an der Heckklappe (hier beim Variant gezeigt), muß die Sicherungsklammer (Pfeil) mit einem schmalen Schraubendreher abgehebelt werden.
Rechts: Der Außenspiegel mit manueller Betätigung:
1 – Spiegelgehäuse;
2 – Abdeckung innen;
3 – Faltenbalg (manuelle Betätigung);
4 – Verstellknopf;
5 – Verstellhebel;
6 – Spiegelglas.
Der Pfeil zeigt in die Abziehrichtung zum Abnehmen des Glases.

Variant-Klappe ausbauen

- Kabelverbindungen und Schlauchleitungen zur Heckklappe trennen.
- Am unteren Haltebolzen der Gasdruckheber die runde Klammer ein Stück herausziehen. Nicht ganz herausziehen, sonst wird die Klammer beschädigt.
- Kugelkopf vom Kugelbolzen abdrücken. Hierbei muß ein Helfer die Klappe halten.
- Je zwei Halteschrauben der Heckklappenscharniere herausdrehen, Klappe abnehmen.

Heckklappe einstellen

- Bei klappernder oder schlecht schließender hinterer Klappe die Schrauben des Rastbolzens ein wenig lockern.
- Bolzen verschieben und festschrauben.
- Sitz und Klapperfreiheit der hinteren Klappe kontrollieren, ggf. nachjustieren.
- Hat das nichts geholfen, wird folgendermaßen vorgegangen.
- **Limousine:** An den seitlichen Gleitstücken die Innensechskantschraube lösen und Gleitstücke nach oben schieben.
- Kofferraumklappe mit leichtem Druck schließen, bis sie mit den hinteren Seitenteilen bündig ist.
- Kofferraumklappe öffnen und Innensechskantschraube festziehen.
- **Variant:** Ggf. durch Einstellen der Gummipuffer an der Klappe den Anschlag einstellen.
- Die Haltestifte links und rechts des Gummipuffers mit einem schmalen Schraubendreher abdrücken.
- Einstellpuffer aus der Heckklappe nehmen.
- Gummipuffer am Einstellpuffer abziehen.
- Klemmschraube mit 3-mm-Innensechskantschlüssel soweit herausdrehen, bis sie mit der Oberkante bündig steht.
- An der Rückseite des Gummipuffers wird die Hülse auf 3 mm Abstand eingestellt (Abbildung unten).
- Rastelement herausziehen und bis zum Einrasten der Rastnasen einschieben.
- Bei aufgesetzter Gummiabdeckung muß der Abstand zwischen Einstellpuffer-Gehäuse und Unterkante Gummiabdeckung 10 mm betragen.
- Einstellpuffer einsetzen und Spreizstifte eindrücken.
- Prüfen, ob die Heckklappe einwandfrei schließt.
- Innensechskantschraube mit 1 Nm anziehen.

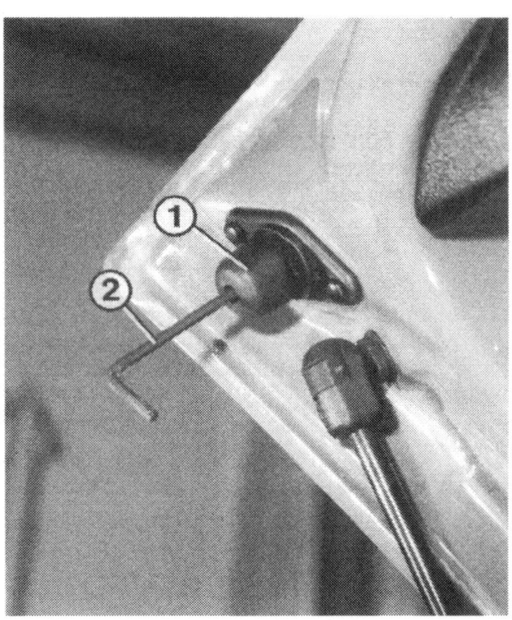

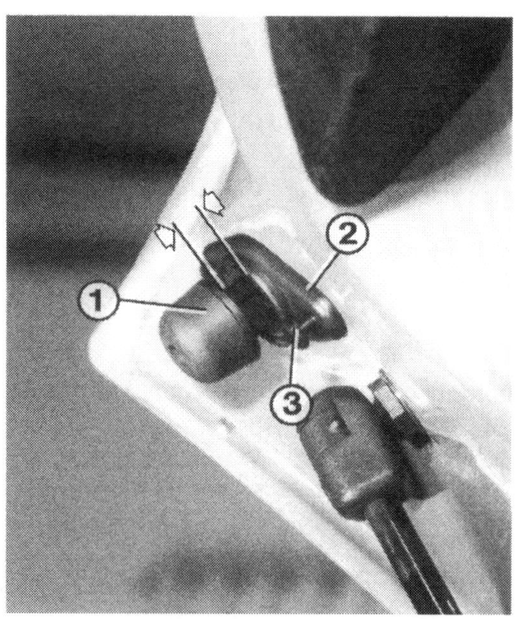

Links: Zum Einstellen des Gummipuffers (1) an der Heckklappe wird die Klemmschraube mit einem Innensechskantschlüssel (2) gelöst.
Rechts: Der Abstand zwischen Einstellpuffer-Gehäuse (2) und Unterkante Gummiabdeckung (1) soll 10 mm betragen (hier im Bild durch Pfeile gezeigt). Position »3« bezeichnet den Spreizstift.

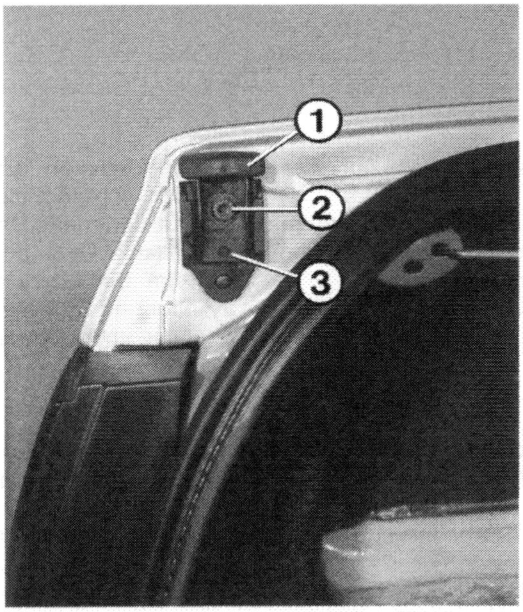

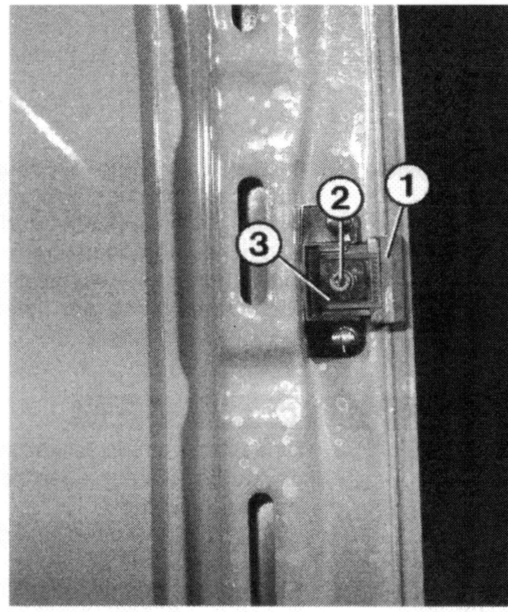

Links: **Zum bündig Ausrichten der Kofferraumklappe an die Fahrzeugkarosserie Innensechskantschraube (2) lösen und Gleitstück (3) entsprechend verschieben. Position »1« bezeichnet die Gummiauflage.**
Rechts: **Zum Einstellen des Klappenspaltmaßes an der Kofferraumklappe Innensechskantschraube (2) lösen und Gleitstück (3) entsprechend verschieben. Position »1« bezeichnet die Gummiauflage.**

Heckklappendichtung

Wenn Staub oder Feuchtigkeit eindringt, obgleich die hintere Klappe einwandfrei in ihrem Ausschnitt sitzt, kann es an der Gummidichtung liegen. Ist die spröde oder eingerissen:

- Gummiumrandung abziehen.
- Neue Dichtung mit einem Kunststoffhammer aufschlagen. Die Gummiumrandung muß rundum gleichmäßig hoch sitzen.
- Zur Pflege der Dichtung eignet sich Glyzerin oder ein Gummipflegemittel.

Heckklappenschloß ausbauen

- Zugstange zum Schließzylindergehäuse am Schloß aus dem Halteclip drücken.
- Zwei Halteschrauben losdrehen.
- Kabelstecker zur Kofferraumleuchte abziehen, Schloß abnehmen.
- Beim Variant muß nach dem Einbau die Zugstange eingestellt werden.
- Im Heckklappenschloß zur Arretierung der Sperrklinke durch die Bohrung einen 3,2-mm-Bohrer stecken.
- Zugstange in Richtung Schließzylindergehäuse bis zum Anschlag ziehen und in dieser Stellung am Schließzylindergehäuse befestigen.
- Bohrer herausziehen.
- Funktion prüfen, die Sperrklinke muß in ihre Ruhestellung zurückgehen.

Schließzylindergehäuse ausbauen

- Rechte Leuchteinheit an der Kofferraum- bzw. Heckklappe abnehmen (Kapitel »Die Beleuchtung«).
- Bei Zentralverriegelung die Verbindungsstange zum Steuerelement aus dem Gehäuse des Schließzylinders aushängen. Dazu das Kunststoffteil mit einem Schraubendreher an seinem Schlitz etwas spreizen, so kommt die Stange frei.
- Unten am Gehäuse die Kunststoffklappe mit einem schmalen Schraubendreher aufklappen, damit die Zugstange zum Klappenschloß frei kommt.
- Muttern des Schließzylindergehäuses lösen, Kunststoffnasen zusammendrücken und Gehäuse abziehen.
- Beim Einbau den Hebel am Schloß mit der Zugstange in Richtung Schließzylinder drücken.
- Zugstange in die Aufnahme einlegen und Kunststoffklappe einrasten lassen.

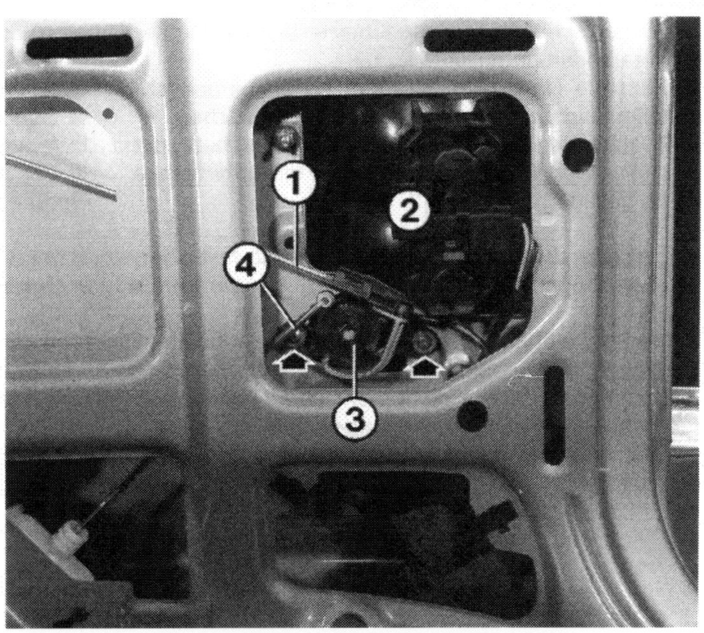

Zum Lösen des Schließzylinders (3) in der Klappe die Rückleuchte (2) ausbauen. Die Verbindungsstangen für Stellelement für Zentralverriegelung (4) und für Schloßentriegelung (1) am Schließzylinder aushängen. Anschließend die Kreuzschlitzschrauben (Pfeile) lösen.

Schließzylinder ausbauen

● Schließzylindergehäuse ausbauen, Teile auf einer sauberen Unterlage ablegen.
● Der Schließzylinder darf nur bei eingestecktem Schlüssel herausgezogen werden, da sonst die Schließplatten herausfallen können.
● Sicherungsring am hinteren Ende des Schließzylinders abdrücken.
● Halteklammer am Umlenkhebel nach außen drücken, Schließzylindergehäuse-Unterteil abnehmen.
● Druckfeder und Drücker abnehmen.
● Schließzylinder abziehen.
● Beim Einbau den Dichtring zwischen Schließzylinder und Drücker bzw. zwischen Schließzylindergehäuse und -Unterteil nicht vergessen.

Das Schiebedach

Dieses von einem Elektromotor angetriebene Fenster zum Himmel erfordert für problemlose Funktion eine exakte Einstellung, aber die hierzu notwendigen ausführlichen Beschreibungen würden den Rahmen dieses Buches sprengen.
Auf den Elektroantrieb und die Störungssuche sind wir im Kapitel »Instrumente und Geräte« eingegangen.

Undichtes Schiebedach

Ein undichtes Schiebedach hat seine Ursache in verstopften Ablaufrohren, von denen je eines an jeder der vier Ecken des Schiebedachkastens angeschlossen ist. Denn eindringen darf das Wasser, doch genauso muß es ablaufen können.
○ Bei undichtem Schiebedach deshalb alle vier Ablaufschläuche durchstoßen.
○ Die hinteren beiden Ablauföffnungen sind auch bei zurückgefahrenem Schiebedach kaum zu erreichen.
○ Die Ablaufschläuche vorn enden in Höhe des oberen Scharniers der Vordertür ins Radhaus (nur bei ausgebauter Radhausschale sichtbar). Diese Schläuche werden vom Schiebedachausschnitt her durchstoßen.
○ Die hinteren beiden Schläuche enden unter den Seitenwangen des Stoßfängers. Diese Schläuche durchstößt man von der Unterseite her. Dazu muß der Stoßfänger ausgebaut werden.
○ Zum Reinigen eignet sich die Spirale einer alten Tachometerwelle.

Die Scheiben

Front- und Heckscheibe

Front- und Heckscheibe sind »kraftschlüssig verklebt«. Die Scheiben sind damit beim Passat ein konstruktives Element und wurden in die Festigkeitsberechnungen der Karosserie mit einbezogen. Dieses Verfahren ist bei der Suche nach möglichst glattflächigen Karosserien nahezu unumgänglich.
Für den Selbsthelfer bedeuten die geklebten Scheiben das »Aus«. Ohne Spezialwerkzeug ist da nichts zu machen – ein Fall für die Werkstatt.

Hintere Seitenscheiben

Die festen hinteren Dreieckfenster der Limousine bzw. die großen Scheiben im Variant-Laderaum sind beim Passat in den Falzen der Karosserie festgeschraubt.
● Als Vorarbeit müssen sämtliche umliegenden Verkleidungen innen abgebaut werden.
● Abdeckung für den Gurtaufroller ausbauen.
● Muttern der Scheiben losdrehen.
● Beim Einbau müssen Sie unbedingt das vorgeschriebene Drehmoment von 2,5 Nm einhalten, sonst kann es Bruch geben.

Unterbodenschutz kontrollieren

Wartungsarbeit

Die Schutzschicht der Wagenunterseite muß sorgsam überprüft und ggf. nachgearbeitet werden.
● Unterboden gründlich waschen.
● Gesamte Unterseite mit einer hellen Lampe ableuchten und auf schadhafte Stellen untersuchen.
● Beschädigte Stellen im Unterbodenschutz mit Spachtel, Schaber und Drahtbürste bis aufs blanke Blech freilegen.
● Rostansatz möglichst blank schleifen.
● Gesäuberte Fläche mit Rostprimer bestreichen.
● Ebene oder größere Flächen werden mit streichbarem Material behandelt.
● Für schwer zugängliche Fugen und Ecken ist eine Sprühdose mit Unterbodenschutz günstiger.

Fingerzeig: Zur Nachbehandlung des Unterbodenschutzes dürfen nur bestimmte Materialien verwendet werden. Ungeeignete Mittel greifen den serienmäßigen Unterbodenschutz an.

Wasserablauflöcher reinigen

Keine Schweißnaht ist so dicht, daß nicht Wasser eindringen kann. Aus diesem Grund sind in allen Hohlprofilen im Wagen Wasserablauflöcher angebracht. Sind diese durch Schmutz oder Unterbodenschutz verstopft, kann eindringendes Wasser nicht mehr ablaufen, sondern fördert den Rostfraß von innen heraus. Besonders gefährdet sind die Längsversteifungen der Karosserie.
● Löcher regelmäßig mit einem Pfeifenreiniger durchstoßen.
● Beim Schiebedach zusätzlich die Wasserabläufe der Dachöffnung kontrollieren.

Störungsdienst

Wir gehen bei unserer Fehlersuche davon aus, daß der Motor keine mechanischen Leiden hat. Weiter nehmen wir an, daß das Triebwerk unvermittelt stehenblieb bzw. nicht mehr anspringen will.

Dreht der Anlasser den Motor durch?

Tut er's nicht oder nur unwillig, lesen Sie bitte weiter unter »Fehlerquelle Elektrik«. Wird der Motor dagegen flott durchgedreht, müssen zur weiteren Eingrenzung die folgenden zwei Fragen beantwortet werden.

Funken an den Zündkerzen?

Einen Kerzenstecker abziehen, Zündkerze herausschrauben, in den Kerzenstecker hineinstecken und gut leitend auf blankem Motorblockmetall ablegen. Von einem Helfer den Anlasser durchdrehen lassen. Wichtig: Wegen gefährlich hoher Ströme der elektronischen Zündanlage Zündkabel und Kerze nicht berühren. Springen Funken über? Wenn ja, nächste Frage abklären. Falls nicht, weiterlesen unter »Fehlerquelle Zündung«.

Wird die Zentraleinspritzung mit Kraftstoff versorgt?

Kraftstoffzulaufschlauch losschrauben und einen Lappen darunterhalten. Ggf. von Helfer den Anlasser kurz durchdrehen lassen. Spritzt Benzin heraus, läuft die Kraftstoffpumpe. Wenn nicht, lesen Sie bitte unter »Fehlerquelle Kraftstoffversorgung« weiter. Bleibt die Einspritzung als Fehlerquelle. Oder die Kraftstoffpumpe läuft, bringt aber zu wenig Druck.

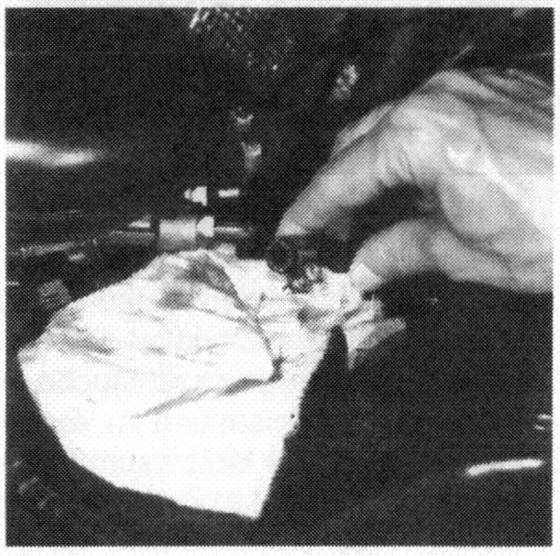

Wird die MPI-Einspritzanlage mit Kraftstoff versorgt?

Luftfiltergehäuse abnehmen. Klemmschelle am Kraftstoffzulaufschlauch lösen, Lappen darunterhalten. Anschließend Anlasser kurz betätigen lassen.
Spritzt Benzin heraus, läuft die Kraftstoffpumpe. Wenn nicht, lesen Sie bitte unter »Fehlerquelle Kraftstoffversorgung« weiter. Bleibt die Einspritzung als Fehlerquelle. Oder die Kraftstoffpumpe läuft, bringt aber zu wenig Druck.

Ist die Vorglühanlage in Ordnung? Kalter Motor springt nicht an

Prüflampe am Stromanschluß einer Glühkerze anschließen, anderes Lampenkabel an Masse halten. Von Helfer den Zündschlüssel kurz auf »Vorglühen« drehen lassen. Leuchtet die Lampe auf? Brennt sie nicht, obwohl der Motor kalt ist, ist die Vorglühanlage defekt. Leuchtet sie, ist die Stromversorgung zu den Glühkerzen in Ordnung. Die Kerzen selbst können aber dennoch defekt sein. Lesen Sie dazu den Abschnitt »Fehlerquelle Vorglühanlage«.

Wird Kraftstoff zu den Diesel-Einspritzdüsen gefördert?

Mit einem Gabelschlüssel SW 17 öffnen Sie die Mutter einer Einspritzleitung an einer der Einspritzdüsen. Ein Helfer betätigt jetzt kurz den Anlasser (Schalthebel in Leerlaufstellung bzw. Wählhebel in Stellung »P«!). Tritt an der Einspritzdüse Dieselkraftstoff aus? Wenn ja, ist die Kraftstoffzufuhr wahrscheinlich in Ordnung. Kommt dagegen kein Kraftstoff, lesen Sie bitte unter »Fehlerquelle Kraftstoffversorgung« weiter.

Zuerst die Sichtprüfung

○ Ist ein Kabelstecker an Teilen der Zündanlage bzw. an einem Teil der Einspritzanlage locker?
○ Kontrollieren Sie den festen Sitz der Zündkabel am Verteiler und an den Kerzensteckern (die Zündung darf auf keinen Fall eingeschaltet sein!).
○ Sämtliche Unterdruckschläuche im Motorraum auf ihren entsprechenden Stutzen aufgesteckt?
○ Kondenswasser am und im Verteilerdeckel? Alle Teile der Zündanlage müssen trocken sein.
○ Benzingeruch im Motorraum? Ist ein Kraftstoffschlauch undicht oder hat er sich gar gelockert?
○ Haben sich Kabel bzw. Stromschienen der Vorglühanlage gelockert?
○ Ist das Kabel zum Absteller der Einspritzpumpe intakt?
○ Kraftstoffgeruch im Motorraum? Ist eine Kraftstoffleitung undicht oder hat sie sich gar gelockert?

Fehlerquelle Elektrik

○ Kontrollampen brennen überhaupt nicht: Batterie ist völlig entladen oder Batterieklemmen lose.
○ Kontrollampen verlöschen beim Schlüsseldreh: Batterie stark entladen bzw. altersschwach oder Anlasser hat Kurzschluß.
○ Kontrollampen werden beim Schlüsseldreh geringfügig dunkler: Magnetschalter klemmt bzw. defekt oder Anlasser defekt.
○ Kontrollampen brennen hell: Klemme-50-Kontakt im Zündschloß defekt, Klemme-50-Leitung am Magnetschalter lose oder Magnetschalter defekt.

Fehlerquelle Vorglühanlage

Die Vorglühanlage kann mit einer Prüflampe innerhalb kurzer Zeit komplett durchgeprüft werden. Bei einem Defekt in diesem Bereich läßt sich nach den im Vorglühkapitel beschriebenen Prüfungen schnell Klarheit schaffen.
Immerhin kann man einen intakten Motor durch längeres Orgeln auch ohne Vorglühanlage in Gang setzen, sofern die Außentemperaturen nicht unter dem Gefrierpunkt liegen. Bei großer Kälte hilft nur noch Anschleppen (nicht Automatik).

Fehlerquelle Zündung

○ Alle Steckanschlüsse im Bereich Zündspule, Leistungs-Endstufe, Zündverteiler bzw. Steuergerät der Zünd/Einspritz-Steuerung richtig aufgesteckt?
○ Risse im Zündspulengehäuse, Brandspuren von Funkenüberschlägen?
○ Verteilerdeckel abnehmen. Sind Kriechstromspuren an seiner Innenseite sichtbar? Federt die Kontaktkohle in der Deckelmitte einwandfrei? Grünspan an den Kontaktstiften?
○ Als letztes hilft nur die Durchprüfung der Zündanlage.

Fehlerquelle Kraftstoffversorgung

○ Kein Kraftstoff im Tank – das ist nicht so abwegig, wie Sie vielleicht denken. Wagen aufschaukeln und horchen, ob es im Tank plätschert.
○ Elektrische Kraftstoffpumpe arbeitet nicht.
○ Benzinfilter verstopft.
○ Bei intaktem Kraftstoffnachschub gerät – z. B. bei ständigen Startproblemen – die Einspritzanlage in Verdacht.
○ Absteller an der Einspritzpumpe defekt und versperrt die Kraftstoffzufuhr zu den Einspritzdüsen.
○ Kraftstoffilter bzw. Kraftstoffleitungen verstopft bzw. winters versulzt. Das erkennt man auch an den transparenten Kraftstoffleitungen im Motorraum. Ist die Leitung leer oder befinden sich große Blasen darin, fehlt's am Nachschub.
○ Nach Montagearbeiten an der Einspritzpumpe wurden die Hohlschrauben von Vor- und Rücklaufleitung verwechselt. Die Rücklauf-Hohlschraube ist mit »OUT« bezeichnet.

Verzeichnis der Störungsbeistände im Buch

Über das Buch verteilt finden Sie Störungsbeistände zu den einzelnen Bauteilen. Hier die Zusammmenstellung:

Im Überblick

Beinahe alle Angaben über ein Auto lassen sich in irgendeiner Form in Zahlen wiedergeben – die »Technischen Daten«. Dazu gehören auch die Kurzbeschreibung von Motor, Kühlsystem, Kraftstoffanlage, Kraftübertragung, Fahrwerk, Bremsanlage und Elektrik.

Fahrzeug-Ident.-Nummer

Die Fahrzeug-Ident.-Nummer ist für die Zulassungsbehörde und Versicherung von Interesse. Darüber hinaus wird sie auch für die Ersatzteilbeschaffung benötigt. Damit Sie wissen, was sich hinter den Buchstaben und Zahlen verbirgt, wollen wir sie hier kurz aufschlüsseln. Die Zahlen/Buchstaben-Kombination bedeutet:

WVW	ZZZ	3A	Z	S	E	161655
①	②	③	②	④	⑤	⑥

① = Welt-Herstellerzeichen: WVW = VW AG Pkw
② = Füllzeichen
③ = ZweistelligeTypkurzbezeichnung: 3A = Passat
④ = Modelljahr (gewöhnlich vom 01.08. bis 31.07. des darauffolgenden Jahres):
S = 1995, T = 1996 usw.
⑤ = Produktionsstätte innerhalb des VW-Konzerns: E = Emden
⑥ = Laufende Numerierung, jedes Modelljahr mit 000 001 beginnend

Motor

Typ		1,8/55 kW	1,8/66 kW	1,6/74 kW	2,0/85 kW	2,0/85 kW	1,9/66 kW	1,9/81 kW
Verbrennungsart		Benziner	Benziner	Benziner	Benziner	Benziner	Diesel	Diesel
Typ		1,8/55 kW	1,8/66 kW	1,6/74 kW	2,0/85 kW	2,0/85 kW	1,9/66 kW	1,9/81 kW
Kennbuchstaben		AAM	ABS, ADZ	AFT	ADY, 2E	AGG	1Z	AFN
Bauart		Quer eingebauter wassergekühlter Vierzylinder-Viertaktmotor in Reihenbauweise						
Bohrung	mm	81,0	81,0	81,0	82,5	82,5	79,5	79,5
Hub	mm	86,4	86,4	77,4	92,8	92,8	95,5	95,5
Hubraum	cm³	1781	1781	1596	1985	1985	1896	1896
Verdichtung		9,0:1	10,:1	10,3:1	10,0:1	9,6:1	19,5:1	19,5:1
Turbolader		–	–	–	–	–	+	+
Höchstleistung nach DIN	kW	55	66	74	85	85	66	81
bei	1/min	5.000	5.500	5.800	5.400	5.400	4.000	4.150
Höchstes Drehmoment	Nm	140	145	140	166	166	202	235
bei	1/min	2.500	2.500	3.500	3.200	2.600	1900	1900
Ventilsteuerung durch		obenliegende Nockenwelle über Hydrostößel						
Kompressionsdruck	bar	9-12	10-13	10-13	10-13	10-13	25-31	25-31
Mindestwert	bar	7	7,5	7,5	7,5	7,5	19	19
max. Unterschied		3	3	3	3	3	5	5
Schmiersystem		Druckumlaufschmierung mit Wechselfilter im Ölhauptstrom, beim Automatik mit wasserdurchflossenem Ölkühler						
Öldruck (80°C) bei 2.000 1/min	bar	2,0	2,0	2,0	2,0	2,0	2,0	2,0
Kühlsystem		Wasserumlaufkühlung mit zahnriemengetriebener Flügelradpumpe und Thermostat, temperaturgeschalteter Elektrolüfter						
Thermostat öffnet bei	ca. °C	85	85	87	85	85	85	85
voll geöffnet bei	ca. °C	105	105	102	105	105	105	105
Öffnungshub mind.	mm	7	7	7	7	7	7	7
Kühlsystem-Verschlußdeckel								
Überdruckventil öffnet bei	bar	1,3-1,5	1,3-1,5	1,4-1,6	1,3-1,5	1,3-1,5	1,4-1,6	1,4-1,6
Unterdruckventil öffnet bei	bar	0,06-0,1	0,06-0,1	0,06-0,1	0,06-0,1	0,06-0,1	0,06-0,1	0,06-0,1
Thermoschalter Kühlerlüfter		Schalttemperaturen siehe Tabelle Seite 69						

Typ		1,8/55 kW	1,8/66 kW	1,6/74 kW	2,0/85 kW	2,0/85 kW	1,9/66 kW	1,9/81 kW
Kennbuchstaben		AAM	ABS, ADZ	AFT	2E	ADY, AGG	1Z	AFN
Erforderliche Kraftstoffart	ROZ	91	95	95	95	95	–	–
CZ		–	–	–	–	–	45	45
Kraftstoffpumpe		elektrische Zweistufenpumpe im Tank					–	–
Gemischaufbereitung		Zentral-Einspritzung	Zentral-Einspritzung	Multipoint-Einspritzung	Multipoint-Einspritzung	Multipoint-Einspritzung	Verteiler-Einspritzpumpe	Verteiler-Einspritzpumpe
Typ		Mono-Motronic	Mono-Motronic	Simos	Digifant	Simos	–	–
Fehlerspeicher		+	+	+	+	+	+	+
Kraftstoffdruck im Leerlauf	bar	0,8-1,2	0,8-1,2	–	–	–	–	–
Unterdruckschlauch								
aufgesteckt	bar	–	–	2,5	2,5	2,5	–	–
abgezogen	bar	–	–	3,0	3,0	3,0	–	–
Leerlaufdrehzahl	1/min	825-1025	700-900	790-890	750-850	750-850	860-940	780-900

Kraftübertragung

Typ		1,8/55 kW	1,8/66 kW	1,6/74 kW	2,0/85 kW	2,0/85 kW	1,9/66 kW	1,9/81 kW
Schaltgetriebe		Fünfgang-Schaltgetriebe mit synchronisierten Vorwärtsgängen, Seilzugschaltung						
Kupplung		Einscheiben-Trockenkupplung mit Membranfedern						
Mitnehmerscheibe	Ø mm	215	215	215	215	228	228	228
Getriebe-Bautyp		02A	02A	02A	02A	02A	02A	02A
Kennbuchstaben		CGX	CGX	CJA	CNL	CRU	CHU, CTN	CTN
Übersetzungen								
1. Gang		3,300	3,300	3,454	3,778	3,300	3,778	3,778
2. Gang		1,944	1,944	2,118	2,118	1,944	2,118	2,118
3. Gang		1,308	1,308	1,458	1,458	1,308	1,360	1,360
4. Gang		1,034	1,034	1,029	1,029	0,971	0,971	0,971
5. Gang		0,838	0,838	0,837	0,837	0,756	0,756	0,756
Rückwärtsgang		3,600	3,600	3,600	3,600	3,060	3,600	3,600
Achsantrieb		3,389	3,389	4,235	3,684	4,235	3,158	3,158

Typ	1,8/55 kW	1,8/66 kW	1,6/74 kW	2,0/85 kW	2,0/85 kW	1,9/66 kW	1,9/81 kW
Automatikgetriebe	Getriebe mit Drehmomentwandler, Wandlerüberbrückung in der 4. Stufe zu 100%, elektronisch-hydraulische Steuerung						
Getriebe-Bautyp 01M							
Kennzeichnung	–	CKX	CKX	–	CLK, DKS	CKZ	DAB
Übersetzungen							
1. Gang	–	2,714	2,714	2,714	2,714	2,714	2,714
2. Gang	–	1,441	1,441	1,441	1,441	1,441	1,441
3. Gang	–	1,000	1,000	1,000	1,000	1,000	1,000
4. Gang	–	0,743	0,743	0,743	0,743	0,743	0,743
Rückwärtsgang	–	2,884	2,884	2,884	2,884	2,884	2,884
Achsantrieb	–	4,529	4,529	4,222	4,222	3,273	3,273
Getriebe-Bautyp 096 (Übersetzungen wie Getriebe 01M)							
Kennzeichnung	–	CFK, CRR, CSK	–	CFH, CNK, CNP	–	–	–
Achsantrieb	–	4,529	–	4,222	–	–	–

Fahrwerk

Vorderradaufhängung		Einzelradaufhängung mit unteren Dreieck-Querlenkern, Federbein, Drehstab-Stabilisator
Lenkung		Zahnstangenlenkung mit Servounterstützung
Gesamtübersetzung		17,5 (Basis-Fahrwerk), 16,44 (Plus-Fahrwerk)
Lenkradumdrehung von Anschlag zu Anschlag		3,33 (Basis-Fahrwerk), 3,14 (Plus-Fahrwerk)
Lenkrollradius (negativ)	mm	0,5 (Felgen ET 35; Basis-Fahrwerk), 12 (Felgen ET 35; Plus-Fahrwerk) 3,5 (Felgen ET 38; Basis-Fahrwerk), 15 (Felgen ET 38; Plus-Fahrwerk)
Hinterachse		Verbundlenkerachse mit Längslenkern, Federbeinen, spurkorrigierenden Lagern.
Reifen und Felgen		Siehe Seite 149

Bremsanlage

Fußbremse vorn		Zweikreis-Anlage mit diagonal aufgeteilten Bremskreisen, Unterdruck-Bremskraftverstärker	
Bremse vorn		Einkolben-Faustsattel-Scheibenbremse mit automatischer Nachstellung	
Bremsscheibe		unbelüftet	innenbelüftet
Scheibe	Ø mm	256	256
Stärke neu	mm	13	20
mindestens	mm	11	18
Belagstärke	neu mm	14 ohne Trägerplatte	11 ohne Trägerplatte
Belagstärke	mind. mm	7 mit Trägerplatte	7 mit Trägerplatte
Bremse hinten		Simplex-Innenbacken-Trommelbremse mit automatischer Nachstellung	
Bremstrommel	Ø neu mm	230	
	Ø mind. mm	231,5	
Bremsbelagstärke	mind. mm	2,5 ohne Bremsbacke	
Bremse hinten		Einkolben-Faustsattel-Scheibenbremse mit automatischer Nachstellung, Bremsscheiben massiv	
Bremsscheiben	Ø mm	226	
Stärke neu	mm	10	
mindestens	mm	8	
Belagstärke	neu mm	12 ohne Trägerplatte	
Belagstärke	mind. mm	7 mit Trägerplatte	
Handbremse		Mechanisch über zwei Seilzüge auf die Hinterräder wirkend	
Antiblockiersystem		Teves-Zweikreis-Anlage mit elektronischer Steuerung und pneumatischer Bremskraftverstärkung	

Elektrische Anlage

Bordspannung		12 V
Batterie (Startleistung)	A	100-300 (je nach Kapazität)
Generator	A	70-120 (je nach Ausstattung)
Keilrippenriemen		Siehe Seite 180
Zündanlage		55 kW, 66 kW: Mono-Motronic TSZ-h mit elektronischer Zündzeitpunktverstellung 85 kW: Digifant TSZ-h mit elektronischer Zündzeitpunktverstellung und Klopfregelung 74 kW, 85 kW: Simos TSZ-h mit elektronischer Zündzeitpunktverstellung und Klopfregelung
Zündkerzen		Siehe Tabelle Seite 193
Vorglühanlage (TDI)		Schnellstartanlage mit Vorglührelais und selbstregelnden Glühkerzen
Glühkerzen		Siehe Seite 53
Glühlampen		Siehe Seite 194

Gewichte (in kg)

Typ	1,8/55 kW	1,8/66 kW	1,6/74 kW	2,0/85 kW	1,9/66 kW	1,9/81 kW
Leergewicht*						
Limousine/Variant	1210/1240	1220/1245	1245/1320	1240/1260	1315/1340	1315/1340
Zul. Gesamtgewicht*	1720/1750	1750/1780	1750/1780	1770/1800	1820/1850	1820/1850
Anhängelast bis 12% Steigung						
ungebremst	600	600	600	650	600	600
gebremst	1200	1200	1200	1500	1200	1200

*Die Werte gelten für Fahrzeuge in Grundausstattung. Durch Mehrausstattungen ab Werk (Schiebe-/Ausstelldach, Automatikgetriebe, Klimaanlage usw.) oder nachträglich angebautes Zubehör kann sich das Leergewicht um bis zu 100 kg erhöhen!

Stichwortverzeichnis

FSC
www.fsc.org
MIX
Papier | Fördert gute Waldnutzung
FSC® C083411

Kolibri 360 GmbH
Ferdinand-Jühlke-Straße 7
99095 Erfurt, Deutschland
produktsicherheit@kolibri360.de

Druck:
CPI Druckdienstleistungen GmbH
im Auftrag der
Kolibri 360 GmbH
Ferdinand-Jühlke-Str. 7
99095 Erfurt